土壤学进展

第二卷

徐建明 等 著

科学出版社

北京

内 容 简 介

以浙江大学"土壤污染过程与修复原理"国家自然科学基金创新研究群体负责人徐建明教授及 11 位骨干教师为主撰写了《土壤学进展（第二卷）》一书，内容涉及土壤有机污染过程与机理、土壤重金属污染修复与健康风险评估、土壤养分水分循环与微生物生态等，共 12 章，每章均为作者所在领域的研究成果及国内外研究进展与展望，内容丰富，成果丰硕。

本书可供土壤学、农业化学、环境科学、生态学、微生物学、生物地球化学、农学等领域的研究、教学和技术人员参考，也可供各级政府的农业、生态、环保、土地等部门参考。

图书在版编目(CIP)数据

土壤学进展. 第二卷/徐建明等著. —北京：科学出版社，2021.11
ISBN 978-7-03-069757-8

Ⅰ. ①土… Ⅱ. ①徐… Ⅲ. ①土壤学 Ⅳ. ①S15

中国版本图书馆 CIP 数据核字（2021）第 186556 号

责任编辑：李秀伟 / 责任校对：郑金红
责任印制：吴兆东 / 封面设计：无极书装

科 学 出 版 社 出版
北京东黄城根北街 16 号
邮政编码：100717
http://www.sciencep.com

北京建宏印刷有限公司 印刷
科学出版社发行 各地新华书店经销
*

2021 年 11 月第 一 版　　开本：787×1092 1/16
2021 年 11 月第一次印刷　　印张：21 1/2
字数：510 000

定价：298.00 元
（如有印装质量问题，我社负责调换）

前　言

浙江大学"土壤污染过程与修复原理"国家自然科学基金创新研究群体是为应对我国现阶段生态环境保护、耕地质量提升、农业绿色发展等国家重大需求和追踪国内外农业、资源、环境等学术前沿，依托浙江大学农业资源与环境A+国家一级重点学科，以国家杰出青年科学基金获得者、教育部长江学者特聘教授、浙江大学求是特聘教授、美国农学会和土壤学会会士（Fellow）徐建明教授为学术带头人，由一批优秀学者组成的研究队伍，致力于我国土壤污染控制与修复、耕地保育与肥力提升等领域的研究。

创新研究群体主要围绕三方面开展研究工作。一是土壤有机污染多界面行为、过程与调控，着重开展典型和新型有机污染物（农药、多环芳烃、多溴联苯醚、抗生素、微塑料等）在土壤系统中多介质、多要素耦合的土壤污染界面过程与污染阻控原理的基础和应用基础研究工作。二是土壤重金属污染控制、修复与安全利用，重点开展重金属在土壤-植物-微生物系统中的积累、转化过程与生态环境效应等相关基础和应用基础研究，重金属污染土壤新型修复材料研发、土壤重金属污染修复、安全利用示范与规模化应用等相关工作。三是土壤碳氮磷的生物地球化学过程与微生物机制，主要开展土壤碳氮磷等元素生物地球化学与水文过程及其微生物机制、土壤固碳与温室气体减排的微生物机制、根际微域土-微生物-植物交叉对话机制、健康土壤指标与评价体系等研究。

《土壤学进展》（第二卷）是以12位创新研究群体负责人和优秀青年学者为主围绕上述三方面研究领域，突出本人近年来取得的研究成果，并结合国内外最新研究进展撰写的一部学术专著。全书共分12章，按顺序每4章对应其中一个研究领域。第1章至第4章分别由徐建明、何艳、汪海珍和吕志江组织撰写，主要涉及有机污染物的土壤环境过程与微生物修复；第5章至第8章分别由刘杏梅、唐先进、施加春和曾令藻组织撰写，内容包括土壤-植物系统重金属的迁移转化过程及其风险、土壤重金属污染源解析与非饱和流数据同化等；第9章至第12章分别由马斌、戴中民、罗煜和李勇组织撰写，主要侧重于土壤碳氮转化过程、机理及微生物生态方面的研究。

值本专著出版之际，特别感谢全国同行长期以来对浙江大学"土壤污染过程与修复原理"国家自然科学基金创新研究群体的关心、帮助和支持。本专著的出版得到了国家自然科学基金委员会创新研究群体项目（41721001）和重点项目（41130532）、土壤养分管理与污染修复国家工程研究中心、浙江省农业资源与环境重点实验室、中央高校基本科研业务费专项资金等的资助，在此一并表示感谢！

由于著者水平有限，本书难免有错误或不妥之处，敬请读者批评指正。

著　者

2021年4月

目　　录

第1章　土壤天然纳米颗粒及其环境行为 ··· 1
1.1　纳米颗粒的来源及种类 ··· 3
1.2　工程纳米颗粒的广泛应用及环境风险 ··· 3
1.3　土壤纳米颗粒的存在及研究意义 ·· 5
　　1.3.1　土壤中天然来源纳米颗粒的产生 ·· 5
　　1.3.2　土壤纳米颗粒的环境影响 ·· 6
1.4　土壤纳米颗粒的提取和表征 ··· 6
1.5　土壤纳米颗粒的稳定性及影响因素 ·· 9
　　1.5.1　纳米颗粒稳定性的评价方法 ·· 9
　　1.5.2　纳米颗粒稳定性的影响因素 ··· 11
1.6　土壤纳米颗粒对有机污染物的吸附行为及其影响因素 ···························· 13
　　1.6.1　纳米颗粒对有机污染物的吸附行为 ·· 13
　　1.6.2　吸附影响因素 ·· 14
1.7　土壤纳米颗粒与污染物在多孔介质中的迁移行为 ································· 16
　　1.7.1　纳米颗粒在多孔介质中的迁移 ··· 16
　　1.7.2　纳米颗粒与污染物的共迁移 ·· 19
1.8　研究展望 ··· 21
　　参考文献 ·· 22

第2章　土壤对有机污染物的吸附及矿物吸附贡献的求算 ······················· 31
2.1　相关研究概述 ··· 33
　　2.1.1　土壤中吸附有机污染物的活性组分 ·· 33
　　2.1.2　土壤中有机污染物的吸附理论和模型 ····································· 34
　　2.1.3　土-水界面有机污染物吸附行为的影响因素 ······························· 36
　　2.1.4　纳米颗粒对有机污染物界面吸附行为的研究 ····························· 38
　　2.1.5　矿物对有机污染物界面吸附行为的双重贡献 ····························· 39
2.2　有机污染物在不同土壤及有机-无机复合体上的界面吸附行为 ················· 40
　　2.2.1　在不同类型土壤上的界面吸附行为 ······································· 40
　　2.2.2　在不同粒级土壤有机-无机复合体上的吸附行为 ························· 41
　　2.2.3　在不同土壤来源的胡敏酸上的吸附行为 ·································· 42
2.3　有机污染物在土壤无机组分上的界面吸附行为 ·································· 43
　　2.3.1　土壤纯矿物的吸附作用 ·· 43
　　2.3.2　土壤无定型氧化铁的吸附作用 ··· 44
　　2.3.3　纳米尺度上土壤纯矿物的吸附作用 ·· 45

2.4 土壤矿物对有机污染物的吸附贡献率的探究 ……………………………………… 46
2.5 研究展望 …………………………………………………………………………… 49
参考文献 ………………………………………………………………………………… 50

第3章 土壤中多环芳烃降解功能菌及其污染修复作用 …………………………… 55
3.1 多环芳烃污染及其生物修复 ……………………………………………………… 56
　　3.1.1 环境中多环芳烃的来源、迁移及其环境宿命 ……………………………… 56
　　3.1.2 我国土壤多环芳烃污染现状 ………………………………………………… 57
　　3.1.3 多环芳烃污染微生物修复研究概述 ………………………………………… 58
3.2 多环芳烃降解功能菌的筛选 ……………………………………………………… 66
　　3.2.1 降解菌筛选方法 ……………………………………………………………… 66
　　3.2.2 筛选所得的多环芳烃降解菌 ………………………………………………… 67
　　3.2.3 降解菌对多环芳烃的最适降解条件 ………………………………………… 69
　　3.2.4 降解菌对多环芳烃的降解产物及途径 ……………………………………… 72
3.3 降解菌修复多环芳烃污染土壤 …………………………………………………… 77
　　3.3.1 *Massilia* sp. WF1 对多环芳烃污染土壤的修复 …………………………… 77
　　3.3.2 *Massilia* sp. WF1-*Phanerochaete chrysosporium* 共培养体系对菲污染
　　　　 土壤协同修复 ………………………………………………………………… 78
3.4 多环芳烃污染修复过程中降解功能基因丰度变化 ……………………………… 81
　　3.4.1 RHDα-GP 和 RHDα-GN 基因丰度的变化 ………………………………… 82
　　3.4.2 *nidA* 和 *nidB* 基因丰度的变化 ……………………………………………… 82
3.5 多环芳烃污染修复过程细菌群落结构的变化 …………………………………… 83
　　3.5.1 iHAAQ 方法的建立与验证 …………………………………………………… 84
　　3.5.2 菲污染土壤的细菌群落结构变化 …………………………………………… 85
3.6 研究展望 …………………………………………………………………………… 88
参考文献 ………………………………………………………………………………… 89

第4章 壬基酚和双酚类新型污染物的环境行为 ……………………………………… 95
4.1 引言 ………………………………………………………………………………… 95
4.2 壬基酚的生物降解 ………………………………………………………………… 99
　　4.2.1 壬基酚生物降解动力学的异构体差异 ……………………………………… 99
　　4.2.2 壬基酚生物降解的构效关系 ………………………………………………… 104
　　4.2.3 降解机制 ……………………………………………………………………… 106
4.3 双酚的生物降解 …………………………………………………………………… 106
　　4.3.1 不同双酚生物降解动力学规律 ……………………………………………… 106
　　4.3.2 不同双酚生物降解途径 ……………………………………………………… 107
4.4 壬基酚和双酚的非生物降解 ……………………………………………………… 107
　　4.4.1 铁锰氧化物对壬基酚和双酚的氧化 ………………………………………… 107
　　4.4.2 双酚铁锰氧化物氧化的影响因素 …………………………………………… 108
　　4.4.3 双酚化学氧化的反应机理 …………………………………………………… 111

4.5 研究展望 ··· 112
参考文献 ··· 112

第5章 土壤-水稻-人体系统中重金属迁移模型及健康风险评估 ············· 118
5.1 土壤环境质量评价研究概述 ··· 119
5.2 土壤-作物系统重金属迁移模型研究进展 ··· 121
5.3 重金属人体健康风险评价概述 ·· 122
 5.3.1 重金属人体健康风险评价现状 ·· 122
 5.3.2 重金属人体健康风险评价不足 ·· 125
5.4 环境模型不确定性分析概述 ·· 125
 5.4.1 环境模型不确定性分析来源 ·· 125
 5.4.2 环境模型不确定性分析方法 ·· 126
5.5 镉污染暴露模型的构建 ··· 127
 5.5.1 相关性分析 ·· 127
 5.5.2 逐步多元回归分析 ·· 128
 5.5.3 土壤-水稻回归模型的构建与验证 ·· 129
 5.5.4 每周镉暴露值预测 ·· 129
5.6 人体镉风险动态模型的构建 ··· 130
 5.6.1 动力吸收模型与暴露模型的耦合 ··· 130
 5.6.2 模拟结果的评价和预测 ·· 132
5.7 敏感性分析 ·· 134
 5.7.1 敏感性分析方法概述 ·· 134
 5.7.2 本研究采用的Sobol'敏感性分析方法 ··· 135
 5.7.3 人体动力学模型敏感性分析结果 ··· 136
5.8 研究展望 ·· 137
参考文献 ·· 138

第6章 畜禽废弃物农用引起的土壤砷和抗生素污染过程、风险与防控 ········· 143
6.1 畜禽废弃物中砷和抗生素污染现状 ··· 144
 6.1.1 畜禽废弃物中砷的来源与污染现状 ··· 144
 6.1.2 畜禽废弃物中砷的存在形态 ·· 145
 6.1.3 畜禽废弃物中抗生素的污染现状 ··· 146
6.2 畜禽废弃物农用引起的土壤砷和抗生素累积 ·· 146
 6.2.1 畜禽废弃物农用引起的土壤砷累积 ··· 146
 6.2.2 畜禽废弃物农用引起的土壤抗生素累积 ··· 148
6.3 畜禽废弃物农用土壤中砷和抗生素的环境过程 ·· 150
 6.3.1 有机砷在土壤中的吸附与转化 ··· 150
 6.3.2 土壤中砷向地表水和地下水的迁移 ··· 151
 6.3.3 畜禽废弃物施用对土壤中砷形态转化的影响 ··································· 152
 6.3.4 抗生素在土壤中的吸附与迁移转化 ··· 153

6.4 畜禽废弃物农用引起的土壤砷和抗生素生态与健康风险·········155
　　6.4.1 砷的生态与健康风险·········155
　　6.4.2 抗生素的生态与健康风险·········156
6.5 畜禽废弃物农用引起的土壤砷和抗生素污染防控·········157
　　6.5.1 土壤砷和抗生素污染的源头控制·········157
　　6.5.2 砷污染农田安全利用技术·········158
　　6.5.3 土壤中抗生素的消减技术·········159
6.6 研究展望·········160
参考文献·········160

第7章 基于受体模型的土壤重金属污染源解析·········168
7.1 土壤重金属来源解析研究概述·········169
　　7.1.1 污染来源定性识别·········169
　　7.1.2 排放清单·········170
　　7.1.3 受体模型·········170
　　7.1.4 稳定同位素混合模型·········175
7.2 镇域尺度土壤重金属来源解析·········180
　　7.2.1 土壤理化性质及元素含量描述性统计分析·········181
　　7.2.2 土壤表层元素的空间分布特征及规律·········182
　　7.2.3 土壤重金属污染源识别·········184
　　7.2.4 剖面分析佐证污染源识别·········186
　　7.2.5 基于PMF的源解析及结果可靠性分析·········189
7.3 研究展望·········191
参考文献·········192

第8章 土壤中非饱和流动的数据同化方法·········197
8.1 研究进展综述·········199
　　8.1.1 不确定性量化方法研究进展·········199
　　8.1.2 数据同化方法研究进展·········200
　　8.1.3 优化试验设计研究进展·········202
8.2 土壤非饱和流动模型与随机模拟方法·········204
　　8.2.1 土壤非饱和流动模型·········204
　　8.2.2 随机模拟方法·········205
8.3 基于概率配点的序贯优化设计与数据同化·········209
　　8.3.1 研究方法·········209
　　8.3.2 案例研究·········211
8.4 研究展望·········216
参考文献·········217

第9章 基于网络视角的土壤微生物生态过程·········221
9.1 微生物共存网络·········222

9.1.1 施肥和施用石灰对土壤细菌群落共存模式的影响·······223
9.1.2 降水对草地微生物生态网络的影响······225
9.1.3 中国东部大陆土壤微生物群共生网络拓扑特征的地理模式······228
9.2 基于基因网络破译土壤微生物群落功能······231
9.2.1 森林土壤宏基因组基因相关网络······231
9.2.2 基因相关网络的簇中心······235
9.2.3 基因相关网络中的簇的层次结构······236
9.2.4 基因相关网络中的负相关连接······237
9.2.5 预测未知的基因功能······237
9.3 研究展望······241
9.3.1 填补网络推理和解释中的理论差距······241
9.3.2 评估预测的相互作用······242
9.3.3 利用微生物生态网络发挥微生物功能······243
参考文献······243

第 10 章 生物质炭与土壤微生物生态······247
10.1 生物质炭对土壤生物化学性质的改良效应与机理······249
10.2 生物质炭对土壤细菌丰度、多样性和群落结构的作用机制······250
10.3 生物质炭对土壤真菌丰度、多样性和群落结构的作用机制······254
10.4 生物质炭自身定殖微生物的群落结构特征及其定殖机理······256
10.5 生物质炭对土壤微生物 DNA 吸附性能的影响规律与影响因素······260
参考文献······262

第 11 章 土壤有机碳周转过程及驱动机制······266
11.1 土壤有机碳的矿化与分源······267
11.2 有机碳周转的微生物过程······271
11.2.1 微生物群落对有机碳矿化的影响······271
11.2.2 微生物残体对土壤有机碳积累的贡献······274
11.3 土壤有机碳的固持机制······274
11.4 土壤有机碳与微生物交互作用······276
11.5 参与碳周转过程的关键微生物······279
11.6 研究展望······282
参考文献······283

第 12 章 农业土壤氧化亚氮排放与气候变暖的相互作用······285
12.1 引言······286
12.2 农业土壤 N_2O 排放的微生物调控机理······286
12.2.1 农业土壤 N_2O 排放的微生物路径······286
12.2.2 农业土壤硝化过程中真正起作用的活性硝化微生物······295
12.2.3 土壤病毒对土壤微生物群落和功能的影响······308
12.3 土壤微生物对气候变暖的适应性······312

12.3.1　气候变暖对土壤 N_2O 排放的影响 ············· 313
12.3.2　温度对土壤 N_2O 排放及氮循环微生物的影响 ············· 315
12.3.3　温度对土壤活性硝化微生物的影响 ············· 317
12.4　研究展望 ············· 320
参考文献 ············· 321

第 1 章

土壤天然纳米颗粒及其环境行为

徐建明　柳　飞　朱心宇　陈慧明　李文彦　何　艳　Philip C. Brookes

浙江大学环境与资源学院，浙江杭州　310058

徐建明简历：1985 年在浙江农业大学获土壤农化专业学士学位，1990 年获土壤学博士学位，1991 年被中国科学院南京土壤研究所破格晋升为副研究员，1996 年在浙江农业大学晋升为教授，1997 年被聘为博士生导师。多次出访美国、澳大利亚、加拿大、日本、英国、德国、法国、新西兰等国进行合作研究或讲学。曾任浙江农业大学土壤农化系副主任（主持工作）、主任，浙江大学环境与资源学院副院长、资源科学系主任，浙江大学土水资源与环境研究所所长、浙江省农业资源与环境重点实验室主任、中国土壤学会副理事长等职，现任浙江大学农业资源与环境 A+国家一级重点学科负责人，国务院学位委员会第八届学科评议组成员，全国农业专业学位研究生教育指导委员会资源利用与植物保护领域分委会委员，2018~2022 年教育部高等学校自然保护与环境生态类专业教学指导委员会委员，国际腐殖物质学会中国分会协调人，*Biogeochemistry*、*Research*、*Pedosphere* 刊物副主编，*Journal of Soils and Sediments* 主题编委，*Critical Reviews in Environmental Science and Technology*、*Biochar*、《土壤学报》、《植物营养与肥料学报》、《土壤通报》、《土壤》、《生态环境学报》、《环境污染与防治》等刊物编委。主持国家重点研发计划项目、国家自然科学基金创新研究群体项目与重大项目课题和重点项目、政府间国际科技创新合作重点专项等各类纵向科研项目 40 余项，在 *PNAS*、*The ISME Journal*、*Microbiome*、*Global Change Biology*、*Nature Food*、*Research*、*Soil Biology & Biochemistry*、*Environmental Microbiology*、*Environmental Science & Technology* 等国际学术刊物上发表 SCI 检索论文 370 余篇，是爱思唯尔中国高被引学者，主编中、英文著作 8 部，获省部级科学技术奖 7 项，获授权国家发明专利 20 项，获国家计算机软件著作权登记 10 个。1998 年享受国务院政府特殊津贴，2000 年获首届全国高校青年教师奖，2004 年入选首批国家级"新世纪百千万人才工程"，2004 年获国家杰出青年科学基金，2006 年受聘首批浙江大学求

是特聘教授，2008年被聘为教育部长江学者特聘教授，2008年获中国土壤学会最高荣誉奖"中国土壤学会奖"，指导的1名博士获2008年全国百篇优秀博士学位论文，2012年入选全国农业科研杰出人才及"产地环境质量与农产品安全"创新团队，2016年被授予国家环境保护专业技术领军人才，2017年负责的"土壤污染过程与修复原理"入选国家自然科学基金创新研究群体，被聘为国家水稻产业体系东南区土壤重金属污染防治岗位科学家，2018年当选美国农学会会士（Fellow），2020年当选美国土壤学会会士（Fellow）。主编出版的《土壤学》（第三版）教材是"十一五"、"十二五"国家级规划教材，2011年获中华农业科教基金会全国高等农业院校优秀教材奖，2019年12月主编出版的《土壤学》（第四版）于2021年获首届全国优秀教材二等奖。

摘　要： 纳米技术革命驱动了工程纳米颗粒在各领域的广泛研究和应用，然而大量释放的工程纳米颗粒会发生吸附、迁移、积累等一系列环境过程，由此引起的生态环境风险已经受到广泛关注。相比工程纳米颗粒，土壤本身伴随着地球演化过程就含有丰富的天然来源纳米级颗粒，其环境行为的研究是当前微观领域重要的研究方向和难点之一。过去对微米级的土壤胶体颗粒环境行为的研究已非常成熟，然而迄今有关土壤天然纳米颗粒的研究尚处于起步阶段。本章基于近年来我们相关研究工作综述了土壤中天然纳米颗粒的提取、表征、稳定性及与有机污染物的吸附和迁移等环境行为的研究进展，并对未来研究方向进行展望。

关键词： 土壤纳米颗粒；提取；稳定性；污染物；吸附作用；迁移行为

　　土壤固体由各种各样的颗粒物组成，其小到数个纳米，大到肉眼可见的毫米尺寸。在土壤学研究中通常将"黏粒"定义为等效球径在2 μm以下的土壤颗粒，由有机和无机复合颗粒物组成。由于土壤黏粒良好的胶体分散特性，又被称为黏粒胶体（熊毅等，1983）。随着胶体科学的兴起，人们将研究范畴缩小至纳米尺度和纳米级（约 10^{-9} m）（Theng and Yuan, 2008）。纳米颗粒是指至少在一个维度上尺寸小于100 nm的颗粒（Biswas and Wu, 2005），而土壤纳米颗粒是黏粒胶体粒径范围内更小的一类。纳米颗粒的尺寸大小并不是引起人们广泛关注的原因，而是因为当粒径小到纳米级范围时，颗粒往往表现出与宏观状态下不同的性质，如更高的比表面积和反应活性，独特的机械、热、电、磁和光学性质等（Maurice and Hochella, 2008）。人们从20世纪70年代开始通过各种科学技术手段大量合成生产和使用纳米颗粒，在此基础上建立发展的纳米技术也已经成为21世纪最有前景的新技术之一。由于其独特的理化特性，纳米技术革命驱动了工程纳米颗粒在各领域的广泛应用。工程纳米颗粒的大量使用将不可避免地导致其释放到环境中，发生吸附、迁移、积累等一系列环境过程，由此对生态环境和人类健康造成的潜在危害引起了研究人员的极大关注（Colvin, 2003; Lin et al., 2010）。

　　与工程纳米颗粒相比，土壤本身伴随着的地球演化过程就含有丰富的天然来源纳米级颗粒，如腐殖质、黏土矿物、金属（氢）氧化物和黑炭等。土水环境中可移动的黏粒胶体，尤其是纳米颗粒，可以与多种污染物如病原菌、重金属和有机污染物等相互作用，从而影响其吸附、迁移转化等环境行为，同时可将其扩散至附近地表及地下水体而造成环境污染问题（McCarthy and Zachara, 1989; Honeyman, 1999; Grolimund and Borkovec, 2005; Sen and Khilar, 2006; Cai et al., 2013）。因此，深入理解土壤中天然纳米颗粒与污染物的吸附和迁移等环境行为对于预测它们的环境归趋及其风险至关重要。过去对微米级的土壤胶体颗粒环境行为的研究已非常成熟，然而迄今有关土壤天然来源的纳米颗粒研究尚处于起步阶段。近年来，我们率先在国内开展了土壤中天然纳米颗粒的相关研究（Li et al., 2012, 2013; Zhu et al., 2014, 2017; Zeng et al., 2014; He et al., 2015; Liu et al., 2018, 2019; Xu et al., 2019）。本章综述了土壤中天然纳米颗粒的提取、表征、稳定性及与有机污染物的吸附和迁移等环境行为的研究进展，并就目前研究中存在的问题和未来研究方向进行展望。

1.1 纳米颗粒的来源及种类

纳米颗粒通常被定义为至少在某一维度上大小在 1~100 nm 的颗粒。它可以包含球形、管状及不规则形状，还可以以多种颗粒聚集体形式存在（Nowack and Bucheli, 2007）。按来源可将纳米颗粒大致分为天然来源和人为来源两种。具体而言，又可将人为来源纳米颗粒分为人为无意识排放纳米颗粒和工程制造纳米颗粒（Hochella et al., 2019）。天然来源纳米颗粒是通过自然界生物地球化学过程产生，与人类活动或人为过程没有直接或间接联系，在地球系统数十亿年的演化过程中广泛存在于地球各个角落。无意识排放纳米颗粒来源于人类活动的副产物，如人类日常活动中做饭、发电、焊接、燃烧和汽车尾气排放等，自工业革命后开始大量存在。工程纳米颗粒是通过工业设计得到的一系列材料，以达到特殊和可调节的性能目的。工程纳米颗粒的应用范围覆盖了人类健康、电子工业、能源、水安全和粮食生产等。根据不同来源的基底材料，工程纳米颗粒又可分为碳基纳米颗粒（如碳纳米管、石墨烯等）、金属纳米颗粒（如纳米银、纳米零价铁等）、金属氧化物纳米颗粒（如纳米 ZnO、纳米 CuO 等）和非金属纳米颗粒（如纳米 SiO_2 等）等（Nowack and Bucheli, 2007）。相对于天然来源和无意识排放纳米颗粒，工程纳米颗粒的出现还不到一个世纪，因此它的质量分数仅占很小的一部分（Hochella et al., 2019）。

1.2 工程纳米颗粒的广泛应用及环境风险

近 20 年来，由于纳米材料的应用可以有效提高生产效率并改善人类生活质量，科学界对纳米技术的研究主要关注如何获取或者是制备某种纳米材料，进而将其应用于工业制造、生物医药、能源催化和环境修复等多个领域（Biswas and Wu, 2005; Nowack and Bucheli, 2007; Pan and Xing, 2012）。例如，许多电子产品都含有纳米金属、半导体和超导体等纳米材料（Thompson and Parthasarathy, 2006）。纳米材料制备的锂电池具有优良的电容量和更长的使用寿命（Liu et al., 2006）。在医疗健康方面，纳米颗粒可以用于疾病早期诊断和预防，如医学成像（Harisinghani et al., 2003）。用纳米颗粒作为载体可以将药物有效运抵病灶，纳米银还可以起到杀菌消毒作用等（Koper et al., 2002）。人们日常生活使用的化妆品和护肤品中含有纳米 TiO_2 和纳米 ZnO，可以有效阻挡紫外线穿透，保护皮肤免受损伤（Buzea et al., 2007）。纳米材料在污染环境修复研究中的应用也越来越受到重视，纳米颗粒可以强化多种界面反应，如对重金属离子和有机污染物的表面吸附、专性吸附、氧化和还原反应的强化等，在重金属及有机污染物等污染土壤及污水治理中发挥重要作用（Li et al., 2005; Pan and Xing, 2012; Savage and Diallo, 2005）。目前纳米技术在环境污染控制方面的应用研究主要集中在纳米新材料的制备与应用技术、环境微界面过程等。纳米材料可以与大气、水体和土壤中的污染物发生催化反应，将其转化为无害物质。具体而言，主要集中在对有机/无机污染废水处理、对污染气体的催化净化等领域，如纳米氧化石墨烯对空气中的氨气有良好的去除效果（Wang et al., 2013a）。纳米材料在污染土壤修复中的应用主要集中于纳米零价铁，由于其具有高移动性、表面吸附活性和强氧化还原能力，在受污染场地中原位修复技术得到了广泛应用（Crane and Scott, 2012; Adeleye et al., 2016; Bae et al., 2018）。

随着纳米技术的飞速发展，可以预见，工程纳米颗粒的大量开发和应用将导致其不可避免地释放到环境中。工程纳米颗粒的大量排放，及其对人类和生物体的暴露和毒性效应引起了人们的广泛关注（Navarro et al., 2008）。纳米 TiO_2 可显著提高 Cu、Cd、Zn 等重金属离子在生物体内的吸收、累积和生物毒性（Zhang et al., 2007; Fan et al., 2011; Tan et al., 2011）；而腐殖质和纳米 TiO_2 共存时可降低 Cd 的生物有效性（Hu et al., 2011）。Jiang 等（2009）比较了 ZnO、Al_2O_3、SiO_2、TiO_2 等纳米材料（20 mg/L）遮光条件下的细菌毒性效应，发现 ZnO 的毒性最强，使枯草芽孢杆菌、大肠杆菌和荧光假单胞菌全部死亡；Al_2O_3 对这三种细菌的致死率分别为 57%、36% 和 70%；SiO_2 对这三种细菌的致死率分别为 40%、58%和 70%；TiO_2 在实验条件下没有细菌毒性。纳米银也具有强烈的毒性，进入动物体内的纳米银颗粒可以迁移到身体的各个部位，甚至能通过血脑屏障，在大脑中聚集，导致神经元恶化和损伤（Tang et al., 2008）。

针对以上工程纳米颗粒对环境生物体的危害性，有部分研究者将目光转移到了天然纳米颗粒上。天然纳米颗粒具有极强的吸附、催化性能，可在局部形成"纳米级反应场"，产生纳米效应（Biswas and Wu, 2005; Theng and Yuan, 2008）。土壤是由固-液-气-生多相组成的复杂的不均匀介质，具有许多纳米级的颗粒，如黏土矿物、土壤有机质和黑炭等，对环境中有机污染物的吸附、迁移、转化、降解及其生态效应起着重要作用（Pranzas et al., 2003; Diallo and Savage, 2005; Forbes et al., 2006; Quénéa et al., 2006; Hochella et al., 2008）。此外，土壤中天然纳米颗粒的存在形式与环境中的浓度和当地环境更加兼容（Pan and Xing, 2012），可能具有工程纳米颗粒不具备的优势。因此，应用土壤天然纳米颗粒作为吸附剂去除有机污染物的潜能和是否可作为工程纳米颗粒的替代品应用于土壤和水体污染修复值得进一步研究。但是毫无疑问，土壤中的天然纳米颗粒是环境友好型纳米修复材料的重要资源之一。

1.3 土壤纳米颗粒的存在及研究意义

1.3.1 土壤中天然来源纳米颗粒的产生

天然纳米颗粒产生于整个近地表环境,其来源也十分广泛。自然界的一系列过程如岩石风化、沙尘暴、森林大火、火山爆发乃至生物体毛发脱落等都能产生天然纳米颗粒。土壤作为地表多个圈层的交叉连接带,是最为活跃和最具生命力的组成部分,也是天然纳米颗粒的"源"(如黏土矿物)和"汇"(如森林大火产生的黑炭沉积)(曾凡凤,2014)。土壤天然纳米颗粒包括无机纳米颗粒和有机纳米颗粒。无机纳米颗粒主要为铝硅酸盐黏土矿物(包括火山土中富含的伊毛缟石和水铝英石)、铝铁和锰的(氢)氧化物等;而有机纳米颗粒主要为土壤生物产生的酶、腐殖质、病毒等(Kretzschmar and Schäfer, 2005)。在土壤两大基本组成——矿物和有机质中,粒径在某一维度上展现纳米尺度特征的部分即可归属为天然纳米颗粒,如纳米级的黏土矿物和胡敏酸。由于土壤中矿物和有机质通常是紧密结合的,因此,土壤中存在的天然纳米颗粒主要以有机-无机复合纳米颗粒为主。

土壤纳米颗粒的形成是一个非常复杂的过程,既有生物途径也有非生物途径,还包括二者的联合途径。其中生物途径形成主要是在微生物作用下植物残体及枯枝落叶分解成腐殖质;非生物途径主要是原生矿物风化形成次生黏土矿物,包括继承(母岩)、转化(层间改变)和新生矿物(溶液或胶体前体沉淀结晶)三个过程:①继承(inheritance),直接来源于母岩中纳米级的矿物或者风化形成的纳米颗粒;②转化(transformation),整体的矿物层结构没有发生变化,但是内层区域发生明显改变,即纳米级的次生矿物;③新生(neoformation),土壤溶液或者胶体前驱体的沉淀及结晶形成纳米级新生矿物;生物与非生物联合途径可以产生铁锰氧化物(Theng and Yuan, 2008)。

土壤中黏土矿物纳米颗粒主要有层状硅酸盐,如1:1型非膨胀型高岭石和2:1型膨胀型蒙脱石等,这些矿物都具有典型的纳米层间结构,同时也有一些无定形的硅酸盐矿物如水铝英石等(Floody et al., 2009)。在层状硅酸盐纳米颗粒的形成过程中,细菌也起到了至关重要的作用,它可以介导纳米矿物的形成。细菌具有较大的比表面积及带负电荷的细胞壁,因此它的表面会固持较多的金属阳离子,而这些金属阳离子会吸引土壤中带负电的碳酸盐、硅酸盐、磷酸盐结合形成纳米矿物。同时细菌也可以氧化或者还原金属,从而形成沉淀物质(Bargar et al., 2008)。已有研究在细菌的生物膜中发现了纳米矿物的存在,同时源于温泉和深海火山口的微生物群落也会形成多种纳米黏土矿物(Tazaki, 2006)。

土壤中铝铁锰的氧化物及氢氧化物纳米颗粒主要由原生和次生硅酸盐矿物的风化产生,或是通过微生物的作用产生,如三水铝石、勃姆石、赤铁矿、水铁矿、针铁矿、水钠锰矿等。微生物可以通过代谢作用将金属离子氧化为高价的离子,使其沉淀并形成铝铁锰的氧化物及氢氧化物纳米颗粒。例如,Fe^{2+}被细菌氧化可以形成氧化铁纳米颗粒,细菌和真菌可以将Mn^{2+}氧化成各种锰氧化物及氢氧化物纳米颗粒,并且土壤中大部分的含锰纳米颗粒都是源自微生物的作用(Matsunaga and Sakaguchi, 2000; Theng and Yuan, 2008)。

土壤中除了以上无机纳米颗粒外,还存在有机的天然纳米颗粒,其中就包括烟炱型的黑炭、胡敏酸、富啡酸,烟炱型的黑炭可以源自森林大火,胡敏酸和富啡酸源自土壤微生物对动植物残体的分解代谢过程,其结构十分复杂,也能以纳米胶体态存于土壤中(Bakshi et al., 2015)。

1.3.2 土壤纳米颗粒的环境影响

土壤纳米颗粒因其独特的表面性质可以参与重要的生态服务功能,如涵养水分,调控元素和污染物迁移、转化和积累过程等,同时作为有机碳和植物养分的源和汇参与生物地球化学循环(Theng and Yuan, 2008)。土壤中具有很高的热力学稳定性的纳米铁(氢)氧化物粒径分布在 5~100 nm,几乎所有土壤中都有它的存在,铁(氢)氧化物是红壤、砖红壤等风化程度较高的土壤颜色的主要来源,如针铁矿可使土壤呈棕色到棕黄色,而赤铁矿的存在则可以掩盖黄色使土壤变成红色(Theng and Yuan, 2008)。在大多数土壤 pH 范围内(4.5~7.5)带正电的铁铝氧化物,可以通过静电作用和配体交换作用对阴离子养分如磷酸盐的吸附和持留起到重要作用(Hochella et al., 2008),同时它们还能促进黏粒絮凝及团聚体稳定(Schwertmann, 2008)。与铁铝氧化物不同,锰氧化物零电荷点很低,在土壤中表面带负电荷,因而对许多重金属阳离子的吸附和固持起重要作用(Tebo et al., 2004)。有机纳米颗粒如腐殖质等能够显著影响水体中污染物的溶解、迁移、新陈代谢及生物有效性等(Pranzas et al., 2003)。已有研究观察到纳米到微米尺度范围内天然有机质在赤铁矿和白云母矿物表面的团聚现象(Namjesnik-Dejanovic and Maurice, 2001)。此外,疏水性有机污染物在腐殖质上的分配作用至少部分由腐殖质的纳米疏水性区域决定(Pignatello, 1998)。土壤中许多病毒都处于纳米级范围,它们在土壤及地下水中的迁移和归趋将最终影响人类健康,因此其迁移过程和模拟逐渐引起重视(Zhang et al., 2019)。土壤纳米颗粒在农业生产中最明显的应用是肥料的缓慢释放,因为高张力表面相对于传统的表面能够更强烈地保留养分。铵盐、尿素、硝酸盐或磷酸化合物的肥料,可能会导致浓度过高产生危害,大部分的肥料可能会溶解在水中并产生污染等负作用,而土壤纳米颗粒在对这些营养元素的固持缓释方面扮演着重要的角色。

土壤纳米颗粒除了可以改善环境质量外,同时也能造成一些潜在的环境危害。土壤纳米颗粒可以与养分和多种污染物相互作用进入食物链、水体和大气,从而带来一定的环境影响(Bakshi et al., 2015)。但总体而言,在整个地球系统的框架内研究土壤天然纳米颗粒的起源、地理分布、化学变化和环境行为是当前微观领域的重要方向(Hochella et al., 2008, 2019)。

1.4 土壤纳米颗粒的提取和表征

由于大气、水体、土壤和沉积物等环境介质中纳米颗粒物的含量普遍较低,因此,如何建立天然纳米颗粒的优化提取方法是开展天然纳米颗粒环境行为和环境功能研究的首要基本条件。目前,大量研究已针对大气、水体和沉积物等环境介质建立了天然纳米颗粒的提取或收集方法。例如,对水体和沉积物中纳米颗粒的提取而言,已有的方法主要包括场流分离法（Baalousha et al., 2011; von der Kammer et al., 2011）、超滤法（Gaborski et al., 2010; Krieg et al., 2011）、超速离心法（Calabi-Floody et al., 2011）等。其中特别针对水体中的有机纳米颗粒，常采用场流分离法和色谱法；对大气中的纳米颗粒主要借助斯托克斯原理进行收集，也可使用高温梯度法、电晕法等（Biswas and Wu, 2005; Nowack and Bucheli, 2007; Floody et al., 2009）。相比较而言，针对土壤中天然纳米颗粒提取方法的研究一直以来非常有限，绝大多数都是通过对分离得到的单一纯矿物纳米颗粒、腐殖质和病毒等土壤纳米组分展开。然而真实的土壤纳米颗粒囊括了所有这些单一的组分，目前对整个自然土壤纳米颗粒的提取研究还很欠缺。

Tsao 等（2009, 2011）发明了一种利用自动液压设备对土水环境中纳米颗粒进行超过滤分离的方法，并且取得了较好的效果，该方法可大大缩减过滤所需的时间，可以得到较大量的纳米颗粒悬液。Li 等（2012）利用超声破碎-离心分离的方法从 12 种中国地带性土壤中提取纳米颗粒，研究发现大多数自然土壤纳米颗粒极易发生絮凝团聚作用，并不是所有的土壤都可以通过超声将纳米颗粒释放出来（图 1-1），每千克黑土和棕壤可以释放大量的纳米颗粒（80~130 g/kg），粒径较小（30 nm 左右），仅由白云母和蒙脱石组成，这些纳米颗粒大部分为球状，并且可以在溶液中稳定存在长达 100 天。然而，黄壤和砖红壤等只能释放少量纳米颗粒，有些甚至需要添加分散剂才能释放，这些纳米颗粒粒径（60~80 nm）较大，组成复杂，稳定性差，需要添加分散剂才能勉强分离提取。最新研究采用超声结合离心分离的方法提取土壤纳米颗粒，结果表明添加 $Na_4P_2O_7$ 分散剂所提取土壤纳米颗粒的效率比 NaOH、Na_2CO_3 和 $Na_2C_2O_4$ 分散剂要高 2~12 倍，且提取得到的纳米颗粒粒径更小，这是由于 $Na_4P_2O_7$ 可形成金属-磷酸盐络合物，同时吸附在纳米颗粒表面的磷酸盐可增加表面电荷，从而降低土壤孔隙水中游离多价阳离子浓度，促进了土壤微团聚体的崩溃和纳米颗粒的释放（Loosli et al., 2019）。

图 1-1　土壤经超声分散后的两种典型行为（李文彦, 2013）
左：絮凝沉淀；右：分散稳定

土壤中天然纳米颗粒形态结构的分析测定和表征方法对研究其浓度水平、尺寸分布、结构特征，及其对污染物吸附和迁移等界面行为的调控作用机制具有重要意义。现代先进结构化学和表面物理学分析技术和方法的迅速发展极大地推进了人们对土壤中天然纳米颗粒在环境中的分布、赋存形态和结构特征的全面认识和深入研究（Theng and Yuan, 2008）。例如，借助傅里叶红外光谱可分析土壤天然纳米颗粒中有机纳米颗粒内部基团的振动模式及外部自由基的结构变化（Yang and Watts, 2005）；借助 X 射线衍射谱可分析黏土矿物类无机纳米颗粒的层间结构及元素组成；借助核磁共振谱可分析土壤纳米颗粒的官能团结构；借助同步辐射 X 射线能谱可分析土壤纳米颗粒中有机无机组分结合机理；借助比表面积测定仪可分析土壤纳米颗粒的比表面积、孔径分布、孔容等特征；借助纳米激光粒度仪可分析土壤纳米颗粒表面所带的电荷及电泳迁移率。表 1-1 总结了部分纳米颗粒的含量测定、组成分析、尺寸分布、形态结构分析的方法及优缺点。

表 1-1　纳米颗粒部分表征技术（曾凡凤, 2014）

方法	原理	样品前处理	优点	缺点	参考文献
动态光散射（DLS）	该技术基于布朗运动测定颗粒大小	颗粒需要处于悬浮液中	可以获得悬浮液中所有颗粒尺寸的信息	颗粒分布的结果与信号强度相关。大颗粒有可能主导信号，对不同种类的颗粒样品测定时有困难	Pecora, 2000
透射电镜或扫描电镜（TEM 或 SEM）	可以得到颗粒的电镜图片，并粗略估计颗粒尺寸	需要干燥样品	对单个样品颗粒进行分析，同时可以获得颗粒大小、比表面积等其他信息	耗时较长，对于部分样品得到的数据可能缺乏代表性	Utsunomiya and Ewing, 2003
原子力显微镜（AFM）	用一枚极小的针在纵横方向扫描颗粒表面，从而得到颗粒高度值，并成像	样品可以是干燥的，也可以处在液体中	对单个样品颗粒进行分析，同时可以获得颗粒大小、比表面积等其他信息	耗时较长，对于部分样品得到的数据可能缺乏代表性	Plaschke et al., 2002
X 射线衍射（XRD）	X 射线穿过样品时产生衍射图。可知道样品的矿物组成和结构信息	样品需要薄且平整地放置在一个平的容器上	可以有效地用于矿物分析	灵敏度和分辨率较低，样品量相对较大	Iñigo et al., 2000
能量色散 X 射线透射电子显微镜（EDX-EM）	通过颗粒表面发射的电磁波的波长来反映样品的元素组成	样品需要分散在一个滤膜上（使用扫描电镜）或者样品网上（使用透射电镜）	可以测定样品的元素组成和含量，且分辨率极高，可以与透射电镜和扫描电镜同时使用	适用于原子量较大的元素分析，特别是样品含量高的元素	Brodowski et al., 2005
紫外-可见分光光度法	测定悬浮颗粒在特定吸收波长上的吸收光或透射光，可以用来测定可溶性粒子和胶体颗粒的浓度	颗粒需要处于悬浮液中，然后置于比色池中进行测定	装置简单，仅需要分光光度计。不会造成样品损失，样品可用于下一步分析	信号受浓度、浊度的影响	Haiss et al., 2007

Li 等（2012）结合多种表征手段对 12 种中国地带性土壤提取的纳米颗粒性质进行研究，发现土壤纳米颗粒作为黏粒胶体的一部分，与土壤中的黏粒含量一般呈正相关性。从大体上来看，中国北方的黑土、棕壤中能够产生较多粒径较小的纳米颗粒，而且结构组成以蒙脱石为主；而南方的砖红壤能够产生少量粒径较大的颗粒，结构组成以高岭石为主，特定土壤中还存在着氧化铁等纳米级矿物，但浙江、江西的红壤虽然黏粒含量高，

纳米颗粒的实际存量高，但无法释放出纳米颗粒。纳米颗粒是土壤黏粒中的重要组成，但由于其粒径较小，其性质具有一定的差异性，如纳米颗粒中的有机碳含量要远高于土壤中的有机碳含量。

1.5 土壤纳米颗粒的稳定性及影响因素

土壤纳米颗粒的稳定性关系到它们在环境中的分散状态，影响着它们的性质和吸附、迁移等环境行为，因此在研究中有着重要的意义。本节重点介绍纳米颗粒稳定性的评价方法及影响因素。

1.5.1 纳米颗粒稳定性的评价方法

稳定性是一个相对宏观的概念，虽然现如今有用显微镜直接观测纳米颗粒是否稳定的技术（Meier et al., 2012），但更多时候我们还是用一些相关参数来界定其稳定与否。以下列举了常用的稳定性评价参数及方法。

1. 粒径

纳米颗粒粒径随时间的变化是了解纳米颗粒稳定性最为直接的方式，几乎所有文献都会提到用粒径变化去表征纳米颗粒的稳定性。现今主流测定粒径的手段是动态光散射法，几乎所有处于液相条件下的纳米颗粒都用这一技术测定其水合半径（Heurtault et al., 2003）。动态光散射法的基本原理是：单色光照射到做布朗运动的小颗粒表面会发生散射，通过检测散射强度随时间的变化情况就可以得出散射体的基本信息。然而这种方法也存在一定的缺陷：①动态光散射法只能测定液相条件下的颗粒直径；②动态光散射法将所有颗粒都认定为球形，在必要的时候需运用其他手段对结果进行修正；③对粒径大于 3 μm 的颗粒，得不到准确的结果。另外通过将颗粒按粒径大小分离并计数的流场分析技术也被少数研究者使用（Anger et al., 1999）。

2. Zeta 电位

纳米颗粒的表面电荷是许多相关研究（如稳定性、自组装等）的基础，根据双电层理论，在溶液中颗粒表面电荷被溶液中离子形成的电子层隔离起来，隔离层表面的电位就被定义为 Zeta 电位（ζ）（Doane et al., 2011）。Zeta 电位是溶液中的纳米颗粒表面电荷的一个体现方式。从静电学的角度来讲，不难得到表面电荷越大，颗粒间的静电斥力越大，整个体系就越稳定，这也就是 Zeta 电位表征纳米颗粒稳定性的基本原理。一般认为，Zeta 电位在 0mV 到±10mV 之间，纳米颗粒很不稳定，会发生快速聚沉；Zeta 电位在±10mV 到±30mV 之间，纳米颗粒比较不稳定；Zeta 电位在±30mV 到±40mV 之间，纳米颗粒则比较稳定；Zeta 电位在±40mV 之上，纳米颗粒则非常稳定。

在 Zeta 电位的测定方法上，一般有以下三种间接测定的方法：①电泳迁移率法，通过测定电泳迁移率来间接测定；②流动电位法，通过测定通过某个通道所产生的流动电流或者流动电位来间接测定；③通过测定颗粒在电场中的响应情况来间接测定（Kirby and Hasselbrink, 2004）。其他还有诸如膜电位法和电黏度法等（汪锰等, 2007）。

3. 临界聚沉浓度

土壤纳米颗粒的聚沉是指，原先处于分散体系中的纳米颗粒在相互接近后，在微观作用力的影响下发生的颗粒团聚。临界聚沉浓度（CCC）是指纳米颗粒溶液达到快速聚沉状态下相对应的最小电解质浓度，是评价纳米颗粒聚沉和沉降过程最重要的一个参数，自然也是在稳定性评价中不得不考虑的参数（Jia et al.，2013）。临界聚沉浓度的定义是建立在DLVO理论上的。DLVO理论认为纳米颗粒溶液在一定条件下能否稳定存在取决于颗粒之间相互作用的位能。总位能等于范德瓦耳斯（van der Waals）吸引位能和静电排斥位能之和。这两种位能之间受力分别为范德瓦耳斯力和静电力。这两种相反的作用力决定了纳米颗粒的稳定性。当范德瓦耳斯力小于静电力，即总位能大于零时，纳米颗粒溶液保持稳定，将不会发生聚沉；反之，则会发生聚沉。临界聚沉浓度图解见图1-2。

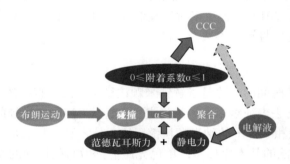

图1-2　临界聚沉浓度图解（陈慧明，2014）

为了得到CCC值，首先需要引入附着系数（α）的概念。纳米颗粒非常小，故而颗粒的布朗运动非常明显。颗粒的布朗运动会导致颗粒间的碰撞，继而发生颗粒聚合的现象。然而并不是所有的碰撞都能成功地使颗粒聚合，碰撞达到聚合效果的成功率就是附着系数（Li and Huang，2010）。当两个相互接近颗粒间的排斥力远大于范德瓦耳斯力时，布朗运动产生的碰撞就完全不会使颗粒黏在一起，此时附着系数α为0，整个体系也就非常的稳定；而当颗粒间的排斥力远小于范德瓦耳斯力时，每次碰撞都会导致聚合，此时附着系数α为1，整个体系的纳米颗粒将急速聚沉，这个阶段被称为扩散限制聚沉（DLA）。处于两者之间的普通情况就是所谓的反应限制聚沉（RLA）阶段（Lin et al.，1990）。反应限制聚沉与扩散限制聚沉的转折点，即附着系数刚达到1时，所对应的浓度就是临界聚沉浓度。可以得知，CCC越大表明体系相对越稳定，部分研究正是以此来对纳米颗粒稳定性进行评估（Li and Huang，2010；Liu et al.，2010）。Zhu等（2014）研究了土壤纳米颗粒的聚沉动力学过程，在反应限制聚沉阶段，选用的电解质浓度相对较低，土壤纳米颗粒初始的聚沉程度和聚沉速率也处于较低的水平；而随着电解质浓度的增加，土壤纳米颗粒的聚沉进入扩散限制聚沉阶段，聚沉速率达到了最大值的平台期（图1-3）。

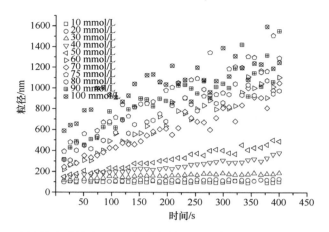

图 1-3　土壤纳米颗粒在 NaCl 溶液中的聚沉动力学过程（Zhu et al., 2014）

1.5.2　纳米颗粒稳定性的影响因素

许多因素会对纳米颗粒的稳定性产生影响，pH、有机质、离子强度、颗粒大小及温度等是几个影响比较大的因素。离子强度、pH 和有机质等都会改变纳米颗粒的表面化学，从而通过改变颗粒间的静电力或空间位阻等对纳米颗粒的稳定性产生影响。而颗粒大小及温度更多的是对颗粒的布朗运动产生影响从而影响纳米颗粒的稳定性。

1. pH

80%的纳米颗粒悬液在 pH 范围 1～12 其稳定性会有很大不同，特别是靠近零电荷点（pH_{pzc}）的时候（Dunphy Guzman et al., 2006）。不同纳米颗粒都有着各自的零电荷点，当纳米颗粒溶液 pH 位于零电荷点时，纳米颗粒的表面电荷近乎为零，在失去静电排斥力的情况下，纳米颗粒大量聚沉；随着纳米颗粒溶液 pH 向零电荷点两边变化，纳米颗粒的表面电荷逐渐增多，整个体系也逐渐稳定（Yang and Xing, 2009）。Dunphy Guzman 等（2006）提到根据能斯特方程，颗粒表面电位与 pH 的关系也与零电荷点有关：

$$\psi = \frac{2.303kT}{e}(pH_{pzc} - pH)$$

式中，ψ 为颗粒表面电位；pH_{pzc} 为零电荷点；e 为颗粒表面的电荷量；k 为玻尔兹曼常数；T 为温度。

Kosmulski 对几百篇涉及纳米颗粒与零电荷点的研究进行了汇总，所用材料囊括金属氧化物纳米颗粒、纳米矿物、碳纳米颗粒、高分子纳米颗粒等各种类型的纳米颗粒，发现零电荷点的差异非常大，几乎遍布 2～11 这一 pH 范围，在正常 pH 范围内没有测定出零电荷点的也不在少数（Kosmulski, 2009, 2011）。需要注意的是，纳米颗粒并非在零电荷点才会发生聚沉，零电荷点仅是聚沉最为剧烈的 pH 点而已。pH 的改变也就意味着溶液中 H^+ 及 OH^- 浓度的改变，而这两种离子作用到纳米颗粒表面就会对颗粒表面电荷等产生极大影响。另外，适宜的 pH 条件还可能会给纳米颗粒提供发生化学反应（有机质水解、氧化还原反应等）的环境，这自然也会影响纳米颗粒的稳定性。

2. 可溶性有机质

研究人员在可溶性有机质（DOM）对纳米颗粒稳定性相关影响实验中没有统一定论。一般认为，可溶性有机质通过影响纳米颗粒的表面电荷和空间位阻来改变纳米颗粒的稳定性，多数时候可溶性有机质的存在是有利于纳米颗粒稳定的（Chen et al., 2006; Domingos et al., 2009; Hu et al., 2010; Deonarine et al., 2011; Mashayekhi et al., 2012; Zhang et al., 2013）。在中性条件下，可溶性有机质去质子化，导致有机质表面带有大量负电荷，进而对纳米颗粒的表面电荷产生影响（Mashayekhi et al., 2012）。在有电解液存在的情况下，可溶性有机质也可以通过中和溶液中阳离子的方式来促进纳米颗粒的稳定（Tso et al., 2010）。

然而也有研究得到可溶性有机质的存在减弱纳米颗粒稳定性的实验结果。Hu 等（2010）认为短链有机质的存在不利于纳米颗粒稳定，而长链有机质会使纳米颗粒稳定。也有研究者发现腐殖酸吸附到 Al_2O_3 纳米颗粒的表面会加速 Al_2O_3 纳米颗粒的聚沉，他们认为腐殖酸吸附到 Al_2O_3 纳米颗粒表面之后，碳链间强烈的氢键将纳米颗粒与颗粒之间连接起来，最终表现为大量聚沉（Ghosh et al., 2008）。Chen 和 Elimelech（2007）在研究腐殖酸对富勒烯纳米颗粒稳定性影响时发现二价阳离子（特别是 Ca^{2+}）存在的情况下有机质的添加使纳米颗粒稳定性降低，他们认为，Ca^{2+} 等离子和某类有机质共同存在时会使颗粒与颗粒之间通过搭起的联桥结合在一起，从而使颗粒发生团聚。

另外，可溶性有机质性质的不同对稳定性改变幅度会产生很大的影响，分子量、极性、芳香度、不饱和度等都需要纳入考虑（Ghosh et al., 2009）。Hyung 等（2007）认为有机质对纳米颗粒稳定性的影响要归功于有机质中的芳香部分，芳香环结构中的 π—π 键对碳纳米颗粒稳定性产生很大影响。Zhu 等（2017）研究了不同类型天然有机质对土壤纳米颗粒稳定性的影响，发现有机质可通过表面包被作用增加土壤纳米颗粒表面负电荷，使得纳米颗粒之间静电排斥作用更强，从而促进土壤纳米颗粒的稳定分散，其稳定性的变化与土壤纳米颗粒和有机质的类型和性质有关。

3. 离子强度

许多研究都表明，尽管所用纳米颗粒及离子类型不同，离子强度的增加都会降低纳米颗粒的稳定性（Chen and Elimelech, 2008; Jin et al., 2010; Li et al., 2011）。不同价态阳离子对纳米颗粒稳定性的影响相差很大（Sano et al., 2001）。在相同的离子强度下，土壤纳米颗粒的表面电荷受价态较高的阳离子影响较大。在价态较高的阳离子条件下纳米颗粒更容易发生聚沉。在不同电解质溶液条件下的纳米颗粒临界聚沉浓度结果符合舒尔策-哈迪法则的定义（Zhu et al., 2014）。此外，同等价态的不同离子对纳米颗粒稳定性的影响也不尽相同（Jin et al., 2010）。

离子强度还能与可溶性有机质发生交互效应从而影响纳米颗粒的稳定性。例如，Zhu 等（2017）研究发现天然有机质在单价（Na^+）电解质溶液中比在二价（Ca^{2+}）或三价（La^{3+}）电解质溶液中对土壤纳米颗粒稳定性的影响更加明显。

4. 其他因素

也有研究针对纳米颗粒自身大小对其稳定性的影响（He et al., 2008），其结果显示颗粒越小就相对越不稳定，并猜测可能是颗粒大小的变化同时会使颗粒零电荷点发生改变，从而影响其稳定性。对金属氧化物纳米颗粒的研究表明，颗粒大小会直接影响纳米颗粒的表面电荷，10 nm 以下纳米颗粒的表面电荷密度要比 20 nm 以上纳米颗粒的表面电荷密度大很多（Abbas et al., 2008）。而温度对纳米颗粒稳定性影响的研究并不多，可能是因为纳米颗粒常温下就可以保持一定程度的稳定，这对于大部分工程纳米颗粒的研究而言已经足够了。

1.6 土壤纳米颗粒对有机污染物的吸附行为及其影响因素

1.6.1 纳米颗粒对有机污染物的吸附行为

吸附-解吸是控制有机污染物暴露、迁移、生物可利用性和反应活性的关键过程，在学术界也是备受关注的研究侧重点。其中，纳米颗粒对有机污染物的吸附作用与机理更是目前环境领域的研究前沿。纳米颗粒由于具有大的比表面积，其与有机物（包括有机污染物和天然有机质）之间的相互作用不仅对纳米颗粒的环境行为有至关重要的作用，而且对有机污染物的环境行为和生态效应有重大影响。自然土壤中也存在很多纳米颗粒，与常规胶体微米尺度的土壤矿物有所不同，纳米尺度的土壤矿物由于具有更巨大的表面积和表面疏水性，其与有机污染物之间的界面相互作用会与微米尺度的土壤矿物存在较大差异。因此，非常有必要从纳米尺度上深入认知土壤有机污染的界面反应过程。

与工程纳米颗粒相比，土壤来源纳米颗粒对有机污染物吸附的研究相对较少。李滢等（2008）研究了纳米二氧化硅和纳米高岭石对阿特拉津的吸附，结果表明粒径较小的纳米二氧化硅对阿特拉津的吸附比纳米高岭石高很多，两种纳米颗粒对阿特拉津的吸附量均随着离子强度的增大而减小。腐殖酸包被后纳米二氧化硅和纳米高岭石对阿特拉津的吸附量随 pH 的增加而降低，随着 pH 的降低，纳米颗粒上的腐殖酸更多地表现出压缩构象，使团聚体粒径更小，表面积更大，对吸附过程有利（Lu et al., 2009）。Iorio 等（2008）和 Yang 等（2010）研究了菲在纳米 Al_2O_3-腐殖酸复合物上的吸附行为，观察到纳米颗粒物中先加入有机碳含量很高的腐殖酸进而形成的复合物对菲的吸附大大增强。Iorio 等（2008）研究还发现，与纳米 Al_2O_3 复合的有机质的物理状态对菲的微界面作用行为具有重要影响。

研究表明，三种土壤天然无机纳米颗粒（纳米级的赤铁矿、蒙脱石和高岭石）对可离子化的有机污染物五氯酚（PCP）和非离子型有机污染物菲（PHE）的吸附能力不尽相同。通过比较分析溶液化学性质改变后三种天然纳米颗粒对 PCP 和 PHE 吸附作用变化的差异，发现主导天然纳米颗粒对 PCP 和 PHE 的吸附机制存在差异，对 PCP 而言，氢键、静电斥力、电荷屏蔽占主导地位，而对 PHE 而言，团聚效应、疏水作用、竞争吸附是其主要作用（曾凡凤, 2014; Zeng et al., 2014）。

此外，研究还揭示出不同土壤纳米级矿物对 PCP 和 PHE 的吸附能力和机制不尽相同。总体上，纳米蒙脱石的吸附能力强于其他两种天然纳米颗粒。不同天然纳米颗粒对 PCP 的吸附量遵循纳米蒙脱石 >> 纳米赤铁矿 > 纳米高岭石的顺序。不同天然纳米颗粒对 PHE 的吸附量和 K_d 值则遵循纳米蒙脱石 > 纳米高岭石 > 纳米赤铁矿的顺序。这种吸附性能的差异可能由不同矿物纳米颗粒表面性质和晶型结构引起（Li et al., 2013; Zeng et al., 2014）。

在上述研究基础上，进一步综合比较了常规尺度和纳米尺度的土壤矿物对有机污染物吸附作用的差异，研究发现，纳米级的土壤矿物（纳米蒙脱石和纳米高岭石）对 PCP 的吸附亲和力和吸附容量显著高于相应的微米级土壤矿物胶体。例如，对纳米蒙脱石而言，表征其对 PCP 吸附性能的参数 Q_{e-max} 和 K_d 值分别比微米级钙基蒙脱石和微米级钾基蒙脱石的相应值高出 56～228 倍和 5～976 倍。这说明当以团聚体形态存在的蒙脱石被充分分散成小颗粒后，它们对有机污染物的吸附性能将显著提高。因此，与胶体水平上常规微米尺度的土壤矿物相比，当土壤矿物的颗粒尺寸小到纳米尺度且所处环境条件倾向于使其以高度分散的状态存在时，土壤矿物会具有更高的吸附容量、更高的吸附亲和力及更快的吸附速率；这种情况下，土壤矿物相对于土壤有机质而言对有机污染物在土-水界面的吸附贡献会更高（He et al., 2015）。

除了对土壤无机纳米颗粒吸附有机污染物进行研究，还开展了土壤有机-无机复合纳米颗粒对 PCP 和 PHE 的吸附试验。选择泥炭胡敏酸（HA_{peat}）和土壤胡敏酸（HA_{soil}）包被的赤铁矿纳米颗粒作为吸附剂，与未包被赤铁矿纳米颗粒吸附等温线相比，胡敏酸的包被显著促进了纳米颗粒对 PCP 和 PHE 的吸附效果，吸附亲和力提高了 1～2 个数量级，其增加程度与胡敏酸含量呈正相关，这表明胡敏酸在吸附过程中起到重要作用。表面极性的降低和官能团的引入促进了胡敏酸包被赤铁矿纳米颗粒吸附效果的增加。此外，HA_{peat}-赤铁矿比 HA_{soil}-赤铁矿对 PCP 和 PHE 吸附亲和力更高，这是由于 HA_{peat}-赤铁矿具有更低的极性和更高的疏水性。该研究结果阐明了胡敏酸与赤铁矿复合纳米颗粒对疏水性有机污染物的吸附机理，为天然来源土壤纳米颗粒的环境修复应用提供了理论基础（Xu et al., 2019）。

1.6.2 吸附影响因素

纳米颗粒的表面化学、有机污染物的化学特征和环境条件（pH 和离子强度）对纳米颗粒吸附有机污染物均起着重要作用（Cho et al., 2011; Pan and Xing, 2008; Zeng et al., 2014）。纳米颗粒和有机污染物的作用机制主要包括 π—π 键、静电作用、氢键和疏水作用（Yang and Xing, 2010）。研究环境条件对吸附行为的影响，有助于更好地理解纳米颗粒与有机污染物的作用机制。

有机质包被的纳米颗粒对疏水性有机污染物的吸附能进一步影响疏水性有机污染物在环境中迁移、归趋和生物有效性。DOM 是一个复合物，其在无机纳米颗粒上的吸附会导致 DOM 化学组分分级和物理构象变化（Chen et al., 2008; Iorio et al., 2008; Lu et al., 2009; Wang et al., 2008; Yang and Xing, 2009），如酚类官能团倾向于在纳米氧化钛上吸附，而羧酸官能团倾向于在纳米氧化锌上吸附（Yang and Xing, 2009）。自然界只有一小部分土壤纳米颗粒处于分散状态，土壤中有机质颗粒与相关的无机物质相结合或者覆盖在矿物表面（Theng and Yuan, 2008）。DOM 和表面活性剂对纳米颗粒具有明显的分散悬浮作用（Lin and Xing, 2008; Shi et al., 2010; Wang et al., 2011; Zhang et al., 2012）。不同的机制已经被提出来解释 DOM 和表面活性剂对纳米颗粒的分散作用，如增溶作用、包被效应和纳米胶粒的拉开效应（Pan and Xing, 2008）。Diallo 和 Savage（2005）及 Wilson 等（2008）均提出 pH 和离子强度对纳米颗粒的存在形态和结构有很大影响，是决定纳米颗粒稳定性的关键所在。有研究表明纳米颗粒对有机污染物的吸附量受溶液 pH 的影响，一方面，pH 影响纳米颗粒的团聚状态；另一方面，pH 会影响有机污染物的存在形态（Chen et al., 2008; Cho et al., 2011; Gai et al., 2011; Lu et al., 2009; Zhang et al., 2011）。对于天然纳米颗粒而言，一般随着环境 pH 的升高，它们的分散性、稳定性及可迁移性会有所增加（Li et al., 2012, 2013）。Iorio 等（2008）研究表明 pH 越接近零电荷点（pH_{pzc}），颗粒之间的排斥力减小，纳米颗粒团聚体粒径越大；越远离 pH_{pzc} 纳米颗粒由于高的静电荷和电荷密度而越稳定。

在离子强度方面，一般认为降低离子强度能够增加纳米颗粒之间的排斥力，进而增加颗粒的分散性（Dickson et al., 2012; He et al., 2008; Keller et al., 2010）；同时，二价或多价的阳离子（Ca^{2+}、Mg^{2+}）由于可导致纳米颗粒间强烈团聚（Astete et al., 2009; Chen et al., 2006），所以可以影响环境中纳米颗粒的存在稳定性。大部分的研究都发现纳米颗粒的分散稳定性会随着离子强度的增加而降低（Wiesner et al., 2006）。Li 等（2013）研究表明土壤纳米颗粒的团聚效应使其表面积减少，因而供菲吸附的点位减少，吸附量降低。Lu 等（2009）研究了离子强度对纳米氧化硅和纳米高岭石吸附阿特拉津的影响，发现在低离子强度下，对阿特拉津的吸附量较高。

研究考察了环境 pH 和离子强度对土壤纳米矿物对 PCP 和 PHE 吸附过程的影响（Zeng et al., 2014; He et al., 2015; Xu et al., 2019）。发现三种土壤纳米级矿物（纳米赤铁矿、纳米蒙脱石和纳米高岭石）对 PCP 和 PHE 的吸附依赖于溶液的 pH 条件。当 pH < pK_a（4.75）时，纳米赤铁矿对 PCP 的吸附量较高；而其对 PHE 在相对高或低的 pH 范围内吸附量均较高（如 pH < 4.0 及 pH > 12.0），这可能是较高净电荷和电荷密度致使纳米赤铁矿暴露的表面积较大而引起的。不同 pH 下纳米蒙脱石对 PCP 的吸附能力为 pH 10 << pH 6 << pH 4，当 pH < pK_a（4.75）时，PCP 吸附量较高；而其对 PHE 的吸附量和吸附能力则为 pH 4 < pH 6 < pH 10。不同 pH 下纳米高岭石对 PCP 的吸附能力为 pH 10 < pH 6 < pH 4，而对 PHE 吸附量和吸附能力则为 pH 4 < pH 6 < pH 10。在 pH 6 和 10 时，疏水作用在纳米蒙脱石和纳米高岭石对 PCP 和 PHE 吸附过程中占主导地位；而在 pH 4 时，氢键作用强于疏水作用，占主导地位。因此，pH 可通过修饰吸附剂表面特征和吸附质分子电荷特性影响土壤纳米级矿物对有机污染物的吸附，其潜在的机制取决于氢键、静电作用、疏水作用及纳米颗粒的团聚效应这 4 种可能的相互作用。同时，通过研究发现，盐基离子可通过影响土壤纳米级矿物的界面聚合效应而调控其稳定性。纳米赤铁矿、纳米蒙脱石和纳米高岭石对 PCP 和 PHE 的吸附随不同类型离子（Na^+、K^+、Mg^{2+}、Ca^{2+}）浓度的增加而降低。在低离子强度下，三种土壤纳米级矿物对 PCP 和 PHE 的吸附量较高。随着离子强度增加，矿物纳米颗粒稳定性减弱，团聚增加，供有机污染物吸附的位点减少，因此三种土壤纳米级矿物对 PCP 和 PHE 的吸附随浓度的增加而降低。此外，金属离子与吸附剂表面

配位形成的水化膜的竞争吸附、吸附剂分子表面电荷屏蔽作用也是抑制三种土壤纳米级矿物对 PCP 和 PHE 吸附的作用机制。随着 pH 增加，胡敏酸包被赤铁矿纳米颗粒对 PCP 和 PHE 的吸附明显下降。由于吸附胡敏酸后表面官能团的去质子化，吸附后的胡敏酸结构更疏松及 PCP 的解离作用，pH 对 PCP 的吸附影响比 PHE 更显著。

1.7 土壤纳米颗粒与污染物在多孔介质中的迁移行为

掌握胶体和纳米颗粒在多孔介质中的迁移和归趋对于了解自然界和工程领域的一些过程具有极其重要的指导意义。这些过程主要包括土壤发生（Miller and Baharuddin, 1986）、深床过滤处理污水（Tien and Ramarao, 2011）、病原微生物（如细菌和病毒）在土水环境中的迁移过程（Bradford et al., 2013）、胶体携带污染物共迁移（Mccarthy and Zachara, 1989）、膜污染（Hong and Elimelech, 1997）、工程纳米颗粒修复污染场地（Adeleye et al., 2016）、工程纳米颗粒环境风险评估（Wiesner et al., 2006）等。

纳米颗粒由于其独特的物理化学性质而表现出广阔的应用前景，但同时也不可避免地导致其排放到土壤和水体环境中，由此给生态环境带来一定暴露风险，而迁移则是其暴露的重要过程之一。此外，纳米颗粒同时还能与环境中存在的多种有机无机污染物发生强烈的吸附作用，携带污染物在多孔介质中共迁移，增加纳米颗粒和污染物在环境中的持久性和远距离传输风险（Lecoanet et al., 2004; Zhang et al., 2007）。虽然土壤纳米颗粒与其周围局部环境具有很好的相容性（Pan and Xing, 2012），其本身并不存在暴露风险，但它也能携带污染物共迁移，造成污染物在地表和地下水中的扩散风险。因此，研究纳米颗粒的迁移及其与污染物在多孔介质（如土壤）中的共迁移行为规律具有十分重要的环境意义。

1.7.1 纳米颗粒在多孔介质中的迁移

目前为止，实验室研究考察纳米颗粒在多孔介质中的迁移行为规律一般采用的是柱淋洗实验，常见的多孔介质包括石英砂、玻璃珠、土壤等（Petosa et al., 2010; Jiang et al., 2013; Kanel and Al-Abed, 2011）。影响纳米颗粒在多孔介质中迁移的因素很多，主要可分为三大类：纳米颗粒性质、孔隙水条件、多孔介质性质（Wang et al., 2016）。

1）纳米颗粒性质：粒径、纳米颗粒浓度等。①粒径。纳米颗粒的迁移受到自身粒径大小影响。纳米颗粒进入土壤后，粒径较小的颗粒具有很高的移动性，可在土壤孔隙中自由穿梭并最终迁移至地下水中（Darlington et al., 2009）；另外一部分纳米颗粒会发生聚合或团聚，形成尺寸较大的团聚体，由于介质孔隙通道太小阻碍了颗粒迁移，从而发生阻塞现象。一般来说，大颗粒更易被土壤孔隙所捕获，且阻塞大多发生在土壤上层（Fang et al., 2009）。同时，许多其他因素如表面电荷异质性等通常会与粒径的影响耦合导致不同的迁移结果，这些都使得粒径的影响更加错综复杂。②纳米颗粒浓度。大多数研究表明，在无利条件下（unfavorable condition），纳米颗粒输入浓度越高，其迁移效果越好。纳米颗粒浓度增加还可以对介质附着位点起到屏蔽作用，有助于纳米颗粒迁移（Kasel et al., 2013; Sun et al., 2015a）。

2）孔隙水条件：流速和方向、含水量、pH、离子强度和类型、天然有机质等。①流速和方向。土壤水力条件对土壤中纳米颗粒的迁移过程起着十分重要的作用。大多数研究表明流速增加会使滞留的纳米颗粒更易释放，从而促进纳米颗粒迁移（Bradford et al., 2011; Liang et al., 2013; Sharma et al., 2014; Braun et al., 2015）。流速还会通过改变纳米颗粒在多孔介质中的团聚来间接影响其迁移性，如随着土壤溶液流速的降低，纳米颗粒的团聚增加，迁移能力逐渐下降（Jeong and Kim, 2009）。改变水流方向可使原先阻塞在孔喉处的纳米颗粒重新释放，而对于初级和次级势阱处沉积的纳米颗粒效果不明显（Tian et al., 2012a）。②含水量。在水饱和条件下，发生在固液界面处的孔隙阻塞是控制纳米颗粒滞留的重要原因（Bradford et al., 2003）。与饱和多孔介质相比，非饱和多孔介质由于多出一个气-液界面，使得纳米颗粒在介质中的迁移滞留行为更加复杂。气-液界面可以通过静电力、范德瓦耳斯力、疏水力及毛细管作用与胶体颗粒相互作用，从而对纳米颗粒产生拦截作用（Gao et al., 2008; Lazouskaya and Jin, 2008）。③pH。pH 会通过改变纳米颗粒及介质表面的电荷而影响 Zeta 电位，改变纳米颗粒表面和多孔介质静电斥力和引力的相对大小，进而影响纳米颗粒的稳定性和在多孔介质表面的沉积（Lin et al., 2010; Tian et al., 2012b）。当溶液 pH 达到纳米颗粒的零电荷点时，纳米颗粒的表面电荷被限制或降低至零，颗粒间的斥力将会降低从而促进纳米颗粒形成团聚体，降低其在土壤中的移动性（Dunphy Guzman et al., 2006）。近期有研究考察了 pH 条件对土壤纳米颗粒及黏粒胶体迁移的影响，发现增加 pH 提高了不同粒径土壤颗粒的分散稳定性，从而促进了它们的迁移，但不同土壤类型的颗粒对 pH 变化响应方面有所不同，土壤不同粒径颗粒迁移大小顺序为纳米颗粒 > 细黏粒 > 黏粒 > 粗黏粒（Liu et al., 2018）（图 1-4）。④离子强度和类型。随着土壤溶液中离子强度的升高，纳米颗粒内部及其与土壤表面间的静电斥力急剧降低，从而加剧纳米颗粒的团聚（French et al., 2009）。增加离子强度会压缩纳米颗粒表面双电层，一方面降低了纳米颗粒的稳定性，另一方面增加了纳米颗粒在多孔介质表面的沉积，从而使纳米颗粒迁移性下降（Espinasse et al., 2007; Tian et al., 2010）。阳离子价态和类型也能影响纳米颗粒稳定性和迁移，在相同离子强度下，多价阳离子（如 Ca^{2+} 和 Mg^{2+}）比单价阳离子（如 Na^+ 和 K^+）更显著抑制纳米颗粒的迁移（Sasidharan et al., 2014; Braun et al., 2015）。近期在土壤纳米颗粒的研究中也发现，增加离子强度抑制了土壤纳米颗粒的迁移，且不同类型土壤纳米颗粒的穿透曲线也有所不同（Liu et al., 2018）。⑤天然有机质。天然有机质在环境中广泛存在，其表面含有丰富的羧基和羟基官能团，这些官能团对纳米颗粒的稳定起到重要作用（Hu et al., 2010）。研究表明，天然有机质如 Suwanee River 腐殖酸可通过静电作用和空间位阻抑制多种纳米颗粒的附着，进而促进其在多孔介质中的迁移（Pelley and Tufenkji, 2008; Tian et al., 2012b）。同时，天然有机质还会覆盖在介质表面影响水力学特征及其与纳米颗粒的相互作用力（Mingorance et al., 2007）。例如，腐殖酸会吸附在纳米颗粒及石英砂表面，增大颗粒与石英砂间的静电斥力，从而促进纳米颗粒在饱和石英砂介质中的迁移能力（Chowdhury et al., 2012）。

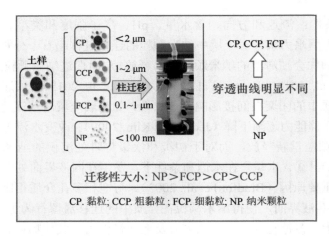

图 1-4 土壤天然纳米颗粒的迁移行为及其与黏粒胶体的对比（Liu et al., 2018）

3）多孔介质性质：填充介质类型、介质颗粒大小和表面性质等。①填充介质类型。纳米颗粒在不同介质中的迁移结果差异很大，纳米颗粒在玻璃珠介质中的迁移性比石英砂介质中更高（Tian et al., 2012b），且在干净的石英砂中迁移效果比在含杂质的石英砂中迁移效果好（Kanel et al., 2007）。Al_2O_3 纳米颗粒和 ZnO 纳米颗粒在沙土和土壤介质中迁移的对比研究发现，由于沙土介质孔径分布均匀，且组成简单，两种纳米颗粒在沙土中的移动性很高，介质表面附着的纳米颗粒会发生一部分脱附；而在孔径分布异质性高且成分复杂的土壤介质中，土壤对纳米颗粒的捕获滞留及孔隙阻塞现象非常明显，纳米颗粒与介质间的吸附力强且不可逆（Darlington et al., 2009; Sun et al., 2015b）。②介质颗粒大小。一般介质颗粒越小，其表面积和有效附着位点越多，迁移过程中纳米颗粒也越容易沉积（Mattison et al., 2011; Sharma et al., 2014）。此外，细颗粒介质孔喉更小，导致纳米颗粒发生物理阻塞的可能性更高（Liang et al., 2013）。③表面性质。介质表面电荷异质性如一些痕量金属杂质的存在即可显著影响纳米颗粒的迁移（Tian et al., 2010）。此外，介质表面粗糙度越高，介质与纳米颗粒之间排斥作用力越小，导致更多的纳米颗粒滞留，尤其是在无利条件下（纳米颗粒与介质表面双电层为排斥力时）更明显（Shellenberger and Logan, 2002; Shen et al., 2011）。目前有许多研究采用铁氧化物包被的石英砂填充柱考察介质表面电荷异质性对纳米颗粒迁移的影响（Wang et al., 2012b, 2013b, 2017）。还有研究者发现土壤微生物对纳米颗粒的吸附迁移具有重要的影响。环境中微生物大多以生物膜的形式附着于固相介质表面（Costerton et al., 1987），生物膜附着在土壤介质表面后会分泌大量的胞外多聚物（EPS），这些 EPS 包含大量表面带电荷的官能团，如羧基、羟基、氨基等。研究发现，EPS 可以通过氢键作用被纳米颗粒吸附，从而降低纳米颗粒在多孔介质中的迁移能力（Jucker et al., 1997; Jucker et al., 1998）。此外，生物膜的存在有效降低了多孔介质的孔隙度，增加了纳米颗粒在介质中滞留的可能性；同时，生物膜增加了多孔介质表面的粗糙度，有利于纳米颗粒在介质中发生吸附和滞留，从而大大削弱了纳米颗粒在多孔介质中的迁移能力（Jiang et al., 2013）。

以上影响纳米颗粒在多孔介质中迁移的因素往往并不是单一存在，而是相互耦合作用，导致纳米颗粒的迁移机理更加复杂，未来需要更多的研究阐明多种因素耦合下的纳米颗粒迁移规律。

除了对单一纳米颗粒迁移研究之外，近年来对两种纳米颗粒或胶体的共迁移研究也引起了越来越多的关注。

1）纳米颗粒与微米胶体的共迁移。研究发现纳米 TiO_2 和黏土矿物胶体的共迁移行为取决于溶液离子类型，在 NaCl 和 $CaCl_2$ 溶液条件下，膨润土胶体可以显著促进纳米 TiO_2 的迁移，而高岭石胶体仅在 NaCl 条件下促进纳米 TiO_2 的迁移，$CaCl_2$ 条件下则起到抑制作用，这是由于 $CaCl_2$ 条件下高岭石与 TiO_2 发生剧烈团聚阻塞抑制了 TiO_2 的迁移（Cai et al., 2014）。还有研究通过理论计算和实验结果证明了微米和纳米颗粒异质性团聚体要比微米和微米颗粒均一性团聚体的迁移性更高（Shen et al., 2014）。

2）两种不同纳米颗粒的共迁移。Wang 等（2015）研究了纳米羟基磷灰石和纳米针铁矿的共迁移，发现存在尺寸选择性的滞留，粒径大的颗粒堵塞在柱子入口处，而粒径小的则分布在柱子尾端或者流出。

这些研究结果表明，多种纳米颗粒或胶体共存体系的迁移规律远远要比单一体系的迁移复杂，未来还需要更加深入的研究。

1.7.2 纳米颗粒与污染物的共迁移

一般认为胶体或纳米颗粒与污染物的共迁移满足以下 4 个方面条件时，环境意义才会重要（Kretzschmar et al., 1999; Hofmann and von der Kammer, 2009）：

1）胶体或纳米颗粒的存在浓度必须足够高；
2）胶体或纳米颗粒的移动性要足够强，可远距离迁移至多孔介质非污染区；
3）污染物必须能够强烈吸附在胶体或纳米颗粒上，且解吸很慢（或不解吸）；
4）即使是在痕量浓度下，污染物应是强毒性的。

由于纳米颗粒与环境中污染物之间的强烈作用，增加了污染物向深层土层迁移的风险，所以，纳米颗粒与污染物在多孔介质中的共迁移行为成为近年来的重点研究方向。目前，关于纳米颗粒与污染物共迁移的研究主要集中在纳米颗粒与重金属离子的共迁移、纳米颗粒与病原微生物的共迁移、纳米颗粒与有机污染物的共迁移这几个方面。

（1）纳米颗粒与重金属离子的共迁移

环境中过高含量的重金属会对动物、植物、微生物、人体等生物体产生毒害作用，对它们的健康造成严重的威胁。此外，由于纳米颗粒比表面积大，对许多金属离子有很强的吸附和络合能力，会加剧在环境中迁移扩散的风险。因此，纳米颗粒对重金属的吸附、协同迁移等行为是近年来研究的重点。Akbour 等（2002）的研究提出，二价金属离子对纳米颗粒在多孔介质中的迁移行为的影响与重金属浓度密切相关，当重金属浓度小于 10^{-6} mol/L 时，二价金属离子对纳米颗粒在多孔介质中迁移行为的影响可以忽略不计，但是当重金属浓度大于 10^{-5} mmol/L 时，二价金属离子对纳米颗粒在多孔介质中迁移行为的抑制作用显著增强。Fang 等（2011）通过探究纳米 TiO_2 在 4 种受铜污染土壤中的迁移行为，发现纳米 TiO_2 在受铜污染较严重土壤中的迁移能力明显弱于在受铜污染较轻土壤中的迁移能力；在河北和北京大兴两种不同的土壤中，纳米 TiO_2 均可作为铜的载体,促使铜向更深层的土层中迁移,并且在纳米 TiO₂ 与铜共迁移的过程中,已经吸附在纳米 TiO₂ 表面的铜离子会解吸。Fang 等(2016)发现纳米 TiO₂ 可显著促进铅在土壤中的迁移,且铅主要以纳米 TiO₂ 结合态迁出,而溶解态铅较少;同时富啡酸的存在可促进纳米 TiO₂ 结合态铅在土壤中的迁移。

(2)纳米颗粒与病原微生物的共迁移

相比重金属和有机污染物,关于纳米颗粒与病原微生物的共迁移的研究比较有限。有研究表明,蒙脱石、高岭石胶体及纳米 TiO₂ 颗粒都能影响人类腺病毒在饱和介质中的迁移,其中纳米 TiO₂ 颗粒存在时人类腺病毒的滞留量最高(Syngouna et al., 2017)。

(3)纳米颗粒与有机污染物的共迁移

纳米颗粒对有机污染物的吸附、解吸等过程在很大程度上决定了它们的共迁移行为,目前人们对工程纳米颗粒与有机污染物的共迁移规律的认识已逐步加深,而对土壤纳米颗粒与代表性有机污染物的共迁移机理及相关影响因素知之甚少。Li 等(2013)相关研究结果表明菲等污染物在多孔介质中迁移能力非常弱,它们会吸附在介质表面,普通的电解质溶液等无法使其脱附,但在含有土壤纳米颗粒溶液的作用下可通过增加菲的表观溶解度,使菲能够从介质表面脱附同时吸附在纳米颗粒上并随之迁移(Li et al., 2013)。

最新的研究阐明了土壤纳米颗粒与两种典型有机污染物菲(PHE)和五氯酚(PCP)的共迁移机理(图 1-5)。研究发现污染物 PHE 和 PCP 与土壤纳米颗粒的共迁移行为与纳米颗粒和污染物本身的性质及溶液化学条件密切相关。其中,有机质含量和浓度更高的土壤纳米颗粒作为载体促进 PHE 在石英砂柱中的迁移更加有效。纳米颗粒可显著促进低浓度 PHE(0.2 mg/L)的迁移,而对高浓度 PHE(1.0 mg/L)则几乎没有影响。对于 PCP 来说,其迁移性高度依赖于 PCP 的化学形态,而 PCP 的化学形态又取决于溶液

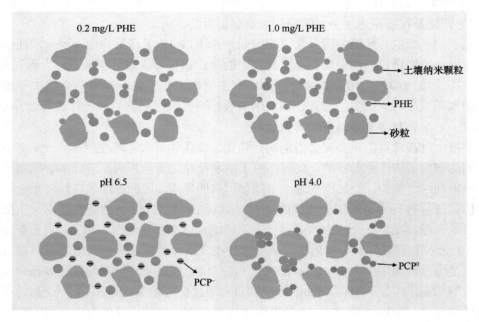

图 1-5 土壤纳米颗粒与菲(PHE)和五氯酚(PCP)的共迁移机理(Liu et al., 2019)

pH 条件。当阴离子态的 PCP 占主导时，PCP 主要以溶解态迁移，因而几乎不受土壤纳米颗粒的影响；然而当 PCP 主要以中性分子态存在时，由于 PCP 疏水性增加，PCP 的迁移性相应地下降，但与此同时相比于对照实验，土壤纳米颗粒通过与 PCP 结合也显著促进了 PCP 的迁移。该研究结果表明高迁移性的土壤纳米颗粒可作为有机污染物的有效载体并给污染物的扩散带来一定潜在风险（Liu et al., 2019）。

1.8 研究展望

目前，围绕土壤天然纳米颗粒及其环境行为的研究是当前微观领域重要的研究方向和难点之一。然而，大量的研究仍然聚焦于排放到环境中的工程纳米颗粒的研究，忽略了土壤中本身存在的远高于工程纳米颗粒排放量的天然纳米颗粒的作用。未来加大对土壤天然纳米颗粒的研究将有助于深入理解其重要环境功能和潜在应用价值。

1) 当前研究对土壤中天然纳米颗粒的非破坏性提取效率仍然很低，今后需要进一步完善超声-离心分离法提取纳米颗粒，从而发展出行之有效的土壤纳米颗粒大规模制备法，提高土壤纳米颗粒的提取量。目前针对纳米颗粒在纳米尺度上粒径的分级依然受到实验方法和条件的限制。

2) 在土壤纳米颗粒的基本性质的研究中，虽然能够知道纳米颗粒的结构组分，但不能明确纳米颗粒各组分的结合方式，特别是纳米颗粒中的有机组分及无机组分的相互作用机理，如有机组分是如何与无机组分相结合影响到纳米颗粒与环境中很多疏水性污染物的相互作用，未来有待加强这方面的表征研究。

3) 在纳米颗粒分散体系中，影响稳定性的相关因素还有很多，如粒径分级和离子特异性效应等。土壤天然纳米颗粒自身组分对稳定性的贡献率多大？它们与稳定性之间的相关性如何？未来有待深入研究。同时，目前的实验主要是针对不同物理、化学条件下纳米颗粒稳定性的变化进行的，而自然条件中复杂而多变的物理化学条件（比如多种离子存在下的混合电解质体系、其他重金属阳离子同时存在的情况和阴离子的影响作用等）对稳定性理论的深入研究提出了挑战。

4) 除了有机污染物之外，实际环境中，多种污染物共存，则必然产生共存污染物在土壤纳米颗粒上的竞争吸附、共吸附，其吸附行为更加复杂，因此未来可考虑研究环境中可能共存的有机污染物、重金属离子和表面活性剂在土壤纳米颗粒上的吸附行为。

5) 有关土壤纳米颗粒的迁移研究中，大多是选用了石英砂作为模拟多孔介质，然而真实土壤环境体系远远要比石英砂复杂。在后续的研究中，应考虑更加真实的土壤环境条件（如采用砂质土壤作为多孔介质，模拟自然降水渗透流速及不饱和的土壤条件等），同时阐明这些因素对纳米颗粒及其与污染物的共迁移行为影响，以期还原土壤纳米颗粒在真实环境中的迁移行为。同时，真实土壤环境污染情况复杂，未来有必要进一步考察土壤纳米颗粒和有机-无机复合污染物的共迁移过程。

参 考 文 献

陈慧明. 2014. 土壤天然纳米颗粒稳定性研究：pH 和可溶性有机质的影响. 浙江大学硕士学位论文.
李文彦. 2013. 土壤天然纳米颗粒提取及其性质和环境行为的表征. 浙江大学博士学位论文.
李滢, 卢家娟, 石宝友, 等. 2008. 纳米 SiO_2 和纳米高岭石对阿特拉津的吸附. 环境科学, 29: 1687-1692.
汪锰, 安全福, 吴礼光, 等. 2007. 膜 Zeta 电位测试技术研究进展. 分析化学, 35: 605-610.
熊毅, 许冀泉, 陈家坊. 1983. 土壤胶体. 北京: 科学出版社.
曾凡凤. 2014. 天然无机纳米颗粒对有机污染物的吸附作用与机理. 浙江大学硕士学位论文.
Abbas Z, Labbez C, Nordholm S, et al. 2008. Size-dependent surface charging of nanoparticles. Journal of Physical Chemistry C, 112: 5715-5723.
Adeleye A, Conway J, Garner K, et al. 2016. Engineered nanomaterials for water treatment and remediation: costs, benefits, and applicability. Chemical Engineering Journal, 286: 640-662.
Akbour R, Douch J, Hamdani M, et al. 2002. Transport of kaolinite colloids through quartz sand: influence of humic acid, Ca^{2+}, and trace metals. Journal of Colloid and Interface Science, 253: 1-8.
Anger S, Caldwell K, Niehus H, et al. 1999. High resolution size determination of 20 nm colloidal gold particles by SedFFF. Pharmaceutical Research, 16: 1743-1747.
Astete C, Sabliov C, Watanabe F, et al. 2009. Ca^{2+} cross-linked alginic acid nanoparticles for solubilization of lipophilic natural colorants. Journal of Agricultural and Food Chemistry, 57: 7505-7512.
Baalousha M, Stolpe B, Lead J. 2011. Flow field-flow fractionation for the analysis and characterization of natural colloids and manufactured nanoparticles in environmental systems: a critical review. Journal of Chromatography A, 1218: 4078-4103.
Bae S, Collins R, Waite T, et al. 2018. Advances in surface passivation of nanoscale zerovalent iron: a critical review. Environmental Science & Technology, 52: 12010-12025.
Bakshi S, He Z, Harris W. 2015. Natural nanoparticles: implications for environment and human health. Critical Reviews in Environmental Science and Technology, 45: 861-904.
Bargar J, Bernier-Latmani R, Giammar D, et al. 2008. Biogenic uraninite nanoparticles and their importance for uranium remediation. Elements, 4: 407-412.
Biswas P, Wu C, 2005. Critical review: nanoparticles and the environment. Journal of the Air and Waste Management Association, 55:708-746.
Bradford S, Morales V, Zhang W, et al. 2013. Transport and fate of microbial pathogens in agricultural settings. Critical Reviews in Environmental Science and Technology, 43: 775-893.
Bradford S, Simunek J, Bettahar M, et al. 2003. Modeling colloid attachment, straining, and exclusion in saturated porous media. Environmental Science & Technology, 37: 2242-2250.
Bradford S, Torkzaban S, Simunek J. 2011. Modeling colloid transport and retention in saturated porous media under unfavorable attachment conditions. Water Resources Research, 47: W10503.
Braun A, Klumpp E, Azzam R, et al. 2015. Transport and deposition of stabilized engineered silver nanoparticles in water saturated loamy sand and silty loam. Science of the Total Environment, 535: 102-112.
Brodowski S, Amelung W, Haumaier L, et al. 2005. Morphological and chemical properties of black carbon in physical soil fractions as revealed by scanning electron microscopy and energy-dispersive X-ray spectroscopy. Geoderma, 128: 116-129.
Buzea C, Pacheco I, Robbie K. 2007. Nanomaterials and nanoparticles: sources and toxicity. Biointerphases, 2: MR17-MR71.
Cai P, Huang Q, Walker S. 2013. Deposition and survival of *Escherichia coli* O157:H7 on clay minerals in a parallel plate flow system. Environmental Science & Technology, 47: 1896-1903.
Cai L, Tong M, Wang X, et al. 2014. Influence of clay particles on the transport and retention of titanium

dioxide nanoparticles in quartz sand. Environmental Science & Technology, 48: 7323-7332.

Calabi-Floody M, Bendall J, Jara A, et al. 2011. Nanoclays from an andisol: extraction, properties and carbon stabilization. Geoderma, 161: 159-167.

Chen J, Chen W, Zhu D. 2008. Adsorption of nonionic aromatic compounds to single-walled carbon nanotubes: effects of aqueous solution chemistry. Environmental Science & Technology, 42: 7225-7230.

Chen K, Elimelech M. 2007. Influence of humic acid on the aggregation kinetics of fullerene (C_{60}) nanoparticles in monovalent and divalent electrolyte solutions. Journal of Colloid and Interface Science, 309: 126-134.

Chen K, Elimelech M. 2008. Interaction of fullerene (C_{60}) nanoparticles with humic acid and alginate coated silica surfaces: measurements, mechanisms, and environmental implication. Environmental Science & Technology, 42: 7607-7614.

Chen K, Mylon S, Elimelech M. 2006. Aggregation kinetics of alginate-coated hematite nanoparticles in monovalent and divalent electrolytes. Environmental Science & Technology, 40: 1516-1523.

Cho H, Huang H, Schwab K. 2011. Effects of solution chemistry on the adsorption of ibuprofen and triclosan onto carbon nanotubes. Langmuir, 27: 12960-12967.

Chowdhury I, Cwiertny D, Walker S. 2012. Combined factors influencing the aggregation and deposition of nano-TiO_2 in the presence of humic acid and bacteria. Environmental Science & Technology, 46: 6968-6976.

Colvin V. 2003. The potential environmental impact of engineered nanomaterials. Nature Biotechnology, 21: 1166-1170.

Costerton J, Cheng K, Geesey G, et al. 1987. Bacterial biofilms in nature and disease. Annual Reviews in Microbiology, 41: 435-464.

Crane R, Scott T. 2012. Nanoscale zero-valent iron: future prospects for an emerging water treatment technology. Journal of Hazardous Materials, 211: 112-125.

Darlington T, Neigh A, Spencer M, et al. 2009. Nanoparticle characteristics affecting environmental fate and transport through soil. Environmental Toxicology and Chemistry, 28: 1191-1199.

Deonarine A, Lau B, Aiken G, et al. 2011. Effects of humic substances on precipitation and aggregation of zinc sulfide nanoparticles. Environmental Science & Technology, 45: 3217-3223.

Diallo M, Savage N. 2005. Nanoparticles and water quality. Journal of Nanoparticle Research, 7: 325-330.

Dickson D, Liu G, Li C, et al. 2012. Dispersion and stability of bare hematite nanoparticles: effect of dispersion tools, nanoparticle concentration, humic acid and ionic strength. Science of the Total Environment, 419: 170-177.

Doane T, Chuang C, Hill R, et al. 2011. Nanoparticle ζ-potentials. Accounts of Chemical Research, 45: 317-326.

Domingos R, Tufenkji N, Wilkinson K. 2009. Aggregation of titanium dioxide nanoparticles: role of a fulvic acid. Environmental Science & Technology, 43: 1282-1286.

Dunphy Guzman K, Finnegan M, Banfield J. 2006. Influence of surface potential on aggregation and transport of titania nanoparticles. Environmental Science & Technology, 40: 7688-7693.

Espinasse B, Hotze E, Wiesner M. 2007. Transport and retention of colloidal aggregates of C_{60} in porous media: effects of organic macromolecules, ionic composition, and preparation method. Environmental Science & Technology, 41: 7396-7402.

Fan W, Cui M, Liu H, et al. 2011. Nano-TiO_2 enhances the toxicity of copper in natural water to *Daphnia magna*. Environmental Pollution, 159: 729-734.

Fang J, Shan X, Wen B, et al. 2009. Stability of titania nanoparticles in soil suspensions and transport in saturated homogeneous soil columns. Environmental Pollution, 157: 1101-1109.

Fang J, Shan X, Wen B, et al. 2011. Transport of copper as affected by titania nanoparticles in soil columns. Environmental Pollution, 159: 1248-1256.

Fang J, Zhang K, Sun P, et al. 2016. Co-transport of Pb^{2+} and TiO_2 nanoparticles in repacked homogeneous soil columns under saturation condition: effect of ionic strength and fulvic acid. Science of the Total Environment, 571: 471-478.

Floody M, Theng B, Reyes P, et al. 2009. Natural nanoclays: applications and future trends–a Chilean perspective. Clay Minerals, 44: 161-176.

Forbes M, Raison R, Skjemstad J. 2006. Formation, transformation and transport of black carbon(charcoal)in terrestrial and aquatic ecosystems. Science of the Total Environment, 370: 190-206.

French R, Jacobson A, Kim B, et al. 2009. Influence of ionic strength, pH, and cation valence on aggregation kinetics of titanium dioxide nanoparticles. Environmental Science & Technology, 43: 1354-1359.

Gaborski T, Snyder J, Striemer C, et al. 2010. High-performance separation of nanoparticles with ultrathin porous nanocrystalline silicon membranes. ACS Nano, 4: 6973-6981.

Gai K, Shi B, Yan X, et al. 2011. Effect of dispersion on adsorption of atrazine by aqueous suspensions of fullerenes. Environmental Science & Technology, 45: 5959-5965.

Gao B, Steenhuis T, Zevi Y, et al. 2008. Capillary retention of colloids in unsaturated porous media. Water Resources Research, 44: W04504.

Ghosh S, Mashayekhi H, Pan B, et al. 2008. Colloidal behavior of aluminum oxide nanoparticles as affected by pH and natural organic matter. Langmuir, 24: 12385-12391.

Ghosh S, Mashayekhi H, Bhowmik P, et al. 2009. Colloidal stability of Al_2O_3 nanoparticles as affected by coating of structurally different humic acids. Langmuir, 26: 873-879.

Grolimund D, Borkovec M. 2005. Colloid-facilitated transport of strongly sorbing contaminants in natural porous media: mathematical modeling and laboratory column experiments. Environmental Science & Technology, 39: 6378-6386.

Haiss W, Thanh N, Aveyard J, et al. 2007. Determination of size and concentration of gold nanoparticles from UV-Vis spectra. Analytical Chemistry, 79: 4215-4221.

Harisinghani M, Barentsz J, Hahn P, et al. 2003. Noninvasive detection of clinically occult lymph-node metastases in prostate cancer. New England Journal of Medicine, 348: 2491-2499.

He Y, Zeng F, Lian Z, et al. 2015. Natural soil mineral nanoparticles are novel sorbents for pentachlorophenol and phenanthrene removal. Environmental Pollution, 205: 43-51.

He Y, Wan J, Tokunaga T. 2008. Kinetic stability of hematite nanoparticles: the effect of particle sizes. Journal of Nanoparticle Research, 10: 321-332.

Heurtault B, Saulnier P, Pech B, et al. 2003. Physico-chemical stability of colloidal lipid particles. Biomaterials, 24: 4283-4300.

Hochella M, Lower S, Maurice P, et al. 2008. Nanominerals, mineral nanoparticles, and earth systems. Science, 319: 1631-1635.

Hochella M, Mogk D, Ranville J, et al. 2019. Natural, incidental, and engineered nanomaterials and their impacts on the Earth system. Science, 363: eaau8299.

Hofmann T, Von der Kammer F. 2009. Estimating the relevance of engineered carbonaceous nanoparticle facilitated transport of hydrophobic organic contaminants in porous media. Environmental Pollution, 157: 1117-1126.

Honeyman B. 1999. Geochemistry: colloidal culprits in contamination. Nature, 397: 23.

Hong S, Elimelech M. 1997. Chemical and physical aspects of natural organic matter(NOM)fouling of nanofiltration membranes. Journal of Membrane Science, 132: 159-181.

Hu J, Zevi Y, Kou X, et al. 2010. Effect of dissolved organic matter on the stability of magnetite nanoparticles under different pH and ionic strength conditions. Science of the Total Environment, 408: 3477-3489.

Hu X, Chen Q, Jiang L, et al. 2011. Combined effects of titanium dioxide and humic acid on the bioaccumulation of cadmium in Zebrafish. Environmental Pollution, 159: 1151-1158.

Hüffer T, Kah M, Hofmann T, et al. 2013. How redox conditions and irradiation affect sorption of PAHs by dispersed fullerenes(nC_{60}). Environmental Science & Technology, 47: 6935-6942.

Hyung H, Fortner J, Hughes J, et al. 2007. Natural organic matter stabilizes carbon nanotubes in the aqueous phase. Environmental Science & Technology, 41: 179-184.

Iñigo A, Tessier D, Pernes M. 2000. Use of X-ray transmission diffractometry for the study of clay-particle orientation at different water contents. Clays and Clay Minerals, 48: 682-692.

Iorio M, Pan B, Capasso R, et al. 2008. Sorption of phenanthrene by dissolved organic matter and its complex with aluminum oxide nanoparticles. Environmental Pollution, 156: 1021-1029.

Jeong S, Kim S. 2009. Aggregation and transport of copper oxide nanoparticles in porous media. Journal of Environmental Monitoring, 11: 1595-1600.

Jia M, Li H, Zhu H, et al. 2013. An approach for the critical coagulation concentration estimation of polydisperse colloidal suspensions of soil and humus. Journal of Soils and Sediments, 13: 325-335.

Jiang W, Mashayekhi H, Xing B. 2009. Bacterial toxicity comparison between nano- and micro-scaled oxide particles. Environmental Pollution, 157: 1619-1625.

Jiang X, Wang X, Tong M, et al. 2013. Initial transport and retention behaviors of ZnO nanoparticles in quartz sand porous media coated with *Escherichia coli* biofilm. Environmental Pollution, 174: 38-49.

Jin X, Li M, Wang J, et al. 2010. High-throughput screening of silver nanoparticle stability and bacterial inactivation in aquatic media: influence of specific ions. Environmental Science & Technology, 44: 7321-7328.

Jucker B, Harms H, Hug S, et al. 1997. Adsorption of bacterial surface polysaccharides on mineral oxides is mediated by hydrogen bonds. Colloids and Surfaces B: Biointerfaces, 9: 331-343.

Jucker B, Harms H, Zehnder A. 1998. Polymer interactions between five gram-negative bacteria and glass investigated using LPS micelles and vesicles as model systems. Colloids and Surfaces B: Biointerfaces, 11: 33-45.

Kanel S, Al-Abed S. 2011. Influence of pH on the transport of nanoscale zinc oxide in saturated porous media. Journal of Nanoparticle Research, 13: 4035-4047.

Kanel S, Goswami R, Clement T, et al. 2007. Two dimensional transport characteristics of surface stabilized zero-valent iron nanoparticles in porous media. Environmental Science & Technology, 42: 896-900.

Kasel D, Bradford S, Šimůnek J, et al. 2013. Transport and retention of multi-walled carbon nanotubes in saturated porous media: effects of input concentration and grain size. Water Research, 47: 933-944.

Keller A, Wang H, Zhou D, et al. 2010. Stability and aggregation of metal oxide nanoparticles in natural aqueous matrices. Environmental Science & Technology, 44: 1962-1967.

Kirby B, Hasselbrink Jr E. 2004. Zeta potential of microfluidic substrates: 1. Theory, experimental techniques, and effects on separations. Electrophoresis, 25: 187-202.

Koper O, Klabunde J, Marchin G, et al. 2002. Nanoscale powders and formulations with biocidal activity toward spores and vegetative cells of bacillus species, viruses, and toxins. Current Microbiology, 44: 49-55.

Kosmulski M. 2009. pH-dependent surface charging and points of zero charge. IV. Update and new approach. Journal of Colloid and Interface Science, 337: 439-448.

Kosmulski M. 2011. The pH-dependent surface charging and points of zero charge: V. Update. Journal of Colloid and Interface Science, 353: 1-15.

Kretzschmar R, Borkovec M, Grolimund D, et al. 1999. Mobile subsurface colloids and their role in contaminant transport. Advances in Agronomy, 66: 121-193.

Kretzschmar R, Schäfer T. 2005. Metal retention and transport on colloidal particles in the environment. Elements, 1: 205-210.

Krieg E, Weissman H, Shirman E, et al. 2011. A recyclable supramolecular membrane for size-selective separation of nanoparticles. Nature Nanotechnology, 6: 141.

Lazouskaya V, Jin Y. 2008. Colloid retention at air–water interface in a capillary channel. Colloids and Surfaces A: Physicochemical and Engineering Aspects, 325: 141-151.

Lecoanet H, Bottero J, Wiesner M. 2004. Laboratory assessment of the mobility of nanomaterials in porous media. Environmental Science & Technology, 38: 5164-5169.

Li K, Zhang W, Huang Y, et al. 2011. Aggregation kinetics of CeO_2 nanoparticles in KCl and $CaCl_2$ solutions:

measurements and modeling. Journal of Nanoparticle Research, 13: 6483-6491.

Li M, Huang C. 2010. Stability of oxidized single-walled carbon nanotubes in the presence of simple electrolytes and humic acid. Carbon, 48: 4527-4534.

Li W, He Y, Wu J, et al. 2012. Extraction and characterization of natural soil nanoparticles from Chinese soils. European Journal of Soil Science, 63: 754-761.

Li W, Zhu X, He Y, et al. 2013. Enhancement of water solubility and mobility of phenanthrene by natural soil nanoparticles. Environmental Pollution, 176: 228-233.

Li Y, Di Z, Ding J, et al. 2005. Adsorption thermodynamic, kinetic and desorption studies of Pb^{2+} on carbon nanotubes. Water Research, 39: 605-609.

Liang Y, Bradford S, Simunek J, et al. 2013. Sensitivity of the transport and retention of stabilized silver nanoparticles to physicochemical factors. Water Research, 47: 2572-2582.

Lin D, Tian X, Wu F, et al. 2010. Fate and transport of engineered nanomaterials in the environment. Journal of Environmental Quality, 39: 1896-1908.

Lin D, Xing B. 2008. Tannic acid adsorption and its role for stabilizing carbon nanotube suspensions. Environmental Science & Technology, 42: 5917-5923.

Lin M, Lindsay H, Weitz D, et al. 1990. Universal reaction-limited colloid aggregation. Physical Review A, 41: 2005.

Liu F, Xu B, He Y, et al. 2018. Differences in transport behavior of natural soil colloids of contrasting sizes from nanometer to micron and the environmental implications. Science of the Total Environment, 634: 802-810.

Liu F, Xu B, He Y, et al. 2019. Co-transport of phenanthrene and pentachlorophenol by natural soil nanoparticles through saturated sand columns. Environmental Pollution, 249: 406-413.

Liu H, Wang G, Guo Z, et al. 2006. Nanomaterials for lithium-ion rechargeable batteries. Journal of Nanoscience and Nanotechnology, 6: 1-15.

Liu R, Lal R. 2015. Potentials of engineered nanoparticles as fertilizers for increasing agronomic productions. Science of the Total Environment, 514: 131-139.

Liu X, Wazne M, Han Y, et al. 2010. Effects of natural organic matter on aggregation kinetics of boron nanoparticles in monovalent and divalent electrolytes. Journal of Colloid and Interface Science, 348: 101-107.

Loosli F, Yi Z, Wang J, et al. 2019. Improved extraction efficiency of natural nanomaterials in soils to facilitate their characterization using a multimethod approach. Science of the Total Environment, 677: 34-46.

Lu J, Li Y, Yan X, et al. 2009. Sorption of atrazine onto humic acids(HAs)coated nanoparticles. Colloids and Surfaces A: Physicochemical and Engineering Aspects, 347: 90-96.

Mashayekhi H, Ghosh S, Du P, et al. 2012. Effect of natural organic matter on aggregation behavior of C_{60} fullerene in water. Journal of Colloid and Interface Science, 374: 111-117.

Matsunaga T, Sakaguchi T. 2000. Molecular mechanism of magnet formation in bacteria. Journal of Bioscience and Bioengineering, 90: 1-13.

Mattison N, O'Carroll D, Kerry Rowe R, et al. 2011. Impact of porous media grain size on the transport of multi-walled carbon nanotubes. Environmental Science & Technology, 45: 9765-9775.

Maurice P, Hochella M. 2008. Nanoscale particles and processes: a new dimension in soil science. Advances in Agronomy, 100: 123-153.

McCarthy J, Zachara J. 1989. Subsurface transport of contaminants-mobile colloids in the subsurface environment may alter the transport of contaminants. Environmental Science & Technology, 23: 496-502.

Meier J, Katsounaros I, Galeano C, et al. 2012. Stability investigations of electrocatalysts on the nanoscale. Energy & Environmental Science, 5: 9319-9330.

Miller W, Baharuddin M. 1986. Relationship of soil dispersibility to infiltration and erosion of southeastern soils. Soil Science, 142: 235-240.

Mingorance M, Gálvez J, Pena A, et al. 2007. Laboratory methodology to approach soil water transport in the presence of surfactants. Colloids and Surfaces A: Physicochemical and Engineering Aspects, 306: 75-82.

Montalvo D, McLaughlin M, Degryse F. 2015. Efficacy of hydroxyapatite nanoparticles as phosphorus fertilizer in Andisols and Oxisols. Soil Science Society of America Journal, 79: 551-558.

Namjesnik-Dejanovic K, Maurice P. 2001. Conformations and aggregate structures of sorbed natural organic matter on muscovite and hematite. Geochimica et Cosmochimica Acta, 65: 1047-1057.

Navarro E, Baun A, Behra R, et al. 2008. Environmental behavior and ecotoxicity of engineered nanoparticles to algae, plants, and fungi. Ecotoxicology, 17: 372-386.

Nowack B, Bucheli T. 2007. Occurrence, behavior and effects of nanoparticles in the environment. Environmental Pollution, 150: 5-22.

Pan B, Xing B. 2008. Adsorption mechanisms of organic chemicals on carbon nanotubes. Environmental Science & Technology, 42: 9005-9013.

Pan B, Xing B. 2012. Applications and implications of manufactured nanoparticles in soils: a review. European Journal of Soil Science, 63: 437-456.

Pecora R. 2000. Dynamic light scattering measurement of nanometer particles in liquids. Journal of Nanoparticle Research, 2: 123-131.

Petosa A, Jaisi D, Quevedo I, et al. 2010. Aggregation and deposition of engineered nanomaterials in aquatic environments: role of physicochemical interactions. Environmental Science & Technology, 44: 6532-6549.

Pelley A, Tufenkji N. 2008. Effect of particle size and natural organic matter on the migration of nano-and microscale latex particles in saturated porous media. Journal of Colloid and Interface Science, 321: 74-83.

Pignatello J. 1998. Soil organic matter as a nanoporous sorbent of organic pollutants. Advances in Colloid and Interface Science, 76: 445-467.

Plaschke M, Rothe J, Schäfer T, et al. 2002. Combined AFM and STXM in situ study of the influence of Eu(III) on the agglomeration of humic acid. Colloids and Surfaces A: Physicochemical and Engineering Aspects, 197: 245-256.

Pranzas P, Willumeit R, Gehrke R, et al. 2003. Characterisation of structure and aggregation processes of aquatic humic substances using small-angle scattering and X-ray microscopy. Analytical and Bioanalytical Chemistry, 376: 618-625.

Quénéa K, Derenne S, Rumpel C, et al. 2006. Black carbon yields and types in forest and cultivated sandy soils (Landes de Gascogne, France) as determined with different methods: influence of change in land use. Organic Geochemistry, 37: 1185-1189.

Sano M, Okamura J, Shinkai S. 2001. Colloidal nature of single-walled carbon nanotubes in electrolyte solution: the Schulze-Hardy rule. Langmuir, 17: 7172-7173.

Sasidharan S, Torkzaban S, Bradford S, et al. 2014. Coupled effects of hydrodynamic and solution chemistry on long-term nanoparticle transport and deposition in saturated porous media. Colloids and Surfaces A: Physicochemical and Engineering Aspects, 457: 169-179.

Savage N, Diallo M. 2005. Nanomaterials and water purification: opportunities and challenges. Journal of Nanoparticle Research, 7: 331-342.

Schwertmann, U. 2008. Iron oxides. *In*: Chesworth W. Encyclopedia of Soil Science. Dordrecht: Springer: 363-369.

Sen T, Khilar K. 2006. Review on subsurface colloids and colloid-associated contaminant transport in saturated porous media. Advances in Colloid and Interface Science, 119: 71-96.

Sharma P, Bao D, Fagerlund F. 2014. Deposition and mobilization of functionalized multiwall carbon nanotubes in saturated porous media: effect of grain size, flow velocity and solution chemistry. Environmental Earth Sciences, 72: 3025-3035.

Shellenberger K, Logan B. 2002. Effect of molecular scale roughness of glass beads on colloidal and bacterial deposition. Environmental Science & Technology, 36: 184-189.

Shen C, Li B, Wang C, et al. 2011. Surface roughness effect on deposition of nano-and micro-sized colloids in saturated columns at different solution ionic strengths. Vadose Zone Journal, 10: 1071-1081.

Shen C, Wu L, Zhang S, et al. 2014. Heteroaggregation of microparticles with nanoparticles changes the chemical reversibility of the microparticles' attachment to planar surfaces. Journal of Colloid and Interface Science, 421: 103-113.

Shi B, Zhuang X, Yan X, et al. 2010. Adsorption of atrazine by natural organic matter and surfactant dispersed carbon nanotubes. Journal of Environmental Sciences, 22: 1195-1202.

Sun P, Shijirbaatar A, Fang J, et al. 2015b. Distinguishable transport behavior of zinc oxide nanoparticles in silica sand and soil columns. Science of the Total Environment, 505: 189-198.

Sun Y, Gao B, Bradford S, et al. 2015a. Transport, retention, and size perturbation of graphene oxide in saturated porous media: effects of input concentration and grain size. Water Research, 68: 24-33.

Syngouna V, Chrysikopoulos C, Kokkinos P, et al. 2017. Cotransport of human adenoviruses with clay colloids and TiO_2 nanoparticles in saturated porous media: effect of flow velocity. Science of the Total Environment, 598: 160-167.

Tan C, Fan W, Wang W. 2011. Role of titanium dioxide nanoparticles in the elevated uptake and retention of cadmium and zinc in *Daphnia magna*. Environmental Science & Technology, 46: 469-476.

Tang J, Xiong L, Wang S, et al. 2008. Influence of silver nanoparticles on neurons and blood-brain barrier via subcutaneous injection in rats. Applied Surface Science, 255: 502-504.

Tazaki K. 2006. Clays, microorganisms, and biomineralization. *In*: Bergaya F, Theng B K G, Lagaly G. Handbook of Clay Science, Developments in Clay Science, Vol. 1. Amsterdam, the Netherlands: Elsevier: 477-497.

Tebo B, Bargar J, Clement B, et al. 2004. Biogenic manganese oxides: properties and mechanisms of formation. Annual Review of Earth and Planetary Sciences, 32: 287-328.

Theng B, Yuan G. 2008. Nanoparticles in the soil environment. Elements, 4: 395-399.

Thompson S, Parthasarathy S. 2006. Moore's law: the future of Si microelectronics. Materials Today, 9: 20-25.

Tian Y, Gao B, Silvera-Batista C, et al. 2010. Transport of engineered nanoparticles in saturated porous media. Journal of Nanoparticle Research, 12: 2371-2380.

Tian Y, Gao B, Wang Y, et al. 2012a. Deposition and transport of functionalized carbon nanotubes in water-saturated sand columns. Journal of Hazardous Materials, 213: 265-272.

Tian Y, Gao B, Wu L, et al. 2012b. Effect of solution chemistry on multi-walled carbon nanotube deposition and mobilization in clean porous media. Journal of Hazardous Materials, 231: 79-87.

Tien C, Ramarao B. 2011. Granular Filtration of Aerosols and Hydrosols. New York: Elsevier.

Tsao T, Wang M, Huang P. 2009. Automated ultrafiltration device for efficient collection of environmental nanoparticles from aqueous suspensions. Soil Science Society of America Journal, 73: 1808-1816.

Tsao T, Chen Y, Wang M. 2011. Origin, separation and identification of environmental nanoparticles: a review. Journal of Environmental Monitoring, 13: 1156-1163.

Tso C, Zhung C, Shih Y, et al. 2010. Stability of metal oxide nanoparticles in aqueous solutions. Water Science and Technology, 61: 127-133.

Utsunomiya S, Ewing R. 2003. Application of high-angle annular dark field scanning transmission electron microscopy, scanning transmission electron microscopy-energy dispersive X-ray spectrometry, and energy-filtered transmission electron microscopy to the characterization of nanoparticles in the environment. Environmental Science & Technology, 37: 786-791.

Von der Kammer F, Legros S, Hofmann T, et al. 2011. Separation and characterization of nanoparticles in complex food and environmental samples by field-flow fractionation. TrAC Trends in Analytical Chemistry, 30: 425-436.

Wang D, Bradford S, Harvey R, et al. 2012b. Humic acid facilitates the transport of ARS-labeled hydroxyapatite nanoparticles in iron oxyhydroxide-coated sand. Environmental Science & Technology,

46: 2738-2745.

Wang D, Jin Y, Jaisi D. 2015. Effect of size-selective retention on the cotransport of hydroxyapatite and goethite nanoparticles in saturated porous media. Environmental Science & Technology, 49: 8461-8470.

Wang D, Shen C, Jin Y, et al. 2017. Role of solution chemistry in the retention and release of graphene oxide nanomaterials in uncoated and iron oxide-coated sand. Science of the Total Environment, 579: 776-785.

Wang D, Zhang W, Zhou D. 2013b. Antagonistic effects of humic acid and iron oxyhydroxide grain-coating on biochar nanoparticle transport in saturated sand. Environmental Science & Technology, 47: 5154-5161.

Wang M, Gao B, Tang D. 2016. Review of key factors controlling engineered nanoparticle transport in porous media. Journal of Hazardous Materials, 318: 233-246.

Wang S, Sun H, Ang H, et al. 2013a. Adsorptive remediation of environmental pollutants using novel graphene-based nanomaterials. Chemical Engineering Journal, 226: 336-347.

Wang X, Lu J, Xu M, et al. 2008. Sorption of pyrene by regular and nanoscaled metal oxide particles: influence of adsorbed organic matter. Environmental Science & Technology, 42: 7267-7272.

Wang Y, Kim J, Baek J, et al. 2012a. Transport behavior of functionalized multi-wall carbon nanotubes in water-saturated quartz sand as a function of tube length. Water Research, 46: 4521-4531.

Wang Z, Zhao J, Song L, et al. 2011. Adsorption and desorption of phenanthrene on carbon nanotubes in simulated gastrointestinal fluids. Environmental Science & Technology, 45: 6018-6024.

Wiesner M, Lowry G, Alvarez P, et al. 2006. Assessing the risks of manufactured nanomaterials. Environmental Science & Technology, 40: 4336-4345.

Wilson M, Tran N, Milev A, et al. 2008. Nanomaterials in soils. Geoderma, 146: 291-302.

Xu B, Lian Z, Liu F, et al. 2019. Sorption of pentachlorophenol and phenanthrene by humic acid-coated hematite nanoparticles. Environmental Pollution, 248: 929-937.

Yang K, Xing B. 2009. Sorption of phenanthrene by humic acid-coated nanosized TiO_2 and ZnO. Environmental Science & Technology, 43: 1845-1851.

Yang K, Xing B. 2010. Adsorption of organic compounds by carbon nanomaterials in aqueous phase: Polanyi theory and its application. Chemical Reviews, 110: 5989-6008.

Yang K, Zhu L, Xing B. 2010. Sorption of phenanthrene by nanosized alumina coated with sequentially extracted humic acids. Environmental Science and Pollution Research, 17: 410-419.

Yang L, Watts D. 2005. Particle surface characteristics may play an important role in phytotoxicity of alumina nanoparticles. Toxicology Letters, 158: 122-132.

Zeng F, He Y, Lian Z, et al. 2014. The impact of solution chemistry of electrolyte on the sorption of pentachlorophenol and phenanthrene by natural hematite nanoparticles. Science of the Total Environment, 466: 577-585.

Zhang D, Niu H, Zhang X, et al. 2011. Strong adsorption of chlorotetracycline on magnetite nanoparticles. Journal of Hazardous Materials, 192: 1088-1093.

Zhang D, Zabarankin M, Prigiobbe V. 2019. Modeling salinity-dependent transport of viruses in porous media. Advances in Water Resources, 127: 252-263.

Zhang S, Shao T, Bekaroglu S, et al. 2009. The impacts of aggregation and surface chemistry of carbon nanotubes on the adsorption of synthetic organic compounds. Environmental Science & Technology, 43: 5719-5725.

Zhang W, Rattanaudompol U, Li H, et al. 2013. Effects of humic and fulvic acids on aggregation of aqu/nC_{60} nanoparticles. Water Research, 47: 1793-1802.

Zhang X, Kah M, Jonker M, et al. 2012. Dispersion state and humic acids concentration-dependent sorption of pyrene to carbon nanotubes. Environmental Science & Technology, 46: 7166-7173.

Zhang X, Sun H, Zhang Z, et al. 2007. Enhanced bioaccumulation of cadmium in carp in the presence of titanium dioxide nanoparticles. Chemosphere, 67: 160-166.

Zhu X, Chen H, Li W, et al. 2014. Aggregation kinetics of natural soil nanoparticles in different electrolytes. European Journal of Soil Science, 65: 206-217.

Zhu X, Chen H, Li W, et al. 2017. Evaluation of the stability of soil nanoparticles: the effect of natural organic matter in electrolyte solutions. European Journal of Soil Science, 68: 105-114.

第 2 章

土壤对有机污染物的吸附及矿物吸附贡献的求算

何 艳　成 洁　叶 琦　刘忠珍　曾凡凤　吕镇梅　徐建明

浙江大学环境与资源学院，浙江杭州 310058

何艳简历：博士，教授，博士生导师。2006 年获浙江大学土壤学专业博士学位后留校任教，2008 年获得全国百篇优秀博士学位论文奖；2013 年获得国家自然科学优秀青年科学基金；2015 年入选国家"万人计划"青年拔尖人才；2016 年入选教育部首批青年长江学者；2018 年受聘浙江大学"求是特聘教授（科研岗）"；2019 年增聘为国家大豆产业技术体系土壤和产地环境污染管控与修复岗位科学家。现任浙江大学环境与资源学院土水资源与环境研究所所长，兼任中国土壤学会土壤化学专业委员会副主任、中国土壤学会青年工作者委员会副主任、教育部污染环境修复与生态健康重点实验室副主任、浙江省农业资源与环境重点实验室副主任、Soil Science Society of America Journal 副主编（Soil Chemistry Division）、Journal of Soils and Sediments 主题编委、Soil Ecology Letters 编委、《土壤学报》执行编委等学术职务。一直从事典型有机污染物的环境生物地球化学行为、土壤污染控制与修复等领域的研究，先后主持"十三五"国家重点研发计划项目、国家自然科学基金（创新群体项目 PI、优秀青年基金项目、重点项目课题等）、"十二五"国家 863 计划重大项目课题、国家公益性行业（农业）科研专项项目课题、浙江省杰出青年基金项目等各类省部级以上纵向科研项目 20 余项，在 Soil Biology & Biochemistry、Environmental Science & Technology、The ISME Journal 等国际刊物上发表 SCI 论文 80 余篇，申请国家发明专利 11 项（其中已授权 8 项），出版著作 13 部（其中主著中、英文著作各 1 部，作为编委参编教材 2 部）。科技成果获得 2016 年度国家科学技术进步奖二等奖。

摘　要：典型有机污染物进入土壤后可在土壤水-矿物-有机质多介质下发生一系列吸附解吸、好氧降解、还原转化、络合残留等过程，并产生耦合作用与效应；其中土-水界面吸附解吸过程影响着有机污染物的赋存状态、迁移转化、区域生物地球化学过程和生物毒性等，是最关键的环境界面行为之一。本章以土壤活性组分作为切入点，回顾了土-水界面经典吸附理论及其发展历程，并探讨了其主要影响因素，阐述了有机污染物（丁草胺、五氯苯酚、菲、阿特拉津）在不同粒级的土壤有机-无机复合体、去除有机质前/后土壤、纯腐殖酸及纯矿物（蒙脱石、高岭石、无定型水合氧化铁等）介质中的吸附行为及其机理，介绍了纳米尺度上土壤矿物的吸附特征，明确了矿物对有机污染物的界面吸附具有双重贡献，并基于此定义了描述矿物吸附贡献率的新参数（contribution rate, CR），发展出一套土壤-有机质-矿物平衡吸附系数推导方程，最终建立了判断和定量求算土壤中矿物对有机污染物土-水界面吸附贡献指数的阈值及方法，为全面深入理解典型有机污染物在有机质和矿物相互作用具有尺度效应的复杂土壤介质中的环境归趋提供了理论和可供借鉴的模型支撑。

关键词：典型有机污染物；吸附；有机质；矿物；贡献率

伴随着工业现代化、城市化的推进和农业的迅速发展，特别是农业的高度集约化，包含除草剂、杀虫剂等农药在内的多种有机化合物得到广泛的开发和积累，在生产、运输、使用过程中通过多途径进入土壤环境系统。这些有机化合物毒性高、难降解、环境释放率大、影响面广，具有"致癌、致畸、致突变"效应，已对食品安全、饮用水安全、区域生态安全、人居环境安全、全球气候变化和经济社会的可持续发展构成了威胁。因此，对土壤有机污染物环境行为的认识和污染土壤的绿色环境友好修复迫在眉睫。有机污染物进入土壤后会经历一系列物理、化学、生物过程，包括被土壤活性组分吸附、随水分地表径流和淋溶至深层土壤、挥发扩散到大气圈、结合残留、被作物吸收、被土壤微生物降解等。其中，吸附-解吸过程是有机污染物进入土壤的首步行为，是控制其在环境中迁移转化、降解等物理化学和生物过程的关键因素，直接影响土壤有机污染防治和修复的效率。有机污染物被土壤吸附后，其移动性、扩散性、可降解性、生物有效性发生显著变化。吸附性强的有机污染物，可降解性和生物有效性较弱，在土壤中易形成结合残留。过去曾一度认为有机污染物的结合残留是比较安全的，但近来的研究发现结合残留在一定条件下可以重新释放到土壤环境，并作为一种"化学定时炸弹"对土壤造成潜在污染威胁（Umeh et al., 2017）；吸附性弱的有机污染物则移动性和扩散性较强，易进入其他环境介质造成次生污染，也易被化学氧化、植物吸收、微生物降解从而达到污染修复的目的（何艳，2006）。全面认识土-水界面上有机污染物吸附行为，厘清土壤活性吸附组分的吸附作用机制，探明理化性质不同的土壤中不同组分在不同尺度下对吸附行为的影响是破解有机污染物吸附行为的重要内容，也是土壤有机污染控制与修复主题研究中首先要解决的根本性的基础科学问题。传统的描述有机污染物土-水界面吸附行为的吸附理论多是基于有机质的主体作用及结构特征建立的，通常忽略了土壤无机组分如矿物的吸附贡献。土壤是有机质-矿物相互耦合形成的多组分、有一定结构的有机体系，矿物构成了土壤的"骨骼"，对维持土壤良好的物理性质（力学性质和耕性等）、化学性质（吸附性能、表面活性、缓冲作用等）及生物与生物化学性质（生物多样性、酶活性等）有深刻的影响。在有机质-矿物交互效应存在天然差异的不同土壤中有机污染物的吸附行为是否不同？矿物如何参与吸附过程？矿物在不同程度有机质-矿物交互效应的土壤中的吸附贡献率如何量化？针对以上问题，本章系统地开展了典型有机污染物在土-水界面尺度上的环境吸附行为与机制的研究，现将研究结果综述如下。

2.1 相关研究概述

2.1.1 土壤中吸附有机污染物的活性组分

土壤对有机污染物的吸附实际上是土壤中矿物和有机质两部分共同作用的结果。土壤有机质是指存在于土壤中的所有含碳的有机物质，包含大量腐殖质。腐殖质是具有很高分子量和含有许多极性功能团的无定型胶态大分子复合物，其结构至今还不完全清楚。土壤矿物质主要是硅酸盐及其氧化物，以各种晶体或无定型的形式存在。土壤中黏土矿物构成了土壤的骨架，腐殖质呈絮团状包被在矿物表面，占据黏土矿物表面的一部分吸附位点，并在黏粒间起黏结架桥作用。土壤有机质和黏土矿物是土壤吸附有机污染物的最主要活性组分。

有机质是土壤最活跃的组分，分子结构决定了其具有复杂的表面活性，并含有多种官能团，如游离基、亲水基和疏水基，是引起有机污染物在土壤中吸附最重要的土壤参数。Chiou 等（1990）提出土壤是"双重吸附剂"，其中，矿物是常规吸附剂，有机质则是具有分配作用的溶剂。疏水性有机污染物（hydrophobic organic contaminants, HOCs）在土-水界面的残留量与土壤有机质含量存在显著相关性，有机质为 HOCs 的吸附提供分配相使得 HOCs 溶解在有机质中并固定在土壤中（Shi et al., 2010）。并且，有机质主要成分之一的腐殖酸中具有能与有机污染物结合的特殊位点，对有机污染物还具有表面吸附作用（Guo et al., 2010）。有机质的极性显著影响有机污染物在土壤中的吸附行为，通常用极性指数 PI [polarity index=(N+O)/C] 来评价有机质的极性，有机污染物在高有机碳含量土壤中的有机质标准化系数（K_{om}）随 PI 增大而减小。有机质的芳香碳含量也显著影响有机污染物在土壤中的吸附行为。含羧基、酚羟基多的腐殖酸对有机污染物有更强的吸附能力。此外，有机质的形成及腐殖化过程也决定了其对非极性有机污染物的吸附行为。Grathwohl（1990）研究指出，第三纪泥页岩和优质烟煤中所含有机质的吸附容量要比初育土及低质煤的有机质的吸附容量高一个数量级。有机质经成岩作用和风化作用后其含氧功能团含量、H/C 和 O/C 发生变化，极性和可溶性成分发生不同程度的流失，对有机物的吸附行为产生不同程度的影响，表现为吸附参数——有机碳标准化系数（K_{oc}）的差异。迄今为止，有 7 种吸附机理包括离子交换、氢键、电荷转移、共价键、范德瓦耳斯力、配体交换、疏水吸附和分配来描述有机污染物在土壤中的吸附行为（Keiluweit and Kleber, 2009）。在含有相当数量有机质的土壤中，有机物的吸附受到有机碳含量的控制，许多非离子极性有机物与土壤有机质通过形成氢键被吸附，非离子非极性有机物在吸附剂的一些特定部位通过范德瓦耳斯力被吸附，且作用力随有机物分子离吸附剂表面距离的减小而增大。李克斌等（1998a）通过红外光谱并结合元素分析表明，含羧基较多的腐殖酸易与苯达松除草剂形成离子键，而含胺基和低羧基的腐殖酸易与苯达松以氢键相结合。Xu 等（2005）的研究结果表明腐殖酸与丁草胺的吸附作用机理主要是氢键的形成，Senesi 等（1994）分析认为低浓度甲草胺与腐殖酸的作用主要是形成氢键和电子转移，高浓度时疏水键是主要作用机理。Maqueda 等（1990）研究了不同土壤中腐殖酸、富里酸对阳离子型农药杀虫脒的吸附机理，结果表明阳离子交换是最主要的机理。

　　土壤黏土矿物具有强阳离子交换量和较大的比表面积，对有机污染物，特别是可离解的 HOCs 而言，也是较强的土壤活性吸附组分。一般认为当土壤 f_{oc}（有机碳含量百分比）> 0.1%时，HOCs 吸附主要发生在有机质部分；但在 f_{oc}< 0.1%的情况下，如果忽略黏土矿物对吸附的贡献，则会引起较大的预测偏差。有机质含量相对于黏土矿物较低时，一些农药（如三嗪、氨基甲酸酯、硝基酚）在矿物中的吸附量可能等于甚至超过在有机质中的吸附量（Li et al., 2003）。特别是对于干土条件下对气态有机污染物的吸附及非极性溶剂中对有机污染物的吸附过程而言，黏土矿物的吸附贡献更是重大。在土壤黏土矿物中，蒙脱石含量较高，且因具有双层晶体结构、阳离子交换量大等特点，对有机物有很大的吸附能力（李克斌等，1998b）。Sheng 等（2001）的研究表明相较于土壤有机质，K^+饱和的蒙脱石对 4,6-二硝邻甲酚和敌草腈的吸附更为有效。刘维屏等（1998）运用红外及 X-衍射技术研究了咪草烟除草剂与单离子饱和蒙脱石（Na^+、Ca^{2+}、Al^{3+}）的作用机理，发现金属离子能与咪草烟仲酰胺的 N 原子、酰羰基的 O 原子发生配位；另外它还可以进入蒙脱石的内层，发生键合。Bosetto 等（1993）运用 X-衍射技术证明了甲草胺除草剂可以进入被多价阳离子饱和的蒙脱石矿物的内层空间。借助多种现代分析技术如红外光谱（IR）、电子自旋共振波谱（ESR）、核磁共振光谱（NMR）、荧光光谱等的相关研究探明黏土矿物吸附有机污染物的主要方式是离子交换和电荷转移。有机物分子能否渗透进入黏土矿物内层空间，不仅与有机物分子的性质（如分子大小、有机物类型、配位性能等）有关，还与黏土交换性阳离子的种类、价态等有关。有机物分子越小、配位性越强，交换阳离子越大、价态越高、配位性越强，有机物分子越容易渗透进入黏土内层空间。但在有机-黏土矿物复合作用下黏土矿物的外表面可能会被腐殖质覆盖而无法吸附有机物，黏土矿物表面覆盖的极性水分子也可能会对有机化合物，特别是非极性有机化合物的吸附产生一定的抑制作用，黏土矿物在土水-界面有机污染物吸附行为中可能有双重贡献（Yuan et al., 2012, 2014）。

2.1.2　土壤中有机污染物的吸附理论和模型

1. 土-水界面吸附理论的发展

　　最早对有机污染物在土壤环境中的吸附行为及其机理的探讨始于 20 世纪 40 年代。当时研究者将土壤中无机矿物和有机质作为一个整体来考虑，认为土壤对有机污染物的吸附机理主要是表面吸附作用。这一作用常用吸附剂的表面积大小来解释，但该理论难以解释线性等温吸附曲线和非竞争吸附现象。到 20 世纪 70 年代，Chiou 等（1979）率先提出了分配理论，即有机污染物在土壤-水中的平衡浓度与土壤对该有机化合物的吸附量呈线性关系，认为低极性非离子有机物从水相吸附到土壤是溶质分子在土壤有机质中的分配过程，土壤吸附作用的强弱取决于其有机质的含量。吸附作用的大小可用分配系数 K_d 来表示，与土壤有机质含量呈正相关，有机碳标化的分配系数 K_{oc} 基本为一常数，且与土壤性质无关。这一理论是基于不同土壤中有机质成分和结构均一的重要假设提出来的,认为有机污染物的吸附是一个从热力学不稳定的水相分配到热力学稳定的土壤有机相的过程,土壤有机质表现出对有机物的分配溶解作用,而土壤黏土矿物的作用被忽略。然而,随着吸附研究的进一步深入,单一的分配理论有时也无法解释一些实验现象,如土壤对有机污染物的吸附往往也会产生非线性吸附,两种有机污染物存在竞争作用,解吸相对于吸附存在滞后效应等。研究者认识到:吸附过程并非线性模型假设的单一的线性分配过程。除了分配吸附到土壤有机质中,还具有多种不同的作用机制,如吸附到矿物和土壤有机质的表面,填充在矿物的微隙之中(Weber and Huang, 1996; Xia and Ball, 2000; Xing et al., 1996),以及在一些特殊位置的相互作用(Chiou et al., 2000)等。至今,对于非线性吸附的来源还没有一致的结论,不同学者提出不同的理论模型来解释非线性吸附现象,经典模型包括多端元反应模型(distributed reactivity model, DRM)、双模式模型(dual mode model,DMM)、HSACM 模型(high surface area charcoal matter)等(Chiou, 1995; Chiou et al., 2000; Huang et al., 1997; Johnson et al., 2001; LeBoeuf and Weber, 1997; Weber et al., 1992; Weber and Huang, 1996; Xing and Pignatello, 1997; Xing et al., 1994)。

多端元反应模型(DRM)认为土壤为三个有机污染物吸附区域:暴露的矿质区域、无定型有机质区域和致密有机质区域。有机物在无定型有机质区域的吸附为分配吸附,吸附等温线表现为线性,而在致密有机质区域的吸附既包括分配作用,也有发生在其内部的表面吸附作用,表现为非线性特征的等温吸附线。又因暴露的矿物表面常覆盖有水化层,所以有机污染物在矿物表面的吸附也表现为线性(Huang et al., 1997; LeBoeuf and Weber, 1997; Weber and Huang, 1996)。双模式模型(DMM)将土壤视为高分子有机固体,以玻璃态和橡胶态存在,橡胶态有机质起溶解位点的作用,对有机污染物的吸附以分配吸附为主,速度较慢,呈线性、非竞争吸附;而玻璃态有机质有两种类型的位点——溶解位和空隙填充位,对有机物吸附较快,呈非线性、竞争吸附。目前,人们已经公认土壤中可能含有不同于普通腐殖质的具有高表面积的含碳物质(high-surface-area carbonaceous material, HSACM)(Karapanagioti and Sabatini, 2000; Kleineidam et al., 1999)。这些物质包括油母岩、硬煤及软煤和黑炭(煤烟和木炭)(Accardi-Dey and Gschwend, 2002)。有研究者认为土壤对有机污染物的非线性吸附行为是少量的类似这些物质的存在所致(Larsen et al., 1995)。Chiou 等(2000)从一种泥炭土中提取出不含 HSACM 相对较纯的腐殖酸和富含 HSACM 的腐黑物,发现弱极性有机化合物二溴乙烯对前者的吸附为线性,而对后者的吸附为明显的非线性。因为水不能有效地抑制有机污染物在 HSACM 上的吸附,所以无论是极性还是非极性有机污染物都能在 HSACM 上发生非线性吸附。由此有机物吸附的 HSACM 模型得以提出。

2. 吸附行为的定量描述——吸附等温线

在等温体系中,化合物在固相介质上的吸附量与其液相浓度之间的依赖关系曲线即为吸附等温线(sorption isotherm)。现阶段用来描述有机物在土-水界面吸附行为的等温式仍以经验方程为主,应用较广的有线性吸附等温式(linear model)、Freundlich 吸附等温式(Freundlich model)、Langmuir 吸附等温式(Langmuir adsorption model)、多端元反应模型

（distributed reactivity model, DRM）和双模式吸附模型（dual mode sorption model, DMM）。

（1）线性吸附等温式

Chiou 等（1979）提出疏水性有机物在土壤中的吸附过程实际是分配过程，提出了线性吸附模型。此模型认为吸附作用是可逆的，不同污染物间不存在竞争吸附，吸附等温线是线性的。

$$Q_e = K_d C_e \quad (2\text{-}1)$$

式中，Q_e 为平衡时吸附质在土壤中的吸附量（mg/kg）；C_e 为吸附质在液相中的平衡浓度（mg/L）；K_d 为吸附质在两相中的分配系数（L/kg）。

（2）Freundlich 吸附等温式

$$Q_e = K_f C_e^N \quad (2\text{-}2)$$

式中，Q_e、C_e 定义同上；K_f 为容量因子[(μg/g)/(mg/L)^n]，即土壤在某一具体的溶质浓度下的吸附容量；N 为指数，是非线性吸附强度的参数，$N<1$ 认为吸附等温线为 S 型，$N>1$ 则认为吸附等温线为 L 型，由于多数有机污染物的 Freundlich 方程中的 N 值在 0.7~1.2（Wauchope et al., 2002），所以实际应用中，可使 $N≈1$，由此可比较不同有机污染物的吸附差异。

（3）Langmuir 吸附等温式

其假设条件是：各分子的吸附能相同且与其在吸着物表面覆盖度无关、物质的吸附仅发生在固定位置且吸附质之间没有作用。如果土壤有机质含量不太高而黏土矿物含量较高时，Langmuir 方程能较好地描述土壤对一些有机污染物的吸附作用，其形式如下：

$$Q_e = \frac{Q_m K_L C_e}{1 + K_L C_e} \quad (2\text{-}3)$$

式中，Q_m 为最大吸附量（mg/kg）；K_L 为与吸附能量有关的常数（L/kg）；Q_e、C_e 同上。

（4）多端元反应模型

$$Q_e = K_d C_e + K_f C_e^N \quad (2\text{-}4)$$

式中，Q_e、C_e 定义同上；K_d 为各部分线性吸附叠加后的总吸附系数（L/kg）；K_f 为 Freundlich 容量因子[(μg/g)/(mg/L)^n]；N 为 Freundlich 指数因子。

（5）双模式吸附模型

$$Q_e = K_P C_e + \frac{S^0 b C_e}{1 + b C_e} \quad (2\text{-}5)$$

式中，K_P 为分配系数（L/kg）；S^0（mg/kg）和 b（L/mg）则可表征空隙填充作用强度，为表面吸附相关的系数；$S^0 b$ 为等温吸附线在低浓度段的斜率；Q_e、C_e 定义同上。

2.1.3 土-水界面有机污染物吸附行为的影响因素

1. 土壤理化特性

（1）土壤有机质含量和组成

土壤有机质中含有多种疏水基、亲水基、自由基等官能团，一般情况下其含量越高，吸附越强。众多研究表明，土壤对有机污染物的吸附与有机质含量呈正相关关系。阿特拉津、扑草净、扑灭通、扑灭津在 36 种土壤中的吸附与土壤有机质含量具有很强的相关性（R^2=0.92～0.96）。沙蚕毒素在 5 种不同类型土壤上吸附的 K_f 值与土壤有机质含量之间的相关性极为显著（r=1.00）（徐晓白，1990）。刘维屏等（1995）研究也表明绿草定在 6 种土壤上吸附的 K_f 值与土壤有机质含量具有正相关关系。根据有机质组分的酸碱性不同，可将有机质分为腐殖酸（胡敏酸）、富里酸和胡敏素，三者结构不同，对有机污染物的吸附行为也不同。胡敏素因脂肪碳含量高、极性弱对疏水性有机物表现出更高的吸附能力（Chefetz et al., 2004; Wang and Xing, 2005）。Pan 等（2007）研究表明在吸附 48 h 后芘和菲在富里酸和腐殖酸中的含量无明显变化，而在胡敏素中的含量持续增加。

（2）土壤黏土矿物含量

黏土矿物主要包括高岭石、蒙脱石、滑石-叶蜡石矿物、间层（混层）黏土矿物和非晶质黏土矿物。蒙脱石的 2∶1 型膨胀型晶格结构对有机物的吸附作用要比伊利石、高岭石强（Pusino et al., 1994）。异丙甲草胺在黏土、腐殖质上的吸附试验研究发现：Ca^{2+}-蒙脱石、土壤腐殖酸的 Freundlich 吸附常数分别为 2.48 和 2.07，说明黏土对异丙甲草胺的吸附性能不亚于土壤腐殖酸（刘维屏，1995）。Karickhoff（1984）选用了不同矿物及 SOM 组成的土壤作为调查对象，研究了矿物开始对有机污染物的土-水界面行为产生重要影响的临界条件。结果表明，对于含杂环 N 的西玛津及喹啉而言，当矿物与有机碳的比值大于 30 时，矿物在整个土壤吸附过程中发挥的控制作用逐渐明显，预测的矿物分配系数较有机碳分配系数更大。此外实验结果表明芘在土壤中的吸附作用则不受矿物含量的影响。因此，矿物组分对有机污染物在土-水界面行为的影响可能与污染物本身的极性强弱有关。

（3）介质环境的理化性质

对于离子型有机物而言，土壤 pH 降低，有机物的吸附量升高，当 pH 趋近有机物的 pK_a 时，吸附最强。pH 上升时，土壤表面趋于带负电荷，此时有机物分子也因离子化而带负电荷，由于同性电荷排斥作用不利于有机物分子在土-水界面的吸附。土壤颗粒的粒级越小，则其比表面积越大、吸附能力越强。研究表明纳米颗粒的有机质对有机污染物的吸附比常规矿物更有效（Zhou et al., 2012）。环境温度可通过影响有机物在土壤溶液和空隙水中的扩散改变其溶解度，进而影响吸附系数（Piatt et al., 1996）。朱琨等（2006）研究发现萘和菲的吸附速率常数随温度升高（25℃、35℃、45℃）而降低。

2. 有机污染物结构和性质

同一土壤中，不同有机污染物有不同的吸附行为，这主要取决于有机物的结构和性质。辛醇-水分配系数（K_{ow}）是影响有机物在土水界面吸附性能的重要指标，K_{ow} 值越大，表明疏水性越强，越易发生土-水界面吸附行为。陈念贻等（2002）利用支持向量回归算法对多环芳烃的 K_{ow} 和吸附参数等建立数学模型，证实了两者的相关性。Chiou（2002）研究了 12 种芳香族化合物在同一土壤上的吸附情况，发现 K_{om} 与 S_w（在水中溶解度）和 K_{ow} 有如下方程：

$$\log K_{om} = -0.729\log K_{ow} + 0.001 \quad (n=12, R^2=0.996) \tag{2-6}$$

$$\log K_{om} = 0.904\log K_{ow} - 0.779 \quad (n=12,\ R^2=0.989) \tag{2-7}$$

2.1.4 纳米颗粒对有机污染物界面吸附行为的研究

纳米颗粒是指颗粒大小在 0.1～100 nm 的晶态和无定型固体物质（Biswas and Wu, 2005）。纳米颗粒材料在污染环境修复研究中的应用自 20 世纪 90 年代逐渐受到重视，它可以强化多种界面反应，如对重金属离子及有机污染物的表面吸附、专性吸附及增强的氧化、还原反应等，在重金属及有机污染物等污染土壤及污水治理中发挥重要作用（Li et al., 2005; Pan and Xing, 2012; Savage and Diallo, 2005）。纳米颗粒因具有较大的比表面积和表面疏水性从而对有机污染物表现出很强的吸附能力。研究结果表明：人工纳米材料 ZnO、TiO_2、碳纳米管、纳米铁及铁的金属氧化物对污染土壤和溶液中有机氯溶剂、有机氯农药和多氯联苯等污染物具有高效的转化作用和脱毒作用（Kim and Carraway, 2000; Liu et al., 2005; Zhang et al., 2011）。人工合成的纳米型有机聚合物通过降低有机污染物的迁移、转化实现对污染土壤中有机污染物的高效吸附。Li 等（2013a）采用批量平衡法，研究了多壁碳纳米管对土壤中多环芳烃（萘、芴和菲）的吸附，结果发现多壁碳纳米管对萘、芴和菲的吸附量比土壤对其的吸附量高出 3 个数量级。Tungittiplakorn 等（2004, 2005）通过试验证明两性聚氨酯（APU）纳米颗粒能够有效吸附沙质土壤中的菲，且通过改变 APU 颗粒结构可控制其吸附性能，如增加疏水基团主链的长度可显著提高对菲的吸附。

自然土壤中存在许多纳米颗粒，主要包括无机纳米颗粒和有机纳米颗粒两种，如黏土矿物、金属氧化物、土壤有机质和黑炭等。Wilson 等（2008）比较详细地介绍了土壤黏土矿物（层状硅酸盐）与纳米级黑炭（烟炱型黑炭）这两类天然纳米颗粒。也就是说，有机污染物的活性吸附成分——土壤黏土矿物和有机质，它们在自然土壤环境中，也可以以纳米尺度的形态存在。纳米颗粒的团聚程度和表面化学特性、有机污染物的溶液化学特征和环境条件（pH 和离子强度）对纳米颗粒吸附有机污染物起着重要作用（Cho et al., 2011; Zeng et al., 2014）。Gai 等（2011）发现不同分散状态的纳米颗粒的环境行为存在差异，如分散状态的富勒烯因暴露出更多的表面积和吸附位点对阿特拉津具有更强的吸附能力。Hüffer 等（2013）研究表明碳纳米管的团聚分散行为通过调控其表面化学特征进而影响吸附在其表面的有机污染物的环境行为。而当碳纳米管释放到水相中，由于其单体之间的范德瓦耳斯力增强，碳纳米管更易团聚、沉积（Zhou et al., 2012）。分散团聚的碳纳米管，使其暴露更多的表面积供吸附，会极大提升其吸附能力，如超声的施加可提高碳纳米管的氧化程度从而降低其团聚程度（Zhang et al., 2012）。Zhang 等（2009）的试验也反向证明碳纳米管的团聚降低了有效表面积，从而导致吸附降低。尽管目前已经有很多技术手段可以有效分散碳纳米管，如超声（Zhang et al., 2012）、添加表面活性剂或溶解性有机质（Shih et al., 2009）等，但这些技术通常会改变碳纳米管的表面性质，有些时候并不能提高吸附。例如，超声分散通常会提高碳纳米管表面的氧化程度，而碳纳米管的氧化也可能会降低有机污染物的吸附（Cho et al., 2008）：一方面，由于表面官能团的水合层较大，阻碍了有机污染物的吸附；另一方面，氧化使碳纳米管表面的极性增大。但是，对有的污染物而言，碳纳米管的氧化也可能会使吸附增强，如氢键和电子供体受体控制的吸附过程（Lu et al., 2006）。pH 和离子强度是决定纳米颗粒稳定性的关键所在。pH 同时影响了吸附过程中的吸附剂和吸附质，一方面，pH 控制纳米颗粒的团聚状态；另一方面，pH 会影响有机污染物的存在形态（Cho et al., 2011; Gai et al., 2011; Lu et al., 2009）。环境 pH 的升高会提高天然纳米颗粒的分散性、稳定性及可迁移性（Li et al., 2013b）。Iorio 等（2008）研究表明，pH 越接近零电荷点（pH_{pzc}），颗粒之间的排斥力减小，纳米颗粒团聚体粒级越大；越远离 pH_{pzc}，纳米颗粒由于高的静电荷和电荷密度越稳定。Cho 等（2011）研究表明，碳纳米管对异丁苯丙酸和三氯生的吸附依赖于溶液 pH，当 pH<pK_a 时，吸附量较高。假设目标有机污染物的 pK_a<纳米颗粒 pH_{pzc}，在 pH>pH_{pzc} 和 pH<pK_a 的条件下，静电斥力使有机污染物的吸附显著降低；而在 pK_a<pH<pH_{pzc} 的范围内，静电吸附是一个重要的吸附机理；另外，在 pK_a<pH<pH_{pzc} 的范围内，阳离子交换、疏水作用、氢键、π—π 作用等也可能会起作用（Zhang et al., 2010）。离子强度这一环境因子则通过影响纳米颗粒间的排斥力来控制颗粒的分散性从而影响纳米颗粒对有机污染物的吸附（Dickson et al., 2012; Keller et al., 2010），如二价或多价的阳离子（Ca^{2+}、Mg^{2+}）通过引起纳米颗粒间强烈团聚影响环境中纳米颗粒的存在稳定性（Astete et al., 2009）。大部分的研究都表明纳米颗粒的分散稳定性会随着离子强度的增加而降低（Wiesner et al., 2006）。Brant 等（2005）的试验结果表明在中性 pH 条件下，富勒烯的团聚程度随溶液中 Ca^{2+}、Mg^{2+} 含量增加而增加，当溶液中 Ca^{2+}、Mg^{2+} 浓度在 0.01～10 mmol/L 时，富勒烯在溶液中携带负电荷，随着 Ca^{2+}、Mg^{2+} 浓度的增加，富勒烯表面的电荷逐渐被中和，当离子强度增加到 100 mmol/L 时，溶液的 zeta 电位达到了零点，颗粒之间的静电排斥力最弱，富勒烯表现出很大程度上的团聚。Li 等（2013b）研究表明土壤纳米颗粒的团聚效应使其表面积减少，致使供菲吸附的点位减少，吸附量降低。Lu 等（2009）研究了离子强度对纳米氧化硅和纳米高岭石吸附阿特拉津的影响，发现在低离子强度下，纳米颗粒对阿特拉津的吸附量较高。一旦土壤中纳米颗粒释放到环境后，其对有机污染物滞留也起着重要的调控作用，可能具有人工纳米颗粒不具有的优势。因此，非常有必要在纳米尺度上深入认识有机污染物的土-水界面吸附过程。

2.1.5 矿物对有机污染物界面吸附行为的双重贡献

基于有机质分配理论建立的分配模型对研究非极性有机污染物，或带弱极性功能团（如—Cl）的有机污染物的土-水界面吸附行为基本适用。但对于带极性功能团的有机污染物，如大多数农药类污染物，这种分配模型是否适用，还有待进一步验证。El Arfaoui 等（2012）在研究中提出 Rt 这一参数，即土壤中方解石含量与有机质含量的比值来预测异丙隆在土壤中的吸附行为，结果表明：异丙隆在石灰性土壤中的残留量由土壤有机质含量和 Rt 的耦合作用支配；通过 Fisher 检验，吸附分配系数 K_{oc} 值与 exp（–Rt）在 0.0001 的水平上成正比，证明了矿物对异丙隆在石灰性土壤中的吸附有着重要影响。Grundl 和 Small（1993）对阿特拉津和甲草胺在沉积物中的吸附试验中发现，土壤 TOC 和黏土矿物对两种污染物的吸附都有着重要作用。当黏土矿物与 TOC 的比值对于阿特拉津和甲草胺分别超过 62 和 84 时，矿物对两种污染物的吸附贡献均达到了 50%以上。土壤黏土矿物与有机质的结合会掩蔽有机质表面的吸附官能团，也会使有机质的构型发生改变,从而减弱有机物在土-水界面的吸附量,矿物表现为负的贡献(Wang and Xing, 2005)。但也有文献提出土壤不同组分会促进彼此对有机污染物的吸附,且矿物对有机物的吸附中表现正的贡献(Celis et al., 1999)。迄今,多个研究结果从不同角度证实了矿物相在有机污染物的土-水界面吸附行为中的作用。但由于土壤类型多样且组成复杂,不同土壤中矿物与有机质之间存在不同程度的交互作用,且引起土壤污染的有机化合物的种类又十分繁多,相关土壤有机、无机组分对污染物吸附行为的影响程度及贡献率尚没有定量的研究结果。

2.2 有机污染物在不同土壤及有机-无机复合体上的界面吸附行为

2.2.1 在不同类型土壤上的界面吸附行为

土壤中黏土矿物和有机质并不是简单排列组合,而是相互作用形成具有大小团聚结构的土壤有机-无机复合体。复合体的形成会改变单矿物和单有机质的理化性质,影响着有机污染物的吸附行为。研究选择除草剂五氯苯酚(PCP)为目标污染物,以浙江省内黄泥土、黄筋泥田、红砂田、紫大泥田、紫泥砂田、黄斑田、红黏田、棕泥田、粉泥田、涂泥土 10 种不同类型的表层土壤为代表,探究了 PCP 在不同类型土壤上的土壤-水界面吸附行为,分析了土壤性质对吸附行为的影响,并找出了控制吸附作用的关键土壤参数。结果表明:Freundlich 模型和 DMM 模型都能对各土壤中 PCP 的吸附行为给予较好的拟合(R^2 均达到了极显著水平),但比较 R^2 大小可知 DMM 模型的拟合效果最佳。在低平衡浓度下,PCP 的吸附非线性性较强,土壤吸附量与平衡浓度大小无线性关系,这是因为 PCP 大量吸附在吸附能较高的孔隙填充域中,表面吸附占据主导地位,分配吸附作用微弱;随着平衡浓度的增大,土壤有机质玻璃态中的纳米孔隙不断被 PCP 填充而减少以至消失,分配吸附作用逐渐增强,并随着平衡浓度的继续增大,取代表面吸附作用而占主导支配地位,表现为 PCP 吸附非线性性逐渐消失,线性程度不断增强,最后变为完全线性。土壤性质与吸附参数间的逐步回归分析结果表明土壤 pH、有机质及其组分、全氮、阳离子交换量及颗粒组成等土壤性质对 PCP 吸附的 DMM 模型参数有较好的拟合;土壤 pH、全氮及有机质的交互作用对 PCP 吸附行为有极显著的影响,是关键的土壤控制参数。PCP 是可离解的疏水性有机化合物,酸水解常数 pK_a 为 4.75,在通常的土壤 pH 范围内,有分子态和解离的阴离子态两种存在形式。当环境 $pH<pK_a$ 时,PCP 通常以分子态存在,疏水作用力和 PCP^0 分子与矿物或水分子之间形成的氢键主导 PCP 在土壤中的吸附;$pH>pK_a$ 时,PCP^- 离子与带负电的矿物表面相互排斥降低了吸附亲和力。有机质的结构和官能团也能影响 PCP 在土壤中的吸附行为,如芳香碳结构可与分子态 PCP 发生疏水分配作用、羧基功能团可与分子态 PCP 间形成氢键影响 PCP 在土壤-水界面的吸附行为(何艳, 2006; He et al., 2006a)。

在此之后,选择有机质含量和矿物组成存在天然巨大差异的地带性土壤,以酰胺类除草剂丁草胺为目标污染物,探究了丁草胺在中国东部 19°~47°N 的 11 个省份的 13 种地带性土壤上的吸附热力学和动力学行为,探讨了丁草胺在土-水界面的分配规律及其与土壤理化性质的关系。尽管 Langmuir 方程和 DMM 方程拟合的相关系数达到极显著水平（$r > 0.95$），但所有的 Langmuir 方程常数（Q_m 和 K_L）和一部分 DMM 拟合常数都没有达到显著水平，而 Freundlich 方程的相关系数（r）和方程常数（K_f 和 N）均全部达到显著水平，所以 Freundlich 方程可以更好地拟合土壤对丁草胺的吸附数据。随后将表征吸附特性的 Freundlich 拟合参数（K_f 和 N）与土壤理化性质进行相关性、逐步回归和通径分析以揭示丁草胺在土-水界面行为的主控因素，得到两个模型：$K_f = 34.8 + 13.1[\text{TOC}] - 0.457[\text{clay}] - 0.198[\text{silt}] - 0.505[\text{CEC}] - 1.99[\text{pH}]$；$N = 1.59 - 0.131[\text{TOC}] - 0.0658[\text{pH}] + 0.00185[\text{silt}]$。高有机质含量的土壤对丁草胺的等温吸附曲线接近线性，而低有机质土壤中其等温吸附线为非线性。TOC 对 K_f 的直接影响作用是正面的，而黏粒含量、粉粒含量、CEC 和 pH 对 K_f 的直接影响均为负面，各因素对 K_f 的直接影响程度大小顺序为 TOC >> 黏粒 > silt > CEC > pH。TOC 的影响远大于其他因素的影响，黏粒对 K_f 的作用通过负的直接作用和通过 TOC 正的间接作用而表现。土壤 pH 对丁草胺的土-水界面行为也存在一定贡献作用。不过，较 TOC 和矿物组成的直接影响而言，pH 更多地表现为通过对 TOC、矿物及丁草胺本身存在形态、表面特性的改变而间接起作用（刘忠珍，2007；Liu et al.，2008）。

后续进一步以 PCP（五氯苯酚）和 PHE（菲）为目标有机污染物的土-水界面吸附试验也获得类似的结果。试验采集了浙江省内 609 个土壤剖面样品测其基本理化性质后选取其中有机质含量和矿物组成存在梯度性变化的 36 个样本作为吸附剂，以疏水可解离的 PCP 和疏水不可解离的 PHE 为代表进一步探究了理化性质差异巨大的不同类型典型有机污染物的土-水界面吸附行为。不同有机污染物在每个土壤中都有独特的吸附行为。用 Linear、Freundlich、Langmuir 三种方程拟合所有土壤吸附数据（$n = 216$）并以拟合的 Q_e 和实测 Q_e 的最小均方根差（root mean square error, RMSE）为标准筛选最优吸附等温线以获得每个吸附行为的 K_d 值。结果表明：Freundlich 模型（$n = 20$）能很好地拟合大部分 PCP 在 36 个土壤中的吸附行为，Linear 模型（$n = 8$）和 Langmuir 模型（$n = 8$）次之；Linear 模型（$n = 17$）能很好地拟合大多数 PHE 的土-水界面吸附行为，Freundlich 模型（$n = 13$）和 Langmuir（$n = 6$）模型次之。疏水作用在土壤对两种污染物的吸附中占主导作用，因为 PHE 的疏水性高于 PCP，土壤对 PHE 的吸附亲和力 $K_{d\text{-PHE}}$ 大于对 PCP 的吸附亲和力 $K_{d\text{-PCP}}$。土壤对 PCP 和 PHE 的吸附 K_d 值与土壤理化性质的 Pearson 相关性分析结果也表明 TOC、黏土矿物显著影响 PCP 和 PHE 的吸附量。土壤 pH 的上升会抑制土壤对 PCP 的吸附。而作为不可解离的疏水性有机污染物，PHE 的形态不会因 pH 的变化而变化，土壤 pH 不会影响 PHE 的土-水界面吸附行为（叶琦，2018）。

2.2.2 在不同粒级土壤有机-无机复合体上的吸附行为

不同粒级的土壤有机-无机复合体中的有机质含量及其与矿物的交互作用程度存在较大差异，且前文已证实有机质含量显著控制着有机污染物的土-水界面吸附行为，那么不同粒级的土壤有机-无机复合体对有机污染物的土-水界面吸附行为是否有差异？研究选择了黑龙江黑土、江苏棕黄壤、贵州黄壤、广东砖红壤 4 种代表性区域土壤并划分为<0.002 mm（黏粒，clay）、0.02～0.002 mm（粉粒，silt）和 0.05～0.02 mm（细砂粒，fine sand）3 个粒级有机-无机复合体，探究了丁草胺在不同粒级土壤有机-无机复合体中的吸附特性。结果表明：Freundlich 方程（对数形式）能很好地拟合各土壤组分对丁草胺的等温吸附数据（$R^2 > 0.98$）。整个吸附行为中，随吸附质丁草胺浓度的升高，吸附能力不同的吸附质参与吸附过程，表现出分配系数 K_d 随 C_e 增加而变化，大部分土壤颗粒组分均表现为低浓度范围的非线性吸附和高浓度范围的线性吸附。各粒级土壤对丁草胺的吸附能力差异很大：<0.002 mm 的组分对丁草胺的吸附能力最强，吸附迟滞效应最大；而 0.05～0.02 mm 细砂粒的吸附能力最弱，迟滞效应相对较小。总体而言，4 种土壤小于 0.02 mm 的组分对丁草胺的吸附贡献为 53%～70%，0.02～0.002 mm 的组分的吸附贡献为 31%～47%，0.05～0.02 mm 的组分的吸附贡献小于 4%。

随后，选择中国东部 6 省的矿物与有机质存在不同程度交互影响的土壤样本，在不破坏土壤机械组成的基础上用纯物理方法——虹吸法同样将其划分为<0.002 mm（黏粒，clay）、0.02～0.002 mm（粉粒，silt）和 0.05～0.02 mm（细砂粒，fine sand）3 种土壤粒级，以阿特拉津这一除草剂作为吸附质，进一步深入探究不同粒级土壤有机-无机复合体对典型有机污染物的吸附行为。Freundlich 方程是拟合各个吸附行为的吸附等温线的最优方程（$r \geqslant 0.98$，$n = 24$），不同粒级有机-无机复合体对丁草胺的吸附能力大小顺序为黏粒>粉粒>细砂粒，黏粒组分对阿特拉津的吸附贡献为 53.6%～80.5%，粉粒组分的吸附贡献为 35.7%～56.4%，细砂粒组分的吸附贡献为 0.2%～4.5%。相关性分析结果表明黏粒土壤的 K_d 值与 TOC（$r = 0.866$）和无定型氧化铁含量（$r = 0.901$）显著正相关。黏粒吸附大部分阿特拉津的原因在于：①黏粒具有比其他部分更大的表面积和体积比，为污染物提供更多吸附位点；②大多数强吸附剂，如 TOC、无定型氧化铁、蒙脱石，与黏土组分显著相关，也就是说，绝大部分土壤有机质和无定型氧化铁存在于较细的黏粒中，而在细砂粒组分中含量甚微。例如，吸附丁草胺的 4 种土壤中，TOC 在黏粒中的量占总含量 67%～82%，粉粒中占 18%～33%，细砂粒中占 2%。无定型氧化铁在黏粒和粉粒中的量占土壤总量的 82% 以上，黏粒中占 53% 以上（He et al., 2014; Liu et al., 2010; Huang et al., 2015）。

2.2.3 在不同土壤来源的胡敏酸上的吸附行为

为探明纯有机质对有机污染物的吸附作用，采集了黑土、黄棕壤、黄壤和砖红壤 4 种土壤并提取纯化胡敏酸，对纯有机质——胡敏酸对丁草胺的吸附特性和机理进行分析，并比较了去除胡敏酸（腐殖质中的一种）前后土壤（基于 H_2O_2 氧化法）丁草胺吸附行为的差异。Freundlich 方程很好地拟合了腐殖质及有机质去除前后的土壤的所有吸附行为。腐殖质吸附等温线的 Freundlich 方程拟合的 N 值均接近 1，说明腐殖质对丁草胺的吸附主要是溶解分配作用。腐殖质本身是高分子混合物，含有许多极性和非极性基团，与丁草胺分子极性相近的部分很容易溶解丁草胺分子，且腐殖质含有许多芳香族、脂肪族官能团，可以与丁草胺分子发生多种键合作用。采用 H_2O_2 氧化法去除土壤有机质后，土壤对丁草胺的吸附能力明显降低。H_2O_2 处理后土壤会裸露更多的矿物表面，增加了吸附剂的亲水性，造成低浓度时水分子有较强的竞争吸附位点能力，形成 S 型吸附等温吸附特性。在这种情况下,无机组分对丁草胺的吸附有较大的贡献,使得有机质去除后的 4 种土壤对丁草胺吸附的 K_{oc} 值比原来增大了 2.4～3.7 倍,且大于相应土壤腐殖酸的 K_{oc} 值,而有机质去除前的土壤 K_{oc} 值均小于相应土壤腐殖酸的 K_{oc} 值,这是因为部分有机质和黏粒紧密结合或甚至被黏粒包裹,影响了其对丁草胺吸附作用的充分发挥。由此揭示了虽然 TOC 主导了有机物的土-水界面行为,但矿物的吸附贡献不能忽视,土壤矿物会通过与土壤有机质的交互效应影响有机物在土壤中的吸附行为,在高有机质含量的土壤中,由于有机质与矿物紧密结合,导致矿物的存在削弱了有机质的吸附作用,矿物表现出负的吸附贡献;而在低有机质含量的土壤中,大量"游离态"存在的矿物可直接参与吸附过程,起到正的贡献作用(图 2-1)(Liu et al., 2008; He et al., 2011)。

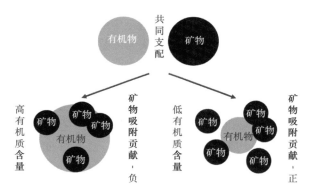

图 2-1　不同土壤中矿物对有机污染物的吸附贡献概念图

2.3　有机污染物在土壤无机组分上的界面吸附行为

2.3.1　土壤纯矿物的吸附作用

前文所述的土壤有机-无机复合体对典型有机污染物的吸附试验结果已从不同层面阐述了矿物相在有机污染物的土-水界面吸附行为中的贡献作用。矿物作为土壤的"骨架",一般占土壤固相部分重量的 95%～98%,拥有较大的比表面积和较多的吸附位点,但易与土壤有机质络合形成有机-无机复合体,有机质覆盖吸附位点影响矿物相在有机物吸附中的贡献。因此,我们选取 1∶1 非膨胀型硅酸盐矿物——高岭石、2∶1 膨胀型硅酸盐矿物——蒙脱石、K 离子饱和高岭石(K-高岭石)、Ca 离子饱和高岭石(Ca-高岭石)、K 离子饱和蒙脱石(K-蒙脱石)、Ca 离子饱和高岭石(Ca-高岭石)、具有完全羟基化表面的氧化物矿物——针铁矿、无定型水合氧化铁和无定型水合氧化铝这些具有不同表面功能团的土壤常见矿物作为吸附剂,以典型有机污染物——丁草胺和 PCP 作为吸附质,探讨了有机污染物吸附与矿物性质的关系。

各吸附剂对丁草胺的吸附能力大小顺序为蒙脱石 > Ca 离子饱和蒙脱石 >> 高岭石 > Ca 离子饱和高岭石 > 无定型水合氧化铝 > 无定型水合氧化铁。蒙脱石和高岭石的等温吸附曲线的 Freundlich 拟合方程的 N 值均大于 1,特别是蒙脱石,显示了 S 型吸附曲线的特征。在低平衡浓度下,丁草胺与蒙脱石和高岭石的亲和力较微弱,随平衡浓度的增大这种作用开始增强，丁草胺的吸附也更容易。蒙脱石和高岭石矿物对丁草胺的吸附主要是表面吸附引起的，在低平衡浓度时存在丁草胺与水分子竞争表面吸附位点。而随着丁草胺浓度的增加，丁草胺分子竞争能力增加，当矿物表面吸附了丁草胺分子后，其表面吸附位点的原有特性可能发生改变，导致其与吸附质间亲和力增大，从而表现出丁草胺在蒙脱石和高岭石上的吸附量随平衡浓度的增大而增大的 S 型曲线特征。当蒙脱石层间和高岭石表面被强水合性的 Ca^{2+} 等阳离子饱和时，由于各交换离子周围水膜的产生，层间有效吸附域减少，导致矿物与有机分子中极性功能团的键合作用降低，使得阳离子处理后的矿物的吸附能力有所降低。无定型水合氧化物对丁草胺的吸附能力较小，但也相当于一般土壤的吸附能力。其 Freundlich 拟合方程的 N 值明显小于 1，显示了 L 型吸附曲线的特征。在低平衡浓度下，丁草胺与各吸附剂间存在较高的亲和力，产生较多的吸附。而随着平衡浓度的增大，由于吸附剂中吸附位点逐渐被丁草胺占据而减少，丁草胺在其上的吸附作用也逐渐减弱。分析认为，无定型水合氧化物含有较高活性的羟基官能团，丁草胺分子可能与无定型氧化物的表面羟基发生了化学键合吸附，导致吸附的丁草胺有较强的迟滞效应（He et al., 2011）。

各吸附剂对 PCP 的吸附能力大小顺序为 K-蒙脱石 >> Ca-蒙脱石 > 针铁矿 > 高岭石。与丁草胺在无定型水合氧化物的吸附行为类似，PCP 在各吸附剂上的等温吸附曲线的 Freundlich 拟合方程 N 值均普遍小于 1，显示了 L 型吸附曲线的特征。值得注意的是，K-蒙脱石对 PCP 的吸附能力明显大于 Ca-蒙脱石，表明矿物晶格层间所吸附的阳离子类型也决定了其与 PCP 亲和力的大小。大量相关研究表明，K^+ 的水合熵为 –314 kJ/mol，明显低于 Ca^{2+}（–1580 kJ/mol）。当蒙脱石层间为 K^+ 所饱和时，中性态的硅氧烷型表面表现为疏水性，其对有机分子的吸附主要通过与有机分子中非极性或弱极性功能团的分配作用而实现（Laird and Fleming, 1999）。而当蒙脱石层间被强水合性的 Ca^{2+} 等阳离子饱和时，由于各交换离子周围水膜的产生，层间有效吸附域减少，导致其与有机分子中极性功能团的键合作用也降低（Li et al., 2003; Sheng et al., 2002）。同时，K-蒙脱石与 Ca-蒙脱石晶格层间膨胀行为的差异也是引起 PCP 在其上吸附行为差异的可能原因所在。就 K-蒙脱石而言，观测到的层间距一般在 12.3 Å 左右，尤其适合某些有机分子于矿物层间产生内插吸附的间距需要（Boyd et al., 2001）。这种间距，可能恰好满足 PCP 于矿物层间内插吸附的条件，又极大地削弱了 H_2O 分子的竞争作用，最大程度地促进了 PCP 暴露于 K-蒙脱石表面时与其硅氧烷型表面直接接触的可能性。而就 Ca^{2+} 等高价阳离子饱和的蒙脱石而言，由于层间交换离子周围存在水膜的作用，其间距较大，H_2O 分子的竞争吸附作用明显增强，因而对有机分子的吸附能力降低（He et al., 2006b; Johnston et al., 2002）。

2.3.2 土壤无定型氧化铁的吸附作用

土壤中无定型矿物控制着有机质的储存和周转，具有很高的比表面积和较多的供质子官能团，是土壤中活跃性组分。前文已述土壤对丁草胺的吸附能力除了与土壤有机质含量呈极显著正相关外，还与土壤中无定型氧化铁（Fe_o）呈极显著正相关，且 Fe_o 与 TOC 也呈显著正相关，但仅根据相关分析并不能确定 Fe_o 对丁草胺吸附贡献的大小。因

此我们采用 Fe_o 包被的黑龙江黑土和广东的砖红壤及人工合成的 Fe_o 纯矿物为材料，研究它们对丁草胺的吸附作用，在一定程度上了解无定型矿物对丁草胺吸附的贡献。总体而言，各吸附等温线都可以用 Freundlich 方程很好地拟合（$R^2 > 0.98$），在高浓度范围内各吸附剂对丁草胺的吸附等温线是线性的，而低浓度范围内表现为非线性吸附现象。各吸附剂对丁草胺的吸附能力大小顺序为 Fe_o 包被的黑土 > Fe_o 包被的砖红壤 > 砖红壤 > 黑土 > 人工合成的 Fe_o。Fe_o 的包被对丁草胺的吸附能力明显提高，比常规黑土和砖红壤分别增加了 64.7%和 57.1%，并且都高于人工合成的 Fe_o 对丁草胺的吸附量，这表明 Fe_o 虽然与其他吸附剂相比对丁草胺的吸附能力弱，但其在土壤中的存在会影响土壤有机质的存在状态，使部分有机质吸附到无定型氧化物的表面，或与表面羟基键合，从而使有机质能更好地发挥吸附丁草胺的作用（Liu et al., 2013）。

2.3.3 纳米尺度上土壤纯矿物的吸附作用

天然纳米颗粒在土壤中大量存在。一旦土壤中纳米颗粒释放到环境后，其对有机污染物滞留也起着重要的调控作用，可能具有人工纳米颗粒不具有的优势。且纳米颗粒始终处于分散-聚合的动态平衡中，环境条件（如 pH 和离子强度）对纳米颗粒的存在状态和结构具有很大的影响，是决定纳米颗粒稳定性的关键（Li et al., 2013b）。试验选取金属氧化物类纳米级赤铁矿、2∶1 膨胀型硅酸盐矿物类纳米级蒙脱石、1∶1 非膨胀型硅酸盐矿物类纳米级高岭石三种典型的无机纳米颗粒为吸附剂，可离子化污染物 PCP、非离子型有机污染物 PHE 两类有机污染物为吸附质，深究了矿物调控有机物吸附行为的纳米尺度效应，并弄清了环境化学特征（pH 和离子强度）对吸附作用的影响。

总体上，纳米蒙脱石的吸附能力强于其他两种纳米颗粒。不同天然纳米颗粒对 PCP 的吸附量遵循纳米蒙脱石 >> 纳米赤铁矿> 纳米高岭石的顺序，而对 PHE 的吸附量和 K_d 值遵循纳米蒙脱石 > 纳米高岭石 > 纳米赤铁矿的顺序。这种吸附性能的差异可能由不同纳米颗粒表面性质和晶型结构引起。纳米蒙脱石表面可交换水合阳离子的间隙（1～2 nm，大小受阳离子水合半径控制），具备一定疏水性，是吸附过程中疏水分配的重要作用点，极大地削弱了水分子的竞争吸附，最大程度地促进了其对有机污染物的吸附。纳米赤铁矿由于其亲水性表面，对 PHE 的吸附较纳米硅酸盐矿物（纳米蒙脱石和纳米高岭石）低；而由于表面电荷性质的差异，其对 PCP 的吸附较纳米高岭石高。纳米高岭石的非膨胀型结构使得 PCP 和 PHE 与水分子竞争其矿物表面的吸附位点，因此其对 PCP 和 PHE 的吸附较纳米蒙脱石低。

不同 pH 下，两种纳米硅酸盐矿物（纳米蒙脱石和纳米高岭石）对 PCP 的吸附能力为 pH 10 < pH 6 < pH 4，然而其对 PHE 吸附量和吸附亲和力则为 pH 4 < pH 6 < pH 10。当 pH < pK_a（4.75）时，纳米赤铁矿对 PCP 吸附量较高，而其对 PHE 在相对高或低的 pH 范围内吸附量均较高（如 pH < 4 及 pH > 12）（曾凡凤，2014）。在 pH 6 和 10 时，疏水作用在纳米蒙脱石和纳米高岭石对 PCP 和 PHE 吸附过程中占主导地位；而在 pH 4 时，氢键作用强于疏水作用，占主导地位。pH 对纳米级矿物对有机污染物吸附的影响是通过修饰吸附剂表面特征和吸附质分子电荷特性来实现的，其潜在的机制包括氢键、静电作用、疏水作用及纳米颗粒的团聚效应，取决于这四者的净效应。

此外，试验数据表明除 pH 外，盐基离子可通过影响土壤纳米级矿物的界面聚合效应影响吸附行为。三种纳米颗粒对 PCP 和 PHE 的吸附随不同类型离子（Na^+、K^+、Mg^{2+}、Ca^{2+}）浓度的增加而降低。在低离子强度下，三种土壤纳米级矿物对污染物的吸附量较高。随着离子强度增加，纳米矿物对 PCP 和 PHE 的吸附随浓度的增加而降低，这是因为随离子强度增加，矿物纳米颗粒稳定性减弱，团聚增加，供有机污染物吸附的位点减少。另外，金属离子与吸附剂表面配位形成的水化膜及吸附剂分子表面电荷屏蔽作用也是抑制纳米矿物对 PCP 和 PHE 吸附的作用机制（Liu et al., 2013; Zeng et al., 2014; He et al., 2015）。

在此基础上，试验综合比较了常规尺度和纳米尺度的土壤矿物对有机污染物吸附作用的差异。纳米蒙脱石对 PCP 吸附性能的参数 Q_{e-max} 和 K_d 值分别比微米级 Ca-蒙脱石和微米级 K-蒙脱石的相应值高出 56～228 倍和 5～976 倍，这表明纳米级的土壤矿物（纳米蒙脱石和纳米高岭石）对 PCP 的吸附亲和力和吸附容量显著高于相应的微米级土壤矿物胶体。当以团聚体形态存在的蒙脱石被充分分散成小颗粒时，它们对有机污染物的吸附性能将显著提高。与常规微米尺度的土壤矿物相比，当土壤矿物的颗粒尺寸被充分缩小直至纳米尺度且以高度分散的状态存在时，矿物表面有更高的吸附容量、吸附亲和力，其对有机污染物的吸附量和吸附速率会极显著地提高，相应的吸附贡献量也会提高（He et al., 2015）。

2.4　土壤矿物对有机污染物的吸附贡献率的探究

上述一系列研究表明了单独/复合有机质和黏土矿物组分在土壤吸附有机污染物过程中的作用。基于研究结果，引入参数 RCO（the content ratio of clay minerals to total organic carbon）来表征土壤中黏土矿物含量与总有机碳含量之比（Liu et al., 2008; He et al., 2011）；通过对文献已报道和试验研究共 38 组土壤吸附丁草胺的数据的统计分析，在假设吸附剂只有有机碳和无机矿物组分发挥吸附作用的基础上，研究认为丁草胺在吸附剂中的分配系数（K_d）等于其在有机碳组分上的分配系数（K_{d-oc}）和其在无机矿物组分上的分配系数（K_{d-min}）之和［式（2-8）］，用来判断无机矿物组分对吸附的贡献程度并计算吸附剂中无机矿物组分吸附贡献显著时有机碳的阈值。

$$K_d = K_{d-oc} + K_{d-min} \tag{2-8}$$

又因纯有机质组分对丁草胺的吸附主要是线性分配机理，在假设土壤中腐殖质对有机物的吸附代表有机质吸附行为的情况下，有：

$$K_{d-oc} = f_{oc} \times K_{oc-HA} \tag{2-9}$$

综合式（2-8）和式（2-9），得：

$$K_{d-min} = K_d - f_{oc} \times K_{oc-HA} \tag{2-10}$$

式中，f_{oc} 为有机碳含量（%）；K_{oc-HA} 为纯腐殖质对丁草胺吸附的标准化分配系数（L/kg）。

模拟吸附剂中纯矿物的吸附贡献可表示为 $K_{d-min}/(K_{d-oc} + K_{d-min})$，在假设其值达到 10%时为吸附贡献显著的情况下，无定型水合氧化铁-腐殖质复合体（AHOs-Fe）、无定型水合氧化铝-腐殖质复合体（AHOs-Al）、蒙脱石-腐殖质复合体（Mont）和高岭石-腐殖质复合体（Kaol）吸附剂的有机质含量的阈值分别是 0.011 g/kg、0.014 g/kg、0.146 g/kg 和 0.048 g/kg（图 2-2），也就是说，当复合体中有机质含量低于此阈值时，矿物对总吸附的贡献显著。一般情况下，矿物中有机质含量不会高于 0.005 g/kg，所以自然状况下的纯矿物在丁草胺的土-水界面吸附行为中对总吸附的贡献一定大于 10%。

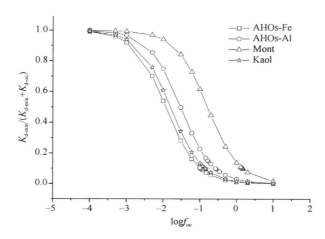

图 2-2　纯矿物-有机复合体中纯矿物对丁草胺的吸附贡献率与有机碳含量的对数值的关系（He et al., 2014）

在此基础上，引入矿物吸附贡献率（contribution rate of minerals，CR%）这一参数定量求算土壤矿物对有机物吸附行为的贡献。当 $K_{d-min} < 0$ 时，矿物对有机物吸附贡献为负，那么：

$$CR = \frac{K_{d-min}}{K_d - K_{d-min}} \times 100 \quad (2\text{-}11)$$

当 $K_{d-min} > 0$ 时，矿物表现为正的吸附贡献，有：

$$CR = \frac{K_{d-min}}{K_d} \times 100 \quad (2\text{-}12)$$

丁草胺在矿物［蒙脱石（Mont）、高岭石（Kaol）、Ca-蒙脱石、Ca-高岭石、无定型水合氧化铁（AHOs-Fe）、无定型水合氧化铝（AHOs-Al）］、胡敏酸（HAs）、不同粒级有机-无机复合体、经 H_2O_2 去除有机质的土壤上的吸附结果表明：存在 RCO 为 60 的阈值，可显著区分矿物贡献率（CR）（图 2-3）。在 RCO 值小于 60 的土壤中，CR < 0；一方面矿物完全与有机质紧密结合，矿物不能直接对丁草胺起吸附作用，另一方面矿物与有机质紧密结合并占据了有机质原有的部分吸附位点，矿物削弱了有机质对丁草胺的吸附，矿物的吸附贡献为负。在 RCO 值大于 60 的土壤中，CR > 0；土壤有机质含量相对较少，矿物含量相对较高，矿物易逃离有机质的束缚，"游离态"矿物与丁草胺分子间氢键作用增强，丁草胺被矿物表面吸附位点固定，矿物的吸附贡献为正。由此，He 等（2014）建立了适用于 21 种不同矿物和有机质交互效应土壤中矿物对丁草胺土-水界面吸附行为贡献率的定量方法，可根据土壤中矿物和有机质的含量快速简单估算矿物如何参与有机污染物的吸附过程中。但值得注意的是，此方法存在如下局限：①吸附剂样本量少；②仅研究了一种极性亲水的有机污染物丁草胺，不适用于所有有机污染物；③未考虑土壤有机质和矿物间的交互作用。

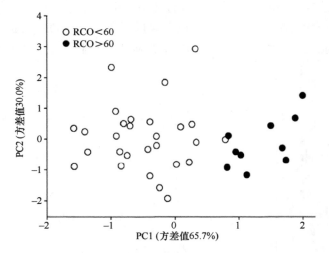

图 2-3　丁草胺吸附行为的 PCA 图（He et al., 2014）

为建立普遍适用于描述不同类型有机污染物在不同土壤上吸附行为的模型并计算其中矿物吸附贡献率的方法，进一步采集了 36 个矿物和有机质交互效应梯度变化的土壤样品，以疏水可解离典型氯代有机污染物五氯苯酚（PCP）和疏水不可解离典型多环芳烃菲（PHE）作为吸附质，继续探讨它们在自然土壤中的吸附行为，在考虑土壤矿物和有机质强烈的相互作用的基础上，进一步优化土壤矿物对污染物界面双重吸附贡献的求算模型。研究发现同样存在 RCO = 60 这一阈值可用来判断矿物在有机污染物吸附行为中的贡献（图 2-4）。与上述丁草胺的矿物吸附贡献表现不同的是，当 RCO < 60 时，矿物对 PCP 和 PHE 的吸附表现为促进作用；当 RCO > 60 时，矿物对 PCP 和 PHE 的吸附为抑制作用。在 RCO 值小于 60 的土壤环境中，矿物与有机质较低的交互作用对有机质表面的吸附位点影响较小，反而增强了有机质的主体分配吸附作用，矿物表现出净的

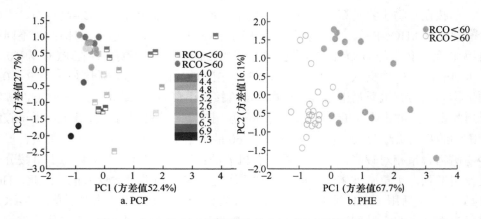

图 2-4　PCP 和 PHE 吸附行为的 PCA 图（叶琦，2018）

促进吸附效应；而在 RCO 值大于 60 的土壤中，疏水性的 PCP 和 PHE 无法透过"游离态"矿物表面的水层进入矿物晶格内层被矿物吸附，同时较高的矿物含量可能会掩蔽有机质表面填充域的吸附位点，使得矿物对 PCP 和 PHE 的吸附由促进作用转为抑制作用（叶琦，2018）。

由此，建立了评价和定量有机质和矿物存在交互作用的土壤中矿物组分对有机污染物的土-水界面双重吸附贡献的求算模型。与此同时，在探明矿物 CR 和土壤 RCO 值间存在显著相关性的基础上，提出了用 RCO 值来衡量矿物吸附贡献率大小的思路，并揭示了存在 RCO = 60 这一拐点的现象。在这个拐点值上下，矿物对有机污染物吸附行为的净贡献率会发生正负转变的规律。这为预测和评估土壤矿物对有机污染物在土壤中吸附固持的贡献提供了简单、便捷的方法，对土壤有机污染的防治和修复具有重要意义。

2.5 研究展望

土壤中有机污染物在矿物-有机质-土壤间隙水之间的界面吸附是控制其暴露、迁移、生物可利用性和反应活性的关键过程。通过对大样本的有机质和矿物之间存在不同程度交互作用的土壤中典型有机污染物吸附行为的试验研究，揭示了土-水界面吸附过程中矿物参与机制，在此基础上发展出一套评估和求算矿物吸附贡献率的模式方程。但由于受土壤组分、污染物的理化性质、环境条件等诸多因素共同影响，现有技术和研究方法对微观机制的解释还存在不足。未来以期从以下方面深入认识土壤活性组分对有机物的土-水界面吸附行为的影响。

1）低浓度非线性吸附现象

检测技术发展使污染物的低浓度水平检测成为可能，越来越多的研究者发现了低浓度非线性吸附现象。虽然有关引起非线性吸附的原因有多种解释报道，但至今仍没有定论。除了关注土壤有机质的结构特性对吸附特性的影响外，还应该考虑土壤无机组分，如无定型氧化物、蒙脱石等对土壤有机质存在状态的影响，可能会间接影响对有机污染物的吸附。

2）多种有机污染物共存现象

实际环境中，多种污染物共存，必然产生共存污染物在土壤环境中的竞争吸附、共吸附，其吸附行为更加复杂，进一步研究工作应考虑环境中可能共存的有机污染物、重金属离子和表面活性剂。

3）不同粒级纳米颗粒吸附贡献

纳米颗粒始终处于分散-聚合的动态平衡中。纳米颗粒悬液含有许多不同粒级的纳米颗粒团聚体，不同粒级的团聚体由于供吸附的表面积的差异对有机污染物的吸附能力不同，在以后的试验中应考虑在不同分散条件下，不同粒级的纳米团聚体对有机污染物吸附的相对贡献。

4）现代仪器分析技术应用

元素分析与官能团分析、红外光谱（IR）、X-衍射、荧光光谱、电子自旋共振波谱（ESR）等仪器分析手段的运用促进了有机物和土壤组分作用机理的研究。新仪器、新方法的应用正在不断出现,如傅里叶红外光谱(FTIR)、单晶 X 射线衍射、穆斯堡尔谱、高分辨核磁共振(NMR)等技术,未来可通过这些更深入、更清楚的研究手段展开对有机污染物和土壤组分作用机理的探索。

参 考 文 献

陈念贻,陆文聪,刘旭,等. 2002. 多环芳烃若干环化指标与分子几何参数的关系. 计算机与应用化学, 6: 749-751.
何艳. 2006. 五氯酚的土水界面行为及其在毫米级根际微域中的消减作用. 浙江大学博士学位论文.
李克斌,王琪全,刘维屏,等. 1998a. 除草剂苯达松与腐殖酸作用机理的研究. 上海环境科学, 17: 18-20.
李克斌,王小芳,刘维屏,等. 1998b. 苯达松在单离子蒙脱石上的吸附机理研究. 环境科学与技术, 3: 5-7.
刘维屏. 1995. 粘土矿物、腐殖酸对异丙甲草胺的吸附. 上海环境科学, 14: 43-44.
刘维屏,王琪全,方卓. 1995. 新农药环境化学行为研究——除草剂绿草定(Triclopyr)在土壤-水环境中的吸附和光解. 中国环境科学, 15: 311-315.
刘维屏,郑巍,宣日成,等. 1998. 除草剂咪草烟在土壤上吸附-脱附过程及作用机理. 土壤学报, 4: 475-481.
刘忠珍. 2007. 丁草胺与土壤及土壤组分作用机理研究. 浙江大学博士学位论文.
徐晓白. 1990. 有毒有机物环境行为和生态毒理论文集. 北京:中国科学技术出版社.
叶琦. 2018. 土壤中矿物对典型有机污染物吸附贡献率的定量求算方法研究. 浙江大学硕士学位论文.
曾凡凤. 2014. 天然无机纳米颗粒对有机污染物的吸附作用与机理. 浙江大学硕士学位论文.
朱琨,展惠英,王恩鹏,等. 2006. 萘和菲在天然和改性黄土中的吸附特性研究. 农业环境科学学报, 4: 958-963.
Accardi-Dey A, Gschwend P M. 2002. Assessing the combined roles of natural organic matter and black carbon as sorbents in sediments. Environmental Science & Technology, 36: 21-29.
Astete C E, Sabliov C M, Watanabe F, et al. 2009. Ca^{2+} cross-linked alginic acid nanoparticles for solubilization of lipophilic natural colorants. Journal of Agricultural and Food Chemistry, 57: 7505-7512.
Biswas P, Wu C Y. 2005. Nanoparticles and the environment. Journal of the Air & Waste Management Association, 55: 708-746.
Bosetto M, Arfaioli P, Fusi P. 1993. Interactions of alachlor with homoionic montmorillonites. Soil Science, 155: 105-113.
Boyd S A, Sheng G, Teppen B J, et al. 2001. Mechanisms for the adsorption of substituted nitrobenzenes by smectite clays. Environmental Science & Technology, 35: 4227-4234.
Brant J, Lecoanet H, Hotze M, et al. 2005. Comparison of electrokinetic properties of colloidal fullerenes (n-C_{60}) formed using two procedures. Environmental Science & Technology, 39: 6343-6351.
Celis R, Hermosín M C, Cox L, et al. 1999. Sorption of 2,4-dichlorophenoxyacetic acid by model particles simulating naturally occurring soil colloids. Environmental Science & Technology, 33: 1200-1206.
Chefetz B, Bilkis Y I, Polubesova T. 2004. Sorption-desorption behavior of triazine and phenylurea herbicides in Kishon river sediments. Water Research, 38: 4383-4394.
Chiou C T. 1995. Comment on "Thermodynamics of organic chemical partition in soils." Environmental Science & Technology, 29: 1421-1422.
Chiou C T. 2002. Partition and Adsorption of Organic Contaminants in Environmental Systems. Hoboken, New Jersey: John Wiley & Sons., Inc.
Chiou C T, Kile D E, Rutherford D W, et al. 2000. Sorption of selected organic compounds from water to a peat soil and its humic-acid and humin fractions: potential sources of the sorption nonlinearity.

Environmental Science & Technology, 34: 1254-1258.

Chiou C T, Lee J F, Boyd S A. 1990. The surface area of soil organic matter. Environmental Science & Technology, 24: 1164-1166.

Chiou C T, Peters L J, Freed V H. 1979. A physical concept of soil-water equilibria for nonionic organic compounds. Science, 206: 831-832.

Cho H H, Huang H, Schwab K. 2011. Effects of solution chemistry on the adsorption of ibuprofen and triclosan onto carbon nanotubes. Langmuir, 27: 12960-12967.

Cho H H, Smith B A, Wnuk J D, et al. 2008. Influence of surface oxides on the adsorption of naphthalene onto multiwalled carbon nanotubes. Environmental Science & Technology, 42: 2899-2905.

Dickson D, Liu G, Li C, et al. 2012. Dispersion and stability of bare hematite nanoparticles: effect of dispersion tools, nanoparticle concentration, humic acid and ionic strength. Science of the Total Environment, 419: 170-177.

El Arfaoui A, Sayen S, Paris M, et al. 2012. Is organic matter alone sufficient to predict isoproturon sorption in calcareous soils? Science of the Total Environment, 432: 251-256.

Gai K, Shi B, Yan X, et al. 2011. Effect of dispersion on adsorption of atrazine by aqueous suspensions of fullerenes. Environmental Science & Technology, 45: 5959-5965.

Garbarini D R, Lion L W. 1985. Evaluation of sorptive partitioning of nonionic pollutants in closed systems by headspace analysis. Environmental Science & Technology, 19: 1122-1128.

Grathwohl P. 1990. Influence of organic matter from soils and sediments from various origins on the sorption of some chlorinated aliphatic hydrocarbons: implications on K_{oc} correlations. Environmental Science & Technology, 24: 1687-1693.

Grundl T, Small G. 1993. Mineral contributions to atrazine and alachlor sorption in soil mixtures of variable organic carbon and clay content. Journal of Contaminant Hydrology, 14: 117-128.

Guo X, Luo L, Ma Y, et al. 2010. Sorption of polycyclic aromatic hydrocarbons on particulate organic matters. Journal of Hazardous Materials, 173: 130-136.

He Y, Liu Z, Su P, et al. 2014. A new adsorption model to quantify the net contribution of minerals to butachlor sorption in natural soils with various degrees of organo-mineral aggregation. Geoderma, 232-234: 309-316.

He Y, Liu Z, Zhang J, et al. 2011. Can assessing for potential contribution of soil organic and inorganic components for butachlor sorption be improved? Journal of Environmental Quality, 40: 1705-1713.

He Y, Xu J, Wang H, et al. 2006a. Detailed sorption isotherms of pentachlorophenol on soils and its correlation with soil properties. Environmental Research, 101: 362-372.

He Y, Xu J, Wang H, et al. 2006b. Potential contributions of clay minerals and organic matter to pentachlorophenol retention in soils. Chemosphere, 65: 497-505.

He Y, Zeng F, Lian Z, et al. 2015. Natural soil mineral nanoparticles are novel sorbents for pentachlorophenol and phenanthrene removal. Environmental Pollution, 205: 43-51.

Huang W, Young T M, Schlautman M A, et al. 1997. A distributed reactivity model for sorption by soils and sediments: general isotherm nonlinearity and applicability of the dual reactive domain model. Environmental Science & Technology, 31: 1703-1710.

Huang Y, Liu Z, He Y, et al. 2015. Impact of soil primary size fractions on sorption and desorption of atrazine on organo-mineral fractions. Environmental Science and Pollution Research, 22: 4396-4405.

Hüffer T, Kah M, Hofmann T, et al. 2013. How redox conditions and irradiation affect sorption of pahs by dispersed fullerenes (nC60). Environmental Science & Technology, 47: 6935-6942.

Iorio M, Pan B, Capasso R, et al. 2008. Sorption of phenanthrene by dissolved organic matter and its complex with aluminum oxide nanoparticles. Environmental Pollution, 156: 1021-1029.

Johnson M D, Keinath T M, Weber W J. 2001. A distributed reactivity model for sorption by soils and sediments. 14. characterization and modeling of phenanthrene desorption rates. Environmental Science & Technology, 35: 1688-1695.

Johnston C T, Sheng G, Teppen B J, et al. 2002. Spectroscopic study of dinitrophenol herbicide sorption on smectite. Environmental Science & Technology, 36: 5067-5074.

Karapanagioti H K, Sabatini D A. 2000. Impacts of heterogeneous organic matter on phenanthrene sorption: different aquifer depths. Environmental Science & Technology, 34: 2453-2460.

Karickhoff S W. 1984. Organic pollutant sorption in aquatic systems. Journal of Hydraulic Engineering, 110: 707-735.

Keiluweit M, Kleber M. 2009. Molecular-level interactions in soils and sediments: the role of aromatic π-systems. Environmental Science & Technology, 43: 3421-3429.

Keller A A, Wang H, Zhou D, et al. 2010. Stability and aggregation of metal oxide nanoparticles in natural aqueous matrices. Environmental Science & Technology, 44: 1962-1967.

Kile D E, Chiou C T, Zhou H D, et al. 1995. Partition of nonpolar organic pollutants from water to soil and sediment organic matters. Environmental Science & Technology, 29: 1401-1406.

Kim Y H, Carraway E R. 2000. Dechlorination of pentachlorophenol by zero valent iron and modified zero valent irons. Environmental Science & Technology, 34: 2014-2017.

Kleineidam S, Rügner H, Ligouis B, et al. 1999. Organic matter facies and equilibrium sorption of phenanthrene. Environmental Science & Technology, 33: 1637-1644.

Laird D A, Fleming P D. 1999. Mechanisms for adsorption of organic bases on hydrated smectite surfaces. Environmental Toxicology and Chemistry, 18: 1668-1672.

Larsen J W, Hall P, Wernett P C. 1995. Pore structure of the argonne premium coals. Energy & Fuels, 9: 324-330.

LeBoeuf E J, Weber W J. 1997. A distributed reactivity model for sorption by soils and sediments. 8. sorbent organic domains: discovery of a humic acid glass transition and an argument for a polymer-based model. Environmental Science & Technology, 31: 1697-1702.

Li H, Sheng G, Teppen B J, et al. 2003. Sorption and desorption of pesticides by clay minerals and humic acid-clay complexes. Soil Science Society of America Journal, 67: 122.

Li S, Anderson T A, Green M J, et al. 2013a. Polyaromatic hydrocarbons (PAHs) sorption behavior unaffected by the presence of multi-walled carbon nanotubes (MWNTs) in a natural soil system. Environmental Science: Processes & Impacts, 15: 1130.

Li W, Zhu X, He Y, et al. 2013b. Enhancement of water solubility and mobility of phenanthrene by natural soil nanoparticles. Environmental Pollution, 176: 228-233.

Li Y, Di Z, Ding J, et al. 2005. Adsorption thermodynamic, kinetic and desorption studies of Pb^{2+} on carbon nanotubes. Water Research, 39: 605-609.

Liu Y, Majetich S A, Tilton R D, et al. 2005. TCE dechlorination rates, pathways, and efficiency of nanoscale iron particles with different properties. Environmental Science & Technology, 39: 1338-1345.

Liu Z, He Y, Xu J, et al. 2008. The ratio of clay content to total organic carbon content is a useful parameter to predict adsorption of the herbicide butachlor in soils. Environmental Pollution, 152: 163-171.

Liu Z, Ding N, Hayat T, et al. 2010. Butachlor sorption in organically rich soil particles. Soil Science Society of America Journal, 74: 2032-2038.

Liu Z, He Y, Xu J, et al. 2013. How do amorphous sesquioxides affect and contribute to butachlor retention in soils? Journal of Soils and Sediments, 13: 617-628.

Lu C, Chung Y, Chang K. 2006. Adsorption thermodynamic and kinetic studies of trihalomethanes on multiwalled carbon nanotubes. Journal of Hazardous Materials, 138: 304-310.

Lu J, Li Y, Yan X, et al. 2009. Sorption of atrazine onto humic acids (HAs) coated nanoparticles. Colloids and Surfaces A: Physicochemical and Engineering Aspects, 347: 90-96.

Maqueda C, Morillo E, Rodriguez J J, et al. 1990. Adsorption of chlordimeform by humic substances from different soils. Soil Science, 150: 431-437.

Pan B, Xing B. 2012. Applications and implications of manufactured nanoparticles in soils: a review. European Journal of Soil Science, 63: 437-456.

Pan B, Xing B, Tao S, et al. 2007. Effect of physical forms of soil organic matter on phenanthrene sorption. Chemosphere, 68: 1262-1269.

Piatt J J, Backhus D A, Capel P D, et al. 1996. Temperature-dependent sorption of naphthalene, phenanthrene, and pyrene to low organic carbon aquifer sediments. Environmental Science & Technology, 30:

751-760.

Pusino A, Liu W, Gessa C. 1994. Adsorption of triclopyr on soil and some of its components. Journal of Agricultural and Food Chemistry, 42: 1026-1029.

Rutherford D W, Chiou C T, Kile D E. 1992. Influence of soil organic matter composition on the partition of organic compounds. Environmental Science & Technology, 26: 336-340.

Savage N, Diallo M S. 2005. Nanomaterials and water purification: opportunities and challenges. Journal of Nanoparticle Research, 7: 331-342.

Senesi N, Brunetti G, Cava P L, et al. 1994. Adsorption of alachlor by humic acids from sewage sludge and amended and non-amended soils. Soil Science, 157: 176-184.

Senesi N, Testini C. 1980. Adsorption of some nitrogenated herbicides by soil humic acids. Soil Science, 130: 314-320.

Sheng G, Johnston C T, Teppen B J, et al. 2002. Adsorption of dinitrophenol herbicides from water by montmorillonites. Clays and Clay Minerals, 50: 10.

Sheng G, Johnston C T, Teppen B J, et al. 2001. Potential contributions of smectite clays and organic matter to pesticide retention in soils. Journal of Agricultural and Food Chemistry, 49: 2899-2907.

Shi X, Ji L, Zhu D, 2010. Investigating roles of organic and inorganic soil components in sorption of polar and nonpolar aromatic compounds. Environmental Pollution, 158: 319-324.

Shih Y, Chen Y C, Chen M, et al. 2009. Dechlorination of hexachlorobenzene by using nanoscale Fe and nanoscale Pd/Fe bimetallic particles. Colloids and Surfaces A: Physicochemical and Engineering Aspects, 332: 84-89.

Tungittiplakorn W, Cohen C, Lion L W. 2005. Engineered polymeric nanoparticles for bioremediation of hydrophobic contaminants. Environmental Science & Technology, 39: 1354-1358.

Tungittiplakorn W, Lion L W, Cohen C, et al. 2004. Engineered polymeric nanoparticles for soil remediation. Environmental Science & Technology, 38: 1605-1610.

Umeh A C, Duan L, Naidu R, et al. 2017. Residual hydrophobic organic contaminants in soil: are they a barrier to risk-based approaches for managing contaminated land? Environment International, 98: 18-34.

Wang K, Xing B. 2005. Chemical extractions affect the structure and phenanthrene sorption of soil humin. Environmental Science & Technology, 39: 8333-8340.

Wauchope R, Yeh S, Linders J B, et al. 2002. Pesticide soil sorption parameters: theory, measurement, uses, limitations and reliability. Pest Management Science, 58: 419-445.

Weber W J, Huang W. 1996. A distributed reactivity model for sorption by soils and sediments. 4. intraparticle heterogeneity and phase-distribution relationships under nonequilibrium conditions. Environmental Science & Technology, 30: 881-888.

Weber W J, McGinley P M, Katz L E. 1992. A distributed reactivity model for sorption by soils and sediments. 1. conceptual basis and equilibrium assessments. Environmental Science & Technology, 26: 1955-1962.

Wiesner M R, Lowry G V, Alvarez P, et al. 2006. Assessing the risks of manufactured nanomaterials. Environmental Science & Technology, 40: 4336-4345.

Wilson M A, Tran N H, Milev A S, et al. 2008. Nanomaterials in soils. Geoderma, 146: 291-302.

Xia G, Ball WP. 2000. Polanyi-based models for the competitive sorption of low-polarity organic contaminants on a natural sorbent. Environmental Science & Technology, 34: 1246-1253.

Xing B, Pignatello J J. 1997. Dual-mode sorption of low-polarity compounds in glassy poly (vinyl chloride) and soil organic matter. Environmental Science & Technology, 31: 792-799.

Xing B, Pignatello J J, Gigliotti B. 1996. Competitive sorption between atrazine and other organic compounds in soils and model sorbents. Environmental Science & Technology, 30: 2432-2440.

Xing B S, McGill W B, Dudas M J, et al. 1994. Sorption of phenol by selected biopolymers: isotherms, energetics, and polarity. Environmental Science & Technology, 28: 466-473.

Xu D, Xu Z, Zhu S, et al. 2005. Adsorption behavior of herbicide butachlor on typical soils in China and humic acids from the soil samples. Journal of Colloid and Interface Science, 285: 27-32.

Yuan G L, Han P, Xie W, et al. 2012. Altitudinal distribution of polybrominated diphenyl ethers (PBDEs) in the soil along central tibetan plateau, China. Science of The total Environment, 433: 44-49.

Yuan G L, Qin J X, Li J, et al. 2014. Persistent organic pollutants in soil near the Changwengluozha glacier of the Central Tibetan Plateau, China: their sorption to clays and implication. Science of the Total Environment, 472: 309-315.

Zeng F, He Y, Lian Z, et al. 2014. The impact of solution chemistry of electrolyte on the sorption of pentachlorophenol and phenanthrene by natural hematite nanoparticles. Science of the Total Environment, 466-467: 577-585.

Zhang D, Niu H, Zhang X, et al. 2011. Strong adsorption of chlorotetracycline on magnetite nanoparticles. Journal of Hazardous Materials, 192: 1088-1093.

Zhang D, Pan B, Zhang H, et al. 2010. Contribution of different sulfamethoxazole species to their overall adsorption on functionalized carbon nanotubes. Environmental Science & Technology, 44: 3806-3811.

Zhang X, Kah M, Jonker M T O, et al. 2012. Dispersion state and humic acids concentration-dependent sorption of pyrene to carbon nanotubes. Environmental Science & Technology, 46: 7166-7173.

Zhang Y, Chen Y, Westerhoff P, et al. 2009. Impact of natural organic matter and divalent cations on the stability of aqueous nanoparticles. Water Research, 43: 4249-4257.

Zhou X, Shu L, Zhao H, et al. 2012. Suspending multi-walled carbon nanotubes by humic acids from a peat soil. Environmental Science & Technology, 46: 3891-3897.

第 3 章

土壤中多环芳烃降解功能菌及其污染修复作用

汪海珍[1] 严 康[1] 楼 骏[1,2] 顾海萍[1,3] 孙姗姗[1]
陈远志[1,4] 罗小艳[1] 符彬炘[1] 徐建明[1]

[1] 浙江大学土水资源与环境研究所，浙江省农业资源与环境重点实验室，浙江杭州 310058；[2] 湖州师范学院生命科学学院，浙江省媒介生物学与病原控制重点实验室，浙江湖州 313000；[3] 河南农业大学林学院，河南郑州 450002；[4] 广西北海市铁山港区人力资源和社会保障局，广西北海 536000

汪海珍简历：博士，教授，博士生导师。2002 年获浙江大学土壤学专业博士学位后留校任教，2007~2010 年、2011~2012 年于美国加利福尼亚大学 Riverside 分校和美国农业部 Salinity 国家实验室访问及开展合作研究。主要从事土壤有机污染微生物修复、土壤微生物生态学、土壤生物与生物化学等研究工作，在 The ISME Journal、Soil Biology & Biochemistry、Journal of Hazardous Materials、Applied and Environmental Microbiology 等微生物生态/土壤/环境科学领域国际权威 SCI 期刊上发表论文近 60 篇。近年来，主持国家自然科学基金、国家科技支撑计划课题、国家重点研发计划重点专项课题等各类纵向科研项目 10 余项，研究成果曾获浙江省科学技术奖二等奖 2 项，授权国家发明专利 6 项、实用新型专利 1 项，参编学术引领系列地球科学学科前沿丛书《土壤生物学前沿》和《土壤生物化学》中文著作与教材 2 部。

摘　要：多环芳烃能长期在环境中残留，对人类健康和生态环境有很大的毒害作用。过去数十年，由于城市化和经济快速发展，多环芳烃污染已成为一个非常严重的环境问题。微生物修复是一种利用微生物自身的代谢活动，将高毒性、化学结构复杂的多环芳烃转化成低毒或无毒的化学结构简单的化合物的方法，具有能耗低、成本低、效率高和无二次污染等优点。本章简要介绍了我国多环芳烃污染现状，提出了土壤多环芳烃降解菌筛选的方法，并基于该方法筛选到 *Massilia* sp. WF1、*Mycobacterium* sp. WY10 与 *Rhodococcus* sp. WB9 等多环芳烃高效降解菌，对降解菌的降解能力、降解途径、污染土壤修复效率、修复过程中降解功能基因丰度的变化及利用高通量绝对定量方法监测降解菌和土壤微生物群落结构的动态变化等展开了研究，旨在为环境中 PAH 污染修复提供相应支撑。

关键词：多环芳烃；降解菌；功能基因；高通量测序；微生物群落

多环芳烃（polycyclic aromatic hydrocarbon，PAH）是指分子结构中由两个或两个以上苯环构成的持久性有机污染物，广泛存在于水体、土壤和沉积物中（Lu et al., 2011）。环境中的 PAH 主要是由有机物的不完全燃烧产生，PAH 因其低水溶性、持久性、低生物可利用性，对人类、动物、植物及微生物存在潜在的毒害作用（Khalil et al., 2006; Balachandran et al., 2012）。因此，有 16 种 PAH 被美国环保署（United States Environmental Protection Agency, USEPA）列为"优先控制的污染物"，我国也把 PAH 列入优先控制的污染物黑名单（Cai et al., 2007）。

PAH 大部分是无色、白色或淡黄色的固体，具有水溶性低、熔沸点高及蒸气压低等物理性质（Haritash and Kaushik, 2009），并具有以下 4 个特征：① 持久性强。PAH 进入环境后由于其强疏水性和弱水溶性（萘除外），很容易被土壤有机质和土壤颗粒吸附，并且随着分子量的增加，PAH 很难通过地下水进行迁移，因此 PAH 可在土壤、水体和沉积物中存留几年甚至几十年（Chan et al., 2006）。② 生物蓄积性。PAH 具有高脂溶性的特性，易于被动植物吸收到体内，并通过食物链逐渐向高级消费者富集（Kim et al., 2013; Johnson et al., 2015）。③ 潜在毒性大。多种 PAH 具有致畸、致癌和致突变的效应。有研究表明，PAH 可以通过皮肤、呼吸道和消化道等渠道进入人体内，有引发多种癌症的作用。对于其他生物，PAH 也会通过与生物的 DNA 进行结合从而对其他生物产生毒害作用（Manzetti, 2012; Kweon et al., 2015）。PAH 甚至会使生物体内分泌紊乱及对生殖系统和免疫系统产生不利影响（Oostingh et al., 2008）。④ 分布范围广。PAH 由于人类的活动及自然外力的作用，可以进行长距离的运输，并在全球各生态圈之间不断循环，因此，在包括沙漠、海洋及南北极等人类活动较少的地方都能检测到 PAH 的存在（赵和平，2007）。

3.1　多环芳烃污染及其生物修复

3.1.1　环境中多环芳烃的来源、迁移及其环境宿命

环境中的 PAH 来源广泛，可以分为自然源和人为源两种。自然源主要是地球的活动及物质循环过程，包括森林和草原火灾、原油泄漏、火山喷发及植物生长过程中的合成；人为源包括化石燃料的燃烧、秸秆焚烧、垃圾焚烧、油气泄露、火力发电、汽车尾气等，主要是来源于有机物的不完全燃烧（Kaushik and Haritash, 2006）。根据张彦旭（2010）调查发现，我国 PAH 排放最重要的来源是秸秆的焚烧，其他重要来源依次是土法炼焦、薪柴燃烧、生活燃煤及交通用油等。

人类活动及自然产生的 PAH 主要分散在大气中，PAH 可被大气中的微粒吸收并通过气流的作用进行长距离的运输，也可通过自然沉降、降雨及降雪的作用就近沉降，被

土壤颗粒吸附而进入土壤环境中，土壤中的 PAH 可以通过水力作用进入水体环境，最后在沉积物中逐渐富集（Kim et al., 2013）。有研究表明，土壤和水域沿岸的沉积物是环境中 PAH 的主要载体，土壤和沉积物中的 PAH 含量要比水体中 PAH 含量高出 100 倍以上，浓度达到 mg/kg 数量级（Li and Duan, 2015; Ma et al., 2015）。此外，环境中 PAH 可以通过多种方式进入动植物体内，最终通过食物链不断富集。

PAH 的环境宿命主要包括化学氧化、光学氧化、挥发、淋溶、土壤颗粒吸附及微生物降解等（Wild and Jones, 1995）。环境中的 PAH 污染可以通过迁移、转化及分离等传统方法进行治理，但是这些方法烦琐、昂贵。由于微生物生长速度较快，且能以 PAH 为唯一碳源和能源供其生长所需，且微生物修复具有价格低廉、修复效果较好等优势，普遍认为其是环境中 PAH 污染修复最具应用潜力的方法之一（Bacosa and Inoue, 2015; Yuan et al., 2001; Miller et al., 2004）。

3.1.2 我国土壤多环芳烃污染现状

过去数十年，由于城市化和经济快速发展，PAH 污染在中国已经成为非常严重的环境问题。据文献报道，我国每年 PAH 的排放量高达 1.2 万～2.5 万 t，约占全球的 21%，并且 PAH 的排放量依然呈现上升的趋势（许姗姗等，2006; Zhang et al., 2007）。

目前已有许多研究对我国土壤表层的 PAH 污染状况进行了报道。大量研究发现我国经济发达的城市中土壤 PAH 污染非常严重，如香港土壤中 PAH 浓度的中位值是 Σ16 USEPA PAH=140 μg/kg，在都市区土壤中 Σ16 USEPA PAH 浓度甚至高达 1500 μg/kg，北京从农村到城市土壤中 PAH 浓度为 0.016～3.884 μg/g（Chung et al., 2007; Yu et al., 2014; Ma et al., 2005）。Ma 等（2015）和曹云者等（2012）对全国多个土壤进行了 PAH 含量的测定，并根据 2004～2013 年的 PAH 污染数据对全国各地的 PAH 分布及其污染程度进行了分析，发现土壤中 4～6 环的高分子量多环芳烃（HMW-PAH）的占比较高，达 68.5%，土壤中 PAH 污染程度趋势是城市>农村，东北地区>华东地区>华南地区>华中地区>西部地区，尤其是东南沿海地区和环渤海经济区土壤中 PAH 含量要明显高于其他地区。

近年来，针对我国水域中 PAH 污染状况的研究也逐渐增多，主要集中在一些重要的河流、湖泊及海域。Chen 等（2007）对钱塘江表层水体及沉积物中的 PAH 污染状况研究发现，其表层水体中 PAH 浓度为 70.3～1844.4 ng/L，主要以 2～3 环 PAH 为主，沉积物中 PAH 主要以 3～4 环 PAH 为主，浓度为 91.3～614.4 ng/kg，并且 PAH 含量呈现出市区段>农村区段的特点。在我国沿海滩涂和河流入海口的水域中，PAH 污染也较为严重。有研究表明，在我国随水流流出陆地系统的 PAH 大约有 69.9%（相当于一年排放总量的 7.1%）会被沉降在近海海域，这些海域已经成为 PAH 的最终的汇（Lohmann et al., 2007; Duan et al., 2013）。根据 Li 和 Duan（2015）对中国沿海和河口沉积物中 PAH 污染状况的总结发现，PAH 从北往南浓度逐渐降低，主要是中国北方 PAH 的排放量较高所致，但是也有特殊情况，如珠江河口的沉积物中 PAH 的含量就相对偏高，这与珠江三角洲工业较发达有关，珠江河口沉积物中的 PAH 主要是以河流上游的输入为主，在所有河口中珠江河口 PAH 浓度仅比海河低。另外，对我国黄海和南海沉积物中 PAH 污染状况调查发现，PAH 浓度呈逐年升高的趋势（Liu et al., 2012）。

相较于土壤和水体中 PAH 污染的研究，空气中 PAH 污染的研究起步相对较晚。空气中的 PAH 主要以气体或者与微粒结合形态存在，随着雾霾在中国大面积的暴发，空气中 PAH 污染越来越严重，主要集中在我国华北地区和其他工业比较发达的城市，并且具有季节性的变化（Xie et al., 2014）。Zhang 等（2016）对我国华北地区大气中 PAH 的分布和来源进行了分析，该地区 7~9 月大气中 PAH 的平均浓度高达 220 ng/m^3，其次是山东和河北，浓度最低的是京津地区；从来源途径来看，各地也大有不同，山西空气中 PAH 有 67%来自焦化过程产生，而山东、河北和京津地区主要是由民用燃煤及室内木柴和秸秆燃烧产生。在我国台湾台中地区也检测到了 PAH 对大气的污染，这与当地的工业结构有关，当地的一个炼油厂是其大气中 PAH 的主要污染来源（Chen et al., 2016）。另外，交通干线区空气中 PAH 的污染也较其他地区严重。

无论是土壤、水域还是大气中，我国 PAH 污染都非常严重。总体污染趋势是东部地区>西部地区，北方地区>南方地区，城市地区>农村地区。目前我国大范围土壤处于轻度至中度污染程度，因此，对 PAH 污染的治理已经迫在眉睫。

3.1.3　多环芳烃污染微生物修复研究概述

PAH 在环境中分布广泛，其化学结构稳定，能长期在环境中残留，对人类健康和生态环境有很大的毒害作用。因此，采取适合的方式对 PAH 污染进行有效的修复意义重大。传统的对 PAH 污染环境的修复方法主要是化学方法和物理方法，包括萃取、淋洗、焚烧、填埋、固定、客土等方法，这些方法通常成本高、程序烦琐，并且大多数只是将 PAH 从一种形态转变到另一种形态，或者从一个地方转移到另一个地方，并不能完全将 PAH 矿化（Bamforth and Singleton, 2005; Haritash and Kaushik, 2009; Thion et al., 2012）。而微生物修复是一种利用微生物自身的代谢活动，将高毒性、化学结构复杂的 PAH 转化成低毒或无毒的化学结构简单的化合物的方法，具有能耗低、成本低、效率高和无二次污染等优点（Haritash and Kaushik, 2009; Lee et al., 2015）。微生物对 PAH 的降解是通过生物转化将 PAH 不断分解生成结构简单的代谢产物，然后通过矿化作用不断将 PAH 中间产物降解，最后生成无机物 H_2O 和 CO_2（好氧条件）或 CH_4（厌氧条件），因此微生物修复被认为是生态友好型的修复方法（Balba et al., 1998）。

1. 多环芳烃降解微生物

在一些有持续性 PAH 排放的地区，其环境会长期受到 PAH 的污染，这些 PAH 污染的土壤、沉积物和水体中的微生物群落，经过 PAH 的驯化作用，会大量富集 PAH 耐受微生物（有些微生物还能以 PAH 作为单一碳源和能源生长）（陶雪琴等，2003；雷欢，2008）。许多研究者已经从这些 PAH 长期污染的环境中筛选分离到大量 PAH 降解微生物，包括细菌、真菌、古菌和一些微藻类，甚至有研究者利用原生动物进行 PAH 降解研究（Bamforth and Singleton, 2005; Haritash and Kaushik, 2009; 张银萍等, 2010; Ghosal et al., 2016）。

Davies 和 Evans（1964）第一次报道了假单胞菌科（Pseudomonadaceae）细菌能降解土壤中的萘（naphthalene, NAP）；Heitkamp 和 Cerniglia（1988）第一次从环境中分离

出了一株可以降解高分子量 PAH（HMW-PAH）的降解菌 *Mycobacterium vanbaalenii* PYR-1，该菌株不仅能降解芘（pyrene, PYR）、荧蒽等 HMW-PAH，还能降解菲（phenanthrene, PHE）、蒽（anthracene, ANT）、萘（NAP）等低分子量 PAH（LMW-PAH）。目前，从环境中分离得到的 PAH 降解菌种类繁多，尤其是降解 LMW-PAH 的降解菌，但可降解 HMW-PAH 的降解菌相对较少。典型 HMW-PAH 的降解菌主要包括分枝杆菌属（*Mycobacterium*）、假单胞菌属（*Pseudomonas*）、红球菌属（*Rhodococcus*）、寡养单胞菌属（*Stenotrophomonas*）、不动杆菌属（*Acinetobacter*）、戈登氏菌属（*Gordona*）、鞘氨醇单胞菌属（*Sphingomonas*）、伯克氏菌属（*Burkholderia*）、芽孢杆菌属（*Bacillus*）、微球菌属（*Micrococcus*）等属的细菌（张银萍等，2010）。

近些年来，关于真菌对 PAH 降解的研究也越来越多，许多真菌被报道可以降解 PAH。大多数真菌不能以 PAH 作为单一碳源和能源生长，只能与其他物质进行共代谢才能对 PAH 进行降解（Ghosal et al., 2016）。常见的能降解 PAH 的真菌主要有：小克银汉霉属（*Cunninghamella*）、侧耳属（*Pleurotus*）、青霉属（*Penicillium*）、栓菌属（*Trametes*）、毛霉属（*Mucor*）、小皮伞属（*Marasmius*）、木霉属（*Trichoderma*）、镰刀菌属（*Fusarium*）、枝孢属（*Cladosporium*）和曲霉属（*Aspergillus*）的真菌（张银萍等，2010）。

一些在极端条件下生长的古菌对 PAH 也有降解能力，目前已报道的能降解 PAH 的古菌较少，主要包括嗜盐盒菌属（*Haloarcula*）、嗜盐杆菌属（*Halobacterium*）、嗜盐球菌属（*Halococcus*）、富盐菌属（*Haloferax*）、盐红菌属（*Halorubrum*）等属的一些嗜盐或者耐高盐环境的古菌，这些高盐条件下生存的古菌对于沿海和深海油田开采过程中导致的 PAH 污染的治理具有非常重要的意义（Bertrand et al., 1990）。有些藻类也有降解 PAH 的能力，如颤藻（*Oscillatoria*）、阿格门氏藻（*Agmenellum*）、月芽藻（*Selenastrum*）、小球藻（*Chlorella*）、栅列藻（*Scenedesmus*）、菱形藻（*Nitzschia*）等（Haritash and Kaushik, 2009）。

2. 多环芳烃的微生物降解途径

微生物在纯培养体系中主要通过矿化、共代谢转化和非专一性氧化三种方式实现对 PAH 的降解（Cerniglia and Yang, 1984; Heitkamp and Cerniglia, 1988）。矿化是指以 PAH 为唯一碳源和能量来源，PAH 进入中心代谢并完全分解为无机终产物如二氧化碳和水；共代谢转化 PAH 是指在其他碳源的存在下使 PAH 实现开环降解，如在 LMW-PAH 存在的时候，鞘脂单胞菌科（Sphingomonadaceae）可以实现对高环 PAH 的共降解；而非专一性氧化是指在氧气存在的情况下，通过多组分双加氧酶或其他氧化酶对 PAH 实现氧化降解，如细胞色素 P450 单加氧酶对 PAH 的氧化，虽然这种非专一性的酶可以实现对 PAH 的开环，但是并不能实现对 PAH 的完全降解和矿化（Waigi et al., 2015）。

（1）多环芳烃细菌降解途径

细菌对 PAH 的降解主要以好氧降解为主，通过细菌的单加氧酶、双加氧酶催化氧化使 PAH 开环降解（Haritash and Kaushik, 2009; Lu et al., 2011; Ghosal et al., 2016）。一般而言，好氧降解 PAH 的第一步都是通过双加氧酶使 PAH 的芳香环发生羟基化，使 PAH 形成顺式二氢二醇，然后通过脱氢酶再环化形成二醇中间产物；之后在内裂解或者外裂解开环双加氧酶的作用下，通过邻位或间位途径形成如原儿茶酸的中间产物，最后进入三羧酸循环完成降解（Haritash and Kaushik, 2009; Lu et al., 2011; Ghosal et al., 2016）。

以菲（PHE）为例，如图 3-1 所示，其开环主要有两种方式，在双加氧酶的作用下，一种是氧攻击 PHE 的 3,4 号位形成顺式-3,4-二羟基-3,4-二氢菲，另一种是攻击 PHE 的

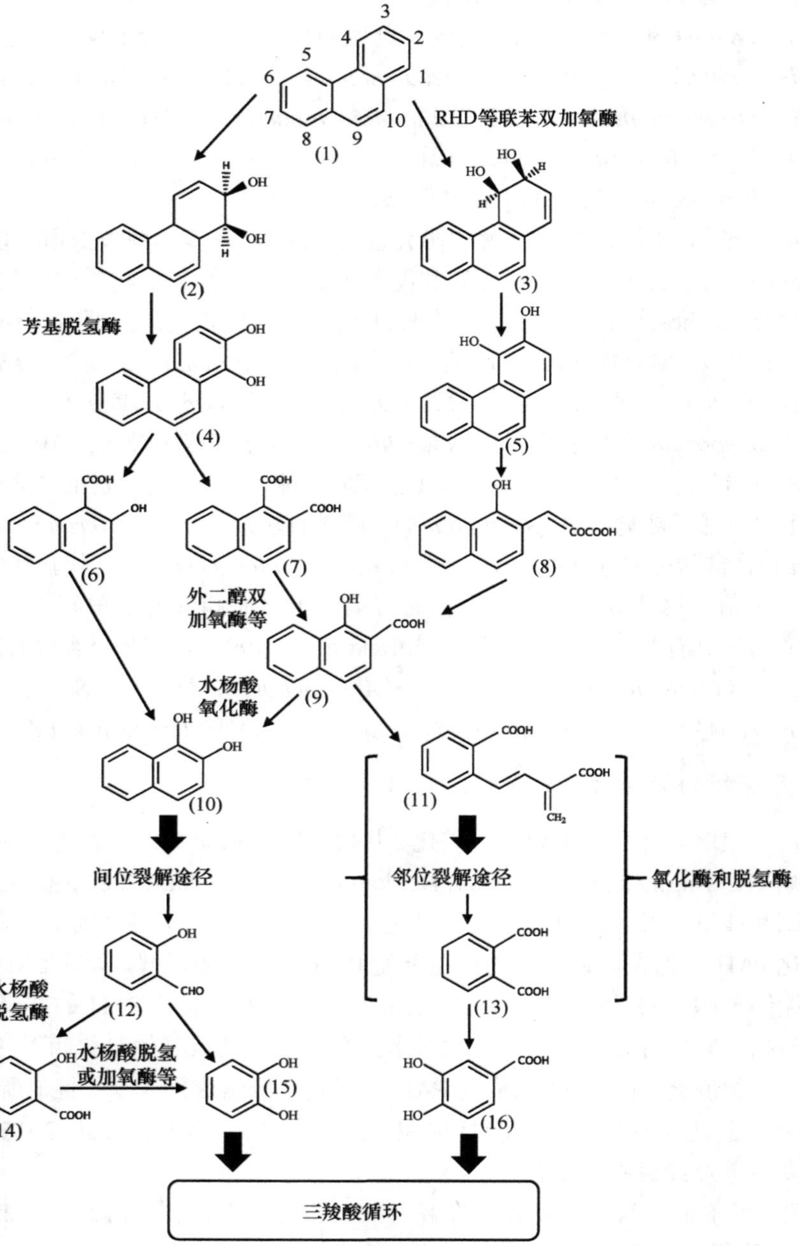

图 3-1 细菌好氧降解菲的间位和邻位降解途径（楼骏, 2018）

（1）菲；（2）顺式-1,2-二羟基-1,2-二氢菲；（3）顺式-3,4-二羟基-3,4-二氢菲；（4）1,2-二羟基菲；（5）3,4-二羟基菲；（6）2-羟基-1-萘酸；（7）1,2-二羧基萘酸；（8）顺式-4-（1-羟基萘-2-基）-2-氧代-3-丁烯酸；（9）1-羟基-2-萘甲酸；（10）1,2-二羟基萘；（11）反式-2-羟基苯亚甲基丙酮酸；（12）水杨醛；（13）邻苯二甲酸；（14）水杨酸；（15）邻苯二酚；（16）原儿茶酸

1,2 号位形成顺式-1,2-二羟基-1,2-二氢菲,然后这两种中间产物在脱氢酶的作用下分别形成 3,4-二羟基菲和 1,2-二羟基菲,这类二醇化合物结构使得 PHE 的开环成为可能(Heitkamp and Cerniglia, 1988; Prabhu and Phale, 2003; Seo et al., 2009; Waigi et al., 2015)。开环之后的 PHE 中间产物主要通过两条途径进行进一步的降解,分别是邻位裂解途径和间位裂解途径:邻位裂解途径主要形成邻苯二甲酸,然后经由原儿茶酸进入三羧酸循环;间位裂解途径主要形成水杨酸,然后经由邻苯二酚进入三羧酸循环(Prabhu and Phale, 2003; Waigi et al., 2015)。进入三羧酸循环之后,PHE 被完全矿化形成二氧化碳和水,并为细菌提供能量。

细菌对 PHE 的好氧降解开环方式除了上述 PHE 的 3,4 号位和 1,2 号位之外,还有一条非常规开环方式,微生物可以在 9,10-双加氧酶作用下攻击 PHE 的 9,10 号位形成顺式-1,2-二羟基-1,2-二氢菲,然后在脱氢酶的作用下形成 9,10-二氢菲,之后形成 2,2'-联苯甲酸(Moody et al., 2001; Seo et al., 2006; Waigi et al., 2015)。细菌通过上述的一条或者多条途径实现了对 PHE 的降解。Prabhu 和 Phale(2003)通过薄层析色谱对假单胞菌 *Pseudomonas* sp. PP2 菌株 PHE 的降解产物进行分离测定,检测出了 1-羟基-2-萘甲酸、1-萘酚、1,2-二羟基萘、水杨酸和邻苯二酚等中间代谢产物,因此推测该菌主要通过间位裂解的方式实现了对 PHE 的降解。Moody 等(2001)通过高效液相色谱和离子源质谱解析了分枝杆菌 *Mycobacterium* sp. PYR-1 降解 PHE 过程中的中间产物,检测到了顺式-3,4-二羟基-3,4-二氢菲和顺式-9,10-二羟基-9,10-二氢菲。这不仅证实了 PHE 可以通过顺式-9,10-二羟基-9,10-二氢菲开环,还表明了细菌可以同时经由两条降解途径降解 PHE(Moody et al., 2001)。而 Seo 等(2006)通过使用正丁基硼酸和重氮甲烷对 PHE 降解产物进行衍生化,结合气相色谱-质谱联用检测发现,节杆菌 *Arthrobacter* sp. P1-1 降解 PHE 的过程中生成顺式-1,2-二羟基-1,2-二氢菲、1-羟基-2-萘甲酸和 2-羟基-1-萘甲酸等中间产物,推测出节杆菌可同时利用已知的三条途径实现对 PHE 的降解。

细菌除了好氧降解 PAH 以外,还可以在厌氧的环境下降解 PAH(Davidova et al., 2007; Meckenstock et al., 2016)。但至今研究者并未发现可以在纯培养物中以 HMW-PAH 为唯一碳源的厌氧降解细菌,仅发现 HMW-PAH 似乎可以在 LMW-PAH 存在的情况下发生共代谢降解,但也未能分离培养这些共代谢细菌(Coates et al., 1997; Meckenstock et al., 2004; Meckenstock et al., 2016)。就目前而言,PAH 厌氧降解的途径主要集中在萘或甲基萘和菲。如图 3-2 所示,厌氧条件下萘及其甲基化衍生物和四氢化萘可以在细菌的驱动下发生开环降解,萘和 2-甲基萘都先发生羟基化形成 2-萘甲酸,然后另外一个苯环被氢化或四氢化萘被羧化为 5,6,7,8-四氢化-2-萘甲酸,从而实现了厌氧条件下的开环(楼骏,2018)。

Rockne 等(2000)从含有 PAH 污染的海洋沉积物流化床反应器中分离出两株厌氧降解萘的细菌 Nap-4 和 Nap-3-1,分别属于变形菌门下的海弧菌(*Vibrio pelagius*)和施氏假单胞菌(*Pseudomonas stutzeri*);在没有电子受体的 NO_3^- 存在下,Nap-4 呈现了一定的降解能力,经过 57 天的培养,NAP 降低了近 25%;而在电子受体的 NO_3^- 存在的时候,Nap-3-1 展现了更好的降解能力,57 天培养 NAP 降低了近 90%。而另外一株绿脓假单胞菌(*Pseudomonas aeruginosa*)在腐殖质蒽醌-2,6-二磺酸盐存在的情况下,可以实

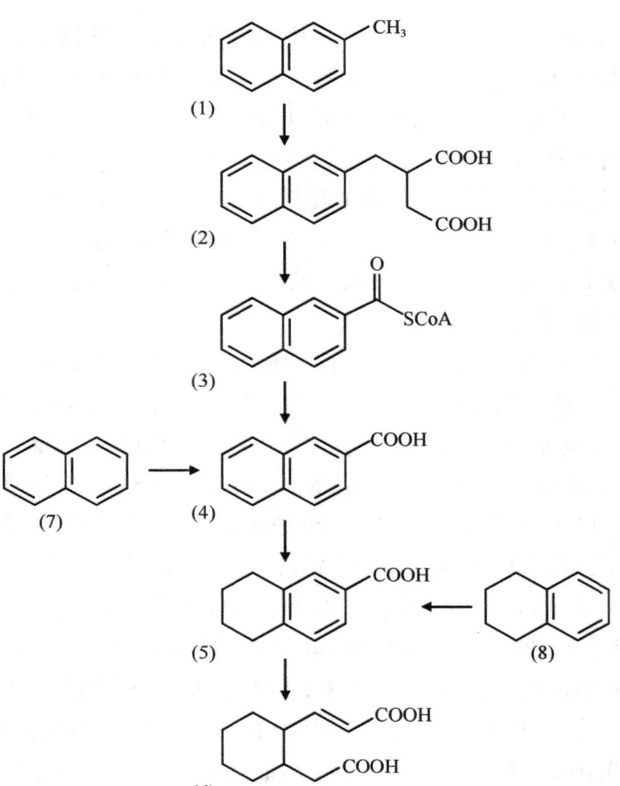

图 3-2　萘、2-甲基萘和四氢化萘细菌厌氧降解途径（楼骏, 2018）
（1）2-甲基萘；（2）萘基-2-甲基-丁二酸；（3）2-萘甲酰基-辅酶 A；（4）2-萘甲酸；（5）5,6,7,8-四氢化-2-萘甲酸；
（6）(2E)-3-[2-(羧甲基)环己烷基]-2-丙烯酸；（7）萘；（8）1,2,3,4-四氢化萘

现在 30 天的培养过程中使 PHE 的去除率高达 46.5%（Ma et al., 2011）。一般而言，PAH 的厌氧降解速率都是在硫还原、硝酸还原等还原条件下比较快，但是与细菌需氧条件下降解 PAH 相比，该过程还是比较漫长。通常认为这是由于一方面在厌氧条件下 PAH 开环加氧过程比较难，另一方面在厌氧条件下细菌生长极度缓慢，生长周期可能长至几周甚至几月（Davidova et al., 2007; Ma et al., 2011; Meckenstock et al., 2016）。但是，细菌厌氧降解 PAH 仍然是影响环境 PAH 归宿的重要一环。

（2）多环芳烃真菌降解途径

大多数真菌降解 PAH 并不能以 PAH 为唯一碳源，更多的是通过非专一性氧化共代谢的方式降解 PAH，主要有木质素降解酶途径和细胞色素 P450 单加氧酶途径（图 3-3）（Haritash and Kaushik, 2009; Ghosal et al., 2016）。木质素降解途径主要有木质素降解菌和白腐真菌两类菌，通过分泌过氧化物酶和漆酶对 PHE 进行非专一性氧化形成 9,10-二酮菲并最终通过 2-羟基-2-羧基联二苯实现开环，除此之外的真菌主要通过细胞色素 P450 实现对 PAH 最初的氧化。由于这些酶的底物专一性低，因此真菌可降解 PAH 的种类比较广泛。Memić 等（2020）发现木质素降解真菌草莓状炭团菌（*Hypoxylon fragiforme*）和粉孢革菌（*Coniophora puteana*）对菲、芘、苊烯、芴等近 12 种 PAH 有降解能力。然

而，由于这类真菌比较难适应土壤环境进而生长缓慢，导致其在实际应用过程中修复效果较慢甚至没有效果（顾海萍，2016; Mao and Guan, 2016）。

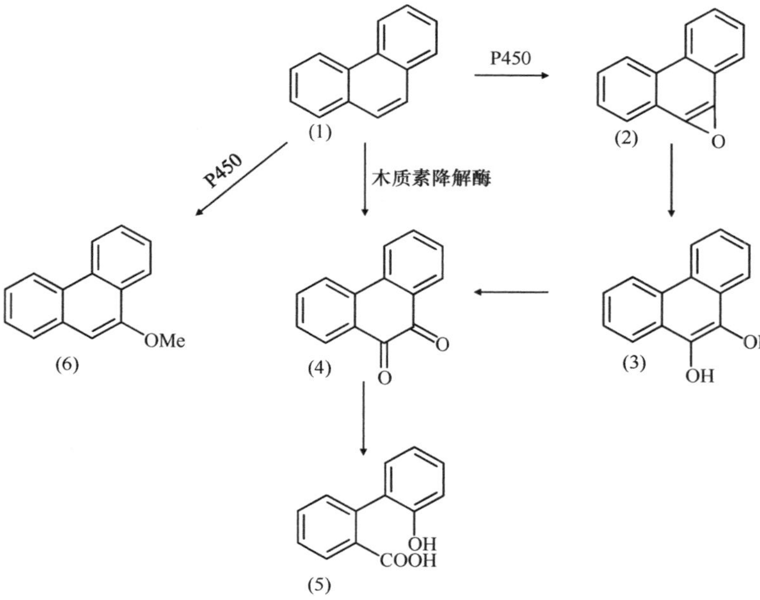

图 3-3　真菌降解菲的木质素和细胞色素 P450 途径（楼骏，2018）

（1）菲；（2）9,10-环氧乙烯菲酚；（3）9,10-二氢二醇菲；（4）9,10-二酮菲；（5）2-羟基-2-羧基联二苯；
（6）9-甲氧基菲

3. 细菌的多环芳烃降解基因

基因作为生物体中承载遗传及功能信息的载体，所有生命活动都取决于基因所承载的信息。因此，对于细菌能否降解 PAH 取决于该菌是否具有编码 PAH 降解酶的基因。通过了解细菌 PAH 降解功能基因能更全面地了解细菌降解 PAH 的能力，与此同时，通过基因工程等方式可以加强细菌降解 PAH 的能力（Monti et al., 2005）。

PAH 酶编辑基因广泛分布于革兰氏阳性菌和阴性菌，对于 PAH 降解的第一步主要通过 RHD 酶对 PAH 加氧形成顺式二氢二醇结构。这些基因大致可以分为两类：一类是 *nah*-like 基因和非 *nah*-like 基因，其中 *nah*-like（*nah*、*ndo*、*pah* 和 *dox*）基因基本都来自于假单胞菌（*Pseudomonas* spp.），而非 *nah*-like（*phn*、*phd*、*pbh* 和 *bph*）基因主要来自于其他细菌。目前研究比较透彻的有假单胞菌（*Pseudomonas* spp.）、食酸菌（*Acidovorax* spp.）、粪产碱杆菌（*Alcaligenes faecalis*）、伯克氏菌（*Burkholderia* spp.）、分枝杆菌（*Mycobacterium* spp.）、鞘氨醇单胞菌属（*Sphingomonas*）和类诺卡氏菌（*Nocardioides* spp.）。

一种细菌内可能存在多种的降解机制，以假单胞菌属为例，该菌属有包括 *nah*、*ndo*、*pah* 和 *dox* 四种 *nah*-like 基因降解机制，可以针对 NAP、PHE 和 ANT 发挥降解功能。除了 *ndo* 基因外，其余三种基因研究都比较完整，可以通过间位开环 PAH 并一路降解成为水杨酸，从而进入三羧酸循环实现完全矿化代谢（Lu et al., 2011）。另外，分枝杆菌主要以降解 PYR 为主，其降解基因也有 *nid* 和 *pdo* 基因两条降解机制。值得注意的是，就统计的数据而言，除了分枝杆菌和类诺卡氏菌之外，其余菌株的降解基因都主要分布在质粒上。大多数降解 PAH 的质粒都属于大质粒，其上包含了部分乃至全部的降解基因。但这些研究结果也可能受基因测序发展的限制，在 2005 年之前对细菌基因组大规模测序的成本较高，且质粒的分离提取研究较为便捷，因此大多数降解基因都是从质粒上被发现（Kiyohara et al., 1994; Fuenmayor et al., 1998）。随着研究技术的改进和完善，通过双向电泳、Southern 杂交和全基因组等技术的应用，降解基因也进一步被证实存在于质粒的同时也可能存在于染色体之中（Khan et al., 2001; Sho et al., 2004; Kweon et al., 2014; Cao et al., 2015; Lou et al., 2016）。

近年来随着人类基因组计划成功实施，基因组学研究进展迅速，尤其是高通量测序、仪器分析检测等现代分子生物学、计算生物学、生物信息学研究手段的提升，促进了在基因水平上不断深入研究，更为全面、快速地揭示了 PAH 降解微生物的机制。Kim 等（2008）测定了一株 PAH 降解菌分枝杆菌（*Mycobacterium vanbaalenii* PYR-1）的全基因组（6.5 Mb），分析表明染色体基因组上有约 194 个蛋白质编码基因与芳香环降解有关，主要分布在长度达 150 kb（494～643 kb）和 31 kb（4711～4741 kb）两个区域，其中有 *phd*FGIH 和 *nid*AA3BB2B3DR 基因及与 *phd*ACEK、*bph*A1BCC1C3C5DEFI 同源的基因。此外，研究者还发现了与原儿茶酸降解有关的基因（*pca*BGHIJLR），因此，研究者推断该菌降解 HMW-PAH 主要通过降解成为原儿茶酸后通过 β-酮己二酸途径进入 TCA 循环被完全矿化成为 CO_2（Kim et al., 2008）。Cao 等（2015）分析了深海细菌 *Celeribacter indicus* P73T 的全基因组（4.5 Mb），其中约有 138 个基因与芳香化合物降解有关，这些基因主要分布在 4 个区域，发现了处于区域 B 的开放读码框 P73_0346 基因，该基因表达产物为首次鉴定出来的荧蒽-7,8-双加氧酶编码基因，同时还通过基因敲除验证了该基因发挥了荧蒽降解过程中第一步氧化的重要作用。由此可见，通过基因组的研究，可以更全面、更快速地了解微生物降解 PAH 的机制。

4. 多环芳烃微生物降解的影响因素

PAH 化学结构稳定，生物可利用性低，因此环境中 PAH 的半衰期很长。微生物修复是去除环境中 PAH 最主要的方法之一，但是微生物对环境中 PAH 的降解会受到多种生物和非生物因素的影响，主要有三大因素：环境因子、基质和微生物活性（思显佩等, 2009）。微生物的活性在很大程度上决定了微生物对 PAH 的降解效果，除了不同微生物对 PAH 降解能力的差异，微生物进入环境中还要适应环境条件的变化，接种的微生物还存在与土著微生物竞争的关系等。因此，PAH 降解微生物在 PAH 污染环境中的活性、数量和繁殖速率是 PAH 是否能被降解的关键。环境基质对微生物降解 PAH 也有较大的影响，土壤有机质含量、微孔体积、阳离子交换量等都能影响 PAH 的生物可利用性；另外，PAH 自身的浓度、溶解性、毒性、化学结构和吸附性能也影响微生物对其降解的速率（Chung and Alexander, 2002）。环境因子也是影响微生物对 PAH 降解的重要因素，影响 PAH 微生物降解的环境因子主要包括温度、pH、含水量、营养物质及通气状况等，这些因子主要是影响了环境中微生物的活性和生物量，从而影响环境中 PAH 的降解效率。

5. 多环芳烃微生物修复强化措施

在自然条件下，PAH污染土壤大多是各种污染物混杂、土著微生物种类和数量繁多而又难以人为控制的系统，降解微生物不是被抑制就是被消灭，因而严重限制了PAH的生物可利用性及生物修复效果。若仅仅依靠土著微生物修复这样一个情况复杂的"污染系统"，很难达到净化的目的（邹德勋等，2007）。因此，通过采取强化措施提高降解微生物的修复效率就成为生物修复PAH污染土壤的关键。目前常采用的方法包括以下4种。

（1）接种多环芳烃高效降解菌

钟磊（2009）通过自然污染土壤的微生物修复实验证明了接种高效复合菌群修复菲污染土壤的可行性，菲的浓度在9天内从4.74 mg/kg下降到0.26 mg/kg，而不接菌的对照处理，菲的残留量为4.52 mg/kg。Zeng等（2010）研究也发现将自然污染土壤中筛选到的芘降解菌（分枝杆菌）再次接种到该污染土壤进行修复时，经过两个月的降解，污染土壤中老化的芘和荧蒽均有明显的消解，降解率分别达到90%和50%，但接种高效降解菌的修复效果稳定性较差。Yu等（2005）也将富集得到的降解菌群投入到芴、菲、芘混合污染的红树林沉积物中，发现接种降解菌群的修复效果与土壤本身土著微生物的修复效果差异不明显，尤其是在接种降解菌群处理后的第7天，PAH的降解反而存在明显的抑制作用，芴和菲分别只降解了50%和70%，而对照处理（自然衰减）芴和菲的降解率均达到90%以上，究其原因可能与外加菌种对新环境的适应性、外加菌种与土著微生物的竞争作用或者是优先利用土壤中存在的其他有机物质而不是污染物等有关。

（2）添加外源营养物质

在现场修复中，一般在PAH污染土壤中含碳化合物的含量很高，营养物质的缺乏常是限制微生物降解活性的重要因素（程国玲和Karlsen，2005）。Breedveld和Karlsen（2000）研究表明添加无机N、P可刺激含水砂土层和表层土壤中PAH的降解。Lee等（2003）研究证明丙酮酸盐作为外加碳源刺激了降解菌 *Pseudomonas putida* G7 的生长，从而促进了多环芳烃萘的降解。Zhang等（2012）研究了有机废弃物和紫花苜蓿-专性降解菌混合修复中PAH的降解，发现0.1%的活性污泥和1%的牛粪肥对PAH的消解最显著。不同环境中微生物对营养物质的要求也不同，需考虑到具体的生态环境、营养物质的可利用情况等。

（3）添加表面活性剂

PAH的生物可利用性低是导致其降解缓慢的一个重要因素，这主要是因为其憎水、亲脂特性给PAH的生物降解带来了传质限制（污染物由固相向水相的解析）。表面活性剂是一类同时具有亲水和疏水基团的有机物，具有分散、乳化、降低界面张力的作用，可促进PAH的解吸和溶解，从而提高生物修复效率（王宏光和郑连伟，2006）。宋玉芳等（1999）发现吐温-80的添加可显著提高土壤中菲和芘的降解，这可能是由于吐温-80促进了菲和芘的溶解及其自身作为碳源促进了土壤中优势菌的生长。Reddy等（2010）在研究中也发现，*Brevibacillus* sp.菌株在降解菲过程中自身产生生物表面活性剂——鼠李糖脂，促进菲的降解。

（4）微生物-植物联合修复

目前，微生物-植物联合修复已成为 PAH 污染土壤生物修复研究的热点。一方面，植物为微生物的生存提供了场所，植物的根系不仅能够转移氧气使根区的好氧作用能够正常进行，而且还可以伸展到不同层次的土壤中，带动降解菌分散到土壤中，另外植物的脱落物及根系分泌物还可为微生物生长提供大量营养，刺激根际各类菌群的繁殖，增强微生物-植物的联合降解作用。另一方面，微生物能够改变污染物的存在形态或降解有机污染物，减轻污染物对植物的毒害，增强植物的抗逆性（周乐，2006）。例如，刘魏魏等（2010）的研究表明接种菌根真菌和 PAH 专性降解菌都能促进紫花苜蓿的生长和土壤中 PAH 的降解，经过 90 天修复试验，种植紫花苜蓿接种菌根真菌、专性降解菌处理的 PAH 的降解率分别为 47.9%、49.6%，均高于只种植紫花苜蓿的对照处理的 21.7%。

3.2 多环芳烃降解功能菌的筛选

随着工业的不断发展，环境中 PAH 污染越来越严重，对人类的身体健康造成了非常大的危害。由于土壤中的土著微生物对 PAH 的污染需要很长一段时间来适应，因此可以通过从土壤中分离出 PAH 高效降解菌，再应用到 PAH 污染环境中，从而提高 PAH 的修复效果（李全霞，2007）。许多研究者可以从 PAH 污染的环境中驯化得到高效的 PAH 菌群，这为我们直接从 PAH 污染土壤中分离 PAH 降解菌提供了依据（Bacosa and Inoue, 2015）。

3.2.1 降解菌筛选方法

本节中介绍陈远志（2017）报道的一种高效多环芳烃降解菌筛选方法。

1. 降解菌群的驯化

称取 100 g（干重）多环芳烃污染土壤于 250 mL 锥形瓶中，添加 5000 mg/L 菲储备液使土壤的菲或芘污染浓度为 100 mg/kg，锥形瓶置于 28℃ 培养箱中培养一周；称取培养一周的土 10 g 于 90 mL 无菌水中，恒温气浴振荡（28℃，130 r/min）2 h，静置 30 min。同时分别在 50 mL 灭菌锥形瓶中添加 5000 mg/L 菲或芘储备液 200 mL，待丙酮完全挥发后添加 9 mL 液体基础盐培养基（MSM）和 1 mL 土壤上清液，置于恒温气浴振荡器（28℃，130 r/min）中培养 14 天。

2. 双层培养基的制备

先在培养皿下层制备一层固体 MSM 培养基，上层培养基中的成分是固体 MSM 和 500 mg/L 菲（或芘）。上层培养基配制方法：将 5 mL 未凝固的 MSM 与 0.5 mL 的 5000 mg/L 的菲（或芘）混合后，均匀涂布在底层的固体 MSM 上，放置于超净工作台中冷却凝固。

3. 菲和芘降解菌的筛选

将添加菲和芘培养过的菌液梯度稀释，分别吸取 10^{-3}、10^{-4}、10^{-5} 三个稀释度菌液

200 μL 涂布到菲（或芘）的双层平板上，之后将平板置于 28℃培养箱培养，每日观察平板上是否有降解圈出现。

3.2.2 筛选所得的多环芳烃降解菌

基于上述降解菌筛选方法获得了多株多环芳烃降解菌，本节中重点介绍 *Massilia* sp. WF1、*Mycobacterium* sp. WY10 与 *Rhodococcus* sp. WB9 三株多环芳烃高效降解菌。

1. *Massilia* sp. WF1

从江苏省无锡市锡山区安镇迁回路一个 40 年以上锻造厂附近的菜园地分离出来，该区域土壤因长期受到锻造厂燃煤烟尘的影响，污染较为严重，其中 16 种 PAH 含量达 17～25 mg/kg，其中菲的含量为 1.07 mg/kg（罗小艳，2015）。初涂布到附有菲膜的固体 MSM 上的土悬液中的菌体生长较慢，培养一周后出现肉眼可见的清晰单菌落，再挑取周围有透明降解圈的单菌落至新的附有菲膜的固体 MSM 平板上不断地划线分离纯化，纯化后的菌株接种在附有菲膜的固体 MSM 平板上培养 3 天后即可观察到清晰的单菌落和透明的降解圈（图 3-4a），将该菌株命名为 WF1。另外将 WF1 菌株的菌悬液接种到以菲为唯一碳源和能源的液体 MSM 中培养 1 天，发现与不添加菌的对照处理相比，菲的固体颗粒数减少，培养液的颜色由透明变成橙黄色（图 3-4b）。

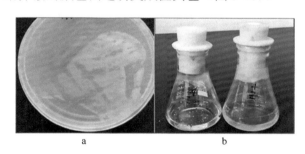

图 3-4 菌株 WF1 在菲污染平板（a）及菲矿质培养基（b）中的生长（罗小艳，2015）

对菌株 WF1 的 16S rRNA 基因进行 PCR 扩增并测序，最终得到 1441 bp 的基因序列（GenBank 登录号为 KF573748）。将 16S rRNA 基因序列在 GenBank 上进行序列同源性比较，结果表明菌株 WF1 的 16S rRNA 基因序列与 *Massilia* sp.的多个菌株的序列具有同源性，其中与菌株 *Massilia aerilata* 5516S-11^T（*M. aerilata* 5516S-11^T）序列的相似度高达 98.7%，与菌株 *M. niastensis* 5516S-1^T 序列的相似度达 98.6%，与菌株 *M. tieshanensis* TS3^T 序列的相似度达 98.1%，与菌株 *M. aurea* AP13^T 序列的相似度达 96.8%（罗小艳，2015）。对其进行系统发育树的构建如图 3-5 所示，从结果可以看出菌株 WF1 与菌株 *M. aerilata* 5516S-11^T 聚为一类，亲缘关系最近。

2. *Mycobacterium* sp. WY10

分离于福建省三明市一个炼钢厂附近的菜地土壤，土壤中 16 种优先控制多环芳烃的浓度为（1.41±0.39）mg/kg。该筛菌平板放置在 28℃培养箱中培养 7 天后，可以在平板上发现肉眼可见的菌落，将能在菲或芘双层平板上产生透明降解圈的菌落挑取出来，

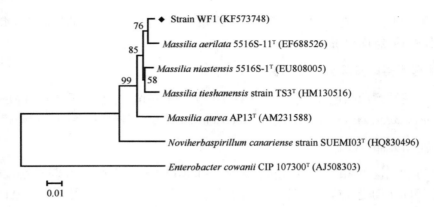

图 3-5 基于菌株 WF1 和参比菌株的 16S rRNA 基因序列构建的系统发育树（罗小艳，2015）

并转接到新的菲或芘双层平板上通过三线法获取单菌落进行纯化，最后获得一株可以降解菲和芘的降解菌，将该菌株命名为 WY10。从图 3-6 可以观察到，WY10 菌落能在菲、芘平板上产生明亮的芘降解圈。

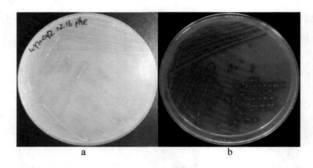

图 3-6 菌株 WY10 在菲（a）和芘（b）双层平板上的生长情况（陈远志，2017）

对菌株 WY10 的 16S rRNA 基因进行 PCR 扩增并测序，最终得到 1388 bp 的核苷酸序列。通过将 WY10 与相似菌株的相似性比较，发现菌株 WY10 的 16S rRNA 基因与多个 *Mycobacterium* 属的菌株具有同源性，菌株 WY10 的 16S rRNA 基因与 *Mycobacterium pallens* czh-8 的 16S rRNA 基因相似性最高，为 99.9%；与 *Mycobacterium crocinum* czh-42、*Mycobacterium sphagni* Sph 38、*Mycobacterium houstonense* ATCC 49403 和 *Mycobacterium conceptionense* D16 等菌株的 16S rRNA 基因的相似性都为 99.0%以上，与芘降解菌 *Mycobacterium vanbaalenii* PYR-1 的 16S rRNA 基因的相似性为 96.9%（陈远志，2017）。从图 3-7 的 16S rRNA 基因系统进化树中可以看出菌株 WY10 与 *Mycobacterium pallens* czh-8 聚为一簇，两者亲缘关系最近。

3. *Rhodococcus* sp. WB9

分离于石油污染土壤，筛选出的菌落为乳白色、不透明，菌落形状为圆形，表面干燥且菌落边缘整齐，菌落较小，符合放线菌的菌落特征。将其命名为 WB9 菌，用光学显微镜观察发现 WB9 菌呈杆状或短杆状（图 3-8a），革兰氏染色表明其为革兰氏阳性菌（图 3-8b）。

第 3 章　土壤中多环芳烃降解功能菌及其污染修复作用 | 69

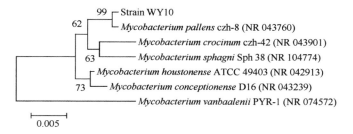

图 3-7　基于菌株 WY10 和参比菌株的 16S rRNA 基因序列构建的系统发育树（陈远志，2017）

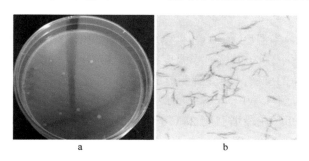

图 3-8　降解菌 WB9 的菌落形态（a）和革兰氏染色结果（b）（Sun et al., 2020）

对菌株 WB9 的 16S rRNA 基因进行 PCR 扩增并测序，扩增后获得大小为 1378 bp 的序列，将得到的序列与 NCBI 数据库的已知序列对比构建发育树，结果如图 3-9 所示。经对比，菌株 WB9 的 16S rRNA 基因与多个 *Rhodococcus* 属的菌株具有同源性，与红球菌属中 *Rhodococcus wratislaviensis* 序列相似度高达 99.9%，结合与其他红球菌的同源性关系可以确定菌株 WB9 属于红球菌属（*Rhodococcus*）。

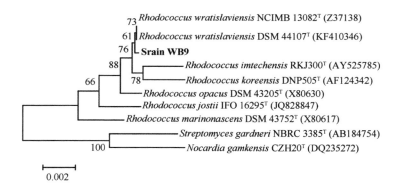

图 3-9　基于菌株 WB9 和参比菌株 16S rRNA 基因序列构建的系统发育树（Sun et al., 2020）

3.2.3　降解菌对多环芳烃的最适降解条件

许多环境因子都影响着微生物对 PAH 的降解，为了更好地将微生物修复技术应用于 PAH 污染土壤治理中，应该有效地控制一些影响因子，使微生物的活性处于最佳状态，从而制定出最佳的方案来治理 PAH 污染的环境。影响微生物降解 PAH 的环境因子包括 pH、温度、通气状况等，一方面 pH 影响微生物细胞膜的通透性、酶活性、酶促反应速率及细胞膜表面电荷的性质，另一方面 pH 也会影响营养物质的离子化程度；温度会影响 PAH 的理化性质、微生物的酶活性、微生物细胞膜的流动性等。外加碳源在促进微生物降解 PAH 中也发挥着重要的作用，一方面这些物质可直接为菌株生长提供碳源和能源，起到生物强化的作用，增加降解菌数量，从而提高菌株的降解效率；另一方面这些化合物可以诱导菌株 PAH 降解酶的表达，使目标污染物通过共代谢的方式被降解。本节主要通过控制 pH、温度及添加其他碳源来研究这些因素对降解菌降解菲和芘的影响，为 PAH 污染的微生物实地修复提供理论依据和技术指导。

1. *Massilia* sp. WF1 对菲的最适降解条件

由图 3-10a 可见，当温度为 20℃时，*Massilia* sp. WF1 对菲的降解受到明显的限制，培养 2 天后菲的降解率仅为 18%；当温度在 25~30℃时，菲的降解效果最好；但当温度增加至 35℃时，菲的降解又会受到明显的抑制。综上所述，菌株 WF1 属于中温型微生物，选择 28℃作为菌株 WF1 降解菲的最适降解温度。培养基初始 pH 对 WF1 降解菲的影响结果见图 3-10b，在最适温度 28℃下培养 2 天后，菌株 WF1 在 pH 5~8 均能够降解菲，菲降解率为 54.5%~96.8%，而当 pH 上升到 9 时，菲的降解会受到强烈的抑制。培养第 1 天时，WF1 对菲的降解在 pH 6 时降解效果最佳，降解率达 73.5%；而到第 2 天时，WF1 对菲的降解在 pH 6 或 7 时并无显著差异，说明 WF1 在 pH 6~7 均能很好地降解菲。综合以上结果，选择 pH 6 作为菌株 WF1 降解菲的最适降解 pH。菲浓度对 WF1 降解菲的影响结果见图 3-10c，在最适的温度（28℃）和最适的 pH（pH=6）条件下，菌株 WF1 在菲浓度为 25~400 mg/L 均表现出很强的降解能力，25 mg/L 时，2 天降解率为 77.0%；50 mg/L 时，2 天降解率为 99.9%；100 mg/L 时，2 天降解率为 96.8%；200 mg/L 时，3 天降解率为 95.1%；400 mg/L 时，5 天降解率为 86.0%，因此选择菲的初始浓度 100 mg/L 作为菌株 WF1 降解菲的最适初始浓度。

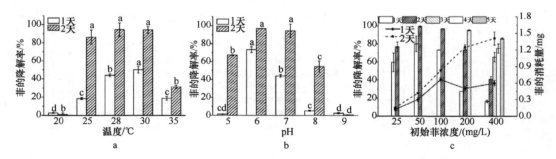

图 3-10 温度（a）、pH（b）和菲初始浓度（c）对 WF1 降解菲的影响（Wang et al., 2016）
（同一时间的不同字母表示的是不同处理之间在 0.05 水平上差异显著，下同）

2. *Mycobacterium* sp. WY10 对菲和芘的最适降解条件

菌株 WY10 对不同的 pH 都有很强的适应性，在 pH 4.5~8.5，菌株 WY10 对菲和芘的降解效果都很好，72 h 之内能够将菲（100 mg/kg）和芘（50 mg/kg）完全降解。其对菲和芘的降解最适 pH 在 4.5~7.5（图 3-11 和图 3-12）。同时，菌株 WY10 对温度的适应范围也很广，在 20~35℃条件下均能降解菲和芘，其降解菲和芘的最适温度分别为

30~35℃和 28~35℃（图 3-11 和图 3-12）。此外，果糖、葡萄糖和麦芽糖添加浓度为 100 mg/L 时，对菌株 WY10 降解菲没有影响；而葡萄糖和麦芽糖的添加在培养初期可以促进菌株 WY10 对芘的降解，培养后期果糖、葡萄糖和麦芽糖的添加则对菌株 WY10 降解芘没有显著影响（图 3-11 和图 3-12）。

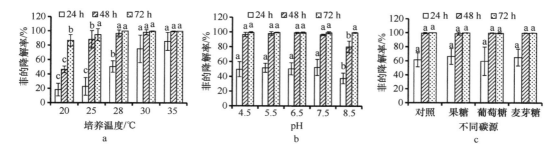

图 3-11　温度（a）、pH（b）、不同碳源（c）对 WY10 降解菲的影响（陈远志，2017）

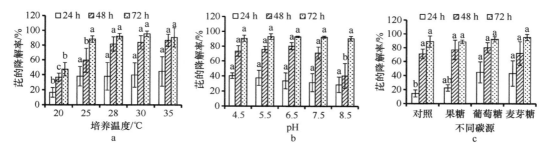

图 3-12　温度（a）、pH（b）、不同碳源（c）对 WY10 降解芘的影响（陈远志，2017）

3. *Rhodococcus* sp. WB9 对菲的最适降解条件

菌株 WB9 在第 3 天和第 6 天时对菲的降解率都有随温度升高而升高的趋势（图 3-13a）。在 20℃时 WB9 菌在第 3 天仅降解约 27%的菲，在第 6 天降解约 75%的菲，而在 35℃时 WB9 菌在第 3 天对菲的降解率就高达 90%，在第 6 天已完全降解菲，温度对 WB9 降解菲有较大的影响。pH 对菌株 WB9 降解菲也有较大的影响。总体上而言，菌株 WB9 对菲的降解率有随 pH 增加而升高的趋势（图 3-13b）。在第 3 天时，pH 为 7.5 的培养条件下 WB9 菌对菲的平均降解率最高，降解率达 90%；在第 6 天时，pH 越高，WB9 菌对菲的降解率也越高，在 pH 为 7.5 和 8.5 时降解率已为 100%。菌株 WB9 在不同菲初始浓度下对菲的降解情况如图 3-14c 所示，图中柱状高度为 WB9 菌对菲的降解率，直线表示不同菲初始浓度下消耗的菲浓度。在第 1.5 天和第 3 天时，菌株 WB9 的降解率随着菲初始浓度的升高而降低；在第 6 天时，初始菲浓度为 100 mg/L 的培养条件下的降解率高于 200 mg/L 的情况。而从消耗的菲浓度看，在第 1.5 天时消耗的菲浓度随其初始浓度的增加而降低，而在第 3 天时的趋势则相反。这说明当菲初始浓度较高时会限制降解初期 WB9 菌对菲的降解，而在降解中后期时高菲初始浓度培养下的 WB9 菌降解加快，同一时间下 200 mg/L 初始菲浓度条件下有更多的菲被降解。

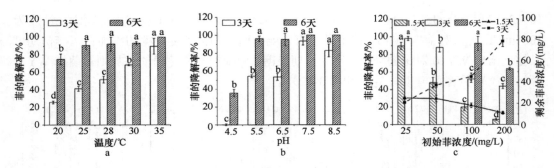

图 3-13 温度（a）、pH（b）、菲初始浓度（c）对 WB9 降解菲的影响（Sun et al., 2020）

3.2.4 降解菌对多环芳烃的降解产物及途径

1. *Massilia* sp. WF1 菲的降解产物与途径

在菲的酸性代谢产物中检测到 2 种衍生化后的降解产物，并分别命名为 P2 和 P1，而且随着培养时间的延长，P1 的浓度逐渐减少，P2 的浓度逐渐上升呈明显的累积。代谢产物 P1 有 4 种主要的 M^+ 离子峰，m/z 分别为 73、185、317 和 332，分别对应于分子式 $Si(CH_3)_3$、$C_{11}H_6O_3$、$C_{11}H_6O_3Si_2(CH_3)_5$ 和 $C_{11}H_6O_3Si_2(CH_3)_6$。与 1-羟基-2-萘甲酸标准物质硅烷化产物的质谱图作对照，推测代谢产物 P1 是 1-羟基-2-萘甲酸。代谢产物 P2 有 4 种主要的 M^+ 离子峰，m/z 分别为 73、147、295 和 310，依次对应分子式 $Si(CH_3)_3$、$C_8H_4O_3$、$C_8H_4O_2Si_2(CH_3)_5$ 和 $C_8H_4O_4Si_2(CH_3)_6$。与邻苯二甲酸标准物质硅烷化产物的质谱图作对照，推测代谢产物 P2 是邻苯二甲酸（罗小艳，2015；Wang et al., 2016）。

GC-MS 检测到 WF1 降解菲过程中的两种中间代谢产物 1-羟基-2-萘甲酸和邻苯二甲酸，且随着培养时间的延长，菲被消耗，1-羟基-2-萘甲酸生成后被继续代谢，邻苯二甲酸不断生成并累积。据此初步推测 WF1 先将菲代谢为 1-羟基-2-萘甲酸再转化为邻苯二甲酸，但不同于其他学者报道的常规途径，WF1 不再继续代谢邻苯二甲酸（碳源利用实验表明 WF1 亦不利用邻苯二甲酸）而最终进入 TCA 循环（罗小艳，2015；Wang et al., 2016）。因此，推测 WF1 中还存在着其他菲的降解途径将其最终矿化，但目前获取的产物信息还较少，具体的降解途径还有待后续深入研究。

2. *Mycobacterium* sp. WY10 菲和芘的降解产物与途径

当降解菌 WY10 以菲为唯一碳源培养时，通过与培养 0 天样品的 GC-MS 谱图对比，培养 2 天后，在中性提取组分中检测到 8 种代谢产物的硅烷化衍生物，在酸性提取组分中检测到 5 种代谢产物的硅烷化衍生物。同样地，降解菌 WY10 以芘为唯一碳源培养 7 天后，在中性提取组分中检测到 3 种代谢产物的硅烷化衍生物，在酸性组分中检测到 4 种代谢产物的硅烷化衍生物和 5 种代谢产物的甲基化衍生物（Sun et al., 2019）。

如表 3-1 所示，菲代谢产物 P1 母离子 M^+ 为 442，其主要的离子峰与文献中报道的三羟基菲一致，推断得到 P1 为三羟基菲。产物 P2 母离子 M^+ 为 356，5 个主要的离子峰 m/z 分别为 341（M^+-CH_3）、325（M^+-2CH_3-H^+）、266（M^+-TMS-CH_3-2H^+）、147（2TMS+H^+）和 73（TMS），根据文献报道的主要离子峰的相对强度，推断 P2 是反式-9,10-二氢二醇菲

（Kim et al., 2005）。产物 P3 母离子 M^+ 为 354，4 个主要的离子峰 m/z 分别为 339、266、236 和 73，分别对应于 M^+-CH_3、M^+-TMS-CH_3、M^+-TMS-3CH_3 和 TMS，该产物和 3,4-二羟基菲有相同的质谱特征和保留时间，因此 P3 为 3,4-二羟基菲。产物 P4 和 P5 分别鉴定为 7,8-苯并香豆素（7,8-benzocoumarin）和 9-菲酚。另外，产物 P6~P10 通过与标样比对，分别鉴定为 2,2'-联苯二甲酸、1-羟基-2-萘甲酸、水杨酸、邻苯二甲酸和原儿茶酸。

表 3-1　菌株 WY10 菲代谢产物质谱表（Sun et al., 2019）

ID	Rt/min	离子碎片质合比 m/z（%相对强度）	代谢物
P1	36.42	442（M^+, 100），354（6），73（40）	三羟基菲（triTMS）
P2	29.31	356（M^+, 31），341（37），325（17），266（29），147（100），73（44）	反式-9,10-二氢二醇菲（diTMS）
P3	32.90	354（M^+, 100），339（5），266（17），236（9），73（48）	3,4-二羟基菲（diTMS）
P4	28.37	196（M^+, 81），168（100），139（62）	7,8-苯并香豆素
P5	30.31	266（M^+, 100），251（63），235（19），165（12），147（17），73（28）	9-菲酚（diTMS）
P6	30.29	371（M^+-CH_3, 5），269（100），178（5），147（21），73（19）	2,2'-联苯二甲酸
P7	28.29	332（M^+, 1），317（100），185（6），170（1），147（7），73（21）	1-羟基-2-萘甲酸（diTMS）
P8	17.58	267（M^+-CH_3, 100），209（6），135（17），91（8），73（68）	水杨酸（diTMS）
P9	22.13	310（M^+, 3），295（29），221（10），147（100），73（30）	邻苯二甲酸（diTMS）
P10	24.99	370（M^+, 87），355（42），281（11），223（8），193（100），147（4）	原儿茶酸（triTMS）

由表 3-2 可见，芘代谢产物 M1 母离子 M^+ 为 380，5 个主要的离子峰 m/z 分别为 365（M^+-CH_3）、290（M^+-OTMS-H^+）、202（M^+-2OTMS）、147（2TMS+H^+）和 73（TMS），其质谱特征与顺式-4,5-二氢二醇芘一致，类似地，产物 M2 鉴定为 4,5-二羟基芘。产物

表 3-2　菌株 WY10 芘代谢产物质谱表（Sun et al., 2019）

ID	Rt/min	离子碎片质合比 m/z（%相对强度）	代谢物
M1	33.85	380（M^+, 50），365（42），290（100），202（25），147（96），73（54）	顺式-4,5-二氢二醇芘（diTMS）
M2	38.10	378（M^+, 100），290（34），260（12），73（26）	4,5-二羟基芘（diTMS）
M3	32.06	294（M^+, 100），279（88），205（86），176（47），151（20）	菲-4,5-二羧酸（diME）
M4	32.76	294（M^+, 92），279（63），205（100），177（51），151（12），73（9）	4-菲羧酸（diTMS）
	29.98	236（M^+, 100），205（69），177（51），176（36）	4-菲羧酸（diME）
M5	29.53	266（M^+, 100），251（37），235（44），165（6），73（11）	4-菲酚（TMS）
M6	37.30	302（M^+, 5），300（73），269（36），241（100），226（40），210（6），198（9），170（7），139（6）	6,6'-二羟基-2,2'-联苯二羧酸（diME）
M7	32.77	220（M^+, 100），192（16），163（33）	4-oxapyren-5-one
M8	28.37	196（M^+, 83），168（100），139（59）	7,8-苯并香豆素
M9	28.29	332（M^+, 1），317（100），185（7），170（3），147（7），73（18）	1-羟基-2-萘甲酸（diTMS）
M10	17.58	267（M^+-CH_3, 100），209（8），135（17），91（8），73（68）	水杨酸（diTMS）
M11	22.13	310（M^+, 3），295（22），221（8），147（100），73（39）	邻苯二甲酸（diTMS）

M3 的甲基化衍生物母离子 M^+ 为 294，4 个主要的离子峰 m/z 分别为 279（M^+-CH_3）、205（M^+-$COOCH_3$-OCH_2）、176（M^+-$COOCH_3$-$COOCH_3$）和 151，推断产物 M3 为菲-4,5-二羧酸。产物 M4、M9～M11 根据与标样比对，分别鉴定为 4-菲羧酸、1-羟基-2-萘甲酸、水杨酸和邻苯二甲酸。产物 M5 与菲降解产物 P5 有相似的质谱特征，但是保留时间不同，由于 GC 洗脱时间比 9-菲酚早的菲酚产物只有 4-菲酚，所以 M5 鉴定为 4-菲酚。产物 M6 甲基化衍生物母离子 M^+ 为 302，8 个主要的离子峰 m/z 分别为 300（M^+-2H$^+$）、269（M^+-OCH_3-2H$^+$）、241（M^+-$COOCH_3$-2H$^+$）、226（M^+-$COOCH_3$-CH_2-2H$^+$）、210（M^+-$COOCH_3$-OCH_3-2H$^+$）、198（M^+-$COOCH_3$-OCH_3-CH_2）、170 和 139，推断产物 M6 为 6,6′-二羟基-2,2′-联苯二羧酸。产物 M7 和 M8 是内酯化产物，分别鉴定为 4-oxapyren-5-one 和 7,8-苯并香豆素。

根据鉴定出的菲、芘主要代谢产物，可以推断得到菌株 WY10 降解菲、芘的代谢途径，如图 3-14 所示（Sun et al., 2019）。其中，单加氧酶攻击菲的 "K 区" 形成环氧化物，在环氧化物水解酶的作用下形成反式-9,10-二氢二醇菲，随后形成 9-菲酚。另外，WY10 产生的羟基化双加氧酶作用于菲的 3,4 位点和 9,10 位点，分别在脱氢酶的作用下形成 3,4-二羟基菲和 9,10-二羟基菲。9,10-二羟基菲再发生邻位裂解形成 2,2′-联苯二甲酸，3,4-二羟基菲在环裂解酶的作用下形成 1-羟基-2-萘甲酸，然后被进一步氧化，后续分别生成水杨酸和邻苯二甲酸。邻苯二甲酸进一步代谢成原儿茶酸，最终进入三羧酸循环转化为水和二氧化碳。根据检测到的产物含量可知，羟基化双加氧酶攻击菲的 3,4 位点，经过 1-羟基-2-萘甲酸的邻苯二甲酸途径是 WY10 降解菲的主要途径。

WY10 降解芘主要是通过羟基化双加氧酶作用于芘的 4,5 位点形成 4,5-二氢二醇芘，该产物经过脱氢酶、环裂解酶的作用形成菲-4,5-二羧酸。菲-4,5-二羧酸菲原子的 9,10 位继续被氧化形成 6,6′-二羟基-2,2′-联苯二羧酸，该途径不是芘降解的主要途径。菲-4,5-二羧酸脱羧基产生 4-菲羧酸，进一步氧化成 3,4-二羟基菲随后进入菲 3,4 位点氧化后的降解途径。与 WY10 菲降解过程不同的是，WY10 降解芘时，水杨酸途径和邻苯二甲酸途径均发挥了重要作用。

3. *Rhodococcus* sp. WB9 菲的降解产物与途径

当降解菌 WB9 以菲为唯一碳源培养时，通过与 0 天样品的 GC-MS 谱图对比，培养 2 天后，在中性提取组分中检测到 16 种代谢产物（P1～P16）的硅烷化衍生物，在酸性提取组分中检测到 10 种代谢产物（P9～P18）的硅烷化衍生物。如表 3-3 所示，菲代谢产物 P1 鉴定为反式-9,10-二氢二醇菲。产物 P2 与之前测到的 3,4-二羟基菲具有相似的质谱特征，但是二者保留时间不同，初步鉴定 P2 是二羟基菲。产物 P3～P7 均为菲酚产物且具有非常相似的质谱特征，但是它们的保留时间不同，根据 Gmeiner 等（1998）报道的菲酚产物 GC 洗脱顺序，产物 P3～P7 分别鉴定为 4-菲酚、9-菲酚、3-菲酚、1-菲酚和 2-菲酚。产物 P8 和 P9 同样具有相似的质谱特征，二者是同分异构体。产物 P11 和 P13 通过与标样比对确定为 1-羟基-2-萘甲酸和 2-羟基-1-萘甲酸，据此推断 P8 和 P9 分别是 1-羟基-2-萘甲酸和 2-羟基-1-萘甲酸的上游产物。由于 2-羟基-1-萘甲酸（P13）和（Z）-4-(3-羟基萘-2-基)-2-氧代丁-3-烯酸（P9）的确定，推断产物 P2 为 1,2-二羟基菲。产

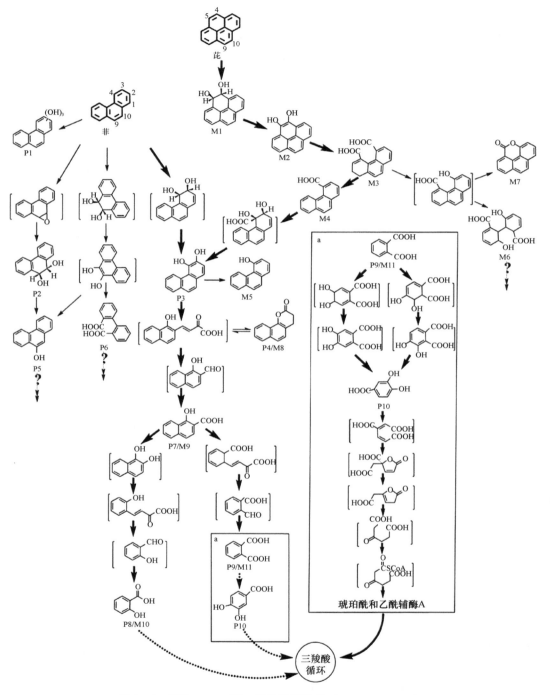

图 3-14　菌株 WY10 菲、芘的降解途径（Sun et al., 2019）

物 P12 母离子 M^+ 为 360，5 个主要的离子峰 m/z 分别为 345、242、229、147 和 73，分别对应于 M^+-CH_3、M^+-OTMS-$3CH_3$、M^+-TMS-$COOCH_2$、2TMS+H^+ 和 TMS，该产物的质谱特征与文献中报道的萘-1,2-二羧酸相一致，因此 P12 鉴定为萘-1,2-二羧酸。产物 P10

（5,6-苯并香豆素）和 P14（萘-1,2-二羧酸酐）分别是 P9 和 P12 的内酯化产物。另外，产物 P15～P18 通过与标样比对，分别鉴定为 1-萘酚、2-萘酚、水杨酸和邻苯二甲酸。

表 3-3　菌株 WB9 菲代谢产物质谱表（Sun et al., 2020）

ID	Rt/min	离子碎片质合比 m/z（%相对强度）	代谢物
P1	29.28	356（M^+, 20），341（23），325（10），266（23），147（100），73（52）	反式-9,10-二氢二醇菲（diTMS）
P2	35.14	354（M^+, 84），339（5），266（10），236（13），73（100）	1,2-二羟基菲（diTMS）
P3	29.51	266（M^+, 100），251（60），235（63），165（13），73（27）	4-菲酚（diTMS）
P4	30.28	266（M^+, 100），251（60），235（23），165（13），73（17）	9-菲酚（diTMS）
P5	30.76	266（M^+, 100），251（66），235（9），165（11），73（8）	3-菲酚（diTMS）
P6	30.90	266（M^+, 100），251（74），235（33），165（20），73（28）	1-菲酚（diTMS）
P7	31.43	266（M^+, 100），251（83），235（8），165（13），73（9）	2-菲酚（diTMS）
P8	32.89	388（$M^{++}2$, 6），271（100），229（71），147（22），73（61）	(E)-4-(1-羟基萘-2-基)-2-氧代丁-3-烯酸（diTMS）
P9	31.72	388（$M^{++}2$, 8），271（100），229（37），147（18），73（44）	(Z)-4-(3-羟基萘-2-基)-2-氧代丁-3-烯酸（diTMS）
P10	29.36	196（M^+, 11），168（100），139（56）	5,6-苯并香豆素
P11	28.29	332（M^+, 1），317（100），185（9），170（2），147（11），73（33）	1-羟基-2-萘甲酸（diTMS）
P12	31.57	360（M^+, 100），345（19），242（27），229（60），147（45），73（97）	萘-1,2-二羧酸（diTMS）
P13	28.55	332（M^+, 10），317（100），185（9），170（2），147（14），73（35）	2-羟基-1-萘甲酸（diTMS）
P14	27.17	198（M^+, 100），170（47），156（93），141（29），128（57）	萘-1,2-二羧酸酐（diTMS）
P15	18.15	216（M^+, 100），201（87），185（35），141（13），127（9），73（19）	1-萘酚（TMS）
P16	18.74	216（M^+, 69），201（100），185（12），141（9），73（26）	2-萘酚（TMS）
P17	17.56	267（M^+-CH_3, 100），209（6），135（17），91（8），73（68）	水杨酸（diTMS）
P18	22.10	310（M^+, 2），295（21），221（8），147（100），73（33）	邻苯二甲酸（diTMS）

　　根据鉴定出的菲的主要代谢产物，可以推断得到菌株 WB9 菲的代谢途径，如图 3-15 所示。其中，WB9 产生的单加氧酶攻击菲的"K 区"形成环氧化物，在水解酶的作用下形成反式-9,10-二氢二醇菲，进一步形成 9-菲酚。另外，WB9 产生的羟基化双加氧酶作用于菲的 1,2 位点和 3,4 位点，分别在脱氢酶的作用下形成 1,2-二羟基菲和 3,4-二羟基菲。1,2-二羟基菲发生邻位裂解和间位裂解，分别形成萘-1,2-二羧酸和 2-羟基-1-萘甲酸。同样，3,4-二羟基菲发生邻位裂解和间位裂解，分别形成萘-1,2-二羧酸和 1-羟基-2-萘甲酸，这 4 种产物随后都转化成 1,2-二羟基萘，然后被进一步氧化，环裂解后生成水杨酸和邻苯二甲酸两个分支。

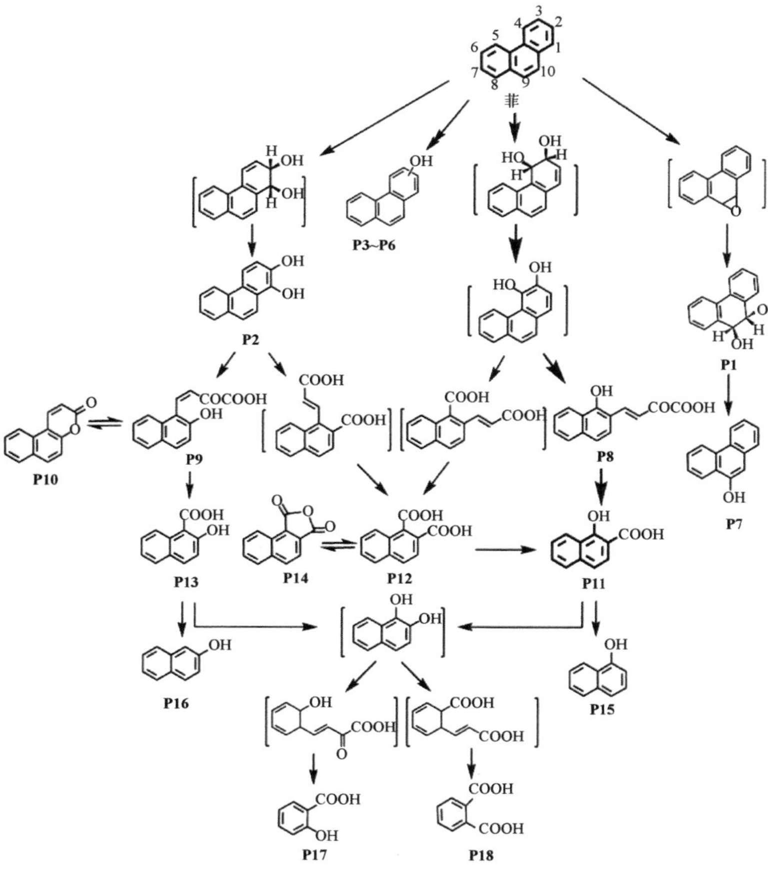

图 3-15　菌株 WB9 菲的降解途径（Sun et al., 2020）

3.3　降解菌修复多环芳烃污染土壤

尽管筛选分离得到的菲降解菌在实验室条件下表现出很强的降解作用，但在实际污染土壤环境中，由于土壤性质复杂、土壤微生物种类繁多，降解菌在这种复杂环境中的存活和修复效果通常并不是很理想，因而将筛选到的菌剂再次投加应用到土壤的修复需要进一步的实验模拟研究。

3.3.1　*Massilia* sp. WF1 对多环芳烃污染土壤的修复

罗小艳（2015）初步探索了 WF1 对原始多环芳烃污染土壤再次人工添加 100 mg/kg 菲的降解效果。结果发现，WF1 对新添加的菲具有很强的降解作用，培养前 3 天菲的降解速度最快，菲的残留浓度由 84.41 mg/kg 减少至 16.41 mg/kg，而对照处理和添加叠氮化钠的处理土壤中菲的残留浓度仍分别高达 61.23 mg/kg 和 59.23 mg/kg。但 5 天后 WF1 对菲的降解速度变缓慢，从第 5 天培养到 28 天，菲的残留浓度只由 9.95 mg/kg 降低到 4.38 mg/kg，这可能是由于后期老化作用使得菲被锁定在土壤颗粒结构内部，菲的生物有效性降低而导致修复难度增大。

另外在对照处理的污染土壤中,培养 5 天前菲的浓度变化与添加叠氮化钠的处理很吻合,但到了培养第 7 天时菲的残留浓度快速下降到 22.00 mg/kg,随后降解也变缓慢,第 28 天时菲的残留浓度为 8.44 mg/kg,说明土著微生物后期对新添加的高浓度的菲也具有高效的降解作用。而在添加叠氮化钠的处理中,菲在前 3 天快速下降,这可能是由于新添加的菲加入土壤后被土壤有机质吸附固定或在培养过程中的挥发损失等原因,而 3 天后趋于平稳基本保持在 47.79~60.45 mg/kg,可以看出叠氮化钠处理对土壤土著微生物活性具有明显抑制作用。

综合上述结果,添加 WF1 处理和对照处理的污染土壤中,新添加的高浓度菲均被较快速地降解,尤其是添加 WF1 的处理在前期表现出更明显的修复效果;但当污染物菲在土壤中老化后浓度降至 5 mg/kg 左右,其生物有效性降低,菲的降解速度变缓慢,修复效果不明显。研究表明生物修复过程中最终的生物修复效率取决于污染物的生物有效性及传质速率和微生物可代谢的程度。虽然 WF1 对液体矿质培养基中菲(1~400 mg/L)的降解效果很好,但如何实现 WF1 等降解功能菌完全消除土壤环境中菲等多环芳烃污染物,尚需进一步探索和研究。

3.3.2 *Massilia sp. WF1-Phanerochaete chrysosporium* 共培养体系对菲污染土壤协同修复

有研究发现,真菌菌丝可作为污染物的"运输管道"和降解细菌迁移的"高速公路"(图 3-16),并可以增加降解菌与土壤等多孔介质中污染物的接触机会(Gu et al., 2017)。Kohlmeier 等(2005)通过室内模拟实验发现,无色杆菌(*Achromobacter* sp. SK1)在尖孢镰刀菌(*Fusarium oxysporum*)真菌的存在下可在玻璃珠模拟的多孔介质中迁移 1 cm/d。Wick 等(2007)运用分别装有土壤和玻璃珠的柱子模拟发现,终极腐霉菌(*Pythium ultimum*)能将恶臭假单胞菌(*Pseudomonas putida* PpG7)垂直迁移 1 cm/d 和

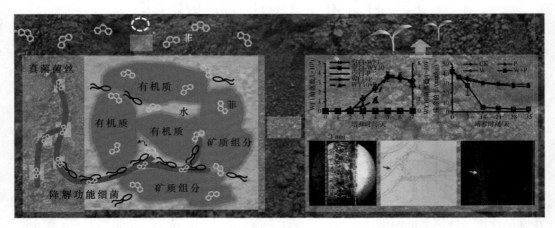

图 3-16 真菌菌丝对污染物和降解菌的迁移作用(Gu et al., 2017)

CK. 不添加菌的对照处理;P. 添加真菌 *Phanerochaete chrysosporium* 的处理;W. 添加细菌 *Massilia* sp. WF1 的处理;W+P. 添加细菌 *Massilia* sp. WF1 和真菌 *Phanerochaete chrysosporium* 的处理;下同

0.8 cm/d。Ingham 等（2011）发现，烟曲霉菌（*Aspergillus fumigatus*）菌丝可作为"桥梁"，使得类芽孢杆菌（*Paenibacillus vortex*）越过两个琼脂块形成 0.5 mm 甚至 0.8 mm 的空气间隙。

影响细菌在真菌菌丝上迁移的因素较多，如细菌的移动性、趋化性及真菌、细菌的表面的物理化学特性等（Wick et al., 2010）。Kohlmeier 等（2005）通过不同移动性的细菌在不同表面疏水性的真菌菌丝上的迁移实验，发现只有具有移动性的细菌在亲水性真菌菌丝表面才能有效迁移，非运动性细菌则迁移不明显。Furuno 等（2010）发现 PAH 降解细菌的趋化性与化学引诱物（水杨酸）的存在有助于趋化细菌的迁移。Warmink 和 van Elsas（2009）的研究发现，只有位于真菌菌丝生长前端并且在真菌菌丝生长方向上的细菌才可被迁移。另外，能被迁移的细菌均含有 *hrcR* 基因（III 型分泌系统的标志基因），但并不是所有含有 *hrcR* 基因的细菌都能被迁移（Warmink and van Elsas, 2009）。另外，迁移的发生与细菌的鞭毛及真菌表面的蛋白质也有关（Ingham et al., 2011）。

1. *Massilia* sp. WF1-*Phanerochaete chrysosporium* 共培养体系对不灭菌/灭菌土中菲的降解

采用细菌 *Massilia* sp. WF1、真菌 *Phanerochaete chrysosporium* 共培养体系，研究其对不灭菌土/灭菌土中菲的降解效果（顾海萍，2016）。实验设置 4 个处理，即不添加菌对照（CK），添加真菌 *Phanerochaete chrysosporium*（P），添加细菌 *Massilia* sp. WF1（W），添加细菌-真菌（W+P），每个处理设置 3 个重复。分别将装有灭菌土和不灭菌土的 12 个锥形瓶按照上述处理设置分别接入目标微生物：CK 处理加入等量灭菌 MiliQ 水；P 处理中接入制备好的菌丝球 0.75 g（湿重），使真菌在污染土壤中（以干重计）的浓度达到 25 mg/g；W 处理加入制备好的菌悬液 0.5 mL，使降解菌在污染土壤（以干重计）中的浓度达到 10^6 CFU/g；W+P 处理则接入 0.5 mL WF1 及菌丝球 0.75 g（湿重）。然后，充分混合搅拌均匀（搅拌 5 min），保持 100%田间持水量（约 33 kPa 压力下）并置于 28℃恒温培养箱中静止避光培养，期间每 3 天称重补充灭菌 MiliQ 水一次。分别在培养的第 0、第 3、第 7、第 14、第 21、第 28 天对上述各处理样品定期采样，用于菲的提取测定。

培养前 3 天，所有处理中的菲含量都有所降低，且下降幅度一致。在培养第 3~7 天，各处理中菲含量快速降低。其中，CK、P 两个处理的菲含量下降幅度一致，在第 7 天菲残留量均为 22 mg/kg 左右，W 处理中菲残留量比 CK、P 处理的稍低（$P>0.05$），为 19.59 mg/kg，W+P 处理中菲残留量为 14.38 mg/kg，明显低于其他处理（$P<0.05$）。培养第 7~14 天，各处理中的菲残留量进一步减少。第 14 天测得 W 处理的菲残留量为 6.97 mg/kg，稍低于 CK、P 两个处理的菲残留量（约为 7.95 mg/kg）；W+P 处理为 6.04 mg/kg 且低于 CK、P 处理。由此可见，添加的 *Phanerochaete chrysosporium* 并没有发挥降解作用。

为了进一步明确 WF1-*Phanerochaete chrysosporium* 共培养体系对菲的协同降解作用，采用灭菌土（消除土著微生物的降解作用）研究了 CK、P、W 及 W+P 处理下菲残余量的动态变化。培养第 14~21 天，W、P 处理中菲开始下降。其中，W 处理中菲含量下降相对较快，第 21 天测得 W 处理的菲残留量（10.92 mg/kg）远低于 P 处理的菲残留量，说明 WF1 适应了新的土壤环境，并发挥降解作用。培养第 21 天后，W 处理中菲的降解速率逐渐减小，而 P 处理中菲的含量则迅速降低，在第 28 天测得 W 处理中菲的残余量趋于 5.00 mg/kg，P 处理中残余的菲为 18.8 mg/kg。而对于 W+P 处理，在第 14~28 天的培养周期内，菲残余量稳定（2.16 mg/kg），明显低于 P、W 处理土壤中的菲（$p<0.01$）。说明在培养后期，Phanerochaete chrysosporium 逐渐适应了土壤环境，并开始发挥降解作用；W 与 W+P 处理中菲含量逐渐趋于稳定可能是土壤对菲的老化固定作用使得微生物可利用的菲含量减少所致（Semple et al., 2003）。

2. *Massilia* sp. WF1-*Phanerochaete chrysosporium* 在无菲灭菌土中迁移后对回添迁移后灭菌土中菲的降解

为验证真菌菌丝能否通过对降解菌的迁移运输从而增强对土壤中 PAH 的修复效果，采用扩散皿将菌体与污染物分开添加培养的方法（图 3-17）。具体处理如下：在灭菌处理过的扩散皿外圈添加无菲灭菌土壤 15 g（以干重计），内圈添加 PDA 培养基（不溢出为益）。P（添加真菌 *Phanerochaete chrysosporium*）处理中，在扩散皿内圈的 PDA 培养基中心加入 *Phanerochaete chrysosporium* 孢子液 20 μL；W（添加细菌 *Massilia* sp. WF1）处理中，在 PDA 培养基的外圈接入制备好的 *Massilia* sp. WF1 菌悬液 50 μL；W+P 处理则在 PDA 培养基的内外圈分别接种真菌孢子液和 WF1 菌悬液；CK 处理则不添加任何菌液，每个处理设置 3 个重复。保持土壤含水量为 100%田间持水量（约 33 kPa 压力下）。培养 7 天后，扩散皿中菌丝基本都分化成了孢子，此时认为菌丝对细菌的迁移运输结束。然后，将扩散皿中的土转移至锥形瓶中（扩散皿中挥发严重），分别拌入菲，使菲的理论初始浓度为 50 mg/kg。然后将各锥形瓶置于 28℃恒温培养箱中静止避光培养，期间根据重量变化每 3 天补充灭菌水一次，以保持土壤含水量为 100%田间持水量（约 33 kPa 压力下）。分别于培养的第 0、第 3、第 7、第 14、第 21、第 28 天采土样，测定菲的含量（顾海萍，2016）。

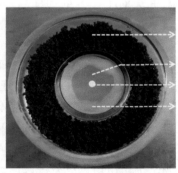

图 3-17 真菌 *Phanerochaete chrysosporium* 对降解细菌 WF1 的迁移实验设置示意图（顾海萍，2016）

与添加菲的处理相比，W、P、W+P 处理中扩散皿外圈不添加菲的土壤培养 7 天时微生物生长情况有明显差异（图 3-18）。不添加菲的 W 处理中 WF1 在扩散皿 PDA 培养基上的分布和刚添加时的位置一致，无扩散生长（图 3-18a2），P、W+P 处理中菌丝明显扩散到土壤的中部及外缘。这进一步证实了菲对 *P. chrysosporium* 确实有毒害作用，并影响菌丝的生长及在土壤中的扩散分布。无菲情况下，菌丝生长状况明显改善，在土壤中能扩散生长到较远的距离，增加了菌丝对降解菌 WF1 迁移的可能性。

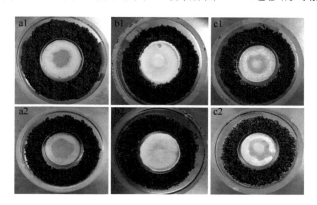

图 3-18　灭菌土有（a1，b1，c1）、无（a2，b2，c2）菲条件下 W（a）、P（b）、W+P（c）处理培养 7 天的微生物生长情况（顾海萍，2016）

W 处理添加细菌 *Massilia* sp. WF1；P 处理添加真菌 *Phanerochaete chrysosporium*；W+P 处理则同时添加了细菌 WF1 和真菌 *Phanerochaete chrysosporium* 孢子液

此外，土壤中菲的残留动态表明，在整个培养周期中（0~28 天），CK、P、W 三个处理中菲的残留量基本保持一致，且略有下降，可能是培养过程中菲的挥发损失（罗小艳，2015）及土壤颗粒的结合固定所致；而回添到土壤中的菲可被通过 *Phanerochaete chrysosporium* 菌丝迁移过去的 WF1 降解利用。WF1-*Phanerochaete chrysosporium* 共培养的处理（W+P）中菲的残留量在培养第 7 天时有下降趋势，在第 14 天，该处理的菲残留量只有 4.70 mg/kg，明显（$p<0.01$）低于其他三个处理中的菲残余量（约为 30.25 mg/kg）。培养中后期（14~28 天），W+P 处理中菲残留量变化较小，趋于 2.86 mg/kg，此时的降解率达到了 90.0%，这与 WF1-*Phanerochaete chrysosporium* 共培养处理中菲残余量（2.16 mg/kg）及降解率（93.0%）相当。说明 *Phanerochaete chrysosporium* 菌丝确实能起到"桥梁"的作用，使得降解菌 WF1 迁移到土壤中，进而降解利用回添到土壤中的菲。另外，降解菌 WF1 在 *Phanerochaete chrysosporium* 菌丝的作用下迁移到土壤中后对菲的降解效果与直接在菲污染土壤中添加 WF1-*P. chrysosporium* 共培养体系的降解效果相当，这表明，WF1 不但能被菌丝迁移到土壤中，而且可随着菌丝的生长而均匀分布在土壤颗粒、微空隙中，增加了与土壤中菲的接触机会，进而提高了菲的微生物有效性（Wick et al., 2007）。

3.4　多环芳烃污染修复过程中降解功能基因丰度变化

本节将通过实时 PCR 检测菲和芘的污染土壤中接种细菌 *Mycobacterium* sp. WY10（Y）、真菌 *Phanerochaete chrysosporium*（P）及两者同时接种共培养（P+Y）各处理中 PAH 降解基因 RHDα-GP、RHDα-GN、*nidA*、*nidB*、*nagAc* 和 *nahAc* 的丰度变化，探究土壤中菲和芘的浓度与这些基因丰度之间的关系（陈远志，2017）。

3.4.1 RHDα-GP 和 RHDα-GN 基因丰度的变化

分别用 RHDα-GN 和 RHDα-GP 基因来表征可以降解 PAH 的革兰氏阴性和革兰氏阳性细菌，但各处理中没有检测到污染土壤中 RHDα-GN 基因的存在，菲和芘污染土壤中 RHDα-GP 基因丰度的变化见图 3-19。添加菌株 WY10 的 PHE-Y、PHE-P+Y、PYR-Y 和 PYR-P+Y 4 个处理中菲和芘的降解速率都较快，这 4 个处理土壤中 RHDα-GP 基因的丰度在菲和芘快速降解的前 7 天快速升高，到第 7 天 RHDα-GP 基因丰度达到了最高，随后土壤中 RHDα-GP 基因的丰度逐渐下降。而 PHE-CK 和 PHE-P 两个处理的土壤中 RHDα-GP 基因的丰度在第 3～21 天迅速增加，到第 21 天达到最高，RHDα-GP 基因的拷贝数分别是第 0 天的 1037 倍和 401 倍，随后其丰度逐渐降低，这两个处理土壤中 RHDα-GP 基因丰度的变化与土壤中菲的消减同步。芘污染的 PYR-CK 和 PYR-P 两个处理的土壤中 RHDα-GP 基因的丰度也是随着芘被降解在第 7～35 天这个时间段内快速增加，到第 35 天 RHDα-GP 基因分别增加了 260 倍和 104 倍。

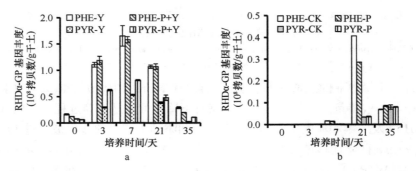

图 3-19　菲（PHE）和芘（PYR）污染土壤培养过程中 RHDα-GP 基因丰度的变化（陈远志，2017）

CK. 不添加菌的对照处理；P. 添加真菌 *Phanerochaete chrysosporium* 的处理；Y. 添加细菌 *Mycobacterium* sp. WY10 的处理；W+Y. 添加细菌 *Mycobacterium* sp. WY10 和真菌 *Phanerochaete chrysosporium* 的处理；下同

在菲和芘污染土的各个处理中都没有检测到 RHDα-GN 基因的存在，而 RHDα-GP 基因的丰度随着菲和芘的降解而升高，这说明土壤中菲和芘的降解过程中，携带 RHDα-GN 基因的细菌起到的作用非常小，携带 RHDα-GP 基因的细菌在菲和芘的降解中起着主导作用。有研究表明在芘污染的工业土壤中，革兰氏阳性细菌是 PAH 降解菌群中的主导类群，这些革兰氏阳性细菌通过产生一些生物膜作用于憎水性的 PAH 从而增加 PAH 的生物可利用性，促进 PAH 的降解，直接作为 PAH 的降解者（Meng and Zhu, 2011）。

3.4.2 *nidA* 和 *nidB* 基因丰度的变化

菲和芘的降解过程中至关重要的一个环节就是芳香环的开环过程，*nidA* 和 *nidB* 基因是芘降解过程中非常重要的基因，其分别是编码芘环羟化双加氧酶 α 亚基和 β 亚基的基因（Kim et al., 2007）。PAH 降解功能基因丰度的高低在一定程度上体现了土壤中 PAH 的降解潜能。从图 3-20 中可以看出，接种了菌株 WY10 的土壤中 *nidA* 基因的丰度都是在第 7 天达到最高，不接种菌株 WY10 的 4 个处理中 *nidA* 基因丰度的变化趋势也是随着菲和芘的降解而逐渐增加，菲和芘污染土壤中的两个处理的 *nidA* 丰度分别在第 21 天和第 35 天达到最高。此外，芘污染土壤的 PYR-P 和 PYR-P+Y 处理中 *nidA* 的丰度比 PYR-CK 和 PYR-Y 高 2～3 倍，说明真菌 *Phanerochaete chrysosporium* 能促进土壤中 *nidA* 基因的迁移并大量增殖，使 PYR-P 和 PYR-P+Y 处理土壤中芘的降解速度快于 PYR-CK 和 PYR-Y 处理，而且降解后期土壤中芘的浓度也低于 PYR-CK 和 PYR-Y 处理。

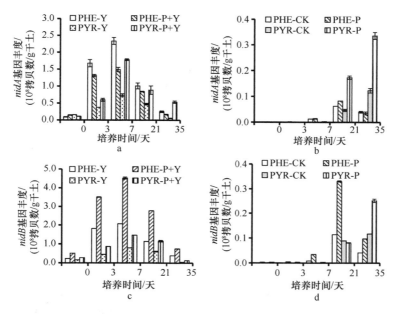

图 3-20　菲（PHE）和芘（PYR）污染土壤培养过程中 *nidA*（a、b）和 *nidB*（c、d）基因丰度的变化
（陈远志，2017）

nidB 基因丰度的变化与 *nidA* 基因丰度的变化趋势一致，这说明 *nidB* 基因和 *nidA* 基因在菲和芘的降解过程中所起的作用相似。另外，在所有处理的土壤中没能检测到 *nahAc* 和 *nagAc* 基因的存在，这说明土壤中这两种基因的丰度很低或者没有这两种基因的存在，*nagAc* 和 *nahAc* 基因对土壤中的菲和芘的降解没有起作用。

3.5　多环芳烃污染修复过程细菌群落结构的变化

目前，已报到的假单胞菌属（*Pseudomonas*）、分枝杆菌属（*Mycobacterium*）、红球菌属（*Rhodococcus*）、伯克氏菌属（*Burkholderia*）、马赛菌属（*Massilia*）等细菌对 PAH 有较好的降解效果（盛下放等，2004; Gu et al., 2016; Wang et al., 2016; Alegbeleye et al., 2017），然而由于土壤的复杂性，可能会导致纯培养体系下降解 PAH 并不一定能在土壤培养体系中发挥降解的功能（罗小艳，2015）。在罗小艳（2015）先前研究中发现 *Massilia* sp. WF1 菌株在土壤中可以促进菲的降解，使用高通量测序技术发现该菌株相对含量也从初始的 10.7% 增长到 19.86%。这些功能菌在土壤中数量的检测与其降解功能的保持是微生物修复技术研究中最为关注的问题（Mnif et al., 2017），而 WF1 菌株的相对含量增加并不一定代表其绝对丰度的增加，只能反映 WF1 菌株在整个细菌群落的占比情况（Lou et al., 2018; Yang et al., 2018）。与此同时，在多次菲污染下，该菌是否仍能保持降解功能也还未知。

本节基于一种计算土壤细菌群落结构绝对丰度的高通量绝对定量方法（integrated high-throughput absolute abundance quantification，iHAAQ），分析多次添加菲污染土壤中降解菌株 *Massilia* sp. WG5 和土壤微生物群落结构的变化（楼骏，2018）。

3.5.1　iHAAQ 方法的建立与验证

土壤微生物群落结构中不同分类水平的绝对含量通过 qPCR 测得总细菌 16S rRNA 基因拷贝数和相对应高通量测序的相对丰度相乘而计算获得，选取土壤样品验证 iHAAQ 方法的可行性，具体操作流程和验证步骤见图 3-21，其中验证菌株为大肠杆菌 *Escherichia coli* O157:H7 EDL933。取 10 g 供试土壤，加入 10 倍梯度稀释的 EDL933 菌株菌悬液（$2.1 \times 10^{11} \sim 2.1 \times 10^{6}$ CFU/mL）并搅拌混匀，制备成土壤中 EDL933 菌株的近似浓度为 10^9 CFU/g 干土、10^8 CFU/g 干土、10^7 CFU/g 干土、10^6 CFU/g 干土、10^5 CFU/g 干土和 10^4 CFU/g 干土的样品，并标记为 E9、E8、E7、E6、E5 和 E4，其中未添加 EDL933 的土壤样品作为对照处理。之后称重并加入一定量无菌去离子水搅拌混匀，保持田间持水量，放入 −80℃保存待用。

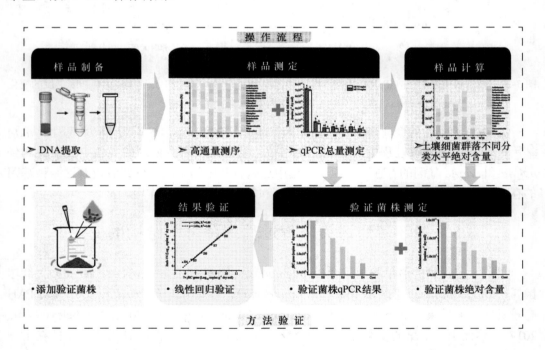

图 3-21　iHAAQ 方法操作流程及验证步骤（Lou et al., 2018）

在对照样品中，土壤细菌总量的背景值为（$3.53 \times 10^9 \pm 1.23 \times 10^8$）拷贝数/g 干土（V3）和（$5.82 \times 10^9 \pm 3.29 \times 10^8$）拷贝数/g 干土（V4）。而 E9～E4 处理样品中，土壤细菌的总量 $7.23 \times 10^{10} \sim 5.82 \times 10^9$ 拷贝数/g 干土不等，且呈现逐渐降低的趋势。但是除了 E9 和 E8

处理土壤细菌总量显著（$p<0.05$）高于其他处理，其他处理之间并无明显差异，由此可以表明外源添加 $10^4 \sim 10^7$ 拷贝数/g 干土的 EDL933 菌株对土壤本底细菌总量影响不大。同时，除了 E9 处理外，其他处理中 V3 区扩增的细菌总量明显低于 V4 区扩增的。

fliC 基因是 EDL933 菌株的标志基因（李军等，2011），此处用于检测土壤中 EDL993 内标菌株的添加含量（Lou et al., 2018）。*fliC* 基因的标准曲线范围为 $3.60 \times 10 \sim 3.60 \times 10^9$ 拷贝数/μL，标准曲线最小值的循环阈值（*Ct*）为 32.62 ± 0.76。而对照处理中，*fliC* 基因扩增的 *Ct* 值为 33.05 ± 0.98，明显大于标准曲线最小值 3.60×10 的 *Ct* 值，同时该检测结果的溶解性曲线分析结果也表明，该处理的 *Tm* 值与标准曲线的不同。因此，可以判定对照处理中扩增出来的并非 *fliC* 基因。将不同样品间检出的 *fliC* 基因和添加进去的 EDL933 菌株通过线性回归分析发现，两者呈现了较好的线性相关（$R^2 = 0.999$），且不管有没有截距斜率都非常接近 1。因此，通过 *fliC* 基因可以较精确地测定土壤中外源添加的 EDL933 内标菌株的数量（李军等，2011；Lou et al., 2018）。

高通量测序结果通过质量控制后，剩余总计 465 220 条高质量序列，平均每个样品有 66 460 条序列，基于 SILVA 数据库可以分 35 个门。在属水平，内标菌株 EDL933 被鉴定和分类为 *Escherichia-Shigella* 属，不同处理中该属的相对丰度随着内标菌株的添加量降低而降低。依据 iHAAQ 方法将相对丰度与各自对应的细菌总量相乘，得到了基于 V3 和 V4 可变区计算出来的 *Escherichia-Shigella* 属绝对含量。由于在 EDL933 菌株基因组中，有 7 个 16S rRNA 基因和 1 个 *fliC* 基因（Latif et al., 2014），因此需要将 *fliC* 乘以 7 倍（记为 $7 \times fliC$）后与 16S rRNA 基因数保持等量。发现除了 E4 处理外，其他处理的 $7 \times fliC$ 与 Esch-V3 和 Esch-V4 处于相同的数量级。而 Esch-V3 处理除了 E7 和 E9 处理外，都显著（$P < 0.05$）低于 $7 \times fliC$ 与 Esch-V4。16S rRNA 基因的 V3 和 V4 可变区是用于测定土壤细菌总量的常用区域（Reddy et al., 2012），Youssef 等（2009）也发现了 V3 和 V4 可变区用于研究土壤细菌群落时的差异。相比较 16S rRNA 基因全长而言，V3 区的结果可能会低估细菌群落总量，而 V4 区则能较好地反映细菌群落总量。同时，Wang 等（2007）也发现相比较其他 16S rRNA 基因可变区，V4 区在进行细菌群落分类的时候有更高的可信性。

通过线性回归分析进一步分析 $7 \times fliC$ 与 Esch-V3 和 Esch-V4 发现，不管有无 E4 处理，两者之间都有较好的回归性（$R^2 = 0.998 \sim 0.999$），同时回归系数都接近 1。表明 EDL933 菌株在土壤样品中的含量可以通过 Esch-V3 和 Esch-V4 进行表征，也证明了通过 iHAAQ 方法可以较为精准地测定出内标菌株的含量，并验证了 iHAAQ 方法中通过 qPCR 总量和高通量测序相对丰度相乘计算细菌群落结构绝对含量的可行性。

3.5.2 菲污染土壤的细菌群落结构变化

采用 iHAAQ 方法分析不同处理菲污染土壤的细菌群落结构的变化，其中对照组（P）为菲污染土壤、实验组（W）为菲污染土壤+WG5 菌株、WW 表示在 W 处理第 35 天再次添加 WG5 菌株、灭菌组（S）为菲污染土壤+0.1%（m/m）叠氮化钠。

1. 菲污染土壤的细菌群落结构的相对丰度变化

测序结果如图 3-22 所示，其中主要门水平是指相对含量大于 0.1% 的门，小于该数值的门被合并为 Minor。在菲污染土壤细菌群落结构分类结果中，总共鉴定出 41 个门，其中有 19 个门的相对丰度都超过了 0.1%。相对丰度含量最高的 5 个门分别为变形菌门（Proteobacteria）、放线菌门（Actinobacteria）、绿弯菌门（Chloroflexi）、酸杆菌门（Acidobacteria）和厚壁菌门（Firmicutes），平均相对丰度分别为 33.39%、14.37%、11.46%、9.91% 和 8.81%。

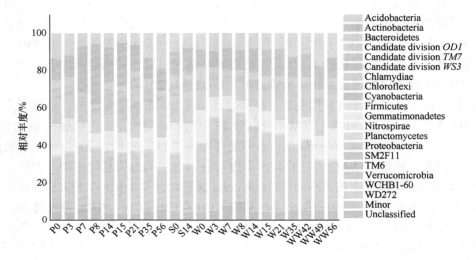

图 3-22 土壤中细菌主要门水平相对丰度（楼骏，2018）
横坐标字母后 0、3、7 等不同数字表示相应不同天数的采样时间点，下同

在 P 处理中，可以看出土壤样品培养到第 8 天的时候，放线菌门（Actinobacteria）的相对丰度占比不断增加，从第 0 天的 11.56% 增加了近 2 倍到 32.31%。而像酸杆菌门（Acidobacteria）、Candidate division TM7、厚壁菌门（Firmicutes）等的相对丰度占比相应地减少了。而第 8 天之后放线菌门（Actinobacteria）的相对丰度占比却开始下降，到第 56 天仅剩 12.08%，与第 0 天的占比接近。而 Candidate division TM7 门的相对丰度占比出现增加，最多增加到了第 21 天的 26.21%。同时，绿弯菌门（Chloroflexi）也在第 35 天开始增加，到第 56 天时增加到 13.38%。而变形菌门（Proteobacteria）除了第 56 天相对丰度降低之外，其他时间段并无明显的变化。在 S 处理中，从第 0 天到第 14 天，除了放线菌门（Actinobacteria）、绿弯菌门（Chloroflexi）和厚壁菌门（Firmicutes）的相对丰度增加之外，其他所有门都出现了下降，该趋势与罗小艳（2015）和 Lou 等（2018）的研究结果相似。

在 W 处理中，由于添加了 WG5 菌株，第 0 天的变形菌门（Proteobacteria）相对丰度高于 P0 和 S0，随着培养时间增加而增加。但是从第 8 天开始，其相对含量却开始逐步下降。由于第 35 天再次添入 WG5 菌株，WW42 样品中变形菌门（Proteobacteria）出现了短暂的增加后又再次降低，而放线菌门（Actinobacteria）和绿弯菌门（Chloroflexi）的相对含量却一直稳步增加。由于 WG5 菌株属于变形菌门（Proteobacteria），从相对含量来看,并没有证据表明 WG5 菌株对第 7 天重新添加菲后的响应。

2. 菲污染土壤的细菌群落结构的绝对含量变化

通过 iHAAQ 方法计算出这些样品的绝对含量后,发现与相对含量结果有差异(图 3-23)。P 处理中,在初始菲添加后,随着菲的降低,其细菌总量不断增加,并在 P7 达到最高值 1.76×10^8 拷贝数/g 干土。具体而言,相对丰度增加的放线菌门(Actinobacteria)绝对含量也增加,从 1.02×10^8 拷贝数/g 干土增加 3 倍多到 4.30×10^8 拷贝数/g 干土。而相对丰度没有明显变化的变形菌门(Proteobacteria)绝对含量也稳步增加,从最初的 2.35×10^8 拷贝数/g 干土增加 1 倍多到 5.60×10^8 拷贝数/g 干土。随后再次添加菲,使 P8 细菌总量相比较 P7 翻了近 1 倍达到 3.02×10^8 拷贝数/g 干土,其中放线菌门(Actinobacteria)绝对含量比最开始增加仅 9 倍到 9.73×10^8 拷贝数/g 干土。而 P21 样品中细菌总量达到了整个 P 处理的最高值 3.74×10^8 拷贝数/g 干土。综合相对丰度和绝对含量的结果,放线菌门(Actinobacteria)可能是 P 处理中与菲土壤降解有关的菌门。

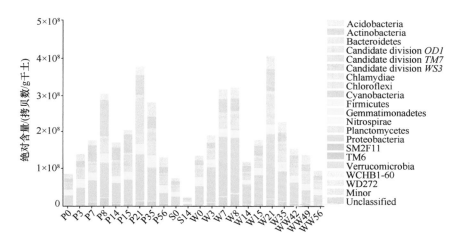

图 3-23 土壤中细菌主要门水平绝对含量(楼骏,2018)

在添加了叠氮化钠的处理 S 中,细菌明显被抑制,其总量从最开始的 7.58×10^7 拷贝数/g 干土降低到 2.41×10^7 拷贝数/g 干土。而相对丰度增加的放线菌门(Actinobacteria)、绿弯菌门(Chloroflexi)和厚壁菌门(Firmicutes)的绝对含量都无一例外地显著下降。这可能由于不同菌门对叠氮化钠的响应不同,如放线菌门(Actinobacteria)从 1.01×10^7 拷贝数/g 干土下降到 4.85×10^6 拷贝数/g 干土,而硝化螺旋菌门(Nitrospirae)却从 7.46×10^5 拷贝数/g 干土下降到 7.43×10^4 拷贝数/g 干土。因此,虽然所有菌门的绝对含量都下降了,但是不同菌门下降程度不同,导致下降慢的菌门的相对丰度占比增加成为群落结构中优势菌门。

而在 W 处理中,由于 WG5 菌株的添加,第 0 天的变形菌门(Proteobacteria)绝对含量高于 P0 和 S0。随着 W 处理中菲含量的降低,该门的绝对含量逐渐增加,从最初的 4.59×10^7 拷贝数/g 干土增加到 W7 的 1.57×10^8 拷贝数/g 干土,而其相对丰度只从

34.49%增加到49.83%。同时,W0到W7放线菌门(Actinobacteria)并没有如同P处理中增加得那么明显。因此在W处理中,变形菌门(Proteobacteria)应该在土壤菲的降解过程中发挥了作用。

由土壤中菲残留动态发现,相比较只添加菲的P处理而言,接种了WG5菌株的W处理中,土壤中的菲实现了非常快速的降解。W7样品中土壤菲仅剩5.20 mg/kg,该处理中菲的半衰期仅为1.5天,相比较S处理的70天提高了近47倍,有效降低了菲对环境的危害。而多次回添菲也证明了W处理对菲的快速和持久降解的能力。通过iHAAQ方法的建立,验证了W处理中WG5菌株决定了土壤菲的快速降解。PCA分析结果表明,WG5菌株仅在土壤菲可利用的时候影响土壤微生物的群落结构;WG5菌株在降解完土壤中的菲之后,对土壤细菌群落结构并没有很大的影响,可以恢复到接近最初的群落结构(图3-24)。同时,土壤中低浓度的菲生物有效性下降,对土壤细菌毒害和环境风险降低。因此,WG5菌株是修复土壤菲污染高效且次生污染小的环境友好型生物修复材料。

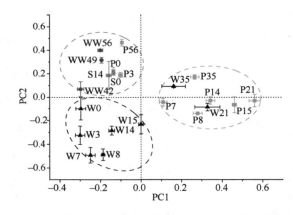

图3-24 土壤中细菌群落结构主成分分析(楼骏,2018)

3.6 研究展望

微生物修复是去除环境中PAH污染的有效途径,随着分子生物学技术手段的发展,从基因分子水平上深入解析PAH降解菌的降解机制及功能基因等,将对提升PAH污染环境的生物修复技术水平及保护环境安全等具有重要意义。

1)本章中基于实验室条件下探究了筛选到的3株PAH降解菌株的降解能力、降解途径及对污染土壤的修复效果等,而野外PAH污染场地常常是多种PAH及多重污染物(如重金属等)同时存在。因此,今后进一步筛选获得高效降解菌,特别是HMW-PAH降解菌,并开展降解菌株或构建降解菌群对野外PAH复合污染土壤的修复作用研究,将更具实际意义。另外,添加碳源可促进有机污染物的微生物降解,寻求适合碳源对进一步提高降解菌的修复效果具有必要性。

2)应用GC/LC-MS/MS、XRD、固体质谱等更多仪器分析技术检测PAH代谢产物,并结合全基因组、转录组RNA-Seq等测定技术,对土壤、水体等环境介质中PAH功能基因的反转录水平、PAH 降解功能基因芯片开发等展开研究，将为深入认知高效降解菌的 PAH 代谢途径、生物降解分子机制、功能基因表达和功能标记物信息等提供了新的可能性和途径。

3）近几年来，随着生物技术的进步，高通量测序技术、宏基因组学、转录组学、蛋白质代谢组学和基因芯片技术等生物信息技术迅速发展，将促进土壤微生物群落与污染物间交互作用的研究深度。基于 DNA、RNA 和蛋白质的土壤微生物群落分析，探明土壤微生物群落和功能微生物的组成谱与演变规律、相互作用机制和功能驱动等，对提升 PAH 污染土壤修复效果、探寻土壤 PAH 污染微生物高效修复途径和保障我国土壤安全等具有重要的科学意义。

参 考 文 献

曹云者, 柳晓娟, 谢云峰, 等. 2012. 我国主要地区表层土壤中多环芳烃组成及含量特征分析. 环境科学学报, 32: 197-203.
程国玲, 李培军, 王凤友, 等. 2005. 多环芳烃污染土壤生物修复的强化方法. 环境污染治理技术与设备, 6: 1-6.
陈远志. 2017. *Mycobacterium* sp. WY10 的特性及其对菲和芘的降解研究. 浙江大学硕士学位论文.
顾海萍. 2016. *Massilia* sp. WF1 和 *Phanerochaete chrysosporium* 对菲降解、吸附机理的研究. 浙江大学博士学位论文.
雷欢. 2008. 一株鞘氨醇单胞菌对多环芳烃的降解特性及菲降解途径研究. 厦门大学硕士学位论文.
李军, 谢宇舟, 禤雄标, 等. 2011. 大肠杆菌 O157:H7 实时定量 PCR 检测方法的建立. 畜牧与兽医, 43: 5-9.
李全霞. 2007. PAHs 降解菌的筛选、降解基因克隆及作用效果. 中国农业科学院硕士学位论文.
刘魏魏, 尹睿, 林先贵, 等. 2010. 多环芳烃污染土壤的植物-微生物联合修复初探. 土壤, 42: 800-806.
楼骏. 2018. *Massilia* spp. 对菲的降解特性及其生物组学研究. 浙江大学博士学位论文.
罗小艳. 2015. *Massilia* sp. WF1 对菲的降解特性研究. 浙江大学硕士学位论文.
盛下放, 何琳燕, 龚建勋. 2004. 二株假单胞菌的疏水性及其对菲的降解能力. 环境科学学报, 24: 942-944.
思显佩, 曹霞霞, 熊建功. 2009. 微生物降解多环芳烃的影响因素及机理研究进展. 重庆工商大学学报, 26: 457-461.
宋玉芳, 孙铁珩, 许华夏. 1999. 表面活性剂 Tween 80 对土壤中多环芳烃生物降解的影响. 应用生态学报, 10: 230-232.
陶雪琴, 党志, 卢桂宁, 等. 2003. 污染土壤中多环芳烃的微生物降解及其机理研究进展. 矿物岩石地球化学通报, 22: 356-360.
王宏光, 郑连伟. 2006. 表面活性剂在多环芳烃污染土壤修复中的应用. 化工环保, 26: 471-474.
许姗姗, 许明珠, 刘文新, 等. 2006. 全国多环芳烃排放的时空变异特征. 农业环境科学学报, 25: 1084-1088.
张彦旭. 2010. 中国多环芳烃的排放、大气迁移及肺癌风险. 北京大学博士学位论文.
张银萍, 王芳, 杨兴伦, 等. 2010. 土壤中高环多环芳烃微生物降解的研究进展. 微生物学通报, 37: 280-288.
赵和平. 2007. 菲降解菌分离鉴定、降解基因克隆与表达及菲跨膜作用研究. 同济大学博士学位论文.
钟磊. 2009. 菲高效降解菌的分离、鉴定及其在菲污染土壤修复中的应用研究. 南京农业大学硕士学位论文.

周乐. 2006. 多环芳烃降解菌的筛选、降解条件及其与玉米联合修复菲、芘污染土壤的研究. 南京农业大学硕士学位论文.

邹德勋, 骆永明, 徐凤花, 等. 2007. 土壤环境中多环芳烃的微生物降解及联合生物修复. 土壤, 39: 334-340.

Alegbeleye O O, Opeolu B O, Jackson V A. 2017. Polycyclic aromatic hydrocarbons: a critical review of environmental occurrence and bioremediation. Environmental Management, 60: 758-783.

Bacosa H P, Inoue C. 2015. Polycyclic aromatic hydrocarbons (PAHs) biodegradation potential and diversity of microbial consortia enriched from tsunami sediments in Miyagi, Japan. Journal of Hazardous Materials, 283: 689-697.

Balachandran C, Duraipandiyan V, Balakrishna K, et al. 2012. Petroleum and polycyclic aromatic hydrocarbons(PAHs)degradation and naphthalene metabolism in *Streptomyces* sp. ERI-CPDA-1 isolated from oil contaminated soil. Bioresource Technology, 112: 83-90.

Balba M T, Al-Awadhi N, Al-Daher R. 1998. Bioremediation of oil-contaminated soil: Microbiological methods for feasibility assessment and field evaluation. Journal of Microbiological Methods, 32: 155-164.

Bamforth S M, Singleton I. 2005. Bioremediation of polycyclic aromatic hydrocarbons: current knowledge and future directions. Journal of Chemical Technology and Biotechnology, 80: 723-736.

Bertrand J C, Almallah M, Acquaviva M, et al. 1990. Biodegradation of hydrocarbons by an extremely halophilic archaebacterium. Letters in Applied Microbiology, 11: 260-263.

Breedveld G D, Karlsen D A. 2000. Estimating the availability of polycyclic aromatic hydrocarbons for bioremediation of creosote contaminated soils. Applied Microbiology and Biotechnology, 54: 255-261.

Cai Q Y, Mo C H, Wu Q T, et al. 2007. Bioremediation of polycyclic aromatic hydrocarbons (PAHs)-contaminated sewage sludge by different composting processes. Journal of Hazardous Materials, 142: 535-542.

Cao J, Lai Q, Yuan J, et al. 2015. Genomic and metabolic analysis of fluoranthene degradation pathway in *Celeribacter indicus* P73T. Scientific Reports, 5: 7741.

Cerniglia C E, Yang S K. 1984. Stereoselective metabolism of anthracene and phenanthrene by the fungus *Cunninghamella elegans*. Applied and Environmental Microbiology, 47: 119-124.

Chan S M N, Luan T G, Wong M H, et al. 2006. Removal and biodegradation of polycyclic aromatic hydrocarbons by *Selenastrum capricornutum*. Environmental Toxicology and Chemistry, 25: 1772-1779.

Chen Y H, Chiang H C, Hsu C Y, et al. 2016. Ambient PM2.5-bound polycyclic aromatic hydrocarbons(PAHs)in Changhua County, central Taiwan: Seasonal variation, source apportionment and cancer risk assessment. Environmental Pollution, 218: 372-382.

Chen Y Y, Zhu L Z, Zhou R B. 2007. Characterization and distribution of polycyclic aromatic hydrocarbon in surface water and sediment from Qiantang River, China. Journal of Hazardous Materials, 141: 148-155.

Chung M K, Hu R, Cheung K C, et al. 2007. Pollutants in Hong Kong soils: polycyclic aromatic hydrocarbons. Chemosphere, 67: 464-473.

Chung N, Alexander M. 2002. Effect of soil properties on bioavailability and extractability of phenanthrene and atrazine sequestered in soil. Chemosphere, 48: 109-115.

Coates J D, Woodward J, Allen J, et al. 1997. Anaerobic degradation of polycyclic aromatic hydrocarbons and alkanes in petroleum-contaminated marine harbor sediments. Applied and Environmental Microbiology, 63: 3589-3593.

Davidova I A, Gieg L M, Duncan K E, et al. 2007. Anaerobic phenanthrene mineralization by a carboxylating sulfate-reducing bacterial enrichment. The ISME Journal, 1: 436-442.

Davies J I, Evans W C. 1964. Oxidative metabolism of naphthalene by soil *Pseudomonads*: the ring-fission mechanism. Biochemical Journal, 91: 251-261.

Duan X Y, Li Y X, Li X G, et al. 2013. Distributions and sources of polychlorinated biphenyls in the coastal East China Sea sediments. Science of the Total Environment, 463: 894-903.

Fuenmayor S L, Wild M, Boyes A L, et al. 1998. A gene cluster encoding steps in conversion of naphthalene to gentisate in *Pseudomonas* sp. strain U2. Journal of Bacteriology, 180: 2522-2530.

Furuno S, Pazolt K, Rabe C, et al. 2010. Fungal mycelia allow chemotactic dispersal of polycyclic aromatic hydrocarbon-degrading bacteria in water-unsaturated systems. Environmental Microbiology, 12: 1391-1398.

Ghosal D, Ghosh S, Dutta T K, et al. 2016. Current state of knowledge in microbial degradation of polycyclic aromatic hydrocarbons (PAHs): a review. Frontiers in Microbiology, 7: 1-27.

Gmeiner G, Krassnig C, Schmid E, et al. 1998. Fast screening method for the profile analysis of polycyclic aromatic hydrocarbon metabolites in urine using derivatisation-solid-phase microextraction. Journal of Chromatography B-Analytical Technologies in the Biomedical and Life Sciences, 705: 132-138.

Gu H P, Chen Y Z, Liu X M, et al. 2017. The effective migration of *Massilia* sp. WF1 by *Phanerochaete chrysosporium* and its phenanthrene biodegradation in soil. Science of the Total Environment, 593-594: 695-703.

Gu H P, Lou J, Wang H Z, et al. 2016. Biodegradation, biosorption of phenanthrene and its trans-membrane transport by *Massilia* sp. WF1 and *Phanerochaete chrysosporium*. Frontiers in Microbiology, 7: 1-12.

Haritash A K, Kaushik C P. 2009. Biodegradation aspects of polycyclic aromatic hydrocarbons (PAHs): a review. Journal of Hazardous Materials, 169: 1-15.

Heitkamp M A, Cerniglia C E. 1988. Mineralization of polycyclic aromatic hydrocarbons by a bacterium isolated from sediment below an oil-field. Applied and Environmental Microbiology, 54: 1612-1614.

Ingham C J, Kalisman O, Finkelshtein A, et al. 2011. Mutually facilitated dispersal between the nonmotile fungus *Aspergillus fumigatus* and the swarming bacterium *Paenibacillus vortex*. Proceedings of the National Academy of Sciences, 108: 19731-19736.

Johnson L L, Ylitalo G M, Myers M S, et al. 2015. Aluminum smelter-derived polycyclic aromatic hydrocarbons and flatfish health in the Kitimat marine ecosystem, British Columbia, Canada. Science of the Total Environment, 512-513: 227-239.

Kaushik C P, Haritash A K. 2006. Polycyclic aromatic hydrocarbons(PAHs)and environmental health. Our Earth, 3: 1-7.

Khalil M F, Ghosh U, Kreitinger J P. 2006. Role of weathered coal tar pitch in the partitioning of polycyclic aromatic hydrocarbons in manufactured gas plant site sediments. Environmental Science & Technology, 40: 5681-5687.

Khan A A, Wang R F, Cao W W, et al. 2001. Molecular cloning, nucleotide sequence, and expression of genes encoding a polycyclic aromatic ring dioxygenase from *Mycobacterium* sp. strain PYR-1. Applied and Environmental Microbiology, 67: 3577-3585.

Kim K Y, Jahan S A, Kabir E, et al. 2013. A review of airborne polycyclic aromatic hydrocarbons (PAHs) and their human health effects. Environment International, 60: 71-80.

Kim S J, Kweon O, Jones R C, et al. 2007. Complete and integrated pyrene degradation pathway in *Mycobacterium vanbaalenii* PYR-1 based on systems biology. Journal of Bacteriology, 189: 464-472.

Kim S J, Kweon O, Jones R C, et al. 2008. Genomic analysis of polycyclic aromatic hydrocarbon degradation in *Mycobacterium vanbaalenii* PYR-1. Biodegradation, 19: 859-881.

Kim Y H, Freeman J P, Moody J D, et al. 2005. Effects of pH on the degradation of phenanthrene and pyrene by *Mycobacterium vanbaalenii* PYR-1. Applied Microbiology and Biotechnology, 67: 275-285.

Kiyohara H, Torigoe S, Kaida N, et al. 1994. Cloning and characterization of a chromosomal gene cluster, pah, that encodes the upper pathway for phenanthrene and naphthalene utilization by *Pseudomonas putida* OUS82. Journal of Bacteriology, 176: 2439-2443.

Kohlmeier S, Smits T H, Ford R M, et al. 2005. Taking the fungal highway: mobilization of pollutant-degrading bacteria by fungi. Environmental Science & Technology, 39: 4640-4646.

Kweon O, Kim S J, Blom J, et al. 2015. Comparative functional pan-genome analyses to build connections between genomic dynamics and phenotypic evolution in polycyclic aromatic hydrocarbon metabolism in the genus *Mycobacterium*. BMC Evolutionary Biology, 15: 1-23.

Kweon O, Kim S J, Kim D W, et al. 2014. Pleiotropic and epistatic behavior of a ring-hydroxylating oxygenase system in the polycyclic aromatic hydrocarbon metabolic network from *Mycobacterium vanbaalenii* PYR-1. Journal of Bacteriology, 196: 3503-3515.

Latif H, Li H J, Charusanti P, et al. 2014. A gapless, unambiguous genome sequence of the enterohemorrhagic *Escherichia coli* O157:H7 strain EDL933. Genome Announcements, 2: e00821-14.

Lee A H, Yun S Y, Jang S K, et al. 2015. Bioremediation of polycyclic aromatic hydrocarbons in creosote-contaminated soil by *Peniophora incarnata* KUC8836. Bioremediation Journal, 19: 1-8.

Lee K, Park J W, Ahn I S. 2003. Effect of additional carbon source on naphthalene biodegradation by *Pseudomonas putida* G7. Journal of Hazardous Materials, 105: 157-167.

Li Y X, Duan X Y. 2015. Polycyclic aromatic hydrocarbons in sediments of China Sea. Environmental Science and Pollution Research, 22: 15432-15442.

Liu L Y, Wang J Z, Wei G L, et al. 2012. Sediment records of polycyclic aromatic hydrocarbons (PAHs) in the continental shelf of China: implications for evolving anthropogenic impacts. Environmental Science & Technology, 46: 6497-6504.

Lohmann R, Breivik K, Dachs J, et al. 2007. Global fate of POPs: current and future research directions. Environmental Pollution, 150: 150-165.

Lou J, Gu H P, Wang H Z, et al. 2016. Complete genome sequence of *Massilia* sp. WG5, an efficient phenanthrene-degrading bacterium from soil. Journal of Biotechnology, 218: 49-50.

Lou J, Yang L, Wang H Z, et al. 2018. Assessing soil bacterial community and dynamics by integrated high-throughput absolute abundance quantification. Peer J, 6: e4514.

Lu X Y, Zhang T, Fang H H. 2011. Bacteria-mediated PAH degradation in soil and sediment. Applied Microbiology and Biotechnology, 89: 1357-1371.

Ma C, Wang Y, Zhuang L, et al. 2011. Anaerobic degradation of phenanthrene by a newly isolated humus-reducing bacterium, *Pseudomonas aeruginosa* strain PAH-1. Journal of Soils and Sediments, 11: 923-929.

Ma L L, Chu S G, Wang X T, et al. 2005. Polycyclic aromatic hydrocarbons in the surface soils from outskirts of Beijing, China. Chemosphere, 58: 1355-1363.

Ma W L, Liu L Y, Tian C G, et al. 2015. Polycyclic aromatic hydrocarbons in Chinese surface soil: occurrence and distribution. Environmental Science and Pollution Research, 22: 4190-4200.

Manzetti S. 2012. Ecotoxicity of polycyclic aromatic hydrocarbons, aromatic amines, and nitroarenes through molecular properties. Environmental Chemistry Letters, 10: 349-361.

Mao J, Guan W W. 2016, Fungal degradation of polycyclic aromatic hydrocarbons(PAHs)by *Scopulariopsis brevicaulis* and its application in bioremediation of PAH-contaminated soil. Acta Agriculturae Scandinavica, Section B-Soil & Plant Science, 66: 399-405.

Meckenstock R U, Boll M, Mouttaki H, et al. 2016. Anaerobic degradation of benzene and polycyclic aromatic hydrocarbons. Journal of Molecular Microbiology Biotechnology, 26: 92-118.

Meckenstock R U, Safinowski M, Griebler C. 2004. Anaerobic degradation of polycyclic aromatic hydrocarbons. FEMS Microbiology Ecology, 49: 27-36.

Memić M, Vrtačnik M, Boh B, et al. 2020. Biodegradation of PAHs by ligninolytic fungi *Hypoxylon fragiforme* and *Coniophora puteana*. Polycyclic Aromatic Compounds, 40: 206-213.

Meng L, Zhu Y G. 2011. Pyrene biodegradation in an industrial soil exposed to simulated rhizodeposition: how does it affect functional microbial abundance? Environmental Science & Technology, 45: 1579-1585.

Miller C D, Hall K, Liang Y N, et al. 2004. Isolation and characterization of polycyclic aromatic hydrocarbon degrading Mycobacterium isolates from soil. Microbial Ecology, 48: 230-238.

Mnif I, Sahnoun R, Ellouz-Chaabouni S, et al. 2017. Application of bacterial biosurfactants for enhanced removal and biodegradation of diesel oil in soil using a newly isolated consortium. Process Safety and Environmental Protection, 109: 72-81.

Monti M R, Smania A M, Fabro G, et al. 2005. Engineering *Pseudomonas fluorescens* for biodegradation of 2,4-dinitrotoluene. Applied and Environmental Microbiology, 71: 8864-8872.

Moody J D, Freeman J P, Doerge D R, et al. 2001. Degradation of phenanthrene and anthracene by cell suspensions of *Mycobacterium* sp. strain PYR-1. Applied and Environmental Microbiology, 67: 1476-1483.

Oostingh G J, Schmittner M, Ehart A K, et al. 2008. A high-throughput screening method based on stably transformed human cells was used to determine the immunotoxic effects of fluoranthene and other PAHs. Toxicology in Vitro, 22: 1301-1310.

Prabhu Y, Phale P S. 2003. Biodegradation of phenanthrene by *Pseudomonas* sp. strain PP2: novel metabolic pathway, role of biosurfactant and cell surface hydrophobicity in hydrocarbon assimilation. Applied Microbiology and Biotechnology, 61: 342-351.

Reddy B V, Kallifidas D, Kim J H, et al. 2012. Natural product biosynthetic gene diversity in geographically distinct soil microbiomes. Applied and Environmental Microbiology, 78: 3744-3752.

Reddy M S, Naresh B, Leela T, et al. 2010. Biodegradation of phenanthrene with biosurfactant production by a new strain of *Brevibacillus* sp.. Bioresource Technology, 101: 7980-7983.

Rockne K J, Chee-Sanford J C, Sanford R A, et al. 2000. Anaerobic naphthalene degradation by microbial pure cultures under nitrate-reducing conditions. Applied and Environmental Microbiology, 66: 1595-1601.

Semple K T, Morriss A W J, Paton G I. 2003. Bioavailability of hydrophobic organic contaminants in soils: fundamental concepts and techniques for analysis. European Journal of Soil Science, 54: 809-818.

Seo J S, Keum Y S, Hu Y T, et al. 2006. Phenanthrene degradation in *Arthrobacter* sp. P1-1: Initial 1,2-, 3,4- and 9,10-dioxygenation, and meta- and ortho-cleavages of naphthalene-1,2-diol after its formation from naphthalene-1,2-dicarboxylic acid and hydroxyl naphthoic acids. Chemosphere, 65: 2388-2394.

Seo J S, Keum Y S, Li Q X. 2009. Bacterial degradation of aromatic compounds. International Journal of Environmental Research and Public Health, 6: 278-309.

Sho M, Hamel C, Greer C W. 2004. Two distinct gene clusters encode pyrene degradation in *Mycobacterium* sp. strain S65. FEMS Microbiology Ecology, 48: 209-220.

Sun S S, Wang H Z, Chen Y Z, et al. 2019. Salicylate and phthalate pathways contributed differently on phenanthrene and pyrene degradations in *Mycobacterium* sp. WY10. Journal of Hazardous Materials, 364: 509-518.

Sun S S, Wang H Z, Fu B X, et al. 2020. Non-bioavailability of extracellular 1-hydroxy-2-naphthoic acid restricts the mineralization of phenanthrene by *Rhodococcus* sp. WB9. Science of the Total Environment, 704: 135331.

Thion C, Cébron A, Beguiristain T, et al. 2012. PAH biotransformation and sorption by *Fusarium solani* and *Arthrobacter oxydans* isolated from a polluted soil in axenic cultures and mixed co-cultures. International Biodeterioration & Biodegradation, 68: 28-35.

Waigi M G, Kang F X, Goikavi C, et al. 2015. Phenanthrene biodegradation by *sphingomonads* and its application in the contaminated soils and sediments: a review. International Biodeterioration & Biodegradation, 104: 333-349.

Wang H Z, Lou J, Gu H P, et al. 2016. Efficient biodegradation of phenanthrene by a novel strain *Massilia* sp. WF1 isolated from a PAH-contaminated soil. Environmental Science and Pollution Research, 23: 13378-13388.

Wang Q, Garrity G M, Tiedje J M, et al. 2007. Naive Bayesian classifier for rapid assignment of rRNA sequences into the new bacterial taxonomy. Applied and Environmental Microbiology, 73: 5261-5267.

Warmink J A, van Elsas J D. 2009. Migratory response of soil bacteria to *Lyophyllum* sp. strain Karsten in soil microcosms. Applied and Environmental Microbiology, 75: 2820-2830.

Wick L Y, Furuno S, Harms H. 2010. Fungi as transport vectors for contaminants and contaminant-degrading bacteria. Handbook of Hydrocarbon and Lipid Microbiology, 1555-1561.

Wick L Y, Remer R, Wurz B, et al. 2007. Effect of fungal hyphae on the access of bacteria to phenanthrene in soil. Environmental Science & Technology, 41: 500-505.

Wild S R, Jones K C. 1995. Polynuclear aromatic hydrocarbons in the United Kingdom environment: A preliminary source inventory and budget. Environment Pollution, 88: 91-108.

Xie M J, Hannigan M P, Barsanti K C. 2014. Gas/particle partitioning of n-alkanes, PAHs and oxygenated

PAHs in urban Denver. Atmospheric Environment, 95: 355-362.

Yang L, Lou J, Wang H Z, et al. 2018. Use of an improved high-throughput absolute abundance quantification method to characterize soil bacterial community and dynamics. Science of the Total Environment, 633: 360-371.

Youssef N, Sheik C S, Krumholz L R, et al. 2009. Comparison of species richness estimates obtained using nearly complete fragments and simulated pyrosequencing-generated fragments in 16S rRNA gene-based environmental surveys. Applied and Environmental Microbiology, 75: 5227-5236.

Yu G G, Zhang Z H, Yang G L, et al. 2014. Polycyclic aromatic hydrocarbons in urban soils of Hangzhou: Status, distribution, sources, and potential risk. Environmental Monitoring and Assessment, 186: 2775-2784.

Yu K, Wong A, Yau K, et al. 2005. Natural attenuation biostimulation and bioaugmentation on biodegradation of polycyclic aromatic hydrocarbons (PAHs) in mangrove sediments. Marine Pollution Bulletin, 51: 1071-1077.

Yuan S Y, Chang J S, Yen J H, et al. 2001. Biodegradation of phenanthrene in river sediment. Chemosphere, 43: 273-278.

Zeng J, Lin X G, Zhang J, et al. 2010. Isolation of polycyclic aromatic hydrocarbons (PAHs)-degrading *Mycobacterium* spp. and the degradation in soil. Journal of Hazardous Materials, 183: 718-723.

Zhang J, Lin X G, Liu W W, et al. 2012. Effect of organic wastes on the plant-microbe remediation for removal of aged PAHs in soils. Journal of Environmental Sciences-China, 24: 1476-1482.

Zhang Y J, Lin Y, Cai J, et al. 2016. Atmospheric PAHs in North China: spatial distribution and sources. Science of the Total Environment, 565: 994-1000.

Zhang Y X, Tao S, Cao J, et al. 2007. Emission of polycyclic aromatic hydrocarbons in China by county. Environmental Science & Technology, 41: 683-687.

第 4 章

壬基酚和双酚类新型污染物的环境行为

吕志江　徐逸文

浙江大学环境与资源学院，浙江杭州　310058

吕志江简历：博士，研究员，博士生导师。2009 年在北京大学环境学院获环境科学学士学位，2014 年在美国加利福尼亚大学河滨分校获环境科学博士学位，2014~2017 年在美国麻省理工学院和加利福尼亚大学河滨分校从事博士后研究，2018 年起任浙江大学环境与资源学院"百人计划"研究员。主要从事新型有机污染物在土壤中的环境行为研究，已在 Environmental Science & Technology、Water Research、Environment International 等主流期刊发表第一作者/通讯文章十余篇，主持国家重点研发计划课题、国家自然科学基金青年科学基金项目、中央高校基本科研业务费青年科研创新专项各一项。

摘　要：由于壬基酚和双酚类新型有机污染物在环境中的广泛分布和显著的内分泌干扰性，它们正日益受到学界和公众的关注。因而，掌握这些污染物的环境行为及其降解机制，有助于准确评估它们的生态和健康风险并制定科学合理的管控方案。本章简要介绍了壬基酚和双酚类化合物的环境行为，概述了它们的生物和化学降解机理和影响因素，突出了壬基酚降解过程中的异构体效应，分析了产生这种效应的可能机理，总结了不同双酚降解动力学和机理的异同，强调了构效关系在壬基酚和双酚类污染物环境行为研究中的重要作用。最后简要地展望了未来的研究方向。

关键词：壬基酚；双酚；构效关系；环境行为

4.1　引　　言

壬基酚（nonylphenol, NP）是烷基酚类化合物中一类典型的环境污染物，2008 年欧盟将其列入了"13 种优先控制污染物"名录（European Union, 2008）。壬基酚作为非离子型表面活性剂壬基酚聚氧乙烯醚（nonylphenol polyethoxylate, NPEO）的主要原料被广泛应用于化学生产中（Ying et al., 2002）。壬基酚聚氧乙烯醚常用作洗涤剂、乳化剂、润湿剂、分散剂、抗静电剂、起泡剂、增溶剂等（Soares et al., 2008; Ying et al., 2002）。据美国环保署统计，2006 年美国工业壬基酚（technical nonylphenol, tNP, CASRN: 84852-15-3）产量为 45 万~227 万 t（USEPA, 2006）。

环境中的 NP 主要来源于 NPEO 的不完全生物降解（Giger et al., 2009; Soares et al., 2008）。在污水处理过程中，生物降解使 NPEO 的聚氧乙烯醚链断裂，并在厌氧环境下完全地去乙氧基化从而生成 NP。短链的 NPEO 也有可能被氧化成壬基苯氧基乙氧基酸（nonylphenoxy ethoxy acetic acid）和壬基苯氧基乙酸（nonylphenoxy acetic acid），并最终被微生物降解成为 NP。壬基酚的具体生成途径可参见 Giger 和 Soares 等的文章（Giger et al., 2009; Soares et al., 2008; Ying et al., 2002）。tNP 在水中的溶解度为 4.9 mg/mL，正辛醇-水分配系数（$lg K_{ow}$）为 4.48，25℃下蒸汽压为 $2.07×10^{-2}$ Pa，pK_a 为 10.28（Soares et al., 2008）。作为一种典型的内分泌干扰物质（endocrine disrupting compound, EDC），它可以模仿雌二醇（17β-estradiol）而导致雌激素受体表达发生变化，在活体实验中，相当于约 0.023 的雌二醇效力（Soares et al., 2008）。Bechi 等（2010）的研究表明，壬基酚即使在 0.022~220 ng/L 环境水平也会对人体胎盘素的分泌产生影响，严重可导致生殖系统癌症、流产或引发其他并发症。

目前，越来越多的水体、沉积物、污泥和土壤样品中检测到了壬基酚的存在（Soares et al., 2008; Ying et al., 2002）。根据美国地质调查局在 1999 年和 2000 年对美国 30 个州的 139 条河流进行的全国性调查，壬基酚的中值浓度和最高浓度分别为 0.8 μg/L 和 40 μg/L（Kolpin et al., 2002），检出率为 50.6%。在来自我国 31 个主要城市的 62 份饮用水源样本中，有 55 份检出壬基酚，中值浓度为 27 ng/L，最高浓度为 558 ng/L；在所有 62 个样品中，壬基酚的中值浓度和最高浓度分别为 123 ng/L 和 918 ng/L（Fan et al., 2013）。Venkatesan 和 Halden（2013）分析了美国环保署 2001 年全国污泥调查的样本，得出污泥中壬基酚的浓度为（534 ± 192）mg/kg，检出率为 100%。该研究还表明，每年有 2066~5510 t 壬基酚排入污泥，其中 1033~3306 t 随着城市污泥的农田资源化再利用进入环境中（Venkatesan and Halden, 2013）。美国环保署规定，淡水和海水中壬基酚含量分别不得超过 6.6 μg/L 和 1.7 μg/L（Soares et al., 2008）。欧盟规定，农用污泥中壬基酚的最大浓度不得超过 50 mg/kg（European Commission, 2002），地表水中浓度不得超过 0.3 μg/L（European Union, 2008）。

在以往的研究中，评价壬基酚的分布、迁移转化、消减和毒性毒理时，通常将其作为一种单一的化合物处理（Jiang et al., 2012; Soares et al., 2008; Ying et al., 2002）。然而，由于侧链的长度、分支及在苯环上取代位置的不同，工业壬基酚事实上是由超过 100 种同分异构体（isomer）和同系物（congener）组成的混合物（Eganhouse et al., 2009; Ieda et al., 2005）。大约 90%的工业壬基酚是对位取代壬基酚，通常简称为 4-壬基酚（4-nonylphenol，4-NP）（Guenther et al., 2006）。理论上 4-NP 有 211 个异构体，考虑立体异构则有 550 种（Guenther et al., 2006）。越来越多的研究表明，壬基酚同分异构体在环境中的分布和生物降解性具有显著差异（Eganhouse et al., 2009; Gabriel et al., 2008;

Kim et al., 2005; Shan et al., 2011), 壬基酚各种同分异构体的环境转化和环境风险的重要性逐渐引起人们关注。表 4-1 列举了使用 Juelich 方法编号的典型壬基酚异构（Guenther et al., 2006; Lu and Gan, 2014a）。

表 4-1 典型 4-壬基酚的命名、结构、支链长度及 α 和 β 取代（Lu and Gan, 2014a）

Juelich 编号	结构	IUPAC 命名	碳链长度	α 取代	β 取代
NP_9		4-[1,1-dimethylheptyl]phenol	7	Me, Me	无
NP_{35}		4-[1,1,2-trimethylhexyl]phenol	6	Me, Me	Me
NP_{36}		4-[1,1,3-trimethylhexyl]phenol	6	Me, Me	无
NP_{37}		4-[1,1,4-trimethylhexyl]phenol	6	Me, Me	无
NP_{38}		4-[1,1,5-trimethylhexyl]phenol	6	Me, Me	无
NP_{65}		4-[1-ethyl-1-methylhexyl]phenol	6	Me, Et	Me
NP_{96}		4-[1,1,4,4-tetramethylpentyl]phenol	5	Me, Me	无
NP_{110}		4-[1-ethyl-1,2-dimethylpentyl]phenol	5	Me, Et	Me, Me
NP_{111}		4-[1-ethyl-1,3-dimethylpentyl]phenol	5	Me, Et	Me
NP_{112}		4-[1-ethyl-1,4-dimethylpentyl]phenol	5	Me, Et	Me
NP_{119}		4-[2-ethyl-1,1-dimethylpentyl]phenol	5	Me, Me	Et
NP_{128}		4-[3-ethyl-1,1-dimethylpentyl]phenol	5	Me, Me	无
NP_{143}		4-[1-isopropyl-1-methylpentyl]phenol	5	Me, i-Pr	Me, Me
NP_{152}		4-[1-methyl-1-n-propylpentyl]phenol	5	Me, Pr	Et
NP_{193}		4-[1,2-dimethyl-1-n-propylbutyl]phenol	4	Me, Pr	Me, Et
NP_{194}		4-[1,3-dimethyl-1-n-propylbutyl]phenol	4	Me, Pr	Et

注：Me. 甲基；Et. 乙基；Pr. 正丙基；i-Pr. 异丙基

双酚类化合物（bisphenol, BP）含有两个被一个中心碳原子或硫原子隔开的苯环，通常在两个苯环上都有羟基（OH）取代基。其中使用最广泛的双酚 A（bisphenol A, BPA）被大量用于聚碳酸酯塑料、环氧树脂和酚醛树脂的生产，这些材料被广泛用于制造各种消费品，如食品包装袋、食品罐头衬里、婴儿奶瓶、医用管线、玩具、水管、牙科密封胶、眼镜镜片及热敏纸等（Park et al., 2018; Vandenberg et al., 2007）。由于用途广泛，该类化合物生产量和消费量巨大。以 BPA 为例，2017 年全球产量为 642 万 t，我国大陆的需求量为 188 万 t（南通星辰合成材料有限公司等，2018），且预计到 2022 年全球 BPA 需求将增加至 1060 万 t（Lehmler et al., 2018）。不少研究表示，BPA 可以模拟雌激素，通过破坏生长、发育和繁殖对生态系统和人类健康产生不利影响（Jobling et al., 1998; Welshons et al., 2003）。随着各国政府对 BPA 监管的逐渐加强，双酚 S（BPS）、双酚 F（BPF）和双酚 AF（BPAF）等结构类似化合物（表 4-2）被用来逐步替代 BPA（Hercog et al., 2019）。我国的多种纸制品中和华南地区某厂区附近的居民尿样中均检出了 BPF、BPS 等 BPA 替代品（Yang et al., 2014a, 2019）。这些现象表明，BPA 正在被其他双酚所替代。

表 4-2　常见双酚化合物

双酚	结构	双酚	结构	双酚	结构	双酚	结构
BPA		BPP		BPC2		BPBP	
BPAF		BPE		BPPH		BPG	
BPAP		BPF		BPS		BPZ	
BPB		BPFL		BP-TMC		BPC	

双酚进入土壤的可能途径为再生水灌溉和污泥农用、污染水源灌溉、工厂泄露和排放等（USEPA, 2010a）。目前，越来越多的水体、沉积物、污泥和土壤样品中检测到了双酚的存在。Liao 等（2012）对美国、日本及韩国的沉积物进行检测，得到 172 个样品中 BPA 浓度最高达 13 400 ng/g dw，平均值为 117 ng/g dw，检出率为 85%；BPF 浓度最高达 9650 ng/g dw，平均值为 69.7 ng/g dw，检出率为 62%；BPS 浓度最高达 1970 ng/g dw，平均值为 12.4 ng/g dw，检出率为 29%。Yang 等（2014b）对杭州湾水样及沉积物进行检测，得到水样中 BPA、BPS 和 BPAF 的浓度分别高达 74.58 ng/L、18.99 ng/L 和

245.69 ng/L；沉积物中 BPA 和 BPAF 浓度分别高达 42.76 ng/g dw 和 2009.8 ng/g dw。北京市东南郊典型灌区表土中 BPA 含量为 7.19～48.79 μg/kg dw（Naka et al., 2006；李艳等 2018）。河北污灌农田土壤中，BPA 浓度最高为 4.3 μg/kg dw（Chen et al., 2011）。随着 BPA 替代的加速，其他双酚进入土壤的概率大增。浙江嘉兴一家双酚 AF（BPAF）生产厂 2 km 内的土壤 BPAF 浓度甚至高于 150 μg/kg dw（Song et al., 2012）。土壤双酚可以被植物吸收，如北京东南郊灌区冬小麦籽粒、夏玉米籽粒、果蔬中的 BPA 含量分别为 1.36～33.27 μg/kg、140.39～406.47 μg/kg、93.42～893.86 μg/kg（李艳等, 2018）。

作为一种环境内分泌干扰物，BPA 可能影响人类健康和土壤功能。BPA 不仅有强烈的雌激素内分泌干扰作用（Brotons et al., 1995; Krishnan et al., 1993），还具有致癌作用（Suárez et al., 2000）。此外，*Nature* 上一则报道指出 BPA 干扰了苜蓿和根瘤菌之间的信号传导，导致固氮能力下降（Fox et al., 2001）。双酚还可能改变土壤微生物生态（解开治等, 2012），研究表明，土壤中的 BPA 会抑制绿豆的生长和光合作用（Kim et al., 2018）。因为与 BPA 具有相似的化学结构，代替物 BPS、BPF、BPAF 等也通常具有类似毒性（Chen et al., 2016; Zhang et al., 2017）。

总而言之，双酚化合物是一类新型有毒有害土壤有机污染物，它们可以通过多种途径进入土壤，从而造成土壤功能退化和人类健康风险。

4.2 壬基酚的生物降解

壬基酚具有潜在的二次污染和生物富集风险，因此，壬基酚消减是一个重要的研究议题（Chang et al., 2004; De Weert et al., 2010; Writer et al., 2011）。环境中壬基酚的消减途径有物理吸附、化学氧化和生物降解三种，其中生物降解得到了最多的关注。1998 年，Tanghe 等首次发现了 NP 降解菌株 *Sphingomonas* sp. TTNP3，随后，研究者们在土壤、沉积物、活性污泥、水体等都筛选出了 NP 降解菌株（Soares et al., 2006）。壬基酚的降解分为好氧和厌氧降解两种类型，研究对象多为工业壬基酚混合物（tNP）或者 4-NP（De Weert et al., 2010; Ying et al., 2002）。

4.2.1 壬基酚生物降解动力学的异构体差异

壬基酚异构体在环境中的生物降解具有选择性，这种选择性可以从壬基酚异构体在环境介质中的选择性分布间接得到证明（Horii et al., 2004; Kim et al., 2005）；在培养基、土壤、沉积物、废水、污泥中的降解实验则直接证明了这种选择性（Das and Xia, 2008; Eganhouse et al., 2009; Gabriel et al., 2005a; Gabriel et al., 2008; Hao et al., 2009; Lu and Gan, 2014b; Shan et al., 2011; Toyama et al., 2011）。Gabriel 等（2008）从活性污泥中分离出了一种 *Sphingomonas xenophaga* Bayram 菌并探究了该菌株对 5 种壬基酚异构体的降解动力学过程及降解途径，研究表明该细菌对 5 种壬基酚混合条件下的降解能力从强到弱依次为 NP_{93}、NP_{112}、NP_9、NP_2、NP_1；对于单个同分异构体，该细菌对 NP_{112} 降解能力最强，其次是 NP_{93}、NP_9，对 NP_1、NP_2 的降解能力较弱。此外，Gabriel 等（2008）还发现，这几种同分异构体中，只有 α-4-NP 可以作为细菌生长的碳源。这些研究结果为不同壬基酚同分异构体的生物降解内在差异提供了直接证据。

Gabriel 等（2008）进一步探究了壬基酚内在结构与降解速率之间的关系，经过 9 天培养，大部分（11/18）的壬基酚同分异构体降解率达 80%（Gabriel et al., 2008）（表 4-3），一些壬基酚如 NP_{193a}、NP_{193b} 的降解率仅有 30%。由于自然环境条件下微生物多种多样，生物降解选择性可能不如在纯培养中显著。Shan 等（2011）比较了水稻土好氧培养下 5 种壬基酚的降解情况，半衰期从大到小分别为 NP_{111}（10.3 天）> NP_{112}（8.4 天）> NP_{65}（5.8 天）> NP_{38}（2.1 天）> NP_1（1.4 天）。该结果表明，如果仅用 NP_1（4-n-nonylphenol, 4-n-NP）来表示壬基酚同分异构体，壬基酚的生物降解性就被高估了，壬基酚相应的环境风险却被低估了。Hao 等（2009）模拟了废水处理过程，监测了序批式反应器内 4 种壬基酚同分异构体的生物降解情况，研究表明不同的同分异构体生物降解性能具有差异，分别是 NP_{36}（75.4%）> NP_{111}（42.9%）> NP_{170}（40.7%）> NP_{194}（36.2%）（表 4-3）。

表 4-3　壬基酚生物降解的异构体差异（Lu and Gan, 2014a）

异构体	Shan et al., 2011	Hao et al., 2009	Gabriel et al., 2008	Lu et al., 2014b	
壬基酚来源	单标合成	TNP（供货商：Tokyo Kasei Kogyo）	tNP（供货商：Fluka）	tNP（供货商：TCI）	
环境介质	土壤	序批式反应器	含 *Sphingobium xenophagum* Bayram 的基本培养基	河流沉积物	
培养条件	好氧	好氧	好氧	好氧	兼性厌氧
参数	半衰期/天	降解率/%	9 天降解率/%	半衰期/天	
NP_1	1.4	N/A	N/A	N/A	N/A
NP_9	N/A[1]	N/A	96.1	0.9	18.3
NP_{35}	N/A	N/A	97.6	3.5	16.3
NP_{36}	N/A	75.4	98.8	4.4	16.8
NP_{37}	N/A	N/A	96.6	3.3	17.0
NP_{38}	2.1	N/A	99.3	2.9	16.3
NP_{65}	5.8	N/A	81.0	3.2	15.6
NP_{110a}	N/A	N/A	77.5	11.6	18.0
NP_{110b}	N/A	N/A	76.3	8.2	17.8
NP_{111a}	10.3[2]	42.9[3]	94.0	9.8	17.8
NP_{111b}	10.3[2]	42.9[3]	90.4	9.1	17.2
NP_{112}	8.4	N/A	98.2	6.3	16.5
NP_{119}	N/A	N/A	99.7	9.6	16.3
NP_{128}	N/A	N/A	99.7	8.9	16.7
NP_{143}	N/A	N/A	52.2	11.6	19.8
NP_{152}	N/A	N/A	56.2	12.0	18.8
NP_{170}	N/A	40.7	N/A	N/A	N/A
NP_{193a}	N/A	N/A	31.3	13.2	20.1
NP_{193b}	N/A	N/A	30.5	12.6	20.0
NP_{194}	N/A	36.2	61.8	11.5	19.8

注：1. NA 表示原文中无数据；2. NP_{111a} 和 NP_{111b} 的混合物；3. 未明确为 NP_{111a} 或 NP_{111b}

USEPA（2010b）的研究发现，在 26 个城市污水处理厂的活性污泥处理工艺中，各种壬基酚同分异构体的去除率为 57%～100%，平均去除率为 90%，该研究中壬基酚同分异构体的降解速率较 Hao 等（2009）的研究更快。Lu 和 Gan（2014b）研究了圣塔安娜河（Santa Ana River）上游和中游两处河流沉积物中 19 种异构体的生物降解动力学。研究发现，上游沉积物中异构体的生物降解效率普遍较高，且具有明显的异构体特异性（图 4-1a 和图 4-2）。培养初期，壬基酚异构体被快速去除（14~21 天），半衰期为 0.9~13.2 天，然后进入第二阶段的缓慢降解期。例如，NP_{38} 在最初的 14 天表现出一阶衰减，半衰期为 2.9 天，但此后无明显降解（图 4-1a）。而 NP_{110a} 和 NP_{193b} 相较于其他异构体在初始阶段的降解速度较慢，半衰期分别为 9.8 天和 12.6 天。该研究结果同 Yuan 等（2004）对中国台湾 Erren River 上游沉积物中 tNP 的好氧生物降解半衰期（13.6 天）的研究结果基本一致。

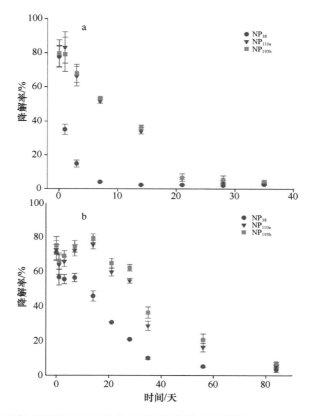

图 4-1 三种代表性壬基酚同分异构体在河流沉积物中的降解动态（Lu and Gan, 2014b）
a. 上游好氧沉积物；b. 中游兼性厌氧沉积物

Gabriel 等（2008）研究了好氧条件下 *Sphingobium xenophagum* Bayram 菌株对 1 mg/mL tNP 的降解，结果表明，tNP 的生物降解具有异构体特异性，但是半衰期较短。例如，在其研究中，77.5% 的 NP_{110a} 在培养 9 天后降解，Lu 和 Gan（2014b）研究中则为 11.6 天。相同的是，*Sphingobium xenophagum* Bayram 对 tNP 异构体的生物降解一般规律与 Lu 和 Gan（2014b）的研究结果一致，即不易被 *Sphingobium xenophagum* Bayram 菌株降解的 NP 异构体，则它在上游沉积物中的存在也更持久，反之亦然。例如，培养

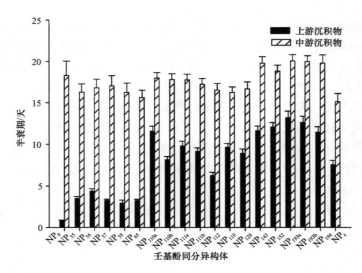

图 4-2　壬基酚同分异构体在河流沉积物中的降解半衰期（Lu and Gan, 2014b）

NP_x 为结构尚未完全确定的壬基酚同分异构体

9 天后，NP_9、NP_{143} 和 NP_{193b} 的降解率分别为 96.1%、52.6%和 30.5%，在上游沉积物中这几种物质相应的半衰期分别为 0.9 天、11.6 天和 12.6 天。此外，Lu 和 Gan（2014b）的研究发现，好氧条件下 NP 异构体的降解顺序为 NP_{111a}（9.8 天）>NP_{111b}（9.1 天）> NP_{112}（6.3 天）> NP_{65}（3.2 天）> NP_{38}（2.9 天），该研究结果同 Shan 等（2011）的研究结果 NP_{111}（10.3 天）> NP_{112}（8.4 天）> NP_{65}（5.8 天）> NP_{38}（2.1 天）较一致。Hao 等（2009）对含有 80 μg/L tNP 的模拟废水进行生物降解研究。结果表明，序批式反应器中 NP_{194}、NP_{111} 和 NP_{36} 的降解率分别为 36.2%、42.9%和 75.4%。该研究结果同 Lu 和 Gan（2014b）的研究规律一致。综上，这些研究观察表明 NP 异构体的降解性可能受其内在性质，也就是其结构的影响。

相较于上游沉积物，中游沉积物具有较低的氧化还原电位，可以被视为缺氧或兼性厌氧环境。中游沉积物中壬基酚异构体在初始阶段（7～14 天）基本不降解，随后进入快速降解期，半衰期为 15.1～20.1 天（图 4-1b 和图 4-2）。相同培养条件下，中游沉积物中 NP 异构体的总半衰期要比上游长得多（图 4-2）。例如，上游和中游沉积物中 NP_{38} 的半衰期分别为 2.9 天和 16.3 天。此外，中游沉积物中 NP 的异构体特异性不如上游明显。Chang 等（2004）报道了硝态氮还原条件下 tNP 的生物降解半衰期为 20.4 天，与 Lu 和 Gan（2014b）的研究结果相似。Liu 等（2008）报道在培养了 75 天的硝酸盐还原性土壤中，NP_{111} 的矿化率不到 1%，而高达 30%的放射性物质作为产物被回收。然而，De Weert 等（2011）对硝酸盐还原河流沉积物培养 703 天后并未观察到 tNP 的降解。在厌氧条件下，上游河流底泥中 NP 异构体的半衰期均大于 200 天（表 4-4），而中游底泥在培养 84 天后 NP 异构体均无降解。

表 4-4　壬基酚同分异构体在厌氧河流上游沉积物中的半衰期（Lu and Gan, 2014b）

异构体	半衰期/天
NP_9	514±160
NP_{35}	420±115
NP_{36}[1]	420±98
NP_{37}[1]	458±151
NP_{38}[1]	497±209
NP_{65}[1]	467±134
NP_{110a}	423±99
NP_{110b}	521±131
NP_{111a}[1]	475±172
NP_{111b}[1]	475±169
NP_{112}[1]	348±82
NP_{119}[1]	488±151
NP_{128}[1]	367±94
NP_{143}	349±72
NP_{152}	385±87
NP_{193a}	343±67
NP_{193b}	373±84
NP_{194}[1]	514±160
X^2	271±54

注：1. 有标样确认结构的壬基酚同分异构体；2. 异构体结构待定，可能是 NP_{92}、NP_{93} 或 NP_{95}（其 IUPAC 命名分别为 4-[1,1,2,3-tetramethylpentyl]phenol、4-[1,1,2,4-tetramethylpentyl]phenol 或 4-[1,1,3,4-tetramethylpentyl]phenol）

一些学者也开展了 NP 同分异构体生物降解的特异性研究，但并未鉴定是哪种 NP 或者给出降解速率的量化结果（Das and Xia, 2008; Eganhouse et al., 2009; Toyama et al., 2011）。Eganhouse 等（2009）运用全二维气相色谱重新分析了 Gabriel 等（2008）研究中的生物降解样本，进一步证明了其实验结论。一些壬基酚同分异构体如 NP_{36}、NP_{37} 和 NP_{38} 基本被完全降解，NP_{194}、NP_{193} 和 NP_{152} 则相对被富集了。此外，一些微量和痕量的异构体（如邻位取代的壬基酚）的环境持久性更高，这些异构体可能对壬基酚整体的雌激素效应有重要的影响。Ikunaga 等（2004）研究了 *Sphingobium amiense* 和 *Sphingomonas cloacae* 两种菌株对 tNP 的生物降解特性，结果表明这两种菌株对 tNP 的降解具有选择性。其中，α-二甲基和 α-乙基-α-甲基取代的壬基酚降解率较高，分别为 0.356/h 和 0.554/h；α-甲基-α-丙基的取代物降解速率则较低，为 0.036/h。同时，壬基酚同分异构体在两种菌株的表现性质也存在差异，因此在不同的微生物群落中，不同壬基酚异构体的生物降解可能存在特异性。Das 和 Xia 等（2008）研究了有机堆肥过程中 NP 的降解。他们将 NP 同分异构体分为 8 组，探究最佳条件下的半衰期，其中 α-甲基-α-丙烷基取代的壬基酚半衰期为（1.3±0.2）天，两种 α-二甲基取代的壬基酚同分异构体半衰期分别为（12.6±0.3）天和（0.8±0.1）天。以支链 4-NP 异构体中的 4-NP$_{112}$ 为目标化合物，Zhang 等（2009）研究发现，4-NP$_{112}$ 在德国两种类型土壤中的好氧降解符合双指数降解模型，其半衰期为 4.2~4.3 天。在好氧条件下，4-NP$_{111}$ 在土壤中经过 135 天的降解，约有 42%转化为结合态残留（Telscher et al., 2005）。厌氧条件下，4-NP$_{111}$ 在土壤中降解形成大量的极性代谢产物，并且该代谢物的形成受环境中硝酸盐含量的影响显著（Liu et al., 2008）。Toyama 等（2011）探究了 42 天内根际沉积物中的 NP 降解情况，发现大部分的壬基酚异构体被降解，少部分异构体浓度基本保持不变，但是研究中并未对这些未降解的壬基酚异构体进行结构分析。Brown 等（2009）研究了添加有机污泥土壤中 8 种 NP 的生物降解，各种壬基酚的降解速率不同；此外，*Triticum aestivum* L. 的添加提高了 NP 的整体降解速率，但没有改变其残留形态（Brown et al., 2009）。

4.2.2 壬基酚生物降解的构效关系

壬基酚同分异构体数量众多，为探究其取代基结构与生物降解之间的关系，大量学者做了相关研究。Gabriel 等（2005a）探究了 *Sphingomonas xenophaga* Bayram 菌株对 NP$_{112}$、NP$_{93}$、NP$_9$、NP$_2$ 及 NP$_1$ 的降解，结果表明支链化程度越高的异构体其生物降解率也更高。接着，Gabriel 等（2008）又探究了该细菌对其他壬基酚异构体的降解规律，发现 α 取代基越小，降解率越高，从大到小依次是 α-二甲基、α-甲基-α-乙基、α-乙基-α-甲基-β-甲基、α-甲基-α-正丙基、α-甲基-α-异丙基、α-甲基-α-2-丁基。Lu 和 Gan（2014b）对好氧底泥中壬基酚降解研究发现，长支链、较小 α 取代基的壬基酚异构体的半衰期更短（图 4-3）。例如，6 个碳原子支链的壬基酚异构体的半衰期分别为 NP$_{35}$ 3.5 天、NP$_{36}$ 4.4 天、NP$_{37}$ 3.3 天、NP$_{38}$ 2.9 天、NP$_{65}$ 3.2 天，而 4 个碳原子支链的壬基酚异构体的半衰期分别为 NP$_{193a}$ 13.2 天、NP$_{193b}$ 12.6 天、NP$_{194}$ 11.5 天，即对位取代基主碳链越长，半衰期越短。通常 α 取代基越小的壬基酚异构体越容易被降解，不同 α 取代基的半衰期遵循 α-二甲基≈α-甲基-α-乙基 > α-甲基-α-n-正丙基≈α-甲基-α-异丙基规律。然而，对于同种 α 取代基，如 α-二甲基和 α-甲基-α-乙基的壬基酚异构体的降解性能差异亦较大（图 4-3b）。因此，仅根据 α 取代基来判断壬基酚异构体的降解性能不够准确。

Gabriel 等（2008）在探究 *Sphingobium xenophagum* Bayram 菌株对壬基酚异构体降解过程也发现了碳链长度和 α 取代基对壬基酚异构体的降解速率有影响，α 取代基越小，菌株的降解效率越高，并提出壬基酚异构体特异性可能与本位取代（*ipso*-substitution）速率有关。Cao 和 Liu（2004）提出了采用拓扑空间指数定量空间位阻来解释不同化合物的异构体特异性。Lu 和 Gan（2014b）的研究中考虑了多种常用的拓扑指数，包括大小、分支、电子特性和极性等信息。一般来说，空间指数越小的 NP 异构体半衰期越短（图 4-3；线性回归，$R^2 = 0.70$）；因此，空间位阻可能是导致本位取代速率差异的重要原因，而本位取代速率的差异又导致了异构体的生物降解速率差异。此外，Lu 和 Gan（2014b）通过对数百种分子描述符与壬基酚异构体生物降解性能的关系分析发现，空间位阻指数（steric index，一种描述空间位阻的分子描述符）与 IDWbar（距离大小的平均信息指数，用于量化分支程度的指数，尤其是同分异构体）具有最佳线性拟合。此外，综合 57 个分子描述符，通过偏最小二乘回归建立模型进行了半衰期预测，最大误差仅为 2.3 天（表 4-5）。

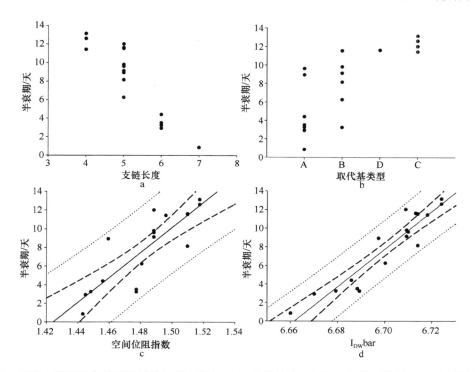

图 4-3 河流上游底泥中壬基酚异构体半衰期与（a）支链长度、（b）α-取代基类型、（c）空间位阻指数、（d）$I_{DW}bar$ 的关系（Lu and Gan, 2014b）

每一个黑点代表一种异构体，黑实线为回归线，蓝虚线为 95%置信区间，红虚线为 95%预测区间。α-取代基类型：A. 双甲基，B. 甲基乙基，C. 甲基丙基，D. 甲基异丙基

表 4-5 用偏最小二乘法预测的壬基酚异构体半衰期（Lu and Gan, 2014b）

样品	异构体	实测半衰期/天	预测半衰期/天	残差/天
训练集	9	0.9	1.1	−0.3
	36	4.4	4.1	0.3
	38	2.9	1.9	1.1
	65	3.2	4.5	−1.3
	110a	11.6	9.6	2.0
	110b	8.2	9.6	−1.4
	111b	9.1	9.8	−0.6
	119	9.6	10.4	−0.8
	128	8.9	9.3	−0.4
	152	12.0	10.6	1.5
	193a	13.2	12.5	0.6
	194	11.5	12.1	−0.6
验证集	35	3.5	4.9	−1.4
	37	3.3	3.5	−0.2
	111a	9.8	9.8	0.0
	112	6.3	8.5	−2.3
	143	11.6	10.2	1.5
	193b	12.6	12.5	0.1

其他学者也对异构体结构与生物降解性能之间的关系做了研究。有研究发现，带有 α-二甲基和 α-乙基-α-甲基的异构体具有更高的生物降解性（Das and Xia, 2008; Ikunaga et al., 2004）。Hao 等（2009）研究了壬基酚异构体的生物降解速率与其分子连通性指标 $^2\chi^v$ 和 $^4\chi^v_{pc}$ 之间的关系，研究得出具有复杂结构和短的壬基结构的壬基酚降解率较低。在 Hao 等（2009）的研究中，研究者只考虑了 4 个异构体，因此，该研究推导的经验模型缺乏必要的鲁棒性。

4.2.3 降解机制

壬基酚异构体生物降解机制的不同，将导致其降解动力学的差异。Gabrielhe 和 Corvini 等探究了 *Sphingomonas xenophaga* Bayram 菌株（Gabriel et al., 2007, 2005a, 2005b, 2012）和 *Sphingomonas* sp. strain TTNP3 菌株（Corvini et al., 2005, 2007, 2004a, 2006, 2004b, 2004c; Kolvenbach and Corvini, 2012）对壬基酚同分异构体的降解机制，并对该过程进一步做出总结。壬基酚异构体降解的第一步是本位取代（对位的异丙基羟基化）。据 Gabriel 等（2008）研究，较大的 α 取代基可能会从电子效应和空间效应两方面影响壬基酚的生物降解动力学过程。体积较大的取代基可以增加对位电子密度，从而促进氧的亲电加成，最终提高生物降解速率。另外，体积较大的取代基会增加空间位阻，从而降低生物降解速率。研究发现，壬基酚异构体 α 取代基越大，生物降解率越低，说明 α 取代基的空间效应占主导地位（Gabriel et al., 2008; Lu and Gan, 2014b）。

壬基酚异构体的邻位硝化作用是其生物降解的另一重要途径，土壤/污泥中添加的壬基酚邻位硝化作用约占 40%（Telscher et al., 2005）。然而，不同壬基酚异构体的硝化速率差异尚不清楚。Cirja 等（2006）在实验室规模的膜生物反应器实验中发现了壬基酚异构物的烷基链氧化产物。此外，壬基酚的真菌降解可能经历壬基链的 ω 和 β 氧化步骤（Corvini et al., 2006）。因此，烷基链氧化在壬基酚异构体生物降解中的重要性有待进一步探究。

4.3　双酚的生物降解

4.3.1　不同双酚生物降解动力学规律

在实验室培养下，BPA 在 4 种好氧土壤中的半衰期小于 3 天（Fent et al., 2003）。另有研究表明，实验室培养下 BPA 在施用污泥的两种好氧土壤中的半衰期分别为 18 天和 102 天；而大田中的半衰期约是实验室培养下的 2.5 倍（Langdon et al., 2011, 2012）。其他双酚在土壤中的生物降解仅有一例报道（Choi and Lee, 2017）：在实验室培养下 BPS 在好氧农田和森林土壤中半衰期与 BPA 接近，约为 1 天；但是 BPAF 的半衰期长达 32.6 天和 24.5 天。由此可见，双酚在不同土壤中的降解动力学有所差异，部分双酚具有比 BPA 更长的半衰期，更容易在土壤中累积。双酚在厌氧土壤中的降解未见报道，但有研究表明，双酚在厌氧河流底泥中降解缓慢，半衰期为 30～60 天，并且不同双酚降解速率排序为 BPF > BPA > BPS > BPE > BPB（Ike et al., 2006）。

4.3.2 不同双酚生物降解途径

目前已从土壤和活性污泥中分离得到并鉴定出多种 BPA 好氧降解菌，这些菌株集中在 *Sphingomonas*、*Sphingobium*、*Novosphingobium* 等几个菌属（Im and Löffler, 2016; 马力超等, 2017）。这些降解菌主要通过氧化骨架重排、本位取代及酚环羟基化-间位裂解、硝基化和甲基化等方式中的一种或者几种降解 BPA（Im and Löffler, 2016; 马力超等 2017）。由于 BPF 的 α 碳上没有连接甲基（表 4-2），所以不能通过氧化骨架重排和本位取代途径进行降解。因而 *Sphingomonas* 菌属的 BP-7 菌株可以降解 BPA，但不能降解 BPF、BPS（Sakai et al., 2007）。然而，在土壤体系中，目前只观察到了双酚的间位裂解和邻位裂解产物（Choi and Lee, 2017）。由此可见，不同双酚的降解途径有所不同并且纯菌体系中的降解途径并不能完全反映双酚在土壤中的真实降解过程；进一步推测可知不同土壤的微生物群落差异可能导致双酚降解途径的差异。目前虽然有双酚厌氧降解的报道（Ike et al., 2006），但以上研究均未检出双酚降解产物。

高通量测序表明，与 BPA 降解相关的微生物在好氧底泥中有 Gammaproteobacteria 和 Alphaproteobacteria，在厌氧底泥中有 Proteobacteria、Bacteroidetes 和 Chloroflexi（Yang et al., 2015, 2014c）。Sathyamoorthy 等（2018）利用稳定性同位素 DNA 探针技术阐明好氧污泥中 *Sphingobium* spp.主导了 BPA 及其产物的同化。进一步研究表明，在好氧生物反应器中与 BPF 降解紧密相关的主要是 *Pseudomonas*、*Azospira*、*Hydrogenophaga* 等几个菌属（Huang et al., 2019）。

4.4 壬基酚和双酚的非生物降解

4.4.1 铁锰氧化物对壬基酚和双酚的氧化

虽然生物降解是土壤中有机污染物消减的最主要途径，但是对于特定的有机污染物种类和特定的环境而言，非生物降解也是重要的消减途径（Fenner et al., 2013）。具体对于双酚化合物而言，金属氧化物介导的化学氧化是目前关注的主要非生物降解途径之一。金属氧化物可以促进有机污染物的水解、氧化和还原，存在于土壤和沉积物中的金属氧化物（如铁、锰氧化物）对环境中的有机污染物转化起重要作用（Borch et al., 2010）。氧化还原电位分别为 0.67 V、1.50 V 和 1.23 V 的铁(III)和锰(III/IV)的氧化物 FeOOH、MnOOH 及 MnO_2 是促进有机污染物转化最有效的天然催化剂之一（Stone, 1987）。

针铁矿（水合氧化铁，α-FeOOH）是最常见且稳定的结晶铁氧化物之一，具有相对高的表面积和氧化还原活性。针铁矿介导的氧化过程可以有效地转化一系列化合物，如苯酚（McBride, 1987; Pizzigallo et al., 1995）、氢醌（Kung and McBride, 1988）和苯胺（Pizzigallo et al., 1998; Zhang and Huang, 2007）。尤其是，酚类化合物因为更易将电子转移到氧化剂上而容易发生针铁矿介导的氧化反应。尽管铁氧化物氧化能力较低，但其在土壤和沉积物中含量丰富，故在有机污染物的生物地球化学循环中所起的作用是无法被忽略的（Borch et al., 2010）。除了铁氧化物，锰氧化物（如氧化锰，$\delta\text{-}MnO_2$）对酚类化合物具有强大的氧化能力（Klausen et al., 1997; Laha and Luthy, 1990; Li et al., 2003;

Rubert and Pedersen, 2006; Stone, 1987; Zhang et al., 2008; Zhang and Huang, 2003, 2005a, 2005b），酚类化合物易被 MnO_2 氧化，形成中间自由基，随后引发一系列自由基反应（Klausen et al., 1997; Stone, 1987; Zhang et al., 2008; Zhang and Huang, 2003, 2005a, 2005b）。Lin 等（2012）对实验室合成和商业化针铁矿对 BPA 的转化效率进行了研究，发现在 pH 4.0 溶液及（25±1）℃条件下，α-FeOOH 介导下超过 80% 的 BPA 在 12 h 内被降解，超过 99% 的 BPA 在 72 h 内被降解，针铁矿诱导了 BPA 的转化。Lin 等（2009）系统地研究了氧化锰对 BPA 的氧化去除效率及相关的影响因素，BPA 在没有添加 MnO_2 的溶液中持久存在，溶液中加入 MnO_2 时 BPA 则可以迅速消失。Lu 等（2011）的研究表明在 MnO_2 存在下，BPF 在 pH 5.5 下迅速从反应混合物中消散，这也表明锰氧化物介导的化学氧化可能是双酚化合物在土壤环境中的重要降解途径之一。

Lu 和 Gan（2013）研究了 MnO_2 对壬基酚的降解，发现 MnO_2 初始浓度越高，去除率越高，pH 为 5.5、添加 100 mg/L MnO_2 溶液培养 90 min 后 4-n-NP 的降解率达 92%，tNP 的降解率达 76%；进一步的含锰、脱锰土壤对比实验亦表明了土壤中天然存在的 MnO_2 同样促进了 NP 的去除，pH 在 4.5～8.6 效果均明显。由此可见，在真实土壤环境中，锰氧化物是双酚类污染物非生物降解的重要途径之一。

4.4.2 双酚铁锰氧化物氧化的影响因素

1. 双酚结构的影响

Lu 等（2011）选择了 BPA、BPF 及双（2-羟基苯基）甲烷三种结构相似的化合物，在相同条件下参与 MnO_2 介导的化学氧化反应。反应速率遵循 BPA＞BPF＞双（2-羟基苯基）甲烷（表 4-6）。Stone（1987）研究表明，随着 Hammett 常数的增加，取代苯酚与 MnO_2 的反应速率降低，反应速率与半波电位呈线性相关。Winget 等（2000）通过半经验分子轨道理论和密度泛函理论，预测得到的苯胺类化合物的单电子氧化电位与实验氧化电位一致，氧化电位与最高能量占据分子轨道（HOMO）、pK_a、Hammett 常数和布朗常数显著相关。例如，13 个苯胺的实验氧化电位及其 HOMO 值的简单线性回归的 r 值为 0.901（Winget et al., 2000）。在 Lu 等（2011）的研究中，三种化合物的速率常数与使用 Marvin Sketch 5.37（ChemAxon, Budapest, Hungary）计算得到的 pK_a 值无关（表 4-6）。然而，反应速率与计算得到的 HOMO 能量的顺序一致。其原因是 HOMO 可以较为准确地估计化合物的第一电离势（Koopmans 定理），这三种双酚化合物的结构差异可能导致不同的电子转移能力，最终产生反应速率差异。

表 4-6 BPA、BPF 及双（2-羟基苯基）甲烷在 4.4 μmol/L 双酚、100 μmol/L MnO_2 及 pH 为 5.5 的初始条件下的反应速率常数（Lu et al., 2011）

化合物	K_1 (/min)	pK_{a1}	pK_{a2}	气相 HOMO/eV	水相 HOMO/eV
BPA	0.107	9.78	10.39	−8.83	−8.79
BPF	0.0791	9.84	10.45	−8.88	−8.84
双（2-羟基苯基）甲烷	0.0322	8.25	10.11	−8.89	−8.86

2. pH 对双酚降解的影响

针铁矿介导的 BPA 转化会受到 pH 的影响。Lin 等（2012）通过在 pH 为 4.0~8.5 的研究得到随着溶液 pH 的增加，实验室制备和商品化针铁矿体系下的 BPA 转化率降低。Pizzigallo 等（1998）也得到商业针铁矿对氯苯胺的氧化能力随溶液 pH 的增加而降低的实验结果，溶液 pH 通过改变氧化物表面电荷和氯苯胺形态从而改变反应中间体氧化氯苯胺的形成，最终影响反应物转化。据此推测，pH 对 BPA 的影响机理也基本一致。此外，因为还原过程需要质子的参与，所以 FeOOH/Fe^{2+}电位随 pH 变化而变化，这可能是针铁矿体系中 BPA 转化受 pH 影响的另外一个重要因素。

在 MnO_2 介导的双酚转化研究中，Lin 等（2009）研究得到双酚 A 的去除率对溶液 pH 的变化敏感。总体而言，不同 pH 溶液中 BPA 去除率遵循 pH 4.5> pH 5.5> pH 8.6> pH 9.6> pH 7.5> pH 6.5 的顺序，酸性或碱性条件促进 BPA 去除，而中性条件不利于反应。类似地，Lu 等（2011）在对 MnO_2 对 BPF 转化影响的研究中也得到相似结论，BPF 去除率：pH 4.5 > pH 5.5 > pH 8.6 > pH 7.5 > pH 6.5 > pH 9.6，这可能是由于二者结构的相似性。因此，预计 pH 也会影响其他双酚化合物的氧化。结合两项研究，推测 pH 对反应的影响可归因于两个主要因素。一方面，MnO_2 对双酚的氧化作用与其氧化电位密切相关，该电位又受到 pH 的显著影响；另一方面，pH 控制了双酚的形态，影响了双酚与 MnO_2 在表面反应过程中的电子传递过程。这类反应可分为三个步骤：双酚与 MnO_2 形成络合物，一个电子转移到 MnO_2 上，产物与 MnO_2 分离（Lin et al., 2009; Lu et al., 2011; Stone, 1987），前两个步骤通常是速控步骤。第一步可以描述为

$$\equiv SOH + RO^- \longrightarrow \equiv SOR + OH^-$$

其中，$\equiv SOH$ 是 MnO_2 的中性表面羟基；RO^-是一元双酚；$\equiv SOR$ 是形成的配合物。由该式子可推测出，MnO_2 表面羟基和双酚的形态可能显著影响复合物的形成（图 4-4），并且在较高的 pH 下，反应的第二步可能受到抑制。此外，在第二步中，去质子化酚应该能够比质子化酚更容易地产生电子（Stone, 1987），从而促进在较高 pH 下的电子转移。上述两个过程的重叠和相互作用下，双酚的锰氧化物氧化出现了中性条件下反应最慢、高 pH 和低 pH 条件下反应快的独特现象。

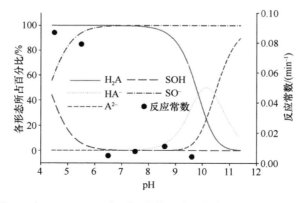

图 4-4 不同 pH 下 BPF、MnO_2 表面羟基的形态和氧化反应常数（Lu et al., 2011）

3. 共存溶质对双酚降解的影响

竞争结合效应被认为是共存溶质抑制双酚氧化的原因（Lin et al., 2012, 2009; Lu et al., 2011）。Lin 等（2009）的研究表明，在 MnO_2 介导的 BPA 氧化过程中，金属离子的抑制能力通常遵循 $Mn^{2+}>Ca^{2+}>Mg^{2+}\approx Fe^{3+}$ 的顺序，且金属离子浓度越高，抑制效果越强。后续研究（Lin et al., 2012）进一步表明，Fe^{2+} 和 Fe^{3+} 的存在会对针铁矿体系下 BPA 的转化产生影响，且 Fe^{3+} 浓度越高，抑制作用越显著。Lu 等（2011）在对 MnO_2 介导的 BPF 的转化实验中也得出了相似的结论，总体抑制效果遵循 $Mn^{2+}>Ca^{2+}>Mg^{2+}>Na^+$ 的顺序，并推测阳离子的抑制作用可归因于它们与 MnO_2 上的反应位点的结合：

$$\equiv SOH + M^{z+} \longrightarrow \equiv SOR^{(z-1)+} + OH^+$$

其中，M 是阳离子；z 是阳离子的化合价。在该研究中观察到的抑制能力遵循阳离子的结合能力，其以 $Co>Mn>Zn>Ni>Ba>Sr>Ca>Mg>Na=K$ 的顺序降低（Murray, 1975）。与其他阳离子相比，Mn^{2+} 竞争相同表面活性位点能力最强，因此具有更强的抑制作用（Zhang et al., 2008）。除此之外，另外一个潜在原因可能是金属离子吸附引起的 MnO_2 聚集，金属离子吸附增加ζ势能，导致颗粒聚集并减少可供双酚吸附的表面积（Lu et al., 2011），从而抑制双酚的转化。

Lu 等（2011）进一步研究了阴离子存在时对双酚转化的影响，结果显示抑制作用为 $HPO_4^{2-}>Cl^->NO_3^-\approx SO_4^{2-}$。前人的研究表明，$HPO_4^{2-}$ 可以强烈吸附在 MnO_2 表面上（Yao and Millero, 1996），所以可以推测 HPO_4^{2-} 的抑制作用可能是由于其与 MnO_2 的表面羟基形成络合物，MnO_2 对酚类的氧化取决于 Mn(III) 中心表面的可用性（Nico and Zasoski, 2001），所以阴离子（配体）也可能与 Mn(III) 络合，从而降低 MnO_2 的反应性。

除了共存的金属阳离子与酸根阴离子的竞争结合效应，胡敏酸（humic acid, HA）作为一种广泛存在于水中的天然有机物，也是影响 MnO_2 氧化速率的一个因素（Klausen et al., 1997; Xu et al., 2008）。Lin 等（2009）的研究结果表示，仅在 pH 8.6 系统中 10 mg/L HA 的处理显示对 BPA 削减的弱抑制，而其他处理不受 HA 影响。HA 对针铁矿介导下 BPA 的反应也有中度至轻微的抑制作用（Lin et al., 2012）。相似地，Lu 等（2011）对 HA 轻微抑制 MnO_2 转化 BPF 进行推测，HA 既可以通过对 MnO_2 活性表面的竞争性吸附及对 MnO_2 的溶解来抑制 MnO_2 介导的 BPF 氧化（Klausen et al., 1997），又可以通过结合 Mn^{2+} 来促进氧化反应（Xu et al., 2008）。且在较高的 pH 和较低的 HA 浓度下，HA 的抑制和促进作用是相似的并且可能相互抵消，这也就解释了 HA 对双酚氧化的抑制作用非常微弱的现象。

综上所述，共存溶质会由于竞争结合效应抑制双酚的化学氧化，且抑制效应随溶质种类及浓度变化而变化。一般来说，浓度越大，抑制效应越显著。

4. MnO_2 初始浓度对双酚降解的影响

通常认为，MnO_2 对有机化合物的氧化最初是由氧化物上的表面反应引发的，其中还原剂与氧化物络合，随后氧化物失去电子形成苯氧基（Stone, 1987; Zhang et al., 2008; Zhang and Huang, 2003, 2005a, 2005b）。前体络合物的形成和电子转移被认为是限速过程

(Stone, 1987; Zhang et al., 2008; Zhang and Huang, 2003, 2005a, 2005b),表明氧化物上的有效位点可以极大程度地影响反应速率。在最初含有 4.40 μmol/L BPA 的 pH 5.5 的溶液中,60 min 内 BPA 的去除率从 49%（MnO_2 初始浓度为 100 μmol/L）增加到了 73%（MnO_2 初始浓度为 200 μmol/L),而当 MnO_2 初始浓度增加到 400 μmol/L 和 800 μmol/L 时,BPA 的去除率更高,分别在 10 min 和 20 min 内即近乎完全除去（Lin et al., 2009）。进一步估算了 BPA 的比表面积与物质的量的比值,随着该比值的增加,BPA 的去除率逐渐提高,这表明了在低 MnO_2 水平下,可结合的 BPA 接近饱和（Lin et al., 2009),故随着 MnO_2 浓度的进一步增大,会导致 BPA 去除率的增大。

4.4.3 双酚化学氧化的反应机理

Lu 等（2011）对提取反应溶液中可能产生的极性产物进行了甲硅烷基化,并进行了 GC-MS、UPLC-MS/MS 分析,对锰氧化物氧化 BPF 的可能机理做出推测。基于检测到的产物,推断反应时双酚化合物将电子转移到 MnO_2 并形成两种类型的自由基（图 4-5

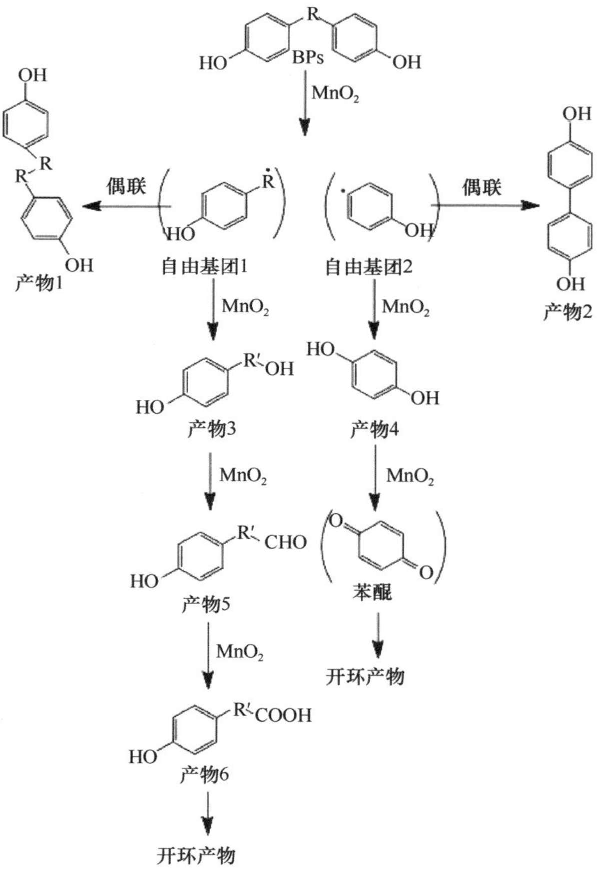

图 4-5 双酚化合物化学氧化的可能机制（改编自 Lu et al., 2011）
括号中的化合物是可能的中间体,但由于分析限制而未在研究中得到鉴定

中的自由基团 1 和 2），然后这两个基团偶联形成产物 1 和产物 2，两类自由基也可能被进一步氧化形成产物 3 和产物 4，再氧化后分别形成产物 5 和苯醌。产物 5 可进一步将醛基氧化为羧基，得到产物 6。随后，各产物经历后续的开环或相关反应进行进一步降解。

4.5 研究展望

壬基酚和双酚类污染物具有明显的内分泌干扰效应，而且由于其使用量巨大，因而相对其他环境内分泌干扰物而言，具有更大的环境意义。基于污染物的研究现状，在今后着重开展以下的研究工作，将对防控该类污染物的环境风险具有重要意义。

1）壬基酚不同同分异构体和双酚同系物环境行为的构效关系。由于 tNP 之中存在大量同分异构体，BPA 的替代物多为它的同系物或者结构类似化合物，这两类污染物为新型有机污染物构效关系的研究提供了良好的研究范式。构效关系的建立可以采用传统的分子描述符，也可以采用量子化学计算，甚至采用分子动力学模拟。

2）更贴近真实环境条件下的环境行为。先前研究中，大量的结论是基于纯菌培养结果，或者纯的铁锰氧化物氧化实验，这些结论在真实环境中的适用性有待进一步验证。

3）壬基酚和双酚降解机理的进一步阐释。随着分子生物学、基因组学和分析化学（尤其是高分辨质谱）的发展，对有机污染物降解机理的解析进入了一个新的阶段。综合运用高通量测序、基因组学、蛋白质组学、非靶标分析等先进手段有助于深入了解这些新兴有机污染物降解的生物和化学机制。

参 考 文 献

李艳, 顾华, 杨胜利, 等. 2018. 北京典型灌区表层土壤与农产品酚类含量及人体健康风险评估. 生态环境学报, 27(12): 2343-2351.

马力超, 吕红, 魏浩, 等. 2017. 双酚类化合物的生物降解研究进展. 工业水处理, 37(12): 11-16.

南通星辰合成材料有限公司, 上海中石化三井化工有限公司, 中石化三菱化学聚碳酸酯(北京)有限公司, 等. 2018. 双酚 A 反倾销措施期终复审调查申请书. http://images.mofcom.gov.cn/trb/201808/20180829090304209. pdf. [2019-9-10].

解开治, 徐培智, 杨少海, 等. 2012. 双酚 A 对稻田土壤细菌群落特征及土壤酶活的影响. 环境科学研究, 25(2): 173-178.

Bechi N, Ietta F, Romagnoli R, et al. 2010. Environmental levels of *para*-nonylphenol are able to affect cytokine secretion in human placenta. Environmental Health Perspectives, 118(3): 427-431.

Borch T, Kretzschmar R, Kappler A, et al. 2010. Biogeochemical redox processes and their impact on contaminant dynamics. Environmental Science & Technology, 44(1): 15-23.

Brotons J, Olea-Serrano M, Villalobos M, et al. 1995. Xenoestrogens released from lacquer coatings in food cans. Environmental Health Perspectives, 103(6): 608-612.

Brown S, Devin-Clarke D, Doubrava M, et al. 2009. Fate of 4-nonylphenol in a biosolids amended soil. Chemosphere, 75(4): 549-554.

Cao C, Liu L. 2004. Topological steric effect index and its application. Journal of Chemical Information and Computer Sciences, 44(2): 678-687.

Chang B, Yu C, Yuan S. 2004. Degradation of nonylphenol by anaerobic microorganisms from river sediment. Chemosphere, 55(4): 493-500.

Chen D, Kannan K, Tan H, et al. 2016. Bisphenol analogues other than BPA: environmental occurrence, human exposure, and toxicity–a review. Environmental Science & Technology, 50(11): 5438-5453.

Chen F, Ying G, Kong L, et al. 2011. Distribution and accumulation of endocrine-disrupting chemicals and pharmaceuticals in wastewater irrigated soils in Hebei, China. Environmental Pollution, 159(6): 1490-1498.

Choi Y, Lee L. 2017. Aerobic soil biodegradation of bisphenol (BPA) alternatives bisphenol S and bisphenol AF compared to BPA. Environmental Science & Technology, 51(23): 13698-13704.

Cirja M, Zuehlke S, Ivashechkin P, et al. 2006. Fate of a C-14-labeled nonylphenol isomer in a laboratory-scale membrane bioreactor. Environmental Science & Technology, 40(19): 6131-6136.

Corvini P, Elend M. Hollender J, et al. 2005. Metabolism of a nonylphenol isomer by *Sphingomonas* sp. strain TTNP3. Environmental Chemistry Letters, 2(4): 185-189.

Corvini P, Meesters R, Mundt M, et al. 2007. Contribution to the detection and identification of oxidation metabolites of nonylphenol in *Sphingomonas* sp. Strain TTNP3. Biodegradation, 18(2): 233-245.

Corvini P, Meesters R, Schaffer A, et al. 2004a. Degradation of a nonylphenol single isomer by *Sphingomonas* sp. strain TTNP3 leads to a hydroxylation-induced migration product. Applied and Environmental Microbiology, 70(11): 6897-6900.

Corvini P, Schaffer A, Schlosser D. 2006. Microbial degradation of nonylphenol and other alkylphenols–our evolving view. Applied Microbiology and Biotechnology, 72(2): 223-243.

Corvini P, Vinken R, Hommes G, et al. 2004b. Microbial degradation of a single branched isomer of nonylphenol by *Sphingomonas* TTNP3. Water Science and Technology 50, (5): 189-194.

Corvini P, Vinken R, Hommes G, et al. 2004c. Degradation of the radioactive and non-labelled branched 4(3',5'-dimethyl-3'-heptyl)-phenol nonylphenol isomer by *Sphingomonas* TTNP3. Biodegradation, 15(1): 9-18.

Das K, Xia K. 2008. Transformation of 4-nonylphenol isomers during biosolids composting. Chemosphere, 70(5): 761-768.

De Weert J, Streminska M, Hua D, et al. 2010. Nonylphenol mass transfer from field-aged sediments and subsequent biodegradation in reactors mimicking different river conditions. Journal of Soils and Sediments, 10(1): 77-88.

De Weert J, Vinas M, Grotenhuis T, et al. 2011. Degradation of 4-*n*-nonylphenol under nitrate reducing conditions. Biodegradation, 22(1): 175-187.

Eganhouse R, Pontolillo J, Gaines R, et al. 2009. Isomer-specific determination of 4-nonylphenols using comprehensive two-dimensional gas chromatography/time-of-flight mass spectrometry. Environmental Science & Technology, 43(24): 9306-9313.

European Commission. 2002. Risk assessment report: 4-nonylphenol(branched) and nonylphenol. http://esis.jrc.ec.europa.eu/doc/risk_assessment/REPORT/4-nonylphenol_nonylphenolreport017.pdf. [2019-9-10].

European Union. 2008. Environmental quality standards directive. http://eur-lex.europa.eu/legal-content/EN/TXT/PDF/?uri=CELEX: 32008L0105 & from=EN.[2019-9-10]

Fan Z, Hu J, An W, et al. 2013. Detection and occurrence of chlorinated byproducts of bisphenol A, nonylphenol, and estrogens in drinking water of China: comparison to the parent compounds. Environmental Science & Technology, 47(19): 10841-10850.

Fenner K, Canonica S, Wackett L, et al. 2013. Evaluating pesticide degradation in the environment: blind spots and emerging opportunities. Science, 341(6147): 752.

Fent G, Hein W, Moendel M, et al. 2003. Fate of ^{14}C-bisphenol A in soils. Chemosphere, 51(8): 735-746.

Fox J, Starcevic M, Kow K, et al. 2001. Endocrine disrupters and flavonoid signalling. Nature, 413(6852): 128-129.

Gabriel F, Cyris M, Jonkers N, et al. 2007. Elucidation of the *ipso*-substitution mechanism for side-chain cleavage of a-quaternary 4-nonylphenols and 4-t-butoxyphenol in *Sphingobium xenophagum* Bayram.

Applied and Environmental Microbiology, 73(10): 3320-3326.

Gabriel F, Giger W, Guenther K, et al. 2005a. Differential degradation of nonylphenol isomers by *Sphingomonas xenophaga* Bayram. Applied and Environmental Microbiology, 71(3): 1123-1129.

Gabriel F, Heidlberger A, Rentsch D, et al. 2005b. A novel metabolic pathway for degradation of 4-nonylphenol environmental contaminants by *Sphingomonas xenophaga* Bayram: *ipso*-Hydroxylation and intramolecular rearrangement. Journal of Biological Chemistry, 280(16): 15526-15533.

Gabriel F, Mora M, Kolvenbach B, et al. 2012. Formation of toxic 2-nonyl-*p*-benzoquinones from a-tertiary 4-nonylphenol isomers during microbial metabolism of technical nonylphenol. Environmental Science & Technology, 46(11): 5979-5987.

Gabriel F, Routledge E, Heidlberger A, et al. 2008. Isomer-specific degradation and endocrine disrupting activity of nonylphenols. Environmental Science & Technology, 42(17): 6399-6408.

Giger W, Gabriel F, Jonkers N, et al. 2009. Environmental fate of phenolic endocrine disruptors: field and laboratory studies. Philosophical Transactions of the Royal Society a-Mathematical Physical and Engineering Sciences, 367(1904): 3941-3963.

Guenther K, Kleist E, Thiele B. 2006. Estrogen-active nonylphenols from an isomer-specific viewpoint: A systematic numbering system and future trends. Analytical and Bioanalytical Chemistry, 384(2): 542-546.

Hao R, Li J, Zhou Y, et al. 2009. Structure-biodegradability relationship of nonylphenol isomers during biological wastewater treatment process. Chemosphere, 75(8): 987-994.

Hercog K, Maisanaba S, Filipič M, et al. 2019. Genotoxic activity of bisphenol A and its analogues bisphenol S, bisphenol F and bisphenol AF and their mixtures in human hepatocellular carcinoma (HepG2) cells. Science of The Total Environment, 687: 267-276.

Horii Y, Katase T, Kim Y, et al. 2004. Determination of individual nonylphenol isomers in water samples by using relative response factor method. Bunseki Kagaku, 53(10): 1139-1147.

Huang W, Jia X, Li J, et al. 2019. Dynamics of microbial community in the bioreactor for bisphenol S removal. Science of the Total Environment, 662: 15-21.

Ieda T, Horii Y, Petrick G, et al. 2005. Analysis of nonylphenol isomers in a technical mixture and in water by comprehensive two-dimensional gas chromatography-mass spectrometry. Environmental Science & Technology, 39(18): 7202-7207.

Ike M, Chen M, Danzl E, et al. 2006. Biodegradation of a variety of bisphenols under aerobic and anaerobic conditions. Water Science and Technology, 53(6): 153-159.

Ikunaga Y, Miyakawa S, Hasegawa M, et al. 2004. Degradation profiles of branched nonylphenol isomers by *Sphingobium amiense* and *Sphingomonas cloacae*. Soil Science and Plant Nutrition, 50(6): 871-875.

Im J, Löffler F. 2016. Fate of bisphenol A in terrestrial and aquatic environments. Environmental Science & Technology, 50(16): 8403-8416.

Jiang J, Pang S, Ma J, et al. 2012. Oxidation of phenolic endocrine disrupting chemicals by potassium permanganate in synthetic and real waters. Environmental Science & Technology, 46(3): 1774-1781.

Jobling S, Nolan M, Tyler C, et al. 1998. Widespread sexual disruption in wild fish. Environmental Science & Technology, 32(17): 2498-2506.

Kim D, Kwak J, An Y. 2018. Effects of bisphenol A in soil on growth, photosynthesis activity, and genistein levels in crop plants (vigna radiata). Chemosphere, 209: 875-882.

Kim Y, Katase T, Horii Y, et al. 2005. Estrogen equivalent concentration of individual isomer-specific 4-nonylphenol in Ariake sea water, Japan. Marine Pollution Bulletin, 51(8-12): 850-856.

Klausen J, Haderlein S, Schwarzenbach R. 1997. Oxidation of substituted anilines by aqueous MnO_2: effect of co-solutes on initial and quasi-steady-state kinetics. Environmental Science & Technology, 31(9): 2642-2649.

Kolpin D, Furlong E, Meyer M, et al. 2002. Pharmaceuticals, hormones, and other organic wastewater contaminants in US streams, 1999–2000: a national reconnaissance. Environmental Science & Technology, 36(6): 1202-1211.

Kolvenbach B, Corvini P. 2012. The degradation of alkylphenols by *Sphingomonas* sp. strain TTNP3-a review on seven years of research. New Biotechnology, 30(1): 88-95.

Krishnan A, Stathis P, Permuth S, et al. 1993. Bisphenol-A: an estrogenic substance is released from polycarbonate flasks during autoclaving. Endocrinology, 132(6): 2279-2286.

Kung K, McBride M. 1988. Electron transfer processes between hydroquinone and iron oxides. Clays & Clay Minerals, 36(4): 303-309.

Laha S, Luthy R. 1990. Oxidation of aniline and other primary aromatic amines by manganese dioxide. Environmental Science & Technology, 24(3): 363-373.

Langdon K, Warne M, Smernik R, et al. 2011. Degradation of 4-nonylphenol, 4-t-octylphenol, bisphenol A and triclosan following biosolids addition to soil under laboratory conditions. Chemosphere, 84(11): 1556-1562.

Langdon K, Warne M, Smernik R, et al. 2012. Field dissipation of 4-nonylphenol, 4-t-octylphenol, triclosan and bisphenol A following land application of biosolids. Chemosphere, 86(10): 1050-1058.

Lehmler H, Liu B, Gadogbe M, et al. 2018. Exposure to bisphenol A, bisphenol F, and bisphenol S in U.S. adults and children: the national health and nutrition examination survey 2013–2014. ACS Omega, 3(6): 6523-6532.

Li H, Lee L, Schulze D, et al. 2003. Role of soil manganese in the oxidation of aromatic amines. Environmental Science & Technology, 37(12): 2686-2693.

Liao C, Liu F, Moon H, et al. 2012. Bisphenol analogues in sediments from industrialized areas in the United States, Japan, and Korea: spatial and temporal distributions. Environmental Science & Technology, 46(21): 11558-11565.

Lin K, Ding J, Wang H, et al. 2012. Goethite-mediated transformation of bisphenol A. Chemosphere, 89(7): 789-795.

Lin K, Liu W, Gan J. 2009. Oxidative removal of bisphenol A by manganese dioxide: efficacy, products, and pathways. Environmental Science & Technology, 43(10): 3860-3864.

Liu Q, Ji R, Hommes G, et al. 2008. Fate of a branched nonylphenol isomer in submerged paddy soils amended with nitrate. Water Research, 42(19): 4802-4808.

Lu Z, Gan J. 2013. Oxidation of nonylphenol and octylphenol by manganese dioxide: kinetics and pathways. Environmental Pollution, 180: 214-220.

Lu Z, Gan J. 2014a. Analysis, toxicity, occurrence and biodegradation of nonylphenol isomers: a review. Environment International, 73: 334-345.

Lu Z, Lin K, Gan J. 2011. Oxidation of bisphenol F(BPF)by manganese dioxide. Environmental Pollution, 159(10): 2546-2551.

Lu Z, Gan J. 2014b. Isomer-specific biodegradation of nonylphenol in river sediments and structure-biodegradability relationship. Environmental Science & Technology, 48(2): 1008-1014.

McBride M. 1987. Adsorption and oxidation of phenolic compounds by iron and manganese oxides. Soil Science Society of America Journal, 51(6): 1466-1472.

Murray J. 1975. The interaction of metal ions at the manganese dioxide-solution interface. Geochimica et Cosmochimica Acta, 39(4): 505-519.

Naka D, Kim D, Strathmann T. 2006. Abiotic reduction of nitroaromatic compounds by aqueous iron(II)-Catechol complexes. Environmental Science & Technology, 40(9): 3006-3012.

Nico P, Zasoski R. 2001. Mn(III) center availability as a rate controlling factor in the oxidation of phenol and sulfide on δ-MnO_2. Environmental Science and Technology, 35(16): 3338-3343.

Park S, Park S, Jeong M J et al. 2018. Fast and simple determination and exposure assessment of bisphenol A, phenol, *p*-tert-butylphenol, and diphenylcarbonate transferred from polycarbonate food-contact materials to food simulants. Chemosphere, 203: 300-306.

Pizzigallo M, Ruggiero P, Crecchio C, et al. 1995. Manganese and iron oxides as reactants for oxidation of chlorophenols. Soil Science Society of America Journal, 59(2): 444-452.

Pizzigallo M, Ruggiero P, Crecchio C, et al. 1998. Oxidation of chloroanilines at metal oxide surfaces. Journal of Agricultural and Food Chemistry, 46(5): 2049-2054.

Rubert, Pedersen J. 2006. Kinetics of oxytetracycline reaction with a hydrous manganese oxide.

Environmental Science & Technology, 40(23): 7216-7221.

Sakai K, Yamanaka H, Moriyoshi K, et al. 2007. Biodegradation of bisphenol A and related compounds by *sphingomonas* sp. strain bp-7 isolated from seawater. Bioscience, Biotechnology, and Biochemistry, 71(1): 51-57.

Sathyamoorthy S, Hoar C, Chandran K. 2018. Identification of bisphenol A-assimilating microorganisms in mixed microbial communities using ^{13}C-DNA stable isotope probing. Environmental Science & Technology, 52(16): 9128-9135.

Shan J, Jiang B, Yu B, et al. 2011. Isomer-specific degradation of branched and linear 4-nonylphenol isomers in an oxic soil. Environmental Science & Technology, 45(19): 8283-8289.

Soares A, Guieysse B, Jefferson B, et al. 2008. Nonylphenol in the environment: a critical review on occurrence, fate, toxicity and treatment in wastewaters. Environment International, 34(7): 1033-1049.

Soares A, Murto M, Guieysse B, et al. 2006. Biodegradation of nonylphenol in a continuous bioreactor at low temperatures and effects on the microbial population. Applied Microbiology and Biotechnology, 69(5): 597-606.

Song S, Ruan T, Wang T, et al. 2012. Distribution and preliminary exposure assessment of bisphenol AF (BPAF) in various environmental matrices around a manufacturing plant in China. Environmental Science & Technology, 46(24): 13136-13143.

Stone A. 1987. Reductive dissolution of manganese (III/IV) oxides by substituted phenols. Environmental Science & Technology, 21(10): 979-988.

Suárez S, Sueiro R, Garrido J. 2000. Genotoxicity of the coating lacquer on food cans, bisphenol A diglycidyl ether (BADGE), its hydrolysis products and a chlorohydrin of BADGE. Mutation Research/Genetic Toxicology and Environmental Mutagenesis, 470(2): 221-228.

Tanghe T, Devriese G, Verstraete W. 1998 Nonylphenol degradation in lab scale activated sludge units is temperature dependent. Water Research, 32(10): 2889-2896.

Telscher M, Schuller U, Schmidt B, et al. 2005. Occurrence of a nitro metabolite of a defined nonylphenolisomer in soil/sewage sludge mixtures. Environmental Science & Technology, 39(20): 7896-7900.

Toyama T, Murashita M, Kobayashi K, et al. 2011. Acceleration of nonylphenol and 4-tert-octylphenol degradation in sediment by *Phragmites australis* and associated rhizosphere bacteria. Environmental Science & Technology, 45(15): 6524-6530.

USEPA. 2006. Non-confidential 2006 IUR company/chemical records. http://cfpub.epa.gov/iursearch/index.cfm.[2019-9-10].

USEPA. 2010a. Nonylphenol and nonylphenol ethoxylates action plan summary. In 2010. http://www.epa.gov/oppt/existingchemicals/pubs/actionplans/RIN2070_ZA09_NP-NPEs%20Action%20plan_Final_2010-08-09.pdf. [2019-9-10].

USEPA. 2010b. Treating contaminants of emerging concern: a literature review database. http://water.epa.gov/scitech/swguidance/ppcp/upload/cecliterature.pdf. [2019-9-10].

Vandenberg L, Hauser R, Marcus M, et al. 2007. Human exposure to bisphenol A(BPA). Reproductive Toxicology, 24(2): 139-177.

Venkatesan A, Halden R. 2013. National inventory of alkylphenol ethoxylate compounds in U.S. sewage sludges and chemical fate in outdoor soil mesocosms. Environmental Pollution, 174: 189-193.

Welshons W, Thayer K, Judy B, et al. 2003. Large effects from small exposures. I. Mechanisms for endocrine-disrupting chemicals with estrogenic activity. Environmental Health Perspectives, 111(8): 994-1006.

Winget P, Weber E, Cramer C, et al. 2000. Computational electrochemistry: aqueous one-electron oxidation potentials for substituted anilines. Physical Chemistry Chemical Physics, 2(6): 1231-1239.

Writer J, Barber L, Ryan J, et al. 2011. Biodegradation and attenuation of steroidal hormones and alkylphenols by stream biofilms and sediments. Environmental Science & Technology, 45(10): 4370-4376.

Xu L, Xu C, Zhao M, et al. 2008. Oxidative removal of aqueous steroid estrogens by manganese oxides.

Water Research, 42(20): 5038-5044.
Yang Y, Guan J, Yin J, et al. 2014a. Urinary levels of bisphenol analogues in residents living near a manufacturing plant in south China. Chemosphere, 112: 481-486.
Yang Y, Lu L, Zhang J, et al. 2014b. Simultaneous determination of seven bisphenols in environmental water and solid samples by liquid chromatography–electrospray tandem mass spectrometry. Journal of Chromatography A, 1328: 26-34.
Yang Y, Wang Z, He T, et al. 2015. Sediment bacterial communities associated with anaerobic biodegradation of bisphenol A. Microbial Ecology, 70(1): 97-104.
Yang Y, Wang Z, Xie S. 2014c. Aerobic biodegradation of bisphenol A in river sediment and associated bacterial community change. Science of the Total Environment, 470: 1184-1188.
Yang Y, Yang Y, Zhang J, et al. 2019. Assessment of bisphenol A alternatives in paper products from the Chinese market and their dermal exposure in the general population. Environmental Pollution, 244: 238-246.
Yao W, Millero F. 1996. Adsorption of phosphate on manganese dioxide in seawater. Environmental Science & Technology, 30(2): 536-541.
Ying G, Williams B, Kookana R. 2002. Environmental fate of alkylphenols and alkylphenol ethoxylates—a review. Environment International, 28(3): 215-226.
Yuan S, Yu C, Chang B. 2004. Biodegradation of nonylphenol in river sediment. Environmental Pollution, 127(3): 425-430.
Zhang H, Chen W, Huang C. 2008. Kinetic modeling of oxidation of antibacterial agents by manganese oxide. Environmental Science & Technology, 42(15): 5548-5554.
Zhang H, Huang C. 2003. Oxidative transformation of triclosan and chlorophene by manganese oxides. Environmental Science & Technology, 37(11): 2421-2430.
Zhang H, Huang C. 2005a. Oxidative transformation of fluoroquinolone antibacterial agents and structurally related amines by manganese oxide. Environmental Science & Technology, 39(12): 4474-4483.
Zhang H, Huang C. 2005b. Reactivity and transformation of antibacterial N-oxides in the presence of manganese oxide. Environmental Science & Technology, 39(2): 593-601.
Zhang H, Huang C. 2007. Adsorption and oxidation of fluoroquinolone antibacterial agents and structurally related amines with goethite. Chemosphere, 66(8): 1502-1512.
Zhang H, Oppel I, Spiteller M, et al. 2009. Enantiomers of a nonylphenol isomer: Absolute configurations and estrogenic potencies. Chirality, 21(2): 271-275.
Zhang Z, Hu Y, Guo J, et al. 2017. Fluorene-9-bisphenol is anti-oestrogenic and may cause adverse pregnancy outcomes in mice. Nature Communications, 8: 1.

第 5 章

土壤-水稻-人体系统中重金属迁移模型及健康风险评估

刘杏梅　钟利彬　杨湜烟　徐建明

浙江大学环境与资源学院，浙江杭州　310058

刘杏梅简历：博士，教授，博士生导师。2005 年获浙江大学土壤学博士学位后留校任教，2006 年 9 月至 2008 年 8 月在美国加利福尼亚大学戴维斯分校进行博士后研究，2008 年 8 月至今在浙江大学环境与资源学院工作。主要从事产地环境质量与农产品安全、重金属污染风险评价与预测模拟、农田重金属污染控制与修复等研究工作，在 *Environment International*、*Environmental Pollution*、*Geoderma*、*Journal of Environmental Quality*、*Science of the Total Environment* 等土壤和环境科学领域主流刊物上发表论文 60 余篇。获浙江省科技进步奖二等奖 2 项，浙江省自然科学奖二等奖 1 项，获第三届中国土壤学会优秀青年学者奖。是浙江省"新世纪 151 人才"、浙江省杰出青年科学基金和国家自然科学基金优秀青年科学基金获得者。

摘　要：随着各国温饱问题的逐步解决及全球贸易一体化进程的加快，农产品安全已上升为人们普遍关注的热点问题。产地环境土壤质量的恶化是引发农产品质量安全问题的源头因素，土壤是重金属转移到作物的主要介质，可作为预测人体内重金属元素含量的有效指标。为了评估人类因饮食摄入而导致的健康风险，并据此确定土壤中重金属的阈值浓度，需要构建模型来估算土壤中重金属的转移，并评估由此对人体造成的影响。本研究以重金属镉为例，建立了镉污染暴露模型，从土壤基本性质和饮食模式估算个人饮食中镉的摄入量；将暴露模型与简化的毒代动力学模型耦合，以估算人尿镉排泄量，为今后的土壤质量标准的构建提供依据和参考；通过编程软件和空间分析软件，预测不同年龄阶段和膳食镉摄入下人体尿镉排泄量并绘制尿镉变化趋势；最后进行敏感性分析，确定对模型具有显著影响的参数，提高健康风险评估的可信度，改进现行的重金属风险评估方法。同时在所提出的人体健康风险动态评价模型基础上分析了目前研究中可能存在的问题，并对今后的研究方向进行了展望。

关键词：土壤-水稻-人体；重金属；动态迁移模型；风险评价

土壤是人类赖以生存的物质基础，是进行农业生产的重要保障，土壤质量的优劣直接关系到农产品质量、人类健康及经济社会的可持续发展。我国于2014年4月发布了《全国土壤污染状况调查公报》，公报显示我国土壤环境状况总体不容乐观，部分地区土壤污染较重。特别是耕地土壤污染形势较为严峻，耕地重金属污染面积约占耕地面积总量的1/6。其中，以镉（Cd）污染面积最大，镉污染物点位超标率达到7.0%，呈现从西北到东南、从东北到西南方向逐渐升高的态势。镉是众所周知的重金属"五毒"元素之一，具有移动性大、毒性高等特点，在生产活动中容易被作物吸收富集，不仅严重影响作物的产量和品质，而且可以通过食物链在人体积累，危害人体健康（张兴梅等，2010）。每年镉含量超标的食品高达14.6亿件，"镉米"报道频频出现，膳食摄入是镉暴露的主要来源。因此，随着人们日益关注重金属污染对环境和人体的风险，如何构建一种创新、有效的人体健康风险评价体系成为近年的研究热点。

Carlon等（2007）提出了一种评价由土壤中不同浓度重金属引起的风险水平的有效方法。Tóth等（2016）提出了"阈值"和"指导值"的方法来确定风险级别。Rehman等（2017）利用人体健康风险指数、重金属的每日摄入量及重金属的参考剂量来研究受到铅和镉污染的蔬菜对当地人体健康的影响。Huang等（2014）分析了中国浙江省343种蔬菜中As、Cd、Hg、Pb等的浓度，从而定义当地人体健康风险。然而我国当前的土壤环境质量评价方法还不能很好地满足环境与健康风险评价的需要，在这种情况下，需要构建一个适合评估国内土壤环境现状的重金属风险评价标准（Teng et al.,2014）。同时人体健康风险评价的模式单一、陈旧，主要采用美国环保署（USEPA）的方法，不能准确地适用于我国的人群和土壤环境状况。如何构建一个有效的健康风险评价模型，从而快速、准确地评估研究区域的环境和人体健康风险值，成为一项亟待解决的课题。本章以土壤镉污染为例，充分考虑人体组织中镉浓度动态变化的特点，将人体膳食中镉暴露预测和经验证的土壤-水稻转移模型联系起来，提出了镉的土壤-水稻-人体迁移模型，以改进现行的镉风险评估方法，并提出了目前研究中存在的问题及未来研究方向。

5.1 土壤环境质量评价研究概述

当前，土壤修复是降低农业土壤中重金属含量的有效方法，但修复需要大量的人力、物力，而且一旦重金属释放到环境中，对人体和环境就会产生很大的负面影响。因此，在20世纪70年代后，越来越多的学者开始关注土壤受污染程度评价。

土壤重金属污染评价方法包括单因子污染指数法、内梅罗指数法、潜在生态危害指数法、地累积指数法、沉积物富集系数法、模糊数学法、灰色聚类法等。此外，健康风险评价日益受到人们的关注。

单因子污染指数法和内梅罗指数法是应用于环境风险评价的传统方法。单因子污染指数法用于评估土壤中单一污染元素的风险等级，而内梅罗指数法是基于单因子污染指数法的综合污染评价方法，用以识别环境中的高浓度污染物，从而判断需要重点关注的环境污染物。这两种风险评价方法的主要公式如下：

$$单因子污染指数：P_i=C_i/S_i \tag{5-1}$$

$$内梅罗指数：I=\{[(P_{iMax})^2+(P_{iAve})^2]/2\}^{1/2} \tag{5-2}$$

式中，P_i 为土壤中物质 i 的污染指数；C_i 为污染物 i 的实际污染浓度（mg/kg）；S_i 为污染物 i 的标准值（正确的标准值确定需要根据实际划分）；P_{iMax} 为单因子中污染指数的最大值；P_{iAve} 为每一个因素环境质量因子的平均值。

标准基于《土壤环境质量 农用地土壤污染风险管控标准（试行）》（表 5-1，GB 15618—2018），内梅罗指数结果是由内梅罗分级标准划分判断的（表 5-2）。

表 5-1 农用地土壤污染风险筛选值（钟利彬，2017） （单位：mg/kg）

序号	污染物项目[a, b]		风险筛选值			
			pH≤5.5	5.5<pH≤6.5	6.5<pH≤7.5	pH>7.5
1	镉	水田	0.3	0.4	0.6	0.8
		其他	0.3	0.3	0.3	0.6
2	汞	水田	0.5	0.5	0.6	1.0
		其他	1.3	1.8	2.4	3.4
3	砷	水田	30	30	25	20
		其他	40	40	30	25
4	铅	水田	80	100	140	240
		其他	70	90	120	170
5	铬	水田	250	250	300	350
		其他	150	150	200	250
6	铜	果园	150	150	200	200
		其他	50	50	100	100
7	镍		60	70	100	190
8	锌		200	200	250	300

注：a. 重金属和类金属砷均按元素总量计；b. 对于水旱轮作地，采用其中较严格的风险筛选值

表 5-2 内梅罗指数的分级标准（钟利彬，2017）

等级	内梅罗指数	等级说明
I	I≤0.7	清洁（安全）
II	0.7<I≤1.0	尚清洁（警戒线）
III	1.0<I≤2.0	轻度污染
IV	2.0<I≤3.0	中度污染
V	I>3.0	重度污染

单因子评价和内梅罗指数反映了高浓度污染物对土壤环境质量的作用，将实测数据和历史数据作为一个整体研究。然而，这两种方法忽略了不同污染物种类对作物产生毒性的不同影响。此外，最常用的方法还有地累积指数法（Muller，1969）和潜在生态危害

指数法（Hakanson，1980）。

近年来，地累积指数法在国内被广泛应用于土壤重金属污染评价，其计算式是 $I_{geo}=\log_2[C_n/(K\times B_n)]$。式中，$C_n$ 为沉积物中元素 n 的含量；B_n 为元素地球化学背景值；K 为计算背景值的变异系数，用以描述沉积特征、岩石地质和其他影响。人为污染指数和环境地球化学背景值采用地累积指数法计算。这种方法提供了一个重金属污染的直观水平，用来反映沉积物中重金属的浓度。但它只考虑单一金属，没有考虑不同元素生物利用度、不同地理空间和污染贡献的差异。

潜在生态危害指数评价方法是由瑞典科学家 Hakanson（1980）提出的。这种方法根据重金属对环境影响的特点，考虑到重金属污染及其产生的生态环境影响，并与毒理学原理联系起来，指出环境污染时应特别注意重金属对土壤污染的控制和对生态环境潜在危害的定量描述。公式如下：

$$C_f^i = C_i / C_n^i \tag{5-3}$$

$$C_p = \sum C_f^i \tag{5-4}$$

$$E_r^i = T_r^i \times C_f^i \tag{5-5}$$

$$RI = \sum E_r^i = \sum T_r^i \times c_f^i \tag{5-6}$$

式中，C_f^i 为单一重金属污染系数；C_i 为重金属元素的实际含量；C_n^i 为原始材料的污染物含量或生物污染物（计算参考值）；C_p 为一个综合污染程度，即各种污染物的污染系数之和；E_r^i 为单一污染物的潜在生态危害参数；T_r^i 为单一污染物的毒性系数；RI 为多因素的潜在生态危害参数。

5.2 土壤-作物系统重金属迁移模型研究进展

目前，土壤-水稻体系迁移转化模型共有三种，即生物富集模型、机理模型及经验统计模型。描述食物链中重金属及化学物质的生物富集一般是用生物浓缩因素（BCF）和生物富集因素（BAF）来表示，BCF 指的是达到稳定平衡时，化学物质在生物体内浓度和在水环境或土壤环境中浓度的比例常数；BAF 则指的是达到稳定平衡时，生物整体或某个关键部位经由生物体所有的接触途径，在此过程中富集重金属的能力。其中，BCF 模型通常用于植物和无脊椎动物的迁移，并用组织湿重及土壤干重来计算，而 BAF 则通常应用于鸟类和哺乳动物的积累。生物富集作用假设重金属在土壤、植物及其他目标生物之间存在线性吸附关系，尽管大多数大田研究表明这种线性关系并不存在或十分微弱，但生物富集因素，对于阐明污染物质在整个土壤-作物系统内的迁移转化规律及后续的生物修复方面具有十分重要的意义，是当前大多数土壤-植物系统迁移转化研究的首选模型。例如，Chen 等（2018）运用 BCF 成功解析了太湖地区蠡河流域土壤-水稻、土壤-小麦体系中重金属的富集程度及人体的潜在风险。机理模型是从本质出发，借助物理、化学定律把研究对象的各种因素之间的依从关系建立起来的函数模型。最常用的预测植物吸收的机理模型是 Barber-Cushman 模型（Barber, 1995）。该模型已经广泛应用于描述和预测农作物在不同的生长阶段对养分元素及金属元素的吸收，由于机理模型中需要的植物和土壤参数较多，且这些参数测定具有一定的难度，在实际应用中的效果远不如经验统计模型。现有的经验统计模型大部分源于等温吸附曲线方程——Freundlich 方程。其假设植物对重金属的吸收与土壤中溶解态金属呈近似的线性关系，则重金属从土壤到作物的迁移也符合线性吸附规律。Zhang 等（2011）利用土壤全镉含量和土壤 pH 对水稻、蔬菜可食部位的镉与铅进行预测，尽管模型常数因土壤类型、作物品种不同而存在较大差异，但该模型仍然能够较好地对镉与铅含量进行估计。Peng 等（2016b）在 Freundlich 方程的基础上建立了基于质量平衡理论的污染物累积模型（PAM）来模拟土壤中重金属浓度的长期变化，与蒙特卡罗（Monte Carlo）模拟结合使用时，该模型可以预测土壤-水-植物系统中重金属的概率分布及在不同措施下水稻从土壤中吸收镉的含量。此外，Boshoff 等（2014）与 Rodrigues 等（2012）也成功预测了植物对土壤中其他金属元素的吸收，可见 Freundlich 方程在大多数土壤-作物迁移转化规律探究中具有良好的应用效果。

然而，无论是盆栽试验还是大田试验，研究土壤-作物迁移转化规律采用的方法主要是相关关系分析、线性回归、主成分分析等传统的从等温吸附曲线发展而来的统计分析方法，分析结果虽然为后续的研究奠定了基础，但是研究的主要重金属元素局限于镉与铅，且对于这两种元素适用的模型对其他重金属元素的适用性尚未得到进一步的验证。此外，根据迁移转化规律探讨土壤及食品安全阈值的标准的研究鲜见报道。随着农业生产水平的不断发展，农业土壤重金属污染日趋严重，产地环境质量恶化，直接威胁到粮食作物的安全生产和人类的身体健康。显然，进一步开展区域环境系统中重金属的土壤-作物系统迁移转化过程，结合土壤迁移转化规律探讨土壤及农产品安全标准，对于提高产地环境质量及进一步精细化评估重金属经由土壤进入作物再累积到人体体内的健康风险具有重要的理论价值和现实意义。

5.3　重金属人体健康风险评价概述

5.3.1　重金属人体健康风险评价现状

在所有污染物中，重金属由于其环境毒性而引起极大关注。重金属元素由于其持久性和生物富集能力，一旦进入土壤，就可以在土壤中富集（Saby et al., 2011; Saha et al., 2017）。虽然有些重金属元素对于人体是必需的（如 Zn、Cu），但是土壤中有毒重金属的高浓度不仅会破坏土壤质量，还会通过食物链危及人体健康（Rubio et al., 2015; Cao et al., 2017）。前人研究表明，长时间接触有毒重金属元素会对人类造成潜在的健康风险（包括癌症风险和非致癌风险）。例如，高度暴露于 Pb 可能会损害肝脏、中枢神经系统和血液系统的正常工作，甚至导致肝癌（Zhang et al., 2012）。接触 As 的人可能患上 As 中毒（Zukowska and Biziuk, 2008）。此外，高摄入量的 Cd 可能会损害肾脏、肺、骨骼，甚至会产生癌症效应（Satarug et al., 2003）。然而，即使低剂量的重金属暴露也可能对人体健康产生负面影响。据报道，低 As 剂量可导致心脏疾病和免疫性疾病（Grandjean, 2010）。总之，土壤重金属污染及重金属暴露已经成为全球性的严重问题，美国、澳大利亚、日本、德国等发达国家都对土壤重金属污染带来的风险开展了大量研究。

人体健康风险评价是在污染环境介质下评估人体暴露于污染物质后发生负面作用的特征及可能性的过程（USEPA, 1983），有利于风险管理部门及早发现问题，采取管理对策和措施，因而受到了科学研究者和政府部门的高度重视。20 世纪 30 年代便出现了以毒物鉴定法为主的定性健康风险评价，后有学者通过动物体内（*in vivo*）模拟试验及人体流行病学剂量-反应关系（dose-response relation），简单定量化确定人体暴露-剂量反应关系，为健康风险评价的发展奠定了基础。

美国是世界上较早开始进行人体健康风险评价系统研究的国家，美国国家科学院（NARC）及美国环保署（USEPA）将人体健康风险评价模型（USEPA, 1989, 2011）主要分为 4 个部分：①危害识别；②剂量-反应评价；③暴露评价；④风险表征，并以此为基础制定和颁布了风险评价的一系列技术性指导文件和方法指南，包括《致癌风险评价指南》、《发育毒物健康风险评价》、《女性生殖发育风险建议导则》、《男性发育风险建议导则》和《超级基金污染场地健康风险评价指南》等。由于许多国家尚且没有系统开展人体健康风险评价研究，美国 USEPA 风险评价体系成为大多数国家的通用方法。现有的健康风险评价模型主要参考美国环保署的标准（USEPA, 1983; USEPA, 1989; USEPA, 2011），包括非致癌风险模型和致癌风险模型，见式（5-8）和式（5-9）。

（1）非致癌风险计算方法

平均每日摄入量（ADI）[mg/(kg·d)]，表示人体的重金属暴露值，是由一个给定的方程确定：

$$ADI = \frac{C \times IR \times EF \times ED}{BW \times AT} \quad (5\text{-}7)$$

式中，C 为特定介质中重金属浓度（mg/L, mg/kg, mg/m^3）；EF 为暴露频率（d/a）；IR 为每日食物摄入量的频率（L/d, kg/d, m^3/d）；ED 为暴露时间（年）；AT 为时间间隔（天）；BW 为个体体重（kg）。

$$HQ = \frac{ADI}{RFD} \quad (5\text{-}8)$$

式中，HQ 为非致癌风险；ADI 为平均每日摄入量 [mg/(kg·d)]，RFD 为污染元素的参考剂量。

（2）致癌风险计算方法

$$CR = ADI \times SF \quad (5\text{-}9)$$

式中，CR 为致癌风险,它代表了人口的癌症发病率；SF 为致癌物斜率因子 [(kg·d)/mg]。

荷兰、法国、日本、韩国等国家借鉴了美国人体健康风险评价的基本体系，根据本国实际情况制定了开展环境健康风险评价的技术指导，如荷兰在 1994 年提出了污染土壤暴露下健康风险评估的具体方法，极大地推动了荷兰土壤污染健康风险评价工作的发展。同样，英国环境署在 2002 年发布了《污染土壤暴露评估模型：技术基础和算法》及《污染土地管理的模型评估方法》等一系列技术文件。在我国，20 世纪 80 年代后环境风险评价才兴起，逐渐开展了一系列环境暴露风险评价实验，但主要聚焦于对水、大气暴露风险（刘柳等，2013），李燕等（2011）采用 USEPA 推荐的暴露剂量计算方法，对某地下水源地 Cr（Ⅵ）和 As 的健康危害进行了识别。胡英等（2010）对云南、四川、重庆地下水中的 DDT 进行了监测，分析了污染物分布特征及成因，并运用 USEPA 暴露评价模型对周围居民饮水途径下 DDT 暴露进行了健康风险评价（胡英等，2010）。土壤/灰尘作为重要的暴露介质，随着土壤重金属污染问题加重，近年来其引发的人体健康问题引起持续关注。总体上，经口摄入是土壤重金属暴露的主要暴露途径，儿童土壤暴露风险总体上高于成人（Chen et al., 2018）。例如，2014 年 Liu 等对中国 72 个矿区土壤重金属暴露下人体健康风险进行了评价，研究结果表明矿区周边居民尤其是儿童面临着严峻的重金属暴露形势，Cd 有着最大的非致癌风险，Cr 表现出最小的非致癌风险。同样，大部分矿区周边儿童和成人 As 暴露下的致癌风险都超过了 USEPA 最大可接受量，儿童比成人拥有着更高的风险。Hu 等（2017）对工业较为发达的中国长三角地区土壤重金属污染及健康风险进行了综合探究，结果指出 As、Pb、Hg、Cd 的非致癌风险值相对较高，而 Cu 表现出最小的非致癌风险，其中儿童的非致癌风险值显著高于成人（Hu et al., 2017）。以往大多数研究主要采用 USEPA 模型，这一模型属于确定性风险计算方法（Sander et al., 2006）。主要是根据污染物浓度、暴露参数及毒性数据进行简单运算。但土壤污染物浓度本身具有空间变异性，采样点的准确性极大影响了风险值的准确性，通过动物试验、生理毒性代谢动力学模型及问卷调研获取的暴露参数（如土壤的摄入量、人体体重、暴露时间、最大参考暴露剂量、致癌因子趋势值等）因为地区差异及个体差异有很大的不确定性（Hosseini and Eskicioglu, 2015）。因此，采用确定性方法计算人体健康风险会导致高估或者低估风险值，不利于风险政策的制定（Peng et al., 2016a）。随着人们日益关注重金属污染对环境和人体的风险，如何构建一种创新、有效的人体健康风险评价体系成为当今的研究热点。当前，根据统计分布计算概率风险的不确定计算方法成为一种新的趋势，主要的不确定分析方法为蒙特卡罗模拟。蒙特卡罗模拟是一种典型的计算不确定性的方法，其主要思路是将事件发生的概率转变为频率，当模拟次数足够多时，事件发生的频率会逐渐逼近事件发生的概率。针对土壤暴露健康风险值，蒙特卡罗模拟在确定暴露参数先验分布下可以随机选择浓度数据与暴露参数及毒性数据进行重复运算，一般进行 10 000 次的迭代运算便可以得到一个稳定的计算结果，再将这些风险值进行频率统计分布，即可知道大于安全阈值的频率。例如，Ginsberg 和 Belleggia（2017）搜集了美国和加拿大地区室内灰尘污染物浓度及毒性数据，运用蒙特卡罗方法模拟了儿童室内灰尘暴露非致癌概率风险值，结果表明邻苯二甲酸二异辛酯（DEHP）超过阈值 1 的频率为 33%，五溴二苯醚同系物（BDE-99）超过安全值的频率为 18.3%，邻苯二甲酸二异壬酯（DINP）超过安全阈值的频率为 1.4%，而仅有<0.1% 的酞酸丁苄酯（BBZP）超过安全值。因此，基于概率风险污染物排序为 DEHP>BDE-99>DINP>BBZP，为更好地进行污染防控，减少暴露风险，节省人力物力，应该更进一步对 DEHP 进行探究。Tong 等（2018）对上海市郊区农田土壤中 PAH 暴露进行了概率风险值计算，结果表明郊区邻近工厂的农田有 45% 的概率会超过致癌风险安全阈值，这说明可能有 45% 的总致癌风险会发生。而总非致癌风险模拟运算结果表明，所有的风险熵值（HQ）均未超过安全阈值 1，表明该地区土壤污染产生明显非致癌风险的概率几乎不存在。Cao 等（2015）以 Pb 为典型重金属元素对铅酸电池厂附近儿童食品摄入下 Pb 的非致癌健康风险进行计算，通过对比确定性风险模型计算的 Pb 的单一风险值与概率风险方法模拟 10 000 次所得的 Pb 的非致癌风险均值，发现概率风险均值为 7.07 大于确定性单点均值 6.98，证明了用确定性方法计算风险值会导致风险被低估。综上所述，以往确定性风险研究总是采用可能的暴露参数，而概率风险的计算并不会提供确切的单一风险值，而是在充分考虑不确定因素的情况下对风险发生的概率做出模拟，以超过阈值的频率去衡量风险发生的概率，避免了高估或者低估风险值。此外，Peraltavidea 等（2009）从食物来源、吸收机制、植物重金属转移和累积等方面描述了重金属对人体健康的影响。而 Caudeville 等（2012）则首次建立了综合污染源、环境介质、风险评估、生物监测、社会经济和健康数据的空间随机多介质暴露模型，评价了法国北部加来海峡通过当地食物链从多种环境介质（空气、土壤、水）转移到个体的风险，提供了分析地理位置、环境与人群健康内在关系的新思路。

5.3.2 重金属人体健康风险评价不足

总体上，我国现有的农田土壤重金属污染的人体健康风险评价研究表现出以下特征：①人体健康风险评价模型所采用的模型全部为美国 USEPA 模型，然而全国各地区区域暴露参数选择、暴露人群分类及暴露途径的选择各有不同；②农田土壤重金属污染的人体健康风险评价以市、县尺度为主，跨区域大尺度评价较少；③东部发达地区农田土壤重金属污染的人体健康风险评价明显高于西部地区；④现有的研究大多针对单一重金属污染，缺乏对重金属-有机污染物复合污染的研究；⑤现有研究普遍未考虑农田土壤中重金属的不同形态及生物可给性问题，存在高估人体健康风险的可能性。然而，重金属的污染特征、累积规律和环境健康效应随重金属的种类、环境影响因素、膳食结构及个体营养水平不同而变化，且重金属从污染源迁移到环境中，再累积到人体是一个多介质、多途径的复杂交互过程，目前针对大气、土壤、作物等环境介质中重金属的来源及迁移途径已开展了大量的研究，为研究土壤中重金属转移进入人体的过程夯实了基础。但是，以往研究大多是基于局部范围内不同环境介质中重金属的实际监测总浓度数据，对瞬时状态下环境中重金属污染进行简单的健康风险评价。这些模型评估重金属转运时具有不确定性，有的为经验模型，有的则需要大量的环境介质数据，模型参数的不稳定性会给模拟结果带来误差。因此，不同的方法将对同一数据提供不同的解释，这将导致由于选择指标、标准和模型不同而产生不确定性。

5.4　环境模型不确定性分析概述

5.4.1　环境模型不确定性分析来源

环境模型的不确定性可以来源于以下几个方面。

1）研究背景的不确定性。即由于数据丢失、分析失误、描述不到位等原因造成的模型不确定性。

2）参数的不确定性。即由于模型参数的变化（性别、年龄、地理位置、水文气象条件等），一般通过敏感性分析或分析不确定性传播的方法在一定程度上去除影响。

3）模型自身存在的不确定性。理论上构建的模型在实际环境中运用的过程中，还会受到模型自身带来的影响。这是由于模型在理论的构建过程中，会简化实际的过程，从而与真实的情况存在出入，且模型构建过程中所考虑的边界条件和假定难以用现有的计算机技术完整反映。

具体来说，土壤背景信息，如土壤 pH 和土地利用模式会影响金属浓度和毒性效应（Kim et al., 2016; Huang et al., 2018），这些因素在采样点之间差异很大。采样时间、方法和实验室分析也增加了样本中重金属浓度监测的不确定性，这为量化健康风险带来偏差（Liu et al., 2006）。另外的不确定性来自暴露途径的选择和多种金属的潜在相互作用。部分现有研究报道，直接的土壤摄入是重金属暴露的主要途径（de Souza et al., 2017）。然而，食用污染土壤上生长的食物和皮肤直接接触受污染土壤也被认为是人们的重要暴露途径（Cao et al., 2015）。一些研究发现，食用当地蔬菜和大米对 Pb、Cd 和 As 的总风险贡献最大（Zhao et al., 2017; Liu et al., 2013; Cai et al., 2015）。许多研究仅考虑了其中一种或者两种暴露途径，这可能会低估了暴露途径的总体风险。此外，化学品之间的相关关系可能产生附加风险。因此，如果仅将每种重金属估算的单点风险值加在一起，所得到的总的健康风险可能是不真实的。最后，除总浓度外，金属的生物有效性和化学形态也是影响风险评估的关键因素（Oomen et al., 2002）。将金属生物利用度纳入暴露评估有助于确定人类真实摄入重金属的剂量（Yan et al., 2017）。Zhao 等（2018）采用基于生物可利用度的金属摄入量估算方法，结合稳定同位素指纹技术，对居住在矿区附近居民的膳食和非膳食摄入后对 As、Cd 和 Pb 的暴露的贡献进行了分析，并得出结论，基于生物可利用浓度估计的食用水稻和室内粉尘摄入后 As、Cd 和 Pb 的量显著低于通过使用总金属浓度估计的相应值（$P<0.05$）。然而，这种基于生物有效性的方法也假设摄入率和体重不变，但个体之间的摄入量与体重却存在显著差异，因此不确定性也会产生。使用生物有效性来评估实际暴露风险的另外一个挑战是如何最小化源自不同生物标志物和体外方法的异质性（Dong et al., 2016）。各种测量方法中的不确定性使得土壤重金属生物有效性十分难以确定，如果生物有效性简单粗暴地用于健康风险评估，同样可能导致不准确的风险结果（Yan et al., 2017; Munir Hussain et al., 2011）。

5.4.2 环境模型不确定性分析方法

基于以上不确定性，许多研究开发了不确定风险评估模型。常用于环境模型不确定性分析的方法主要是蒙特卡罗法和敏感性分析法。环境模型的参数敏感性分析及不确定性分析能减少模型参数的率定工作量，也能提高模型模拟精度。

（1）蒙特卡罗法

蒙特卡罗方法是一种随机模拟方法，它的出现是由于现代计算机的快速发展。基本含义是采用大量的随机样本，通过概率分析得到所采样本的结果，最终得到求解值。基本思路是首先选择需要进行不确定性分析的输入参数，通过估计与实验获得这些参数的数值范围和概率分布，然后建立抽样方法，并在计算机上进行模拟实验，获得目标参数的方差（精度）的估计和数值的估计，利用大数定律样本均值收敛到期望值。

但蒙特卡罗方法不能保证所抽取的样本是独立的。因此，在 20 世纪 50 年代早期，一个新的不确定性分析方法——将马尔可夫链引入蒙特卡罗法，实现了可以根据随机模拟抽样分布而动态进行模型的预测。

马尔可夫链蒙特卡罗方法（Markov Chain Monte Carlo）作为一种基于蒙特卡罗模拟的不确定性分析方法，借助马尔可夫链进行抽样，保证了所抽取样本的独立性。马尔可夫链是一种离散的随机过程，主要用于统计学中的建模和建模排队理论，当前也被用于地理统计学中。它可以看作是随机变量序列，或者是物体位置的变化轨迹。前者是以时间变量为自变量，后者是在物理空间中的描述。马尔可夫链蒙特卡罗方法弥补了蒙特卡罗方法静态模拟的劣势，基于贝叶斯理论框架，成为当前应用较为广泛的不确定性计算方法。

（2）敏感性分析法（sensitivity analysis）

敏感性分析是一种定量描述模型输出变量受到各输入变量影响大小的方法，是不确定性分析的方法之一（蔡毅等，2008）。该方法用以评估参数微小变化对模型结果的影响程度，确定关键参数，通过调整参数、优化模型，从而减少参数的不确定性影响、提高参数的优化效率（李燕等，2013）。敏感性分析能够通过输入参数变化对输出参数的影响程度大小，定量地表达模型的不确定性大小。

当前，敏感性分析随着各领域研究的发展和探索，被广泛应用于诸多领域。在经济领域，该方法为投资决策提供参考，在风险投资项目预测中对多个经济指标（内部收益率、净现值等）进行评价和分析；在生态领域，通过敏感性分析，研究可知对生态具有较大影响、起主导作用的属性，为制定相应的生态制度和科学决策提供有效的参考；在化学领域，敏感分析又可以识别可逆反应过程中起主要作用的因子，对探索化学反应原理、发现潜在的化学反应过程等发挥很大的作用（蔡毅等，2008）。但敏感性分析也存在不足之处。由于该方法是一种评估不确定性的确定性方法，忽略了输入参数的概率结构，同时对概率值也不能定量表达（施小清等，2009）。

当前，不确定性分析方法已被广泛运用于包括水文、土壤、大气在内的环境模型中，成为模型可靠性检验的重要步骤（邢可霞和郭怀成，2006）。但不确定性分析还存在诸多问题，包括方法局限于蒙特卡罗方法和敏感性方法等，但对于环境之外的领域所应用的成熟的方法，却很少被环境模型所采用；国内不确定性分析方法多用于水文和大气，而土壤模型的不确定性研究相对进展较缓；与国外的不确定性分析手段相比还有一定差距等。

5.5 镉污染暴露模型的构建

5.5.1 相关性分析

相关性分析即通过统计手段，判断变量之间的联系紧密程度。变量之间的相关性可以用 0~1 的绝对值来表示，正相关或者负相关用正负符号来表示。一般而言，这些变量间的依存度大小无法用特定的方程来解释，此时相关性的测量就显得很有必要，可以作为后续研究的一个基本依据。

R 语言可以计算多种相关系数，包括皮尔逊相关系数（Pearson 相关系数）、肯德尔系数（Kendall 相关系数）、多分格相关系数、偏相关系数、秩相关系数（Spearman 相关系数）等。

（1）Spearman、Kendall、Pearson 相关

用 R 语言的 cor()函数可以计算 Spearman、Pearson 和 Kendall 三种相关系数。皮尔逊系数反映了线性相关性在定距变量间的程度，适用于两个连续的、正态的、成对的且呈线性关系的变量。通过相关系数来表示变量之间的线性相关程度，而相关系数的绝对值大小代表了变量之间的依存度强弱。肯德尔系数定义为一个比值，即先将有序的变量进行分类获得同序对，再减去异序对，最后除以总对数后得到的比值。该方法较为客观地表明了两个不同变量存在的作用大小，可以作为进一步研究的铺垫。秩相关系数，即等级相关系数，是一种非参数统计方法，可以有效地对总体分布不明确、不呈正态分布的变量进行相关性分析。

从相关性分析的条件而言，皮尔逊系数的要求比秩相关系数要苛刻一些。秩相关系数研究范围较为广泛，只要满足变量是连续资料转化的，或是成对的即可。而皮尔逊系数对变量的正态性要求、样本大小等因素都具有要求。因此，在皮尔逊系数和秩相关系数的选择方面，对于线性并且连续的两个变量，可以采用前者。对于同一组数据，用秩相关系数判别结果为相关时，皮尔逊系数的结果为不显著或者显著。对于可以运用皮尔逊系数的数据组，如果改用秩相关系数判断会降低研究的准确度。对于可以运用皮尔逊系数的数据组，可以将式子里的 x、y 用对应的秩次取代，进而运用秩相关系数进行分析运算。

（2）偏相关系数

在多元相关分析中，由于变量之间相关关系很复杂，简单的相关分析不能反映出变量 X 和 Y 之间的真实相关性，这时采取偏相关系数是一个好的选择。偏相关分析，也被称为净相关分析，在控制一个变量时称为一阶偏相关系数；控制两个变量时称为二阶偏相关系数；控制零个变量时称为零阶偏相关系数。

（3）多分格相关系数

多分格相关系数是一种更具针对性的变量间线性依存关系的估计方法，有 100 多年的发展历史。由于其应用广泛、操作简单，已被研究者广泛使用，在统计模型下给出满意的结果。

5.5.2 逐步多元回归分析

逐步多元回归分析是回归分析的一种，是指利用数据统计原理，确定因变量与某些自变量的相关关系，找出最能代表它们之间关系的数学表达形式并加以外推，用于预测因变量变化趋势的方法。R 语言是一个具有强大统计分析及作图功能的软件系统，其中逐步多元回归分析是其中一项功能。

逐步回归分析的思想是：通过建立一个方程进行回归，采取对方程中任何一个自变

量 x 逐一进行判别的方法，分析其与响应变量 y 之间的相关关系。要在预设的 F 水平下进行显著性检验，逐一分析每个自变量 x 的显著性，表现出显著性的保留，对相应变量 y 不显著的变量 x 予以否定和删除，再返回最初的步骤，循环往复地判别。接着，对每一个引入方程的变量 x 进行偏回归平方和的计算，进而判断是否继续留在方程中，循环地筛选直到没有其他变量可以进入方程，同时也不能加入其他的变量，这时理想方程就构建完毕了。如果整体方程表现不显著，则对该方程予以否定。回归分析前，用 R 语言检验正态性，剔除强影响点、高杠杆值点和离群点。在剔除点时需要慎重，防止过拟合的发生。

5.5.3 土壤-水稻回归模型的构建与验证

采用土壤-植物回归模型，利用土壤特性对水稻土壤中镉含量进行评估。在 R 中进行逐步多元线性回归分析，以确定土壤和水稻数据的回归参数。回归模型采用式（5-10）：

$$\lg(\text{Cd}_{\text{rice}}) = a + b \times \lg(\text{Cd}_{\text{soil}}) + c \times \text{pH} + d \times \lg(\text{SOM}) + e \times \lg(\text{EC}) \tag{5-10}$$

式中，Cd_{rice} 和 Cd_{soil} 分别代表水稻和土壤中 Cd 的含量（mg/kg）；土壤有机质（SOM）用百分比表示；电导率（EC）用 μs/cm 表示。除了 pH 外，其他数据都进行对数变换。

建模时所有的数据都需要符合正态性，所有变量都需要通过 Shapiro-Wilk 检验。对于个别偏离正态性的样点，谨慎地予以剔除。同时通过 R 软件剔除个别离群点、高杠杆值点和强影响点。对于这些离群点、高杠杆值点和强影响点，需要格外关注，做深入研究。因为它们在一定程度上与其他数据不同，对模型的输出具有较大的负面影响。离群点是指具有较大的、或正或负残差的点。负的残差表明高估了响应值，正的残差表明低估了响应值。高杠杆值点是指由许多的异常预测变量值组合起来的，与响应变量无关的离群点。强影响点是指对模型参数估计值有很强影响的数据点。删除这些点需要谨慎的态度，因为有时异常点是研究中值得关注的内容，探索异常的原因有助于发现未注意的问题（卡巴科弗，2013）。

Freundlich 方程通常用来预测重金属从土壤到植物的转移。通过将土壤性质参数包括土壤镉元素全量、pH、有机物含量、电导率（EC）等因素综合起来，与仅使用土壤镉元素全量（McLaughlin et al., 2011; Zeng et al., 2011）相比，广义的 Freundlich 方程提高了模型的性能。然而目前土壤质量标准并没有考虑这些因素，往往导致作物中镉浓度的错误评估（Romkens et al., 2011）。该模型还可将土壤镉阈值作为模型的参数进行反向推导，以确保大米中的镉浓度符合食品镉标准（Romkens et al., 2009, 2011）。

5.5.4 每周镉暴露值预测

在本节的研究中，人类每周的镉摄入量是用膳食摄入模式计算的。消费模式基于国家标准和以往的研究。从 Zhu 等（2016）的研究中获取每天食用大米、蔬菜和肉类的数据，从 2002 年国家饮食与营养调查中获取了每日食用面粉、豆类、鱼、水果的数据。从 2001~2009 年中国国家监测项目中获得了面粉、豆类、鱼类和水果中的镉含量。同时，初步假定蔬菜中镉的摄入量为 0.01 mg，根据 Wu 等（2016）的研究结果，每天从肉类中摄取的镉为 0.82 μg。然后将每周的镉摄入量引入一个动态摄取模型来描述人体中镉的代谢。

图5-1a 中显示体重（bw）为 60 kg 的南方成年人对不同食物的每日膳食摄入量分布，图 5-1b 显示了膳食摄取镉的食物来源。表 5-3 更具体地展示了膳食摄入（g/d）和每周摄入的镉含量［μg/（kg bw·wk）］的预测值。如表 5-3 所示，中国南方成年人（60 kg）的每日食品消耗和每周镉摄入总量分别被假定为 1139.25 g/d 和 5.34μg/（kg bw·wk）。如图 5-1a 所示，水稻和蔬菜是中国南方成年人的两种主要食物来源，分别占 35.1%和 30.7%，其次是面粉和肉类，分别占 11.4%和 8.8%。

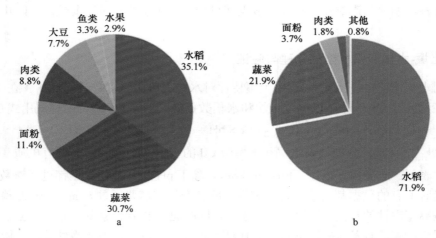

图 5-1 中国南方人群膳食摄入模式（a）和镉主要膳食摄入来源（b）（钟利彬，2017）

表 5-3 中国南方成年人（60 kg bw）的膳食摄入值和每周预测摄入值（钟利彬，2017）

食品分类	每日食品消耗/（g/d）	比例/%	每周镉摄入总量/［μg/（kg bw·wk）］	比例/%
水稻	400.02	35.11	3.84	71.90
蔬菜	350.03	30.72	1.17	21.87
面粉	130.00	11.41	0.20	3.70
肉类	100.01	8.78	0.10	1.80
豆类	88.00	7.72	0.02	0.38
鱼类	37.80	3.32	0.01	0.22
水果	33.39	2.93	0.01	0.13
总和	1139.25		5.35	

5.6 人体镉风险动态模型的构建

5.6.1 动力吸收模型与暴露模型的耦合

动力吸收模型参考了 Amzal 等（2009）、Choudhury 等（2001）、Khoury 和 Diamond（2003）、Diamond 等（2003）的研究，本质上都是基于 Kjellström-Nordberg 模型（Kjellström and Nordberg, 1978）并优化，从而建立了人类镉代谢的八室动力学模型。

动力吸收模型的流程图见图 5-2。暴露模型是基于土壤-水稻迁移模型和上一节讨论的每周膳食镉暴露评估。对于吸收模型，本研究优化了 Kjellström-Nordberg 模型。首先，本研究忽略了肺部吸入的镉，因为它与肠道吸收相比微乎其微。其次，本研究考虑的是两部分血室，而不是三部分，因为血液中的镉迁移不是本研究的重点。优化后的模型模拟了镉元素的肠道吸收，即从镉元素吸收开始，经过血组织、肝组织、肾组织，到以尿液或粪便的形式排泄的过程。与暴露模型耦合成人体健康风险评价模型，从而可以通过土壤中镉浓度来预测人体健康受到镉污染的威胁程度。

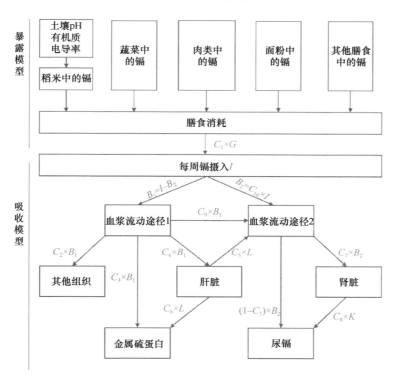

图 5-2 预测人体中镉浓度的链式模型，基于暴露和吸收过程、土壤水稻数据、人体吸收假定及生物动力学过程（钟利彬，2017）

表 5-4 中给出了模型（C1~C8）的参数值的初始范围和最终值。动力吸收模型由下述一系列一阶微分方程描述：

$$I(t)=C_1 \times G(t) \tag{5-11}$$

$$B_1(t)=I(t)-B_2(t) \tag{5-12}$$

$$B_2(t)=C_{10} \times I(t) \tag{5-13}$$

$$dB_1(t)/dt=I_1(t)-(C_2+C_3+C_4+C_9)\ B_1(t) \tag{5-14}$$

$$B_2(t)=12(t)+C_9 \times B_1(t)+C_5 \times L(t) \tag{5-15}$$

$$dL(t)/dt=C_4 \times B_1(t)-(C_5+C_6) \times L(t) \tag{5-16}$$

$$dK(t)/dt=C_7 \times B_2(t)\ -C_8 \times K(t) \tag{5-17}$$

式中，t 为时间。

链式模型在 R（version 3.2.3,2004-2013）中进行了编程和迭代。模型的输入是基本的土壤性质（如 pH、SOM、EC），土壤中镉浓度（mg/kg），时间单位为天。

表 5-4 镉的动态吸收模型中参数的初始范围和最终值（钟利彬，2017）

系数	定义	初始范围	最终值
I	每周镉摄入/μg	2.3～13.3	5.3
C_1	胃肠吸收/μg	0.03～0.1	女性 0.1；男性 0.05
C_2	血浆流向其他组织/μg	0.4～0.5	0.5
C_3	肠壁排泄系数/μg	0～0.000 2	0.000 055
C_4	血浆至肝脏/μg	0.09～0.25	0.094
C_5	肝转向金属硫蛋白/（μg/d）	0.000 1～0.000 3	0.000 14
C_6	肝转大便/（μg/d）	0～0.000 1	0.000 084
C_7	金属硫蛋白转至肾脏/μg	0.1～0.15	0.13
C_8	尿排泄/μg	0.000 02～0.002	0.000 022

5.6.2 模拟结果的评价和预测

图 5-3 展示了肌酸酐校准前后，0～70 岁人体尿液镉浓度的变化。基于本研究的中间值，将水稻中的镉浓度最初设定为 0.08 mg/kg。从图中可以发现尿镉浓度随着年龄增长而增加，在 70 岁男性中，最大有 0.71 μg/g 肌酸肝，每天排泄尿液中镉含量为 1.73 μg/d，在 70 岁女性中，达到 1.53 μg/g 肌酸肝，每天排泄尿液中镉含量 2.79 为 μg/d。女性的尿镉浓度约为男性的 2 倍，表明对于女性而言，镉元素造成的健康风险较高，这与之前的研究一致（Wang et al., 2017; Foulkes, 1986）。其结果可能是由于女性体内的铁储量比男性少（Flanagan et al., 1978; Vahter et al., 2007），表明应该更关注女性的镉元素风险情况。本研究中提出的尿镉浓度与多项研究具有一定可比性。Amzal 等（2009）调查了 680 名妇女的尿液镉浓度，在 0.7～2.8 μg/（kg bw·wk）的镉暴露下，尿液镉浓度范围从 0.09～1.23 μg/g。Wang 等（2011）研究了 349 名废弃物拆解厂工人的尿镉水平（中位数为 1.09 μg/L）和 118 名非职业人员的尿镉水平（中位数为 0.75 μg/L）。Horiguchi 等（2013）报道了尿镉浓度在老年妇女中为 10 μg/g 肌酸酐，高于目前的研究结果。此外，从图 5-3 可知，20～60 岁人群体内的镉含量积累较快，而在 20 岁之前及 60 岁之后的镉含量积累较为缓慢，表明 20～60 岁人群的镉含量风险程度更应该引起关注。

如图 5-3b 所示，在 10～25 岁的人体尿液中镉浓度有一个波动。分析结果与所观察到的数据一致，表明由于生理变化（相对较高的食物摄取，较低的镉排泄率）和较高的风险行为，青少年特别容易受到重金属的影响（Song and Li, 2015; Wang et al., 2012）。然而，在图 5-3a 中没有显示波动，因为肌酸酐校正后的尿镉浓度是根据青少年和成年人体重计算的，而这些参数确定大部分来自于成年人的数据（Choudhury et al., 2001）。因此，通过研究可以认为，青少年人群（低于 20 岁）的尿镉浓度预测存在较大的不确定性，在今后的研究中可以重点对青少年人群的模型进行优化，重点拟合 0～6 岁儿童体内的尿液镉元素的含量，使得研究的人群结构更具有完整性。

通过图 5-3，可以快速了解在研究区域镉暴露中位值（0.0822 mg/kg）情况下，男性、女性的尿液镉含量情况，免去了大量的生物试验和评价过程，为镉风险评估提供了一种

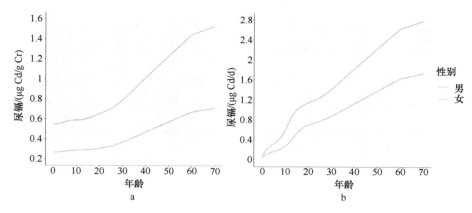

图 5-3　0~70 岁人群尿液镉浓度随年龄变化的变化趋势（钟利彬，2017）
a. 肌酸酐校准后（μg/g）；b. 肌酸酐校准前（μg/d）

有效手段。同时，该模型是基于生理的毒代动力学模型，考虑了镉在人体中的吸收、分布、代谢和排泄，相比单一、陈旧的现有国内评价方法［大多套用美国环保署（USEPA）的标准］，以及未考虑镉在人体中排泄的生物转移速率法（BTR 法），具有很大的应用价值和科学性。但该模型由于在青少年人群（低于 20 岁）的模型构建中还缺乏一些实验数据（包括身体变化趋势、生理代谢的参数值），而前人对青少年各项生理参数的研究和论证较少，相关研究结果中的数值还需要进一步寻找和进行模型调试。因此，在该模型中，青少年人群（低于 20 岁）还是采用成年人的生理代谢参数值，具有一定的不确定性，有待进一步优化和完善模型。但青少年人群（低于 20 岁）的尿液镉含量值依然具有一定参考性。通过分析 10~25 岁的人体尿液中镉浓度的波动，可知青少年期间也是受到镉暴露风险较大的时期，需要在镉暴露控制方面更为关注。

　　图 5-4 描述了男女尿液镉含量的热力图。由于镉元素的长半衰期（10~30 年），随着年龄的增长，人体尿镉的排泄增加（Nordberg et al., 2007）。X 轴表示大米中的镉浓度，范围从 0~0.7 mg/kg，Y 轴代表年龄，从 0~70 岁。尿排泄中的镉浓度由不同颜色表示，蓝色、绿色表示相对安全的尿液镉浓度值，而黄色、红色表明人体尿液镉浓度值已经有一定程度的超标。该热力图给出了尿液中镉元素随年龄和镉元素含量变化的变化趋势，有助于通过特定年龄和水稻中的镉含量迅速判断镉元素暴露的风险，直观地表示存在健康风险区域的年龄范围和镉浓度范围。可以得出，当镉浓度低于 0.15 mg/kg 时，尿镉排泄可以维持在一个安全的范围，保证各年龄阶段人群不受到镉暴露的风险。同时，女性体内的尿液镉浓度约为男性的 2 倍左右，表明女性更易受到镉暴露的健康风险。在我国现有的 0.2 mg/kg 标准下，女性体内镉浓度仍有超标的风险，表明土壤重金属镉的污染已经威胁到人体健康，亟待通过有效的土壤污染治理和修复方法保证土壤不受镉污染。

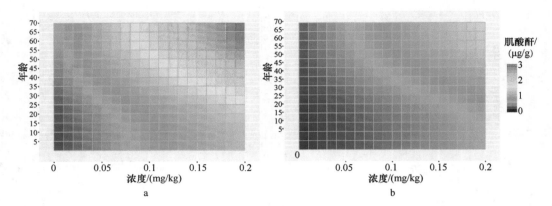

图 5-4　0~70 岁人群暴露于 0~0.7 mg/kg 水稻镉浓度下的尿液镉含量热力学图（钟利彬，2017）
a. 女性；b. 男性

以往的研究曾经报道了几种依据基本土壤性质估算尿液镉浓度的方法。Franz 等（2008）构建了一个将土壤镉元素含量与人类健康风险结合起来的模型。但是该研究采用了线性生物转移速率方法（BTR 法），只考虑了镉元素的线性转移，没有考虑排泄情况，不能体现人体新陈代谢的实际情况。镉的人体暴露被计算为一个固定值，忽略了年龄的动态影响，具有一定片面性。Rodrigues 等（2012）也采用了 BTR 法进行人体镉元素的健康风险评价，没有考虑不同生命阶段的土壤-植物-动物的实际情况，存在一定的偏差。而国内的健康风险评价方法普遍采用美国环保署（USEPA）的标准进行评价，方法比较单一。本研究填补了中国人体健康风险评价这一空白，首次尝试从基本的土壤性质来动态预测不同年龄人体的镉风险。该模型可以根据不同的输入参数，如土壤性质、水稻数据、每周暴露等，从不同的层次开始，为不同年龄阶段的人类对镉健康风险的估计提供了一种时效、可行的方法。

5.7　敏感性分析

5.7.1　敏感性分析方法概述

敏感性分析是环境模型构建和应用中较为关键的步骤之一。通过评估模型输入参数对模型输出结果的作用大小，可以提高参数率定效率、增加模型精度、优化模型及增加模型的稳定性等。对于少量参数的环境模型，模型输入与输出呈简单的线性关系，容易快速分析；对于多参数模型，模型结构复杂，模型输入与模型输出参数间可能出现较大的相互作用和非线性响应关系，进而增加了模型调试和分析的难度。

敏感性分析在模型构建、模型优化与模型分析的全过程中都有重要的作用。①在环境健康风险评价模型中可用于识别主要的暴露途径，确定主要环境污染物。②分析模型输入、输出参数的不确定性，提高模型稳健性与可靠性。③简化模型结构，优化模型参数。④提高模型的精度。通过敏感性分析，研究者可以识别不确定性较大的输入参数，从而确定参数调整的优先顺序，在今后的研究中重点调查这些参数的数值范围，减少重点参数的不确定性。⑤在环境决策方面，敏感性分析能为决策者提供综合经济效益、社会效益、环境效益的判断，从而使决策科学、合理（陈卫平等，2017）。

全局敏感性分析是敏感性分析的一种，考虑了参数之间的相互作用；而局部敏感性是敏感性分析的另一种。对于任意一个自变量 x，可以采用局部敏感性分析其对模型预测值的反应。优点是计算方便，能快速判断参数的敏感性大小，缺点是局限于评估单个参数对模型的影响，没有考虑整体影响大小；全局敏感性分析检验多个参数对模型的整体影响，操作时间相对较长。

敏感性分析的常用方法可以分成 Morris 法、Sobol'法、傅里叶幅度检验法（Fourier amplitude sensitivity test，FAST）和傅里叶幅度检验拓展法（extended Fourier amplitude sensitivity test, EFAST）等。

（1）Morris 法

Morris 敏感性分析法属于全局敏感性分析方法，通过选定目标分析变量中的一个变量 x 进行微小的改变，定性地分析计算变量 x 的变化对拟定目标函数造成的相应输出的变动大小。其中有两个指标，一是标准差，用以确定变量 x 各自的敏感性大小排序；一是基效应的均值，用以显示各变量 x 之间的相互作用大小。1991 年，Morris 提出 OAT 假设，后来与初始的 Morris 敏感性分析法结合，形成 Morris-OAT 方法（孙飞飞等，2014）。

（2）傅里叶幅度检验拓展法

傅里叶幅度检验法基于方差分析方法，是一种传统的、分析效能较强的全局敏感性分析方法，可以通过傅里叶变换判定影响幅度的大小。但是该方法不能反映整体数据的情况，且计算时间和计算工作量很大。而 Sailtelli 和 Tarantola（1999）所提出的傅里叶幅度检验拓展法敏感性分析，归属于全局敏感性分析方法。EFAST 全局敏感性分析是动态模型参数本地化和区域化的有效方法，具有样本数量需要少、高效、稳健等优点。EFAST 采用计算各变量之间的耦合作用和变量本身对模型输出方差的作用大小、贡献比重，进而对变量进行敏感性程度的研究和排序。傅里叶幅度检验拓展法敏感性分析的优点即是 FAST 法和 Sobol'方法优点的叠加。该方法对非线性、维度相对较高的模型适用性良好，且现在已经广泛地用于水质、水文、地理空间、生态气候等模型中。

5.7.2 本研究采用的 Sobol'敏感性分析方法

为了确定模型参数对模型输出的不确定性大小的影响程度，本研究使用 Sobol'的方法对链模型进行了敏感性分析（Sobol'，1993；Sobol'，2001）。Sobol'敏感性分析方法应用方差分析的思想，根据模型参数及其相互作用分解模型输出的方差，是当前较为具有代表性的敏感性分析方法之一（Cukier et al.，1973；Sobol'，1993）。作为一个强大的全局敏感性分析方法，它在许多领域获得了广泛的应用（Nossent et al.，2011；Massmann and Holzmann，2012；Herman et al.，2013）。

设 $Y=f(X)$ 为模型函数。函数值 Y 为模型输出，$X(x_{i_1},\cdots,x_{i_s})$ 是具有一定概率分布的模型参数（Sobol'的方法要求应均匀分布模型参数）。然后将模型分解为

$$f(X) = f_0 + \sum_{s=1}^{n} \sum_{i_1 < \cdots < i_s} f_{i_1,\cdots,i_s}(x_{i_1},\cdots,x_{i_s}) \tag{5-18}$$

模型输出的总方差 D：

$$D = \sum_{s=1}^{n} \sum_{i_1 < \cdots < i_s} D_{i_1,\cdots,i_s} \tag{5-19}$$

参数 $x_{i_1},\cdots,x_{i_s}$ 的全局敏感指数 $S_{i_1},\cdots,S_{i_s}$ 被定义为方差与总方差 D 的比值(Sobol', 2001)：

$$S_{i_1,\cdots,i_s} \triangleq D_{i_1,\cdots,i_s}/D \tag{5-20}$$

式中，$S_{i_1,\cdots,i_s}$ 表示参数 $x_{i_1},\cdots,x_{i_s}$ 的敏感度。总效应 S_{T_i} 被量化为所有与 S_i 有关的影响，包括主要影响和由参数相互作用引起的影响：

$$S_{T_i} = 1 - D_{\sim i}/D \tag{5-21}$$

式中，$D_{\sim i}$ 表示除 S_i 以外的所有参数引起的方差。对于某个输出，$S_{T_i} = 0$ 表示 x_i 对总方差没有影响，因此可以将其设置为固定值。如果所有参数 $S_{T_i} = S_i$，则模型是线性的，$S_{T_i} = 1$。由此可以得出结论：$0 \leqslant S_i \leqslant S_{T_i} \leqslant 1$（Saltelli et al., 2008）。

用 Sobol'法进行敏感性分析的优点在于：①该方法不仅能判断某一参数 x 对输出结果的影响大小，还可以得出多个变量存在的交互效应在输出参数的主效应、全效应变化方面的影响程度。②对模型输入参数的分布特性、线性和单调性无要求。不足之处是 Sobol' 法计算量相对较大，且对输入参数的独立性有要求。

在本研究中，采用了 20 万个样本进行了蒙特卡罗（Monte Carlo）模拟，并进行敏感性分析。为了提高效率，应用并行计算同时计算模型输出，给出了模型参数的不同集合。

5.7.3 人体动力学模型敏感性分析结果

采用 Sobol'方法的全局敏感性分析结果如图 5-5 所示。表 5-5 中列出了全局敏感性（GSA）和局部敏感性分析（LSA）的指标。LSA 涉及一次改变一个参数，忽略了不同参数之间的相互作用，而 GSL 则是考虑整个输入参数空间（Saltelli et al., 2008）的综合敏感性。高灵敏度指标的参数对尿镉排泄模型输出有较高的影响。灵敏度指标显示模型参数的灵敏度。如表 5-5 所示，研究发现相比 FAST 敏感性分析法快速、相对粗糙的结果，Sobol' 法具有相对快捷、分析全面准确的优点，可以综合反映输入参数及输入参数之间的相关关系对输出变量的影响，识别出对输出结果影响程度较大的参数。

根据图 5-5 显示，最高的敏感性指数为参数 C_8，即镉转移至肾-尿路的比例（0.54），其次是 I，即每周的镉摄入量（0.33）。胃肠吸收（C_1）和血浆至肝脏（C_4）的分数分别为 0.22 和 0.10。在输出过程中不起作用（<0.10）的因素是从血浆流向其他组织（C_2）和肠壁（C_3）排泄的镉，以及从肝脏到金属硫蛋白（C_5）和从肝转大便（C_6）的镉。

结果表明，与之前的研究相一致的是，相比于转移过程相关因素的调整，每周镉摄入量或胃肠吸收相关参数的调整，对尿镉排泄的输出产生了更大的影响。本研究的每周

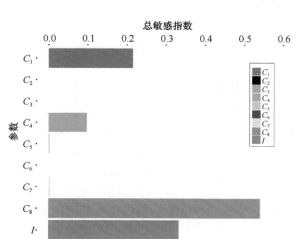

图 5-5 用 Sobol′方法对 9 个参数进行的全局敏感性分析（GSA）（钟利彬，2017）

表 5-5 全局敏感性分析（GSA）指数和局部敏感性分析（LSA）指数（钟利彬，2017）

系数	定义	常规方法	局部敏感性分析（LSA）	全局敏感性分析（GSA）
I	每周镉摄入	0.29	0.23	0.33
C_1	胃肠吸收	0.13	0.14	0.22
C_2	血浆流向其他组织	3.88×10^{-5}	3.88×10^{-5}	1.09×10^{-6}
C_3	肠壁排泄系数	7.01×10^{-4}	3.76×10^{-5}	3.77×10^{-6}
C_4	血浆至肝脏	0.06	0.03	0.10
C_5	肝转向金属硫蛋白	0.0018	0.0016	0.0031
C_6	肝转大便	1.29×10^{-5}	4.52×10^{-5}	1.50×10^{-5}
C_7	金属硫蛋白转向肾脏	0.0017	0.0021	0.0033
C_8	尿排泄	0.40	0.42	0.54

镉摄入量（I）的值是根据国家饮食和营养调查、中国国家监测计划和测量数据计算的，当模型应用于另一个研究区域时需要重新预测，因为其具有一定的地域特性。胃肠吸收（C_1）也是一个敏感的变量，它决定了镉吸收的分数，女性的数值被设定为 0.1，是男性的 2 倍，这可能是由于女性的低铁储量（Choudhury et al.，2001）。由参数一级敏感性和全局敏感性的差别（如 C_8、I、C_1）可知，除了参数本身，参数间相互作用对输出结果也有较大的影响（表 5-5）。

5.8 研 究 展 望

本研究提出了一种动态链式模型来评估重金属镉在土壤-水稻-人体之间的迁移，并将土壤-水稻迁移模型与经验证的毒物学模型耦合。在此模型中，采用了尿镉浓度来评估健康风险。该模型是国内第一次将不同性别、不同年龄和镉摄入量纳入人体镉风险评价的尝试，改变了之前国内用美国环保署（USEPA）标准进行评价的单一评价方法，具有创新性。而数据的来源是基于各项国内标准,可以很好地适用于中国南方地区的人群,具有实用性和科学性。该模型是通过基本土壤性质来快速评价人类健康风险的有效工具。

本研究提出的人体健康风险动态评价模型具有一定创新性,然而要进一步完善模型来估算土壤中重金属的转移,并评估由此对人体造成的影响还有很多工作有待深入和完善:①人体吸收模型的建立是基于简化的 Kjellström-Nordberg 模型,模型参数最好能根据调查区域的人群进行重新拟合,从而减小模型的不确定性。②可以根据敏感性分析的结果,以及膳食摄入与排泄镉的医学数值,着重调整敏感性较高的参数,增加模型的稳健性,减小误差。③可以进一步将模型应用于其他区域的人群,增大模型的适用范围,并在一定范围内推广应用,以改善当前单一的健康风险评价方法。

参 考 文 献

蔡毅, 邢岩, 胡丹. 2008. 敏感性分析综述. 北京师范大学学报(自然科学版), 44(1): 9-16.
陈卫平, 涂宏志, 彭驰, 等. 2017. 环境模型中敏感性分析方法评述.环境科学, 38(11): 4889-4890.
胡英, 祁士华, 兰兰, 等. 2010. 岩溶地下河中 HCHs 和 DDTs 的分布特征与健康风险评价. 中国环境科学, 30(6): 802-807.
卡巴科弗 R I. 2013. R 语言实战. 高涛, 肖楠, 陈钢译. 北京:人民邮电出版社: 1-388.
李燕, 李兆富, 席庆. 2013. HSPF 径流模拟参数敏感性分析与模型适用性研究. 环境科学, 34(6): 2139-2145.
李燕, 孙亚军, 刘男, 等. 2011. 基于 RAIS 地下水源地健康风险评价. 人民黄河, 33(05): 48-50.
刘柳, 张岚, 李琳, 等. 2013. 健康风险评估研究进展. 首都公共卫生, 7(6): 264-268.
施小清, 吴吉春, 姜蓓蕾, 等. 2009. 基于 LHS 方法的地下水流模型不确定性分析. 水文地质工程地质, 36(2): 1-6.
孙飞飞, 许钦, 任立良, 等. 2014. 水文模型参数敏感性分析概述.中国农村水利水电, 3: 92-95.
邢可霞, 郭怀成. 2006. 环境模型不确定性分析方法综述. 环境科学与技术, 29(5): 112-114.
张兴梅, 杨清伟, 李扬. 2010. 土壤镉污染现状及修复研究进展. 河北农业科学, 14(3): 79-81.
钟利彬. 2017. 土壤-水稻-人体系统中的镉迁移动态模型及健康风险评估. 浙江大学硕士学位论文.
Amzal B, Julin B, Vahter M, et al. 2009. Population toxicokinetic modeling of cadmium for health risk assessment. Environmental Health Perspectives, 117: 1293-1301.
Barber S A. 1995. Soil nutrient bioavailability, a mechanistic approach. Quarterly Review of Biology, 161(2): 140-141.
Boshoff M, Jonge M D, Scheifler R, et al. 2014. Predicting As, Cd, Cu, Pb and Zn levels in grasses (*Agrostis* sp. and *Poa* sp.) and stinging nettle (*Urtica dioica*)applying soil‐plant transfer models. Science of the Total Environment, 493(5): 862-871.
Cai L M, Xu Z C, Qi J Y, et al. 2015. Assessment of exposure to heavy metals and health risks among residents near Tonglushan mine in Hubei, China. Chemosphere, 127: 127-135.
Cao S, Duan X, Ma Y, et al. 2017. Health benefit from decreasing exposure to heavy metals and metalloid after strict pollution control measures near a typical river basin area in China. Chemosphere, 184: 866-878.
Cao S, Duan X, Zhao X, et al. 2015. Health risk assessment of various metal(loid)s via multiple exposure pathways on children living near a typical lead-acid battery plant, China. Environmental Pollution, 200: 16-23.
Carlon C, D'Alessandro M, Swartjes F. 2007. Derivation methods of soil screening values in Europe. A

review and evaluation of national procedures towards harmonisation. European Commission, Joint Research Centre, Ispra, EUR 22805-EN: 306.

Caudeville J, Bonnard R, Boudet C, et al. 2012. Development of a spatial stochastic multimedia exposure model to assess population exposure at a regional scale. Science of the Total Environment, 432(16): 297-308.

Chen L, Zhou S, Shi Y, et al. 2018. Heavy metals in food crops, soil, and water in the Lihe River Watershed of the Taihu Region and their potential health risks when ingested. Science of the Total Environment, 615:141-149.

Choudhury H, Harvey T, Thayer W, et al. 2001. Urinary cadmium elimination as a biomarker of exposure for evaluating a cadmium dietary exposure-biokinetics model. Journal of Toxicology and Environmental Health Part A, 63: 321-350.

Cukier R, Fortuin C, Shuler K, et al. 1973. Study of the sensitivity of coupled reaction systems to uncertainties in rate coefficients. I. Theory. Journal of Chemical Physics, 59: 38-73.

de Souza , Texeira R A, Costa H S C D, et al. 2017. Assessment of risk to human health from simultaneous exposure to multiple contaminants in an artisanal gold mine in Serra Pelada, Pará, Brazil. Science of the Total Environment, 576:683-695.

Diamond G, Thayer W, Choudhury H. 2003. Pharmacokinetics/pharmacodynamics (PK/PD) modeling of risks of kidney toxicity from exposure to cadmium: estimates of dietary risks in the US population. Journal of Toxicology and Environmental Health Part A, 66: 2141-2164.

Dong Z, Yan K, Liu Y, et al. 2016. A meta-analysis to correlate lead bioavailability and bioaccessibility and predict lead bioavailability. Environment International, 92-93:139-145.

Flanagan P, Mclellan J, Haist J, et al. 1978. Increased dietary cadmium absorption in mice and human subjects with iron-deficiency. Gastroenterology, 74: 841-846.

Foulkes E. 1986. Absorption of cadmium. *In*: Foulkes E C. Handbook of Experimental Pharmacology. vol. 80 Berlin: Springer-Verlag: 75-100.

Franz E, Romkens P, Van Raamsdonk L, et al. 2008. A chain modeling approach to estimate the impact of soil cadmium pollution on human dietary exposure. Journal of Food Protection, 71: 2504-2513.

Ginsberg G L, Belleggia G. 2017. Use of Monte Carlo analysis in a risk-based prioritization of toxic constituent in house dust. Environment International, 109:101-113.

Grandjean P. 2010. Even low-dose lead exposure is hazardous. Lancet, 376(9744):855-856.

Hakanson L. 1980. An ecological risk index for aquatic pollution control: a sediment ecological approach. Water Research, 14(8): 975-1001.

Herman J, Reed P, Wagener T. 2013. Time-varying sensitivity analysis clarifies the effects of watershed model formulation on model behavior. Water Resource Research, 49: 1400-1414.

Horiguchi H, Oguma E, Sasaki S, et al. 2013. Age-relevant renal effects of cadmium exposure through consumption of home-harvested rice in female Japanese farmers. Environment International, 56: 1-9.

Hosseini K E, Eskicioglu C. 2015. Health risk assessment of heavy metals through the consumption of food crops fertilized by biosolids: a probabilistic-based analysis. Journal of Hazardous Materials, 300: 855-865.

Hu B, Jia X, Hu J, et al. 2017. Assessment of heavy metal pollution and health risks in the soil-plant-human system in the Yangtze River Delta, China. International Journal of Environmental Research and Public Health, 14(9): 1-18.

Huang J, Guo S, Zeng G, et al. 2018. A new exploration of health risk assessment quantification from sources of soil heavy metals under different land use. Environmental Pollution, 243: 49-58.

Huang Z, Pan X, Wu P, et al. 2014. Heavy metals in vegetables and the health risk to population in Zhejiang, China. Food Control, 36: 248-252.

Khoury G, Diamond G. 2003. Risks to children from exposure to lead in air during remedial or removal activities at superfund sites: a case study of the RSR lead smelter superfund site. Journal of Exposure Analysis and Environmental Epidemiology. 13: 51-65.

Kim S C, Kim H S, Seo B H, et al. 2016. Phytoavailability control based management for paddy soil

contaminated with Cd and Pb: implications for safer rice production. Geoderma, 270:83-88.
Kjellström T, Nordberg G. 1978. A kinetic model of cadmium metabolism in the human being. Environmental Research, 16: 248-269.
Liu X, Song Q, Tang Y, et al. 2013. Human health risk assessment of heavy metals in soil-vegetable system: a multi-medium analysis. Science of the Total Environment, 463-464: 530-540.
Liu X, Wu J, Xu J. 2006. Characterizing the risk assessment of heavy metals and sampling uncertainty analysis in paddy field by geostatistics and GIS. Environmental Pollution, 141(2): 257-264.
Massmann C, Holzmann H. 2012. Analysis of the behavior of a rainfall-runoff model using three global sensitivity analysis methods evaluated at different temporal scales. Journal of Hydrology. 475: 97-110.
McLaughlin M, Smolders E, Degryse F, et al. 2011. Dealing with contaminated sites. *In*: Swartjes F A. Uptake of Metals from Soil into Vegetables. Dordrecht: Springer: 325-367.
Muller G. 1969. Index of geoaccumulation in sediments of the Rhine River. GeoJournal, 2: 108-118.
Munir Hussain Z, Codling E E, Scheckel K G, et al. 2011. *In vitro* and *in vivo* approaches for the measurement of oral bioavailability of lead (Pb) in contaminated soils: a review. Environmental Pollution, 159(10): 2320-2327.
Nordberg G F, Fowler B A, Nordberg M. 2007. Handbook on the toxicology of metals third edition preface. Handbook on the Toxicology of Metals. 3rd Edition. New York: Academic Press.
Nossent J, Elsen P, Bauwens W. 2011. Sobol' sensitivity analysis of a complex environmental model. Environmental Modelling & Software, 26: 1515-1525.
Oomen A G, Alfons H, Mans M, et al. 2002. Comparison of five *in vitro* digestion models to study the bioaccessibility of soil contaminants. Environmental Science & Technology, 36(15): 3326-3334.
Peng C, Cai Y, Wang T, et al. 2016a. Regional probabilistic risk assessment of heavy metals in different environmental media and land uses: an urbanization-affected drinking water supply area. Scientific Reports, 6: 37084.
Peng C, Wang M, Chen W. 2016b. Modelling cadmium contamination in paddy soils under long-term remediation measures: Model development and stochastic simulations. Environmental Pollution, 216: 146-155.
Peraltavidea J, Lopez M, Narayan M, et al. 2009. The biochemistry of environmental heavy metal uptake by plants: implications for the food chain. International Journal of Biochemistry & Cell Biology, 41(8-9): 1665-1677.
Ragas A M J, Oldenkamp R, Preeker N L, et al. 2011. Cumulative risk assessment of chemical exposures in urban environments. Environment International, 37(5): 872-881.
Rehman Z, Khan S, Brusseau M, et al. 2017. Lead and cadmium contamination and exposure risk assessment via consumption of vegetables grown in agricultural soils of five-selected regions of Pakistan. Chemosphere, 168: 1589-1596.
Rodrigues S M, Pereira E, Duarte A C, et al. 2012. Derivation of soil to plant transfer functions for metals and metalloids: impact of contaminant's availability. Plant & Soil, 361(1-2): 329-341.
Rodrigues S, Pereira M, Duarte A, et al. 2012. Soil-plant-animal transfer models to improve soil protection guidelines: a case study from Portugal. Environment International, 39: 27-37.
Romkens P, Brus D, Guo H, et al. 2011. Impact of model uncertainty on soil quality standards for cadmium in rice paddy fields. Science of Total Environment, 409: 3098-3105.
Romkens P, Guo H, Chu C, et al. 2009. Prediction of Cadmium uptake by brown rice and derivation of soil-plant transfer models to improve soil protection guidelines. Environmental Pollution, 157: 2435-2444.
Rubio A C, Garcia T, Soler A, et al. 2015. Heavy metals in cigarettes for sale in Spain. Environmental Research, 143(Pt A): 162-169.
Saby N P A, Marchant B P, Lark R M, et al. 2011. Robust geostatistical prediction of trace elements across France. Geoderma, 162(3-4): 303-311.
Saha N, Rahman M S, Ahmed M B, et al. 2017. Industrial metal pollution in water and probabilistic assessment of human health risk. Journal of Environmental Management, 185: 70-78.

Sailtelli A, Tarantola S. 1999. A quantitative model-independent method for global sensitivity analysis of model output. Technometrics, 41(1): 39-56.

Saltelli A, Ratto M, Andres T, et al. 2008. Global Sensitivity Analysis. Wiley Online Library. 7: 183-206.

Sander P, Bergbäck B, Oberg T. 2006. Uncertain numbers and uncertainty in the selection of input distributions–consequences for a probabilistic risk assessment of contaminated land. Risk Analysis, 26(5): 1363-1375.

Satarug S, Baker J R, Urbenjapol S, et al. 2003. A global perspective on cadmium pollution and toxicity in non-occupationally exposed population. Toxicology Letters, 137(1-2): 65.

Sobol' I. 1993. Sensitivity estimates for nonlinear mathematical models. Mathematical Modelling and Computational Experiments, 2(1): 112-118.

Sobol' I. 2001. Global sensitivity indices for nonlinear mathematical models and their Monte Carlo estimates. Mathematics and Computers in Simulation, 55(1-3): 271-280.

Song Q, Li J. 2015. A review on human health consequences of metals exposure to e-waste in China. Environmental Pollution, 196: 450-461.

Teng Y, Wu J, Lu S, et al. 2014. Soil and soil environmental quality monitoring in China: a review. Environment International, 69: 177-199.

Tong R, Yang X, Su H, et al. 2018. Levels, sources and probabilistic health risks of polycyclic aromatic hydrocarbons in the agricultural soils from sites neighboring suburban industries in Shanghai. Science of the Total Environment, 616-617: 1365-1373.

Tóth G, Hermann T, Da Silva M, et al. 2016. Heavy metals in agricultural soils of the European Union with implications for food safety. Environment International, 88: 299-309.

USEPA. 1983. Risk Assessment in the Federal Government: Managing the Process. Washington, DC: National Academy Press.

USEPA. 1989. Risk Assessment Guidance for Superfund. Washington, DC: National Academy Press.

USEPA. 2011. Exposure Factors Handbook. Washington, DC: National Academy Press.

Vahter M, Åkesson A, Lidén C, et al. 2007. Gender differences in the disposition and toxicity of metals. Environmental Research, 104: 85-95.

Wang H, Han M, Yang S, et al. 2011. Urinary heavy metal levels and relevant factors among people exposed to e-waste dismantling. Environment International, 37: 80-85.

Wang X, Miller G, Ding G, et al. 2012. Health risk assessment of lead for children in tinfoil manufacturing and e-waste recycling areas of Zhejiang Province, China. Science of the Total Environment, 426: 106-112.

Wang Y, Wang R, Fan L, et al. 2017. Assessment of multiple exposure to chemical elements and health risks among residents near Huodehong lead-zinc mining area in Yunnan, Southwest China. Chemosphere, 174: 613-627.

Wu Y, Zhang H, Liu G, et al. 2016. Concentrations and health risk assessment of trace elements in animal-derived food in southern China. Chemosphere, 144: 564-570.

Yan K, Dong Z, Maa W, et al. 2017. Measurement of soil lead bioavailability and influence of soil types and properties: a review. Chemosphere, 184: 27-42.

Zeng F, Ali S, Zhang H, et al. 2011. The influence of pH and organic matter content in paddy soil on heavy metal availability and their uptake by rice plants. Environmental Pollution, 159: 84-91.

Zhang H, Luo Y, Song J, et al. 2011. Predicting As, Cd and Pb uptake by rice and vegetables using field data from China. Journal of Environmental Sciences, 23(1): 70-78.

Zhang X, Yang L, Li Y, et al. 2012. Impacts of lead/zinc mining and smelting on the environment and human health in China. Environmental Monitoring & Assessment, 184(4): 2261-2273.

Zhao D, Liu R Y, Xiang P, et al. 2017. Applying cadmium relative bioavailability to assess dietary intake from rice to predict cadmium urinary excretion in nonsmokers. Environmental Science & Technology, 51(12): 6756-6566.

Zhao D, Wang J, Tang N, et al. 2018. Coupling bioavailability and stable isotope ratio to discern dietary and non-dietary contribution of metal exposure to residents in mining-impacted areas. Environment

International, 120: 563-571.

Zhao L, Xu Y, Hou H, et al. 2014. Source identification and health risk assessment of metals in urban soils around the Tanggu chemical industrial district, Tianjin, China. Science of the Total Environment, 468-469: 654-662.

Zhu P, Liang X, Wang P, et al. 2016. Assessment of dietary cadmium exposure: a cross-sectional study in rural areas of south China. Food Control, 62: 284-290.

Zukowska J, Biziuk M. 2008. Methodological evaluation of method for dietary heavy metal intake. Journal of Food Science, 73(2): R21-R29.

第 6 章

畜禽废弃物农用引起的土壤砷和抗生素污染过程、风险与防控

唐先进　翟伟伟　楼晨露　杨　愫　施积炎

浙江大学环境与资源学院，浙江杭州　310058

唐先进简历：男，博士，副教授，博士生导师，国家自然科学基金优秀青年基金获得者，国家注册环保工程师。2002年进入浙江大学学习，2011年获浙江大学环境与资源学院环境工程专业博士学位，2013年博士后出站后留校工作至今，2014年9月至2016年9月在加拿大多伦多大学应用生物科学与工程研究中心访问学习。主要从事土壤砷污染原位修复技术与应用相关工作，在 Nature Geoscience、Environmental Science and Technology、Soil Biology and Biochemistry 等环境地球科学领域主流期刊上发表论文40余篇，获浙江省自然科学奖1项，获第七届中国土壤学会优秀青年学者奖。

摘　要：随着畜禽养殖业的发展，有机砷制剂和抗生素作为饲料添加剂被广泛地用于规模化养殖业，导致畜禽废弃物成为砷和抗生素的重要储存库。畜禽废弃物的农用是砷和抗生素进入环境的重要途径。由畜禽废弃物施用引起的农田土壤砷和抗生素污染及其防控已成为广受关注的环境问题。本章总结了畜禽废弃物中砷和抗生素污染情况，以及近年来农用而引起的土壤中砷、抗生素累积及其环境过程，分析了因畜禽废弃物施用引起的土壤砷和抗生素污染生态风险，综述了在畜禽废弃物的处置和农用过程中减少土壤砷和抗生素污染的技术对策，为畜禽废弃物农用引起的土壤污染风险防控和畜禽废弃物农田安全利用提供科学依据。

关键词：畜禽废弃物；土壤；砷；抗生素；环境过程；风险防控

随着我国规模化畜禽养殖业的发展，畜禽废弃物排放量快速增长。据农业部数据，我国每年畜禽粪污产量约 38 亿 t（仇焕广等，2013）。在规模化畜禽养殖过程中，有机砷制剂因其具有多种重要的生理功能和抗菌、抗寄生虫等作用在畜禽养殖业中广泛应用。然而，饲料中的有机砷制剂进入畜禽体内后吸收很少，80%～90%的有机砷以药物

原形从畜禽的体内随排泄物排出体外，因而造成畜禽废弃物中含有较高浓度的砷。此外，抗生素作为饲料添加剂被广泛地用于规模化养殖业，也导致了畜禽废弃物成为抗生素的重要储存库。农田利用是当前畜禽废弃物处置利用的主要方式，在畜禽粪肥施用量高的地区，土壤中的砷和抗生素含量也较高，畜禽粪肥农用已经成为农田土壤砷和抗生素污染的重要来源途径（Liao et al., 2018）。在畜禽废弃物农用过程中，砷、抗生素等会进入土壤引起土壤和农作物的砷累积，影响农产品的安全性，进而通过食物链危害人体健康。因此，畜禽废弃物中的砷、抗生素等进入农田土壤后的迁移、转化、归趋及对农田生态系统的影响越来越受到人们的广泛关注。

6.1 畜禽废弃物中砷和抗生素污染现状

6.1.1 畜禽废弃物中砷的来源与污染现状

砷是畜禽必需的微量元素之一，对动物正常生长发育有着极其重要的作用。不仅能促进生长，提高饲料转化率，还能有效地预防疾病（Chapman and Johnson, 2002）。砷制剂通常作为饲料添加剂在畜禽饲料中广泛使用。作为畜禽饲料添加剂的砷化合物主要是有机砷类，最常用的是 3-硝基-4-羟基苯胂酸（洛克沙胂，ROX）和对氨基苯胂酸（阿散酸，ASA），一般在猪、鸡饲料中的使用剂量分别为 25～50 mg/kg、50～100 mg/kg（Brown et al., 2005；Wang et al., 2008）。Christen（2001）发现饲料中 ROX 的含量为 22.7～45.4 mg/kg。Yao 等（2013）调查了广东省 70 个鸡饲料和 76 个猪饲料样品发现，鸡饲料中总砷的含量为 0.1～17.7 mg/kg，平均值为 3.6 mg/kg；猪饲料中砷的含量为 0.1～67.8 mg/kg，平均值为 6.5 mg/kg。Fisher 等（2015）研究了在饲料中添加 ROX 前后鸡粪中砷的含量发现，不添加 ROX 的对照中，鸡粪中砷的含量为 0.156 mg/kg，其中，As（III）为 0.024 mg/kg，As（V）为 0.032 mg/kg，没有检测到 ROX。Gupta 等（2018）的质量平衡试验发现，鸡摄取饲料中 2669～2730 mg 的砷，饲养 28 天后，粪便中排出的砷有 2362～2896 mg，鸡粪中砷的回收率可以达到 86%～108%。Wang 等（2013）发现集约化养殖饲料中与畜禽废弃物中砷含量之间具有极显著的正相关关系。猪粪中砷的浓度一般高于鸡粪中砷的浓度，这也与猪饲料中砷的含量比鸡饲料中砷的含量高一致。砷在畜禽废弃物中的含量与畜禽的种类、生长期等因素有关，也存在时间性、地域性差异的特点，且规模化养殖场畜禽废弃物中砷含量普遍高于农户散养（倪中应等，2017）。

翟伟伟（2018）采集浙江省 20 个猪粪样品，分析显示其中总砷的含量范围为 0.60～36.55 mg/kg，见表 6-1。Li 和 Chen（2005）调查了北京地区 29 个猪粪样品，猪粪中砷的浓度为 0.42～119 mg/kg，均值为 19.2 mg/kg（表 6-1）。Zhao 等（2013）也分析了 30 篇已发表文献中关于猪粪中重金属元素的累积，根据《有机肥料》（NY525—2012）[现该标准已废止，请读者参阅最新版《有机肥料》（NY525-2021）] 中总砷的限值 15 mg/kg，发现猪粪中砷的超标率为 34.1%。

表6-1 猪粪和堆肥样品中砷的含量范围和平均值及与其他研究的比较（翟伟伟，2018）

样品	个数	砷含量范围/（mg/kg）	平均值/（mg/kg）	参考文献
猪粪	20	0.60~36.55	3.99	翟伟伟，2018
	10	0.44~80.99	24.55	王丽等，2014
	10	0.07~218.05	31.80	石艳平等，2015
	29	0.42~119.00	19.20	Li和Chen，2005
	17	1.20~315.10	89.30	姚丽贤等，2006
	80	n.d.~73.90	5.20	Wang等，2013
鸡粪	15	0.60~43.80	—	D'Angelo等，2012
	7	1.90~42.73	8.04	王丽等，2014
	37	1.20~74.70	21.60	姚丽贤等，2006
堆肥	15	1.14~35.16	9.82	翟伟伟，2018
	43	1.88~199.71	29.28	覃丽霞等，2015
	212	0.40~71.70	—	Yang等，2017
猪沼渣	—	5.57~32.05	—	段然等，2008
	—	—	36.40	李健和郑时选，2009
	—	—	418.90	靳红梅等，2015
有机肥料标准[1]			15	靳红梅等，2015

注：1.《有机肥料》（NY525—2012）；"—"表示未列出；n.d.表示未检出

6.1.2 畜禽废弃物中砷的存在形态

自然界中砷的价态主要有-3、0、+3和+5，大部分环境中砷以+3价（亚砷酸盐）和+5价（砷酸盐）为主。砷主要分为无机砷和有机砷，作为畜禽饲料添加剂的砷化合物主要是有机砷类，世界各国广泛使用的主要有3-硝基-4-羟基苯胂酸（洛克沙胂，ROX）、对氨基苯胂酸（阿散酸，ASA）、4-硝基苯胂酸和对脲基苯胂酸（卡巴胂）。饲料中的有机砷制剂大多以原形排出畜禽体外，而且畜禽废弃物中大约70%的总砷都是水溶性的（Garbarino et al.，2001）。但是畜禽废弃物在处置过程中有机砷会很快降解转化为亚砷酸As（III）、砷酸As（V）、一甲基胂酸[MMAs（V）]、二甲基胂酸[DMAs（V）]等形态。Jackson和Bertsch（2001）测定了40个家禽粪便中水溶性砷的形态，发现超过50%的砷是ROX，只有少量的As（V），但是在其他ROX少的样品中，砷的形态主要是As（V）。畜禽废弃物中的ROX在悬浮液中会部分转化为As（V），也会在粪便沥出液中发生光解（Bednar et al.，2003）。而Yang等（2017）发现在没有检测到ROX的猪粪、鸡粪和牛粪中，砷的形态主要是以DMA为主（47%~62%），其次是As（III）（24%~33%），As（V）含量最少（3.8%~9.4%）。在没有检测到ROX的有机肥样品中，As（V）是主要的砷形态（36%~100%），其次是DMA（0~31%）和MMA（0~30%），这可能是堆肥过程中ROX全部发生了降解。ROX的降解主要由微生物驱动，还与堆肥时间和水分有关，ROX在干的畜禽粪便中不会发生降解，但是当畜禽粪便的含水率为50%时，堆肥进行到 23 天的时候 90%的 ROX 转变为 As（V），在第 38 天时，ROX 全部转化为 As（V）（Garbarino et al.，2003）。但是在厌氧条件下，与低固含率相比，高固含率会促进猪粪悬浮液中 ROX 的降解（Makris et al.，2008）。因此，当饲料中添加 ROX 后，畜禽废弃物中砷的主要形态为 ROX，但是在处置过程中 ROX 会很快通过微生物的降解和光解等作用转化为无机砷。翟伟伟（2018）也曾对堆肥过程中砷的形态变化做了研究，发现在堆肥过程中 As（III）所占的比例逐渐减少，As（III）发生了氧化作用，同时，As（III）可以发生甲基化依次生成 MMA（V）、DMA（V）和三甲基胂酸氧化物［TMA（V）O］。

6.1.3 畜禽废弃物中抗生素的污染现状

抗生素是一类生物在其代谢过程中产生的、在低微浓度下即具有杀灭或抑制他种生物作用的化学物质。长期以来，治疗或亚治疗剂量的抗生素作为饲料添加剂用于集约化养殖业，以预防或治疗畜禽疾病，并促进畜禽生长。然而大部分的抗生素并不能被畜禽肠道吸收，有 30%～90%的抗生素以原形或中间代谢产物的形式随粪便排出体外（Sarmah et al.，2006）。猪、鸡、牛等畜禽的粪便中可检出较高浓度的抗生素（Ling et al.，2010），并且抗生素浓度随畜禽种类、生长阶段、健康程度不同等存在差异（Zhou et al.，2013）。相对于传统畜禽散养场，集约化、规模化的养殖场更广泛地使用配合饲料，包括抗生素和 Cu、Zn 等重金属，导致畜禽粪便中抗生素的浓度更高。例如，张慧敏等（2008）采集了浙北平原 93 个养殖场的畜禽粪便样品，氧四环素、氯四环素和四环素的检出率分别为 42%、67%和 48%，而规模化养殖场畜禽粪便中抗生素残留浓度是散养畜禽粪便中抗生素残留浓度的 10 倍左右。任君焘和徐琳（2019）在山东东营地区对分别来自 12 个养猪场、10 个养鸡场、9 个养牛场的粪便样品中 4 类抗生素（磺胺类、氟喹诺酮类、四环素类和大环内酯类）含量进行测定，发现氟喹诺酮类抗生素检出率为 62%～100%，四环素类抗生素检出率为 98%～100%，并且，抗生素含量在猪粪中最多，牛粪中的抗生素含量为三者中最低。凌文翠等（2018）对京津冀地区畜禽养殖业的抗生素污染情况及使用量进行了系统调查，结果显示，畜禽粪便中四环素类浓度最高可达 6.9～31.11 μg/L，其中四环素占 80%，磺胺类抗生素中磺胺甲噁唑占 80%～90%。

6.2　畜禽废弃物农用引起的土壤砷和抗生素累积

6.2.1　畜禽废弃物农用引起的土壤砷累积

畜禽废弃物农用是实现废弃物资源循环利用的重要途径之一，但如上所述，畜禽废弃物中的砷在农用过程中可能会导致土壤中砷的大量累积。表 6-2 中列出了几篇文献中畜禽废弃物农用对土壤砷积累的影响，Han 等（2004）分析了连续施用 25 年鸡粪（砷含量平均值为 26.9 mg/kg）的农田和未施用鸡粪的农田表层土壤中砷的含量发现，长期施用鸡粪的土壤中砷的含量为 8.4 mg/kg，而未施用鸡粪的土壤中砷的含量为 2.68 mg/kg。Mangalgiri 等（2015）比较了 5 篇文献中施用鸡粪的土壤中砷的含量和未施用鸡粪的土壤中砷的含量，发现前者是后者的 1.6～3.2 倍。畜禽废弃物农用在不同的土壤深度砷积累不同。Gupta 和 Charles（1999）分析了三个长期施用鸡粪和三个未施用鸡粪的土壤剖面中 HNO$_3$ 提取的总砷发现，除了 20~30 cm 的土壤，其他深度的施用鸡粪的土壤中砷的含量明显高于未施用鸡粪的土壤。Ashjaei 等（2011）报道 1995~2009 年连续每年在 0.8 hm^2 的土地上施用鸡粪 5 t/hm^2，0~2.5 cm 和 2.5~7.5 cm 深的土壤中总砷的含量高于未施用鸡粪的土壤。曾希柏等（2007）对山东省寿光市 127 个不同利用方式的土壤样品进行分析，结果表明，施用猪、鸡粪肥的设施菜地中砷含量明显高于不施用的菜地；施用猪粪的设施菜地中土壤砷含量是不施猪粪的设施菜地的 1.1 倍，施用鸡粪的土壤中砷含量比不施用的土壤中高 3%。柳开楼等（2015）监测和分析了始于 1981 年的红壤稻田和 1986 年的红壤旱地定位试验，发现长期施用猪粪可以导致水稻土中砷大量累积，在猪粪连续施用 30 年后砷含量达到 10.82~16.62 mg/kg，比不施猪粪处理增加了 90.5%~192.7%，且旱地的增幅明显大于水稻土。说明畜禽废弃物的种类、土地利用方式和土壤类型都会影响土壤中砷的积累。但与此同时，也有研究发现，畜禽废弃物的施用不会造成土壤中砷的积累。Arai 等（2003）采集了 4 个长期（30~40 年）施用畜禽废弃物试验点的样品，分析发现虽然施用的畜禽废弃物中砷的浓度为 50 mg/kg，但是表层土壤中砷的浓度范围为 12.0~15.0 mg/kg，主要以 As（III）和 As（V）为主，他们认为与畜禽废弃物中砷的浓度相比，长期施用畜禽废弃物并没有导致土壤中砷的积累。倪中应等（2017）也发现施用低砷含量猪粪 3 年后对果园表层土壤砷的积累无明显影响，施用高砷含量猪粪在试验前 2 年对果园表层土壤砷的积累无明显影响，但至试验第 3 年，施用高砷猪粪和 2 倍高砷猪粪的果园表层土壤砷含量分别比对照处理高出 2.79%和 6.08%。

表 6-2 畜禽废弃物农用对土壤中砷的积累效应

畜禽粪便类型	畜禽粪便年均施用量/（t/hm^2）	畜禽粪便中砷的含量/（mg/kg）	施用时间/年	土地类型	未施用/（mg/kg）	施用/（mg/kg）	参考文献
鸡粪	10~30	26.90	25	牧场	2.68	8.40	Han 等，2004
鸡粪	—	—	—	—	9.62	15.72	Gupta 和 Charles，1999
鸡粪	20	15.5	—	旱地	5.10	10.58	Brown 等，2005
鸡粪	5	14.9~26.7	14	牧场	1.46	3.91	Ashjaei 等，2011
猪粪	207	5.02	≥10	旱地	9.41	10.38	曾希柏等，2007
鸡粪	207	2.53	≥10	旱地	1.65	1.71	曾希柏等，2007
猪粪	22.5	3.5	36	水稻土	5.68	10.82~16.62	柳开楼等，2014
猪粪	11.58	3.3	9	水稻土	8.39	12.43	楼晨露，2016
猪粪	—	—	15	水稻土	52.64	51.61	Li 等，2010
猪粪	—	—	16	水稻土	12.58	11.96	Li 等，2010
猪粪	15	18.75	3	果园	9.67	10.32	倪中应等，2017
猪粪	30	18.75	3	果园	9.78	10.65	倪中应等，2017
猪粪	4.5	0.89	24	水稻土	16.05	16.22	翟伟伟，2018
猪粪	42	6.98	23	水稻土	42.85	39.36	翟伟伟，2018
猪粪	3.84	1.09	32	水稻土	17.58	17.24	翟伟伟，2018
猪粪	4.2	1.57	30	水稻土	7.36	8.32	翟伟伟，2018

注："—"表示未列出

楼晨露（2016）对嘉兴试验点（JX）猪粪堆肥长期施用引起的重金属污染进行了调查研究，结果如表6-3所示，表明长期施肥以后，所有样品中铅（Pb）、铬（Cr）、镍（Ni）、As的浓度水平均较低，均未超过土壤环境质量标准。Cd元素仅在2013年添加2倍（PM2）和3倍（PM3）猪粪处理土壤中浓度分别为（0.41±0.08）mg/kg和（0.36±0.03）mg/kg，超出土壤环境质量标准。Zn和Cu元素的超标率较高，在添加2倍（PM2）和3倍（PM3）猪粪处理的土壤中均超出了土壤环境质量标准，表明施用猪粪会提高土壤重金属污染。从差异性分析可以看到，Cr和Ni元素浓度在处理间无差异，Pb和Cd元素浓度在处理间差异较小，说明猪粪施用量的大小对这4种元素几乎没有影响，猪粪施用并未带入新的污染。Zn、Cu、As三种元素浓度在处理间存在显著性差异（$P < 0.05$）。从相关性分析结果也可以得到，猪粪施入量与土壤中重金属Zn、Cu、As浓度之间存在着良好的相关关系（$R^2 > 0.9$），说明猪粪施用增加了土壤重金属污染（楼晨露，2016；Guo et al., 2015）。

表6-3　2013年与2014年JX试验点表层土壤中重金属浓度（楼晨露，2016）　（单位：mg/kg）

处理		Zn	Cu	Pb	Cd	Cr	Ni	As
2013年	PM0	131.55±36.88 c	41.7±11.69 d	18.15±1.09 b	0.25±0.02 c	60.94±7.81 a	36.63±5.5 a	7.28±0.71 d
	PM1	239.56±28.45 bc	85.77±12.59 c	21.31±3.05 a	0.29±0.02 bc	56.55±4.83 a	33.99±3.83 a	8.22±0.61 c
	PM2	355.85±35.91 b	136.74±17.68 b	20.32±0.57 ab	0.41±0.08 a	62.24±4.32 a	33.47±5.03 a	9.65±0.4 b
	PM3	495.10±99.00 a	194.5±16.25 a	19.81±1.21 ab	0.36±0.03 ab	61.78±4.07 a	32.31±12.13 a	11.66±0.51 a
2014年	PM0	113.61±12.52 c	32.75±5.29 d	27.43±7.27 b	0.18±0.02 b	99.33±7.44 a	37.39±6.77 a	8.39±0.53 c
	PM1	231.25±21.53 b	87.99±10.38 c	29.78±2.08 a	0.19±0.02 b	97.4±6.23 a	37.4±3.59 a	9.38±0.68 bc
	PM2	326.71±38.98 a	144.08±9.47 b	27.86±1.8 ab	0.35±0.05 a	97.08±7.57 a	38.91±2.76 a	10.15±0.61 b
	PM3	364.71±24.08 a	184.61±29.68 a	26.6±1.93 ab	0.25±0.03 b	95.49±4.46 a	37.89±2.82 a	12.43±0.66 a
土壤环境质量标准		250	100	300	0.30	300	50	25

注：重金属浓度以土壤干重计。PM0. 不施肥；PM1. 施用19 200kg/(hm^2·a)猪粪及N、K化肥。不同小写字母表示处理间存在显著差异（$P < 0.05$）

6.2.2　畜禽废弃物农用引起的土壤抗生素累积

畜禽粪便施用于农田，直接导致了土壤中抗生素的累积。Hamscher等（2002）对长期施用液态猪粪肥的土壤进行监测，在表层土中检测到了43.4～198.7 μg/kg的四环素。长期施用猪粪的稻田表层土壤中四环素类抗生素明显积累，部分有关长期施用猪粪土壤中四环素类和磺胺类抗生素污染的调查结果见表6-4，各地抗生素检出浓度相差较大，且采样季节不同也会导致抗生素浓度有很大差异，如冬季采集的施用猪粪的有机菜地（Hu et al., 2010）、养猪场污泥（An et al., 2015）。在研究样品中，抗生素残留浓度冬季高于夏季，原因可能是冬季气温低，减缓了抗生素在环境中的降解，以及冬季养殖场为防止疫病发生而加大了抗生素的用量（楼晨露，2016）。

通过对不同试验点稻田表层土壤的抗生素污染进行分析研究（表6-5），结果表明，三种四环素类抗生素都有不同程度的检出，氯四环素的检出浓度最高，氧四环素次之，四环素检出浓度最低；而磺胺类抗生素均未检出。在长期定量施用猪粪（M+）的稻田表层土壤中，JX试验点检出的抗生素浓度最高，分别为氯四环素（344.74±88.03）μg/kg、

表 6-4 部分长期施入猪粪的农田表层土壤中抗生素的残留研究（楼晨露，2016）

地点	抗生素	检出浓度/（μg/kg）	参考文献
德国	四环素	86.2~171.7	Hamscher 等，2002
	氯四环素	4.6~7.3	
丹麦	氯四环素	15.5	Halling-Sorensen 等，2005
中国浙江	氧四环素	440~1230	王瑾和韩剑众，2008
	氯四环素	440~1560	
中国天津	氯四环素	n.d.~1079	Hu 等，2010
	四环素	2.5~105	An 等，2015
	氧四环素	n.d.~2683	Liao 等，2018
	磺胺甲噁唑	0.03~0.9	
中国广东	四环素类	242.6	Li 等，2011
	磺胺类	33.3~321.4	

注：n.d.表示未检出

表 6-5 长期定位试验点稻田表层土壤中抗生素的浓度（楼晨露，2016）（单位：μg/kg）

抗生素	嘉兴（JX）		长沙（CS）		鹰潭（YT）		南昌（NC）	
	M−	M+	M−	M+	M−	M+	M−	M+
氯四环素	28.67±11.49	344.74±88.03	13.99±0.55	38.49±9.28	n.d.	30.51±3.8	n.d.	107.86±18.81
氧四环素	19.71±0.29	40.27±1.58	n.d.	23.26±4.78	n.d.	n.d.	n.d.	11.66±2.44
四环素	15.46±5.45	29.7±9.07	n.d.	18.92±6.05	n.d.	n.d.	n.d.	7.34±1.51

注：n.d.表示未检出

氧四环素（40.27 ± 1.58）μg/kg 和四环素（29.7 ± 9.07）μg/kg，原因主要是嘉兴所施用的猪粪带入了较高浓度水平的抗生素，同时猪粪的年施用量（11 580 kg/hm² 干重）为 4 个试验点中最高，且其四环素类抗生素浓度明显高于不施用猪粪（M−）土壤中四环素类抗生素浓度，可以得出施用猪粪显著提高了稻田土壤中四环素类抗生素的积累（楼晨露，2016）。

同时，通过对 JX 试验点不同猪粪施用量下稻田表层土壤的抗生素污染进行研究，JX 试验点 2013 年 11 月和 2014 年 5 月采集的土壤样品中三种四环素类抗生素分析测定结果如表 6-6 所示。从表 6-6 中结果可以看出，2013 年 11 月 PM0 处理的土壤中氯四环素、氧四环素和四环素的残留量均值分别为 3.04 μg/kg、n.d.、1.14 μg/kg，范围分别是 n.d.~9.12 μg/kg、n.d.、n.d.~3.41 μg/kg；PM3 处理的土壤中，氯四环素、氧四环素和四环素的残留量均值分别为 98.03 μg/kg、6.13 μg/kg、8.20 μg/kg，范围分别是 25.88~224.97 μg/kg、n.d.~18.38 μg/kg、n.d.~22.26 μg/kg；2014 年 5 月 PM0 处理的土壤中氯四环素、氧四环素和四环素的残留量均值分别为 28.67 μg/kg、19.71 μg/kg、15.46 μg/kg，范围分别是 16.60~39.48 μg/kg、n.d.~19.51 μg/kg、9.18~18.90 μg/kg；PM3 处理的土壤中，氯四环素、氧四环素和四环素的残留量均值分别为 344.74 μg/kg、40.27 μg/kg、29.70 μg/kg，范围分别是 247.72~460.80 μg/kg、38.04~41.27 μg/kg、18.26~40.46 μg/kg。

总体来说，3 种四环素类抗生素中氯四环素的残留量最高，最大值出现在 2014 年 5 月 PM3 处理土壤中，均值为 344.74 μg/kg，随着猪粪施用量的增大，土壤中残留的抗生素浓度逐渐升高（Xu et al., 2015）。

表 6-6 JX 试验点表层土壤中抗生素残留量　　（单位：μg/kg 干重，$n=3$）

处理		氯四环素		氧四环素		四环素	
		均值	区间	均值	区间	均值	区间
2013 年	PM0	3.04	n.d.～9.12	n.d.	n.d.	1.14	n.d.～3.41
	PM1	20.24	16.72～22	n.d.	n.d.	0.22	n.d.～0.66
	PM2	64.65	41.77～99.02	n.d.	n.d.	1.61	n.d.～4.24
	PM3	98.03	25.88～224.97	6.13	n.d.～18.38	8.20	n.d.～22.26
2014 年	PM0	28.67	16.60～39.48	19.71	n.d.～19.51	15.46	9.18～18.90
	PM1	224.53	118.71～355.07	31.96	4.66～37.61	34.38	8.31～35.76
	PM2	304.99	238.10～355.20	30.09	17.78～42.22	27.32	15.21～34.58
	PM3	344.74	247.72～460.80	40.27	38.04～41.27	29.70	18.26～40.46

6.3 畜禽废弃物农用土壤中砷和抗生素的环境过程

6.3.1 有机砷在土壤中的吸附与转化

畜禽废弃物中 70%以上水溶态的砷进入土壤后会转化为残渣态（Hu et al., 2010），这是因为土壤中广泛存在的有机质，铁、铝、锰的氧化物和氢氧化物，以及黏土矿物等对随畜禽废弃物进入土壤中的砷有较强的吸附作用，可以显著降低砷的移动性和毒性（Binh et al., 2008；Peak et al., 2007）。随畜禽废弃物进入土壤中的砷在土壤中的吸附受到很多因素的影响。首先，土壤对有机砷的吸附受到 pH 的影响。土壤 pH 的变化会改变土壤矿物的表面电荷和砷的形态。当土壤 pH 高于相应有机砷的 pK_a 时，有机砷的不同功能基团就会发生质子解离。因此，有机砷在土壤的吸附将通过静电相互作用的吸引或排斥而促进或抑制。Chabot 等（2009）发现 ASA 在 $\alpha\text{-}Fe_2O_3$、$\gamma\text{-}Fe_2O_3$ 和 FeOOH 中的吸附随着 pH 的升高而减少。Rutherford 等（2003）研究了 pH 等对 ROX 吸附的影响，结果表明，pH 在 2～8，随着 pH 的增加土壤对 ROX 的吸附能力下降。Cortinas 等（2006）比较了 ROX 和 As（V）在针铁矿上的吸附效果发现，在低浓度条件下 ROX 和 As（V）在针铁矿上的吸附量几乎一样，原因是 ROX 分子上砷酸根的存在，低浓度时在土壤中的吸附表现出与 As（V）相似的性质。除此之外，可溶性有机碳（DOC）也可以与砷竞争吸附位点，所以 DOC 的增加会使土壤渗滤液中砷的含量增加（Jackson et al., 2006）。随畜禽废弃物进入土壤中的砷还可以与可溶性有机质（DOM）形成络合物。在没有金属存在的条件下，砷可以直接与溶解有机质结合形成 As-DOM 络合物；而在金属存在的条件下，砷可以通过金属键桥作用，与溶解性有机质结合形成 As-金属-DOM 络合物（Redman et al., 2002）。

ROX 进入土壤后可以通过生物或非生物作用经过去硝基、氧化苯环、使 C—As 键断裂等机制,转变为氨基羟基苯胂酸、甲基胂酸或迁移能力更强、毒性更大的 As(Ⅲ)和 As(Ⅴ)(Stolz et al., 2001)。ROX 在土壤中的降解,受土壤微生物、土壤湿度、温度、光照等因素影响。土壤温度的升高和土壤含水量的增大,对 ROX 的降解有显著的促进作用。土壤微生物在 ROX 的降解过程中发挥着重要作用。通过对土壤进行灭菌和未灭菌处理对比试验,发现在不灭菌条件下 ROX 的降解速率远远快于灭菌处理,说明生物过程是土壤中 ROX 降解的主要过程(Liang et al., 2014)。Bednar 等(2003)发现在光照和硝酸根作用下 ROX 可以转化为 2,4-二硝基苯酚(DNP)和亚砷酸盐,亚砷酸盐进一步被氧化为砷酸盐,有机质含量和 pH 是影响降解速率的重要因素(Arroyo-Abad et al., 2011)。光照对土壤中 ROX 的降解仅有一定的促进作用。ROX 也可以被高等生物降解,Covey 等(2010)研究了土壤中蚯蚓和穴居动物对 ROX 的降解,在 30 天内 ROX 可以被转化为甲基胂和无机砷。ROX 在厌氧条件下的降解已被广泛研究(Cortinas et al., 2006;Zhang et al., 2014)。也有研究认为在厌氧条件下 ROX 的形态转化主要是生物过程,在好氧条件下 ROX 的降解是由生物和非生物共同作用的(Xie et al., 2015)。

6.3.2 土壤中砷向地表水和地下水的迁移

Oyewumi 和 Schreiber(2012)发现畜禽废弃物中 57%的砷是水溶性的,虽然低于 Jackson 等(2003)报道的 71%~92%,但是都可以说明畜禽废弃物中的砷具有较强的生物有效性和淋溶率。砷的迁移还受土壤 Eh、pH、DOC、铁/铝/锰等氧化物含量及黏土矿物类型等的影响(Yang et al., 2015)。施入土壤中的有机砷转化为无机砷之后会随着降雨进入地表径流,从而导致地表径流中砷含量的升高而超过饮用水质量标准。李银生和曾振灵(2002)研究了 ROX 对猪场周围环境的影响,土壤及蚯蚓体内砷的含量随着距猪场距离的增加而减少,在远离养猪场的地方,在沿地表径流方向的土壤中砷含量比正常土壤砷含量高近 1 倍。但是含砷的畜禽废弃物进入土壤后砷可以被土壤中的铁铝氧化物和黏土矿物吸附,对浅层和深层地下水中砷的含量影响不大。从一个连续施用鸡粪的农业地区采集井水样品,19 个浅层井水中总砷的含量只有一个超过了饮用水标准的最大限值(10 μg/L),29 个深层井水样品中总砷的含量为 1.0~7.6 μg/L,低于饮用水标准(Fisher et al., 2015)。Menahem 等(2016)研究了 ROX 在不同氧化还原条件下在饱和土壤中的运输动力学发现,在好氧和硝酸盐还原条件下 ROX 的移动性没有受到影响,但是在铁还原条件、硫酸盐还原条件及生物还原条件下 ROX 发生了移动阻滞,这可能是 ROX 在运输的过程中发生了生物降解生成了无机砷,无机砷与矿物形成的砷硫化物和砷铁硫化物的复合物堵塞了部分土壤空隙,减少了砷的移动。何梦媛等(2017)研究了连续 4 年施用畜禽废弃物后土壤剖面中砷含量的变化发现,施用猪粪对土壤剖面中砷含量没有显著影响,但连续 4 年施用猪粪显著降低了 15~30 cm 土层中砷的含量,且各施用量下分别比对照降低 23.0%~28.2%。这与 Wu 等(2012)的研究一致,连续 4 年施用猪粪后 15~30 cm 土层中砷含量显著降低,原因可能是耕层有机肥分解后的可溶性有机质和有机酸使亚表层土壤中的砷发生淋溶,导致亚表层的砷含量显著降低。另外,蚯蚓和穴居动物也可以把砷从施用位点运输到更深层的土壤中(Covey et al., 2010)。

6.3.3 畜禽废弃物施用对土壤中砷形态转化的影响

虽然长期施用砷含量超标的畜禽废弃物有机肥会造成土壤中砷含量超标，但有机肥本身在土壤中的转化过程及产物会影响砷在农田土壤中的环境行为和生物有效性，所以有机肥也可以作为一种有机修复改良剂用于砷污染土壤的修复改良（Park et al.，2011）。目前有关猪粪等畜禽废弃物中砷的研究主要集中在如何降低和钝化砷的活性（Beesley et al.，2014；Gadepalle et al.，2008；Li et al.，2009）。黄治平等（2007）研究表明，连续施用猪粪土壤中砷有效态含量增加。彭来真等（2011）的盆栽试验结果表明，随猪粪施用量的增加土壤总砷和有效态砷含量均提高，且都与猪粪施用量呈极显著的正相关。施用猪粪的同一处理，第 2 茬土壤总砷和有效态砷的含量高于第 1 茬。Hou 等（2014）研究显示，与对照土壤相比，畜禽废弃物的长期施用会使土壤中可交换态和还原态砷的比例增加，大肠杆菌生物传感器对砷的响应实验结果也发现添加了猪粪的处理中生物有效态砷的含量明显高于对照土壤。这说明畜禽废弃物的施用会使土壤中的砷主要分配在相对活跃的组分，减少残渣态砷的比例（Li et al.，2009）。一方面可能是由于有机肥的添加提高了土壤中 DOC 的含量，而 DOC 作为有机配位体能够通过在黏土矿物上与砷酸盐形成竞争吸附，促进砷从非活性组分中释放出来并转化为相对活跃的可溶性组分。Solaiman 等（2009）研究证实随着 DOC 的增加，孔隙水中砷的含量增加，且 DOC 与孔隙水中的总有机砷含量有很强的相关性（Williams et al.，2011）。另一方面可能是因为有机肥的添加为土壤中的微生物提供了丰富的营养物质，加强了土壤微生物活动，促进砷在不同组分之间的再分配（Li et al.，2009）。畜禽废弃物的施用也会影响亚砷酸盐和砷酸盐相互转化（Redman et al.，2002）。柳开楼等（2015）分析土壤砷价态发现，猪粪长期施用主要是提高了水稻土中 As（V）含量；而旱地 As（V）和 As（III）均有显著提高。然而，猪粪施用也大幅降低了两种土壤中 As（III）与 As 和 As（III）与 As（V）的比例。Xie 等（2015）研究发现，在厌氧条件下，在施用 10%、60%的鸡粪的处理中，7 天时间内 As（V）和 As（III）的含量减少，随后甲基胂的含量显著增加，这是因为在厌氧条件下施用鸡粪的土壤中微生物的活性增强，有机砷在微生物的作用下转变为甲基胂。另外，有机物料，包括畜禽粪便的添加，能够促使砷迁移到土壤溶液中，增强土壤砷的甲基化和气化过程，以及促进植物对不同砷形态的吸收及挥发。Jia 等（2012）研究发现添加了有机物料之后，土壤和植物中砷的挥发都明显高于对照组。总体而言，畜禽废弃物的施用增加了土壤有机质和氮磷养分，提高了 DOC 的含量和微生物的活性，进而影响砷在土壤中的形态、迁移、转化规律及生物有效性和最终归宿（Weng et al.，2009）。

翟伟伟（2018）对有机肥施用后土壤中砷的形态进行了测定，只检测到了 As（III）和 As（V），且以 As（V）为主，有机肥的施用会增加土壤中 As（V）所占的比例。对于江西南昌试验点，不添加任何肥料的对照中 As（V）占 85.7%，添加化肥后 As（V）的比例增加为 93.4%，不同猪粪添加量的处理中，随着猪粪添加量的增加，As（V）所占的比例从 91.0%增加到了 95.8%。对于浙江嘉兴试验点，与对照相比，随着猪粪添加量的增加 As（V）所占的比例从 91.4%增加到了 96.8%。猪粪的添加会增加土壤中 As（V）的比例，这与柳开楼等（2015）的研究结果一致，长期施用猪粪主要是增加了水稻土中 As（V）含量，也显著提高了旱地土壤中 As（V）和 As（III）的含量。然而，猪粪施用大幅降低了两种土壤中 As（III）与总砷和 As（III）与 As（V）的比例，分别比不施用猪粪的处理降低了 38.9%和 54.1%。一方面可能是因为猪粪施用增加了土壤中可溶性有机质的含量（Zhang et al., 2012），而土壤可溶性有机碳可以作为有机配位体，通过在黏土矿物上与砷酸盐形成竞争吸附，促进砷酸盐从非活性组分中释放出来并转化为相对活跃的可溶性组分（Li et al., 2009；吴萍萍等，2012）。另一方面可能是因为有机肥的添加为土壤中的微生物提供了丰富的营养物质，加强了土壤微生物活动，改善了土壤的通气状况，促进了土壤中砷的氧化过程。但具体原因还有待进一步研究（图 6-1）（楼晨露，2016；翟伟伟，2018）。

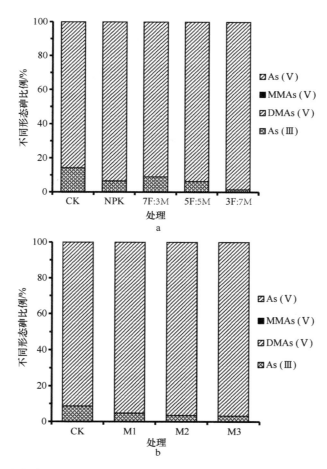

图 6-1　长期定位试验点土壤中砷形态的分配（楼晨露，2016；翟伟伟，2018）

a. 江西南昌（CK. 不施肥，NPK. 施用化肥，7F：3M. 化肥与猪粪施用比例为 7：3，5F：5M. 化肥与猪粪施用比例为 5：5，3F：7M. 化肥与猪粪施用比例为 3：7）；b. 浙江嘉兴［CK. 不施肥；施用不同量的猪粪（M1，M2，M3）］

6.3.4　抗生素在土壤中的吸附与迁移转化

抗生素随畜禽粪便的施用进入农田土壤后，其归宿主要有降解、吸附、迁移等。降解途径包括光降解（东天等，2014）、水解和生物降解。抗生素的降解与其所处的环境条件、自身的化学性质及抗生素使用量有关，其中微生物是影响其降解的重要因素。李玲玲等（2010）研究发现土壤类型及其理化性质对四环素类抗生素的降解速率有较大影响。Bao 等（2009）通过对蛋鸡粪、猪粪等几种不同畜禽粪便中金霉素降解的研究，发现畜禽粪便的类型会对抗生素的降解速率产生一定影响。土壤的透光性较差，因此自然光对土壤深处的抗生素的降解贡献不大。生物降解主要是微生物对抗生素的分解，气温、水分条件对微生物活动有重大影响，夏季气温高，有利于土壤中抗生素的生物降解，许多研究证实了在施用猪粪的农田和畜禽养殖场污泥中，冬季抗生素残留浓度高于夏季（An et al., 2015）。抗生素在土壤中的吸附性能与抗生素本身的物理化学性质如土壤 pH、黏粒含量、粉粒含量、有机质含量、机械组成、阳离子交换量等有关。土壤 pH 会影响氧四环素在土壤中的吸附、解吸（Peng et al., 2015），Sassman 和 Lee（2005）阐述了土壤对四环素类抗生素的吸附主要取决于 pH 和阳离子交换量。土壤有机质可以吸附抗生素（Hou et al., 2015），限制其向植物、地表水和地下水迁移（Blackwell et al., 2007）。有机质对抗生素的吸附强于土壤矿物，因此，土壤有机质可能是影响抗生素吸附的主要因素（王丽，2013）。Thiele（2005）发现土壤有机质可以对磺胺嘧啶产生强烈的吸附作用，而且其吸附量与有机质组分中的木质素和脂类的含量呈显著相关关系。四环素、氯四环素、氧四环素等四环素类抗生素在土壤中的积累量与土壤黏粒组成呈正相关（张慧敏等，2008），土壤黏土成分较多，土壤对抗生素的吸附就会增强，土壤黏粒越少，抗生素就易被解吸，抗生素越易向土壤深处迁移，反之，则易残留在表层土壤。

由于土壤中抗生素通常水溶性较高（Migliore et al., 2003），可随降雨和浇灌向下迁移，从而对地下水质量造成威胁（陈昇等，2008）。然而，目前关于抗生素在土壤中迁移行为的研究还相对薄弱，楼晨露（2016）也研究了不同剖面土壤中的抗生素浓度，发现不同剖面土壤中抗生素有不同程度的检出，浓度随深度增加而降低，在 JX 和 CS 试验点长期施用猪粪稻田 40~60 cm 土层中仍可检测到氯四环素，说明抗生素污染可以从表层土壤向深层土壤迁移。长期定量施用猪粪（M+）稻田剖面土壤中抗生素的积累浓度见表 6-7。在大多数长期施用猪粪（M+）的稻田剖面土壤中均检出了四环素类抗生素，氯四环素、氧四环素和四环素在土壤中的纵向分布浓度从低于检出限到 200.06 μg/kg，并且浓度随着土壤深度的增大而降低。磺胺类抗生素在所有样品中均未检出。JX 试验点剖面土壤检出最高浓度的四环素类抗生素，长期施用猪粪处理的稻田 5~20 cm 和 20~40 cm 土壤中三种四环素类抗生素均可检出，在 40~60 cm 土壤中，氯四环素仍可检出，浓度为（23.84 ± 1.99）μg/kg。CS 试验点的长期施用猪粪稻田土壤中，仅有氯四环素在三个剖面中均有检出，浓度分别为（81.33 ± 18.01）μg/kg（5~20 cm）、（49.58 ± 7.15）μg/kg（20~40 cm）和（53.70 ± 14.97）μg/kg（40~60 cm），而氧四环素和四环素在剖面土壤中均未检出。YT 试验点仅在 5~20 cm 土壤中检测到了（31.35 ± 3.00）μg/kg 的氯四环素，其他土层均无抗生素检出。NC 试验点的 5~20 cm 土壤中检测到了三种四环素类抗生素，分别为氯四环素（98.02 ± 7.47）μg/kg、氧四环素（14.34 ± 2.47）μg/kg 和四环素（6.97 ± 0.98）μg/kg，在 20~40 cm 土壤中仅检测到了（25.16 ± 1.31）μg/kg 的氯四环素，其他土层均无抗生素检出（楼晨露，2016）。研究结果表明，虽然耕作层下部因受耕畜和犁的压力及通过降水、灌溉等使黏粒沉积而形成的犁底层较为紧实、孔隙度小、渗透性差（Keller et al., 2013），但是抗生素仍可以从土壤表层向土壤深处迁移（Burkhardt and Stamm, 2007）。通常来说，除了施肥量，抗生素的理化性质、吸附性、水解性及生物可降解性都是影响抗生素在施用猪粪土壤中迁移和转化的重要条件。Thiele（2005）研究发现抗生素与土壤不同粒径组成的吸附强度排序为粗粉砂<中粉粒<砂粒<细粉粒，同时还强调 pH 和土壤有机质对抗生素在土壤中的吸附过程中起重要作用。

表 6-7 抗生素在稻田剖面土壤中的迁移及浓度（楼晨露，2016）（单位：μg/kg）

抗生素	采样深度/cm	JX M−	JX M+	CS M−	CS M+	YT M−	YT M+	NC M−	NC M+
氯四环素	5~20	—	200.06±35.64	—	81.33±18.01	—	31.35±3.0	—	98.02±7.47
	20~40	—	26.51±0.95	—	49.58±7.15	—	n.d.	—	25.16±1.31
	40~60	—	23.84±1.99	—	53.7±14.97	—	n.d.	—	n.d.
氧四环素	5~20	—	29.42±1.58	—	n.d.	—	—	—	14.34±2.47
	20~40	—	19.99±0.06	—	—	—	—	—	—
	40~60	—	n.d.	—	—	—	—	—	—
四环素	5~20	—	26.93±1.44	—	—	—	—	—	6.97±0.98
	20~40	—	18.37±0.19	—	—	—	—	—	—
	40~60	—	n.d.	—	—	—	—	—	—

注："—"表示无数据；n.d.表示未检出；磺胺类均未检出

6.4　畜禽废弃物农用引起的土壤砷和抗生素生态与健康风险

6.4.1　砷的生态与健康风险

畜禽废弃物中的砷会通过畜禽废弃物→土壤→作物进入食物链，进而威胁人类的健康。砷的生态环境效应在国内外早已受到了关注，目前关于砷对土壤微生物、动物、农作物的影响的研究比较多。已有报道砷化合物污染能降低土壤细菌总数，并随着砷的浓度的递增而明显减少（李银生和曾振灵，2002）。Jiang 等（2013）采用 Biolog 生态微平板法研究了 ROX 对土壤微生物的影响，发现含有 ROX 的样品土壤微生物的生长速率降低，平均每孔颜色变化率在低浓度（≤100 mg/L）的 ROX 处理下是显著下降的，但是在高浓度（>100 mg/L）的 ROX 处理下培养 48 h，平均每孔颜色变化是增加的，说明 ROX 对土壤微生物群落结构变化的影响是双向的。但是，也有研究发现，当细菌在 ROX 的存在下培养 168 h，混合菌群的生长速率增加了 1.4 倍（Menahem et al., 2016）。Zhang 等（2012）基于磷脂脂肪酸的结果发现，土壤微生物群落结构会随着 ROX 在土壤中的培养时间和浓度的增加而增加。ROX 不但会影响土壤土著微生物群落的结构，还会影响代谢活性。长期砷污染土壤微生物生物量明显降低（Wu et al., 2012），砷污染土壤中不同提取态的砷对微生物量碳、真菌微生物量和活性及土壤酶活性都有抑制作用（Park et al., 2011），这可能是因为砷污染土壤中微生物底物利用率降低而对能量的需求增加。

此外，进入土壤中的砷，对常见的土壤酶的活性均有不同程度的影响。砷的累积引起的土壤微生物生物量与活性、微生物群落结构和多样性的改变，最终将影响土壤微生物正常的生态功能，包括营养物质循环、有机物质降解等（Peng et al., 2015）。将畜禽粪便作为肥料施加到土壤中可以降低土壤的氧化还原电位，砷的释放增加，进而作物对砷的吸收能力增加，导致作物中砷的积累增加（Liu et al., 2009）。Liu 等（2009）报道随着污染土壤中 ROX 浓度的增加，水稻中砷的浓度显著增加，根部砷的浓度最高，稻壳中砷的浓度高于籽粒中。砷在作物体内的累积量也受到作物种类的影响，Zhang 等（2012）发现小白菜对砷的累积因子是 1.6，西红柿对砷的累积因子是 6.0。王克俭和廖新俤（2005）调查发现猪场周围生长的植物和蔬菜砷超标率为 100%，其中 67% 为重污染，如油麦菜中砷含量高达 1.43 mg/kg。研究报道，水稻砷积累能力明显高于其他旱地作物，对以大米为主食的人群来说，即使是轻度的大米砷污染也可能导致人体健康问题（Li et al., 2011）。除了大米砷污染以外，以砷污染大米为原料的各类制品也存在着砷污染问题。当土壤中 ROX 浓度为 25~100 mg/kg 时，水稻籽粒中总砷的含量就会超过中国食品安全推荐的最高允许值 1.0 mg/kg（Liu et al., 2009）。Yao 等（2013）在鸡饲料中分别添加 0 mg/kg、40 mg/kg、80 mg/kg 和 120 mg/kg ROX，然后收集鸡粪作为肥料进行水稻盆栽实验，结果发现，鸡粪中 4-羟基-苯胂酸、As（V）、As（III）、一甲基胂（MMA）和二甲基胂（DMA）的含量与饲料中 ROX 的添加量有明显的相关关系（$R^2>0.91$）。水稻秸秆和土壤中的 As（V）、As（III）、MMA 和 DMA 的含量也随着 ROX 添加量的增加而增加，虽然水稻籽粒中 As（III）的含量与 ROX 的添加量没有直接的关系，但是超过了中国食品安全推荐的 As（III）的最高允许值 0.15 mg As（III）/kg。随畜禽废弃物进入土壤中的砷也可以被土壤中的一些动物积累和利用，Wang 等（2013）研究了蚯蚓对 As（III）、As（V）、MMA 和 DMA 的积累与转化，发现蚯蚓体内三种生物标志物脂质过氧化（LPO）、金属硫蛋白（MT）和溶酶体膜稳定性（LMS）与 As（III）的相关性高于 As（V），说明 As（V）对蚯蚓的毒性高于 As（III），而 MMA 和 DMA 对蚯蚓的毒性低于无机砷。Li 等（2008）发现 *Eisenia fetida* 蚯蚓可以从 ROX 污染土壤中积累砷并把砷扩散到未污染的土壤中。由于 *E. fetida* 蚯蚓对砷的积累与周围土壤中砷的含量明显相关，所以 *E. fetida* 可以作为检测土壤砷污染的指示生物。土壤中的砷还会影响蚯蚓的基因组结构，是引起蚯蚓基因组甲基化的潜在重要驱动力（Mestrot et al., 2013）。此外，在畜禽废弃物农用地区，随畜禽废弃物施用到土壤中的砷可以通过淋溶和迁移作用进入附近的湖泊、溪流和地下水，将会对附近地区以这些水体作为饮用水来源的民众构成健康威胁。

6.4.2 抗生素的生态与健康风险

抗生素在土壤环境中属于外来干扰物质，会对土壤中的微生物群落结构和功能产生一定的影响。抗生素对土壤微生物群落结构的作用主要受抗生素种类、土壤理化性质的影响。另外，抗生素残留物进入土壤环境后，也可通过土壤-作物系统进入人体，引起生态与健康风险。现有大量研究证实一些作物的可食用部分可以吸收积累抗生素，如小麦、莴苣、卷心菜和番茄等。作为可食用的蔬菜农作物，其吸收土壤中抗生素以后在自身体内不断富集，富集率有时可达几万倍，严重影响农产品的质量安全，对人体健康构成威胁（李云辉等，2011）。例如，含有抗生素的畜禽废弃物作为肥料施入土壤后，其中的抗生素被释放进入土壤中，进而被植物吸收，对植物造成一定影响。通过对玉米、洋葱、卷心菜三种植物施加含有不同浓度抗生素畜禽废弃物，研究了不同植物对抗生素的吸收情况，结果发现三种植物中均能检测出低浓度的抗生素，且其浓度随土壤中添加抗生素浓度的增加而增加（Kumar et al., 2005）。畜禽废弃物通常情况下可作为有机肥施用于农田土壤，可减少化学肥料的使用量，同时可以提高土壤肥力及农产品产量和品质（徐明岗等，2008）。虽然畜禽粪便在施入农田之前，通常都会进行堆肥、腐熟，或蚯蚓养殖等处理，然而这些处理方式对抗生素的去除效率并不高（Chen et al., 2012）。普遍的做法是将畜禽粪便进行简单的堆放处理后便施用于农田，导致抗生素未能得到消减而进入农田土壤。

重要的是，携带有抗生素抗性或致病性的微生物可以通过新鲜蔬菜，如洋葱、萝卜、番茄、生菜等的消费和流通转移到人体并使人体受感染，尤其是一些难溶解、易吸附的种类，长期食用此类被抗生素污染的农作物将会对公众安全产生威胁（Wheeler et al., 2005）。抗生素的作用是抑制目标微生物的生长或繁殖，但除目标微生物外，其他类似的土壤微生物同样会受到抗生素的影响。例如，土培条件下泰乐菌素抗生素对土壤生物群落的功能和结构有明显的影响，有研究发现低残留浓度的泰乐菌素也能通过影响微生物之间的竞争来改变细菌数量甚至细菌结构（Pruden et al., 2006）。

6.5 畜禽废弃物农用引起的土壤砷和抗生素污染防控

6.5.1 土壤砷和抗生素污染的源头控制

（1）砷污染的源头控制

由于畜禽废弃物的农用对环境和人类健康的潜在风险，迫切需要缓解畜禽废弃物农用引起的土壤砷污染。首先，要从源头上减少畜禽废弃物的砷污染。在有机砷添加剂仍被批准使用的国家，应充分审查和严格控制饲料中砷添加剂的生产和使用，并应鼓励农民在畜禽养殖过程中减少含砷添加剂的使用数量。另外，畜禽养殖的过程中对畜禽粪便进行适当的处理也有助于防止畜禽废弃物中砷相关的污染。堆肥和厌氧消化可以使畜禽废弃物中的砷向更稳定的形态转化（Greenway and Song, 2002; Tang et al., 2017），然而，在堆肥和厌氧消化过程中的浓缩效应导致总砷含量增加，有机砷也可以降解为毒性更大的无机砷。因此，有必要优化堆肥和厌氧消化的操作条件，开发新调控技术，以降低砷的总量和生物有效性。在畜禽粪便堆肥化过程中添加生物质炭、沸石、膨润土、海泡石、磷矿粉、钙镁磷肥等钝化材料对堆肥物料中的砷进行钝化，减少其有效性是非常有效的措施（张树清等，2006）。Cui 等（2017）研究发现堆肥过程中添加生物质炭可以减少鸡粪堆肥物料中总砷含量，降低生物有效性砷的比例。另外，也有研究表明，在猪粪堆肥和厌氧消化的过程中砷可以发生甲基化，无机砷转化为毒性较低的 MMA、DMA，甚至挥发到空气中减少畜禽废弃物中砷的污染。翟伟伟（2018）也曾发现在猪粪堆肥过程中存在砷的甲基化过程，甲基胂的含量随着堆肥时间延长逐渐增加，qPCR 和高通量测序技术的结果也表明堆肥过程中存在砷的甲基化微生物（翟伟伟，2018）。在猪粪厌氧消化过程中，添加 1 mg/kg 不同形态的砷［MMA、As（V）、ROX］都会收集到挥发性气态砷，气态砷的产率为 0.3‰～2‰（Mestrot et al.，2013）。Webster 等（2016）进一步证实，在牛粪厌氧消化过程中，砷的挥发是由产甲烷微生物中的 As（III）S-腺苷甲硫氨酸-甲基转移酶（ARSM）介导的，添加产甲烷抑制剂会抑制气态砷的产生。砷的甲基化过程是微生物的一种解毒机制，但是如何促进畜禽粪便堆肥和厌氧消化过程中砷的甲基化还缺乏研究，因此，未来的研究应该深入分析畜禽粪便堆肥和厌氧消化过程中砷的甲基化机理，调控畜禽废弃物堆肥或厌氧消化工艺，为促进堆肥和厌氧消化过程中甲基化、减少砷的污染提供科学依据。

（2）土壤抗生素污染的源头控制

抗生素类污染物质性质较稳定，进入土壤环境中易积累或被植物吸收，进而进入食物链威胁人体健康，需要做好土壤抗生素污染的防控，首先是需要从源头控制抗生素的使用。抗生素不规范使用和滥用问题严重，联合国粮食及农业组织（FAO）和美国已经将抗生素纳入"限制名单"。联合国粮食及农业组织、世界动物卫生组织和世界卫生组织全球三大国际性食品健康机构正计划出台一项全球性的法规以加强对抗生素使用的管理（Dolliver et al.，2007）。另外，也可以使用对环境影响较小的抗生素替代品，其中细菌素具有高效性、安全性、应用范围广和对病原菌不易产生抗性等诸多优点，目前已应用于食品、医学、养殖等多个领域（吴清平等，2010）。同时，畜禽粪便施肥是抗生素进入土壤环境的主要途径，因此在粪肥进入土壤之前进行无害化处理是控制土壤抗生素污染的关键（Kumar et al.，2005）。目前国内外广泛使用、经济可行的处理畜禽粪便的方法是堆肥技术。通过堆肥和厌氧降解，畜禽粪便中的抗生素浓度可显著降低，从而大量减少暴露于土壤环境中抗生素的量（Mohringsa et al.，2009；Bao et al.，2009）。在堆肥过程中，畜禽粪便类型及堆体的理化性质（如 pH、堆肥温度、TN、TOC、TP、重金属总量）影响堆肥过程中微生物的活性，从而影响抗生素的去除效率（Bao et al.，2009；Hou et al.，2014）。升高温度或者延长高温期能够提高堆肥工艺去除畜禽粪便中抗生素的效率，但不同的堆肥方式对抗生素的去除效果存在差异（郑佳伦等，2017）。Munaretto 等（2016）通过 4 种不同的堆肥方式——通气、翻堆、通气加翻堆及简单堆放，对甲基盐霉素、盐霉素和莫能菌素三种抗生素的去除效果进行了研究，结果显示，甲基盐霉素和盐霉素在翻堆和简单堆放方式下抗生素的去除效果好于通气和通气加翻堆，而莫能菌素的去除情况与其他两种抗生素正好相反。

6.5.2 砷污染农田安全利用技术

针对畜禽废弃物农用引起的中轻度砷污染农田，可以采用原位稳定化技术，并结合砷低累积作物种植和有效的水分管理方式实现农田的安全利用。原位稳定化技术是指添加稳定化材料降低污染土壤中重金属有效性的改良技术，通过改变土壤 pH、Eh 等理化性质，经吸附、沉淀或共沉淀、离子交换等作用降低土壤中重金属的释放，减少植物对土壤重金属的吸收。常见的土壤砷污染稳定化材料有铁/锰氧化物、赤泥、零价铁等。其中金属氧化物作为钝化材料修复砷污染土壤,效果显著且成本较低(纪冬丽等,2016)。Matsumoto 等(2015)研究表明,土壤中添加零价铁或者铁氧化物,减少了水稻籽粒中51%和47%的砷。费杨等(2016)研究了人工合成的铁锰双金属材料(FMBO)对砷的稳定作用,发现最适 pH 条件下,FMBO 对砷的稳定效率可达 92.7%。Xu 等(2017)的研究结果表明,淹水土壤的孔隙水中,砷与铁锰氧化物显著相关,且锰氧化物显著减少了砷在水稻籽粒中的累积。Yang 等(2016)的研究结果表明,添加 0.2%和 5%赤泥可显著减少砷的有效性和植物地上部对砷的吸收。Garau 等(2011)研究了添加赤泥两年后赤泥对土壤中砷的固定作用,结果表明,两年后土壤中水溶态砷减少了 38.46%,残渣态砷增加 300%以上。Tiberg 等(2016)研究了零价铁对砷污染土壤修复的长效性,结果表明添加 1%零价铁使土壤溶液中的砷减少了 95%,且稳定时间为 6~15 年或更长。

在稳定化处理的基础上,通常需要结合低积累作物种植等措施才能进一步减少农作物吸收砷的风险,通过筛选出重金属低积累作物品种并推广种植,减少重金属进入食物链,实现中低污染农田的安全利用。王林友等(2012)从 78 个品种中筛选出 4 个砷低积累水稻品种;杜彩艳等(2017)分别筛选出了砷低积累的玉米和菜心。尽管这些低积累品种筛选应用的工作意义重大,然而目前仍面临着诸多问题,这些获得的低积累品种在不同区域、不同土壤环境中是否有较好的适应性,有待进一步试验验证,砷低积累品种筛选应用是一项长远工作,须持续开展下去。此外,还需要通过有效的水肥管理措施,辅助强化砷污染风险阻控。水分调控是通过控制土壤水分、调节土壤 Eh、降低砷的有效性或毒性,减少砷对植物的危害的重要措施。间歇性淹水或湿润灌溉可显著减少水稻籽粒中砷的含量。Toshimitsu 等(2016)的研究结果表明,提高土壤 Eh 使土壤溶液中砷的浓度急剧减少,且间歇灌排减少了水稻籽粒中砷的含量。Somenahally 等(2011)的研究结果表明,相比于持续淹水,间歇性淹水使土壤孔隙水砷减少了 86%,水稻籽粒砷减少了 41%。顾国平和章明奎(2017)的研究结果表明,湿润灌溉相比于淹水灌溉,水稻籽粒及茎叶中砷的含量为后者的 47.59%~48.30%及 6.43%~13.36%。水分调控还可以影响土壤中砷的价态,减少砷的毒性。Das 等(2016)研究表明在持续淹水后,土壤孔隙水中三价砷占 87.3%~93.6%,而在未持续淹水或干湿交替状态下,土壤孔隙水中五价砷占 89.6%~96.2%或 73.0%~83.0%。

6.5.3 土壤中抗生素的消减技术

研究表明处理土壤中抗生素污染的途径很多,如微波处理、高温分解和光催化等(肖俊霞等,2017),这些技术对治理重污染土壤具有时间短、见效快的效果,但是耗能高、费用高,易引起二次污染,并且对于处理大面积的农田和低水平的抗生素污染土壤并不适用。在农田土壤中施用有机肥、种植黑麦草、添加高效降解菌剂能降低土壤中氧四环素的残留(徐秋桐等,2016;裴孟等,2017;翟辉,2016),其中主要原理是增加土壤中微生物量和提高代谢活性,促进氧四环素的微生物降解。除此之外,目前植物修复、微生物修复和物理化学修复等技术也应用于抗生素污染土壤的修复中。植物修复是利用植物本身的对抗生素的直接吸收作用及其根际分泌物对抗生素的降解作用来达到修复目的,但存在修复周期长等缺点,发展和应用受到限制。微生物修复是利用土壤中土著微生物或外源添加的微生物对抗生素的吸收降解作用，从而达到去除土壤中抗生素的目的。随着微生物分子生态学的发展，对根际细菌和真菌的研究较多，因为其既能促进植物生长，又能协同植物降解菌群修复土壤，促进抗生素污染物的吸收、代谢（佟玲，2016）。阮琳琳（2018）通过添加一定的外源物对土壤中残留抗生素进行去除，结果表明，竹炭、木屑、白腐菌剂处理土壤中磺胺嘧啶残留浓度比对照处理降低了78%、70%和61%。原文丽（2016）采用生物质炭作为吸附材料对磺胺二甲嘧啶（SMT）进行吸附，结果发现不同生物质炭均对 SMT 具有吸附作用，添加生物质炭对磺胺二甲嘧啶污染土壤具有较好的修复效果。总体而言，当前针对土壤中抗生素污染的消减去除研究大多仍停留在实验室阶段，仍需要开展大量的技术开发与应用工作。

6.6 研究展望

畜禽养殖过程中有机砷制剂和抗生素的长期滥用，导致畜禽废弃物中的砷和抗生素等会通过畜禽废弃物→土壤→作物进入食物链，进而威胁人类健康。虽然目前畜禽废弃物中砷和抗生素的污染问题已经被广泛研究，但是土壤中砷和抗生素的环境过程、畜禽废弃物农用引起的土壤砷和抗生素污染的防控等还缺乏更加深入和系统的工作。实际环境中的污染情况也日趋复杂，存在多种抗生素污染、重金属-抗生素复合型污染等，需要深入研究重金属-抗生素复合型污染所带来的环境效应问题等。需要从宏观和微观两方面进行进一步的综合研究，以全面了解畜禽废弃物农用土壤中砷、抗生素等的环境行为，确定砷和抗生素在畜禽废弃物→土壤→作物的传递过程与分配。重要的是，需要进一步系统地研究畜禽废弃物、腐熟有机肥、天然有机质及其组分等影响土壤中砷、抗生素迁移转化的过程与机理，在总结前人研究成果的基础上，系统阐明有机质在土壤砷和抗生素迁移转化过程中的重要角色与机制。同时，应用现代分子生物学技术等进一步研究土壤微生物、动物对土壤中砷、抗生素等的生物积累和转化过程，特别是土壤动物肠道微生物在土壤砷和抗生素迁移转化过程中的重要作用和机理仍有待全面揭示。此外，通过调控堆肥等过程中砷和抗生素的环境行为减少土壤砷、抗生素等的输入，并进一步结合作物种植、农艺措施调控及原位强化修复技术模式，阻控畜禽废弃物农用引起的农田土壤砷和抗生素污染，评估其生态健康风险，保障农产品与生态环境安全。

参 考 文 献

陈昂, 张劲强, 钟明, 等. 2008. 磺胺类药物在太湖地区典型水稻土上的吸附特征. 中国环境科学, 28(4): 309-312.
东天, 马溪平, 王闻烨, 等. 2014. 抗生素光降解研究进展. 环境科学与技术, (S1): 108-113.
杜彩艳, 张乃明, 雷宝坤, 等. 2017. 砷、铅、镉低积累玉米品种筛选研究. 西南农业学报, (1): 5-10.
段然, 王刚, 杨世琦, 等. 2008. 沼肥对农田土壤的潜在污染分析. 吉林农业大学学报, (3): 310-315.
费杨, 阎秀兰, 廖晓勇, 等. 2016. 铁锰双金属材料对砷和重金属复合污染土壤的稳定化研究. 环境科学学报, (11): 4164-4172.
高定, 陈同斌, 刘斌, 等. 2006. 我国畜禽养殖业粪便污染风险与控制策略. 地理研究, 25(2): 311-319.
顾国平, 章明奎. 2017. 水分管理与秸秆还田对作物吸收土壤中砷的影响. 安徽农学通报, (12): 19-21.

何梦媛, 董同喜, 茹淑华, 等. 2017. 畜禽粪便有机肥中重金属在土壤剖面中积累迁移特征及生物有效性差异. 环境科学, (4): 1576-1586.

何增明. 2011. 猪粪堆肥中钝化剂对重金属形态转化及其生物有效性的影响研究. 湖南农业大学博士学位论文.

黄福义, 李虎, 韦蓓, 等. 2014. 长期施用猪粪水稻土抗生素抗性基因污染研究. 环境科学, (10): 3869-3873.

黄治平, 徐斌, 张克强, 等. 2007. 连续四年施用规模化猪场猪粪温室土壤重金属积累研究. 农业工程学报, (11): 239-244.

纪冬丽, 孟凡生, 薛浩, 等. 2016. 国内外土壤砷污染及其修复技术现状与展望. 环境工程技术学报, (1): 90-99.

靳红梅, 常志州, 叶小梅. 2015. 猪粪厌氧发酵后砷的形态转化特征. 2015 年中国环境科学学会学术年会, 中国广东深圳: 11.

李健, 郑时选. 2009. 沼肥中重金属含量初步研究. 可再生能源, 27(1): 62-64.

李玲玲, 黄利东, 霍嘉恒, 等. 2010. 土壤和堆肥中四环素类抗生素的检测方法优化及其在土壤中的降解研究. 植物营养与肥料学报, 16(5): 1176-1182.

李银生, 曾振灵. 2002. 兽药残留的现状与危害. 中国兽药杂志, (1): 29-33.

李云辉, 吴小莲, 莫测辉, 等. 2011. 畜禽粪便中喹诺酮类抗生素的高效液相色谱-荧光分析方法. 江西农业学报, 23(8): 147-150.

凌文翠, 范玉梅, 方瑶瑶, 等. 2018. 京津冀地区畜禽养殖业抗生素污染现状分析. 环境工程技术学报, 8(4): 390-397.

柳开楼, 李大明, 黄庆海, 等. 2014. 红壤稻田长期施用猪粪的生态效益及承载力评估. 中国农业科学, (2): 303-313.

柳开楼, 余跑兰, 谭武贵, 等. 2015. 长期施用猪粪对红壤旱地和水稻土肥力和土壤 As 转化的影响. 生态环境学报, (6): 1057-1062.

楼晨露. 2016. 长期定量施用猪粪稻田土壤中典型抗生素及其抗性基因污染研究. 浙江大学硕士学位论文.

马秀丽. 2014. 规模养殖场滥用抗生素的危害与对策. 当代畜牧, (2): 17-18.

倪中应, 姚玉才, 章明奎. 2017. 短期施用不同粪源堆肥对果园土壤肥力与重金属积累的影响. 中国农学通报, 33(33): 100-106.

裴孟, 梁玉婷, 易良银, 等. 2017. 黑麦草对土壤中残留抗生素的降解及其对微生物活性的影响. 环境工程学报, 11(5): 3179-3186.

彭来真, 刘琳琳, 吕清瑶, 等. 2011. 施用猪粪对土壤和菜心砷含量的影响. 热带作物学报, 32(3): 423-426.

钱勋. 2016. 好氧堆肥对畜禽粪便中抗生素抗性基因的削减条件探索及影响机理研究. 西北农林科技大学博士学位论文.

覃丽霞, 马军伟, 孙万春, 等. 2015. 浙江省畜禽有机肥重金属及养分含量特征研究. 浙江农业学报, (4): 604-610.

仇焕广, 廖绍攀, 井月, 等. 2013. 我国畜禽粪便污染的区域差异与发展趋势分析. 环境科学, 34(7): 2766-2774.

任君焘, 徐琳. 2019. 山东东营地区畜禽粪便中抗生素残留研究. 畜牧科学, (6): 56-59.

阮琳琳. 2018. 有机肥中兽用抗生素在土壤中的环境行为和修复研究. 浙江师范大学硕士学位论文.

石艳平, 黄锦法, 倪雄伟, 等. 2015. 嘉兴市主要生猪规模化养殖饲料和粪便重金属污染特征. 浙江农业科学, (9): 1494-1497.

佟玲. 2016. 浅谈土壤中抗生素污染及修复技术展望. 资源节约与环保, (10): 180.

王成贤, 石德智, 沈超峰, 等. 2011. 畜禽粪便污染负荷及风险评估——以杭州市为例. 环境科学学报, 3(11): 2562-2569.

王瑾, 韩剑众. 2008. 饲料中重金属和抗生素对土壤和蔬菜的影响. 生态与农村环境学报, 24(4): 90-93.
王克俭, 廖新俤. 2005. 猪场周围环境中砷的分布及迁移规律研究. 家畜生态学报, (2): 29-32.
王丽. 2013. 畜禽粪便中抗生素的检测、释放及削减研究. 江西理工大学硕士学位论文.
王丽, 陈光才, 宋秋华, 等. 2014. 杭州城郊养殖场畜禽粪便主要养分及有害物质分析. 上海农业学报, 30(2), 85-89.
王林友, 竺朝娜, 王建军, 等. 2012. 水稻镉、铅、砷低含量基因型的筛选. 浙江农业学报, (1): 133-138.
吴萍萍, 曾希柏, 李莲芳, 等, 2012. 离子强度和磷酸盐对铁铝矿物及土壤吸附 As(V)的影响. 农业环境科学学报, 31(03): 498-503.
吴清平, 黄静敏, 张菊梅, 等. 2010. 细菌素的合成与作用机制. 微生物学通报, 37(10): 1519-1524.
肖俊霞, 彭惠玲, 王淑静, 等. 2017. TiO_2光催化氧化技术在土壤修复中的研究与发展. 环境与发展, 29(4): 150-152.
徐明岗, 李冬初, 李菊梅, 等. 2008. 化肥有机肥配施对水稻养分吸收和产量的影响. 中国农业科学, (10): 3133-3139.
徐秋桐, 顾国平, 章明奎. 2016. 土壤中兽用抗生素污染对水稻生长的影响. 农业资源与环境学报, 33(1): 60-65.
姚丽贤, 李国良, 党志. 2006. 集约化养殖禽畜粪中主要化学物质调查. 应用生态学报, 17(10): 1989-1992.
原文丽. 2016. 生物炭对铅和磺胺二甲嘧啶的吸附及其复合污染土壤的修复. 华中农业大学硕士学位论文.
曾希柏, 李莲芳, 白玲玉, 等. 2007. 山东寿光农业利用方式对土壤砷累积的影响. 应用生态学报, (2): 310-316.
翟辉. 2016. 土霉素降解菌的筛选、鉴定及其在污染土壤中的修复模拟. 西北农林科技大学硕士学位论文.
翟伟伟. 2018. 畜禽废弃物堆肥过程中砷的形态转化规律及其微生物驱动机制研究. 浙江大学博士学位论文.
张慧敏, 章明奎, 顾国平, 等. 2008. 浙北地区畜禽粪便和农田土壤中四环素类抗生素残留. 生态与农村环境学报, 24(3): 69-73.
张树清, 张夫道, 刘秀梅, 等. 2006. 高温堆肥对畜禽粪中抗生素降解和重金属钝化的作用. 中国农业科学, (2): 337-343.
郑佳伦, 刘超翔, 刘琳, 等. 2017. 畜禽养殖业主要废弃物处理工艺消除抗生素研究进展. 环境化学, 36(1): 37-47.
朱立安, 王继增, 胡耀国, 等. 2005. 畜禽养殖非点源污染及其生态控制. 水土保持通报, 25(2): 40-43.
An J, Chen H, Wei S, et al. 2015. Antibiotic contamination in animal manure, soil, and sewage sludge in Shenyang, northeast China. Environmental Earth Sciences, 74(6): 5077-5086.
Arai Y, Lanzirotti A, Sutton S, et al. 2003.Arsenic speciation and reactivity in poultry litter. Environmental Science & Technology, 37(18): 4083-4090.
Arikan O A, Mulbry W, Rice C. 2009. Management of antibiotic residues from agricultural sources: use of composting to reduce chlortetracycline residues in beef manure from treated animals. Journal of Hazardous Materials, 164(2-3):483-489.
Arroyo-Abad U, Mattusch J, Moeder M, et al. 2011.Identification of roxarsone metabolites produced in the system: Soil-chlorinated water-light by using HPLC-ICP-MS/ESI-MS, HPLC-ESI-MS/MS and high resolution mass spectrometry(ESI-TOF-MS). Journal of Analytical Atomic Spectrometry, 26(1): 171-177.
Ashjaei S, Miller W P, Cabrera M L, et al. 2011.Arsenic in soils and forages from poultry litter-amended pastures. International Journal of Environmental Research and Public Health, 8(5):1534-1546.
Bao Y, Zhou Q, Guan L, et al. 2009. Depletion of chlortetracycline during composting of aged and spiked manures. Waste Management, 29: 1416-1423.
Bednar A J, Garbarino J R, Ferrer I, et al. 2003. Photodegradation of roxarsone in poultry litter leachates. Science of the Total Environment, 302(1-3): 237-245.

Beesley L, Inneh O S, Norton G J, et al. 2014. Assessing the influence of compost and biochar amendments on the mobility and toxicity of metals and arsenic in a naturally contaminated mine soil. Environmental Pollution, 186: 195-202.

Binh C, Heuer H, Kaupenjohann M, et al. 2008. Piggery manure used for soil fertilization is a reservoir for transferable antibiotic resistance plasmids. FEMS Microbiology Ecology, 66(1): 25-37.

Blackwell P A, Kay P, Boxall A. 2007. The dissipation and transport of veterinary antibiotics in a sandy loam soil. Chemosphere, 67(2): 292-299.

Brown B L, Slaughter A D, Schreiber M E. 2005. Controls on roxarsone transport in agricultural watersheds. Applied Geochemistry, 20(1): 123-133.

Burkhardt M, Stamm C. 2007. Depth distribution of sulfonamide antibiotics in pore water of an undisturbed loamy grassland soil. Journal of Environmental Quality, 36(2): 588-596.

Chabot M, Hoang T, Al-Abadleh H A. 2009. ATR-FTIR studies on the nature of surface complexes and desorption efficiency of p-arsanilic acid on iron(oxyhydr)oxides. Environmental Science & Technology, 43(9): 3142-3147.

Chapman H D, Johnson Z B. 2002. Use of antibiotics and roxarsone in broiler chickens in the USA: analysis for the years 1995 to 2000. Poultry Science, 81(3): 356-364.

Chen W, Huang C. 2012. Surface adsorption of organoarsenic roxarsone and arsanilic acid on iron and aluminum oxides. Journal of Hazardous Materials, 227: 378-385.

Chen Y, Zhang H, Luo Y, et al. 2012. Occurrence and assessment of veterinary antibiotics in swine manures: a case study in East China. Chinese Science Bulletin, 57(6): 606-614.

Christen K. 2001. Chickens, manure, and arsenic. Environmental Science & Technology, 35(9): 184A-185A.

Cortinas I, Field J A, Kopplin M, et al. 2006. Anaerobic biotransformation of roxarsone and related N-substituted phenylarsonic acids. Environmental Science & Technology, 40(9): 2951-2957.

Covey A K, Furbish D J, Savage K S. 2010. Earthworms as agents for arsenic transport and transformation in roxarsone-impacted soil mesocosms: a μXANES and modeling study. Geoderma, 156(3-4): 99-111.

Cui E, Wu Y, Jiao Y, et al. 2017. The behavior of antibiotic resistance genes and arsenic influenced by biochar during different manure composting. Environmental Science and Pollution Research, 24(16): 14484-14490.

D'Angelo E, Zeigler G, Beck E G, et al. 2012. Arsenic species in broiler (*Gallus gallus domesticus*) litter, soils, maize (*Zea mays* L.), and groundwater from litter-amended fields. Science of the Total Environment, 438: 286-292.

Das S, Chou M, Jean J, et al. 2016. Water management impacts on arsenic behavior and rhizosphere bacterial communities and activities in a rice agro-ecosystem. Science of the Total Environment, 542(A): 642-652.

Dolliver H, Kumar K, Gupta S. 2007. Sulfamethazine uptake by plants from manure-amended soil. Journal of Environmental Quality, 36(4): 1224-1230.

Elisabeth K, Vogel T M, Frank B, et al. 2002. *In situ* transfer of antibiotic resistance genes from transgenic(transplastomic)tobacco plants to bacteria. Applied & Environmental Microbiology, 68(7): 3345.

Fisher D J, Yonkos L T, Staver K W. 2015. Environmental concerns of roxarsone in broiler poultry feed and litter in maryland, USA. Environmental Science & Technology, 49(4): 1999-2012.

Fisher E, Dawson A M, Polshyna G, et al. 2010. Transformation of inorganic and organic arsenic by *Alkaliphilus oremlandii* sp. nov. strain OhILAs. Annals of the New York Academy of Ences, 1125(1): 230-241.

Gadepalle V P, Ouki S K, Van Herwijnen R, et al. 2008. Effects of amended compost on mobility and uptake of arsenic by rye grass in contaminated soil. Chemosphere, 72(7): 1056-1061.

Garau G, Silvetti M, Deiana S, et al. 2011. Long-term influence of red mud on as mobility and soil physico-chemical and microbial parameters in a polluted sub-acidic soil. Journal of Hazardous Materials, 185(2-3): 1241-1248.

Garbarino J R, Bednar A J, Rutherford D W, et al. 2003. Environmental fate of roxarsone in poultry litter. I.

Degradation of roxarsone during composting. Environmental Science & Technology, 37(8): 1509-1514.

Garbarino J R, Rutherford D W, Wershaw R L. 2001. Degradation of roxarsone in poultry ltter. Distribution, 10-13.

Greenway G M, Song Q J. 2002. Heavy metal speciation in the composting process. Journal of Environmental Monitoring, 4(2): 300-305.

Gullberg E, Albrecht L M, Karlsson C, et al. 2014. Selection of a multidrug resistance plasmid by sublethal levels of antibiotics and heavy metals. MBio, 5(5): 01918-14.

Guo T, Lou C, Wang S, et al. 2015. Effects of long-term manure applications on the occurrence of antibiotics and antibiotic resistance genes(ARGs)in paddy soils: evidence from four field experiments in south of China. Soil Biology & Biochemistry, 90: 179-187.

Guo T, Lou C, Zhai W, et al. 2018. Increased occurrence of heavy metals, antibiotics and resistance genes in surface soil after long-term application of manure. Science of the Total Environment, 635: 997-1003.

Gupta G, Charles S. 1999.Trace elements in soils fertilized with poultry litter. Poultry Science, 78(12): 1695-1698.

Gupta S K, Le X C, Kachanosky G, et al. 2018.Transfer of arsenic from poultry feed to poultry litter: a mass balance study. Science of the Total Environment, 630: 302-307.

Halling-Sorensen B, Jacobsen A M, Jensen J, et al. 2005. Dissipation and effects of chlortetracycline and tylosin in two agricultural soils: a field-scale study in southern Denmark. Environmental Toxicology & Chemistry, 24(4): 802-810.

Hamscher G, Sczesny S, Höper H, et al. 2002. Determination of persistent tetracycline residues in soil fertilized with liquid manure by high-performance liquid chromatography with electrospray ionization tandem mass spectrometry. Analytical Chemistry, 74(7): 1509-1518.

Han F X, Kingery W L, Selim H M, et al. 2004. Arsenic solubility and distribution in poultry waste and long-term amended soil. Science of the Total Environment, 320(1): 51-61.

Hou J, Wan W, Mao D, et al. 2015.Occurrence and distribution of sulfonamides, tetracyclines, quinolones, macrolides, and nitrofurans in livestock manure and amended soils of Northern China. Environmental Science & Pollution Research, 22(6): 1-10.

Hou Q, Ma A, Lv D, et al. 2014. The impacts of different long-term fertilization regimes on the bioavailability of arsenic in soil: integrating chemical approach with Escherichia coli arsRp: Luc-based biosensor. Applied Microbiology and Biotechnology, 98(13): 6137-6146.

Hu X, Zhou Q, Luo Y. 2010. Occurrence and source analysis of typical veterinary antibiotics in manure, soil, vegetables and groundwater from organic vegetable bases, northern China. Environmental Pollution, 158(9): 2992-2998.

Jackson B P, Bertsch P M, Cabrera M L, et al. 2003. Trace element speciation in poultry litter. Journal of Environmental Quality, 32(2): 535-540.

Jackson B P, Bertsch P M. 2001. Determination of arsenic speciation in poultry wastes by IC-ICP-MS. Environmental Science & Technology, 35(24): 4868-4873.

Jackson B P, Seaman J C, Bertsch P M. 2006. Fate of arsenic compounds in poultry litter upon land application. Chemosphere, 65(11): 2028-2034.

Jia Y, Huang H, Sun G, et al. 2012.Pathways and relative contributions to arsenic volatilization from rice plants and paddy soil. Environmental Science & Technology, 46(15): 8090-8096.

Jiang Z, Li P, Wang Y, et al. 2013. Effects of roxarsone on the functional diversity of soil microbial community. International Biodeterioration & Biodegradation, 76(SI): 32-35.

Keller T, Lamandé M, Peth S, et al. 2013. An interdisciplinary approach towards improved understanding of soil deformation during compaction. Soil & Tillage Research, 128: 61-80.

Kumar K, Gupta S C, Baidoo S K, et al. 2005. Antibiotic uptake by plants from soil fertilized with animal manure. Journal of Environmental Quality, 34(6): 2082-2085.

Li F, Zheng Y, He J. 2009. Microbes influence the fractionation of arsenic in paddy soils with different fertilization regimes. Science of the Total Environment, 407(8): 2631-2640.

Li F, Zheng Y M, He J Z. 2010. Effect of long-term fertilization on total soil arsenic in China. Annals of the

New York Academy of Sciences, 1195(S1): E65-E73.

Li G, Sun G, Williams P N, et al. 2011. Inorganic arsenic in Chinese food and its cancer risk. Environment International, 37(7): 1219-1225.

Li Y X, Chen T B. 2005. Concentrations of additive arsenic in Beijing pig feeds and the residues in pig manure. Resources Conservation and Recycling, 45(4): 356-367.

Li Y, Zeng Z, Chen Z, et al. 2008. Accumulation and elimination of arsenic in earthworms under stress of roxarsone contamination. Journal of Tongji University. Natural Science, 36: 212-217.

Liang T, Ke Z, Chen Q, et al. 2014. Degradation of roxarsone in a silt loam soil and its toxicity assessment. Chemosphere, 112: 128-133.

Liao H, Lu X, Rensing C, et al. 2018. Hyperthermophilic composting accelerates the removal of antibiotic resistance genes and mobile genetic elements in sewage sludge. Environmental Science & Technology, 52(1): 266-276.

Ling Z, Yuan H D, Hui W. 2010. Residues of veterinary antibiotics in manures from feedlot livestock in eight provinces of China. Science of the Total Environment, 408(408): 1069-1075.

Liu C, Lin C, Jang C, et al. 2009. Arsenic accumulation by rice grown in soil treated with roxarsone. Journal of Plant Nutrition and Soil Science, 172(4): 550-556.

Makris K C, Salazar J, Quazi S, et al. 2008. Controlling the fate of roxarsone and inorganic arsenic in poultry litter. Journal of Environmental Quality, 37(3): 963-971.

Mangalgiri K P, Adak A, Blaney L. 2015. Organoarsenicals in poultry litter: detection, fate, and toxicity. Environment International, 75: 68-80.

Matsumoto S, Kasuga J, Taiki N, et al. 2015. Inhibition of arsenic accumulation in Japanese rice by the application of iron and silicate materials. Catena, 135: 328-335.

Menahem A, Dror I, Berkowitz B. 2016. Transport of gadolinium- and arsenic-based pharmaceuticals in saturated soil under various redox conditions. Chemosphere, 144: 713-720.

Mestrot A, Xie W, Xue X, et al. 2013. Arsenic volatilization in model anaerobic biogas digesters. Applied Geochemistry, 33: 294-297.

Migliore L, Cozzolino S, Fion M. 2003. Phytotoxicity to and uptake of enrofloxacin in crop plants. Chemosphere, 52(7): 1233-1244.

Mohring S A I, Strzysch I, Fernandes M R, et al. 2009. Degradation and elimination of various sulfonamides during anaerobic fermentation: A promising step on the way to sustainable pharmacy. Environmental Science & Technology, 43(7): 2569-2574.

Munaretto J S, Yonkos L, Aga D S. 2016. Transformation of ionophore antimicrobials in poultry litter during pilot-scale composting. Environmental Pollution, 212: 392-400.

Oyewumi O, Schreiber M E. 2012. Release of arsenic and other trace elements from poultry litter: insights from a field experiment on the Delmarva Peninsula, Delaware. Applied Geochemistry, 27(10): 1979-1990.

Park J H, Lamb D, Paneerselvam P, et al. 2011. Role of organic amendments on enhanced bioremediation of heavy metal (loid) contaminated soils. Journal of Hazardous Materials, 185(2-3): 549-574.

Peak N, Knapp C W, Yang R K, et al. 2007. Abundance of six tetracycline resistance genes in wastewater lagoons at cattle feedlots with different antibiotic use strategies. Environmental Microbiology, 9(1): 143-151.

Peng S, Wang Y, Zhou B, et al. 2015. Long-term application of fresh and composted manure increase tetracycline resistance in the arable soil of eastern China. Science of the Total Environment, 506-507: 279-286.

Pruden A, Pei R, Storteboom H, et al. 2006. Antibiotic resistance genes as emerging contaminants: studies in northern Colorado. Environmental Science & Technology, 40(23): 7445-7450.

Redman A D, Macalady D L, Ahmann D. 2002. Natural organic matter affects arsenic speciation and sorption onto hematite. Environmental Science & Technology, 36(13): 2889-2896.

Rutherford D W, Bednar A J, Garbarino J R, et al. 2003. Environmental fate of roxarsone in poultry litter. Part II. Mobility of arsenic in soils amended with poultry litter. Environmental Science & Technology,

37(8): 1515-1520.

Sarmah A K, Meyer M T, Boxall A B A. 2006. A global perspective on the use, sales, exposure pathways, occurrence, fate and effects of veterinary antibiotics (VAs) in the environment. Chemosphere, 65(5): 725-759.

Sassman S A, Lee L S. 2005. Sorption of three tetracyclines by several soils: assessing the role of pH and cation exchange. Environmental Science & Technology, 39(19): 7452-7459.

Solaiman A R M, Meharg A A, Gault A G, et al. 2009. Arsenic mobilization from iron oxyhydroxides is regulated by organic matter carbon to nitrogen (C∶N) ratio. Environment International, 35(3): 480-484.

Somenahally A C, Hollister E B, Yan W, et al. 2011. Water management impacts on arsenic speciation and iron-reducing bacteria in contrasting rice-rhizosphere compartments. Environmental Science & Technology, 45(19): 8328-8335.

Stolz J F, Perera E, Kilonzo B, et al. 2001. Biotransformation of 3-nitro-4-hydroxybenzene arsonic acid (roxarsone) and release of inorganic arsenic by *Clostridium* species. Environmental Science & Technology, 41(3): 818-823.

Tang R, Chen H, Yuan S, et al. 2017. Arsenic accumulation and volatilization in a 260-day cultured upflow anaerobic sludge blanket (UASB) reactor. Chemical Engineering Journal, 311: 277-283.

Thiele B S. 2005. Microbial inhibition by pharmaceutical antibiotics in different soils-dose-esponse relations determined with the iron(III)reduction test. Environmental Toxicology and Chemistry, 24(4): 869-876.

Tiberg C, Kumpiene J, Gustafsson J P, et al. 2016. Immobilization of Cu and as in two contaminated soils with zero-valent iron-long-term performance and mechanisms. Applied Geochemistry, 67: 144-152.

Toshimitsu K, Hara K, Mikajiri S, et al. 2016. Experimental study of propulsion performance by single-pulse rotating detonation with gaseous fuels-oxygen mixtures. International Journal of Turbo and Jet-Engines, 33(4): 361-365

Wang F, Qiao M, Chen Z, et al. 2015. Antibiotic resistance genes in manure-amended soil and vegetables at harvest. Journal of Hazardous Materials, 299: 215-221.

Wang H, Dong Y, Yang Y, et al. 2013.Changes in heavy metal contents in animal feeds and manures in an intensive animal production region of China. Journal of Environmental Sciences, 25(12): 2435-2442.

Wang L, Wang S, Chen W. 2016. Roxarsone desorption from the surface of goethite by competitive anions, phosphate and hydroxide ions: significance of the presence of metal ions. Chemosphere, 152: 423-430.

Wang P, Jing T, Su X. 2008. Determination of organic arsenic in feed using high performance liquid chromatography tandem inductively coupled plasma mass spectrometry. Chinese Journal of Analytical Chemistry, 36(2): 215-218.

Webster T M, Reddy R R, Tan J Y, et al. 2016. Anaerobic disposal of arsenic-bearing wastes results in low microbially mediated arsenic volatilization. Environmental Science & Technology, 50(20): 10951-10959.

Weng L, Van Riemsdijk W H, Hiemstra T. 2009. Effects of fulvic and humic acids on arsenate adsorption to goethite: experiments and modeling. Environmental Science & Technology, 43(19): 7198-7204.

Wheeler C, Vogt T M, Armstrong G L, et al. 2005. An outbreak of hepatitis A associated with green onions. New England Journal of Medicine, 353(9): 890-897.

Williams P N, Hao Z, Davison W, et al. 2011. Organic matter-solid phase interactions are critical for predicting arsenic release and plant uptake in Bangladesh paddy soils. Environmental Science & Technology, 45(14): 6080-6087.

Wu L, Tan C, Liu L, et al. 2012. Cadmium bioavailability in surface soils receiving long-term applications of inorganic fertilizers and pig manure. Geoderma, 173: 224-230.

Xie H, Han D, Cheng J, et al. 2015. Fate and risk assessment of arsenic compounds in soil amended with poultry litter under aerobic and anaerobic circumstances. Water Air and Soil Pollution, 226(11): 390.

Xu X, Chen C, Wang P, et al. 2017. Control of arsenic mobilization in paddy soils by manganese and iron oxides. Environmental Pollution, 231(1): 37-47.

Xu Y, Yu W, Qiang M, et al. 2015.Occurrence of (fluoro) quinolones and (fluoro) quinolone resistance in soil receiving swine manure for 11 years. Science of the Total Environment, 530-531: 191-197.

Yang F, Zhu X D, Wei C Y. 2015. A overview on the process and mechanism of arsenic transformation and transportation in aquatic environment. Chinese Journal of Ecology, 34(5):1448-1455

Yang J X, Guo Q J, Yang J, et al. 2016. Red mud(RM)-induced enhancement of iron plaque formation reduces arsenic and metal accumulation in two wetland plant species. International Journal of Phytoremediation, 18(3): 269-277.

Yang X, Li Q, Tang Z, et al. 2017. Heavy metal concentrations and arsenic speciation in animal manure composts in China. Waste Management, 64: 333-339.

Yao L, Huang L, He Z, et al. 2013. Occurrence of arsenic impurities in organoarsenics and animal feeds. Journal of Agricultural and Food Chemistry, 61(2): 320-324.

Zhai W, Wong M T, Luo F, et al. 2017. Arsenic methylation and its relationship to abundance and diversity of *arsM* genes in composting manure. Scientific Reports, 7: 42198.

Zhang F, Wang W, Yuan S, et al. 2014. Biodegradation and speciation of roxarsone in an anaerobic granular sludge system and its impacts. Journal of Hazardous Materials, 279: 562-568.

Zhang Y, Yin J, Shi Y, et al. 2012. Arsenic accumulation in two vegetables grown in soils amended with Arsenic-Bearing chicken manures. Communications in Soil Science and Plant Analysis, 43(12): 1732-1742.

Zhao F, Harris E, Yan J, et al. 2013. Arsenic methylation in soils and its relationship with microbial *arsM* abundance and diversity, and as speciation in rice. Environmental Science & Technology, 47(13):7147-7154.

Zhou L, Ying G, Zhang R, et al. 2013. Use patterns, excretion masses and contamination profiles of antibiotics in a typical swine farm, south China. Environmental Science Processes & Impacts, 15(4): 802-813.

第 7 章

基于受体模型的土壤重金属污染源解析

施加春　支裕优

浙江大学环境与资源学院，浙江杭州　310058

施加春简历：博士，副教授，硕士生导师。曾在美国加利福尼亚大学戴维斯分校（2007~2008 年）、加利福尼亚大学河滨分校（2014~2015 年）进行学习和合作研究。目前主要从事土水环境污染源解析、农田土壤污染治理与修复领域的研究，已在 Environmental Pollution、Science of the Total Environment、Journal of Environmental Quality、《土壤学报》等国内外土壤和环境科学领域主流刊物上发表论文 40 余篇，其中 SCI 论文 23 篇；参与出版著作 4 部，获授权发明专利 2 项，软件著作权登记 5 项。获浙江省科学技术奖二等奖 2 项，浙江省农业丰收奖一等奖 1 项。

摘　要：土壤是环境的重要组成部分，也是人类赖以生存的自然环境和农业生产的重要资源。然而，在过去很长一段时间内，由于快速的工业化发展，许多有毒有害物质（如重金属）进入土壤系统，对农作物生长和品质安全均产生了一定的负面影响，进而通过食物链的富集作用，对人体健康和安全构成了非常严重的潜在威胁。定性识别源类并量化各源类对土壤重金属的贡献，是土壤重金属污染防治的前提。本章简要介绍了土壤污染来源研究中常用的定性源识别方法和定量源解析方法，包括化学质量平衡法、正定矩阵因子分解法等受体模型和同位素混合模型等；并以浙江省北部某镇农田土壤为主要研究对象，通过采集表层土壤样品，全面摸清当地土壤中的重金属污染特征和分布，并通过主成分分析、空间分析等手段，定性识别出区域内的主要污染源类。在此基础上，通过对潜在源类周围土壤剖面的对比分析，证实潜在污染源类对周围土壤的污染，最后使用正定矩阵因子分解模型确定因子的贡献及其成分谱，并对正定矩阵因子分解模型结果的可靠性进行分析。

关键词：土壤重金属；源解析；受体模型；混合模型

　　土壤是生态系统重要的组成部分，是人类农业生产的主要基地。然而近年来快速的工业化发展造成了土壤环境的污染，其中以土壤重金属污染问题尤为突出。由于其隐蔽性和危害性，污染土壤难以被及时发现并进行有效治理。了解土壤污染物来源是控制土壤污染、保障环境安全和农业可持续发展的重要前提。我国政府高度重视土壤重金属污染防治工作，于 2016 年 5 月印发的《土壤污染防治行动计划》中提到要"加强污染源监管"、"明确治理与修复主体"，这些都涉及土壤污染物源解析的相关研究内容。因此，土壤污染物来源解析将成为我国土壤污染防治工作的重要内容之一。

目前对污染来源解析的认识包含两个层次，即定性判断出环境介质中污染物主要来源类型的源识别（source identification）和在源识别的基础上定量计算出各类污染源的贡献大小的源解析（source apportionment）（张长波等，2007）。就目前的研究成果来看，大多数研究仍停留在定性判断土壤中污染来源类型上，定量计算各源类贡献的研究还比较少（李娇等，2018）。本章简要介绍了土壤污染来源研究中常用的定性源识别方法及定量源解析方法，包括化学质量平衡法、正定矩阵因子分解法等受体模型和同位素混合模型等；在此基础上以浙江省长兴县西北部某镇农田土壤为主要研究对象，联合运用主成分分析、空间分析、土壤剖面分析等手段识别源类，并使用正定矩阵因子分解模型量化各源类的贡献。

7.1　土壤重金属来源解析研究概述

7.1.1　污染来源定性识别

土壤重金属污染来源的定性识别方法包括空间分析、多元统计方法、同位素示踪等方法。空间分析方法主要是通过对比土壤重金属含量的空间分布特征和研究区域内的工业企业、交通运输、农业生产等潜在污染源的空间分布来识别潜在污染源（胡碧峰等，2017）。

多元统计方法通过挖掘重金属元素彼此之间及重金属元素与人为活动及土壤性质等因素之间的关系来识别潜在污染源（孙慧等，2018）。目前常用的多元统计方法是聚类分析（Zhang，2006；陈秀端和卢新卫，2017）和主成分分析（Huang et al.，2015；Micó et al.，2006；Qu et al.，2018；Zhang，2006；Zhi et al.，2016；瞿明凯等，2013）。此外，伴随着计算机技术的发展，基于多元统计的数据挖掘方法也不断应用于土壤污染来源识别，如决策树（孙慧等，2018）、随机森林（Wang et al.，2015）、支持向量机（Chen et al.，2013）等。

同位素示踪方法是通过对比分析污染源和受体中重金属的稳定同位素组成来解析重金属来源。目前，铅稳定同位素技术较为成熟，广泛应用于土壤铅来源解析（Cloquet et al.，2006；Huang et al.，2015；Luo et al.，2015；陈锦芳等，2019），镉稳定同位素（Cloquet et al.，2006；李霞等，2016）、汞稳定同位素（Huang et al.，2015；李霞等，2016）等开始应用于土壤重金属源解析中。

在实际应用过程中，多种源识别方法往往联用。例如，使用主成分分析识别潜在源类，并比较重金属的空间分布特征与潜在源类的空间分布情况，彼此佐证结果的可靠性（Zhang，2006；瞿明凯等，2013）。

7.1.2 排放清单

源排放清单法（emission inventory）通过对污染源的调查统计，根据不同源类的活动水平和排放因子模型，建立污染源清单数据库，从而对不同源类的排放量进行估计，确定主要的污染源。该方法简单易操作，在大气污染物来源解析中有广泛应用（Liu et al., 2016; Qi et al., 2017）。Chen 等（2018）测定了鑫河流域土壤、大气沉降、灌溉水、肥料中的重金属含量，并计算通过大气沉降、灌溉水、肥料三种途径进入土壤中的重金属的通量，结果表明镉、铬、铜、铅和锌主要来自于大气沉降（62%~85%）。

物质流分析是利用物质质量来衡量发展水平，通过建立相应的指标体系或模型，对物质的输入输出进行量化，评价人类活动对环境的影响，进而揭示不同时空尺度物质的流动特征和利用效率的一种方法。其与排放清单法的区别是，排放清单法针对排放阶段，而物质流分析关注从生产到废弃的全周期物质流动情况（刘胜然等，2019）。刘胜然等（2019）分析了珠三角某市重金属镉的物质流（图 7-1）和源-汇关系（图 7-2），发现土壤镉的来源约 80%是农业活动造成的。

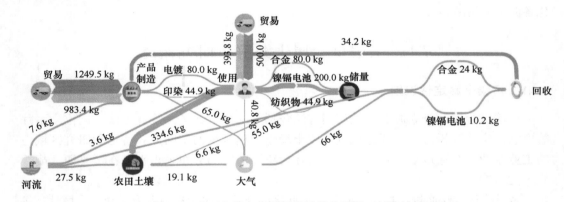

图 7-1　珠三角某市金属镉物质流分析图（刘胜然等, 2019）

7.1.3 受体模型

受体模型（receptor model）是与扩散模型相对而言的，其并不追踪污染物的传播过程，通过测量环境受体中污染物的浓度进行统计分析，来推断污染源的种类，并估计各源类对受体的贡献（Belis et al., 2013）。受体模型包含以下的假设条件（Watson, 1984; 刘娜等，2010）：

1）污染源的成分谱在研究期内保持稳定；
2）污染物在传播过程中并不发生变化，即污染物质从污染源排放出来后，成分谱并不发生变化；
3）源类成分谱线性独立；
4）污染源类的数目小于测定的污染组分数目；
5）测量误差是随机的、独立的，且服从正态分布。

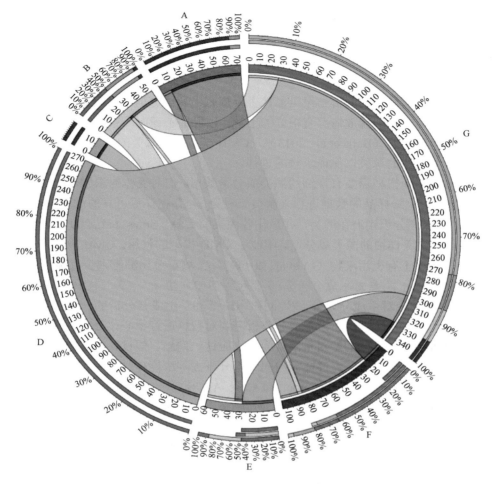

图 7-2　珠三角某市重金属镉源-汇关系图（刘胜然等, 2019）
A. 工业源；B. 燃煤源；C. 交通源；D. 农业源；E. 水体；F. 大气；G. 土壤

在这些假设条件的基础上，受体中的污染物浓度可以表示为各污染源排放的污染物的线性加和，即

$$x_{ij} = \sum_{k=1}^{p} g_{ik} f_{kj} + \varepsilon_{ij} \tag{7-1}$$

式中，x_{ij} 为第 i 个样品中组分 j 的浓度；g_{ik} 为第 k 个源对样品 i 的贡献；f_{kj} 为第 k 个源中组分 j 的浓度；ε_{ij} 为误差项。

经过多年的发展，受体模型包括化学质量平衡（chemical mass balance，CMB）模型、主成分分析/绝对主成分得分-多元线性回归分析（principal component analysis/absolute principal component score-multi-linear regression, PCA/APCS-MLR）方法、正定因子矩阵分解模型（positive matrix factorization, PMF）、UNMIX 模型、COPERM 模型（constrained physical receptor model）等。

（1）化学质量平衡模型

化学质量平衡模型是美国环保署推荐使用的受体模型，最早应用于大气中。CMB模型使用有效方差最小二乘法（effective variance least square）对式（7-1）进行求解，估计各源类对受体的贡献。

化学质量平衡模型的解析结果可靠性主要依赖于源成分谱的有效性、代表性，因而需要对区域内污染源的排放情况有很好的了解，以保证不遗漏污染源，并要求正确估计各个源类的不确定度（Belis et al., 2013）。CMB模型对于源类的共线性问题非常敏感，常需要合并共线性的源类以保证求解的进行。

化学质量平衡模型需要有详细的源类成分谱数据，但对受体的浓度数据并无任何要求，甚至可以对单一样品的数据进行来源贡献量化。若存在详尽可靠的污染源类成分谱，CMB模型可以充分识别潜在源类，并量化各源类的贡献（Song et al., 2007）。但在实际过程中，往往缺乏详细的源类成分谱，限制了CMB模型的使用。CMB模型在土壤污染溯源中主要应用于有机污染物（Li et al., 2014），土壤重金属溯源则少有报道。

（2）主成分分析/绝对主成分得分-多元线性回归方法

主成分分析/绝对主成分得分-线性回归方法是基于主成分分析的一种量化各因子对受体中污染物贡献的方法。由于主成分分析需要对数据进行中心化处理，所以主成分分析不能得到各因子对受体的绝对贡献。为了克服这一问题，假设存在零浓度的样品，计算其各主成分的因子得分，将各样品的因子得分减去零浓度样品的因子得分，得到绝对主成分得分（absolute principal component score, APCS）。最后，将样品浓度对APCS进行多元线性回归，得到各潜在源对受体的贡献量（Thurston and Spengler, 1985）。

主成分分析应用于源解析中最关键的步骤是因子数目的确定及各个主成分的解译（Belis et al., 2013）。常采用特征值大于1的主成分数目（Zhang, 2006; 陈丹青等, 2016; 瞿明凯等, 2013）、能解释一定量（如80%或90%）的总变异的主成分数目等准则，以及利用碎石图来确定潜在源类的数目（Henry et al., 1999）。Henry等（1999）提出了NUMFACT算法用于确定数据中因子数目，其主要思想是通过重采样的手段确定各因子的信噪比，信噪比大于阈值2的因子数即为数据集中的因子数。在确定了待提取的主成分数目之后，通常还会使用varimax等旋转方法以提高因子的解释性（Micó et al., 2006; 瞿明凯等, 2013）。

主成分分析并未考虑数据的不确定性，因此由于数据集的不确定性结构而产生的噪声通常会被PCA纳入主成分中（Paatero and Hopke, 2003）。此外，基于主成分得到的正交主成分，可能并不能代表真实世界的数据，因为各源类的成分谱通常总有一定程度的共线性问题，这可能导致PCA将部分共线性的源类纳入一个主成分中（Belis et al., 2013）。

由于PCA/APCS-MLR原理简单，在水体（Haji Gholizadeh et al., 2016; Meng et al., 2018; Yang et al., 2013）、土壤（Huang et al., 2018; 陈秀端和卢新卫, 2017; 瞿明凯等, 2013）污染来源解析中均有广泛使用。此外，研究者基于该方法，做出了许多的改进。Huang等（2018）在利用PCA识别出研究区域内的主要污染源后，通过对受体与污染源的距离进行建模，建立了PCA-MLRD（principal component analysis-multiple linear regression with distance）。该方法不仅可以量化污染源对受体的贡献，还能确定各污染源的污染范围，有利于污染控制和管理。Qu 等（2018）则使用稳健主成分分析（robust principal component analysis）代替主成分分析，以减弱离群值的影响；并以稳健绝对主成分因子得分为自变量，重金属浓度为因变量，进行稳健地理加权回归分析（robust geographically weighted regression）。Yang 等（2017）使用时空克里金法插值获得研究区 2010～2014 年重金属的增量，并对重金属增量进行 PCA-MLR 分析，结果表明重金属的增量主要来自于工农业活动和交通活动。

（3）正定矩阵因子分解模型

正定矩阵因子分解（positive matrix factorization，PMF）模型是一种多元因子分析方法，其将受体的污染物浓度矩阵分解为因子贡献矩阵和因子成分谱矩阵（Norris et al.，2014）。PMF 通过引入已知的不确定度信息，对矩阵各元素的预测误差进行标准化，在非负限定下求解源类的贡献和成分谱，其通过将目标函数 Q 最小化来求解式（7-1）：

$$Q = \sum_{i=1}^{n}\sum_{j=1}^{m}\left(\frac{x_{ij} - \sum_{k=1}^{p}g_{ik}f_{kj}}{u_{ij}}\right) \tag{7-2}$$

式中，u_{ij} 是数据 x_{ij} 的不确定度。

正定矩阵因子分解模型与 PCA/APCS-MLR 的最大区别就是 PMF 对因子载荷和因子成分谱矩阵都做了非负限定，并且 PMF 并不依赖于相关矩阵，采用的是逐点进行的最小二乘法优化（Lee et al.，1999）。

正定矩阵因子分解模型解析结果的不确定性主要来自于三个方面：随机误差、旋转的模糊性（rotational ambiguity）和模型误差（Brown et al.，2015）。EPA PMF 5.0 提供了三种方法来评估解析结果的不确定性：Bootstrap（BS）、DISP（displacement）和 BS-DISP。Bootstrap 通过重采样来估计解析结果的变异程度，即从原始数据集中通过有放回的采样构建新数据集，然后对每个数据集进行 PMF 解析，得到相应的成分谱矩阵和贡献矩阵，并与原始数据集的结果进行比较。Bootstrap 得到的不确定区间，包括了随机误差及部分的旋转模糊性。Bootstrap 有助于量化解析结果的不确定程度，识别低重现性的因子。DISP 方法，则是对 PMF 模型解析出来的成分谱矩阵 $\boldsymbol{F}$ 中的每个元素进行替换，获得使 Q 值变动设定好的 dQ_{max} 的值。DISP 方法确定的不确定度区间包括了随机误差及旋转模糊性。BS-DISP 方法是 Bootstrap 方法和 DISP 方法的结合。

由于 PMF 模型的非负限定，模型的结果具有更为明确的物理意义，因而在各环境介质的污染物来源解析中受到了广泛的应用，如大气（Kuang et al.，2015；Lee et al.，1999；Ulbrich et al.，2009）、水体（Guo et al.，2017；Li et al.，2015a）、沉积物（Chen et al.，2013；Liu et al.，2018；Pekey and Doğan，2013）、土壤（Guan et al.，2018；Huang et al.，2018；Wang et al.，2019；Xue et al.，2014；董骎睿等，2015；李娇等，2016；刘胜然等，2019）等。

尽管正定因子矩阵分解模型在实际中得到了广泛的应用，但在土壤重金属来源解析中，模型解析结果的可靠性、模型的不确定性等仍需进一步研究。魏迎辉等（2018）考察了元素种类和异常值剔除两个因素对 PMF 模型解析结果的影响，结果表明在成分谱中增加地壳元素后，源解析结果受异常值影响小，结果更加稳定。

（4）UNMIX

UNMIX 模型由 Henry（2003）提出，也是美国环保署推荐的受体模型。UNMIX 模型并不对数据进行中心化处理，而是使用奇异值分析来减少数据的维度，进而对式(7-1)进行求解。UNMIX 模型中将某一源类没有贡献或贡献很低的样点组成的超平面看作是边缘，利用这些边缘确定各源贡献大于等于 0 的区域，该区域的各个顶点代表了各个污染源（Henry, 2003）。UNMIX 模型使用 NUMFACT 算法来估计潜在源类的数目，其主要是根据各潜在源类（因子）的信噪比来进行估计（Henry et al., 1999; Sug Park et al., 2000）。在此基础上，使用特定的寻边算法来寻找边缘。

UNMIX 并不使用受体浓度的不确定度信息，只需要受体的浓度数据便可运行。UNMIX 也对模型做了非负限定，但并不总能找到一个解，且对于贡献较少的源类不能给出很好的结果（Henry, 2003），在一定程度上限制了 UNMIX 的使用。UNMIX 模型在水体（Huang et al., 2010）、土壤（艾建超等, 2014; 段淑辉等, 2018; 卢鑫等, 2018; 赵红安等, 2018）污染物溯源中也有不少应用。卢鑫等（2018）使用 UNMIX 对云南省会泽县铅锌矿周边 42 个农田土壤样品中的同位素进行源解析，发现当地土壤重金属主要来源为燃煤和施肥导致的污染源（68.26%）、工业活动造成的人为污染源（16.32%）及矿山开采导致的人为污染源和土壤母质造成的自然污染源的综合污染源（15.42%）。

（5）土壤重金属总体来源分摊

在土壤重金属来源解析中，研究者在使用受体模型量化各源类对各种重金属的贡献之外，往往还关心各源类对受体中重金属总体的贡献。然而，与大气污染物 $PM_{2.5}$、PM_{10} 等相比，土壤重金属污染中并没有与之相对应的概念。研究者在实际应用中，常采用以下 3 种方法来求解源类对受体中重金属总体的贡献。

1）将受体中的各重金属浓度加和，作为受体中的重金属"总量"，进而计算源类对受体中重金属"总量"的贡献（Hu et al., 2018）。此方法主要由受体中浓度最高的元素决定源类对受体中重金属"总体"的贡献。

2）求解源类对受体中各重金属的相对贡献，并以各重金属相对贡献的平均值作为源类对受体中重金属"总体"的贡献（Ma et al., 2018; 陈锦芳等, 2019; 魏迎辉等, 2018）。该种计算方法忽视了受体中不同重金属的浓度信息和污染程度差异，受体中低污染/低浓度的重金属元素对受体的贡献被高估。

3）根据各因子的成分谱，计算各因子的人体健康风险指数，并以此计算各因子对受体中重金属总的人体健康风险指数的贡献（Jiang et al., 2017; Ma et al., 2018）。此方法并不直接从重金属的量上出发，而是以重金属的人体健康风险为桥梁，将各种重金属的浓度、毒性效应等纳入计算，综合得出结果。研究者在对土壤等环境受体中的多环芳烃（polycyclic aromatic hydrocarbon, PAH）进行溯源时，常采用毒性当量（toxic equivalent quality, TEQ）将不同的 PAH 统一起来，量化各源类多受体中 TEQ 的贡献（Lang et al., 2015; Li et al., 2014）。

尽管以上几种方法都可以计算各源类对受体中重金属的贡献，但第三种方法，即使用人体健康风险指数的方法，由于其综合考虑了重金属的浓度、毒性效应等因素，无疑具有更好的应用前景。需要注意的是，除了人体健康风险指数之外，还可以采用潜在生态危害指数等,根据区域的目标利用方式,选择合适的指数,进而确定各源类对受体中重金属的危害的贡献,将会使重金属的源头控制更为有效。

7.1.4 稳定同位素混合模型

从受体模型的基本计算式(7-1)可以看出,受体模型的基本问题是源类的凸线性合并问题(Palmer and Douglas, 2008),针对这一基本问题,在其他领域中也独立发展起来了不同的方法,如生态学领域的稳定同位素混合模型(stable isotope mixing model)、地质和地球化学中的多方向量分析(polytopic vector analysis)。各类方法均是针对这一基本问题,结合各自领域实际的一些限定条件而有针对性地发展起来的。

稳定同位素混合模型主要是针对生态学中生物食物来源问题建立起来的一系列模型(Fry, 2007),与受体模型假定的过程基本一致,区别就在于受体模型假定源类成分谱在污染物传播过程中不发生变化,而混合模型基于同位素分馏的实际情况,在源类成分谱(同位素组成)基础上,添加从源头到受体这一过程中的校正项(及分馏项),以保证解析结果的准确性。因而,稳定同位素混合模型目前也广泛应用于环境介质中的同位素溯源。尽管稳定同位素混合模型名称中带有同位素,但其应用对象并不局限于稳定同位素。Galloway 等 (2014) 分析测定了芬兰一湖泊中浮游生物、浮游细菌、颗粒有机质、枝角目 (Cladocera) 中 8 种脂肪酸的含量,并利用贝叶斯稳定同位素混合模型量化了枝角目的主要食物来源。有鉴于此,特在此综述稳定同位素混合模型。

稳定同位素混合模型利用测定得到的受体和经分馏校正的源类的同位素组成来计算各源类对受体的贡献,即要求详尽的源类成分谱,与受体模型中的化学质量平衡模型较为类似。在研究中,若使用了 n 种同位素,则可以求解 $n+1$ 个源类对受体的贡献。以铅稳定同位素为例,常使用 $^{206}Pb/^{207}Pb$ 和 $^{208}Pb/^{206}Pb$ 2 种同位素比值,可以对 3 个源类的贡献进行量化:

$$f_1 \times \left(\frac{^{206}Pb}{^{207}Pb}\right)_1 + f_2 \times \left(\frac{^{206}Pb}{^{207}Pb}\right)_2 + f_3 \times \left(\frac{^{206}Pb}{^{207}Pb}\right)_3 = \left(\frac{^{206}Pb}{^{207}Pb}\right)_{mix}$$

$$f_1 \times \left(\frac{^{208}Pb}{^{206}Pb}\right)_1 + f_2 \times \left(\frac{^{208}Pb}{^{206}Pb}\right)_2 + f_3 \times \left(\frac{^{208}Pb}{^{206}Pb}\right)_3 = \left(\frac{^{208}Pb}{^{206}Pb}\right)_{mix}$$

$$f_1 + f_2 + f_3 = 1$$

式中,f_1、f_2、f_3 分别为第 1 个源类、第 2 个源类和第 3 个源类。

然而,土壤中铅来源众多,潜在源类数目常大于 3,无法使用上述公式进行求解。在实际应用中,部分研究者将待求解的源类数目限制在使用的同位素+1 以内,以进行求解;或者将相似的源类进行合并,满足限制 (Phillips et al., 2005)。部分研究者则致力于发展概率模型,以处理潜在源类数较大的情况 (Parnell et al., 2010, 2013; Phillips and Gregg, 2003)。目前,在土壤重金属同位素溯源研究中,大多还是采用二/三元混合模型求解确定性解 (Parnell et al., 2010, 2013; Phillips and Gregg, 2003),少部分研究者开始应用 IsoSource 等非贝叶斯模型 (Huang et al., 2015; 陈锦芳等, 2019),而贝叶斯混合模型少见于报道。

非贝叶斯模型

（1）IsoError

IsoError 是 Phillips 和 Gregg（2001）针对源类数目不大于所使用同位素数目+1 的情形所开发的一个同位素混合模型，求解确定性的解，并将过程误差和源类与混合物（受体）的同位素相关性纳入考量，获得源类贡献的置信区间。

（2）IsoConc

IsoConc 将源类中同位素元素的浓度纳入模型之中，但源类数目不能大于所使用的同位素数目+1。IsoConc 可以获得各源类对混合物（受体）的总量贡献及各同位素元素的贡献（Phillips and koch, 2002）。

（3）IsoSource

IsoSource 是 Phillips 和 Gregg（2003）所开发的一个软件，针对同位素混合模型中源类过多的问题，定量求解各个潜在源类的贡献范围。其主要思想是将源类的可能贡献格网化，计算各节点上混合物的同位素组成，并与测定数据进行比较，若两者差异小于设定的容差，则认为该节点所代表的源贡献为一个可行的方案。最后，给出所有可行方案所代表的各源贡献的分布（Phillips and Gregg, 2003）。IsoSource 计算方法简单，但没有利用数据的不确定度信息，仅使用了各源类和受体的均值数据进行计算。

IsoSource 目前在土壤重金属来源解析中已经有较多的应用（Chen et al., 2018; Huang et al., 2015; 陈锦芳等, 2019; 李霞等, 2016）。Huang 等（2015）使用 IsoSource 对其研究区域内土壤的汞、铅来源进行量化，汞的主要来源为有机肥，贡献量为 74%~100%，铅主要来源于道路扬尘和固体废弃物，两者的贡献量分别为 0~80% 和 19%~100%。Huang 等（2015）采集了天津某郊区农田的土壤和农产品各 137 个，并采集灌溉水、大气降尘、工业废弃物各 14 个，农药 7 类，化肥 6 类，测定 $^{114}Cd/^{111}Cd$ 和 $^{112}Cd/^{111}Cd$，以及 $^{202}Hg/^{200}Hg$ 和 $^{201}Hg/^{200}Hg$ 同位素比值，并使用 IsoSource 计算土壤和农产品中 Cd、Hg 的来源。

（4）SISUS

SISUS 模型是基于采样的稳定同位素溯源模型（stable isotope sourcing using sampling），其基本理念与 IsoSource 相同，即确定各个潜在源的可能贡献范围。但不同于 IsoSource 所用的格网化，SISUS 首先确定出所有可行方案在源贡献空间的边界和顶点，即确定可行的源贡献空间，然后通过在此空间内采样，以获得样本的统计信息来了解可行的源贡献空间（Erhardt et al., 2014）。

与 IsoSource 相比，SISUS 在源类数目多的时候，运行时间更短，且由于不需要人为指定容差，得到的结果更为准确。

贝叶斯模型

Parnell 等（2013）提出了一个完整的贝叶斯稳定同位素混合模型的理论框架，综合考虑了源的同位素组成及分馏系数的不确定性，不同受体的来源差异，以及协变量的存在等情况。假定观测得到的混合物中的同位素组成 Y_i 服从经分馏矫正后的各源稳定同位素组成的线性加和为均值，Σ 为协方差矩阵的多元正态分布，其中各源类的贡献分别为

p_i^T，同位素组成为 s_i，分馏系数为 c_i。而所测量得到的各个源的同位素组成数据 Y_{ik}^s 和分馏系数数据 Y_{ik}^c，则服从均值为 μ_k^s、μ_k^c，协方差矩阵为 Σ_k^s、Σ_k^c 的多元正态分布。各个样品的实际源类的同位素 k 的同位素组成 s_{ik} 及分馏系数 c_{ik} 也是服从均值为 μ_k^s、μ_k^c，协方差矩阵为 Σ_k^s、Σ_k^c 的多元正态分布，即

$$Y_i \sim N\left[p_i^T(s_i + c_i), \Sigma\right], i = 1, \cdots, N \tag{7-3}$$

$$Y_{ik}^s \sim N\left(\mu_k^s, \Sigma_k^s\right), i = 1, \cdots, N_k^s, k = 1, \cdots, K \tag{7-4}$$

$$Y_{ik}^c \sim N\left(\mu_k^c, \Sigma_k^c\right), i = 1, \cdots, N_k^c, k = 1, \cdots, K \tag{7-5}$$

$$s_{ik} \sim N\left(\mu_k^s, \Sigma_k^s\right) \tag{7-6}$$

$$c_{ij} \sim N\left(\mu_k^s, \Sigma_k^s\right) \tag{7-7}$$

此外，Parnell 等（2013）还引入了 ilr（isometric log-ratio）转化来处理源的贡献 p_i，转化后的 ϕ_{ik} 则服从均值为 γ_{ik}、协方差为 κ_k 的均值分布。而 γ_{ik} 是协变量 x_i 的函数，即

$$\phi_i = \mathrm{ilr}(p_i) = V^T \ln\left[\frac{p_{i1}}{g(p_i)}, \cdots, \frac{p_{ik}}{g(p_i)}\right] \tag{7-8}$$

$$\phi_i \sim N(\gamma_{ik}, \kappa_k) \tag{7-9}$$

$$\gamma_{ik} = f(x_{ki}) \tag{7-10}$$

其中，

$$g(p_i) = \left(\prod_{i=1}^{K} p_{ik}\right)^{1/K} \tag{7-11}$$

式中，K 为模型中用于源解析的稳定同位素数量。

以上计算式可以用图 7-3 进行表示。

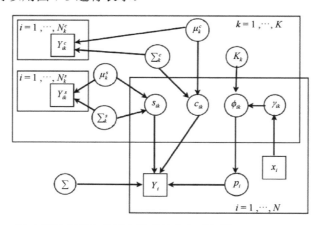

图 7-3 贝叶斯稳定同位素混合模型的有向无环图（Parnell et al., 2013）
Y 表示观测值；x 表示协变量；s 表示源的同位素组成；c 表示分馏系数；μ 表示待估计均值；Σ 表示参数的方差矩阵；p 表示各个源的贡献；ϕ 为 p 的 ilr 转化值；γ_k 为 ϕ 的分布形式的参数

Stock 和 Semmens（2016b）将同位素混合模型中的误差分解为过程误差（process error）和残差（residual error）两项，过程误差包括采样误差（sampling error）和特殊化（specialization）。根据混合模型的误差结构不同，可以将混合模型分为 4 类。

模型 1：仅包含过程误差（MixSIR）

$$X_{ij} \sim N\left(\sum_{k} p_k (\mu_{jk} + \lambda_{jk}), \sum_{k} p_k^2 (\omega_{jk}^2 + \tau_{jk}^2)\right) \quad (7\text{-}12)$$

式中，X_{ij} 为样品 i 同位素 j 的同位素组成；p_k 为源类 k 对样品 i 的贡献；μ_{jk} 和 ω_{jk} 分别为源类 k 中同位素 j 的同位素组成的均值和方差；λ_{jk} 和 τ_{jk} 分别为源类 k 中同位素 j 的同位素分馏系数的均值和方差。

模型 2：仅包含残差

$$X_{ij} \sim N\left(\sum_{k} p_k (\mu_{jk} + \lambda_{jk}), \sigma_j^2\right) \quad (7\text{-}13)$$

式中，X_{ij} 为样品 i 同位素 j 的同位素组成；p_k 为源类 k 对样品 i 的贡献；μ_{jk} 和 λ_{jk} 分别为源类 k 中同位素 j 的同位素组成和分馏系数的均值；σ_j 为同位素 j 的混合过程的残差项。

模型 3：包含过程误差和残差（SIAR）

$$X_{ij} \sim N\left(\sum_{k} p_k (\mu_{jk} + \lambda_{jk}), \sum_{k} p_k^2 (\omega_{jk}^2 + \tau_{jk}^2) + \sigma_j^2\right) \quad (7\text{-}14)$$

式中，X_{ij} 为样品 i 同位素 j 的同位素组成；p_k 为源类 k 对样品 i 的贡献；μ_{jk} 和 ω_{jk} 分别为源类 k 中同位素 j 的同位素组成的均值和方差；λ_{jk} 和 τ_{jk} 分别为源类 k 中同位素 j 的同位素分馏系数的均值和方差；σ_j 为同位素 j 的混合过程的残差项。

模型 4：包含过程误差倍数项

$$X_{ij} \sim N\left(\sum_{k} p_k (\mu_{jk} + \lambda_{jk}), \sum_{k} p_k^2 (\omega_{jk}^2 + \tau_{jk}^2) \times \varepsilon_j\right) \quad (7\text{-}15)$$

式中，X_{ij} 为样品 i 同位素 j 的同位素组成；p_k 为源类 k 对样品 i 的贡献；μ_{jk} 和 ω_{jk} 分别为源类 k 中同位素 j 的同位素组成的均值和方差；λ_{jk} 和 τ_{jk} 分别为源类 k 中同位素 j 的同位素分馏系数的均值和方差；ε_j 为过程误差倍数项。

（1）MixSIR

MixSIR 是 Moore 和 Semmens（2008）提出的一个贝叶斯稳定同位素混合模型。MixSIR 将源的同位素组成与分馏系数的均值和方差看作是已知的常数，并且在最初的版本中，MixSIR 并不考虑残差。即

$$\hat{\mu}_j = \sum_{i=1}^{n} \left[f_i \times \left(m_{j_{\text{source}_i}} + m_{j_{\text{frac}_i}} \right) \right] \quad (7\text{-}16)$$

$$\hat{\sigma}_j = \sqrt{\sum_{i=1}^{n}\left[f_i^2 \times \left(s_{j_{\text{source}_i}}^2 + s_{j_{\text{frac}_i}}^2\right)\right]} \tag{7-17}$$

式中，$\hat{\mu}_j$ 和 $\hat{\sigma}_j$ 分别为样品中同位素 j 的同位素组成的均值和方差；f_i 为源类 i 对样品的贡献；$m_{j_{\text{source}_i}}$ 和 $s_{j_{\text{source}_i}}$ 分别为源类 i 的同位素组成的均值和方差；$m_{j_{\text{frac}_i}}$ 和 $s_{j_{\text{frac}_i}}$ 分别为源类 i 的同位素分馏系数的均值和方差。

Moore 和 Semmens（2008）使用 beta 分布表征各源的贡献分布，并使用 SIR（sampling-importance-resampling）算法来获得各源类贡献的后验分布。

（2）SIAR

SIAR 是 Parnell 等（2010）提出的贝叶斯混合模型，其全称是 stable isotope analysis in R，即 R 中的稳定同位素分析工具。SIAR 与 MixSIR 十分相似，但 SIAR 包含了一个残差项，此残差项与同位素数据彼此相互独立。此外，SIAR 将不同源中的元素的浓度纳入模型之中。即

$$X_{ij} = \frac{\sum_{k=1}^{K} p_k q_{jk}(s_{jk}+c_{jk})}{\sum_{(k=1)}^{K} p_k q_{jk}} + \varepsilon_{ij} \tag{7-18}$$

$$s_{jk} \sim N(\mu_{jk}, \omega_{jk}^2) \tag{7-19}$$

$$c_{jk} \sim N(\lambda_{jk}, \tau_{jk}^2) \tag{7-20}$$

$$\varepsilon_{ij} \sim N(0, \sigma_j^2) \tag{7-21}$$

式中，X_{ij} 为样品 i 同位素 j 的同位素组成；p_k 为源类 k 对样品 i 的贡献；q_{jk} 为源类 k 中同位素 k 对应元素的浓度；s_{jk} 和 c_{jk} 分别为源类 k 中同位素 j 的同位素组成和分馏系数；ε_{ij} 为残差项；μ_{jk} 和 ω_{jk} 分别为源类 k 中同位素 j 的同位素组成的均值和方差；λ_{jk} 和 τ_{jk} 分别为源类 k 中同位素 j 的同位素分馏系数的均值和方差；σ_j 为残差项的方差。

SIAR 使用 Dirichlet 分布来表征各源类的贡献分布，并使用 MCMC（Markov chain Monte Carlo）算法来计算源类贡献的后验分布（Parnell et al., 2010）。

（3）IsotopeR

IsotopeR 是 Hopkins 和 Ferguson（2012）提出的贝叶斯模型，其与 MixSIR、SIAR 相比，IsotopeR 将源和样品的同位素组成看作是多元变量，而非相互独立的多个变量。将源和样品同位素组成看作是多元变量，可以将同位素之间的相关关系纳入考虑。Hopkins 和 Ferguson（2012）还提出了全贝叶斯的概念，即源的同位素组成和同位素分馏系数与源的贡献一样，是待估计的参数，而测量得到的数据服从其分布。IsotopeR 在估计源贡献的时候，同时会估计源的同位素组成与同位素分馏系数。此外，IsotopeR 还考虑了实验误差项，实验误差项的引入，可以降低参数估计的偏差，提高模型结果的准确性。

（4）MixSIAR

MixSIAR 是 Stock 和 Semmens（2016a）开发的一个贝叶斯混合模型软件包，其与

IsotopeR 较为类似。MixSIAR 相较于 IsotopeR，最大的改进之处便是 MixSIAR 在混合模型中引入了协变量。Stock 和 Semmens（2016a）认为 MixSIAR 并不仅仅是一个贝叶斯混合模型，而是一个混合模型框架，用户可以根据自己的数据、研究内容的特性，选择建立合适的模型（表 7-1）。

表 7-1　四个稳定同位素混合模型的比较（支裕优，2017）

模型特性	IsotopeR	MixSIAR	SIAR	MixSIR
浓度相关	✓	✓	✓	
全贝叶斯	✓	✓		
测量不确定度	✓			
源成分谱不确定度	✓	✓	✓	✓
混合过程不确定度	✓	✓	✓	✓
同位素之间的相关关系	✓			
残差项	✓	✓	✓	
协变量		✓		
层状模型		✓	✓	
图形用户界面	✓	✓		✓

7.2　镇域尺度土壤重金属来源解析

研究区域选择浙江省北部某镇，其煤矿开采历史长久，明嘉靖年间便有人在此开采煤炭。20 世纪初，煤山煤田的开发，有过较大的发展。至 1924 年，日产煤量已达 600～700 t。1958 年，浙江长广煤矿公司成立后，该区域为长广煤矿的三大矿区之一。盆地内有千井湾矿、新槐矿、东风岕矿、广兴矿等大型煤矿（长广煤矿志编辑部，1989）。20 世纪 90 年代，开采量开始下降。至 21 世纪初，主要煤矿均已停产。虽然煤矿开采已经基本停止，但煤矿开采活动所遗留下来的问题仍十分突出。盆地中煤矿开采地点附近，都堆放着大量煤矸石，其中较大的煤矸石堆放地包括广兴井、千井湾、西山井、大煤山等（解怀生，2005）。

研究区域现在主要开采利用石灰岩矿，主要开采黄龙组、船山组和栖霞组等。质量较好的灰岩，用作水泥和熔剂原料。盆地内所有的水泥企业，水泥年产量超过 800 万 t（解怀生，2005），其中浙江新槐南方水泥公司、湖州煤山南方水泥公司、湖州白岘南方水泥公司、浙江三狮水泥股份有限公司、浙江山鹰水泥有限公司等企业规模较大（长兴县水泥产业转型升级领导小组，2011）。研究区域内工业经济蓬勃发展，主导产业包括新型建材、电子电源、轻纺和耐火材料等，其中铅蓄电池产业是盆地内主要的涉重金属产业。

2013 年 4 月，共在研究区域内采集 127 个表层（0～20 cm）土壤样品。为了识别各元素是否有外源输入，在 127 个采样点随机采集 21 个亚表层（20～40 cm）土壤样品，样点如图 7-4 所示。

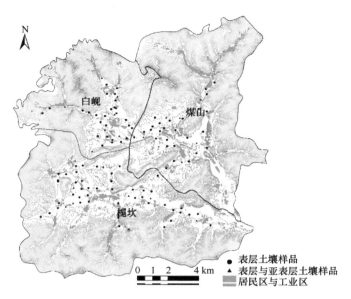

图 7-4 土壤样品分布图（支裕优，2017）

7.2.1 土壤理化性质及元素含量描述性统计分析

煤山盆地内土壤 pH 变化范围较大，在 4.30~8.33，平均 pH 为 6.32（表 7-2）。这可能与当地的成土母质差异较大有关，煤山盆地中既分布有石灰岩上发育而来的油黄泥土，也有酸性岩浆岩如石英质砂岩上发育而来的黄泥砂土（《湖州土壤》编委会，1984；长兴县土地志编纂委员会，2002）。土壤有机质含量平均值为 27.97 mg/kg，范围为 3.56~61.29 mg/kg。

表 7-2 表层土壤中 pH、有机质含量及 8 种元素的描述性统计（n=127）及当地背景值（支裕优，2017）

	最小值	最大值	均值	中位数	标准差	变异系数	偏度	峰度	K-S 检验 p 值	背景值	标准值 [c]		
											pH<6.5	6.5<pH<7.5	pH>7.5
pH	4.30	8.33	6.32	6.135	0.99	0.16	0.24	−1.13	0.079	—			
有机质/(g/kg)	3.56	61.29	27.97	26.54	12.60	0.45	0.49	−0.06	0.452	—			
Cd/(mg/kg)	0.04	11.64	0.43	0.26	1.09	2.52	8.92	86.16	<0.0001	0.142[a]	0.3	0.3	0.6
Pb/(mg/kg)	24.34	404.80	39.93	33.87	34.77	0.87	9.18	92.54	<0.0001	25.75[a]	250	300	350
B/(mg/kg)	14.85	83.68	39.75	36.58	13.71	0.34	0.79	0.26	0.0003	—			
Ca/(mg/kg)	1607	75540	8981	5573	10208	1.14	3.61	16.60	<0.0001	1357[b]			
Cu/(mg/kg)	7.32	42.37	17.25	15.89	5.28	0.31	1.88	5.11	<0.0001	17.35[a]	50	100	100
Sn/(mg/kg)	2.23	10.80	5.41	5.16	1.73	0.32	0.88	0.75	0.056	—			
Sr/(mg/kg)	25.28	113.90	54.04	51.82	16.08	0.30	0.94	1.52	0.032	—			
Zn/(mg/kg)	21.99	164.00	63.42	58.01	22.25	0.35	1.92	5.55	<0.0001	54.18[a]	200	250	300

注：a. 背景值引自解怀生（2005）；b. 背景值引用自浙江省地质调查院（2005）；c. 标准值引用自《土壤环境质量标准》（GB15618—1995[①]）（国家环境保护局，1995）

[①] 现该标准已废止，请读者参阅最新版《土壤环境质量 农用地土壤污染风险管控标准(试行)》（GB15618—2018）。

研究区域内，表层土壤中的 Cd、Zn、Pb、Ca、Cu 等 8 种元素的浓度显著高于其在亚表层中的含量（$P<0.05$）（表 7-3），因而，Cd、Cu、Pb 和 Zn 4 种重金属元素被特别关注。表层土壤中的 Cd 平均浓度为 0.43 mg/kg，显著高于中位数 0.26 mg/kg 和当地的背景值 0.142 mg/kg（表 7-2）。此外，表层土壤中的 Cd 浓度数据呈现明显的向右偏态分布，这些都表明土壤中的 Cd 很有可能受到外源输入的影响。

表 7-3 表层土壤与亚表层土壤中元素浓度的成对 t 检验结果（$n=21$）（支裕优，2017）

元素	表层均值/（mg/kg）	亚表层均值/（mg/kg）	p 值
Cd	0.29	0.23	0.001
Zn	56.66	51.14	0.001
Pb	32.29	29.87	0.010
Ca	5921.63	4790.08	0.013
Cu	17.70	16.67	0.018
Sr	51.43	49.00	0.021
B	36.71	34.45	0.026
Sn	5.31	5.01	0.037

7.2.2 土壤表层元素的空间分布特征及规律

煤山盆地中部东西向存在一条 pH 高值带（图 7-5），这部分区域的土壤除了在石灰岩上发育而来的油黄泥之外，还有较大面积的黄泥砂土、砾质黄泥砂土。土壤中的 Ca 含量与 pH 具有极显著的强正向相关关系，两者的相关系数为 0.82（$P<0.05$），且 Ca 的空间分布模式与 pH 基本一致，即在盆地中部东西向存在一条高值带。而盆地内水泥厂、石灰石/大理石采石场的位置与土壤中 Ca、pH 高值区的位置非常吻合。在早期，由于除尘等防护措施等的缺失，水泥生产过程中会向周围环境排放大量的粉尘，如刘俊岭等（1997）在某水泥厂周围的调查发现，紧靠水泥厂区的采样点，每月降尘量高达 569.5 t/km^2。而且，生产水泥时，为了使 SiO_2 反应彻底，通常石灰石会略微过量，造成生产的水泥中有少量 CaO 单独存在，同时，生产水泥的矿物中通常含有钾盐和钠盐，在煅烧过程中生成强碱性的氧化钾和氧化钠（胡龙驰等，2004）。因而，研究区域内土壤 pH 除了受土壤母质的影响外，还受到了外源（水泥厂和采石场等）输入的 Ca 的影响。

煤山盆地北部土壤 Cd 浓度要高于盆地南部，并且在两个地方出现高值区即千井湾煤矿区域与煤山盆地东北部。千井湾地区处在煤山盆地中部的高 pH、高 Ca 带上，同时，锌在千井湾地区也有一小块高值区。在煤山盆地东北部的高镉区域，Pb 含量也非常高。但与 Cd 不同的是，盆地内大部分区域的铅浓度并不高，仅在东北部这一块区域内有较大的高值区。其他地方仅在局部有零星高值区。盆地东北部是煤山工业区，大量企业坐落在工业区内，包括铅蓄电池、耐火材料等相关行业的企业。其中，铅蓄电池行业是主要的涉重金属行业。盆地内铅蓄电池厂的分布与铅含量的高值区具有较好的吻合性（图 7-5）。Li 等（2015b）在长兴县的调查表明，土壤中 Cd 和 Pb 具有相似的空间分布特征，均在有较多铅蓄电池厂的乡镇，如煤山镇有较高浓度；同时，通过比较表层土壤中 2003 年和 2013 年的重金属含量，发现零散分布铅蓄电池厂迁入工业园区，造成工业园区附近土壤中 Pb 含量的增加。

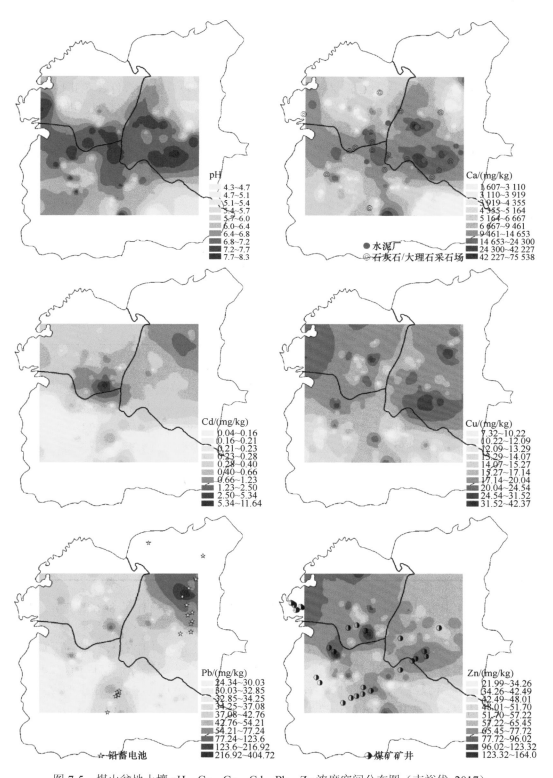

图 7-5 煤山盆地土壤 pH、Ca、Cu、Cd、Pb、Zn 浓度空间分布图（支裕优，2017）

盆地内的铜、锌分布较为类似，在白岘浓度均较高，而在槐坎浓度较低。而在煤山的南部，铜与锌的浓度均相较于周围地区高。这与解怀生（2005）的调查结果相一致，解怀生调查发现煤山镇区域存在 Cu、Zn 等元素的异常区，与当地煤矸石堆放、燃煤等区域吻合性较好。盆地内的 Cu、Zn 与煤矿矿井的位置有较好的吻合性，尤其是 Zn（图7-5）。研究人员在阜新市、三江平原、徐州北郊等地的调查结果较为类似，即煤矿开采区域与部分农田土壤中 Cu、Zn 的高值区域吻合（徐理超等，2007；张继舟等，2014；张满满，2014）。盆地南部的矿井周围并未呈现出相应的高值区，这可能是由于这些矿井周围主要是山地、建筑用地，采集的土壤样品较少，因而无法较为准确地预测矿井附近的浓度值。

7.2.3 土壤重金属污染源识别

使用对数转化对 B、Sr 和 Zn 的浓度数据进行转化，使用 Box-Cox 对 Cd、Pb、Ca 和 Cu 的数据进行转化。转化后的数据都通过了 K-S 检验（$P > 0.05$），然后使用 PCA 从数据集中提取主成分（表 7-4）。

表 7-4 表层土壤浓度数据的主成分载荷与 NUMFACT 统计量（支裕优，2017）

元素	主成分 1	主成分 2	主成分 3	主成分 4	主成分 5	主成分 6	主成分 7	主成分 8
Cd	0.66	−0.60	0.01	−0.01	0.34	0.07	0.28	−0.09
Pb	0.53	−0.43	0.49	0.51	−0.08	0.03	−0.15	0.02
Ca	0.76	0.06	−0.49	0.12	0.04	−0.37	−0.10	−0.11
Cu	0.81	−0.13	0.15	−0.24	−0.47	0.02	0.12	−0.10
B	0.41	0.76	0.35	0.12	0.03	−0.17	0.23	0.17
Sr	0.64	0.24	−0.61	0.21	−0.08	0.30	0.03	0.13
Zn	0.83	−0.20	0.14	−0.38	0.14	0	−0.21	0.21
Sn	0.50	0.74	0.24	−0.06	0.17	0.18	−0.13	−0.23
特征值	3.47	1.8	1.07	0.55	0.4	0.3	0.24	0.17
解释的变异占比	0.43	0.23	0.13	0.07	0.04	0.04	0.03	0.02
累积解释的变异占比	0.43	0.66	0.79	0.86	0.91	0.95	0.98	1
NUMFACT 信噪比	18.29	8.77	5.12	2.23	1.53	1.23	1.02	0

从表 7-4 中可以看到，有 4 个主成分的信噪比大于 2，共解释了 86% 的变异。使用 Varimax 方法进行旋转，以提高各个因子的解释性（表 7-5）。

主成分 1 共解释了 27% 的变异，Cd、Cu、Zn 等在主成分 1 中有较大载荷。研究区域是浙江省境内最大的煤矿基地，曾有千井湾矿、东风岕矿等多座煤矿矿山，20 世纪 80 年代后，因资源枯竭，各矿井先后停采闭坑（解怀生，2005）。当地随机的煤矸石块捡样分析结果显示，其中 Cd 的浓度为 0.237~0.726 mg/kg，平均为 0.456 mg/kg，即经历过淋溶作用的煤矸石，其 Cd 浓度仍远高于土壤背景值 0.142 mg/kg（浙江省地质调查院，2005）。煤矸石堆放区域中，由于 Cu、Zn 等重金属的淋溶，土壤中 Cu、Zn 等重金属含量表现出随着土壤深度增加而降低的趋势（张明亮和王海霞，2007）。而且，煤山盆地内的 Cu 和 Zn 的高值区与煤矿矿井的位置有较好的吻合性（图 7-5）。因此主成分 1 可能与煤矿开采等相关活动有关。

表 7-5 经 Varimax 旋转之后的主成分因子载荷（支裕优，2017）

元素	主成分 1	主成分 2	主成分 3	主成分 4
Cd	0.67	−0.28	0.25	0.45
Pb	0.29	0.05	0.01	0.94
Ca	0.35	0.11	0.83	0.09
Cu	0.78	0.22	0.23	0.20
B	0.02	0.93	0.10	0.07
Sr	0.13	0.18	0.92	−0.01
Zn	0.90	0.16	0.19	0.13
Sn	0.18	0.9	0.18	−0.06
特征值	2.14	1.87	1.73	1.16
解释的变异占比	0.27	0.23	0.22	0.15
累积解释的变异占比	0.27	0.5	0.72	0.86

主成分 2 共解释了 23%的变异，B、Sn 在主成分 2 中有较大的载荷。浙江省北部的 B 背景值为 73.47 mg/kg（汪庆华等，2007），而煤山盆地的表层土壤 B 浓度均值为 39.75 mg/kg。而且，表层土壤与亚表层土壤中的 B、Sn 含量平均相差 2.26 mg/kg 和 0.30 mg/kg（表 7-3），表明其并不存在明显的人为输入。在研究区域的调查也表明，不存在 B、Sn 的人为污染源。因而，主成分 2 可以看作是土壤母质源。

主成分 3 在 Ca、Sr 上有很高的正载荷，其解释了总变异的 22%。煤山盆地土壤中的 Ca 含量明显高于当地的背景值，并且 Ca 浓度数据呈明显的偏态，偏度达 3.61（表 7-2），均表明土壤中的 Ca 有明显的外源输入。煤山盆地内建筑材料行业，尤其是石灰岩开采和水泥生产高度发达。水泥的原材料是石灰石和黏土，水泥中的氧化钙含量为 60.2%~66.3%（Kosmatka et al., 2002）。并且，盆地内土壤中的 Ca 高值区与水泥厂、石灰石/大理石采石场有很好的吻合性（图 7-5）。Sr 与 Ca 地球化学性质相似，可在矿物晶格中替换 Ca（Clow et al., 1997），这可能是 Sr 和 Ca 一起在主成分 3 中有高载荷的原因。因此，主成分 3 可以看作是建筑材料行业相关活动。

主成分 4 在 Pb 上有极高的正载荷（0.94），在 Cd 上有中等强度的载荷（0.45）。铅镉合金是铅蓄电池生产的重要原料，在生产过程中，会产生含镉铅尘排放进入环境中（Rieuwerts et al., 1999；刘广林，2011）。实地调查发现，研究区域内铅蓄电池行业曾非常发达，共有数十家铅蓄电池厂运行。这些铅蓄电池厂的位置与土壤中的 Pb 高值区有较好的吻合性（图 7-5）。现有的研究报道表明，铅蓄电池厂周围土壤中的镉铅高浓度区域均围绕在电池厂周围，并且，随着距铅蓄电池厂距离的增大，铅、镉含量下降（Jin et al., 2015；Rieuwerts et al., 1999）。因而，可以认为第四个主成分是铅蓄电池厂。

综上所述，煤矿开采、建筑材料行业相关活动、铅蓄电池厂是研究区域内重金属的主要人为来源。

7.2.4 剖面分析佐证污染源识别

在前期分析、调研的基础上，分别在水泥厂、铅蓄电池厂、矿区、公路旁、农田及周围无明显潜在污染源的林地/竹林等区域共布设采样点 21 个，使用不锈钢土钻分别采集土壤剖面样品，每隔 20 cm 采集 1 个土壤样品，若土层厚度小于 100 cm，则采集至土壤母质层，否则，采集到 100 cm。

由于研究区域内不同土壤类型中其土壤母质所含的重金属含量并不相同，因而无法直接通过比较各潜在污染源周围表层土壤中的元素浓度，来判定污染源是否对周围土壤存在影响。因此，参照 Hernandez 等（2003）的做法，使用采集的剖面的最底层中的元素含量作为参比，以 Fe 为参比元素，计算表层土壤中的岩成浓度（lithogenic concentration）和人为来源浓度（anthropogenic concentration）。在此基础上，通过比较不同污染来源的剖面表层中的人为来源浓度，明确污染源对周围土壤的影响。

$$[M]_{\text{lithogenic}} = [Sc]_{\text{samle}} \times ([M]/[Sc])_{\text{ref}} \tag{7-22}$$

$$[M]_{\text{anthropogenic}} = [M]_{\text{sample}} - [M]_{\text{lithogenic}} \tag{7-23}$$

式中，$[M]$表示元素的浓度；$[Sc]$表示参比元素的浓度；下标 sample 和 ref 分别表示样品和背景值；下标 lithogenic 和 anthropogenic 分别表示岩成和人为来源。

农用地中，不同利用方式的剖面中表层 Cd 的人为来源浓度相差较大（表 7-6），苗木地中人为来源浓度均值为 0.06 mg/kg，小于水稻田（0.12 mg/kg）和菜地（0.15 mg/kg）中的人为来源浓度，这可能是由于苗木地农用化学品投入较少。马智宏等（2007）在北京市南郊对菜地、大田、林地中的土壤剖面中的调查也有类似发现，由于菜地农业化学投入品使用量大，其表层 Cd 浓度与底层相比，提高了 0.1～0.4 mg/kg。

铜、锌则是在水稻田和苗木 1 号剖面表层中人为来源浓度较大，分别为 15.18 mg/kg、10.26 mg/kg 和 65.09 mg/kg、72.99 mg/kg，而菜地和苗木 2 号剖面中则相对较小。水稻土表层的有机质含量在所有农用地中最高，为 37.78 mg/kg；苗木 1 号次之，为 28.59 mg/kg；菜地和苗木 2 号则均仅为 20 mg/kg 左右。浙江市售商品有机肥中，通常含有较高浓度的铜、锌，猪粪有机肥中的铜、锌平均含量分别为 478.72～550.76 mg/kg、1284.53～1341.22 mg/kg（覃丽霞等，2015）。农用地中铜、锌含量的差异可能是施用的肥料种类、用量等差异造成的（李本银等，2010）。

（1）铅蓄电池厂

在天能电池厂附近，土壤剖面 Cd 含量较高且容易向下迁移，所以直接使用剖面最深一层数据计算得到的人为来源浓度 0.22 mg/kg 不太合理。当地土壤中 Cd 浓度的背景值为 0.142 mg/kg，而在煤山盆地采集的所有土壤剖面的 80～100 cm 的土层中，Cd 浓度的最大值也仅 0.18 mg/kg。即使假定天能电池 J2 号剖面中亚表层的 Cd 浓度 0.36 mg/kg 为天能电池厂周围小区域的背景值，天能电池 J1 号剖面表层中的人为来源浓度也高达 1.35 mg/kg。电池厂周围所有剖面中的 Cd 的人为来源浓度均大于对应的农用地或者自然剖面，表明电池厂周围土壤表层中的高 Cd 含量不仅是由农业活动造成的，更主要的是来自于铅蓄电池厂。

表 7-6　各剖面表层土壤中的人为来源浓度（mg/kg）及人为来源贡献（支裕优，2017）

类型	土壤剖面	Cd		Pb		Ca		Cu		Zn	
		c_{an}	p_{an}	c_{an}	p_{an}	c_{an}	p_{an}	c_{an}	p_{an}	c_{an}	p_{an}
农用地	水稻田	0.12	0.71	11.44	0.36	32.41	0.02	15.18	0.42	65.09	0.39
农用地	菜地	0.15	0.56	6.54	0.36	614.91	0.41	2.53	0.21	15.64	0.33
农用地	苗木 1	0.08	0.78	13.61	0.61	721.20	0.41	10.26	0.56	72.99	0.73
农用地	苗木 2	0.04	0.68	12.06	0.58	102.41	0.08	6.55	0.4	16.13	0.34
电池厂	天能电池 1	0.22	0.13	145.16	0.7	0.00	0	0.42	0.03	0.00	0
电池厂	汇能电池	0.19	0.85	15.12	0.5	1 785.55	0.57	7.72	0.33	33.12	0.41
电池厂	天能电池 2	0.28	0.44	34.21	0.51	179.84	0.13	0.07	0	4.13	0.07
水泥厂	学忠水泥	0.10	0.35	1.89	0.07	549.86	0.3	1.72	0.15	16.63	0.27
水泥厂	三狮水泥	0.37	0.82	25.70	0.63	6 403.07	0.79	14.04	0.6	50.02	0.65
水泥厂	新槐南方	0.12	0.76	5.97	0.33	28 374.81	0.88	10.40	0.5	26.28	0.39
水泥厂	白岘南方	0.13	0.52	13.05	0.52	1 002.71	0.46	3.17	0.22	17.80	0.27
矿业	千井湾煤矿	0.33	0.79	8.58	0.25	4 440.54	0.65	5.09	0.28	17.78	0.30
矿业	众盛矿业	0.03	0.17	0.98	0.09	11 295.89	0.32	0.41	0.02	9.91	0.17
矿业	白岘岭	0.78	0.92	6.85	0.29	22 920.36	0.91	1.96	0.07	36.89	0.42
自然剖面	东南	0.00	0	0.00	0	2 735.32	0.44	4.76	0.19	0.00	0
自然剖面	东北	0.00		11.66	0.39	0.00		4.11	0.23	0.00	
自然剖面	东北小溪源头	0.00	0	13.68	0.38	93.06	0.13	3.68	0.19	5.40	0.09
道路	道路 1	0.04	0.33	7.74	0.31	623.86	0.35	4.21	0.31	11.35	0.23
道路	道路 2	0.22	0.8	14.23	0.45	714.72	0.38	6.09	0.38	29.07	0.48
道路	道路 3	0.10	0.48	0.65	0.03	2 874.92	0.63	0.00	0	0.00	0
道路	道路 4	1.31	0.82	80.90	0.69	2 263.93	0.39	16.41	0.3	74.65	0.27

注：c_{an} 为人为来源浓度（anthrogenic concentration），p_{an} 为人类来源相对贡献（anthrogenic contribution）

电池厂周围表层 Pb 的人为来源浓度也明显高于农用地或自然剖面中的外源输入量（表 7-6）。这与之前 PCA 源识别的结果相一致，铅蓄电池厂对周围土壤中的 Cd、Pb 有一定的贡献。

（2）矿区

千井湾地区和白岘岭地区在 20 世纪均是煤山地区主要的煤矿区域（长广煤矿志编辑部，1989），而在煤矿资源枯竭之后，这两块区域附近也开始进行石灰石的开采活动。而众盛矿业区域并没有煤矿资源分布，其仅有石灰石的开采活动。几个矿区表层土壤中的 Ca 人为来源浓度很大，为 4440.54~22 920.36 mg/kg。石灰石的开采活动无疑给周围土壤输入了大量的 Ca。但 Cd 在几个矿区中有明显的差别，千井湾地区和白岘岭地区表层中 Cd 的人为来源浓度分别为 0.33 mg/kg 和 0.78 mg/kg，而众盛矿业表层中仅为 0.03 mg/kg。煤山盆地随机的煤矸石块捡样分析结果显示，其中 Cd 的浓度为 0.237~0.726 mg/kg，平均为 0.456 mg/kg，即经历过淋溶作用的煤矸石，其 Cd 浓度仍远高于土壤背景值（浙江省地质调查院，2005）。攸县某典型煤矿、淮南煤矿等区域，由于煤矿开采活动，其土壤中 Cd 含量严重超标（孙贤斌和李玉成，2015；张敏等，2015）。因此，这两个地区表层土壤中的 Cd 浓度高值可能是之前煤矿开采活动的结果，而非目前石灰石开采的结果。

Cu、Zn、Pb 等元素也有类似的现象，在千井湾地区和白岘岭地区人为来源浓度均大于众盛矿区（表 7-6）。解怀生（2005）对煤山盆地的调查表明，Cu、Pb 异常区域与当地煤矸石堆放、燃煤和矿灯厂的吻合性很好。众盛矿业和白岘岭两地均为荒地，故可以排除农业活动造成的影响。因此，Cu、Zn、Pb 是煤矿开采活动的污染元素，而其在石灰石开采中并不显著。

（3）水泥厂

水泥厂周围的元素的人为来源浓度依据采样点距离工厂厂界的不同，明显存在差异（表 7-6）。距离工厂较近的浙江三狮水泥股份有限公司剖面和浙江新槐南方水泥公司剖面，其 Cd 的人为来源浓度分别为 0.37 mg/kg 和 0.12 mg/kg，均高于对应的农用地（均为苗木）中的 Cd 的人为来源浓度，平均值为 0.06 mg/kg。而长兴学忠水泥制品有限公司剖面和湖州白岘南方水泥公司剖面，其 Cd 的人为来源浓度为 0.10 mg/kg 和 0.13 mg/kg，均不高于对应农用地（菜地）中的 Cd 的人为来源浓度 0.15 mg/kg。

Ca 的情况与 Cd 相同，在距离工厂厂界较近的土壤中的外源来源浓度明显大于距离较远的土壤，三狮水泥股份有限公司和新槐南方水泥公司中 Ca 人为来源浓度分别为 6403.07 mg/kg 和 28 374.81 mg/kg，而白岘南方水泥公司和学忠水泥制品有限公司仅为 549.86 mg/kg 和 1002.71 mg/kg。

Pb 则在不同的水泥厂周围有明显的差异，在三狮水泥股份有限公司附近的人为来源浓度达 25.70 mg/kg，显著高于对应农用苗木地中的人为来源浓度（平均值为 12.83 mg/kg）（$P<0.05$），而新槐南方水泥公司附近的人为来源浓度仅为 5.97 mg/kg。Cu、Zn 两者在距离水泥厂较近的新槐南方水泥公司和三狮水泥股份有限公司两个剖面中的人为来源浓度含量均大于距离水泥厂较远的土壤剖面表层中的人为来源浓度，但差异在统计上并不显著（$P>0.05$）；水泥厂周围的 Cu 和 Zn 两者的人为来源浓度与农田土壤相比较，并不存在显著差异（$P>0.05$），无法排除其人为活动来源主要是农业活动。

部分国内外的学者调查发现，水泥厂附近土壤中及干湿沉降中的 Cu、Pb、Zn 的含量随着距水泥厂距离增大而减小（Adejumo et al., 1994; Al-Khashman and Shawabkeh, 2006; 林少敏和黄利榆, 2010; 庞妍, 2015），而且，水泥生产过程中，原料中的铅的逸放率随水泥窑的不同在 39%～94%（林少敏和黄利榆, 2010; 苏达根和林少敏, 2007），表明 Cu、Pb、Zn 应该也是水泥厂的污染元素之一。但是，三狮水泥股份有限公司和新槐南方水泥公司周围的 Cu、Pb、Zn 的人为来源浓度与农用地中的人为来源浓度的对比分析并不能完全支持这一结论，还需进一步研究才能确定。

综上，水泥厂的主要污染元素为 Ca 和 Cd，Pb、Cu 和 Zn 尚无法确定，还需进一步研究确认。

（4）交通运输

道路周围的土壤剖面，除了道路 1 号剖面之外，其他 3 个土壤剖面表层 Cd 的人为来源浓度均大于对应的农用地（表 7-6）。而 Pb、Cu、Zn 均是在道路 2 号和 4 号剖面中有较大的人为来源浓度，Ca 则是在道路 3 号和 4 号剖面中有较大的人为来源浓度，约 2500 mg/kg。由于道路周围土壤中的重金属含量与道路的车流量、距道路的距离等密切相关（Chen et al., 2010; 季辉等, 2013），几个剖面中的差异，应该主要与这些因素有关。

7.2.5 基于 PMF 的源解析及结果可靠性分析

基于 PCA、空间分析等的结果，煤山盆地中 Cd、Pb、Ca 等元素的主要来源为铅蓄电池厂、水泥厂等建筑材料行业相关活动、煤矿开采活动及土壤母质源。因此，在 PMF 解析过程中将因子数目设定为 4。由于使用完整数据集得到的结果不理想，故依照 PMF 预测的各样点的统一化残差的大小依次删除样点，直至 Q_{robust} 和 Q_{true} 较为接近，共删除 8 个样点。在此基础上，当设定的因子数为 4 时，PMF 模型得到的结果与使用完整数据集一样，无法保证所有元素均有较好的拟合结果。将 B、Sn、Sr 3 种元素的权重设定为弱，PMF 模型预测值与实际测量值之间的比较见表 7-7，得到的因子成分谱和贡献率如表 7-8 所示。

表 7-7　剔除 8 个数据点之后 PMF 模型拟合结果及设定的各元素的权重（支裕优, 2017）

组分	权重	截距	斜率	r^2	残差 K-S 检验 p 值	相对预测误差
Cd	强	0.01	0.98	0.97	0.31	0.06
Pb	强	17.19	0.48	0.71	0.07	0.12
B	弱	21.26	0.29	0.27	0.20	0.24
Ca	强	320.17	0.95	0.99	0.00	0.05
Cu	强	5.24	0.66	0.74	0.31	0.10
Sn	弱	2.76	0.32	0.27	0.50	0.24
Sr	弱	13.10	0.67	0.56	0.04	0.17
Zn	强	3.11	0.94	0.93	0.15	0.07

表 7-8　剔除 8 个数据点之后 PMF 模型得到的因子成分谱和贡献率（支裕优, 2017）

组分	因子成分谱/(mg/kg)				因子贡献率/%			
	因子 1	因子 2	因子 3	因子 4	因子 1	因子 2	因子 3	因子 4
Cd	0.22	0.03	0.01	0.04	73.25	11.07	3.36	12.32
Pb	9.22	23.33	0.00	2.30	26.45	66.96	0.00	6.59
B	0.73	19.60	5.96	5.96	2.25	60.79	18.47	18.49
Ca	268.03	21.06	6381.90	671.60	3.65	0.29	86.92	9.15
Cu	1.12	7.49	1.92	6.20	6.67	44.79	11.46	37.07
Sn	0.15	2.54	0.86	0.85	3.42	57.59	19.59	19.39
Sr	0.00	28.48	11.58	7.11	0.00	60.37	24.54	15.08
Zn	6.47	17.26	6.97	31.77	10.35	27.63	11.15	50.87

B 主要存在于因子 2 中，Sn 在因子 2 中也有较高的浓度（表 7-8）。而且，因子 2 的贡献值的变异系数仅为 0.282，小于其他 3 个因子（1.12、1.00 和 0.63）。结合之前 PCA 分析的结果，可以将该因子解译为土壤母质源。而 Ca 和 Sr，尤其是 Ca，在因子 3 中有较高的浓度，故将之解译为建筑材料行业相关活动。而 Pb 除了因子 4 之外，在因子 2 中有较高的浓度，因此，因子 2 可能表示铅蓄电池。则剩余的因子 4 可能表示煤矿开采。

将各剖面底层样品土壤中的 Cd、Pb、Cu、Zn、Ca 等浓度与 PMF 模型解析出的土壤母质源比较，可以发现，除了 Pb 以外，PMF 模型得到的土壤母质源的贡献值大多小于土壤剖面底层中的浓度值（图 7-6）。

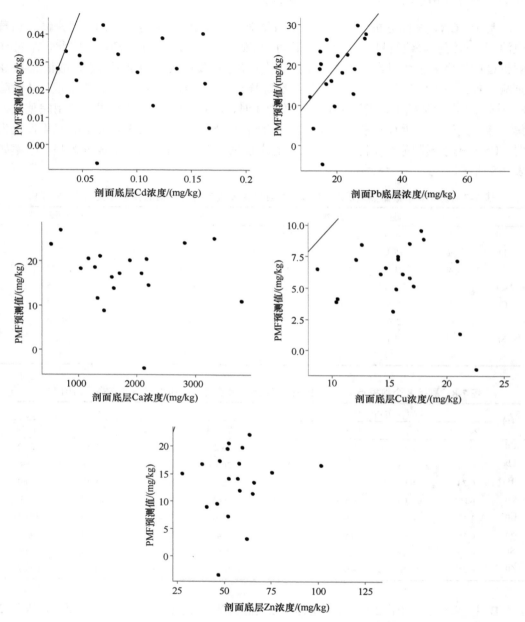

图 7-6　剖面表层样品 PMF 解析的自然源贡献值与底层浓度值散点图（支裕优，2017）
图中的线为 1∶1 线

董骙睿等（2015）使用 PMF 模型对南京郊区的农田土壤进行源解析，其结果中也有相类似的情况。PMF 给出的自然背景母质因子对 Pb 的平均贡献仅 5.84 mg/kg（19.2%），而当地的 Pb 的背景值为 31.3 mg/kg。此外，其利用二源混合模型对土壤中的 Pb 来源进行分析，大气降尘的贡献量为 36.8%，背景土壤的贡献为 63.2%。利用 Pb 稳定同位素获得的背景土壤的相对贡献（63.2%）远大于 PMF 的结果（19.2%）。

Xue 等（2014）对单一工厂周围土壤进行的重金属来源解析也有相类似的情况，估计的土壤中来自母质部分的 Cd、Pb 的浓度分别为 0.04 mg/kg（12.43%）和 5.48 mg/kg（15.34%），而当地深层（80~100 cm）土壤中的 Cd、Pb 浓度分别为 0.052 mg/kg 和 16.88 mg/kg。

李娇等（2016）对拉林河流域土壤重金属的解析结果表明，肥料等农业化学品的过量施用对土壤中 Cd 的贡献达 85.6%，自然源的贡献仅为 14.4%。然而，当地土壤中 Cd 的平均浓度为 0.13 mg/kg，背景值（黑龙江省 C 层土壤均值）为 0.078 mg/kg。As 则是 49.9%来自工业排放，44.8%来自自然源。当地土壤中 As 的平均浓度为 10.12 mg/kg，背景值为 11.4 mg/kg。而 Pb、Zn 的平均浓度为 23.38 mg/kg、54.06 mg/kg，也小于当地的背景值，分别为 24.4 mg/kg、69.9 mg/kg，PMF 解析结果中两者主要来自于自然源，自然源的贡献均在 70%左右。

从上述几个研究及本研究的结果可以看出，使用 PMF 对农田土壤进行重金属来源解析，会低估部分元素的土壤母质源的贡献。

7.3 研究展望

本研究通过主成分分析、空间分析等组合技术，识别研究区域内土壤重金属的主要来源，通过剖面分析验证了潜在污染源对周围土壤的影响，并尝试使用正定矩阵因子分解模型对研究区域内土壤重金属的来源进行量化，对结果的准确性进行了分析。然而，由于土壤环境的复杂性和异质性及样品采集与分析过程存在的误差，土壤重金属来源解析结果存在不确定性，还有很多工作有待深入和完善。

1）由于土壤环境的异质性、样品采集分析过程的误差及模型误差的存在等因素，源解析结果不可避免存在不确定性。对源解析过程进行不确定性分析，识别影响源解析结果的因素，明确采样方法、采样密度、研究尺寸、分析测试方法及模型结构等对源解析结果的影响，提高模型的准确性和可靠性。

2）污染源成分谱对准确分析源解析结果具有重要作用，详尽的源成分谱有助于准确识别源类，减少源解析误差。然而，我国目前基本没有编制针对土壤环境的重金属排放清单，且我国各区域经济发展差异较大，各地区的污染源类差异较大。有鉴于此，需要针对不同区域污染源的差异，开展针对性研究，建立各区域的污染源成分谱数据库，以减少源解析结果的误差。

3）随着我国经济发展和对环境的日益重视，各区域的产业结构也都不断发生变化，区域重金属的来源在空间和时间上都发生改变。而目前对土壤重金属来源解析多是针对单一时间点采集的数据进行分析的，而且定量解析模型中并不包括土壤和源类的空间、时间结构信息，有必要开展相关研究将土壤重金属及源类的空间结构和时间结构等信息纳入污染来源解析模型中，完善区域土壤重金属源解析方法。

参 考 文 献

艾建超, 王宁, 杨净. 2014. 基于 UNMIX 模型的夹皮沟金矿区土壤重金属源解析. 环境科学, 35(9): 43.
长广煤矿志编辑部. 1989. 长广煤矿志. 杭州: 浙江人民出版社.
长兴县水泥产业转型升级领导小组. 2011. 长兴县水泥产业转型升级实施意见(2011—2015 年).
长兴县土地志编纂委员会. 2002. 长兴县土地志. 上海: 中华书局.
陈丹青, 谢志宜, 张雅静, 等. 2016. 基于 PCA/APCS 和地统计学的广州市土壤重金属来源解析. 生态环境学报, 25(6): 1014-1022.
陈锦芳, 方宏达, 巫晶晶, 等. 2019. 基于 PMF 和 Pb 同位素的农田土壤中重金属分布及来源解析. 农业环境科学学报, 38(5): 1026-1035.
陈秀端, 卢新卫. 2017. 基于受体模型与地统计的城市居民区土壤重金属污染源解析. 环境科学, 38(6): 2513-2521.
董骡睿, 胡文友, 黄标, 等. 2015. 基于正定矩阵因子分析模型的城郊农田土壤重金属源解析. 中国环境科学, 35(7): 2103-2111.
段淑辉, 周志成, 刘勇军, 等. 2018. 湘中南农田土壤重金属污染特征及源解析. 中国农业科技导报, 20(6): 80-87.
国家环境保护局. 1995. 土壤环境质量标准: GB15618—1995.
胡碧峰, 王佳昱, 傅婷婷, 等. 2017. 空间分析在土壤重金属污染研究中的应用. 土壤通报, 48(4): 1014-1024.
胡龙驰, 韩冰, 李志强. 2004. 水泥粉尘对夹江城区降雨 pH 值的影响. 四川环境, 23(3): 58-59.
《湖州土壤》编委会. 1995. 湖州土壤. 杭州: 浙江科学技术出版社.
季辉, 赵健, 冯金飞, 等. 2013. 高速公路沿线农田土壤重金属总量和有效态含量的空间分布特征及其影响因素分析. 土壤通报, 44(2): 477-483.
李本银, 黄绍敏, 张玉亭, 等. 2010. 长期施用有机肥对土壤和糙米铜、锌、铁、锰和镉积累的影响. 植物营养与肥料学报, 16(1): 129-135.
李娇, 陈海洋, 滕彦国, 等. 2016. 拉林河流域土壤重金属污染特征及来源解析. 农业工程学报, 32(19): 226-233.
李娇, 吴劲, 蒋进元, 等. 2018. 近十年土壤污染物源解析研究综述. 土壤通报, 49(1): 232-242.
李霞, 张慧鸣, 徐震, 等. 2016. 农田 Cd 和 Hg 污染的来源解析与风险评价研究. 农业环境科学学报, 35(7): 1314-1320.
林少敏, 黄利榆. 2010. 利用废弃物煅烧水泥时重金属 Pb、Cd 的逸放污染. 生态环境学报, 19(1): 77-80.
刘广林. 2011. 铅酸蓄电池工艺学概论. 第二版. 北京: 机械工业出版社.
刘俊岭, 杜梅, 张克云, 等. 1997. 水泥粉尘污染对水稻、油菜和土壤环境的影响. 植物资源与环境, 6(3): 43-48.
刘娜, 仇广乐, 冯新斌. 2010. 大气汞源解析受体模型研究进展. 生态学杂志, 29(04): 798-804.
刘胜然, 王铁宇, 汤洁, 等. 2019. 典型城市单元的土壤重金属溯源方法与实证研究. 生态学报, 39(4): 1278-1289.
卢鑫, 胡文友, 黄标, 等. 2018. 基于 UNMIX 模型的矿区周边农田土壤重金属源解析. 环境科学, 39(3): 1421-1429.
马智宏, 王纪华, 陆安祥, 等. 2007. 京郊不同剖面土壤重金属的分布与迁移. 河北农业大学学报, 30(6): 11-15.
庞妍. 2015. 关中平原农田土壤重金属污染风险研究. 西北农林科技大学博士学位论文.
瞿明凯, 李卫东, 张传荣, 等. 2013. 基于受体模型和地统计学相结合的土壤镉污染源解析. 中国环境科学, 33(5): 854-860.

苏达根, 林少敏. 2007. 水泥窑铅镉等重金属的污染及防治. 硅酸盐学报, 35(5): 558-562.
孙慧, 毕如田, 郭颖, 等. 2018. 广东省土壤重金属溯源及污染源解析. 环境科学学报, 38(2): 704-714.
孙境蔚, 胡恭任, 于瑞莲, 等. 2016. 多元统计与铅同位素示踪解析旱地垂直剖面土壤中重金属来源. 环境科学, 37(6): 2304-2312.
孙贤斌, 李玉成. 2015. 基于 GIS 的淮南煤矿废弃地土壤重金属污染生态风险评价. 安全与环境学报, 15(2): 348-352.
覃丽霞, 马军伟, 孙万春, 等. 2015. 浙江省畜禽有机肥重金属及养分含量特征研究. 浙江农业学报, 27(4): 604-610.
汪庆华, 董岩翔, 郑文, 等. 2007. 浙江土壤地球化学基准值与环境背景值. 地质通报, 26(5): 590-597.
魏迎辉, 李国琛, 王颜红, 等. 2018. PMF 模型的影响因素考察——以某铅锌矿周边农田土壤重金属源解析为例. 农业环境科学学报, 37(11): 2549-2559.
解怀生. 2005. 浙江省长兴县煤山盆地地球化学异常特征及环境质量初步评价. 中国地质灾害与防治学报, 16(4): 128-133.
徐理超, 李艳霞, 苏秋红, 等. 2007. 阜新市农田土壤重金属含量及其分布特征. 应用生态学报, 18(7): 1510-1517.
张继舟, 吕品, 于志民, 等. 2014. 三江平原农田土壤重金属含量的空间变异与来源分析. 华北农学报, 29(S1): 353-359.
张满满. 2014. 徐州北郊农田土壤重金属污染评价及空间变异性分析. 中国矿业大学硕士学位论文.
张敏, 王美娥, 陈卫平, 等. 2015. 湖南攸县典型煤矿和工厂区水稻田土壤镉污染特征及污染途径分析. 环境科学, 36(4): 1425-1430.
张明亮, 王海霞. 2007. 煤矿区矸石山周边土壤重金属污染特征与规律. 水土保持学报, 21(4): 189-192.
张长波, 骆永明, 吴龙华. 2007. 土壤污染物源解析方法及其应用研究进展. 土壤, 39(2): 190-195.
赵红安, 臧亮, 张贵军, 等. 2018. 县域尺度土壤重金属污染特征及源解析——以赵县为例. 土壤通报, 49(3): 710-719.
浙江省地质调查院. 2005. 浙江省长兴县农业地质环境与自然资源调查评价报告.
支裕优. 2017. 浙江长兴煤山盆地土壤重金属来源解析及结果可靠性分析研究. 浙江大学博士学位论文.
Adejumo J, Obioh I, Ogunsola O, et al. 1994. The atmospheric deposition of major, minor and trace elements within and around three cement factories. Journal of Radioanalytical and Nuclear Chemistry, 179(2): 195-204.
Al-Khashman O A, Shawabkeh R A. 2006. Metals distribution in soils around the cement factory in southern Jordan. Environmental Pollution, 140(3): 387-394.
Belis C A, Karagulian F, Larsen B R, et al. 2013. Critical review and meta-analysis of ambient particulate matter source apportionment using receptor models in Europe. Atmospheric Environment, 69: 94-108.
Brown S G, Eberly S, Paatero P, et al. 2015. Methods for estimating uncertainty in PMF solutions: Examples with ambient air and water quality data and guidance on reporting PMF results. Science of the Total Environment, 518: 626-635.
Chen H Y, Teng Y G, Wang J S, et al. 2013. Source apportionment of trace element pollution in surface sediments using positive matrix factorization combined support vector machines: application to the Jinjiang River, China. Biological Trace Element Research, 151(3): 462-470.
Chen L, Zhou S, Wu S, et al. 2018. Combining emission inventory and isotope ratio analyses for quantitative source apportionment of heavy metals in agricultural soil. Chemosphere, 204: 140-147.
Chen X, Xia X, Zhao Y, et al. 2010. Heavy metal concentrations in roadside soils and correlation with urban traffic in Beijing, China. Journal of Hazardous Materials, 181(1-3): 640-646.
Cloquet C, Carignan J, Libourel G, et al. 2006. Tracing source pollution in soils using cadmium and lead isotopes. Environmental Science & Technology, 40(8): 2525-2530.
Clow D W, Mast M A, Bullen T D, et al. 1997. Strontium 87 strontium 86 as a tracer of mineral weathering reactions and calcium sources in an alpine/subalpine watershed, Loch Vale, Colorado. Water Resources

Research, 33(6): 1335-1351.

Erhardt E B, Wolf B O, Ben-David M, et al. 2014. Stable isotope sourcing using sampling. Open Journal of Ecology, 4(6): 289-298.

Fry B. 2007. Stable Isotope Ecology. New York: Springer Science & Business Media.

Galloway A W E, Taipale S J, Hiltunen M, et al. 2014. Diet-specific biomarkers show that high-quality phytoplankton fuels herbivorous zooplankton in large boreal lakes. Freshwater Biology, 59(9): 1902-1915.

Guan Q, Wang F, Xu C, et al. 2018. Source apportionment of heavy metals in agricultural soil based on PMF: A case study in Hexi Corridor, northwest China. Chemosphere, 193: 189-197.

Guo X, Zuo R, Shan D, et al. 2017. Source apportionment of pollution in groundwater source area using factor analysis and positive matrix factorization methods. Human and Ecological Risk Assessment: An International Journal, 23(6): 1417-1436.

Haji Gholizadeh M, Melesse A M, Reddi L. 2016. Water quality assessment and apportionment of pollution sources using APCS-MLR and PMF receptor modeling techniques in three major rivers of South Florida. Science of the Total Environment, 566-567: 1552-1567.

Henry R C. 2003. Multivariate receptor modeling by N-dimensional edge detection. Chemometrics and Intelligent Laboratory Systems, 65(2): 179-189.

Henry R C, Park E S, Spiegelman C H. 1999. Comparing a new algorithm with the classic methods for estimating the number of factors. Chemometrics and Intelligent Laboratory Systems, 48(1): 91-97.

Hernandez L, Probst A, Probst J L, et al. 2003. Heavy metal distribution in some French forest soils: Evidence for atmospheric contamination. Science of the Total Environment, 312(1-3): 195-219.

Hopkins J B I, Ferguson J M. 2012. Estimating the diets of animals using stable isotopes and a comprehensive Bayesian mixing model. PLoS One, 7(1):e284781.

Hu W, Wang H, Dong L, et al. 2018. Source identification of heavy metals in peri-urban agricultural soils of southeast China: An integrated approach. Environmental Pollution, 237: 650-661.

Huang F, Wang X, Lou L, et al. 2010. Spatial variation and source apportionment of water pollution in Qiantang River (China) using statistical techniques. Water Research, 44(5): 1562-1572.

Huang Y, Deng M, Wu S, et al. 2018. A modified receptor model for source apportionment of heavy metal pollution in soil. Journal of Hazardous Materials, 354: 161-169.

Huang Y, Li T, Wu C, et al. 2015. An integrated approach to assess heavy metal source apportionment in peri-urban agricultural soils. Journal of Hazardous Materials, 299: 540-549.

Jiang Y, Chao S, Liu J, et al. 2017. Source apportionment and health risk assessment of heavy metals in soil for a township in Jiangsu Province, China. Chemosphere, 168: 1658-1668.

Jin Z, Zhang Z, Zhang H, et al. 2015. Assessment of lead bioaccessibility in soils around lead battery plants in East China. Chemosphere, 119: 1247-1254.

Kosmatka S H, Panarese W C, Kerkhoff B. 2002. Design and Control of Concrete Mixtures. Skokie: Portland Cement Association Skokie, IL.

Kuang B Y, Lin P, Huang X H H, et al. 2015. Sources of humic-like substances in the Pearl River Delta, China: positive matrix factorization analysis of $PM_{2.5}$ major components and source markers. Atmospheric Chemistry and Physics, 15(4): 1995-2008.

Lang Y, Li G, Wang X, et al. 2015. Combination of Unmix and positive matrix factorization model identifying contributions to carcinogenicity and mutagenicity for polycyclic aromatic hydrocarbons sources in Liaohe delta reed wetland soils, China. Chemosphere, 120: 431-437.

Lee E, Chan C K, Paatero P. 1999. Application of positive matrix factorization in source apportionment of particulate pollutants in Hong Kong. Atmospheric Environment, 33(19): 3201-3212.

Li G, Lang Y, Yang W, et al. 2014. Source contributions of PAHs and toxicity in reed wetland soils of Liaohe estuary using a CMB-TEQ method. Science of the Total Environment, 490: 199-204.

Li H, Hopke P K, Liu X, et al. 2015a. Application of positive matrix factorization to source apportionment of surface water quality of the Daliao River basin, northeast China. Environmental Monitoring and Assessment, 187(3): 1-12.

Li P, Zhi Y, Shi J, et al. 2015b. County-scale temporal-spatial distribution and variability tendency of heavy metals in arable soils influenced by policy adjustment during the last decade: a case study of Changxing, China. Environmental Science and Pollution Research, 22(22): 17937-17947.

Liu J, Mauzerall D L, Chen Q, et al. 2016. Air pollutant emissions from Chinese households: A major and underappreciated ambient pollution source. Proceedings of the National Academy of Sciences, 113(28): 7756-7761.

Liu R, Men C, Yu W, et al. 2018. Uncertainty in positive matrix factorization solutions for PAHs in surface sediments of the Yangtze River Estuary in different seasons. Chemosphere, 191: 922-936.

Luo X, Xue Y, Wang Y, et al. 2015. Source identification and apportionment of heavy metals in urban soil profiles. Chemosphere, 127: 152-157.

Ma W, Tai L, Qiao Z, et al. 2018. Contamination source apportionment and health risk assessment of heavy metals in soil around municipal solid waste incinerator: a case study in North China. Science of the Total Environment, 631-632: 348-357.

Meng L, Zuo R, Wang J, et al. 2018. Apportionment and evolution of pollution sources in a typical riverside groundwater resource area using PCA-APCS-MLR model. Journal of Contaminant Hydrology, 218: 70-83.

Micó C, Recatalá L, Peris M, et al. 2006. Assessing heavy metal sources in agricultural soils of an European Mediterranean area by multivariate analysis. Chemosphere, 65(5): 863-872.

Moore J W, Semmens B X. 2008. Incorporating uncertainty and prior information into stable isotope mixing models. Ecology Letters, 11(5): 470-480.

Norris G, Duvall R, Brown S, et al. 2014. EPA Positive Matrix Factorization(PMF)5.0 Fundamentals and User Guide Prepared for the US Environmental Protection Agency Office of Research and Development. Washington, DC.: Inc., Petaluma.

Paatero P, Hopke P K. 2003. Discarding or downweighting high-noise variables in factor analytic models. Analytica Chimica Acta, 490(1-2): 277-289.

Palmer M J, Douglas G B. 2008. A Bayesian statistical model for end member analysis of sediment geochemistry, incorporating spatial dependences. Journal of the Royal Statistical Society Series C-Applied Statistics, 57(3): 313-327.

Parnell A C, Inger R, Bearhop S, et al. 2010. Source partitioning using stable isotopes: coping with too much variation. PLoS One, 5(3):e96723.

Parnell A C, Phillips D L, Bearhop S, et al. 2013. Bayesian stable isotope mixing models. Environmetrics, 24(6): 387-399.

Pekey H, Doğan G. 2013. Application of positive matrix factorisation for the source apportionment of heavy metals in sediments: a comparison with a previous factor analysis study. Microchemical Journal, 106: 233-237.

Phillips D L, Gregg J W. 2001. Uncertainty in source partitioning using stable isotopes. Oecologia, 127(2): 171-179.

Phillips D L, Gregg J W. 2003. Source partitioning using stable isotopes: coping with too many sources. Oecologia, 136(2): 261-269.

Phillips D L, Koch P L. 2002. Incorporating concentration dependence in stable isotope mixing models. Oecologia, 130(1): 114-125.

Phillips D L, Newsome S D, Gregg J W. 2005. Combining sources in stable isotope mixing models: alternative methods. Oecologia, 144(4): 520-527.

Qi J, Zheng B, Li M, et al. 2017. A high-resolution air pollutants emission inventory in 2013 for the Beijing-Tianjin-Hebei region, China. Atmospheric Environment, 170: 156-168.

Qu M K, Wang Y, Huang B, et al. 2018. Source apportionment of soil heavy metals using robust absolute principal component scores-robust geographically weighted regression (RAPCS-RGWR) receptor model. Science of the Total Environment, 626: 203-210.

Rieuwerts J S, Farago M, Bencko V. 1999. Topsoil and housedust metal concentrations in the vicinity of a lead battery manufacturing plant. Environmental Monitoring and Assessment, 59(1): 1-13.

Song Y, Shao M, Liu Y, et al. 2007. Source apportionment of ambient volatile organic compounds in Beijing. Environmental Science and Technology, 41(12): 4348-4353.

Stock B C, Semmens B X. 2016a. MixSIAR GUI user manual: version 3.1. https: //github.com/brianstock/MixSIAR. [2018-3-12].

Stock B C, Semmens B X. 2016b. Unifying error structures in commonly used biotracer mixing models. Ecology, 97(10): 2562-2569.

Sug Park E, Henry R C, Spiegelman C H. 2000. Estimating the number of factors to include in a high-dimensional multivariate bilinear model. Communications in Statistics-Simulation and Computation, 29(3): 723-746.

Thurston G D, Spengler J D. 1985. A quantitative assessment of source contributions to inhalable particulate matter pollution in metropolitan boston. Atmospheric Environment, 19(1): 9-25.

Ulbrich I M, Canagaratna M R, Zhang Q, et al. 2009. Interpretation of organic components from Positive Matrix Factorization of aerosol mass spectrometric data. Atmospheric Chemistry and Physics, 9(9): 2891-2918.

Wang P, Li Z, Liu J, et al. 2019. Apportionment of sources of heavy metals to agricultural soils using isotope fingerprints and multivariate statistical analyses. Environmental Pollution, 249: 208-216.

Wang Q, Xie Z, Li F. 2015. Using ensemble models to identify and apportion heavy metal pollution sources in agricultural soils on a local scale. Environmental Pollution, 206: 227-235.

Watson J G. 1984. Overview of receptor model principles. Journal of the Air Pollution Control Association, 34(6): 619-623.

Xue J, Zhi Y, Yang L, et al. 2014. Positive matrix factorization as source apportionment of soil lead and cadmium around a battery plant (Changxing County, China). Environmental Science and Pollution Research, 21(12): 7698-7707.

Yang L, Mei K, Liu X, et al. 2013. Spatial distribution and source apportionment of water pollution in different administrative zones of Wen-Rui-Tang (WRT) river watershed, China. Environmental Science and Pollution Research, 20(8): 5341-5352.

Yang Y, Christakos G, Guo M W, et al. 2017. Space-time quantitative source apportionment of soil heavy metal concentration increments. Environmental Pollution, 223: 560-566.

Zhang C S. 2006. Using multivariate analyses and GIS to identify pollutants and their spatial patterns in urban soils in Galway, Ireland. Environmental Pollution, 142(3): 501-511.

Zhi Y, Li P, Shi J, et al. 2016. Source identification and apportionment of soil cadmium in cropland of Eastern China: a combined approach of models and geographic information system. Journal of Soils and Sediments, 16(2): 467-475.

第 8 章

土壤中非饱和流动的数据同化方法

曾令藻　满　俊　谢小婷

浙江大学环境与资源学院，浙江杭州　310058

曾令藻简历：博士，教授，博士生导师，从事研究领域为土壤物理与水资源管理。1999～2003 年本科就读于浙江大学机械与能源工程学院工程力学系；2003～2008 年在浙江大学航空航天学院攻读固体力学博士学位，研究方向为随机动力学；2008～2010 年在美国南加利福尼亚大学土木与环境工程系从事地下水随机模拟与数据同化方向博士后研究；2010 年 8 月进入浙江大学环境与资源学院任教，获浙江大学"求是青年学者"称号。目前主要研究方向为渗流模拟，土壤水、地下水数据同化方法。迄今在 *Water Resources Research*、*Soil Science Society of America Journal*、*Advances in Water Resources*、*Journal of Hydrology* 等水文学与水资源、土壤学及环境领域期刊上发表 SCI 论文 60 余篇，主持国家自然科学基金项目 3 项，国家 863 计划项目子课题 1 项，国家重点研发计划项目子课题 2 项。现任中国土壤学会土壤物理专业委员会委员、*Soil Science Society of America Journal* 副主编（Associate Editor, Soil Physics and Hydrology Division）。

摘　要：非饱和带是水文循环的重要组成部分，同时也是地表污染物进入地下水的通道。数值模型是研究非饱和带中土壤水分运动和溶质运移过程的有力工具。合理应用模型的关键之一在于土壤水力参数的确定。数据同化方法通过对与土壤水分运动有关的水头和溶质浓度等观测数据进行信息融合，以实现对土壤水力参数的反演。由于土壤的非均质性、观测数据的相对稀缺性及数值模型求解的耗时性，发展高效的数据同化方法对模拟和预测土壤水分运动和溶质运移具有重要的意义。本章以不确定性量化为切入点，回顾了多项式混沌展开方法和卡尔曼滤波法的相关理论，介绍了它们在土壤与水资源领域的研究进展，并针对现有同化方法的不足，发展了一种概率配点卡尔曼滤波方法，从溶质浓度数据中反演土壤水力参数。本章还通过发展优化试验设计方法，并结合最新的不确定性量化方法来提高数据同化的精度和效率。相关研究可为准确获取土壤水力参数提供方法工具，有利于农业水管理、污染防治和修复等工作的合理开展。

关键词：非饱和带；土壤水分运动；溶质运移；数据同化；不确定性

  非饱和带，又称为"包气带"，是指地表以下至地下水位以上的区域。传统意义上的非饱和带可划分为三层：上层根系区、中间过渡区和底部毛管上升区（Stephens，2018）。上层根系区经常直接或间接地与外界进行水分交换，如接受大气降水的补给或通过土壤蒸发和植物蒸腾作用耗散水分。在降水与腾发作用的交替进行下，上层根系区的土壤水分经常呈动态变化，并且区域内水和热等运移过程相互影响。在底部毛管上升区，土壤一般接近饱和，任何来自层水分的补给均会引起地下水位的剧烈变化。中间过渡区是前两者的过渡带，其厚度由地下水埋深决定。非饱和带作为水文循环的重要场所，在雨水、灌溉水的入渗，土壤水分储存、蒸发，植物根系吸水，地下水补给，地表径流和土壤侵蚀等方面发挥着重要作用（Selker et al.，1999），同时也是地表污染物进入地下水的通道，当其受到污染后可进一步引起水体、大气和生物等的污染（Zheng and Bennett，2002）。因此，研究非饱和带中土壤水分运动规律对于农业水土资源管理及污染防控具有重要的理论指导意义和实际价值。

  数值模型是模拟非饱和带中土壤水分运动的有力工具，在土水资源管理、污染风险评价等方面具有广泛的应用。经过几十年的发展，目前已经建立了多种土壤非饱和流动数值模型，具有代表性的有 HYDRUS（Simunek et al.，2012）、FEFLOW（Trefry and Muffels，2007）、FEHM（Zyvoloski et al.，1997）等。确定土壤水力参数（如饱和导水率和孔隙度）是描述和预测非饱和土壤水分运动的关键，它们的精确获取是对水分和溶质迁移进行准确模拟的前提。当前存在许多直接测定土壤水力参数的方法，主要分为实验室方法和田间方法两种。这些方法大多数都需要施加严格的初始条件和边界条件，以便能用解析或半解析方法来确定。由于需要满足模型参数显式计算所需的条件，直接测定方法的实验分析过程通常比较耗时，并且成本较高。例如，在某些问题中，对于不同的边界条件，需要反复实现稳态或水力平衡状态。并且，控制方程本身也需要线性化或以其他方式近似，以允许其（半）解析求解。另外一个限制是需要设置相对简单的初始条件和边界条件，这对于大规模精确控制边界条件的田间实验来说尤其困难。此外，由于尺度效应的存在，直接测定方法的要求也严重限制了对土壤空间异质性的处理。最后，直接测定方法很难获得有关参数不确定性的信息。

  随着测量技术和数值模拟方法的发展，对原位获取的观测数据进行同化，直接识别土壤水力参数的研究得以广泛开展。为了做出准确的参数估计并量化模拟结果的不确定性，可以对与土壤水分运动有关的一些状态表征量（如压力水头、含水量、溶质浓度和温度等）进行监测，将获得的观测数据融入模型计算之中，通过对模型参数和状态进行持续更新，使得模型预测值与观测数据相匹配，这个过程被称为数据同化（data assimilation）（Liu and Gupta，2007）。数据同化过程一般包括 4 个基本要素：数值模型、不确定性量化（uncertainty quantification, UQ）、观测数据和数据同化方法。UQ 是数据同化过程的基础，数据同化方法起着连接观测数据与模型预测值的关键作用，是数据同化过程的核心。

在过去 30 年里,数据同化方法获得了长远的发展,详见 Zhou 等(2014)的综述。然而,在将数据同化方法应用于非饱和土壤水力参数估计问题中,尤其是当研究区域尺度比较大的时候,也存在一些问题:①由于非饱和土壤水分运动模型具有强烈的非线性,为了保证模拟结果的准确性和稳定性,通常需要设置非常小的时间和空间步长。另外,非饱和土壤水力特性变化显著,受上边界条件的影响强烈,其精确模拟也需要对网格进行精细的离散化。对该过程的单次模拟往往耗时较长,而在数据同化过程中往往会涉及大量的模型调用,这将造成巨大的计算量。②非饱和带土壤中水分和溶质运移数据的采集是一项成本高、耗时长的工作,受限于有限的资源条件,通常只能获得少量的观测数据。当观测数据中所包含的信息量不足时,这对现有的数据同化方法来说是一个挑战。因此,需要发展高效的数据同化方法,更快更准地估计出土壤水力参数,降低土壤中非饱和流动模拟的不确定性,从而为科学管理和保护农业水土资源提供定量支撑。

8.1 研究进展综述

8.1.1 不确定性量化方法研究进展

由于土壤的非均质性及对边界和初始等条件难以准确获取,对非饱和带中土壤水分运动和溶质运移的模拟往往具有一定程度的不确定性。不确定性量化方法(UQ)要求将未知土壤水力参数视为随机变量(或随机过程,即当参数与时间和空间有关时),研究参数不确定性如何通过模型进行传递并影响模拟结果。随着对随机多孔介质中水分运动过程研究得不断深入,许多 UQ 方法不断被提出来(Dagan, 2012; Rubin, 2003; Zhang, 2001)。

蒙特卡罗(Monte Carlo, MC)(Robert and Casella, 2013)模拟是最常用的 UQ 方法,主要包括三个步骤:①根据土壤的统计性质随机生成若干参数样本;②将参数样本代入数值模型进行求解;③对模拟结果进行统计分析。MC 方法虽然简单易用,但缺点也同样明显。首先,它无法给出物理过程的理论表达式及各个物理量之间的统计关系;其次,在模拟过程中,当外界条件稍有变化,之前的模拟结果便不能再用,而必须重新计算;最为重要的是,MC 方法的计算成本高昂,往往需要大量的统计样本,对计算机的性能要求较高。于是,很多改进的 MC 方法也就应运而生,如 Latin 抽样法(Loh, 1996)和拟蒙特卡罗法(quasi Monte Carlo)(Caflisch, 1998)等,但这些方法在应用上仍然有一定的局限性。因此,发展高效、精确的随机方法也是当前研究的前沿问题之一。在土壤非饱和流动模拟中,MC 方法得到的结果通常被作为参照解,用以验证其他随机方法的准确性。

多项式混沌展开(polynomial chaos expansion, PCE)是近年来非常流行的 UQ 方法,最早由 Wiener(1938)提出,其基本思想是使用一组正交多项式作为基函数来对随机输出进行展开。Wiener(1938)使用 Hermite 正交多项式来处理高斯分布型随机输入变量的问题。Ghanem 和 Spanos(2003)随后将该方法与空间有限元法结合,成功地应用于带有不确定性输入变量的动力学模型中。Xiu 和 Karniadakis（2002）基于 Askey 正交多项式将该方法进行推广，使其适用于处理任意类型随机输入变量的问题，并将其命名为广义多项式混沌（generalized polynomial chaos, gPC）。为了不失一般性，在后面的介绍中将沿用 PCE 这一名称。在 PCE 的早期研究中，主要采用 Galerkin 投影法（Belytschko et al., 1994）求解基函数的系数，该方法需要对控制方程进行重构得到关于基函数系数的联立方程组，然后再对方程组进行求解，属于一种侵入式的方法。当模型输出对于随机输入变量有良好的正则性时，该方法具有指数级收敛的特性。然而，求解联立方程组通常并不容易，这对于 Galerkin 投影法是一个挑战。

概率配点法（probabilistic collocation method, PCM）（Li and Zhang, 2007），又称为随机配点法（stochastic collocation method, SCM）（Chang and Zhang, 2009），结合了 MC 方法和 Galerkin 投影法的优点，通过计算一些特殊的样本（配点）信息来构造高精度的多项式展开，属于一种非侵入式的方法。这种方法避免了对联立方程组的求解，只需要求解原始控制方程，操作简单且支持并行计算。为了获得较高的精度，配点通常与数值积分方案中使用的积分点（如高斯积分点）相同，常用的配点方案包括稀疏格子（Bungartz and Griebel, 2004）和 Stroud 积分点（Xiu and Hesthaven, 2005）。由于 PCM 具有高效性与非侵入性等优点，因而被广泛地应用于随机水文学问题中。Li 和 Zhang（2007）采用 PCM 对饱和随机多孔介质中的稳态流动进行了数值模拟，并与其他随机方法进行了比较。Shi 等（2009）利用 PCM 研究了非均质非承压含水层中的水流运动。Li 等（2009）将 PCM 应用于非饱和流的随机模拟中，并解决了输入参数多元化的问题。然而，PCM 面临严重的维数灾难问题（curse of dimensionality），即所需配点的个数随着随机输入参数个数的增加呈指数快速增长。在输入参数数量巨大时，实施 PCM 方法所需高昂的计算量是无法承担的。ANOVA（analysis of variance）分解，能有效地缓解高维模型近似中的高计算量问题（Li et al., 2001），通过将高维随机输出分解为一组低阶 ANOVA 分量，然后对保留下来的 ANOVA 分量用 PCE 进行展开，这比直接对随机输出进行 PCE 展开所需的计算量要小得多。Foo 和 Karniadakis（2010）将 ANOVA 分解和 PCM 结合起来用于处理高维随机问题。Ma 和 Zabaras（2010）及 Yang 等（2012）进一步提出了自适应 ANOVA 分解方法，能自动识别用于随机输出近似的重要 ANOVA 分量。针对强非线性问题，Liao 和 Zhang（2013，2014，2016）开发了一种转换概率配点法（transformed probabilistic collocation method, TPCM），将随机输出转化为一个中间变量（如位置、位移和到达时间）。通过这样转化，中间变量与输入参数之间的关系会更加线性。研究还表明，基于到达时间的 TPCM 比基于位置和位移的 TPCM 更加通用并且便于使用（Liao and Zhang, 2016）。

8.1.2 数据同化方法研究进展

数据同化方法是一系列算法的统称，最早被应用于大气和海洋科学领域，被视为一种状态估计的方法，直到 20 世纪 90 年代才逐渐扩展到土壤水文学领域。在本节中，主要介绍数据同化方法在非饱和土壤水力参数估计中的应用。

当系统均为线性且随机分布均为高斯分布时，求解此类数据同化问题的经典算法是卡尔曼滤波（Kalman filter, KF）（Kalman, 1960）。KF 包括预测和更新两个步骤，通常以递归的方式执行，可以对观测数据进行实时同化，即利用当前时刻观测数据对模型参数和状态进行更新，然后利用更新之后的参数和状态进行下一时刻的预测，随着观测数据的加入，不断地进行预测和更新。KF 只有在满足线性高斯（模型参数和状态之间为线性关系，参数先验和观测误差服从高斯分布）假设条件下才能得到最优解。KF 用于水文数据同化问题已有几十年的历史，但由于上述局限性，大多数应用都是针对简单问题。扩展卡尔曼滤波（extended Kalman filter, EKF）（Gelb, 1974）是将 KF 思想应用于非线性问题的早期尝试，通过 Taylor 级数展开对非线性模型进行线性化处理，然后套用 KF 的公式进行更新。然而，对于强非线性模型，EKF 违背了局部线性假设，高阶截断所带来的误差可能会使滤波发散（Jazwinski, 2007）。另外，在线性化处理时需要计算雅可比矩阵，当模型很复杂时雅可比矩阵的推求十分困难，这些因素都极大地限制了 EKF 的应用。

集合卡尔曼滤波（ensemble Kalman filter, EnKF）是一种基于 MC 模拟的卡尔曼滤波方法，利用集合样本来表示和传递模型参数和状态的不确定性，最早由 Evensen（1994）提出。而后，Burgers 等（1998）对 EnKF 的具体分析框架作了详细阐明，指出在更新步骤中要对观测数据进行扰动，以避免集合方差过小和滤波发散。Whitaker 和 Hamill（2002）认为对观测数据的扰动会引入采样误差，从而使得到的解为次优解，这一现象在样本数目较少时会更加明显。为此，他们发展了一种集合平方根滤波（ensemble square root filter, EnSRF），不需要对观测数据进行扰动，而是利用不同的公式对样本的均值和偏离部分分开进行更新。该方法既能避免随机扰动带来的误差，又能保证误差协方差矩阵的准确性。在之后的许多研究中，这种做法被广泛采用（Chen et al., 2013; Pajonk et al., 2013）。除此之外，前人还提出了 EAKF（Anderson, 2001）、ETKF（Bishop et al., 2001）和 DEnKF（Sakov and Oke, 2008）等算法，这些方法被统称为确定性集合滤波。Sun 等（2009）将以上这些确定性集合滤波与 EnKF 进行了比较，结果发现：在他们的算例中，确定性集合滤波的性能要优于 EnKF。

包括 EnKF 在内的数据同化方法最初是用于大气、海洋预报模型的状态估计，随着这一系列方法的发展，逐渐演变成对参数-状态的联合估计。对于多孔介质中水流问题，从 Geir 等（2003）的工作开始，研究者开始采用 EnKF 联合估计水头和渗透系数等参数。随后，Chen 和 Zhang（2006）将 EnKF 应用于地下水模型参数和状态估计问题。Franssen 和 Kinzelbach（2008）利用 EnKF 估计了地下水模型中空间非均匀分布的饱和导水率场。Li 和 Ren（2011）及 Shi 等（2015）利用 EnKF 连续同化水头观测数据，实现了对非饱和土壤水力参数的准确估计。在以上这些方法中，模型参数和状态都是联合进行更新的。然而，对于非线性问题，参数和状态的联合更新可能会造成这两者之间的不一致性。也就是说，更新之后的参数和状态可能不再满足控制方程，甚至会出现非物理性意义的状态值。Gu 和 Oliver（2007）认为，只有重新求解非线性模型才能避免参数和状态之间的不一致性。针对这个问题，前人提出了不同迭代形式的 EnKF，如 confirming EnKF（Wen and Chen, 2005）和 restart EnKF（Zafari and Reynolds, 2005）。这两种方法的做法都是将更新之后的参数代入模型重新计算状态，区别在于重新运行模型的起始时刻不同：confirming EnKF 是从上一时刻起运行模型到当前时刻，而 restart EnKF 则每次从初始时刻起开始运行。Song 等（2014）指出在非饱和土壤水分数据同化问题中，restart EnKF 的效果要优于 confirming EnKF，但同时计算量也更大。为此，他们在 restart EnKF 的基础上做了进一步改进，以减少回到初始时刻重新运行模型带来的额外计算量。除此之外，Chen 等（2009）及 Liao 和 Zhang（2015）还通过对模型参数和状态构造中间量，来提高 EnKF 在非线性问题中的适用性。

无论如何，EnKF 及其变体从先验分布中随机生成初始参数样本不可避免地会带来采样误差。Saad 和 Ghanem（2009）将 PCE 与 KF 结合，用 PCE 来表示和传递模型参数和状态的不确定性，从而避免采样带来的误差。更具体地说，就是将正交多项式作为基函数来对模型参数和状态进行展开，而基函数的系数是用 Galerkin 投影法确定。随后，Zeng 和 Zhang（2010）及 Zeng 等（2011）提出了一种基于概率配点的卡尔曼滤波（probabilistic collocation-based Kalman filter, PCKF），利用 PCM 来求解基函数的系数。除了使用 PCE 来表示和传递不确定性之外，PCKF 在各个方面都与 EnKF 很相似。EnKF 用户在运行算法之前必须确定集合样本的数目，而 PCKF 用户则必须预先确定 PCE 的截断，即选择基函数来近似模型输出。一般而言，保留更多的基函数有助于更准确地量化不确定性，但与此同时也会增加计算量。一种理想的做法是，在准确地表示不确定性的同时尽可能地减少基函数的数目。处理这一问题对于解决高维问题尤为重要，因为随着参数维数的增加，基函数的个数将呈指数增长。为此，Li 等（2014）提出了一种基于自适应 ANOVA 分解的概率配点卡尔曼滤波，在对模型输出进行近似时，可以根据方差大小自适应选择那些贡献比较大的基函数。这种方法能极大地缩减对模型输出近似所需的基函数个数，从而提高 PCKF 在处理高维度和非线性问题时的计算效率。Man 等（2016）将这种方法应用于非饱和流数据同化问题，以提高土壤水力参数估计的效率。

8.1.3 优化试验设计研究进展

如 8.1.2 节所述，在数据同化方法中，通过对水头、溶质浓度等观测数据进行同化，来实现对非饱和土壤水力参数的估计。直观地理解，通过同化高信息量的观测数据可以提高参数估计的精度。然而，非饱和带土壤中水头、溶质浓度数据的采集是一项成本高、耗时长的工作。在有限的预算和时间条件下，一种明智的做法是在实际获得观测数据之前评估这些数据的价值。这就需要执行优化试验设计（optimal experiment design），即确定何时何地进行监测以最大化数据价值（Dai et al., 2016; Lu et al., 2018; Neuman et al., 2012; Wang et al., 2018）。

在过去几十年里，优化试验设计在理论和应用上都得到了极大的发展（Huan and Marzouk, 2013; Ryan et al., 2016）。在贝叶斯框架下，Lindley（1972）为优化试验设计提供了统一的框架，即定义一个效用函数来反映试验设计的目标，然后通过最大化效用函数的期望值（优化试验设计中的目标函数）来找到最优的设计。对于任意给定的一种设计方案 s，期望效用函数的一般形式表示如下：

$$U(s) = \iint u(s, m, d) p(m, d|s) \mathrm{d}m \mathrm{d}d \tag{8-1}$$

式中，$u(s, m, d)$ 表示模型参数为 m 和观测数据为 d 时所对应的效用函数值；$p(m, d|s)$

表示给定设计方案 s 下，模型参数和观测数据的联合概率密度。由于在进行试验设计的时候，模型参数和观测数据都是未知的，这就涉及预后验分析（preposterior analysis）（Leube et al., 2012; Nowak and Guthke, 2016），其计算过程包括：对模型参数的先验分布随机采样生成大量参数样本，然后根据这些参数样本产生大量虚拟的观测样本，并对每一个虚拟样本进行贝叶斯分析获得效用函数值，最后对所有的效用函数值求平均作为该设计方案的信息量。

效用函数的选择对优化试验设计结果至关重要，因为对参数估计最优的设计不一定对模型预测也最优。即使同样是对于参数估计，所选效用函数的不同也可能导致设计结果的不同。当试验设计的目标是参数估计时，根据 Lindley（1956）的建议，许多研究者选择将信息增益作为效用函数（Bernardo, 1979），如香农熵差（Shannon entropy difference, SD）（Shannon, 1998）、信号自由度（degrees of freedom for signal, DFS）（Rodgers, 2000）和相对熵（relative entropy, RE）（Kullback, 1997）。近年来，SD、DFS 和 RE 在饱和、非饱和流参数估计的优化试验设计中得到了广泛的应用（Ju et al., 2019; Lan et al., 2018; Wang et al., 2018; Zhang et al., 2015）。对于线性高斯模型，可以由基于信息增益的效用函数推导出贝叶斯 D-最优准则（Bernardo, 1979），它是通过最大化 Fisher 信息矩阵的行列式或最小化待估计参数的方差来进行设计的（Jones et al., 2008）。同样地，其他以字母命名的贝叶斯最优准则[如 A-最优、D-最优和 E-最优准则等（Atkinson et al., 2007）]也可以由相应的效用函数推导出来，但并不是所有的以字母命名的最优准则都存在对应的贝叶斯形式（Chaloner and Verdinelli, 1995）。

对于非线性模型，Ryan 等（2016）将基于以字母命名的最优准则所得到的设计称为伪贝叶斯试验设计，因为这些设计准则只与方差有关。并且，他们还认为对于贝叶斯试验设计，必须使用基于后验分布的效用函数。在通常情况下，后验分布的解析形式往往并不存在，需要用数值方法对后验分布进行近似。马尔可夫链蒙特卡罗法（Markov chain Monte Carlo，MCMC）是一种用于估计后验分布的常用方法（Han and Chaloner, 2004）。然而，在贝叶斯试验设计中，如果对每一个虚拟观测样本都执行 MCMC 来得到后验分布，无疑将造成巨大的计算量。为了提高计算效率，Ryan（2003）提出用嵌套蒙特卡罗模拟来计算期望效用函数，Huan 和 Marzouk（2013）则通过在试验设计中使用替代模型来加速计算。

优化试验设计的方法大致可分为两类：全局（批量）设计和序贯设计（Huan and Marzouk, 2016）。前者是在所有时间和空间上同时进行设计，只设计一次，而后者总是基于上一次反馈的结果进行设计，涉及多次设计。在全局优化设计有关的研究中，Herrera 和 Pinder（2005）使用 KF 对监测网进行了时间和空间上的优化。Kollat 等（2011）将 EnKF 与多目标优化算法相结合用于提高地下水的长期监测。Zhang 等（2015）提出了一种高效的贝叶斯试验设计方法并将其用于污染源识别。Nowak 和 Guthke（2016）使用预后验分析对污染物运移模型识别进行优化。在序贯优化设计方面，Prakash 和 Datta（2015）利用模拟退火优化算法进行监测网的序贯优化设计，从而实现对污染源的精确表征。Gharamti 等（2015）提出了一种贪婪试验设计方法以提高对污染物的预测精度。

8.2 土壤非饱和流动模型与随机模拟方法

8.2.1 土壤非饱和流动模型

1. 水分运动方程

当土壤为各向同性刚性多孔介质时,垂直剖面上水分运动的 Richards 方程可以表示为

$$\frac{\partial \theta}{\partial t} = \frac{\partial}{\partial x}\left[K(h)\frac{\partial h}{\partial x}\right] + \frac{\partial}{\partial z}\left[K(h)\frac{\partial h}{\partial z}\right] + \frac{\partial K(h)}{\partial z} \tag{8-2}$$

式中,t 为时间(d);x 和 z 分别为横向和纵向空间坐标(cm),取向上为正;θ 和 h 分别为土壤含水量(cm^3/cm^3)和水头(cm);$K(h)$ 为非饱和导水率方程(cm/d),本研究中采用 van Genuchten-Mualem 模型表示(Mualem, 1976; van Genuchten, 1980):

$$K(h) = K_s S_e^{0.5}\left[1-(1-S_e^{1/m})^m\right]^2 \tag{8-3}$$

$$S_e = \frac{\theta - \theta_r}{\theta_s - \theta_r} = \begin{cases} \dfrac{1}{(1+|\alpha h|^n)^m}, & h < 0 \\ 1, & h \geqslant 0 \end{cases} \tag{8-4}$$

式中,K_s 为饱和导水率(cm/d);θ 为土壤含水量(cm^3/cm^3);θ_r 和 θ_s 分别为残余含水量和饱和含水量(cm^3/cm^3);α(1/cm)、n 和 m ($=1-1/n$) 为与土壤的孔隙大小、分布相关的参数。

2. 溶质运移方程

二维土壤中非反应性溶质运移的对流-弥散方程表达式(Bear, 2013)为

$$\frac{\partial(\theta c)}{\partial t} = \frac{\partial}{\partial x_i}\left(\theta D_{ij}\frac{\partial c}{\partial x_j}\right) - \frac{\partial(q_i c)}{\partial x_i} \tag{8-5}$$

式中,c 为溶质浓度(mg/cm^3);x_i ($i=1,2$) 为空间坐标(cm),x_j ($j=1,2$) 为空间坐标(cm)。将式(8-5)用于描述土壤垂直剖面上的溶质运移时,那么 $x_1=x$ 表示横坐标,$x_2=z$ 表示纵坐标。注意:在式(8-5)和下文中,均使用了爱因斯坦求和约定(王伯年等,2003),即当一个索引在代数项中出现两次时,这一项必须对该索引的所有可能值求和。

D_{ij} 为水动力弥散系数(cm^2/d),计算公式如下(Bear, 2013):

$$\theta D_{ij} = D_T|q|\delta_{ij} + (D_L - D_T)\frac{q_j q_i}{|q|} + \theta D_d \tau \delta_{ij} \tag{8-6}$$

式中,q_j 和 q_i 分别为不同方向上的达西流速;$|q|$ 为达西流速的绝对值(cm/d);D_T 和 D_L 分别为横向和纵向弥散系数(cm);δ_{ij} 为克罗内克函数($i=j$, $\delta_{ij}=1$; $i \neq j$, $\delta_{ij}=0$);D_d 为分子扩散系数(cm^2/d);τ 为土壤孔隙的曲折因子。对于二维溶质运移过程,水动

力弥散系数张量的各个分量如下所示：

$$\theta D_{xx} = D_{\mathrm{L}} \frac{q_x^2}{|q|} + D_{\mathrm{T}} \frac{q_z^2}{|q|} + \theta D_{\mathrm{d}} \tau \qquad (8\text{-}7)$$

$$\theta D_{zz} = D_{\mathrm{L}} \frac{q_z^2}{|q|} + D_{\mathrm{T}} \frac{q_x^2}{|q|} + \theta D_{\mathrm{d}} \tau \qquad (8\text{-}8)$$

$$\theta D_{xz} = (D_{\mathrm{L}} - D_{\mathrm{T}}) \frac{q_x q_z}{|q|} \qquad (8\text{-}9)$$

本研究将通过有限元软件 HYDRUS（Simunek et al., 2012）求解以上偏微分方程。HYDRUS 是 PC-PROGRESS 公司开发的一套基于 Windows 的建模软件，可以提供交互式图形界面支持，用于数据预处理、土壤剖面的离散化及结果的图形显示。更多有关 HYDRUS 的操作原理及使用说明请查阅 Simunek 等（2012）编写的技术手册。

8.2.2 随机模拟方法

1. Karhunen-Loève 展开

即使是对同一种质地土壤，饱和导水率 K_{s} 的变化范围也很宽。为了刻画饱和导水率的空间变异性，通常的做法是将它的空间分布视为一个随机场。Karhunen-Loève（KL）展开是描述参数空间变异性的常用做法，它将随机场表示成级数展开的形式，而级数由确定性函数构成的完备集及对应的随机系数构成（杨金忠等，2009）。

KL 展开将随机场 $U(\boldsymbol{x})$ 分解为确定的量 $\bar{U}(\boldsymbol{x})$ 和不确定的量 $U'(\boldsymbol{x})$ 之和：

$$\begin{aligned} U(\boldsymbol{x}) &= \bar{U}(\boldsymbol{x}) + U'(\boldsymbol{x}) \\ &= \bar{U}(\boldsymbol{x}) + \sum_{i=1}^{\infty} \xi_i \sqrt{\eta_i} f_i(\boldsymbol{x}) \end{aligned} \qquad (8\text{-}10)$$

式中，$\bar{U}(\boldsymbol{x})$ 为随机场的均值；η_i 和 $f_i(\boldsymbol{x})$ 分别为空间协方差矩阵的特征值和特征函数；ξ_i 为一组正交随机变量，满足 $\langle \xi_i \rangle = 0$ 和 $\langle \xi_i \xi_j \rangle = \delta_{ij}$，其中 $\langle \cdot \rangle$ 表示期望。当参数场为高斯随机场时，ξ_i 为一组独立的标准高斯随机变量。通过截取展开式（8-10）中前 M 项，就能用较少的随机变量来近似随机场：

$$U(\boldsymbol{x}) \approx \bar{U}(\boldsymbol{x}) + \sum_{i=1}^{M} \xi_i \sqrt{\eta_i} f_i(\boldsymbol{x}) \qquad (8\text{-}11)$$

当随机场服从高斯分布时，该近似是最优的，具有均方收敛性。

2. 概率配点法

假设将模型输出 d 视为一个随机过程 $d(\boldsymbol{x},t;\xi)$，其中 $\xi = \{\xi_1, \xi_2, \cdots, \xi_M\}$ 是用于近似模型参数 $\boldsymbol{m}$ 的随机向量。PCM 是一种量化不确定性的有效方法，其利用 PCE 对随机模型输出 $d(\boldsymbol{x},t;\xi)$（如水头和溶质浓度等）进行近似（Ghanem and Spanos, 2003）。为书写方便，在下列公式中省略了时间和位置索引。

（1）前处理

在基于 KL 展开的 PCM 中，模型参数 m 由式（8-11）展开得到。从概率空间选择 N_P 个配点 $\xi_i, i=1,2,\cdots,N_\mathrm{P}$，分别代入 KL 展开式得到输入参数场，然后求出每个配点上对应的模型输出 $\mathrm{d}(\xi_i), i=1,2,\cdots,N_\mathrm{P}$。

（2）多项式混沌展开

在传统的 PCM 中，当给定多项式的最高阶次 D 时，模型输出 $\mathrm{d}(\xi)$ 的 PCE 展开式可以写成：

$$\mathrm{d}(\xi) \approx \sum_{j=0}^{Q-1} c_j \psi_j(\xi), \quad Q=(D+M)!/(D!M!) \tag{8-12}$$

式中，c_j 为待求系数；$\psi_j(\xi)$ 为正交多项式基函数，满足

$$\langle \psi_j(\xi)\psi_k(\xi) \rangle \equiv \int \psi_j(\xi)\psi_k(\xi)\rho(\xi)\mathrm{d}\xi = \delta_{jk} \tag{8-13}$$

式中，$\rho(\xi)$ 为 ξ 的联合概率密度函数。Xiu 和 Karniadakis（2002）从理论上证明，选取 Askey 正交多项式作为基函数效果最佳，并具有较高的收敛速率。例如，对于高斯分布随机变量 Hermite 多项式是最优的，而对于均匀分布随机变量 Legendre 多项式是最优的。对于一般形式的参数分布，可以使用广义多项式混沌（gPC）进行展开（Xiu and Karniadakis, 2013）。

基函数的系数 c_j 可以通过谱投影法（Maître and Knio, 2010）确定：

$$c_j = \frac{\int \mathrm{d}(\xi)\psi_j(\xi)\rho(\xi)\mathrm{d}\xi}{\int \psi_j(\xi)\psi_j(\xi)\rho(\xi)\mathrm{d}\xi} \approx \frac{\sum_{i=1}^{N_\mathrm{P}} \mathrm{d}(\xi_i)\psi_j(\xi_i)w_i}{\langle \psi_j^2(\xi) \rangle} \tag{8-14}$$

式中，$\{\xi_i, w_i\}_{i=1}^{N_\mathrm{P}}$ 为一组配点及其对应权重，使求和近似于积分。

由式（8-12）可知：在给定多项式的最高阶次 D 的情况下，随着输入变量个数 M 的增加，基函数的数量呈指数增长，这将给基函数系数 c_j 的求解造成巨大的计算量，尤其是对于高维问题。在这种情况下，可以使用基于 ANOVA 分解的 PCE 对模型输出进行近似（Li et al., 2001, 2002）。经 ANOVA 分解后，模型输出 d 可以表示为

$$\mathrm{d}(\xi) \equiv f(\xi) = f_0 + \sum_{j=1}^{M} f_j(\xi_j) + \sum_{1 \leq j < k \leq M}^{M} f_{jk}(\xi_j,\xi_k) + \cdots + f_{1,2,\cdots,M}(\xi_1,\xi_2,\cdots,\xi_M) \tag{8-15}$$

式中，包含有 W 个随机变量的函数就称为 W 阶 ANOVA 分量。根据效应稀疏原理（Montgomery, 2017）可知：多个随机变量之间的耦合效应很小，通常可以忽略不计。因此，可以对式（8-15）中的高阶 ANOVA 分量进行截断，利用一组低阶 ANOVA 分量来近似原始高维模型输出 $\mathrm{d}(\xi)$，然后对各个 ANOVA 分量进行 PCE 展开，最后得到模型输出的 PCE 表达式。

当随机变量 ξ 服从正态分布时，选用 Hermite 多项式（Xiu and Karniadakis, 2003）

作为基函数，此时前三个单变量基函数可以表示为 $\psi_0(\xi)=1$，$\psi_1(\xi)=\xi$ 和 $\psi_2(\xi)=(\xi^2-1)/\sqrt{2}$。在此基础上，对一阶 ANOVA 分量进行展开：

$$f_1(\xi_1) \approx \sum_{j=0}^{2} c_j \psi_j(\xi_1) = c_0 + c_1\xi_1 + c_2(\xi_1^2-1)/\sqrt{2} \tag{8-16}$$

对于二阶 ANOVA 分量 $f_{1,2}(\xi_1,\xi_2)$，它的基函数由对应一维基函数的张量积构成：

$$\begin{aligned} f_{1,2}(\xi_1,\xi_2) &\approx \sum_{j=0}^{2}\sum_{k=0}^{2} c_{jk} \psi_j(\xi_1)\psi_k(\xi_2) \\ &= c_{00} + c_{01}\xi_2 + c_{02}(\xi_2^2-1)/\sqrt{2} + c_{10}\xi_1 + c_{11}\xi_1\xi_2 + c_{12}\xi_1(\xi_2^2-1)/\sqrt{2} \\ &\quad + c_{20}(\xi_1^2-1)/\sqrt{2} + c_{21}\xi_2(\xi_1^2-1)/\sqrt{2} + c_{22}(\xi_1^2-1)(\xi_2^2-1)/2 \end{aligned} \tag{8-17}$$

以零阶、一阶和二阶 ANOVA 分量为例，以下给出了它们的计算公式（Li et al., 2001, 2002）：

$$f_0 = f(\mathbf{0}) \tag{8-18}$$

$$f_1(\xi_1) = f(\xi_1, 0, \cdots, 0) - f_0 \tag{8-19}$$

$$f_2(\xi_2) = f(0, \xi_2, \cdots, 0) - f_0 \tag{8-20}$$

$$f_{1,2}(\xi_1,\xi_2) = f(\xi_1, \xi_2, 0, \cdots, 0) - f_1(\xi_1) - f_2(\xi_2) - f_0 \tag{8-21}$$

通过求出不同配点上 ANOVA 分量 $f_{1,2,\cdots,W}(\xi_1,\xi_2,\cdots,\xi_W)$ 的值，使其等于相应的基函数展开式，就能计算出基函数的系数。实施 PCM 的关键在于配点的选择，对于最高阶次为 k 的单变量多项式，组成配点的元素应从第 $k+1$ 阶多项式的根中选取。这种做法类似于高斯求积，其结果将比随机选择配点精确得多（Tatang et al., 1997）。比如，对于单变量二阶 Hermite 多项式，组成配点的元素就是三阶 Hermite 多项式 $(\xi^3-3\xi)/\sqrt{6}$ 的根：$-\sqrt{3}$，0 和 $\sqrt{3}$。而对于多元多项式，其配点由对应单变量多项式配点的张量积构成。

（3）后处理

最后，可以利用式（8-12）计算出模型输出的统计矩（如均值和方差）及概率密度函数。由于基函数具有正交性，模型输出的均值和方差可直接由基函数系数计算得到：

$$\mu_d = \int d(\xi)\rho(\xi)\mathrm{d}\xi = c_0 \tag{8-22}$$

$$\sigma_d^2 = \int [d(\xi)-\mu_d]^2 \rho(\xi)\mathrm{d}\xi = \sum_{j=1}^{Q-1} c_j^2 \tag{8-23}$$

3. 概率配点卡尔曼滤波

在 PCKF 中，模型参数 $\mathbf{m}$ 和输出 $\mathbf{d}$ 被表示成 PCE 展开的形式（Zeng et al., 2011）：

$$\mathbf{m}(\xi) \approx \sum_{j=0}^{Q-1} \mathbf{c}_j^m \psi_j(\xi) \tag{8-24}$$

$$d(\xi) \approx \sum_{j=0}^{Q-1} c_j^d \psi_j(\xi) \tag{8-25}$$

式中，$\xi = \{\xi_1, \xi_2, \cdots, \xi_M\}$ 为 M 维标准高斯随机向量；$\psi_j(\xi)$ 为一组正交基函数，满足 $E[\psi_j(\xi)\psi_k(\xi)] = \delta_{jk}$；$c_j, j = 0, 1, 2, \cdots, Q-1$ 为对应基函数的系数。基函数的第一项 $\psi_0(\xi)$ 表示均值，其余项 $\psi_j(\xi), j = 1, 2, \cdots, Q-1$ 表示高阶矩。

在得到模型参数和输出的 PCE 展开式（8-24）和式（8-25）之后，就可以由基函数的系数计算出实施卡尔曼滤波所需的统计信息：

$$\overline{d} = \sum_{j=0}^{Q-1} c_j^d E[\psi_j(\xi)] = c_0^d \tag{8-26}$$

$$\begin{aligned}
\boldsymbol{C}_{dd} &= E\left[(\boldsymbol{d} - \overline{\boldsymbol{d}})(\boldsymbol{d} - \overline{\boldsymbol{d}})^{\mathrm{T}}\right] \\
&= E\left\{\left[\sum_{j=1}^{Q-1} c_j^d \psi_j(\xi)\right]\left[\sum_{k=1}^{Q-1} c_k^d \psi_k(\xi)\right]^{\mathrm{T}}\right\} \\
&= \sum_{j=1}^{Q-1} c_j^d c_j^{d\mathrm{T}}
\end{aligned} \tag{8-27}$$

$$\begin{aligned}
\boldsymbol{C}_{md} &= E\left[(\boldsymbol{m} - \overline{\boldsymbol{m}})(\boldsymbol{d} - \overline{\boldsymbol{d}})^{\mathrm{T}}\right] \\
&= E\left\{\left[\sum_{j=1}^{Q-1} c_j^m \psi_j(\xi)\right]\left[\sum_{k=1}^{Q-1} c_k^d \psi_k(\xi)\right]^{\mathrm{T}}\right\} \\
&= \sum_{j=1}^{Q-1} c_j^m c_j^{d\mathrm{T}}
\end{aligned} \tag{8-28}$$

注意：式（8-26）~（8-28）的计算是基于基函数的正交性质。

在获得观测数据 $\boldsymbol{d}^*$ 之后，就可以利用平方根卡尔曼滤波来更新模型参数的均值 c_0^m 和高阶矩 c_j^m，

$$c_0^{m\mathrm{u}} = c_0^m + \boldsymbol{K}(\boldsymbol{d}^* - c_0^d) \tag{8-29}$$

$$c_j^{m\mathrm{u}} = c_j^m - \boldsymbol{K}'c_j^d, \quad j = 1, 2, \cdots, Q-1 \tag{8-30}$$

式中，$\boldsymbol{K}$ 和 $\boldsymbol{K}'$ 分别为标准的和修正的卡尔曼增益，计算公式如下：

$$\boldsymbol{K} = \boldsymbol{C}_{md}(\boldsymbol{C}_{dd} + \boldsymbol{R})^{-1} \tag{8-31}$$

$$\boldsymbol{K}' = \boldsymbol{C}_{md}\left[(\sqrt{\boldsymbol{C}_{dd} + \boldsymbol{R}})^{-1}\right]^{\mathrm{T}}(\sqrt{\boldsymbol{C}_{dd} + \boldsymbol{R}} + \sqrt{\boldsymbol{R}})^{-1} \tag{8-32}$$

式中，$\boldsymbol{R}$ 为观测误差 ε 的协方差矩阵。

8.3 基于概率配点的序贯优化设计与数据同化

在不确定性量化（UQ）问题中，利用多项式混沌展开（PCE）来高阶近似随机变量是一种常用的做法。Saad 和 Ghanem（2009）将 PCE 与卡尔曼滤波结合，用 PCE 来表示和传递模型参数和状态的不确定性。更具体地说，就是将正交多项式作为基函数来对模型参数和状态进行展开，而基函数的系数是用 Galerkin 投影法确定。随后，Zeng 和 Zhang（2010）及 Zeng 等（2011）提出了一种基于概率配点的卡尔曼滤波（PCKF），利用概率配点法（PCM）来求解基函数的系数。为了进一步提高 PCKF 的适用性，Li 等（2014）和 Man 等（2016）将自适应 ANOVA 分解与 PCKF 进行结合，用于处理高维非线性数据同化问题。

这里将介绍一种最近提出的基于概率配点的序贯优化设计方法（sequential probabilistic collocation-based optimal design, SPCOD）（Man et al., 2019），用于提高参数估计的精度。该方法能实时利用信息量最高的监测方案提供观测数据，然后用基于自适应 ANOVA 分解的 PCKF 进行数据同化。

8.3.1 研究方法

序贯优化设计的核心思想是：通过实时设计出最优监测方案（最大化信息指标值）来获取信息量最高的观测数据。在 SPCOD 中，将优化设计过程以 PCE 展开的形式表示出来，一旦设计出最优监测方案就利用获得的实际观测数据对基函数的系数进行更新。以下内容是对 SPCOD 方法的总结，包含预测、优化设计和更新三个步骤，并以迭代的方式实施。

I. 预测步

在预测步，用一组正交 Hermite 多项式作为基函数 $\psi_j(\xi)$ 对模型参数 m 和状态 s 进行近似（Zeng et al., 2011）：

$$m(\xi) \approx \sum_{j=0}^{Q-1} c_j^m \psi_j(\xi) \tag{8-33}$$

$$s(\xi) \approx \sum_{j=0}^{Q-1} c_j^s \psi_j(\xi) \tag{8-34}$$

式中，$\xi = \{\xi_1, \xi_2, \cdots, \xi_M\}$ 为 M 维标准高斯随机向量；$c_j^m, j = 0,1,\cdots,Q-1$ 为参数基函数的系数，是根据参数的先验统计信息预先设定的；$c_j^s, j = 0,1,\cdots,Q-1$ 为状态基函数的系数，由 PCM（Li and Zhang, 2007; Li et al., 2009）确定。

针对高维问题，首先利用自适应 ANOVA 对状态进行分解（Ma and Zabaras, 2010; Yang et al., 2012），然后再用 PCM 求解基函数的系数。Li 等（2014）的研究表明，利用前两阶 ANOVA 分量对模型输出进行近似通常足以得到令人满意的结果。在本研究中，保留零阶和所有的一阶 ANOVA 分量，然后根据各分量的方差自适应地选择二阶

ANOVA 分量。感兴趣的读者可以参考 Ma 和 Zabaras（2010）及 Yang 等（2012）的论文。通过对保留下来的 ANOVA 分量进行 PCE 展开并求和，就可以得到状态的 PCE 展开式。假设保留下来的二阶 ANOVA 分量个数为 N，那么求解状态基函数的系数所需总的模型调用次数就等于 $1+2M+4N, N \leqslant M(M-1)/2$。

II. 优化设计步

在优化设计步，将优化设计过程表示成 PCE 展开的形式。在得到参数 m 的 PCE 展开式（8-33）之后，可以很容易地由基函数的系数计算出参数的先验均值 b 和协方差 B，

$$b = c_0^m \tag{8-35}$$

$$B = \sum_{j=1}^{Q-1} c_j^m c_j^{mT} \tag{8-36}$$

假设观测算子为 H，代表一种候选监测方案。通过对状态 s 进行直接观测得到观测数据，

$$d = Hs + \varepsilon \tag{8-37}$$

式中，$\varepsilon \sim \mathcal{N}(0, R)$ 为高斯观测误差。需要注意的是，此时还未获得实际的观测数据。在得到状态 s 的 PCE 展开式（8-34）之后，通过对式（8-38）进行采样产生虚拟观测样本，

$$\begin{aligned} d_i \equiv d(\xi_i, \varepsilon_i) &= H \sum_{j=0}^{Q-1} c_j^s \psi_j(\xi_i) + \varepsilon_i, i=1,2,\cdots,N_e \\ &= \sum_{j=0}^{Q-1} c_j^d \psi_j(\xi_i) + \varepsilon_i, i=1,2,\cdots,N_e \end{aligned} \tag{8-38}$$

式中，$c_j^d = Hc_j^s, j=0,1,\cdots,Q-1$ 为模型预测值基函数的系数。

然后利用每个虚拟观测样本 d_i，对模型参数进行更新。这里，采用的是平方根形式的卡尔曼滤波（Whitaker and Hamill, 2002），即对模型参数的均值部分 c_0^m 和扰动部分 $c_j^m, j=1,2,\cdots,Q-1$ 分别用不同的公式进行更新（Zeng and Zhang, 2011）。

$$c_{0,i}^{mu} = c_0^m + K(d_i - c_0^d) \tag{8-39}$$

$$c_{j,i}^{mu} = c_j^m + K'(-c_j^d), \quad j=1,2,\cdots,Q-1 \tag{8-40}$$

对于非线性模型，参数的后验分布一般为非高斯分布，但只要模型非线性不强，卡尔曼滤波及其变体仍然适用。模型参数后验分布的均值 a_i 和协方差 A_i 可以分别由更新后基函数的系数计算得到：

$$a_i = c_{0,i}^{mu} \tag{8-41}$$

$$A_i = \sum_{j=1}^{Q-1} c_{j,i}^{mu} c_{j,i}^{muT} \tag{8-42}$$

由于卡尔曼滤波只涉及均值和协方差的更新，故而可以使用基于前两阶矩的信息指标来量化观测数据的信息量。对于任意一种信息指标，当前虚拟观测样本 d_i 的信息量可

以表示为 $I(\boldsymbol{d}_i), i=1,2,\cdots,N_e$。为了消除信息量对样本的依赖关系，可以通过对集合样本求平均得到监测方案的信息量，

$$I(\boldsymbol{H}) = \frac{1}{N_e}\sum_{i=1}^{N_e} I(\boldsymbol{d}_i) \tag{8-43}$$

无论采用哪种信息指标，式（8-43）始终都是成立的。为了保证监测方案信息量的计算精度，通常需要使用较大的 N_e。

这里，使用香农熵差（SD）来衡量候选监测方案 $\boldsymbol{H}$ 的信息量。SD 被定义为参数先验协方差到后验协方差不确定性的减少量。在高斯假设条件下，其表达式可以写为（Xu et al., 2009）

$$\mathrm{SD} = \ln\det(\boldsymbol{B}\boldsymbol{A}^{-1})/2 \tag{8-44}$$

根据 KF 理论可知，参数先验协方差和后验协方差之间存在着关系：$\boldsymbol{A} = (\boldsymbol{I} - \boldsymbol{K}\boldsymbol{H})\boldsymbol{B}$，其中 $\boldsymbol{I}$ 为单位矩阵。通过适当转换，可得到当前虚拟观测样本 $\boldsymbol{d}_i$ 的信息量：

$$\mathrm{SD}(\boldsymbol{d}_i) = -\ln\det(\boldsymbol{I} - \boldsymbol{K}\boldsymbol{H})/2 \tag{8-45}$$

式中，$\boldsymbol{K}$ 可以根据式（8-31）进行计算。由式（8-45）可知，SD 值与具体的虚拟观测样本 $\boldsymbol{d}_i$ 无关。也就是说，对于不同的虚拟观测样本，计算得到的 SD 值是相等的。因此，候选监测方案 $\boldsymbol{H}$ 的信息量可以表示成

$$\mathrm{SD}(\boldsymbol{H}) = -\ln\det(\boldsymbol{I} - \boldsymbol{K}\boldsymbol{H})/2 \tag{8-46}$$

最后，利用 MATLAB 全局优化工具箱中的遗传算法最大化 SD 值来确定最优监测方案，即

$$\boldsymbol{H}_{\mathrm{opt}} = \arg\max \mathrm{SD}(\boldsymbol{H}) \tag{8-47}$$

III. 更新步

在确定最优监测方案 $\boldsymbol{H}_{\mathrm{opt}}$ 之后，获得实际的观测数据 $\boldsymbol{d}^*$，并对参数基函数的系数进行更新：

$$c_0^{m\mathrm{u}} = c_0^m + \boldsymbol{K}(\boldsymbol{d}^* - c_0^d) \tag{8-48}$$

$$c_j^{m\mathrm{u}} = c_j^m + \boldsymbol{K}'(-c_j^d), \quad j=1,2,\cdots,Q-1 \tag{8-49}$$

然后进行下一时刻的优化设计，即返回步骤 I 和 II。该方法的计算流程如图 8-1 所示。

需要注意的是，下一时刻配点上的模型输出是通过将更新后配点上的参数代入系统模型从初始时刻计算得到的。这种做法被称为"restart"，能避免非线性问题中模型参数与输出之间的不一致性。此外，通过这样只需要对候选监测位置而不是所有节点上的模型输出进行 PCE 展开。更多讨论可以参考 Man 等（2016）的论文。

8.3.2 案例研究

在本节中，通过非饱和土壤水分运动和溶质运移案例来验证 SPCOD 方法的有效性。这里假设只能通过化学分析的手段获得溶质浓度数据，为了最大限度地提高浓度观测数据的价值，需要进行最优监测方案的设计。如图 8-2 所示，土壤剖面（100 cm × 200 cm）

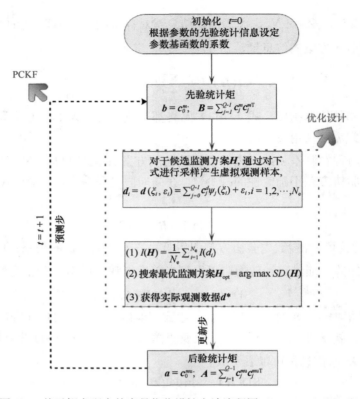

图 8-1 基于概率配点的序贯优化设计方法流程图（Man et al., 2019）

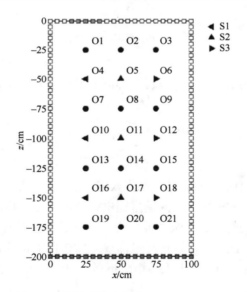

图 8-2 研究区域示意图（Man et al., 2019）
O1, O2, ⋯, O21 表示候选监测位置；S1, S2 和 S3 表示三种常规监测方案

被离散成 21×41 个节点，其中标记的 21 个节点代表溶质浓度的候选监测位置。在初始时刻，上边界的水头为 −200 cm，沿着向下的方向线性变化为 0。该初始条件对应着地下

水位为 200 cm 时，基质势水头与重力势水头处于平衡状态（总水头为 0），无水分运动的情况。浓度为 5 mg/cm³ 的线性污染源（$x=15\sim35$ cm, $z=0$ cm）以 5 cm/d 的速率连续释放。上边界（除了用来表示线性污染源的几个边界上的节点外）和两侧是不透水边界。水分运动的下边界条件为自由排水，溶质运移的下边界为 Cauchy 边界。

在本案例中，α 和 n 是已知的（$\alpha=0.02$/cm，$n=1.4$），模型的不确定性来源于非均匀饱和导水率场。假设对数饱和导水率场 $Y=\ln(K_s)$ 服从正态分布，均值为 $\mu_Y=3.0$，满足以下指数形式协方差函数：

$$C_Y[Y(x_1,z_1),Y(x_2,z_2)] = \sigma_Y^2 \exp\left[-\sqrt{(\frac{x_1-x_2}{\lambda_x})^2 + (\frac{z_1-z_2}{\lambda_z})^2}\right] \quad (8\text{-}50)$$

式中，$\sigma_Y^2=0.09$ 为 Y 随机场的方差；$\lambda_x=50$ cm 和 $\lambda_z=80$ cm 分别为横向和纵向的相关长度。基于这些统计信息，利用 LU 分解来生成真实 Y 场。

Y 随机场被离散成 21×41 个节点，就有 861 个待估计的饱和导水率参数，这对 SPCOD 的实施是一个巨大的挑战。为了克服这个问题，采用 KL 展开（Zhang and Lu, 2004）方法进行降维，也就是用有限数量的独立高斯随机变量参数化 Y 随机场：

$$Y \approx \mu_Y + \sum_{j=1}^{M} \sqrt{\lambda_j} F_j \xi_j \quad (8\text{-}51)$$

式中，Y 为所有节点上对数饱和导水率参数组成的向量；λ_j 和 F_j 分别为协方差矩阵 C_Y 的第 j 个特征值和特征向量。与式（8-51）等价的 PCE 展开式可以表示为

$$Y \equiv m(\boldsymbol{\xi}) \approx c_0^m + \sum_{j=1}^{M} c_j^m \psi_j(\boldsymbol{\xi}) \quad (8\text{-}52)$$

式中，$c_0^m = \mu_Y$，$c_j^m = \sqrt{\lambda_j} F_j$，$\psi_j(\boldsymbol{\xi}) = \xi_j, j=1,2,\cdots,M$。

通过截取展开式的前 50 项（$M=50$）将随机维数由 861 减少到 50，这样做保留了随机场总方差的 86.4%。在数据同化过程中，基于这些截断的展开项来随机生成 Y 场的初始样本。整个模拟时长为 20 天，每天测得 3 个溶质浓度数据。当实施 SPCOD 时，在每个时刻从 21 个候选监测位置中选择 3 个信息量最高的监测位置测量溶质的浓度。此外，还设置了 3 种常规固定监测方案（图 8-2 中 S1、S2 和 S2）作为对比。对于随机生成的一个真实参数场，由 SPCOD 设计出的各个时刻的最优监测位置如图 8-3 所示，结果再次表明溶质锋面附近的监测位置通常可以提供信息量最高的观测数据。

图 8-4 给出了 Y 场的真实值及通过同化不同监测方案下的观测数据各自估计出的平均值。与常规监测方案相比，最优监测方案下估计出的 Y 场能更准确地捕捉到真实场的趋势。对比图 8-3 和图 8-4a 可以发现，污染羽在饱和导水率较高的区域运移地较快。图 8-5 给出了以上 4 种监测方案下 Y 场的方差估计，结果发现最优监测方案下 Y 场的方差估计值要小得多。这是因为，在动态优化设计过程中每个时刻都能提供信息量最大的观测数据，从而能更多地降低参数估计的不确定性。

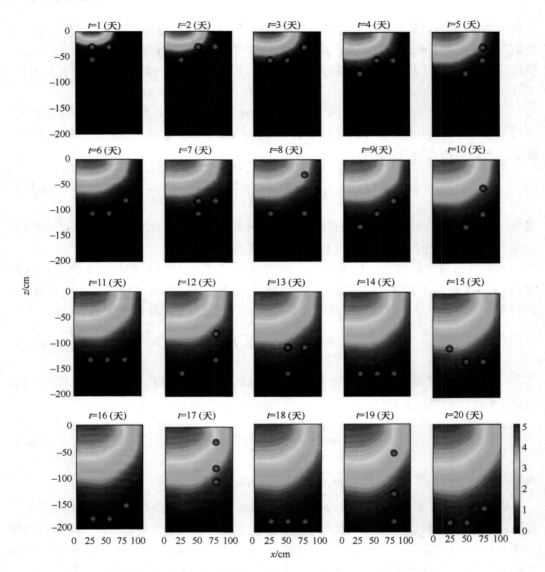

图 8-3　各个时刻的最优监测位置（Man et al., 2019）

为了定量比较不同的监测方案，除了使用定义在模型输出上的均方根误差（$RMSE_d$）以外，还定义了对数饱和导水率上的均方根误差（$RMSE_m$），即

$$RMSE_m = \sqrt{\frac{1}{N_g}\sum_{i=1}^{N_g}(\overline{Y}_i - Y_i^*)^2} \qquad (8\text{-}53)$$

式中，$N_g = 861$ 为节点数目；$\overline{Y}$ 和 Y^* 分别为 Y 场的均值估计和真实值。

图 8-6 比较了不同监测方案下计算得到的均方根误差值，结果发现最优监测方案下的均方根误差值都远小于常规监测方案下得到的值。因此，通过本案例证明了 SPCOD 估计非均匀饱和导水率场的有效性。

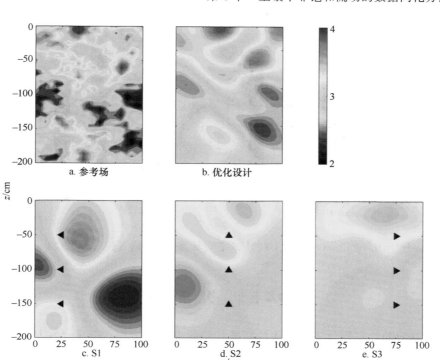

图 8-4 给定对数饱和导水率场下,通过同化不同监测方案下的观测数据各自得到的均值估计场(Man et al., 2019)

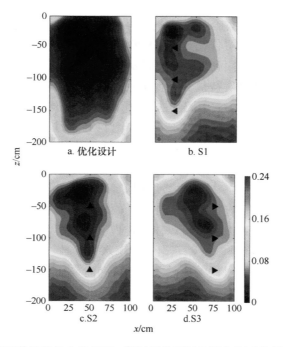

图 8-5 给定对数饱和导水率场下,通过同化不同监测方案下的观测数据各自得到的方差估计场(Man et al., 2019)

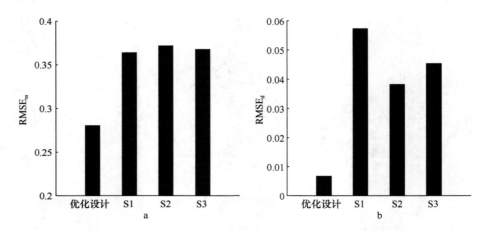

图 8-6　通过同化不同监测方案下的观测数据各自计算得到的均方根误差值（Man et al., 2019）

8.4　研究展望

发展高效的数据同化方法能更快更准地量化非饱和土壤水分运动模拟的不确定性，可以为农业水分管理及污染防治和修复提供有力的研究工具。在本章中，介绍了土壤中的非饱和流动模拟的国内外最新进展。具体地，介绍了一种概率配点卡尔曼滤波（PCKF）从溶质浓度数据中估计出土壤水力参数，并通过发展优化试验设计方法来提高数据同化的精度。

在该方法中，将基于自适应 ANOVA 分解的 PCKF 与序贯优化设计方法相结合，提出了一种基于概率配点的序贯优化设计（SPCOD）方法。在 PCKF 框架下，将 SD 作为信息指标，然后用遗传算法找到平均信息量最高的监测方案作为最优设计，最后用最优监测方案下得到的观测数据对待估计参数进行更新。整个试验设计过程是以序贯优化的方式进行的，信息指标是基于概率配点法来计算的，并且还推导出了 SD 的解析表达式。为了验证方法的有效性，本研究考虑了一个非饱和土壤溶质运移数值案例，并与常规监测方案的参数估计结果进行了对比。结果发现：与常规监测方案相比，SPCOD 设计出的最优监测方案能提供更准确的参数估计和状态预测结果。

由于实际问题的复杂性，描述运移过程的参数个数可能会大大超过本章研究的情况。如何在高维参数下有效进行不确定性分析，是该领域当前面临的一个难题。根据了解，有以下一些可选的解决方案，可以在一定程度上缓解甚至解决高维问题。

1) 发展更加有效的降维方法。非饱和土壤水力参数具有空间上的非均匀性，每一种参数个数都等于数值求解时候的离散节点数，因而未知参数个数大大增加。虽然本章采用 Karhunen-Loève 展开和 ANOVA 分解进行降维处理，但这都属于无监督式的降维方法，发展监督式或半监督式降维方法[如活跃子空间法（Constantine, 2015）]有助于进一步提高数据同化方法的效率。

2) 不同尺度观测数据信息的融合。本章主要采用的是点位上的观测数据，精度较高但数量少，而区域上的遥感数据虽然精度不高、测量深度也较浅但数据量大且覆盖范围广，需要发展有效的数据同化方法融合不同尺度上观测数据的信息。

3）利用机器学习方法挖掘高维数据与参数的隐含关系。不同于传统的替代系统构建方法，深度学习近几年来已经在水资源领域得到了应用，能够在数千个未知参数存在的情况下，建立参数-数据的联系。因此，该方法在高维数据同化方面有着巨大的应用潜力。

参 考 文 献

王伯年, 李过房, 曹伟武. 2003. 爱因斯坦求和约定的推广. 上海理工大学学报, 25(1): 5-7.

杨金忠, 蔡树英, 王旭升. 2009. 地下水运动数学模型. 北京: 科学出版社.

Anderson J L. 2001. An ensemble adjustment Kalman filter for data assimilation. Monthly Weather Review, 129(12): 2884-2903.

Atkinson A, Donev A, Tobias R. 2007. Optimum Experimental Designs, with SAS. volume 34. Oxford: Oxford University Press.

Bear J. 2013. Dynamics of Fluids in Porous Media. New York: Courier Corporation.

Belytschko T, Lu Y, Gu L. 1994. Element-free Galerkin methods. International Journal for Numerical Methods in Engineering, 37(2): 229-256.

Bernardo J M. 1979. Expected information as expected utility. The Annals of Statistics, 7(3): 686-690.

Bishop C H, Etherton B J, Majumdar S J. 2001. Adaptive sampling with the ensemble transform Kalman filter. Part I: Theoretical aspects. Monthly Weather Review, 129(3): 420-436.

Bungartz H J, Griebel M. 2004. Sparse grids. Acta Numerica, 13: 147-269.

Burgers G, Jan van Leeuwen P, Evensen G. 1998. Analysis scheme in the ensemble Kalman filter. Monthly Weather Review, 126(6): 1719-1724.

Caflisch R E. 1998. Monte carlo and quasi-Monte Carlo methods. Acta Numerica, 7: 1-49.

Chaloner K, Verdinelli I. 1995. Bayesian experimental design: a review. Statistical Science, 10(3): 273-304.

Chang H, Zhang D. 2009. A comparative study of stochastic collocation methods for flow in spatially correlated random fields. Communications in Computational Physics, 6(3): 509.

Chen H, Yang D, Hong Y, et al. 2013. Hydrological data assimilation with the ensemble square-root-filter: Use of streamflow observations to update model states for real-time flash flood forecasting. Advances in Water Resources, 59: 209-220.

Chen Y, Oliver D S, Zhang D. 2009. Data assimilation for nonlinear problems by ensemble Kalman filter with reparameterization. Journal of Petroleum Science and Engineering, 66(1-2): 1-14.

Chen Y, Zhang D. 2006. Data assimilation for transient flow in geologic formations via ensemble Kalman filter. Advances in Water Resources, 29(8): 1107-1122.

Constantine P G. 2015. Active Subspaces: Emerging Ideas for Dimension Reduction in Parameter Studies. volume 2. Philadelphia, PA: SIAM.

Dagan G. 2012. Flow and transport in porous formations. Heidelberg: Springer-Verlag.

Dai C, Xue L, Zhang D, et al. 2016. Data-worth analysis through probabilistic collocation-based ensemble Kalman filter. Journal of Hydrology, 540: 488-503.

Evensen G. 1994. Sequential data assimilation with a nonlinear quasi-geostrophic model using Monte Carlo methods to forecast error statistics. Journal of Geophysical Research: Oceans, 99(C5): 10143-10162.

Foo J, Karniadakis G E. 2010. Multi-element probabilistic collocation method in high dimensions. Journal of Computational Physics, 229(5): 1536-1557.

Franssen H J H, Kinzelbach W. 2008. Real-time groundwater flow modeling with the ensemble Kalman filter: Joint estimation of states and parameters and the filter inbreeding problem. Water Resources Research, 44(9): W09408.

Geir N, Johnsen L M, Aanonsen S I, et al. 2003. Reservoir monitoring and continuous model updating using ensemble Kalman filter. In SPE Annual Technical Conference and Exhibition. Society of Petroleum Engineers.

Gelb A. 1974. Applied Optimal Estimation. Cambridge, MA: MIT Press.

Ghanem R G, Spanos P D. 2003. Stochastic Finite Elements: A Spectral Approach. Courier Corporation.

Gharamti M E, Marzouk Y M, Huan X, et al. 2015. A greedy approach for placement of subsurface aquifer wells in an ensemble filtering framework. *In*: Ravela S, Sandu A. Dynamic Data-Driven Environmental Systems Science, Cham: Springer: 301-309.

Gu Y, Oliver D S. 2007. An iterative ensemble Kalman filter for multiphase fluid flow data assimilation. SPE Journal, 12(4): 438-446.

Han C, Chaloner K. 2004. Bayesian experimental design for nonlinear mixed-effects models with application to HIV dynamics. Biometrics, 60(1): 25-33.

Herrera G S, Pinder G F. 2005. Space-time optimization of groundwater quality sampling networks. Water Resources Research, 41(12): W12407.

Huan X, Marzouk Y M. 2013. Simulation-based optimal Bayesian experimental design for nonlinear systems. Journal of Computational Physics, 232(1): 288-317.

Huan X, Marzouk Y M. 2016. Sequential Bayesian optimal experimental design via approximate dynamic programming. arXiv: 1604.08320.

Jazwinski A H. 2007. Stochastic Processes and Filtering Theory. New York: Courier Corporation.

Jones B, Lin D K, Nachtsheim C J. 2008. Bayesian D-optimal supersaturated designs. Journal of Statistical Planning and Inference, 138(1): 86-92.

Ju L, Zhang J, Wu L, Zeng L. 2019. Bayesian monitoring design for streambed heat tracing: numerical simulation and sandbox experiments. Groundwater, 57(4): 534-546.

Kalman R E. 1960. A new approach to linear filtering and prediction problems. Journal of Basic Engineering, 82(1): 35-45.

Kollat J B, Reed P M, Maxwell R. 2011. Many-objective groundwater monitoring network design using bias-aware ensemble Kalman filtering, evolutionary optimization, and visual analytics. Water Resources Research, 47(2): W02529.

Kullback S. 1997. Information theory and statistics. New York: Courier Corporation.

Lan T, Shi X, Jiang B, et al. 2018. Joint inversion of physical and geochemical parameters in groundwater models by sequential ensemble-based optimal design. Stochastic Environmental Research and Risk Assessment, 32(7): 1919-1937.

Le Maître O, Knio O M. 2010. Spectral methods for uncertainty quantification: With applications to computational fluid dynamics. Netherlands: Springer Science & Business Media.

Leube P, Geiges A, Nowak W. 2012. Bayesian assessment of the expected data impact on prediction Confidence in optimal sampling design. Water Resources Research, 48(2): W02501.

Li C, Ren L. 2011. Estimation of unsaturated soil hydraulic parameters using the ensemble Kalman filter. Vadose Zone Journal, 10(4): 1205-1227.

Li G, Rosenthal C, Rabitz H. 2001. High dimensional model representations. The Journal of Physical Chemistry A, 105(33): 7765-7777.

Li G Y, Wang S W, Rabitz H, et al. 2002. Global uncertainty assessments by high dimensional model representations(HDMR). Chemical Engineering Science, 57(21): 4445-4460.

Li H, Zhang D. 2007. Probabilistic collocation method for flow in porous media: Comparisons with other stochastic methods. Water Resources Research, 43(9): W09409.

Li W, Lin G, Zhang D. 2014. An adaptive ANOVA-based PCKF for high-dimensional nonlinear inverse modeling. Journal of Computational Physics, 258: 752-772.

Li W, Lu Z, Zhang D. 2009. Stochastic analysis of unsaturated flow with probabilistic collocation method. Water Resources Research, 45(8): W08425.

Liao Q, Zhang D. 2013. Probabilistic collocation method for strongly nonlinear problems: 1. Transform by location. Water Resources Research, 49(12): 7911-7928.

Liao Q, Zhang D. 2014. Probabilistic collocation method for strongly nonlinear problems: 2. Transform by displacement. Water Resources Research, 50(11): 8736-8759.

Liao Q, Zhang D. 2015. Data assimilation for strongly nonlinear problems by transformed ensemble Kalmanfilter. SPE Journal, 20(1): 202-221.

Liao Q, Zhang D. 2016. Probabilistic collocation method for strongly nonlinear problems: 3. Transform by time. Water Resources Research, 52(3): 2366-2375.

Lindley D V. 1956. On a measure of the information provided by an experiment. The Annals of Mathematical Statistics, 27(4): 986-1005.

Lindley D V. 1972. Bayesian Statistics, A Review. volume 2. Philadelphia, PA: SIAM.

Liu Y, Gupta H V. 2007. Uncertainty in hydrologic modeling: toward an integrated data assimilation framework. Water Resources Research, 43(7): W07401.

Loh W L. 1996. On Latin hypercube sampling. The Annals of Statistics, 24(5): 2058-2080.

Lu D, Ricciuto D, Evans K. 2018. An efficient Bayesian data-worth analysis using a multilevel Monte Carlo method. Advances in Water Resources, 113: 223-235.

Ma X, Zabaras N. 2010. An adaptive high-dimensional stochastic model representation technique for the solution of stochastic partial differential equations. Journal of Computational Physics, 229(10): 3884-3915.

Man J, Li W, Zeng L, et al. 2016. Data assimilation for unsaturated flow models with restart adaptive probabilistic collocation based Kalman filter. Advances in Water Resources, 92: 258-270.

Man J, Zheng Q, Wu L, et al. 2019. Improving parameter estimation with an efficient sequential probabilistic collocation-based optimal design method. Journal of Hydrology, 569: 1-11.

Montgomery D C. 2017. Design and Analysis of Experiments. Hoboken, NJ: John Wiley & Sons.

Mualem Y. 1976. A new model for predicting the hydraulic conductivity of unsaturated porous media. Water Resources Research, 12(3): 513-522.

Neuman S P, Xue L, Ye M, et al. 2012. Bayesian analysis of data-worth considering model and parameter uncertainties. Advances in Water Resources, 36: 75-85.

Nowak W, Guthke A. 2016. Entropy-based experimental design for optimal model discrimination in the geosciences. Entropy, 18(11): 409.

Pajonk O, Rosic′ B V, Matthies H G. 2013. Sampling-free linear Bayesian updating of model state and parameters using a square root approach. Computers & Geosciences, 55: 70-83.

Prakash O, Datta B. 2015. Optimal characterization of pollutant sources in contaminated aquifers by integrating sequential-monitoring-network design and source identification: methodology and an application in Australia. Hydrogeology Journal, 23(6): 1089-1107.

Robert C, Casella G. 2013. Monte Carlo statistical methods. New York: Springer Science & Business Media.

Rodgers C D. 2000. Inverse Methods for Atmospheric Sounding: Theory and Practice. volume 2. Singapore: University of Oxford, World Scientific.

Rubin Y. 2003. Applied Stochastic Hydrogeology. Oxford: Oxford University Press.

Ryan E G, Drovandi C C, McGree J M, Pettitt A N. 2016. A review of modern computational algorithms for Bayesian optimal design. International Statistical Review, 84(1): 128-154.

Ryan K J. 2003. Estimating expected information gains for experimental designs with application to the random fatigue-limit model. Journal of Computational and Graphical Statistics, 12(3): 585-603.

Saad G, Ghanem R. 2009. Characterization of reservoir simulation models using a polynomial chaos-based ensemble Kalman filter. Water Resources Research, 45(4): W04417.

Sakov P, Oke P R. 2008. A deterministic formulation of the ensemble Kalman filter: an alternative to ensemble square root filters. Tellus A: Dynamic Meteorology and Oceanography, 60(2): 361-371.

Selker J S, McCord J T, Keller C K. 1999. Vadose Zone Processes. Boca Raton: CRC Press.

Shannon C E. 1998. Communication in the presence of noise. Proceedings of the IEEE, 86(2): 447-457.

Shi L, Song X, Tong J, et al. 2015. Impacts of different types of measurements on estimating unsaturated flow parameters. Journal of Hydrology, 524: 549-561.

Shi L, Yang J, Zhang D, et al. 2009. Probabilistic collocation method for unconfined flow in heterogeneous media. Journal of Hydrology, 365(1-2): 4-10.

Simunek J, Genuchten V, Sejna M. 2012. The HYDRUS software package for simulating the two-and three-dimensional movement of water, heat, and multiple solutes in variably-saturated porous media. Technical Manual, 2: 258.

Song X, Shi L, Ye M, et al. 2014. Numerical comparison of iterative ensemble Kalman filters for unsaturated flow inverse modeling. Vadose Zone Journal, 13(2): 1-12.

Stephens D B. 2018. Vadose Zone Hydrology. Boca Raton: CRC Press.

Sun A Y, Morris A, Mohanty S. 2009. Comparison of deterministic ensemble Kalman filters for assimilating hydrogeological data. Advances in Water Resources, 32(2): 280-292.

Tatang M A, Pan W, Prinn R G, et al. 1997. An efficient method for parametric uncertainty analysis of numerical geophysical models. Journal of Geophysical Research: Atmospheres, 102(D18): 21925-21932.

Trefry M G, Muffels C. 2007. FEFLOW: A finite-element ground water flow and transport modeling tool. Groundwater, 45(5): 525-528.

Van Genuchten M T. 1980. A closed-form equation for predicting the hydraulic conductivity of unsaturated soils 1. Soil Science Society of America Journal, 44(5): 892-898.

Wang Y K, Shi L S, Zha Y Y, et al. 2018. Sequential data-worth analysis coupled with ensemble Kalman filter for soil water flow: A real-world case study. Journal of Hydrology, 564: 76-88.

Wen X, Chen W H. 2005. Real-time reservoir model updating using ensemble Kalman filter. In SPE reservoir simulation symposium. Society of Petroleum Engineers, 11(4): 431-442.

Whitaker J S, Hamill T M. 2002. Ensemble data assimilation without perturbed observations. Monthly Weather Review, 130(7): 1913-1924.

Wiener N. 1938. The homogeneous chaos. American Journal of Mathematics, 60(4): 897-936.

Xiu D, Karniadakis G E. 2002. The Wiener-Askey polynomial chaos for stochastic differential equations. SIAM Journal on Scientific Computing, 24(2): 619-644.

Xiu D, Karniadakis G E. 2003. Modeling uncertainty in flow simulations via generalized polynomial chaos. Journal of Computational Physics, 187(1): 137-167.

Xiu D, Hesthaven J S. 2005. High-order collocation methods for differential equations with random inputs. SIAM Journal on Scientific Computing, 27(3): 1118-1139.

Xu Q, Wei L, Healy S. 2009. Measuring information content from observations for data assimilations: Connec- tion between different measures and application to radar scan design. Tellus A: Dynamic Meteorology and Oceanography, 61(1): 144-153.

Yang X, Choi M, Lin G, et al. 2012. Adaptive ANOVA decomposition of stochastic incompressible and compressible flows. Journal of Computational Physics, 231(4): 1587-1614.

Zafari M, Reynolds A C. 2005. Assessing the uncertainty in reservoir description and performance predictions with the ensemble Kalman filter. In SPE Annual Technical Conference and Exhibition. Society of Petroleum Engineers, 12(3): 382-391.

Zeng L, Zhang D. 2010. A stochastic collocation based Kalman filter for data assimilation. Computational Geosciences, 14(4): 721-744.

Zeng L, Chang H, Zhang D. 2011. A probabilistic collocation-based Kalman filter for history matching. SPE Journal, 16(2): 294-306.

Zhang D. 2001. Stochastic Methods for Flow in Porous Media: Coping with Uncertainties. New York: Elsevier.

Zhang D, Lu Z. 2004. An efficient, high-order perturbation approach for flow in random porous media via Karhunen-Loève and polynomial expansions. Journal of Computational Physics, 194(2): 773-794.

Zhang J, Zeng L, Chen C, et al. 2015. Efficient Bayesian experimental design for contaminant source identification. Water Resources Research, 51(1): 576-598.

Zheng C, Bennett G D. 2002. Applied Contaminant Transport Modeling. volume 2. New York: Wiley-Interscience.

Zhou H, Gómez-Hernández J J, Li L. 2014. Inverse methods in hydrogeology: evolution and recent trends. Advances in Water Resources, 63: 22-37.

第 9 章

基于网络视角的土壤微生物生态过程

马 斌 刘昊泽 徐琳雅 徐建明

浙江大学环境与资源学院,浙江杭州 310058

马斌简历:博士,研究员,博士生导师,2017 年从加拿大回国工作,入选浙江大学"百人计划",2018 年入选国家"青年千人计划",现任浙江大学土水资源与环境研究所副所长。曾获国际腐殖物质协会青年科学家培训奖、加拿大 LRIGS 优秀博士后奖。主要从事土壤微生物生态与物质循环、根际生态过程、土壤污染生物修复等领域的研究。已在 *The ISME Journal*、*Environmental Science & Technology*、*Environmental Microbiology*、*Soil Biology & Biochemistry*、*Environmental Pollution* 等权威期刊发表 SCI 论文 40 余篇。

摘 要:微生物交互作用对微生物群落装配过程和群落功能具有重要影响,微生物生态网络是理解微生物交互作用复杂系统的重要工具。微生物共存网络为理解微生物群落特征提供了新的视角,如长期使用石灰和改变降雨等也会显著影响微生物共存网络拓扑特征,表明微生物交互作用模式的改变。另外,微生物共存网络也存在地理分布格局,表明微生物交互作用和微生物群落组成一样具有空间分布格局,并主要受土壤碳和铁形态的影响。基于土壤宏基因组的功能基因网络,为全面理解土壤微生物群落功能间内在联系提供了有效手段,并能有效预测未知基因的潜在功能。但是,目前微生物生态网络理论与应用都还有很多问题需要完善。

关键词:土壤;网络科学;微生物网络;微生物基因网络

网络是系统中单元连接的集合,网络中的单元通常被称为节点或顶点,它们之间的相互作用被称为链接或边。对于微生物生态网络,节点代表微生物类群或环境因素,边代表从统计学上推断的具有显著相似性的潜在微生物相互作用。网络反映了复杂系统中单元相互作用模式,在理解复杂系统中发挥重要作用。"复杂系统"一词代表了一种系统,其集体行为很难从系统组件的知识中获得,如人类社会中数十亿个体之间的合作(Song et al., 2010),互联网无数网页之间的联系(Barabási, 2009),细胞内数千个基因之间的相互作用（Barabási and Oltvai, 2004）。鉴于复杂系统在世界各个方面发挥着重要作用，网络是理解、描述、预测和控制复杂系统的主要科学挑战之一（Barabási, 2016）。从 21 世纪初开始出现的网络科学已经通过构建一个错综复杂的网络，来编码系统组件之间的相互作用解决这一挑战。

网络科学具有一些特有的属性。聚类是指将具体或抽象对象的集合分成多个类别的过程，因此这些类别由相似对象组成，聚类后产生的簇是一组数据对象的集合，这些对象与同一个簇中的对象彼此相似，而与其他簇中的对象相异（Eggemann and Noble, 2011）。聚集系数用来表达网络的特性，是描述网络中顶点之间结集成团的程度系数（Eggemann and Noble, 2011）。具体来说，是一个点与邻接点之间相互连接的紧密程度。度数也被称为连通度，节点的度数指的是与该节点连接的边数，在不同的网络中度数所代表的含义也不同（Wang et al., 2007）。微生物网络中的度数可表示微生物类群间潜在相互作用的数量，一般来说，度数值越大，其作用与影响力也越强。度数分布则表示节点度数的概率分布函数 $P(k)$，是该节点有 k 条边连接的概率（Wang et al., 2007）。中心性在网络分析中具有重要作用，中介中心性认为如果一个节点在网络中其他节点对之间，并且其在节点对之间相互通信的必经之路上，那么该节点在网络中必然具有非常重要的地位（Zhu, 2015）。中介中心性是由美国社会学家林顿·弗里曼教授提出来的一个概念，它测量的是一个点在多大程度上位于图中其他"点对"的"中间"（刘军, 2009）。林顿·弗里曼教授认为（Freeman, 1979），如果一个行动者处于多对行动者之间，那么他的度数一般较低，且这个点可能起到重要的"中介"作用，因而处于网络的中心，根据这个思路就可以测量点的中介中心性。

微生物群落也是一种复杂系统。微生物形成复杂的生态相互作用，包括双赢关系，如互养与协作关系；赢输关系，如捕食者-猎物与宿主-寄生者关系；双输关系，如竞争排斥关系（Faust and Raes, 2012）。这些微生物相互作用被认为是微生物群落的关键特性，并在微生物群落组装中起重要作用。微生物生态网络重构代表了微生物间的相互作用，可以加深我们对微生物群落中复杂行为的理解、预测干扰对群落动态的影响、助力复杂的微生物群落工程研究（Rottjers and Faust, 2018）。

9.1 微生物共存网络

微生物通过相互作用关系构成网络，共存模式是其相互作用关系的一种，网络方法最一开始应用于岛屿生物地理学，具有量化、可视化的优势（Li and Ma, 2019）。共存模式无处不在，在了解微生物群落结构方面尤为重要，为潜在的相互作用网络提供了新的见解，揭示了群落成员共享的生态位空间（Faust and Raes, 2012）。研究探索了大型、复杂的微生物群落数据集，并证明了以前未见的共存模式，如强非随机关联、生态位特化（Faust et al., 2012）、未知生态关系（Zhang et al., 2015）及不同分类水平的确定性过程（Chaffron et al., 2010）。基于拓扑的分析已被证明是理解大型共生网络特征的有力工具（Lupatini et al., 2014）。现有研究表明了施用石灰和降水对土壤细菌群落共存模式的影响，以及中国东部大陆土壤微生物群共生网络拓扑特征的地理模式。

9.1.1 施肥和施用石灰对土壤细菌群落共存模式的影响

化肥施用是提高作物产量的常用农艺措施，石灰通常用于抵抗长期施肥引起的土壤酸化（Guo et al., 2010）；由施肥和施用石灰引起的土壤理化性质改变会塑造土壤生态系统的生态位结构，但长期施肥和施用石灰是否会影响微生物群落的共存模式是未知的。

研究检测了土壤细菌群落对施肥（NPKS）和施用石灰（L）的响应。对 16S rRNA 基因扩增子进行了测序，在 R 语言中使用加权基因共表达网络分析包（WGCNA package），基于 Spearman 相关性测量构建分类-环境网络。鉴于生物相互作用在群落组装中的关键作用，为主要细菌操作分类单元（OTU）创建了一个共生网络，这可能表明细菌群落中的潜在相互作用。该共生网络由 488 个节点（OTU）和 1404 个边（节点连接）组成。度的幂律分布表明网络中的非随机共存模式。子网络中的簇对于施肥并施用石灰（NPKS-L）的处理与其他处理不同。拓扑性质的计算用于描述不同处理下子网络共现模式的差异。在没有施肥和施用石灰（CK-NL）的情况下直径（所有节点对之间的最长距离）是最长的。NPKS-L 处理的平均度最高。簇系数（节点倾向于簇在一起的程度）在只施用石灰（CK-L）的土壤中最大。在施肥但没有施用石灰（NPKS-NL）的土壤中，中介中心性是最大的。

不同类别之间的共生关联在处理中是不同的（图 9-1）。与 CK-NL 处理相比，肥料施用增加但施用石灰减少了细菌群落中的关联。NPKS-L 处理中的酸杆菌门（Acidobacteria）、放线菌门（Actinobacteria）、γ-变形菌门（Gammaproteobacteria）、芽单胞菌门（Gemmatimonadetes）关联数量大于 CK-NL 处理，但 δ-变形菌门（Deltaproteobacteria）和腐螺旋菌纲（Saprospirae）的关联数量在两种处理之间较小。土壤性质的影响在 NPKS-L 处理中也增加了。相反，大多数类别的关联数量在 CK-L 和 NPKS-NL 处理中比在 CK-NL 处理中小，特别是对于 δ-变形菌门（Deltaproteobacteria）。网络中腐螺旋菌纲（Saprospirae）、放线菌门（Actinobacteria）、β-变形菌门（Betaproteobacteria）、γ-变形菌门（Gammaproteobacteria）在 CK-L 处理下的关联数量比在 NPKS-NL 处理下更大，Chloracidobacteria 在 CK-L 处理下的关联数量比在 NPKS-NL 处理下更小。

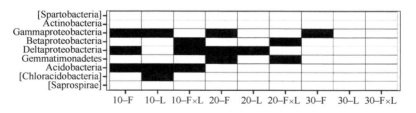

图 9-1 在 0～10 cm、10～20 cm 和 20～30 cm 土层中不同处理下细菌群落组成的变化（Ma et al., 2018b）

10、20、30 代表土层深度；L、F、F×L 代表施用石灰、施肥的影响及施用石灰与施肥的相互作用

由于在随机森林模型（图 9-2）中证明了限制对细菌群落的影响，共生网络可以提供对各种处理土壤中细菌群落组装变化的深刻见解。与其他共生关系的研究如淡水（Faust et al., 2012）和人类肠道（Kara et al., 2013）一致（Barberan et al., 2014），本研究

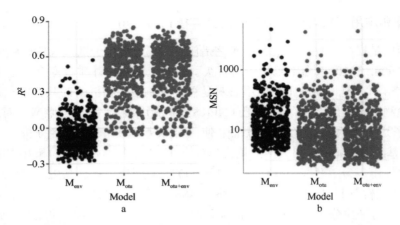

图 9-2　基于 OTU 的随机森林模型相对于其他 OTU（M_{otu}）、环境因子（M_{env}）或其他 OTU 与环境因子组合（$M_{otu+env}$）的预测精度（Ma et al., 2018b）
a. 随机森林模型的伪 r^2（R^2）值；b. 随机森林模型的均方误差（MSE）值

中的共生网络具有非随机模式。拓扑特征的差异表明施肥和施用石灰改变了共存模式。经 CK-NL 处理的土壤网络最大直径显示出网络的小尺度特性（Zhou et al., 2011），表明在没有施肥和施用石灰的情况下，细菌群落的组分在土壤中相互关联较少。对于 CK-L 处理的土壤，网络的最高簇系数表明群内比群间有更多的边（Faust and Raes, 2012），这表明在施用石灰土壤中类似生态位的细菌之间的关联性更高。经 CK-L 处理的土壤网络的这类簇特征也得到了中介中心性值的支持，这表明长距离节点之间的关联较少（Berry and Widder., 2014）。

共生网络中的关联代表了 OTU 之间的高度相关性，这表明细菌群落中潜在的物种与物种间的相互作用，如交换代谢产物（Woyke et al., 2006）与合作建立生物膜（Rodríguez et al., 2006）。经 CK-L 和 NPKS-NL 处理的土壤关联降低表明施肥或施用石灰阻碍细菌之间的相互作用。不利的土壤环境促进了细菌群落的竞争和合作（Hibbing et al., 2010）。因此，施肥和施用石灰可以通过消除这种不利环境因素来减少细菌群落中的物种关联。土壤中经 NPKS-L 和 CK-NL 处理的独特关联模式表明，施用石灰也不能抵消施肥对土壤细菌群落中物种与物种间相互作用的影响。共生网络中的簇可能代表共享相同生态位并对环境条件具有相似响应的物种（Faust et al., 2012）。在不同处理的网络中呈现的簇表明施肥、施用石灰及其相互作用影响不同生态位中的细菌（图 9-3）。仅在 NPKS-L 处理的网络中呈现的簇表明，经 NPKS-L 处理的土壤具有一些在其他处理的土壤中不存在的特殊生态位。除了对共存模式的直接影响外，施肥和施用石灰也可以通过影响生态系统中的其他生物，如植物与土壤无脊椎动物，间接影响微生物的相互作用，从而影响微生物的共存模式（Jiang et al., 2015）。

研究表明，施肥和施用石灰影响了共存模式，这代表了土壤细菌群落中潜在的物种与物种间的相互作用。经 NPKS-L 和 CK-NL 处理的土壤中特有的共存模式表明，施用石灰也没有抵消施肥对细菌的影响。虽然施用石灰可以中和土壤酸度，但它与施肥相互作用并影响土壤微生物共存模式。鉴于土壤微生物组在土壤功能中的关键作用，本研究结果为了解施用石灰对酸化农田土壤生态系统功能的影响提供了重要数据。

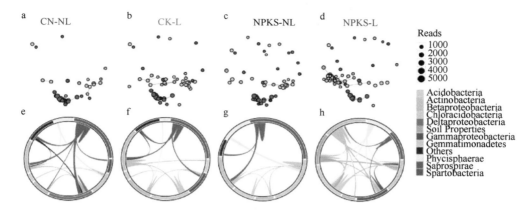

图 9-3　施肥和施用石灰对细菌群落共存模式的影响（Ma et al., 2018b）
a～d. 各处理样品中优势细菌 OUT（相对丰度大于 0.01%）的子网；e～h. 不同处理土壤子网络中各类群间的共生关系。
CK. 不施肥处理；NPKS. 施用 NPKS；NL. 无石灰处理；L. 施用石灰处理

9.1.2　降水对草地微生物生态网络的影响

分别为干燥和湿润位点的每次降水处理构建了与土壤微生物群落相关的优势 OTU 的 4 个相互作用网络（图 9-4a～d）。网络的度分布遵循幂律函数。此外，不同类别的关联数（连接线的宽度）并不总是与网络中不同类别（条的长度）的节点数相关联（图 9-4e～h）。因此，这些网络表明物种组合是以群落形式组装的，而不是随机构建的。干旱位点的网络（图 9-4a 和 b）与湿润位点（图 9-4c 和 d）相比具有较少的相关性（较不复杂）。自然降水的土壤子网络中的关联数也不如降水量高的土壤复杂（图 9-4b 和 d），这种情况在两个位点均有发生。大多数网络连边与 Actinobacteria、Alphaproteobacteria、Acidobacteria、Spartobacteria 和 Gemmatimonadetes 相关联。尽管在所有 4 个子网中具有高关联性的类相似，但每个子网具有不同的相互作用特性。降水升高增加了 Actinobacteria 和 Gemmatimonadetes 的相关性并减少两个位点中 Spartobacteria 和 Acidobacteria Gp4 的关联。进一步分析了干旱和湿润位点中不同割草方案的子网中的关联剖面，在干旱位点，HILF（低频高强度）和 HIHF（高频高强度）割草促进了 Alphaproteobacteria 和 Acidobacteria Gp6 及 Gp16 的相关性，并抑制了 Gemmatimonadetes 相对于 CK 的关联。在湿润位点，HIHF 割草促进了 Alphaproteobacteria 的关联，并且 HILF 割草抑制了 Spartobacteria 相对于 CK 的关联。降水升高的影响也随着两个位点的割草方式变化而变化，表明割草对相互作用网络的影响取决于降水增加。

高强度割草增加了富营养类群的连接数量，并减少了网络中贫营养类群的连接数量（图 9-4）。高强度割草对微生物相互作用组的影响可能是由于割草胁迫导致植物地下部生物量的降低（Xu et al., 2013）。反过来，碳源的短缺可能会加剧富营养微生物中底物的竞争，同时有利于寡营养微生物与富营养微生物竞争（Corel et al., 2016）。降水升高促进了土壤微生物群落成员之间的潜在相互作用。在与当前研究相同的地点内，降水量的增加提高了植物的生产力（Bork et al., 2017），并以生物量和根系分泌物的形式增加土壤的碳源可能会增加微生物相互作用网络的复杂性。土壤有机物在微观尺度上占据不连续的生态位（Fierer and Lennon, 2011）。鉴于相互作用组中的共变代表了成员之

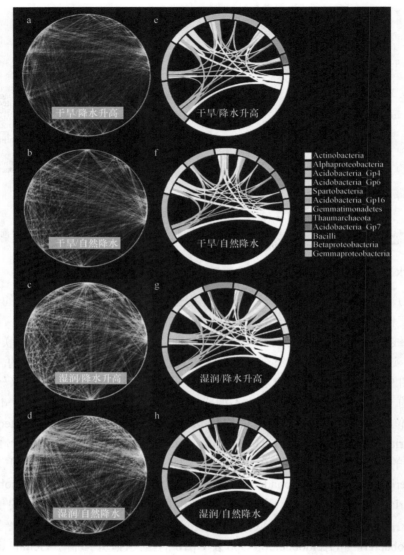

图 9-4　在降水升高（a，e）或自然降水（b，f）下的干旱位点内的主要分类群之间存在的微生物相互作用网络和关联，以及在升高的降水（c，g）下的湿润位点或自然降水（d，h）（Ma et al., 2018a）

间的共同生态位，增加土壤水分可能会增加生态位关联，这可能会增加它们在相互作用网络中的联系（Shi et al., 2016）。降水带来的关联数增加也可以通过去除水分条件进行解释，因为水分是干旱地区土壤微生物活性的限制因素（Yuan et al., 2007）。

降水升高增加了微生物相互作用组网络的连通性，但降低了 α 多样性。这些结果可能是由于降水升高在群落组装过程中起到环境过滤器的作用（Barnard et al., 2015）。假设降水升高刺激了优势分类群，从而降低了多样性，由于共享的环境而导致更大的共变，以及总体上更多的连通网络。关联数量和相对丰度之间的差异突出了理解微生物群落中的相互作用组的重要性，而单变量多样性矩阵无法获取这一点（Luo et al., 2006）。

微生物群落中的 α 多样性是评估生态系统稳定性的重要指标（Allan, 2009）。高强度割草降低了湿润位点的微生物 α 多样性，但没有降低干旱位点的，这表明割草的影响随着土壤湿度条件的变化而变化。在本研究中，微生物多样性的减少表明，高强度割草（在湿润位点）和降水增加都会降低北方混草生态系统中土壤微生物群落的生物多样性和相关稳定性。这些结果与先前的研究结果一致，显示湿润位点割草对细胞外酶活性的影响大于干旱位点（Hewins et al., 2016）。在这项研究中，降水升高降低了微生物多样性，这与先前在高水分可用性下报道的细胞外酶活性较低的研究一致（Hewins et al., 2016）。降水量增加的土壤中微生物多样性的减少可能是由于土壤含水量高的细胞的运动性增加引起了竞争加剧（Hibbing et al., 2010），特别是对于那些受这些条件影响的微生物类群。此外，采样时间与割草和降水量增加之间的显著交互作用突出了了解土壤微生物群落中季节性变化的重要性，包括其对割草的敏感性。

微生物群落 β 多样性的变化可以表明微生物群落功能的潜在变化（Allan, 2009）。与土壤微生物多样性数据一致，只有频繁和强烈的割草处理（HIHF）才影响湿润位点而不是干旱位点的土壤微生物群落结构。HIHF 对土壤微生物群落结构的显著影响是由 Actinobacteria、Gammaproteobacteria 和 Thermoleophilia 的变化引起的。两位点内降低的微生物群落 β 多样性的变化与先前的研究一致，这些研究已经证明升高和降低降水量能显著改变微生物群落结构（Barnard et al., 2015; Bell et al., 2014; Cregger et al., 2012; Johnson et al., 2012）。这可能归因于改变的土壤因子和随后的植物生物活动的间接影响（Nielsen and Ball, 2015）。土壤水分的可利用性增加对微生物类群的影响不同，因为它们对土壤水分胁迫的固有耐受性不同，导致微生物群落多样性和结构发生变化（Hawkes et al., 2011）。

割草和降水升高引起的微生物群落组成分布的变化可以通过富营养-贫营养概念来解释，该概念预测富营养群在具有较高的碳利用率的土壤中茁壮成长，而贫营养群在具有较低的碳利用率的土壤中占主导地位。

本研究结果支持这样的假设：割草和降水升高影响了北部混草草原生态系统中的土壤因子、微生物群和相关的相互作用。降水和割草通过影响不同的分类群影响微生物群落结构，证明了影响土壤微生物群落的割草和降水的不同机制。每个干旱和湿润位点的微生物组和相互作用的不同反应进一步表明，去除和降低降水效应在很大程度上取决于场地。此外，割草强度比频率对土壤微生物组的影响更强，这表明在生长季割草强度可能影响了放牧期间土壤微生物功能的恢复。最后，研究认为割草强度和降水升高都可能改变两个地点的相互作用，突出了未来工作在探索草原生态系统中微生物相互作用的全部复杂性中的重要性，因为该研究仅测序了 16S rRNA 基因鉴定细菌和古细菌。该研究不包括其他微生物成员，如真菌、原生生物和病毒，所有这些成员在北部混草草原土壤的生态系统功能中发挥着重要作用。需要提醒读者的是这里使用的 Ion Torrent PGM 平台有时会在细菌群落特征中产生差异偏差，特别是与 Illumina MiSeq 等其他平台相比时（Loman et al., 2012; Salipante et al., 2014）。最终，掌握土壤微生物群落与相应植物群落之间的相互作用对于了解北方混草草原生态系统对割草和降水升高的响应至关重要。

9.1.3 中国东部大陆土壤微生物群共生网络拓扑特征的地理模式

东亚对于探索热带森林到北极苔原的完整植被梯度是一个理想的大陆系统。比较与不同气候区域森林土壤相关节点的拓扑性质并检测网络级拓扑特征，可以深入了解沿着这一连续气候梯度的共存模式变化。该方法通过考虑这些环境中微生物之间潜在相互作用的复杂网络，有助于对微生物生物地理学的理解。研究对跨越5个演替气候区域的自然、未受干扰的森林土壤微生物群进行了核糖体RNA扩增子测序分析。通过整合古菌、细菌和真菌群落数据集，我们推断出一个集合群落共生网络，并分析了与5个气候区域相关的节点级和网络级拓扑变化。节点级和网络级拓扑特征均显示出地理模式，其中北部地区的微生物具有更紧密的关系，但相互作用影响低于南部地区。研究进一步确定了与分类群相关的拓扑差异，并证明了古菌的共存模式是随机的，细菌和真菌的共存模式是非随机的（图9-5）。

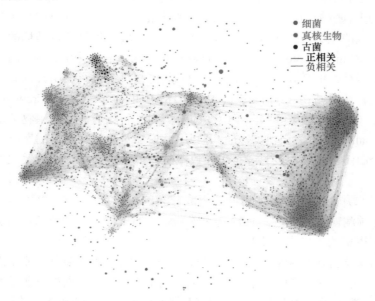

图9-5　土壤细菌、古菌和真菌的共生网络相互作用（Ma et al., 2016）

连接代表强相关（斯皮尔曼的 ρ=40.78）与有效相关（P-value=0.001）。节点表示数据集中唯一的序列。每个节点的大小与相对丰度成正比

利用古菌、细菌、真菌OTU的综合数据集进行了基于网络的共生分析，以描绘中国东部沿气候梯度拓扑特征的地理模式。该研究的结果表明，北部与南部地区的节点级和网络级拓扑特征都不同。与代表南部地区的OTU相比，代表北部地区的OTU具有较低的中介中心性和较高的度。由于网络的拓扑结构可以反映微生物之间的相互作用，因此中介中心性代表了单个OTU控制该网络中其他OTU相互作用潜力的重要性。与其他OTU相比，具有低中介中心性值的OTU代表远离网络核心的微生物（Greenblum et al., 2012）。这些物种可能对群落中其他相互作用影响较小。度是一个局部量化特征，它告知我们特定OTU的直接共生相互作用数量（Greenblum et al., 2012）。本研究结果表明，与南部地区的微生物相比，北部地区森林土壤中的微生物具有更强的关系，但影响较小。

这种趋势也得到网络级拓扑特征空间模式的支持,这些特征导致北部地区的度更高,而这些地区的网络中介中心性值往往更低(图 9-6)。微生物群落的地理模式已被广泛报道。同样,本研究结果为微生物群落中共生关系的地理模式提供了证据。对这种拓扑差异的一种解释是,由于中国东部北部地区和南部地区的水能条件不同,土壤环境中出现了生态位差异(Zheng et al., 2013)。南部地区的高降水条件可使土壤栖息地更加均匀。弱生态位差异可能导致土壤微生物之间更强的相互作用(Faust and Raes, 2012)。与此相反,北部地区的低降水量可能导致显著的生态位差异,这避免了竞争并使微生物能够长时间共存于群落内。同时,这种生态位差异可能抑制北部地区不同物种之间的相互作用。北部和南部地区之间拓扑变化的另外一个可能解释是微生物群落的演化历史。共生网络中的关键节点倾向于具有更高的度(图 9-7)与低中介中心性值(Berry and Widder, 2014)。

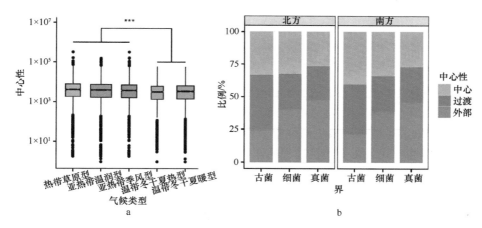

图 9-6　与不同气候区域相关的中介中心性(a)及不同中心性的细菌、古菌和真菌节点的比例(b)(Ma et al., 2016)

***$P=0.001$

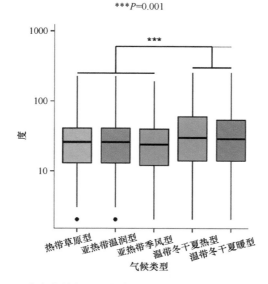

图 9-7　节点度值与不同气候区域相关性(Ma et al., 2016)

***$P=0.001$

在北部地区确定了由共生网络 OTU 代表的关键物种。根据无标度网络的增长过程，关键节点通常被认为是网络中的起始组件（Barabási, 2009）。这表明微生物共生网络中的关键谱系具有更长的演化历史。

研究结果还表明，古菌、细菌和真菌的拓扑特征各不相同（图 9-8）。此外，这三个界往往有着不同的共存模式。古菌的度遵循二项式分布，而细菌和真菌的则遵循幂律分布。这些界间的区别可能表明潜在相互作用模式存在一些差异。网络的幂律分布模式并不令人惊讶，因为许多现实世界网络中的度分布，如互联网（Adamic et al., 2000）、社交网络（Barabási et al., 2002）和生物网络（Bergman and Siegal, 2003）都遵循幂律分布。对微生物共生网络的研究显示，16S rRNA OTU 的幂律分布具有 90%～97%的识别分类（Chaffron et al., 2010; Faust, et al., 2012）。然而，这些研究中使用的通用引物不足以代表古菌序列，因此严重低估了古菌在全球共生网络中的存在和贡献。为了全面地探索古菌多样性，使用古菌特异性引物对古菌 16S rRNA 基因的部分片段进行了测序。古菌度的二项式分布表明古菌相互作用是按照 Erdos-Renyi 模型的随机网络构建的（Newman, 2003），该模型中边缘的存在与否是随机过程。关于古菌边缘度二项式分布的一个解释是中性过程，这意味着古菌之间的所有相互作用可能相似。实际上，古菌特异性网络的密度低于细菌和真菌的相应子网络。因此，如度与古菌 OTU 丰度之间的正相关所表明的，物种丰度的增加可能导致共生网络中个体物种的度增加。古菌生物地理学研究表明，土壤古菌的多样性模式主要受随机过程的影响（Kara et al., 2013）。该研究表明，中性过程的贡献比土壤古菌的确定性因素更重要。相反，细菌与真菌 OTU 度和相对丰度之间的负相关性表明了非随机相互作用。如果链接是随机的，则具有较高相对丰度的 OTU 更可能与其他 OTU 相互作用，并且 OTU 的度值将随着其相对丰度的增加而增加。然而，度值与相对丰度之间的负相关性表明度不是由丰度决定的，因此阐释为非随机模式。

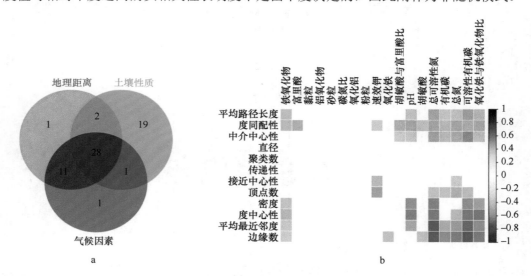

图 9-8 （a）地理距离、气候因素和土壤性质对网级拓扑特征的重要性；（b）土壤性质与网级拓扑特征的相关性（Ma et al., 2016）

用 MRM 模型估计 R^2 值。相关矩阵保持 $P<0.05$

古菌 OTU 的中心值高于北部和南部地区的细菌与真菌 OTU。鉴于古菌共生网络中的随机模式，古菌 OTU 更可能与同一群落中的其他 OTU 共生。重要的是，研究还发现古菌 OTU 的拓扑特征在北部和南部地区之间是不同的，但细菌和真菌 OTU 之间没有差异。这些结果表明，拓扑特征的变化主要与古菌而非细菌和真菌有关。

本研究进行了基于距离矩阵的多元回归（MRM）分析，以确定解释气候区域拓扑变化的环境因素。土壤理化性质与子网络的拓扑特征显著相关。地理距离与区域气候因子之间的重叠率可能表明了一种共同的趋势，或者表明了土壤微生物群对地理距离和区域气候因子的共同响应。然而，土壤的理化性质可以分别解释拓扑特征的一部分变化。本研究确定土壤有机质和铁是影响共生网络拓扑特征的主要土壤性质。有机质和铁在土壤中的一个关键作用是它们作为土壤中生物还原过程的电子穿梭机（Chacon et al., 2006; Kang and Choi, 2009）。鉴于共生关系反映了群落中的相互作用，土壤有机质和铁有望解释微生物共生网络的拓扑特征，因为它们可以影响细菌的相互作用。

本研究基于拓扑的系统方法也提出了共生网络的候选关键微生物物种。共生网络中的关键物种对其他群落组成部分产生巨大影响。本研究中的大多数关键细菌节点属于放线菌门（Actinobacteria）和变形菌门（Proteobacteria），它们也是最丰富的门类。在变形菌门（Proteobacteria）中，关键物种属于以其固氮能力而闻名的根瘤菌目（Rhizobiales）（Brown et al., 2012）和发现并仍知之甚少的 Gaiellales（Albuquerque et al., 2011）。根瘤菌目（Rhizobiales）关键物种的出现可能表明根系活动对土壤中微生物共生关系的影响。盘菌亚门（Pezizomycotina sp.）的某种，是导致植物有机物降解的真菌（Ertz, 2011），由真菌关键种的 6 种 OTU 所代表。未来关注未培养的关键物种对于更好理解这些生物体在共生网络中的作用至关重要。

本研究聚焦共生网络中拓扑特征的空间趋势。尽管网络分析有用，但在推断来自这些共生网络的相互作用时必须谨慎，因为它们仅表示两个变量之间的关联，并且不能证明直接相互作用的关联。虽然现有研究中的共生关系是通过使用反褶积协议（Feizi et al., 2013）消除间接关联来进行优化的，但输出关联网络是统计性相关，并不直接证明微生物相互作用。因此，未来的共生网络调查应侧重于通过文献或基于显微镜实验验证的更合理推断方法。

本研究通过领会微生物的复杂相互作用与群落动力学中这些相互作用的影响，用与网络分析先进基因组学相同的方式对微生物生态学研究做出贡献。然而，进一步研究确定了负责系统级模式的特定微生物物种，描述了各种拓扑变异的含义，并将这种变化与物种组成和功能潜力的变化联系起来，这可以更好地理解土壤微生物群落中的相互作用。然而，这种网络方法通过探索共生和相互作用关系的地理模式及通过识别关键物种来进一步验证，为微生物生物地理学提供了补充观点。

9.2　基于基因网络破译土壤微生物群落功能

9.2.1　森林土壤宏基因组基因相关网络

基因相关网络由 Spearman 秩相关系数矩阵构建，该矩阵由 45 个土壤宏基因组注释的 5421 个基因的相对丰度计算得到。基因相关连接通过 7314 个连接将 2641 个基因节点连接起来，对应 7191 个正相关和 123 个负相关（图 9-9a）。通过比较随机连接的 Erdős-Renyi 网络中的二项式度分布与相同数量的节点和边缘，幂律度分布和负相关的非随机分布（图 9-9a～c）表明派生网络是非随机和无标度的（在双对数坐标中 $R=0.83$）。核心基因的子网络（在所有 45 个宏基因组中发现的基因）包含 1635 个节点和 4135 个连接（图 9-9b），而非核心基因的子网络包括 826 个节点和 1374 个连接（图 9-9c）。核心和非核心基因之间共有 1805 个连接。尽管核心和非核心基因的子网中的网络密度值相似，但核心基因子网的簇聚类系数（图 9-9b）比非核心基因的子网的簇高 2 倍（图 9-9c）。核心基因子网的直径大于全局网络。

启发式方法可用于检测网络簇，其中基因显示类似的连接概况。本研究检测到 27 个主要簇，其中包含 1704 个强度有线节点。其余 757 个节点（不属于这些簇）被视为松散的有线节点。在全局基因相关网络的 27 个簇中，24 个簇由核心基因主导（图 9-9b），3 个簇由非核心基因主导（图 9-9c）。位于网络边缘的 23 个簇（簇 1～23）中的连接强

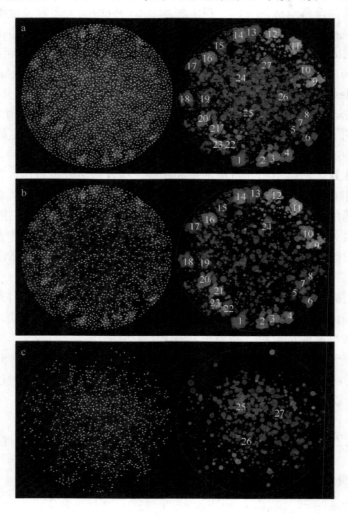

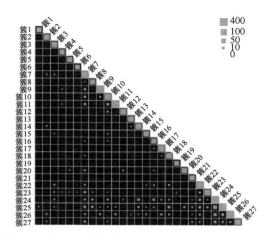

图 9-9 基因相关关系网络（Ma et al., 2018c）

a. 从基因相关矩阵构建包含所有核心和非核心基因的全局基因相关网络。将 Spearman 系数>0.818 的基因对连接起来并使用力导向布局算法绘制。具有高相关系数匹配的基因彼此接近，而具有低相关系数的基因则进一步分开。使用多级聚合方法检测全局网络中的簇。27 个主要簇用不同的颜色表示。b. 核心基因的基因相关子网络，在 24 个簇中占主导地位。c. 非核心基因的基因相关子网络，在三个簇中占主导地位。d. 簇内和簇之间的连接频率平铺大小反映了在全局基因相关网络中观察到的一对簇的连接频率。对角线上的"瓷砖"代表属于同一簇的基因之间的连接频率；对角线上的平铺表示不同簇之间的连接频率

度大于位于中心的 4 个簇中的连接强度（图 9-9a）。与 27 个簇相关联的大多数连接是簇内连接，其连接来自相同簇的节点（图 9-9d，对角线上）。连接不同簇的簇间连接主要出现在簇 24～26 中（图 9-9d，非对角线）。

通过从全局网络中提取簇并将它们分组可视化，可以更详细地解决簇内相关的功能关系（图 9-10）。功能相似的基因倾向于在相同的簇中共同关联。核心基因子网络（图 9-9b）包括与蛋白质和核酸代谢过程、营养利用、免疫、氧化/还原和催化过程相关的簇（图 9-10a～d），而非核心基因子网络包括与应激反应、免疫和膜结构相关的基因的簇（图 9-10d）。不同的簇与各种分类特征相关联。虽然每个属的簇数与属的丰度没有线性相关，但是特异性低的微生物的丰度（每个属的簇数≥20）显著高于特异性高的微生物的丰度（每个属的簇数≤5，Tukey-HSD，P=0.05）和特异性一般的属（19≥每个属的簇≥6，Tukey-HSD，P=0.04）。在特异性低的微生物多的 Firmicutes 门和特异性高的微生物多的 Bacteroidetes 门，*Capnocytophaga* 属仅促进转运过程（簇 10）和核酸代谢过程（簇 23），并且 *Rhodothermus* 属仅有助于氮代谢过程（簇 9）、转运过程（簇 11）、催化活性过程（簇 12）和免疫过程（簇 26）。

影响土壤群落属和基因的环境因素，包括经度、纬度、温度、降水和与基因联系最多的溶解铁和铝。经度、纬度、温度、降水和土壤 pH 影响相似的基因组，这些基因中的大多数与其他基因无关，因此不参与基因网络。可利用的 K、土壤 C/N 及溶解的铝和铁影响基因相关网络中涉及的最大数量的基因。尽管总氮和溶解氮与少量基因相关，但它们的连接与簇 9 特异性连接，簇 9 注释为氮利用的基因簇。腐殖酸/富里酸的连接与簇 20 特异性连接，簇 20 注释为转运过程的基因簇。

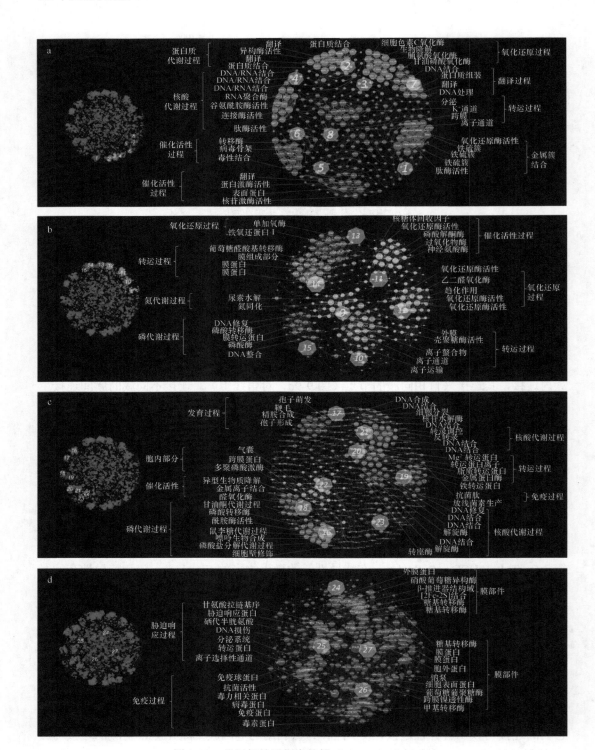

图 9-10 基因相关网络中的簇（Ma et al., 2018c）

a. 簇 1~8 中定位的基因；b. 簇 9~15 中定位的基因；c. 簇 16~23 中定位的基因；d. 簇 24~27 中定位的基因

9.2.2 基因相关网络的簇中心

总体上,本研究从 27 个主要簇中鉴定了 59 个簇中枢基因(每个簇中具有最多连接数的基因)(图 9-11a)。基于簇内边数和簇间边数来测量基因的簇内和簇间连接。预期涉及不同功能的簇间基因具有簇之间的连接(簇间边数>0),并且期望簇内基因与同一簇内的节点连接(簇间边数=0)。将 22 个中枢基因鉴定为簇间基因,将 37 个中枢基因鉴定为簇内基因(图 9-11)。在这些中枢基因中,48 个是核心基因,11 个是非核心基因。核心中枢基因主要定位于以核心基因为主的簇(簇 1~23),而非核心中枢基因主要定位于以非核心基因为主的簇(簇 24~27)。类似地,簇内中枢基因主要存在于以核心基因为主的簇中,簇间中枢基因主要位于以非核心基因为主的簇中(图 9-11b)。簇内中心基因密集与相应簇内的基因相连(图 9-11b),并与相应簇的功能相关联。例如,①编码水解酶结构域的簇内中枢基因 *RadC*、*Hydrolase* 和 *Pro-kuma-activ* 是与氧化还原过程或催化活性相关的簇的中枢;②膜蛋白基因 *MgtC* 是与运输过程相关的簇的中枢;③结合蛋白基因 *SHOCT* 是与金属簇结合相关的簇的中枢;④多磷酸激酶基因(*Ppx*)是与磷酸盐代谢相关的簇的中心。相反,簇间中枢基因提供了簇之间关联的线索(图 9-11b)。例如,结合蛋白基因 *HTH_18* 和 *PrlF_antitoxin* 是转运过程(簇 20)、核酸代谢(簇 21 和 23)和细胞内部分(簇 22)的簇之间的关节。外膜蛋白基因 *OmpH* 在转运过程(簇 10)、氮利用(簇 9)和催化过程(簇 11)之间表达(图 9-11b)。

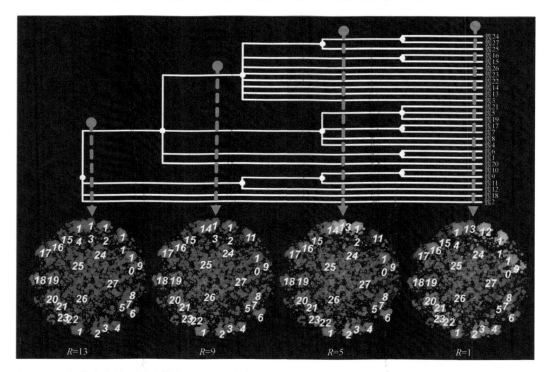

图 9-11 在模块化的不同分辨率(R)下的全局基因相关网络中的簇的层次结构(Ma et al., 2018c)
较低的分辨率可检测较小的及大于 1.0 的一些群落。在层级结构的一个分辨率解析水平上,不同兄弟簇组合在一起在更高级别上生成更大的母簇,这表示同级簇之间密切相关的功能

9.2.3 基因相关网络中的簇的层次结构

为了探索簇之间的函数关系,通过将簇检测方法的分辨率值(R)从 1 调整到 15 来检测簇的层次结构(图 9-12)。通过将 R 设置为 1 检测上述 27 个簇(图 9-12)。在

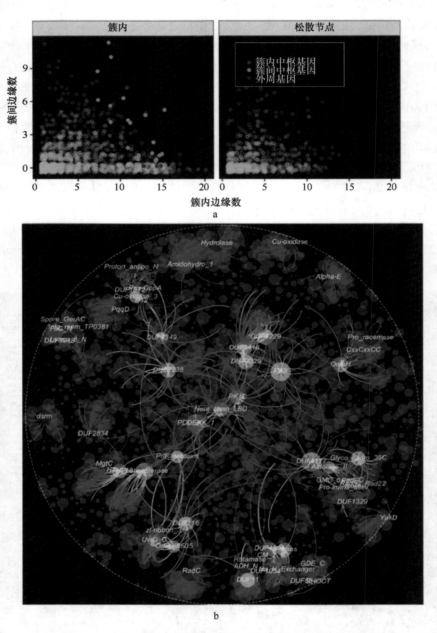

图 9-12 基因相关网络中高度连接的中枢基因(Ma et al., 2018c)

a. 27 个主要簇和松散连接节点中的节点内部和之间的连接数。枢纽基因是在 27 个主要簇中的每一个簇中具有最高连接数的网络节点。中枢基因被鉴定为簇间中枢基因,簇之间有连接(黄色)或簇内中枢基因,簇之间没有连接(蓝色)。通过调整节点位置以防止重叠。b. 全局基因相关网络中簇内(蓝色)和簇间(黄色)中枢基因的连接

相对较低的分辨率水平（$R=5$），几个同级簇聚集成具有相同或密切相关功能的母簇，如簇 1（铁硫簇结合）和 6（催化活性），簇 9（氮利用过程）和 10（离子迁移过程），簇 7（翻译）和 17（生长过程），簇 15 和 16（磷代谢过程），簇 26 和 27（膜部分）。在分辨率级别 $R=9$ 时，发现了两个较大的母簇，其中同级簇来自相同的细胞区室，但没有紧密相关的功能。例如，这两个父簇中的一个与用于膜部分（簇 14、22、26 和 27）的同级簇及诸如传输过程（簇 15 和 16）的相关功能相结合；但另一个母簇由执行胞内功能的同级簇组成，如核酸代谢过程（簇 4 和 21）和氧化还原过程（簇 7）。在高分辨率级别（$R=13$），将这两个大的母簇进一步组合成一个母簇即用于金属转运和结合过程的簇（簇 1 和 20）。在该等级水平上，蛋白质代谢过程（簇 2）、异型生物质降解（簇 18）和氮利用过程（簇 9）的簇仍然独立于大的母簇。氮利用过程的簇与离子通道蛋白（簇 10）、催化活性（簇 11）和氧化还原（簇 12）的簇密切相关。

9.2.4 基因相关网络中的负相关连接

负相关连接主要连接簇 25~27（图 9-13a）中的基因和不同簇之间的连接基因（图 9-13b）。大多数具有负连接的节点是非核心基因（图 9-13c），一半的负连接位于核心和非核心基因之间，核心基因之间仅有 5 个负连接（图 9-13d）。排除功能未知的 29 个基因质，与负连接相关的基因编码的蛋白质主要用于催化活性、代谢过程、膜蛋白、发育过程和运输过程（图 9-13e）。编码非核心基因的基因 *Rick_17kDa_Anti*、*Fe_hyd_lg_C* 和 *Ribosomal_S6e* 具有比其他基因更多的负连接（Wilcoxon 秩和检验，$P<0.001$）（图 9-13f）。通过负连接相关的基因通常来自不同的功能类别（图 9-13f）。

9.2.5 预测未知的基因功能

全局相关网络由 573 个 DUF 基因组成，其中大多数是松散连接的节点或属于关节簇（图 9-14a）。本研究鉴定了 12 个潜在的功能特异性 DUF 基因，这些基因在簇内边缘数较大，但簇间边缘数较小（图 9-14b）。所有这些基因都位于连接密集的簇中（图 9-14c）。这种与已知功能簇的关联允许合理预测 12 种 DUF 基因的功能潜力（图 9-14c）。通过 SWISS-MODEL 的结构同源性建模成功验证了这些预测中的 7 个。*DUF1343* 和 *DUF554* 在簇 2，在肽酶基因的附近（*Peptidase_S41*、*Peptidase_U32_c* 和 *Peptidase M41*）和铁蛋白基因（*Fer24* 和 *Fer4_10*）潜在地起到了蛋白质代谢过程（图 9-14c）。同源性模拟结果显示 *DUF1343* 含有与乳清酸磷酸核糖转移酶和预备蛋白-6A 还原酶具有同源性的结构域，其在蛋白质代谢中起重要作用。簇 15 中的 *DUF2969* 和 *DUF436* 位于转移酶基因 *Carboxyl_trans*、*CTP_transf_like* 和 *Glyco_tranf_2_5* 附近，并且可能与转移酶活性有关（图 9-14c）。

DUF2969 含有与葡糖醛酸糖苷酶、苏氨酰氨基甲酰基转移酶和配体结合蛋白具有同源性的结构域，它们都与转移酶活性密切相关。*DUF1802*、*DUF2076* 和 *DUF4239* 在簇 13 中与卤代酸脱卤素酶样水解酶基因和苯乙酸分解代谢蛋白基因 *PaaA_PaaC* 定位，在有机物质代谢中具有潜在作用（图 9-14c）。*DUF1802* 含有与 DNA 连接酶和内切核

238 | 土壤学进展

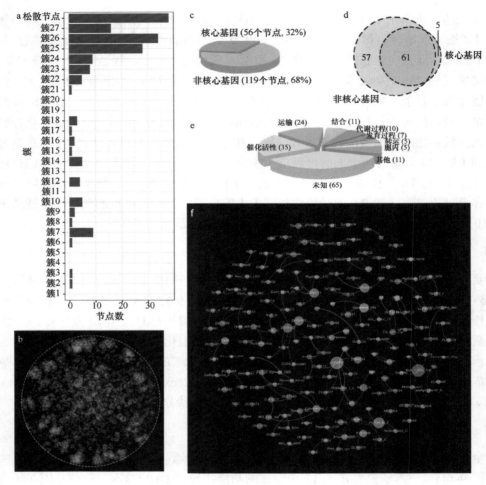

图 9-13　基因相关网络中的负相关连接（Ma et al., 2018c）

a. 负相关连接的位置；b. 负相关连接的分布；c. 与负相关连接相关的核心和非核心基因的丰度；d. 非核心基因（n-n）之间，非核心基因和核心基因（n-e）之间及核心基因（e-e）之间的负相关连接的丰富程度；e. 与负相关连接相关的基因的功能分类；f. 负相关网络的子网络。节点的颜色显示功能分类，节点的大小显示负相关连接的数量

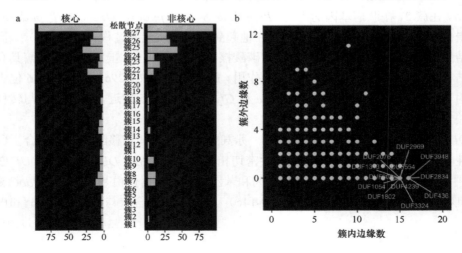

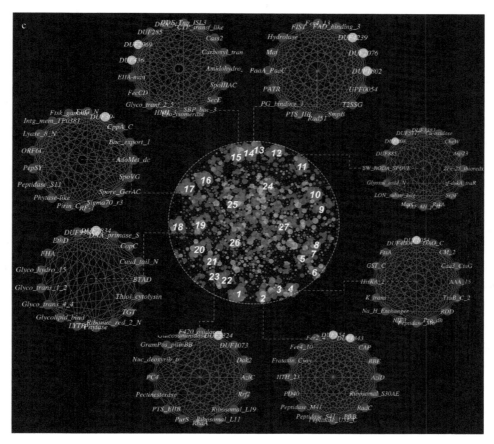

图 9-14　预测编码未知功能域（DUF）的基因的功能（Ma et al., 2018c）
a. DUF 基因的分布；　b. 识别簇内 DUF 基因；　c. 全局基因相关网络中簇内 DUF 基因的位置和邻居

酸酶具有同源性的结构域，其参与修复由苯乙酸引起的 DNA 损伤。DUF2076 含有与小眼症相关转录因子具有同源性的结构域，其调节线粒体中的代谢过程。DUF4329 含有与 bestrophin（一种氯离子通道蛋白）同源的结构域，因此与卤酸脱卤有关。簇 19 中的 *DUF2834* 与糖基水解酶（*Glyco_hydro_15*）、转移酶（*Glyco_trans_1_2* 和 *Glyco_trans_4_4*）和结合基因（*Glycolipid_bind*）密切相关，在糖基化合物中具有潜在的功能。DUF2834 含有与膜蛋白精氨酸抗转运蛋白和表皮生长因子受体具有同源性的结构域。鉴于糖基化合物是细胞膜的必要组分，预计膜蛋白与糖基化合物代谢密切相关。簇 21 中的 *DUF3324* 位于核糖体蛋白基因 *Ribosomal_L11* 和 *Ribosomal_L19* 附近，转录调节基因 *Rrf2* 和 *PC4*，表明 *DUF3324* 在转录过程中的潜在作用。DUF3324 含有与分子伴侣具有同源性的结构域，据报道其调节转录因子 RUNX1。簇 3 中的 *DUF1504* 局限于氧化酶基因 *Caa2_CtaG* 和 *DAO_C* 的附近，脱氢酶基因 *Pro_dh* 和转移酶基因 *GST_C*，潜在地参与了氧化还原过程。簇 12 中的 *DUF808* 与氧化酶基因 Cu-氧化酶和 *Glyoxal_oxid_N* 及铁氧还蛋白基因 *2Fe-2S_thioredx* 紧密连接，可能与氧化还原过程有关。簇 17 中的 *DUF3948* 与用于繁殖过程的基因密切相关，如 *SpoVG* 芽孢形成和基因 *Spore_GerAC* 孢子萌发，这在生长中发挥潜在作用。

在该研究中，基于 45 个森林土壤宏基因组分析了基因相关网络中的连通模式，并鉴定了 27 个与各种功能相关的富集基因簇。区分不同分辨率的簇揭示了簇组织的层次结构。簇中心可以反映相应簇的功能和拓扑功能。负相关连接主要是来自关节簇的有线基因。此外，基因相关网络可用于从相邻基因的功能预测先前未知的基因功能。

正如从酵母到人类基因相互作用网络观察的那样，本研究基因相关网络中的簇形成分层结构（Blondel et al., 2008; Costanzo et al., 2016; Ryan et al., 2012）。与酵母细胞中基因相互作用网络的功能层次相一致，在较低的模块化分辨率下，母簇富含具有密切相关功能的同级簇，但在相同的亚细胞区室中以更高的分辨率富集了多组同级簇。这一发现表明，细胞尺度的基因相互作用的特性可以外推到群落尺度。网络簇关联的层次结构提供了对宏基因组中功能簇之间关系的深入了解。簇之间发生的基因相互作用比簇内的相互作用保持在较低水平（Zinman et al., 2011）。这表明在单个簇内维持交互的选择压力远大于簇之间的选择压力（Zinman et al., 2011）。本研究中发现的簇之间的联系可能代表簇之间的进化保守的基因相互作用，对于破解土壤宏基因组中的功能组织可能是必不可少的。

与基因相关网络相关的重要特性是网络中紧密连接的簇。不同的拓扑特征表明在由核心基因支配的密集连接簇和由基因相关网络中非核心基因支配的关节簇之间具有不同的功能。与核心基因子网络相比，全局网络的较短直径也表明非核心基因通常补充了簇之间的连接。虽然非核心基因不一定是细胞功能所必需的，但它们可以通过提供功能途径冗余来增强网络的灵活性和效率（Schieber et al., 2016）。

簇的功能也可以通过簇中心基因验证，鉴于它们在网络拓扑中的重要作用，已经提出它们是关键节点（Manna et al., 2009）。簇内的集线器主要与簇内的基因连接，表示这些簇的簇内特征。关节簇中的集线器主要被识别为簇间节点，代表这些簇的中介功能。因此，这些簇间节点（有线的不同功能簇）对于理解基因相关网络中的功能组织是必不可少的。与基因相互作用网络中连接较少的外周基因相比，具有更多连接的中枢基因将更少地暴露于与适应性进化相关的突变。因此，中枢可以提供网络的概述并且可以指示相应簇的潜在功能。

基因相关网络中的正连接通常表示功能共享和关联，而负连接通常反映调节和抑制相互作用（Yang et al., 2016）。负连接所连接的基因主要是表达簇中的非核心基因，通常来自不同的功能类和网络簇。因此，本研究推测负连接是功能簇之间潜在地调节相互作用而不是抑制相互作用，这通常出现在具有功能冗余的基因之间。

全球数据库中存在大量功能未知的基因（Prosser, 2015）。当这些基因显示出高度的群内连接特征时，基因相关网络可以预测基因的未知功能。基因相关网络的连接密度远低于酵母细胞的基因相互作用网络（Costanzo et al., 2016）。这可以解释为基因相关网络中存在跨越多种物种的进化保守基因相互作用。因此，无论系统发育距离如何，本研究中的功能预测对于基因功能注释都是有价值的。然而，当 DUF 基因位于核心基因簇中并且仅具有簇内边缘时，这些预测更准确。此外，专注于核心基因的网络更好地捕获了微生物群落的高功能冗余。

总之，本研究中的基因相关网络提供了对森林土壤群落功能组织的深入了解。在这些簇内部和之间正和负基因相关连接组揭示了类似于细胞规模的基因网络组织的分层结构。这一发现表明微生物群落功能可以根据细胞规模的规定进行组织，并已经用系统生物学进行了广泛的研究。同时还提出了一种新方法，用于预测宏基因组中未知功能的基因和结构域。本研究预计基因相关网络的连接模式可以阐明土壤宏基因组的功能组织，并可用于系统地预测微生物群落功能。

9.3 研究展望

虽然微生物生态网络为理解土壤微生物群落装配与功能提供了新的视角，但是目前微生物生态网络的理论和应用都还亟待完善（图 9-15）。

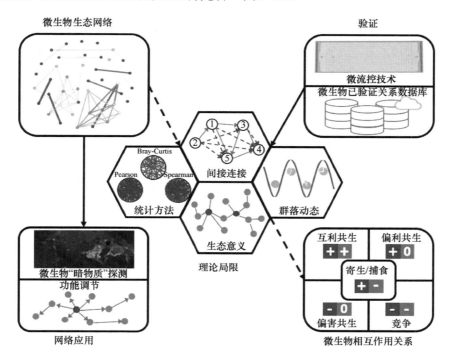

图 9-15　微生物生态网络理论与应用（Lv et al., 2019）

9.3.1　填补网络推理和解释中的理论差距

网络是系统组件的目录，通常称为节点或顶点及它们之间的交互，被称为连接或边缘。对于微生物生态网络，节点代表微生物类群或环境因素，边缘代表统计学上显著的相似性推断的潜在微生物相互作用。一系列不同的统计测量方法有不同的工具包和综合解决方案，包括 Pearson 和 Spearman 相关、逆协方差、Bray-Curtis 相异性和最大信息（Faust and Raes, 2012）。鉴于统计测量方法的优缺点不同，确定最合适的模型并不简单。所选择的方法对所得网络中的关联模式具有很大影响。Weiss 等（2016）发现用不同方法推断的网络共享不到 1/3 的边缘。此外，微生物生态网络中的边缘方向对于理解生态过程具有重要意义。尽管基于横截面数据的大多数方法不能推断定向网络，但是可以从时间序列数据或 LotkaVolterra 动态生成有向边缘（Rottjers and Faust, 2018）。因此，基于实验设计和数据集特征的统计测量选择标准将提高准确性并促进网络解释。具有明确交互关系的一组模拟数据集可用于评估网络推断方法（Rottjers and Faust, 2018）。

最终推断的微生物网络通常包含假间接边缘。如果两个物种与未报道的因子共存，如未检测到的微生物物种和非生物驱动因素，它们可能从协方差中获得间接优势，因为它们都受到同一因子的影响。虽然基于相关性的工具没有消除间接边缘，但 2013 年发表的两篇论文介绍了两种不同的方法来识别基于相关性的网络中的间接边缘。Soheil（2015）引入了一种去卷积算法，用于推断包含直接和间接影响的相关矩阵的直接影响。与此同时，Baruch（2013）开发了一种方法来消除基于相关性的网络中的间接影响。然而，这两种方法的表现尚未评估微生物生态网络。Gipsi（2015）提出了一种通过检查分类-环境网络的环境三元组中的关联模式来检测间接边缘的方法。该方法在环境变量的帮助下检测间接边缘，但不可能使用系统中所有的环境因素。

网络边缘在社交互动、互联网链接及蛋白质或基因相互作用中都得到明确而清晰的定义。因此，可以清楚地解释这些网络的拓扑特性。但是，微生物生态网络拓扑性质的意义尚不清楚，如模块性、传递性和协同性，因为微生物生态网络的边缘是模糊定义的（Rottjers and Faust, 2018）。此外，基于相关性的微生物生态网络无法推断出偏害共生和偏利作用，并区分共生和竞争。

实际上，微生物群落是动态的，因此，微生物生态网络在群落装配过程中不断发展。用数学方法描述演化网络，使我们能够解决各种过程对网络拓扑和演化的影响。尽管时间序列数据集已被用于推断网络，但这些研究强调了确定边缘的方向，而不是确定网络的演变（Faust et al., 2015）。

9.3.2 评估预测的相互作用

目前，大多数微生物相互作用网络研究中的缺陷之一是推断的微生物相互作用网络中的相互作用关系缺乏进一步的评估。共培养实验可以为评估微生物相互作用网络中的关系提供实质性证据。但是，在培养皿中的共培养实验不能代表微生物相互作用网络的复杂性。实验室芯片技术或许可以为大规模筛选具有共培养特征的微生物提供解决方案。此外，鉴于自然环境中大多数微生物物种未被培养且不为人类所了解，微生物暗物质将阻碍我们对微生物相互作用网络的理解。一方面，先进的非培养方法，如宏基因组学和单细胞测序（Blainey, 2013）的进展将提供微生物暗物质在解释和评估微生物相互作用网络中的相互作用关系方面的必要信息。另一方面，新兴的高通量培养方法，如 iChip 和培养组学（Stanley et al., 2016），可以大大增加可培养微生物菌株的数量，以促进共培养评估。

在一项研究中，几乎不可能通过实验评估推断微生物生态网络中的所有微生物相互作用关系。Gipsi（2015）通过筛选文献，由 4 位专家组成的小组建立了一组已知的共生相互作用对预测的相互作用进行了评估。公共生物数据库始于 20 世纪 80 年代早期，当 DNA 序列数据开始在科学文献中积累时，其在促进生物学的快速发展中一直发挥关键作用。分子生命科学越来越多地依赖于这些开放获取的公共数据库，如 EMBL-EBI 的

ENA、NCBI 的 GenBank 和 NIG 的 DDBJ。因此，建议创建一个用于存档微生物相互作用关系的公共数据库，可以弥合推断微生物生态网络和网络评估之间的差距，并倡导理解微生物生态网络。

9.3.3 利用微生物生态网络发挥微生物功能

缺乏与原位环境中共存微生物的相互作用是大多数微生物菌株未能在实验室中培养的原因之一。在微生物生态网络中识别有趣的未培养微生物物种的共存物种可能有助于为未培养的微生物物种创造必要的生长环境。从理论上讲，未培养的微生物物种在与它们的共生、互生或寄生伴侣一起生长时有机会被培养。对于共生关系，任何一种培养的微生物都可以增加其未培养的共生伙伴的适应性。对于同种异体关系，只有依赖于其他培养伙伴提供的营养素、生长因子或底物的未培养物种才有可能被分离。对于寄生关系，培养的微生物宿主可以帮助丰富未培养的寄生虫。此外，如果捕食关系是专性的，培养的微生物猎物也可以帮助丰富未培养的捕食者。其他互动关系，如竞争、偏害和共生，无法促进微生物暗物质的检测。

网络的小世界属性诱导微生物群落中的任何两个成员可以通过一些"中间人"相互作用。Yang（2011）研究了网络的可控性，并证明了许多真实网络可以通过少量顶点来控制。调节微生物群落的功能是微生物生态学的核心目标之一。鉴于微生物相互作用在微生物群落组装过程中的关键作用，实现微生物群落功能的可控性需要采用网络控制理论来检测要控制的关键顶点。很多工程微生物菌株在实验室实验中表现良好，但难以应用到实际环境中（Faust, 2019）。了解微生物生态网络的可控性可以通过操纵微生物群落的相互作用来支持改善其在实际环境中的表现。总之，网络分析是全面了解微生物群落结构和功能的有效方法。然而，系统微生物学的研究人员还有很长的路要走，以赶上网络科学的先进发展。

参 考 文 献

刘军. 2009. 整体网分析讲义: UCINET 软件使用指南. 上海: 格致出版社, 上海人民出版社.
Adamic L, Huberman B, Barabasi A, et al. 2000. Power-law distribution of the world wide web. Science, 287(5461): 2115.
Albuquerque L, França L, Rainey F, et al. 2011. *Gaiella occulta* gen. nov., sp. nov., a novel representative of a deep branching phylogenetic lineage within the class Actinobacteria and proposal of Gaiellaceae fam. nov.and Gaiellales ord. nov. Systematic And Applied Microbiology, 34: 595-599.
Allan K. 2009. What is microbial community ecology? The ISME Journal, 3(11): 1223-1230.
Barabási A. 2009. Scale-free networks: a decade and beyond. Science, 325(5939): 412-413.
Barabási A. 2016. Network Science. Cambridge, United Kingdom: Cambridge University Press.
Barabási A, Jeong H, Neda Z, et al. 2002. Evolution of the social network of scientific collaborations. Physica A-Statistical Mechanics and Its Applications, 311(3-4): 590-614.
Barabási A, Oltvai Z. 2004. Network biology: understanding the cell's functional organization. Nature Reviews Genetics, 5(2): 101-113.
Barberan A, Bates S, Casamayor E, et al. 2014. Using network analysis to explore co-occurrence patterns in soil microbial communities. ISME Journal, 8(4): 952-952.
Barnard R, Osborne C, Firestone M. 2015. Changing precipitation pattern alters soil microbial community

response to wet-up under a Mediterranean-type climate. ISME Journal, 9(4): 946-957.

Baruch B. 2013. Network link prediction by global silencing of indirect correlations. Nature Biotechnology, 8(31): 720-725.

Bell C, Tissue D, Loik M, et al. 2014. Soil microbial and nutrient responses to 7 years of seasonally altered precipitation in a Chihuahuan Desert grassland. Global Change Biology, 20(5): 1657-1673.

Bergman A, Siegal M. 2003. Evolutionary capacitance as a general feature of complex gene networks. Nature, 424(6948): 549-552.

Berry D, Widder S. 2014. Deciphering microbial interactions and detecting keystone species with co-occurrence networks. Front Microbiol, 5: 219.

Blainey P. 2013. The future is now: single-cell genomics of bacteria and archaea. FEMS Microbiology Reviews, 37(3): 407-427.

Blondel V, Guillaume J, Lambiotte R, et al. 2008. Fast unfolding of communities in large networks. Journal of Statistical Mechanics-Theory and Experiment, P10008: 1-12.

Bork E, Broadbent T, Wilims W. 2017. Intermittent growing season defoliation variably impacts accumulated herbage productivity in mixed grass prairie. Rangeland Ecology & Management, 70(3): 307-315.

Brown P, de Pedro M, Kysela D, et al. 2012. Polar growth in the Alphaproteobacterial order Rhizobiales. Proceedings of the National Academy of Sciences of the United States of America, 109(5): 1697-1701.

Chacon N, Silver W, Dubinsky E, et al. 2006. Iron reduction and soil phosphorus solubilization in humid tropical forests soils: the roles of labile carbon pools and an electron shuttle compound. Biogeochemistry, 78(1): 67-84.

Chaffron S, Rehrauer H, Pernthaler J, et al. 2010. A global network of coexisting microbes from environmental and whole-genome sequence data. Genome Res, 20(7): 947-959.

Corel E, Lopez P, Meheust R, et al. 2016. Network-thinking: graphs to analyze microbial complexity and evolution. Trends in Microbiology, 24(3): 224-237.

Costanzo M, Vander, S, Koch E, et al. 2016. A global genetic interaction network maps a wiring diagram of cellular function. Science, 353(6306): aaf1420.

Cregger M, Schadt C, McDowell N, et al. 2012. Response of the soil microbial community to changes in precipitation in a semiarid ecosystem. Applied and Environmental Microbiology, 78(24): 8587-8594.

Eggemann N, Noble S. 2011. The clustering coefficient of a scale-free random graph. Discrete Applied Mathematics, 159(10): 953-965.

Ertz D. 2011. The phylogeny of Arthoniales (Pezizomycotina) inferred from nucLSU and RPB2 sequences. Fungal Divers, 49: 47-71.

Faust K. 2019. Microbial consortium design benefits from metabolic modeling. Trends in Biotechnology, 37(2): 123-125.

Faust K, Lahti L, Gonze D, et al. 2015. Metagenomics meets time series analysis: unraveling microbial community dynamics. Current Opinion in Microbiology, 25: 56-66.

Faust K, Raes J. 2012. Microbial interactions: from networks to models. Nature Reviews Microbiology, 10(8): 538-550.

Faust K, Sathirapongsasuti J, Izard J, et al. 2012. Microbial co-occurrence relationships in the human microbiome. PLoS Computational Biology, 8(7): e1002606.

Feizi S, Marbach D, Medard M, et al. 2013. Network deconvolution as a general method to distinguish direct dependencies in networks. Nature Biotechnology, 31(8): 726-733.

Fierer N, Lennon J. 2011. The generation and maintenance of diversity in microbial communities. American Journal of Botany, 98(3): 439-448.

Freeman L. 1979. Centra lity in social networks conceptual clarification. Social Networks, 1: 215-239.

Gipsi L. 2015. Ocean plankton. Determinants of community structure in the global plankton interactome. Science, 6237(348): 1262073.

Greenblum S, Turnbaugh P, Borenstein E. 2012. Metagenomic systems biology of the human gut microbiome reveals topological shifts associated with obesity and inflammatory bowel disease. Proceedings of the National Academy of Sciences of the United States of America, 109(2): 594-599.

Guo J, Liu X, Zhang Y, et al. 2010. Significant acidification in major Chinese croplands. Science, 327(5968): 1008-1010.

Hawkes C, Kivlin S, Rocca J, et al. 2011. Fungal community responses to precipitation. Global Change Biology, 17(4): 1637-1645.

Hewins D, Broadbent T, Carlyle C, et al. 2016. Extracellular enzyme activity response to defoliation and water addition in two ecosites of the mixed grass prairie. Agriculture Ecosystems & Environment, 230: 79-86.

Hibbing M, Fuqua C, Parsek M, et al. 2010. Bacterial competition: surviving and thriving in the microbial jungle. Nature Reviews Microbiology, 8(1): 15-25.

Jiang Y, Sun B, Li H, et al. 2015. Aggregate-related changes in network patterns of nematodes and ammonia oxidizers in an acidic soil. Soil Biology & Biochemistry, 88: 101-109.

Johnson S, Kuske C, Carney T, et al. 2012. Increased temperature and altered summer precipitation have differential effects on biological soil crusts in a dryland ecosystem. Global Change Biology, 18(8): 2583-2593.

Kang S, Choi W. 2009. Oxidative degradation of organic compounds using zero-valent iron in the presence of natural organic matter serving as an electron shuttle. Environmental Science & Technology, 43(3): 878-883.

Kara E, Hanson P, Hu Y, et al. 2013. A decade of seasonal dynamics and co-occurrences within freshwater bacterioplankton communities from eutrophic Lake Mendota, WI, USA. ISME Journal, 7(3): 680-684.

Li T, Ma K. 2019. Applications of network analyses in the studies of symbiotic relationship between host plants and mycorrhizal fungi. Mycosystema, 38(11): 1826-1839.

Loman N, Misra R, Dallman T, et al. 2012. Performance comparison of benchtop high-throughput sequencing platforms. Nature Biotechnology, 30(6): 562-562.

Luo F, Zhong J, Yang Y, et al. 2006. Application of random matrix theory to biological networks. Physics Letters A, 357(6): 420-423.

Lupatini M, Suleiman A, Jacques R, et al. 2014. Network topology reveals high connectance levels and few key microbial genera within soils. Frontiers in Environmental Science, 2: 10.

Lv X, Zhao K, Xue R, et al. 2019. Strengthening insights in microbial ecological networks from theory to applications. mSystems, 4(3). https://doi.org/10.1128/mSystems.00124-19.

Ma B, Cai Y, Bork E W, et al. 2018a. Defoliation intensity and elevated precipitation effects on microbiome and interactome depend on site type in northern mixed-grass prairie. Soil Biology and Biochemistry, 122:163-172.

Ma B, Lv X, Cai Y, et al. 2018b. Liming does not counteract the influence of long-term fertilization on soil bacterial community structure and its co-occurrence pattern. Soil Biology and Biochemistry, 123: 45-53.

Ma B, Wang H, Dsouza M, et al. 2016. Geographic patterns of co-occurrence network topological features for soil microbiota at continental scale in eastern China. ISME J, 10: 1891-1901.

Ma B, Zhao K, Lv X, et al. 2018c. Genetic correlation network prediction of forest soil microbial functional organization. ISME J, 12: 2492-2505.

Manna B, Bhattacharya T, Kahali B, et al. 2009. Evolutionary constraints on hub and non-hub proteins in human protein interaction network: insight from protein connectivity and intrinsic disorder. Gene, 434(1-2): 50-55.

Newman M. 2003. The structure and function of complex networks. Siam Review, 45(2): 167-256.

Nielsen U, Ball B. 2015. Impacts of altered precipitation regimes on soil communities and biogeochemistry in arid and semi-arid ecosystems. Global Change Biology, 21(4): 1407-1421.

Prosser J. 2015. Dispersing misconceptions and identifying opportunities for the use of 'omics' in soil microbial ecology. Nature Reviews Microbiology, 13(7): 439-446.

Rodríguez M, Jose M, Pascual A. 2006. Antimicrobial resistance in bacterial biofilms. Reviews in Medical Microbiology, 17: 65-75.

Rottjers L, Faust K. 2018. From hairballs to hypotheses-biological insights from microbial networks. FEMS Microbiology Reviews, 42(6): 761-780.

Ryan C, Roguev A, Patrick K, et al. 2012. Hierarchical modularity and the evolution of genetic interactomes across species. Molecular Cell, 46(5): 691-704.

Salipante S, Kawashima T, Rosenthal C, et al. 2014. Performance comparison of Illumina and ion torrent next-generation sequencing platforms for 16S rRNA-based bacterial community profiling. Applied and Environmental Microbiology, 80(24): 7583-7591.

Schieber T, Carpi L, Frery A, et al. 2016. Information theory perspective on network robustness. Physics Letters A, 380(3): 359-364.

Shi S, Nuccio E, Shi Z, et al. 2016. The interconnected rhizosphere: high network complexity dominates rhizosphere assemblages. Ecology Letters, 19(8): 926-936.

Soheil F. 2015. Corrigendum: network deconvolution as a general method to distinguish direct dependencies in networks. Nature Biotechnology, 4(33): 424.

Song C, Qu Z, Blumm N, et al. 2010. Limits of predictability in human mobility. Science, 327(5968): 1018-1021.

Stanley C, Grossmann G, Casadevall S, et al. 2016. Correction: soil-on-a-chip: microfluidic platforms for environmental organismal studies. Lab Chip, 16(3): 622.

Wang X, Zeng Z, Li X, et al. 2007. New interdisciplinary science : network science. Progress in Physics, 27(3): 239-343.

Weiss S, Van T, Lozupone C, et al. 2016. Correlation detection strategies in microbial data sets vary widely in sensitivity and precision. ISME Journal, 10(7): 1669-1681.

Woyke T, Teeling H, Ivanova N, et al. 2006. Symbiosis insights through metagenomic analysis of a microbial consortium. Nature, 443(7114): 950-955.

Xu X, Sherry R, Niu S, et al. 2013. Net primary productivity and rain-use efficiency as affected by warming, altered precipitation, and clipping in a mixed-grass prairie. Global Change Biology, 19(9): 2753-2764.

Yang Y. 2011. Controllability of complex networks. Nature, 7346(473): 167-173.

Yang Y, Han L, Yuan Y, et al. 2016. Gene co-expression network analysis reveals common system-level properties of prognostic genes across cancer types. Nature Communications, 5(1): 24.

Yuan B, Li Z, Liu H, et al. 2007. Microbial biomass and activity in salt affected soils under and conditions. Applied Soil Ecology, 35(2): 319-328.

Zhang N, Sun Q, Zhang H, et al. 2015. Roles of melatonin in abiotic stress resistance in plants. Journal of Experimental Botany, 66(3): 647-656.

Zheng Y, Cao P, Fu B, et al. 2013. Ecological drivers of biogeographic patterns of soil archaeal community. PLoS One, 8(5): e63375.

Zhou J, He Q, Hemme C, et al. 2011. How sulphate-reducing microorganisms cope with stress: lessons from systems biology. Nature Reviews Microbiology, 9: 452-466.

Zhu L. 2015. Academic social network centrality analysis. Research on Library Science, 3: 97-101.

Zinman G, Zhong S, Bar J. 2011. Biological interaction networks are conserved at the module level. BMC Systems Biology, 5: 134.

第 10 章

生物质炭与土壤微生物生态

戴中民　Philip C. Brookes　徐建明

浙江大学环境与资源学院，浙江杭州　310058

戴中民简历：男，副研究员，硕士生导师，第四届中国科协青年人才托举工程入选者。本科、博士毕业于浙江大学，美国康奈尔大学访问学者。主要从事土壤养分循环与微生物机理、产地环境质量与农产品安全等研究，在改良剂施用、养分输入等农业管理措施对土壤微生物生态的影响规律与作用机制等方面取得突出研究成果。主持中国科协青年人才托举工程资助项目、国家自然科学基金青年科学基金、国家自然科学基金重大项目子课题和国家重点研发计划子课题等。迄今，共发表 SCI 论文 28 篇，以第一/通讯作者在 *The ISME Journal*、*Global Change Biology*、*Soil Biology & Biochemistry*、*Journal of Agricultural and Food Chemistry* 等国际著名学术期刊上发表 SCI 论文 17 篇。

摘　要：生物质炭作为一个新兴的酸性土壤改良剂，在农业、环境、生态等领域具有巨大的研究和应用价值。生物质炭因其特殊的物理化学性质，如多孔结构、高碱度、含有养分和电子传递性能等，既能直接促进土壤微生物生长繁殖，又能改善土壤微生物生境，影响微生物的群落结构组成和功能基因分布，最终影响土壤关键元素的生物地球化学过程。本章总结了作者近 5 年来关于生物质炭与土壤微生物生态等方面的研究工作，主要包括：①生物质炭对土壤生物化学性质的改良效应与机理；②生物质炭对土壤细菌丰度、多样性和群落结构的影响规律与机制；③生物质炭对土壤真菌丰度、多样性和群落结构的影响规律与机制；④生物质炭自身定殖微生物群落结构和功能基因的分布规律；⑤生物质炭对土壤微生物 DNA 的吸附性能及其影响因素。在明确生物质炭对土壤微生物生态的影响规律和作用机制基础上，旨在建立一套较为完善的生物质炭改良酸性土壤微生物群落结构及调控土壤养分转化与循环的理论研究体系。

关键词：生物质炭；微生物；多样性；群落结构；功能基因；易矿化有机碳

生物质炭是生物质如木材、落叶、农业废弃物、畜禽粪便等在缺氧或无氧条件下在相对"较低"温度（通常为 200~700℃）下热解而形成的固体产物，一般含有 60%以上的碳（Lehmann and Joseph，2015）。生物质炭的主要碳结构为稳定的芳香族碳结构，也含有部分脂肪族碳和矿物组分（灰分）。同时，生物质炭具有较高的 pH、较强的吸附性能和电子传递性能（Uchimiya et al.，2011；Enders et al.，2012；Dai et al.，2017a）。目前，生物质炭在增加土壤稳定性碳库、提升土壤肥力、提高作物产量、减少温室气体排放和修复污染土壤等方面具有重要研究意义，相关成果已在国际顶尖期刊 *Nature*、*Science*、*Nature Geoscience* 和 *Nature Climate Change*、*Nature Communication* 等上发表（Lehmann，2007；Abiven et al.，2014；Woolf et al.，2014；Weng et al.，2017），证实了生物质炭应用于农业、环境和生态等方面的巨大潜力。

土壤微生物是土壤中物质转化和元素循环的主要驱动力，它们种类繁多、数量庞大、功能多样，在有机质分解和固定、养分转化与循环、温室气体排放与调节、污染物固定和降解等方面起着重要作用。生物质炭因其特殊的物理化学性质，如多孔结构、高碱度、含有养分和电子传递性能等，既能直接促进土壤微生物生长繁殖，又能改善土壤微生物生境（Lehmann et al.，2011），从而改变微生物群落结构与遗传多样性，并调控相关功能基因的表达，最终驱动土壤关键元素（碳、氮、磷、硫等）的转化过程。

目前，生物质炭作用于土壤微生物生态的机理尚未完全明确，主要假设有以下几点：①生物质炭具有多孔结构，为微生物提供了良好的生存环境，既能储存微生物所需的水分和养分，也能够防止微生物受到天敌的攻击（Steinbeiss et al.，2009）；②生物质炭自身含有微生物生长代谢所需的矿质养分和易矿化有机碳，这些物质为微生物的生长繁殖提供充分的食物和能源（Ameloot et al.，2013a）；③生物质炭可以改变土壤的 pH、水分、容重、养分等理化指标，间接改变土壤微生物的活性、群落结构和遗传多样性等指标（McCormack et al.，2013）。例如，低温热解生物质炭与高温热解生物质炭相比，含有更多的易矿化有机碳，导致前者孔隙结构中定殖了更多的微生物，证明微生物丰度随着生物质炭碳组分的改变而改变（Luo et al.，2013）。生物质炭的易矿化有机碳还可以作为异养型反硝化细菌的碳源，易矿化碳组分随着热解温度的降低而升高（Spokas，2010），低热解温度生物质炭能够促进反硝化细菌的大量繁殖（Ducey et al.，2013）。Warnock 等（2010）报道生物质炭的孔隙结构（如大孔或中孔结构），可固持水分和养分，为微生物提供一个良好的栖息场所，孔隙度不同定殖微生物的种类也不同。生物质炭的 pH 通常高于土壤，且粪肥生物质炭的 pH 比秸秆生物质炭更高。土壤硝化细菌和反硝化细菌的活性与环境的 pH 密切相关（Xiao et al.，2014），在高 pH 生物质炭的作用下，硝化作用和反硝化作用程度可能更加剧烈。此外，随着热解温度的升高，生物质炭的电化学性能即氧化还原作用的功能角色从电子供体逐渐转变为电子受体（Klüpfel et al.，2014），致使生物质炭与土壤中的还原物质（如硝酸根）竞争电子，进而影响土壤养分转化过程。

基于土壤微生物在土壤生物地球化学循环过程中的关键作用，本章将重点介绍近期所取得的关于生物质炭与土壤微生物生态等方面的科研成果，主要包括：①生物质炭对土壤生物化学性质的改良效果与机理；②生物质炭对土壤细菌丰度、多样性和群落结构的影响规律与机制；③生物质炭对土壤真菌丰度、多样性和群落结构的影响规律与机制；④生物质炭自身定殖微生物群落结构和功能基因的解析；⑤生物质炭对土壤微生物DNA

的吸附性能及其影响因素。在明确生物质炭对土壤微生物生态的影响规律和作用机制的基础上，旨在建立一套较为完善的生物质炭改良酸性土壤微生物群落结构及调控土壤养分转化与循环的理论研究体系。

10.1 生物质炭对土壤生物化学性质的改良效应与机理

生物质炭因特殊的理化性质（高碱度、高比表面积、多孔隙结构、高灰分等）对土壤酸度的矫正和肥力的提升具有很大的潜力。以往研究报道生物质炭对土壤的改良效果与生物质炭的原材料和土壤类型密切相关。例如，Yuan 等（2011）报道秸秆生物质炭显著提高土壤 pH 和阳离子交换量（CEC），降低土壤的交换态铝离子浓度（Yuan and Xu, 2010）；而 Hass 等（2012）发现鸡粪生物质炭可以提高土壤的大量和微量元素。Novak 等（2009）发现生物质炭能够提高壤砂土的 pH 及有机碳、磷、钾、钙含量，降低土壤的交换性酸和重金属含量（Novak et al., 2009），但是对于有机质含量较低的钙质土，生物质炭倾向于降低温室气体的排放和提高土壤的氮含量（Zhang et al., 2012）。

在前人研究基础上，Dai 等（2014a，2014b）系统研究了不同类型生物质炭对三种类型土壤酸度和肥力等指标的影响机制，阐明了生物质炭驱动的土壤微生物在改良土壤理化指标过程中的关键作用。研究发现 4 种不同类型的生物质炭（猪粪生物质炭、芦苇秸秆生物质炭、油菜秸秆生物质炭和菠萝果皮生物质炭）对三种酸化土壤（红砂土、红壤和黄斑田）生物化学性质的影响规律存在差异（Dai et al., 2014a, 2014b）。首先，生物质炭均能够提高土壤的 pH、有机碳、盐基离子和 pH 缓冲性能，并降低土壤交换态铝的浓度，但猪粪生物质炭（高 pH 和高养分含量）对土壤 pH、盐基离子等指标的改良效果最佳，而芦苇秸秆生物质炭（高碳含量）主要作用于提升土壤的有机质，提高土壤的稳定性碳库。同时，研究发现生物质炭在提升土壤 pH 的过程中，微生物过程起到了关键作用。生物质炭对土壤 pH 的作用机理主要有两个方面（图 10-1）：①生物质炭的碱度可以直接提高土壤的 pH，生物质炭的碱度越高，土壤 pH 的增量越大，作用时间为生物质炭添加的初期；②生物质炭驱动的硝化作用导致土壤 pH 下降，作用时间为添加前期，硝化作用越强，土壤 pH 下降越明显。总体来说，生物质炭的碱度作用程度远远大于硝化作用，最终导致生物质炭添加后土壤整体的 pH 大幅度上升。

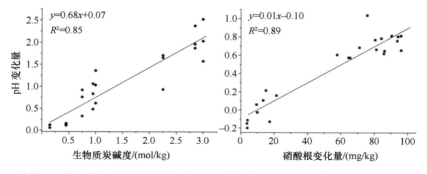

图 10-1 土壤 pH 增加量与生物质炭碱度和 NO_3^- 增加量之间的相关性分析（Dai et al., 2014b）

通过主成分分析发现（表 10-1）：从初始 pH 最低的红砂土到 pH 居中的红壤，再到 pH 最高的黄斑田，第一主成分中的指标从土壤酸度指标逐渐变为土壤氮素形态指标，说明生物质炭对不同类型的土壤改良效果差异很大。对于 pH 较低（低于 5.0）的酸化土壤红砂土，生物质炭主要作用于土壤酸度（pH、Al）的改良，对于 pH 相对较高（高于 5.0）的红壤和黄斑田，生物质炭除了作用于土壤酸度指标之外，还会影响养分（尤其是氮素）的转化与循环。

表 10-1　生物质炭添加后红砂土、红壤与黄斑田化学和生物指标变化的主成分分析（Dai et al., 2014a）

指标	红砂土（pH: 4.55）		红壤（pH: 5.13）		黄斑田（pH: 5.63）	
	PC1	PC2	PC1	PC2	PC1	PC2
变量	47.3%	20.1%	47.5%	17.5%	32.8%	32.7%
交换性盐基离子	0.989	—	0.913	—	—	0.983
盐基饱和度	0.983	—	—	—	—	—
pH	0.968	—	0.971	—	—	0.968
铝离子	−0.944	—	—	—	—	—
水溶性有机碳	—	—	0.902	—	—	—
硝酸根离子	—	—	—	—	0.935	—
无机氮	—	—	—	—	0.937	—

综上所述，猪粪生物质炭因其较高的 pH 和灰分，是改良酸化土壤、提高肥力并矫正酸度的最优改良剂，而芦苇生物质炭具有高碳含量更适合提高土壤的有机质。pH 较低、养分贫瘠、质地为砂性的红砂土是最适合被生物质炭改良的土壤类型，而生物质炭在对 pH 较高的土壤（如黄斑田）的改良过程中会影响土壤氮素转化过程，如发生硝化作用。

10.2　生物质炭对土壤细菌丰度、多样性和群落结构的作用机制

生物质炭对土壤细菌丰度、多样性和群落结构的影响规律虽已有报道，Dai 等（2016）通过深入研究进一步揭示了生物质炭对土壤细菌群落结构影响的机制，发现生物质炭主要通过降低土壤酸度改变微生物的生存环境和增加土壤养分尤其提供微生物代谢所需的碳源，导致细菌的多样性和群落结构发生改变。主要结果为①生物质炭增加了土壤中富养型微生物的相对丰度，降低了土壤中贫养型微生物的相对丰度；②生物质炭改变了土壤中细菌的多样性和群落结构，生物质炭驱动的土壤酸度和土壤养分共同决定了细菌的群落结构（Dai et al., 2016）；③生物质炭的易矿化有机碳在降低细菌多样性并改变其群落结构中起关键作用。

国际著名的土壤微生物生态学家 Noah Fierer 曾在国际著名期刊 *Ecology* 上发文，将土壤中细菌按营养型分成两大类，即富养型细菌和贫养型细菌（Fierer et al., 2007）。富养型细菌以拟杆菌门为代表，喜好土壤有机碳和养分，在土壤有机质和养分含量较高的

环境中生长繁殖；而贫养型微生物以酸杆菌门为代表，对碳源和养分有很强的利用能力，在土壤有机碳、养分含量贫乏的环境中能更好地生存。因此，在养分或能源的添加条件下，土壤中富养型微生物获得能源后丰度增加，而贫养型微生物的生长则会受到抑制。本研究发现，生物质炭显著降低土壤酸杆菌门的相对丰度而增加拟杆菌门的相对丰度，说明生物质炭通过提高土壤有机质和养分，促进土壤富养型细菌的生长，抑制贫养型细菌的生长。研究还发现酸杆菌门、放线菌门、拟杆菌门和厚壁菌门与土壤的pH均有显著的相关性，说明生物质炭对土壤酸度指标的矫正也影响了土壤中细菌的生长（Lauber et al., 2009; Nacke et al., 2011）。综上所述，生物质炭对土壤细菌门分类水平相对丰度的作用机理如下：生物质炭增加了土壤的养分或能源含量并降低土壤酸度导致土壤微生物生长环境发生改变，最终改变各类细菌的相对丰度。

前人研究表明土壤细菌群落结构组成主要由土壤pH决定，而土壤的养分指标对土壤真菌群落结构起着重要作用。例如，Rousk等（2010）通过采集不同pH梯度的土壤样品，发现土壤pH对细菌群落结构起着决定作用，而对土壤真菌的群落结构作用不明显。研究发现生物质炭添加后土壤酸度指标（如pH、交换性盐基离子、交换性铝等）对土壤敏感细菌群落结构的解释量为14.8%，而养分指标（总碳、总氮、总钾等）对土壤敏感细菌群落结构的解释量为22.8%，双方共同解释了细菌的群落结构组成（图10-2）。这些结果说明生物质炭添加下土壤pH的改变不是决定细菌群落结构的唯一因子，生物质炭导致的养分指标改变也起到重要作用。这个结果解释如下：①细菌在酸性环境下活性会受到抑制，它们对土壤酸度的改变将更加敏感，而生物质炭的添加恰好显著降低土壤酸度，导致细菌群落结构受到较大影响；②细菌的生长代谢需要能源供应，生物质炭增加土壤有机碳和有机氮含量，导致细菌群落结构也受到养分指标的影响。相比而言，土壤养分指标对土壤敏感真菌群落结构的解释量达到50.1%，酸度指标的解释量只有7.0%，说明养分指标对敏感真菌群落结构的作用大于酸度指标（图10-2）。这与真菌是一类异养型的真核微生物密切相关，且真菌有一定抗逆性，对土壤的恶劣环境（如低酸度）具有抗性，比细菌更能适应环境的改变。

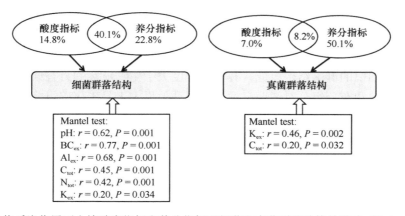

图 10-2 生物质炭作用下土壤酸度指标和养分指标对细菌和真菌群落结构的影响（Dai et al., 2016）

$BC_{ex.}$. 交换态盐基离子；$Al_{ex.}$. 交换态铝；$N_{tot.}$. 总氮；$K_{ex.}$. 交换态钾；$C_{tot.}$. 总碳

此外，通过盆栽试验发现根际土壤中敏感细菌的数量和比例都远远大于非根际土壤，表明根际土壤细菌比非根际更容易受到生物质炭的影响，主要是因为生物质炭促进作物根系生长发育、根系分泌物的增加从而促进细菌生长。前人研究已表明生物质炭能够促进作物根系的生长（Solaiman et al., 2010; Jones et al., 2012），生物质炭对作物根系生长的作用机理包括以下几个方面：①生物质炭降低土壤的密度和抗张强度，减少根系生长的物理约束（Laird et al., 2010）；②生物质炭增加土壤的水分固持能力，降低作物的干旱胁迫（Karhu et al., 2011）；③生物质炭增加土壤养分的有效性（Prendergast‐Miller et al., 2014），促进根系的生长。作物根系的生长和伸长会伴随着根际沉积碳释放过程，即将根际沉积碳分泌到土壤中反作用于微生物（Mendes et al., 2013）。前文已表明细菌群落结构受土壤养分指标的影响，而根系分泌物作为微生物繁殖和代谢的重要养分指标，在很大程度上影响根际细菌的生长，从而导致根际细菌对生物质炭的敏感度远大于非根际。同时，生物质炭的比表面积大于土壤，对有机质有较强的吸附和固持能力。生物质炭不仅能刺激根系分泌碳源，还会吸附和固持这部分碳源，减少了它们的淋失或扩散，使细菌得以充分利用。综上所述，生物质炭的添加促进了作物根系的生长（Dai et al., 2016），而作物根系的生长伴随着根际沉降等生理活动，分泌出碳源供微生物利用，最终导致根际土壤比非根际具有更多的敏感细菌。

另外，生物质炭对土壤细菌群落结构的作用效果随着生物质炭的热解温度和原材料的不同而不同（Ameloot et al., 2013b; Sun et al., 2016）。热解条件和原材料赋予了生物质炭不同的碳组分和理化性质（如易挥发组分、芳香化程度和 pH），这些组分和理化性质的差异是导致生物质炭添加后土壤细菌活性、生物量、多样性和群落结构存在差异的根本原因。从理论角度出发，生物质炭的易矿化组分可以为微生物的生长繁殖提供碳源，影响微生物对土壤有机质和生物质炭自身的矿化（Luo et al., 2011）；芳香族碳骨架作为热稳定的碳组分，具有高孔隙度和比表面积，可为微生物的生长提供良好的环境（Enders et al., 2012）；而生物质炭的灰分组分含有植物和微生物生长所需的矿质元素，且决定生物质炭的 pH（Dai et al., 2017a）。在明确生物质炭养分指标促进细菌的生长并改变其群落结构的基础上，通过制备和改性生物质炭，分别获取含有易矿化碳组分、芳香族碳骨架和灰分等组分的生物质炭样品，探讨生物质炭各组分对土壤细菌群落结构的作用机制，主要结论如下：①生物质炭的易矿化碳组分显著促进土壤细菌的呼吸速率和生物量，改变细菌的群落结构组成，其作用程度大于生物质炭的芳香族碳骨架和灰分，而芳香族碳骨架和灰分组分对细菌多样性的提升效果大于易矿化碳组分；②易矿化碳组分显著增加土壤酸杆菌门和 α-变形菌门的相对丰度，降低厚壁菌门的相对丰度，而生物质炭的芳香族碳骨架和灰分显著增加拟杆菌门和厚壁菌门的相对丰度；③生物质炭作用下，土壤微生物的呼吸速率与细菌多样性呈负相关关系。

本研究的以上结论解释了 Xu 等（2014）实验中油菜生物质炭对拟杆菌门和酸杆菌门的作用机理，即生物质炭的芳香族碳组分和灰分增加了土壤拟杆菌门的丰度，而易矿化碳组分增加了酸杆菌门的丰度。Sun 等（2016）发现富含生物质炭的土壤中放线菌门的相对丰度远高于周边的土壤或未添加生物质炭的土壤中，Dai 等（2017b）也发现生物质炭颗粒上面定殖的主导微生物是放线菌门。本研究发现生物质炭的易矿化碳组分和芳香族碳骨架共同作用促进放线菌门的生长，说明生物质炭的易矿化碳组分可以作为富营养型细菌放线菌门的碳源。同时，放线菌门属于一类富含菌丝的微生物，生物质炭的高孔隙度芳香族碳骨架刚好为菌丝的伸长和获取碳源提供了良好的环境，两者共同作用促进了放线菌门的生长。Whitman 等（2016）通过大田试验发现玉米秸秆生物质炭显著改变土壤细菌的群落结构组成，但是其原材料玉米秸秆对土壤细菌群落结构的改变程度远大于生物质炭。通常，绝大多数生物质在热解过程中会形成稳定的芳香族碳结构，而一部分生物质并未完全热解以脂肪族碳存在于生物质炭中，这部分碳的性质与原材料更加相近。本研究发现生物质炭的易矿化碳组分（未完全热解的脂肪族碳）对细菌群落结构的作用效果大于芳香族碳组分，解释了 Whitman 等（2016）研究中发现的生物质炭原材料对细菌群落结构的作用大于生物质炭本身（图10-3）。

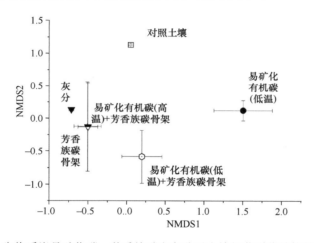

图10-3　生物质炭易矿化碳、芳香族碳和灰分对土壤细菌群落结构的影响规律

通常，土壤细菌数量庞大，种类繁多，在环境干扰或胁迫下其生态功能存在冗余现象（Allison and Martiny, 2008）。即当土壤中某一类功能物种在环境胁迫下消失之后，土壤微生物多样性降低，其他物种会代替此微生物执行相同的生态功能，从而维持土壤功能稳定性（Roger et al., 2016）。本研究发现生物质炭降低土壤细菌多样性，而土壤微生物呼吸速率和呼吸商等功能指标也随之降低（图10-4），表明生物质炭添加下土壤微生物的生长、代谢和繁殖功能（土壤功能之一）不存在冗余。生物质炭的易矿化碳组分可为异养型细菌提供充足的碳源，促进它们生长繁殖，增加其活性和生物量。异养型细菌的大量繁殖，使之在整个细菌群落中占有主导优势，而抑制其他细菌（如非异养型）的生长，降低土壤细菌整体多样性，从而会破坏土壤微生物的"功能平衡"。因此，在短期内可以通过改变生物质炭易矿化碳组分的含量来破坏土壤微生物的功能稳定性，调控土壤目的功能微生物的生长，使之作用于土壤元素转化和作物生长发育具有可能性，但是通过调控土壤结构和 pH 等指标来作用于土壤元素转化与循环也不可忽视。

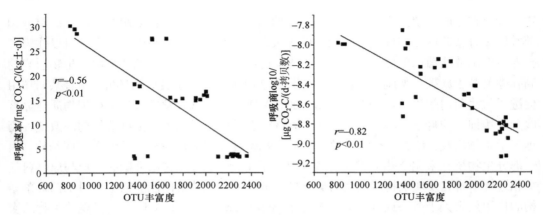

图 10-4　土壤微生物呼吸速率与呼吸商随细菌多样性变化的变化趋势

10.3　生物质炭对土壤真菌丰度、多样性和群落结构的作用机制

当前，研究主要集中在生物质炭对土壤真菌物种分类学的改变，证明生物质炭可以显著改变土壤真菌物种遗传多样性和群落结构组成。例如，Chen 等（2013）发现小麦秸秆生物质炭能够降低水稻土中真菌的丰度，且真菌的丰度随着添加量的增加而逐渐下降，子囊菌门和球囊菌门的生长在添加量为 40 t/hm² 的时候受到严重的抑制。Hu 等（2014）发现生物质炭显著降低真菌的 α 多样性，并改变其群落结构，木霉属和拟青霉属在生物质炭的作用下逐渐富集。Jenkins 等（2017）发现生物质炭显著改变真菌的 β 多样性，但改变效果随着土壤的类型和培养时间的变化而变化。然而，物种分类学为土壤微生物的功能提供的信息是有限的。真菌在功能分类上包含：腐生菌、病原菌和共生菌（Madigan et al., 2008），在土壤生物地球化学过程中起着重要作用。腐生真菌可降解部分生物质炭碳组分（脂肪族碳）、土壤有机质和微生物残体，即生态系统的分解者，对土壤中的物质转化与循环起着重要作用。病原真菌可引发土传病，如黄瓜疫病、霜霉病等，而共生真菌是植物根系-真菌的共生者，植物为真菌提供碳源和其他营养物质，而真菌则为植物生长提供所需的养分，如磷素等。这些功能菌群时刻调节着土壤养分转化和物质循环过程，对生物质炭的添加产生不同的反馈作用。

通常，生物质炭由脂肪族碳、芳香族碳和灰分组成：芳香族碳可视为微生物难矿化碳组分，为微生物提供了多孔结构的物理骨架；脂肪族碳通常含有较多的易矿化碳组分，可为真菌提供碳源；而灰分组分主要含有较多的矿质组分，具有碱性。通过研究探讨了生物质炭对土壤功能真菌丰度、多样性和群落结构的影响机制，即研究了生物质炭三大组分易矿化碳、芳香族碳骨架和灰分对真菌功能群落结构的作用机制，得到以下结论：①生物质炭的易矿化碳组分显著改变真菌的群落结构，其作用程度大于生物质炭的芳香族碳骨架和灰分；②易矿化碳组分显著降低土壤担子菌门的相对丰度，但对子囊菌门和接合菌门的相对丰度影响不显著；③易矿化碳组分导致土壤真菌的网络互作模型发生改变，真菌腐生菌呈现"自我聚集"的生存模式，在群落结构中占主导优势；④易矿化碳组分显著增加土壤腐生菌的相对丰度,腐生菌在整个群落中的主导优势降低了土壤真菌整体的多样性,并导致土壤中其他真菌(如病原菌)生长受到抑制(Dai et al., 2018)。

前人的研究主要表明不同类型的生物质炭对真菌群落结构的影响规律不同,但机理尚未明确。例如,Yao 等(2017)发现生物质炭施用 3 年后,真菌群落结构发生显著变化。Lucheta 等(2016)发现在巴西亚马孙黑土中,富含生物质炭的土壤中真菌群落结构距离相近,与不含生物质炭的相邻土壤距离更远,说明生物质炭显著改变了土壤的 β 多样性。同时,前期研究表明生物质炭各组分对真菌群落组成作用规律存在显著差异,在生物质炭添加下,有机碳对土壤真菌群落组成的决定作用远大于生物质炭酸度指标的决定作用(图 10-2),证实生物质炭的碳含量在构建真菌群落组成中的重要作用。而本研究则进一步指出,与芳香族碳骨架相比,生物质炭的易矿化碳组分显著改变真菌的群落结构组成,是影响真菌群落最重要的一个指标。同时,灰分对真菌群落组成的作用效果更接近芳香族碳骨架,而有别于易矿化碳组分。虽然灰分对真菌群落结构也有一定的影响,但是考虑到生物质炭矿化期间只有一小部分灰分会释放出来,因此推测生物质炭灰分组分对真菌群落的影响是有限的。

针对真菌的多样性,过往研究表明 400℃热解而成的落叶生物质炭能够显著降低真菌的多样性,而一些研究则表明生物质炭对真菌的多样性没有影响。这些争议主要来自每个实验生物质炭的种类和碳组分含量的差异。研究发现含有易矿化碳组分的生物质炭均能显著降低真菌的多样性,且多样性最高可下降 50%。这些结论在很大程度上证明生物质炭的易矿化碳组分是影响真菌多样性的最重要因子。针对真菌功能菌的丰度,研究发现生物质炭的易矿化碳组分增加腐生真菌的丰度,且土壤真菌的多样性与腐生真菌的丰度呈现显著的负相关关系(图 10-5),即生物质炭添加下土壤腐生真菌与其他真菌存在不平衡的竞争关系。其机理如下:腐生真菌是一类异养型微生物,需要在碳源充足的

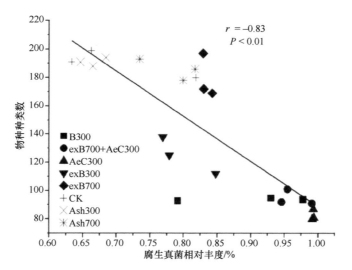

图 10-5 土壤真菌多样性与土壤腐生真菌相对丰度之间的相关性分析(Dai et al., 2018)

AeC300. 易矿化有机碳;Ash300. 灰分(300℃);Ash700. 灰分(700℃);CK. 对照土壤;B300. 低温热解生物质炭;exB300. 低温热解生物质炭碳骨架;exB700. 高温热解生物质炭碳骨架;exB700+AeC300. 高温热解生物质炭碳骨架+易矿化有机碳(低温)

条件下生长，而生物质炭的易矿化碳组分可为腐生真菌的生长提供碳源。另外，腐生真菌含有菌丝，能够入侵生物质炭的孔隙内部，获取更多的易矿化碳组分。因此，生物质炭的易矿化碳组分能够显著增加土壤腐生真菌的相对丰度。

最后，研究发现腐生真菌对易矿化碳组分的依赖会导致真菌网络互作模型呈现腐生真菌"自我聚集"的生存模式，在群落结构中占主导优势；而在易矿化碳组分缺乏的情况下，土壤腐生真菌得不到充分的碳源，将会与其他真菌病原菌、共生菌等竞争仅剩的碳源，互作关系加强，整个网络结构变得更加复杂，自我聚集模式消失（图10-6）。当易矿化碳组分加入土壤中后，由于对碳源的依赖性和菌丝的延伸性，腐生真菌的丰度逐渐增加，成为具有较强竞争力的真菌。随着腐生真菌逐渐繁殖，其在土壤整个真菌群落结构中占据了主导优势，导致其他真菌种类（病原菌等）生长受到抑制，多样性也随之降低，且微生物之间的联系变弱。生物质炭易矿化组分导致敏感性的腐生真菌大量繁殖，而敏感性的病原菌生长受到抑制。这个现象为"不平衡竞争理论"，即生物质炭的易矿化组分促进腐生真菌的大量繁殖，使其成为整个真菌群落的主导者，从而抑制了病原菌等其他真菌的生长，最终导致真菌多样性的下降。这个理论给出以下启示，在土壤土传病控制过程中，可使用生物质炭的易矿化组分通过生物竞争的方式抑制土壤病原菌的繁殖，降低作物病害率。

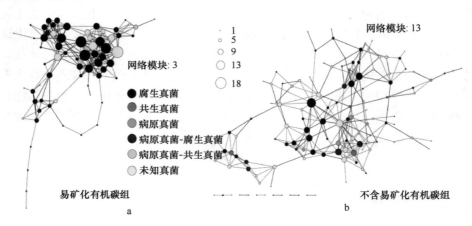

图10-6　生物质炭易矿化组分对土壤真菌互作网络结构的影响（Dai et al., 2018）

10.4　生物质炭自身定殖微生物的群落结构特征及其定殖机理

近年来，生物质炭对土壤微生物群落结构、遗传多样性和功能基因的研究主要集中在土壤本体的微生物上。研究证明生物质炭可以提高土壤的pH，提升土壤有机碳库和矿质养分，增加土壤孔隙度，改善土壤根际环境等，最终影响微生物的群落结构和代谢功能基因。但是，生物质炭自身也会定殖大量的微生物（Luo et al., 2011；Schnee et al., 2016），这些微生物不仅能利用生物质炭自身的养分和空间，还会与土壤本体微生物进行互作与交流。由于生物质炭自身的性质与周边土壤存在巨大差异，最终导致这些定殖微生物的群落结构和功能基因与周边土壤产生巨大差异。这些定殖微生物不仅决定了生物质炭的矿化、演变规律，也在土壤-生物质炭整个体系中的关键元素转化与循环过程中起着重要作用。生物质炭具有特殊的理化性质，如高碱度、孔隙结构、疏水性、充裕的矿质元素和微生物利用态有机质等，可为微生物营造一个良好的生长环境。土壤中的微生物可转移到生物质炭上，利用生物质炭的养分，并定殖在生物质炭的孔隙结构上；同时，生物质炭上的微生物会与土壤中的微生物进行食物、空间的竞争和信息的传递，并参与到土壤养分循环过程中去。Luo 等（2013）和 Quilliam 等（2013）虽通过电镜发现生物质炭自身定殖着一些微生物，但是这些微生物的种类、群落结构和功能，以及在土壤生物地球化学循环过程中的生态意义还鲜有报道。生物质炭上定殖的微生物很可能因生物质炭种类的不同而不同。

生物质炭本身的性质受热解温度影响，低温热解条件下和高温热解条件下生物质炭的结构存在巨大差异。热解温度越高，生物质炭的芳香结构越多，碳结构越稳定，而脂肪族碳含量越少（Spokas, 2010; Enders et al., 2012）。因此，高芳香度生物质炭和低芳香度生物质炭之间的定殖微生物可能会存在巨大差异。本研究中，通过制备低温热解生物质炭和高温热解生物质炭，并将其分别加入红壤和黑土中进行培养，探讨不同土壤类型中培养得到的高脂肪度生物质炭（低温热解）和高芳香度生物质炭（高温热解）对定殖微生物的数量、活性、群落结构和功能基因的影响，揭示了生物质炭上生长的主导微生物类群及其在土壤养分循环过程中的作用（Dai et al., 2017b）。

在物种分类学水平上，研究发现放线菌门（Actinobacteria）是 4 种生物质炭上微生物中相对丰度最高的微生物，即主导定殖微生物，且低温热解生物质炭定殖的放线菌门丰度大于高温热解生物质炭（图 10-7）。此结果与 Sun 等（2016）的研究一致，发现生物质炭上定殖的主要微生物为放线菌门，且丰度大于周边的土壤。放线菌门是一种革兰氏阳性细菌，含有高 G+C 含量，具有细丝状结构，依靠孢子繁殖（Ventura et al., 2007）。目前，关于放线菌门的生态功能尚未完全明确，但是已有研究表明放线菌门是土壤中重

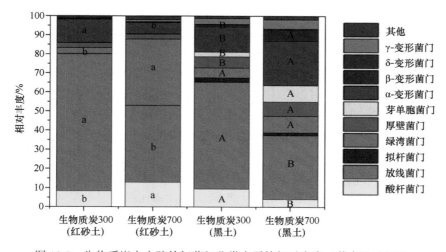

图 10-7　生物质炭上定殖的细菌门分类水平的相对丰度（戴中民，2017）
图上字母表示显著性差异，字母相同表示差异不显著（$P>0.05$）；字母不同表示差异显著（$P<0.05$）

要的分解者（Paul, 2014），可分解一些脂肪族有机碳。因此，生物质炭上放线菌门的丰度可能与生物质炭易矿化有机碳含量有关，易矿化有机碳含量越高，放线菌门所获得的能源越多，丰度就越高。另外，根据 SEM 图谱和生物质炭孔隙结构的表征，推测放线菌门的生长可能与生物质炭对孢子的吸附作用和生物质炭孔隙对放线菌菌根的定殖作用有关，即生物质炭的孔隙结构刚好为放线菌菌根的生长和延伸创造了合适的空间。

同时，通过 SEM 图谱、呼吸速率和微生物量等指标的分析，发现低温热解生物质炭上的微生物数量、微生物量和呼吸速率高于高温热解生物质炭，说明低温热解生物质炭上定殖了更多的微生物。生物质炭上定殖的微生物多样性规律恰好相反。高温热解生物质炭的 OTU 数量、Chao 1 指标和 Shannon 指标均显著高于低温热解生物质炭，说明高温热解生物质炭定殖微生物的多样性远远高于低温热解生物质炭，即高温热解生物质炭上面微生物生物量很少，但是微生物种类各式各样，种类多于低温热解生物质炭，只是微生物的活性和生物量受到了抑制。通常，低温热解生物质炭比高温热解生物质炭具有更多的脂肪族碳，这些脂肪族碳组分比芳香族碳更容易被微生物作为能源所利用，这正是低温热解生物质炭具有更高微生物活性和生物量的主要原因。因此，作为微生物的能源，不稳定性可利用碳（以脂肪族为主）是决定生物质炭定殖的微生物丰度的主要因子。相反，低温热解生物质炭定殖微生物的多样性小于高温热解生物质炭，说明生物质炭上的不稳定性碳组分越多，微生物的多样性越低。通常，芳香族生物质炭与脂肪族生物质炭之间的性质差异很大，这些独特的性质会为微生物提供良好的生长环境，吸引各类微生物生长、繁殖和代谢。机理主要包括以下几个方面：①高温热解生物质炭具有更多的孔隙结构，这些孔隙结构为微生物提供了良好的栖息地，防止它们受到天敌的攻击，也可以固持微生物代谢所需的养分和水分（Lehmann and Joseph, 2015）；②高温热解生物质炭比低温热解生物质炭含有更多的灰分，具有充足的矿质元素，这些养分是微生物生长和繁殖所必需的（Meng et al., 2013）；③高温热解生物质炭的亲水性高于低温热解生物质炭，可以使微生物接触到更多的水分和水溶性养分元素（Kinney et al., 2012）；④高温热解生物质炭含有更多的芳香族碳结构，在微生物代谢过程中起到电子传递的作用，有利于特殊微生物的生长代谢（Kappler et al., 2014），如反硝化细菌；⑤高温热解生物质炭具有更高的比表面积，有更多的吸附点位，能够吸附更多的微生物（Dai et al., 2017a）。但是，由于高温热解生物质炭含有较少的可利用性碳，微生物生长缺乏能源，不能快速繁殖，导致它们虽可以在生物质炭上生存，但是活性和生物量受到了严重的抑制。对于低温热解生物质炭，一些具有很强竞争力的细菌（如放线菌）能够充分利用有机碳，逐渐发展成为优势种群，而那些竞争力弱的微生物则会逐渐被淘汰，最终导致多样性下降。未来的研究重点将集中在一些特殊的微生物种群如放线菌门的生态功能上，研究它们在生物质炭矿化及养分转化与循环过程中的作用。

在基因水平上，研究发现生物质炭上的碳水化合物代谢基因丰度（包括固碳基因、果糖甘露糖代谢基因、半乳糖代谢基因、糖酵解基因、淀粉蔗糖代谢基因和柠檬酸循环基因）远远大于对照土壤中。同时，低温热解生物质炭上的碳水化合物代谢基因丰度高于高温热解生物质炭上（图 10-8）。说明生物质炭上的碳代谢基因丰度与对照土壤差异很大，且低温热解生物质炭比高温热解生物质炭携带更多的碳代谢功能基因。对于氮代谢功能基因，生物质炭上的硝酸盐转化为亚硝酸盐（反硝化作用）、亚硝酸盐转化为 NO（反硝化作用）、硝酸盐转化为亚硝酸盐（硝酸盐还原同化过程）和亚硝酸盐转化为氨（硝酸盐还原同化和异化过程）等氮素转化过程相关的基因丰度高于对照土壤中，然而这些基因丰度在低温热解生物质炭与高温热解生物质炭之间基本上没有差异（图10-8）。说明生物质炭上的氮代谢基因丰度与对照土壤差异很大，且低温热解生物质炭与高温热解生物质炭携带的功能基因相对数量基本相同，原因之一可能是低温热解生物质炭和高温热解生物质炭的氮含量较少。

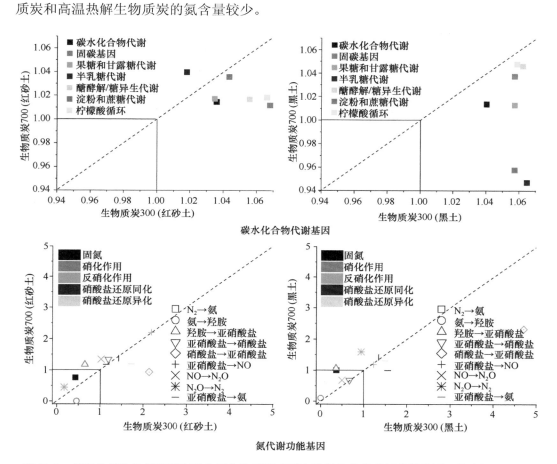

图 10-8　低温热解生物质炭和高温热解生物质炭表面定殖微生物的碳氮代谢基因（戴中民，2017）

之前研究主要报道生物质炭对土壤碳氮循环基因丰度的影响，而忽视了生物质炭上面这些基因的存在对土壤-生物质炭体系中养分转化与循环所起的贡献。例如，Kammann 等（2012）和 Zhang 等（2012）发现生物质炭能够显著降低土壤 N_2O 的全球增温潜势，Pereira 等（2015）发现不同类型的生物质炭对土壤氨氧化基因（*amoA*）的作用效果不同，而生物质炭自身的氮素循环基因的种类和丰度尚未报道。本研究中发现，反硝化过程、同化和异化硝酸盐还原过程相关的基因丰度大于硝化作用和固氮作用，说明生物质炭能够庇护更多的反硝化细菌，而不适合硝化细菌和固氮菌生长，这可能与生物质炭上还有一定易矿化有机碳作为能源有关。同时，生物质炭的硝酸盐还原过程比对照土壤强烈，说明生物质炭可能为这些还原菌提供了良好的生长环境、充裕的能源及电子传递所需的载体。

10.5 生物质炭对土壤微生物 DNA 吸附性能的影响规律与影响因素

生物质炭因其具有特殊的理化性质，对 DNA 有一定的吸附能力，从而影响土壤 DNA 的提取率。土壤 DNA 的提取率与生物质炭的热解温度密切相关（Jin, 2010）。Wang 等（2014）初步报道随着生物质炭热解温度的增加，生物质炭对 DNA 的吸附能力逐渐增加，但是生物质炭的哪种性质或组分影响 DNA 的吸附效果尚未明确。同时，随着生物质炭在土壤中的赋存时间增加，生物质炭受到氧化作用，亲疏水性能发生改变，对 DNA 的吸附能力也会发生改变（Nguyen and Elimelech, 2007）。目前，土壤胶体对 DNA 的吸附机理包括形成配位体、离子桥、亲疏水作用和孔隙捕获等（Pietramellara et al., 2009；Saeki et al., 2011），但生物质炭颗粒对 DNA 吸附机理尚未明确。通过探讨不同类型生物质炭对土壤微生物 DNA 提取效果的影响规律发现：①生物质炭的比表面积越高，易矿化组分含量越低，对土壤微生物 DNA 的吸附能力越强，生物质炭对 DNA 的提取率越低；②土壤培养过程（生物质炭在土壤中的氧化、矿化和生物质炭对土壤有机质的吸附等综合过程）显著降低生物质炭对土壤 DNA 的吸附能力（Dai et al., 2017c）。

对于未培养的生物质炭，当热解温度从 300℃上升到 700℃时，生物质炭的 DNA 提取率显著降低 39%；而含有易矿化碳组分的生物质炭比不含易矿化碳组分的生物质炭的 DNA 提取率高出 52%（图 10-9）。因此，生物质炭热解温度越高或易矿化碳组分含量越低，对 DNA 的吸附能力越高，DNA 的提取率越低。通常，生物质炭对 DNA 的吸附机理包括以下四点：①DNA 分子与生物质炭上的羟基等官能团形成配位体；②生物质炭与 DNA 均带负电，与溶液中的阳离子可以形成离子桥；③非极性分子 DNA 与非极性的生物质炭表面发生亲疏水作用；④生物质炭的高比表面积和孔隙度对 DNA 分子具有捕获作用。通过 FTIR 表明，低温热解生物质炭具有丰富的羟基（—OH）和羧基（—COOH）官能团（Dai et al., 2017c），从理论角度低温热解生物质炭对 DNA 的吸附能力要大于高温热解生物质炭，即低温热解生物质炭的 DNA 提取率要低于高温热解生物质炭。然而，实验结果恰好相反，证实生物质炭的羟基和羧基官能团对 DNA 的吸附能力影响不大。相反，高温热解生物质炭的比表面积和孔隙度远大于低温热解生物质炭（Dai et al., 2014c），说明生物质炭的孔隙捕获作用在决定 DNA 提取率时起重要作用。生物质炭 DNA 提取率与生物质炭的比表面积呈显著的相关性恰好证明高温热解生物质炭的高比表面积是导致其 DNA 提取率下降的主要原因（图 10-9）。另外，富含易矿化碳组分的生物质炭的 DNA 提取率显著高于不含易矿化碳组分的生物质炭（图 10-10），说明生物质炭易矿化碳组分也是影响 DNA 提取率的重要因素，其含量越高，对 DNA 的吸附能力越低，DNA 的提取率就越高。易矿化碳组分（脂肪族）的结构复杂、亲水性能较低，导致其与 DNA 的接触程度较低，易矿化碳组分干扰生物质炭的其他吸附过程。综上所述，非极性吸附和高比表面积是导致生物质炭对 DNA 吸附最主要的两个原因。

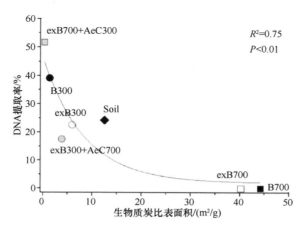

图 10-9 生物质炭对 DNA 提取率随着生物质炭比表面积的变化规律（Dai et al., 2017c）

B300. 低温热解生物质炭；exB300. 低温热解生物质炭碳骨架；exB300+AeC700. 低温热解生物质炭碳骨架+易矿化有机碳（高温）；B700. 高温热解生物质炭；exB700. 高温热解生物质炭碳骨架；exB700+AeC300. 高温热解生物质炭碳骨架+易矿化有机碳（低温）；Soil. 对照土壤。图上字母不同表示差异显著（$P<0.05$）

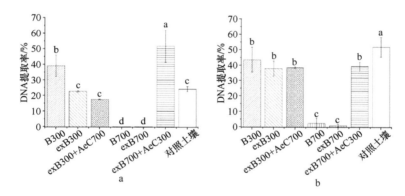

图 10-10 未培养（a）和已培养生物质炭（b）对内标 DNA 提取率的影响规律

图上字母不同表示差异性显著（$P<0.05$）

对于已培养的生物质炭，其 DNA 提取率在土壤培养过程的影响下显著增加，说明土壤培养过程也会改变生物质炭对 DNA 的吸附能力（图 10-9）。通常，土壤培养过程是一个聚集生物、非生物变化的复杂过程，这个过程包括：生物质炭与土壤有机质和矿物的相互作用（Zimmerman et al., 2011）、微生物的定殖与生长（Luo et al., 2013）及胞外聚合物的产生（Laspidou and Rittmann, 2002）。虽然这些过程难以区分，但是这些过程总体上会填充生物质炭或者土壤胶体的孔隙，降低其比表面积，从而降低其对 DNA 的吸附。本研究中发现已去除易矿化有机碳的生物质炭在土壤培养之后 DNA 提取率显著高于培养之前的生物质炭，说明土壤培养过程很可能导致生物质炭或者土壤胶体的比表面积下降，导致对 DNA 的吸附作用减弱。而含有易矿化有机碳的生物质炭在培养前后的 DNA 提取率没有显著差异，归因于：一方面，易矿化有机碳作为一种微生物易矿化的有机组分，会促进微生物在生物质炭表面定殖和生长，微生物的生长导致细胞和分泌的胞外聚合物填充生物质炭表面，导致比表面积和孔隙度下降，进而减少对 DNA 的吸附；另一方面，微生物本身生长需要一定的碳源，生长期间会消耗生物质炭的有机碳组分和微生物分泌的胞外聚合物,导致比表面积和孔隙度增加,进而增加对 DNA 的吸附,而培养前后 DNA 提取率没有差异正是两个过程相互抵消的结果。

目前,一些研究将微生物 DNA 浓度作为衡量矿质土壤微生物生物量的一个重要指标(Marstor et al., 2000; Taylor et al., 2002),但是这个方法并未考虑土壤对 DNA 的吸附作用。前人研究对比了有机质土壤中微生物 DNA 浓度与氯仿熏蒸法测定的微生物生物量或 PLFA 总量的差异,发现 DNA 浓度与微生物生物量之间没有显著的正相关性,提出将 DNA 浓度作为衡量微生物生物量的指标并不适合富含有机质的土壤。同样,本研究也表明生物质炭的易矿化碳组分显著提高 DNA 提取率,证实在富含有机碳的土壤中,DNA 提取率的准确性会受到影响,且很可能影响到下游步骤。基于以上结果,本研究推测在使用 DNA 浓度或 qPCR 来探讨生物质炭的添加对土壤微生物生物量和功能基因数量影响的研究中,结果得到的微生物生物量或基因数量差异可能不仅是生物质炭直接改变了土壤微生物的丰度,也有可能来自于土壤或生物质炭对 DNA 的吸附。处理之间的差异也可能是生物质炭对 DNA 吸附能力的不同所导致的。因此,在使用 DNA 浓度或 qPCR 基因数表征微生物生物量的时候,建议同时采用 PLFA 和氯仿熏蒸法进行验证,排除生物质炭导致 DNA 提取率的偏倚。开发新的高效 DNA 提取方法也是解决这个问题的一个重要研究方向。目前,生物质炭对 DNA 的吸附是否影响微生物多样性和群落结构还没有系统的研究。由于测定微生物多样性和群落结构的方法为相对定量的高通量测序,获得的数据为相对丰度,推测生物质炭对 DNA 的吸附影响这方面的信息是有限的,但需要进一步的研究证明。

综上所述,通过制备不同类型的生物质炭,探讨了生物质炭热解温度、易矿化碳组分和土壤培养过程对 DNA 提取率的影响规律。研究结果表明,热解温度、易矿化有机碳和土壤培养过程显著影响生物质炭对 DNA 的吸附能力。随着热解温度和比表面积的增加,生物质炭对 DNA 的吸附性能显著增加;随着生物质炭易矿化碳组分的增加,生物质炭对 DNA 的吸附性能降低。土壤培养过程也会显著降低生物质炭对 DNA 的吸附能力。在一些含生物质炭或高有机质含量的土壤样品中,DNA 的提取效果会受到影响,进而影响微生物的丰度或生物量。建议在测定微生物丰度和生物量的时候,采用多种方法配合测定,以确保实验的准确性。

参 考 文 献

戴中民. 2017. 生物炭对酸化土壤的改良效应与生物化学机理研究. 浙江大学博士学位论文.
Abiven S, Schmidt M, Lehmann J. 2014. Biochar by design. Nature Geoscience, 7: 326-327.
Allison S, Martiny J. 2008. Colloquium paper: resistance, resilience, and redundancy in microbial communities. Proceedings of the National Academy of Sciences of the United States of America, 105: 11512-11519.
Ameloot N, Graber E, Verheijen F, et al. 2013b. Interactions between biochar stability and soil organisms: review and research needs. European Journal of Soil Science, 64: 379-390.
Ameloot N, Neve S, Jegajeevagan K, et al. 2013a. Short-term CO_2 and N_2O emissions and microbial properties of biochar amended sandy loam soils. Soil Biology and Biochemistry, 57: 401-410.
Chen J, Liu X, Zheng J, et al. 2013. Biochar soil amendment increased bacterial but decreased fungal gene abundance with shifts in community structure in a slightly acid rice paddy from Southwest China.

Applied Soil Ecology, 71: 33-44.

Dai Z, Barberán A, Li Y, et al. 2017b. Bacterial community composition associated with pyrogenic organic matter (biochar) varies with pyrolysis temperature and colonization environment. MSphere, 2: e00085-00017.

Dai Z, Brookes P, He Y, et al. 2014c. Increased agronomic and environmental value provided by biochars with varied physiochemical properties derived from swine manure blended with rice straw. Journal of Agricultural and Food Chemistry, 62: 10623-10631.

Dai Z, Enders A, Rodrigues J, et al. 2018. Soil fungal taxonomic and functional community composition as affected by biochar properties. Soil Biology and Biochemistry, 126: 159-167.

Dai Z, Hu J, Xu X, et al. 2016. Sensitive responders among bacterial and fungal microbiome to pyrogenic organic matter (biochar) addition differed greatly between rhizosphere and bulk soils. Scientific Reports, 6: 36101.

Dai Z, Li R, Muhammad N, et al. 2014a. Principle component analysis and hierarchical cluster analysis of changes in soil chemical and biochemical properties following biochar incorporation. Soil Science Society of America Journal, 78: 205-213.

Dai Z, Wang Y, Muhammad N, et al. 2014b. The effects and mechanisms of soil acidity changes, following incorporation of biochars in three soils differing in initial pH. Soil Science Society of America Journal, 78: 1606-1614.

Dai Z, Webster T, Enders A, et al. 2017c. DNA extraction efficiency from soil as affected by pyrolysis temperature and extractable organic carbon of high-ash biochar. Soil Biology and Biochemistry, 115: 129-136.

Dai Z, Zhang X, Tang C, et al. 2017a. Potential role of biochars in decreasing soil acidification–a critical review. Science of the Total Environment, 581-582: 601-611.

Ducey T, Ippolito J, Cantrell K, et al. 2013. Addition of activated switchgrass biochar to an aridic subsoil increases microbial nitrogen cycling gene abundances. Applied Soil Ecology, 65: 65-72.

Enders A, Hanley K, Whitman T, et al. 2012. Characterization of biochars to evaluate recalcitrance and agronomic performance. Bioresource Technology, 114: 644-653.

Fierer N, Bradford M, Jackson R. 2007. Toward an ecological classification of soil bacteria. Ecology, 88: 1354-1364.

Hass A, Gonzalez J, Lima I, et al. 2012. Chicken manure biochar as liming and nutrient source for acid Appalachian soil. Journal of Environmental Quality, 41: 1096-1106.

Hu L, Cao L, Zhang R. 2014. Bacterial and fungal taxon changes in soil microbial community composition induced by short-term biochar amendment in red oxidized loam soil. World Journal of Microbiology and Biotechnology, 30: 1085-1092.

Jones D, Rousk J, Edwards-Jones G, et al. 2012. Biochar-mediated changes in soil quality and plant growth in a three year field trial. Soil Biology & Biochemistry, 45: 113-124.

Jenkins J, Viger M, Arnold E, et al. 2017. Biochar alters the soil microbiome and soil function: results of next generation amplicon sequencing across Europe. GCB Bioenergy, 9: 591-612.

Jin H. 2010. Characterization of microbial life colonizing biochar and biochar-amended soils. Ph.D. Cornell University, Ithaca, NY.

Kammann C, Ratering S, Eckhard C. 2012. Biochar and hydrochar effects on greenhouse gas (carbon dioxide, nitrous oxide, and methane) fluxes from soils. Journal of Environmental Quality, 41: 1052-1066.

Kappler A, Wuestner M, Ruecker A, et al. 2014. Biochar as an electron shuttle between bacteria and Fe (III) minerals. Environmental Science & Technology Letters, 1: 339-344.

Karhu K, Mattila T, Bergström I, et al. 2011. Biochar addition to agricultural soil increased CH_4 uptake and water holding capacity–results from a short-term pilot field study. Agriculture, Ecosystems & Environment, 140: 309-313.

Kinney T, Masiello C, Dugan B, et al. 2012. Hydrologic properties of biochars produced at different temperatures. Biomass and Bioenergy, 41: 34-43.

Klüpfel L, Keiluweit M, Kleber M, et al. 2014. Redox properties of plant biomass-derived black carbon (biochar). Environmental Science and Technology, 48: 5601.

Laird D, Fleming P, Davis D, et al. 2010. Impact of biochar amendments on the quality of a typical Midwestern agricultural soil. Geoderma, 158: 443-449.

Laspidou C, Rittmann B. 2002. A unified theory for extracellular polymeric substances, soluble microbial products, and active and inert biomass. Water Research, 36: 2711-2720.

Lauber C, Hamady M, Knight R, et al. 2009. Pyrosequencing-based assessment of soil pH as a predictor of soil bacterial community structure at the continental scale. Applied and Environmental Microbiology, 75: 5111-5120.

Lehmann J. 2007. A handful of carbon. Nature, 447: 143-144.

Lehmann J, Joseph S. 2015. Biochar for environmental management: science, technology and implementation. New York: Routledge

Lehmann J, Rillig M, Thies J, et al. 2011. Biochar effects on soil biota—a review. Soil Biology and Biochemistry, 43: 1812-1836.

Liu J, Sui Y, Yu Z, et al. 2014. High throughput sequencing analysis of biogeographical distribution of bacterial communities in the black soils of northeast China. Soil Biology & Biochemistry, 70: 113-122.

Lucheta A, Cannavan F, Roesch L, et al. 2016. Fungal community assembly in the amazonian dark earth. Microbial Ecology, 71: 962-973.

Luo Y, Durenkamp M, Nobili M, et al. 2011. Short term soil priming effects and the mineralisation of biochar following its incorporation to soils of different pH. Soil Biology & Biochemistry, 43: 2304-2314.

Luo Y, Durenkamp M, Nobili M, et al. 2013. Microbial biomass growth, following incorporation of biochars produced at 350 ℃ or 700 ℃, in a silty-clay loam soil of high and low pH. Soil Biology & Biochemistry, 57: 513-523.

Madigan M, Martinko J, Dunlap P, et al. 2008. Brock Biology of Microorganisms 12th edn. International Microbiology, 11: 65-73.

Marstorp H, Guan X, Gong P. 2000. Relationship between dsDNA, chloroform labile C and ergosterol in soils of different organic matter contents and pH. Soil Biology and Biochemistry, 32: 879-882.

McCormack S, Ostle N, Bardgett R, et al. 2013. Biochar in bioenergy cropping systems: impacts on soil faunal communities and linked ecosystem processes. GCB Bioenergy, 5: 81-95.

Mendes R, Garbeva P, Raaijmakers J. 2013. The rhizosphere microbiome: significance of plant beneficial, plant pathogenic, and human pathogenic microorganisms. FEMS Microbiology Reviews, 37: 634-663.

Meng J, Wang L, Liu X, et al. 2013. Physicochemical properties of biochar produced from aerobically composted swine manure and its potential use as an environmental amendment. Bioresource Technology, 142: 641-646.

Nacke H, Thürmer A, Wollherr A, et al. 2011. Pyrosequencing-based assessment of bacterial community structure along different management types in German forest and grassland soils. PLoS One, 6: e17000.

Nguyen T, Elimelech M. 2007. Plasmid DNA adsorption on silica: kinetics and conformational changes in monovalent and divalent salts. Biomacromolecules, 8: 24-32.

Novak J, Busscher W, Laird D, et al. 2009. Impact of biochar amendment on fertility of a southeastern coastal plain soil. Soil Science, 174: 105-112.

Paul E. 2014. Soil Microbiology, Ecology and Biochemistry. London, NWI: Academic Press.

Pereira E, Suddick E, Mukome F, et al. 2015. Biochar alters nitrogen transformations but has minimal effects on nitrous oxide emissions in an organically managed lettuce mesocosm. Biology and Fertility of Soils, 51: 573-582.

Pietramellara G, Ascher J, Borgogni F, et al. 2009. Extracellular DNA in soil and sediment: fate and ecological relevance. Biology and Fertility of Soils, 45: 219-235.

Prendergast-Miller M, Duvall M, Sohi S. 2014. Biochar-root interactions are mediated by biochar nutrient content and impacts on soil nutrient availability. European Journal of Soil Science, 65: 173-185.

Quilliam R, Glanville H, Wade S, et al. 2013. Life in the 'charosphere'–Does biochar in agricultural soil provide a significant habitat for microorganisms? Soil Biology & Biochemistry, 65: 287-293.

Roger F, Bertilsson S, Langenheder S, et al. 2016. Effects of multiple dimensions of bacterial diversity on functioning, stability and multifunctionality. Ecology, 97: 2716-2728.

Rousk J, Bååth E, Brookes P, et al. 2010. Soil bacterial and fungal communities across a pH gradient in an arable soil. The ISME Journal, 4: 1340-1351.

Saeki K, Ihyo Y, Sakai M, et al. 2011. Strong adsorption of DNA molecules on humic acids. Environmental Chemistry Letters, 9: 505-509.

Schnee L, Knauth S, Hapca S, et al. 2016. Analysis of physical pore space characteristics of two pyrolytic biochars and potential as microhabitat. Plant and Soil, 408: 1-12.

Solaiman Z, Blackwell P, Abbott L, et al. 2010. Direct and residual effect of biochar application on mycorrhizal root colonisation, growth and nutrition of wheat. Soil Research, 48: 546-554.

Spokas K. 2010. Review of the stability of biochar in soils: predictability of O: C molar ratios. Carbon Management, 1: 289-303.

Steinbeiss S, Gleixner G, Antonietti M. 2009. Effect of biochar amendment on soil carbon balance and soil microbial activity. Soil Biology & Biochemistry, 41: 1301-1310.

Sun D, Meng J, Xu E, et al. 2016. Microbial community structure and predicted bacterial metabolic functions in biochar pellets aged in soil after 34 months. Applied Soil Ecology, 100: 135-143.

Taylor J, Wilson B, Mills M, et al. 2002. Comparison of microbial numbers and enzymatic activities in surface soils and subsoils using various techniques. Soil Biology and Biochemistry, 34: 387-401.

Uchimiya M, Wartelle L, Klasson K, et al. 2011. Influence of pyrolysis temperature on biochar property and function as a heavy metal sorbent in soil. Journal of Agricultural and Food Chemistry, 59: 2501-2510.

Ventura M, Canchaya C, Tauch A, et al. 2007. Genomics of Actinobacteria: tracing the evolutionary history of an ancient phylum. Microbiology and Molecular Biology Reviews, 71: 495-548.

Wang C, Wang T, Li W, et al. 2014. Adsorption of deoxyribonucleic acid(DNA)by willow wood biochars produced at different pyrolysis temperatures. Biology and Fertility of Soils, 50: 87-94.

Warnock D, Mummey D, McBride B, et al. 2010. Influences of non-herbaceous biochar on arbuscular mycorrhizal fungal abundances in roots and soils: results from growth-chamber and field experiments. Applied Soil Ecology, 46: 450-456.

Weng Z, Zwieten L, Singh B, et al. 2017. Biochar built soil carbon over a decade by stabilizing rhizodeposits. Nature Climate Change, 7: 371-376.

Whitman T, Pepe-Ranney C, Enders A, et al. 2016. Dynamics of microbial community composition and soil organic carbon mineralization in soil following addition of pyrogenic and fresh organic matter. The ISME Journal, 10: 2918-2930.

Woolf D, Lehmann J, Fisher E, et al. 2014. Biofuels from pyrolysis in perspective: Trade-offs between energy yields and soil-carbon additions. Environmental Science and Technology, 48: 6492-6499.

Xiao K, Yu L, Xu J, et al. 2014. pH, nitrogen mineralization, and KCl-extractable aluminum as affected by initial soil pH and rate of vetch residue application: results from a laboratory study. Journal of Soils and Sediments, 14: 1513-1525.

Xu H, Wang X, Li H, et al. 2014. Biochar impacts soil microbial community composition and nitrogen cycling in an acidic soil planted with rape. Environmental Science and Technology, 48: 9391-9399.

Yao Q, Liu J, Yu Z, et al. 2017. Three years of biochar amendment alters soil physiochemical properties and fungal community composition in a black soil of northeast China. Soil Biology and Biochemistry, 110: 56-67.

Yuan J, Xu R. 2010. Effects of rice-hull-based biochar regulating acidity of red soil and yellow brown soil. Journal of Ecology and Rural Environment, 26: 472-476.

Yuan J, Xu R, Qian W, et al. 2011. Comparison of the ameliorating effects on an acidic ultisol between four crop straws and their biochars. Journal of Soils and Sediments, 11: 741-750.

Zhang A, Liu Y, Pan G, et al. 2012. Effect of biochar amendment on maize yield and greenhouse gas emissions from a soil organic carbon poor calcareous loamy soil from Central China Plain. Plant and Soil, 351: 263-275.

Zimmerman A, Gao B, Ahn M. 2011. Positive and negative carbon mineralization priming effects among a variety of biochar-amended soils. Soil Biology and Biochemistry, 4: 1169-1179.

第 11 章

土壤有机碳周转过程及驱动机制

罗 煜

浙江大学环境与资源学院，浙江杭州 310058

罗煜简历：副教授，浙江大学"求是青年学者"，"浙江省杰出青年基金"获得者，担任中国植物营养与肥料学会委员，获中国土壤学会优秀青年学者奖等。主要采用同位素、分子生物等技术开展土壤-植物-微生物连续体中碳素过程及驱动机制研究。主持国家自然科学基金 2 项，浙江省杰出青年科学基金项目 1 项。迄今以第一/通讯作者发表 SCI 论文 20 篇，其中中国科学院分区一区论文 16 篇（含 Soil Biology & Biochemistry 7 篇，ESI 高被引论文 5 篇，WOS 单篇最高引用 385 次）。参与 Microbiome、Global Change Biology、Environmental Science Technology 等期刊审稿（约 50 篇/年），担任 Biogeosciences 和 European Journal of Soil Science 副主编，Plant and Soil、Biology Fertility of Soils 等期刊客座编辑。

摘　要：土壤有机碳是陆地生态系统土壤固碳的主要载体，也是土壤肥力的重要基础，而针对土壤有机碳的矿化与积累过程及机制的研究是土壤固碳领域的核心。主要利用同位素、分子生物、质谱等技术，针对植物-土壤-微生物连续体中有机碳分配周转等过程，开展有机碳循环及驱动机制研究，主要包括：①土壤有机碳的矿化的分源研究；②微生物驱动过程；③土壤理化固持机制；④土壤有机碳化学结构与微生物群落结构交互关系；⑤界面过程可视化与量化；⑥碳周转过程的核心微生物。土壤有机碳含量是矿化分解和合成积累的平衡结果，微生物过程与非生物控制机制相互依存共同驱动，针对以上内容的研究可以加深有机碳的过程与机制的理解，为固碳减排与地力提升提供数据基础与理论依据。

关键词：土壤有机碳；功能微生物；固碳机制；植物微生物互作；界面过程

　　土壤有机碳是土壤肥力的重要物质基础，也是陆地生态系统土壤固碳的重要载体。土壤中的有机碳包括腐殖质、微生物及其各级代谢产物的总和。土壤有机碳含量是矿化分解和合成积累的平衡结果，是有机物质（植物和动植物残体）在土壤微生物（包括部分动物）参与下分解转化形成的。土壤有机碳的矿化与形成是土壤固碳容量的实质，微生物代谢过程（分解代谢及合成代谢）与非生物因子对微生物调控则是土壤碳过程的主要驱动机制，是相互依存与对立的矛盾体，也是土壤固碳的核心问题。因此，本章主要针对植物-土壤-微生物连续体中有机碳过程与机制开展研究，主要包括：①土壤有机碳的矿化与积累；②微生物过程与非生物控制机制（图11-1）。通过同位素、分子生物学等技术手段探究梯度活性碳源（结构简单根系分泌物、成分复杂秸秆、高度芳香化生物质炭）在植物-土壤-微生物连续体中分配、周转、固持及相互作用，量化微生物群落特征及非生物因子在土壤有机碳循环过程（矿化、积累）中的贡献。

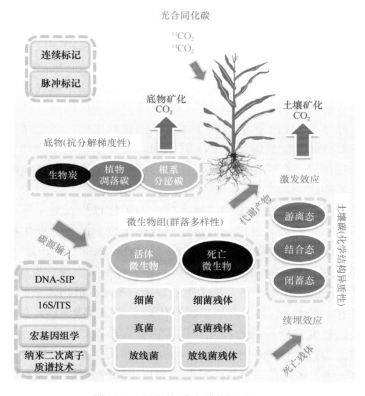

图 11-1　研究体系及科学问题

11.1　土壤有机碳的矿化与分源

在生物地球化学研究中，稳定同位素作为标识性"指针"，已被证明是区分混合物中各成分来源的强有力的工具。不同碳源进入土壤后在微生物与非生物过程作用下矿化，也可能通过共代谢等机制导致土壤有机碳的矿化（激发效应）。利用同位素标记法可以获得土壤体系中单一碳源和本底土壤有机质（二元体系）各自对全部土壤呼吸量的贡献比例。例如，培养实验中加入具有 ^{13}C 或 ^{14}C 人工标记的外源底物（如葡萄糖、纤维素、木质素、秸秆等）可以区分来自底物和有机碳矿化的土壤呼吸量。另外也可

以通过基于 C_3 土壤和 C_4 植物之间的 ^{13}C 同位素自然丰度差异来区分土壤有机碳与底物碳的各自矿化。例如，在长期种植 C_3 作物的土壤中交替种植 C_4 植物（芒草、玉米等），来计算源于 C_4 植物的凋零物、根系分泌物等对整个表层土壤呼吸通量的贡献。有研究利用同位素标记法明确了二元体系中不同有机碳矿化情况。但与外源有机物料提供碳源不一样的是，生物质炭施入土壤后还能长期改变土壤 C/N、pH、孔隙结构等理化性质，进而改变底物引发激发效应的方向、程度与持续时间（Kuzyakov, 2010）。通过向含生物质炭土壤添加底物（葡萄糖、秸秆），也观察到底物在含生物质炭土壤中具有更高的正激发效应，这可能与含生物质炭土壤具有更高的 pH 及更强的微生物活性有关（Luo et al., 2017a）。

考虑到自然环境的土壤体系具有高度的不均一性，既含有化学结构单一、存留时间只有几分钟的单糖或多糖，也有结构复杂、存在时间可达几百到几千年的惰性碳源，如森林自然火灾或早期人为焚烧秸秆还田后的火成生物质炭。以往针对两个碳源的培养体系开展的室内研究并不能反映出真实生态系统中土壤有机质的周转-固存情况。由二元体系下研究单一碳源对土壤有机质作用，向多元体系下研究各碳源间相互作用及对土壤有机质分解形成的交互影响，是当前土壤固碳领域的热点和趋势。存在的难点主要是如何区分复杂体系下多碳源对土壤呼吸的贡献比例，即能精确计算出各碳源在微生物作用下被分解代谢后转化的 CO_2 排放量。在复杂土壤植物体系中不同碳源的有机物质如何相互作用，微生物活性群落如何影响底物及土壤有机质的矿化形成，目前仍缺乏深入清晰的认识。

根系分泌物及凋落物在含生物质炭土壤中的矿化过程及对土壤有机质的激发效应是当下研究的热点与趋势。目前已有的研究包括了根系沉积碳在土壤组分中的分配固持，以及对土壤有机质矿化（激发）的影响（Jeewani et al., 2020）。但根系分泌物在三元体系下（如植物残体–根系分泌物–土壤有机碳）对根际土壤有机质的激发效应，因为缺乏有效研究手段仍然存在一些方法学上的短板。在含有植物体系的多碳源区分的工作目前还少有报道。因此，有必要开展多碳源体系下土壤呼吸源解析的研究工作。而采取合适的技术手段研究多碳源间的相互作用可以极大地推进人们对土壤碳循环过程的理解。以三个碳源为代表性的三元体系之间的相互作用仍然是土壤有机碳领域的研究前沿，依据目前三元及多元体系分组研究归纳为以下几种方法（表 11-1）。

表 11-1 三元及多元体系分区的方法

方法	用途	参考文献
①附加法	简单的二元体系中不包括某一单独组分，然后从更复杂的三元系统中（包括该单独组分）减去该二元系统的效应，以估计该单独组分的效应	Moore 和 Semmens, 2008
②模型法	使用建模计算多元体系中每个组分对应的比例范围及其相关概率	Wardle 等, 2008
③合并法	把特定的具有近似同位素丰度的其中两元组分作为整体，计算分析时仍然用二元模型，实际是"假三元"	Keith 等, 2015
④同位素耦合法	使用两种稳定同位素和一种放射性同位素（如碳同位素中的稳定性 ^{12}C、^{13}C 同位素和放射性 ^{14}C 同位素）	Luo 等, 2017b
⑤双同位素丰度法	不改变其他物理化学性质的条件下，对三元体系中其中一个组分采用不同同位素丰度的平行处理	Whitman 和 Lehmann, 2015

本研究比较了各方法的优势和限制条件。例如，附加法和合并法虽然简单易行，但实际上并不能精确区分出三元体系中各个来源的贡献比例，甚至人为忽略了成分间可能存在的交互效应。模型法尽管可以表征源同位素组成的潜在变化趋势，但对三元体系的区分仍无法做到准确推断，只能提供一系列的数学解集方案，本质上是一种利用程序对数据的筛选。对于某些特定的生态科学问题的研究，公式推导出来的数字结果是一系列的可能组合，并没有得到精确的最终结果，给出的一些可能方案也不一定合乎实际的自然过程和规律，因此在土壤学领域内可能并不适用。

本研究初步尝试了包含土壤有机质的三元体系的划分，如利用放射性同位素 ^{14}C 标记的葡萄糖模拟根系分泌物，耦合具有不同天然 ^{13}C 丰度的玉米生物质炭（C_4）与 C_3 本底土壤有机质，区分了培养土壤中三个碳源（生物质炭、土壤有机碳、底物/根系分泌物）对土壤 CO_2 释放的贡献（图 11-1）（Luo et al., 2017b）。该方法的主要原理基于 ^{14}C 同位素的高度灵敏性和唯一性，先区分出三元体系的总土壤呼吸通量中来源于 ^{14}C 葡萄糖的矿化量，再通过混合模型求得去除 ^{14}C 葡萄糖后土壤体系（含有机碳和生物质炭）中的 $\delta^{13}C_{SOM-derived}$，再运用一次混合模型以求解出生物质炭或本底土壤有机碳矿化产生 CO_2 的比例。

$$C_{G-derived} = {}^{14}C_{curr} \times CG / {}^{14}C_G \tag{11-1}$$

$$C_{SOM-derived} = C_{total} - C_{G-derived} \tag{11-2}$$

$$\delta^{13}C_{SOM-derived} = \frac{\left(\delta^{13}C_{total} \times C_{total} - \delta^{13}C_{G-derived} \times C_{G-derived}\right)}{C_{total} - C_{G-derived}} \tag{11-3}$$

$$C_{C_4-derived} = \frac{\left(\delta^{13}C_{SOM-derived} - \delta^{13}C_{C_3-ref}\right)}{\delta^{13}C_{C_4-material} - \delta^{13}C_{C_3-material}} \tag{11-4}$$

式（11-1）中，$^{14}C_{curr}$ 表示培养过程中土壤气体样品通过液体闪烁计数仪测得的放射性活度；^{14}C 的下标 G 表示来源于葡萄糖分解过程中产生的 CO_2，curr 表示目前碳库中的 CO_2；式（11-2）中 $C_{SOM-derived}$ 表示土壤体系中除去葡萄糖之外的有机碳矿化量；式（11-3）中，^{13}C 的下标分别表示总的土壤呼吸（total）、葡萄糖所含的天然 ^{13}C 丰度所表征的葡萄糖的分解（G-derived）产生的 CO_2；式（11-4）中，^{13}C 的下标则分别表示排除掉葡萄糖净矿化量后的土壤体系（SOM-derived）及本底有机质长期种植的 C_3 植物（C_3-material）、玉米生物质炭的分解（C_4-material）及本底对照有机质分解（C_3-ref）过程中产生的 CO_2 的同位素值。式中的 C 和 δ 则分别表示碳源或体系的含碳量和对应的同位素丰度。基于此，精确计算出在高低浓度葡萄糖添加到含生物质炭的两种类型土壤中，生物质炭-土壤有机碳-葡萄糖三大组分的各自通量（图 11-2），并进一步厘清了有机底物加入含有生物质炭的土壤中的激发效应和三个碳源间的交互作用关系。

不过该方法也存在一些研究条件的限制，主要是 ^{14}C 的标记和分析较为昂贵，放射性实验室的建设要求较高，国内满足要求的平台较少。Whitman 和 Lehmann（2015）提出双同位素丰度法，即仅使用稳定同位素 ^{12}C 和 ^{13}C，利用具有两种不同丰度 ^{13}C 值的底物（其他物理化学性质接近），在二元体系的基础上增加一组平行处理，沿用二源分离法对三元体系进行精确的划分[式（11-4）]。

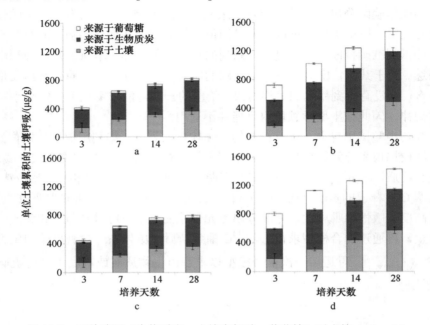

图 11-2　三种碳源（生物质炭、土壤有机碳、葡萄糖）对土壤 A（a、b）和土壤 B（c、d）释放 CO_2 的贡献（Luo et al., 2017b）

a、c 为低浓度葡萄糖添加量 100 mg C/kg，b、d 为高浓度葡萄糖添加量 1000 mg C/kg

$$\delta_{\text{Total}} = f_A \times \delta_A + f_B \times \delta_B + f_C \times \delta_C \tag{11-5}$$

$$f_A + f_B + f_C = 1 \tag{11-6}$$

$$\delta_{\text{Total-1}} = f_A \times \delta_A + f_B \times \delta_B + f_C \times \delta_{C_1} \tag{11-7}$$

$$\delta_{\text{Total-2}} = f_A \times \delta_A + f_B \times \delta_B + f_C \times \delta_{C_2} \tag{11-8}$$

式（11-5）中，δ 的下标 Total 和 A、B、C 分别表示来源于总土壤呼吸和 A、B、C 这三个碳源分解过程中产生的 CO_2；f 表示对应碳源对全部土壤呼吸的矿化比例。考虑到二元混合模型中的两个公式解三个未知数的情况下，无法得到唯一解集，因此增加一个仅碳源同位素丰度值存在差异的（δ_{C_1} 和 δ_{C_2}）平行处理，转换式（11-5）分为两个方程式（11-7）和式（11-8）。联立方程式（11-6）、式（11-7）、式（11-8），则理论上可以得到三元体系的唯一解集。研究者认为，用两种同位素识别三种来源不仅在土壤生态学研究中具有重要的价值，而且还可以在不同的生物地球化学等相关领域进行扩展，譬如可以研究含有铵态氮（NH_4^+）、硝态氮（NO_3^-）的有机化合物和本底土壤有机氮的三元体系的周转情况等。

为了验证同位素双丰度平行标记法是否可以精确地区分三元体系，本研究采用双丰度同位素标记了葡萄糖，运用混合模型区分了三元培养体系中各碳源（土-葡萄糖-秸秆）对土壤呼吸的贡献量。结果表明，三个碳源各自矿化量为 480 mg C/kg 土壤（葡萄糖）、558 mg C/kg 土壤（秸秆）、50.0 mg C/kg 土壤（土壤有机质）（图 11-3）。其中，底物秸秆来源的呼吸碳比葡萄糖来源呼吸碳高 16.25%，两者则显著高于本底土壤来源的呼吸碳。该部分研究初步探究了同位素双丰度平行标记法在多碳源体系中碳矿化区分的可行性，为多碳源体系中土壤有机质与底物矿化研究提供了新的思路与方法。

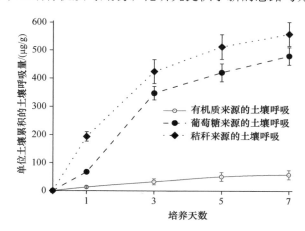

图 11-3 三元体系（土-葡萄糖-秸秆）累积土壤呼吸的碳源贡献

11.2 有机碳周转的微生物过程

11.2.1 微生物群落对有机碳矿化的影响

微生物是有机碳在土壤中转化的主导者，在分解有机化合物及土壤有机碳库转化过程中起着非常重要的作用。自然条件下的土壤中存在多种碳源，包括植物根系分泌物、凋落物、火烧炭、土壤有机质等，其分子结构与抗分解能力存在梯度。例如，根际沉积碳的微生物可利用性较高，而植物凋落物因含木质素而不易被微生物分解，火烧炭（生物质炭）则抗分解能力最强。本节系统研究了添加具有化学稳定性梯度不同类型底物（葡萄糖、根际沉积、秸秆、生物质炭）矿化过程及机制，发现碳矿化主要受到底物抗分解性、微生物群落、土壤理化性质等驱动。

土壤微生物在长期进化过程中具有了分解各类型有机组分的能力，但是在分解过程中由于"偏好利用"效应，土壤微生物会优先选择更易被分解的不稳定、小分子有机物质如葡萄糖等。本研究发现 r 策略型微生物（如细菌）导致了早期的可溶性生物质炭降解，并导致表观激发效应（图 11-4）。这主要是因为 r 策略型微生物个体少生长快，是富营养型微生物（Fontaine et al., 2003），在外界养分充足条件下可快速繁殖生长，导致可溶性碳组分矿化及微生物周转加快（表观激发效应）。不过这类微生物在分解抗分解底物时效率较低。相对的是，K 策略型微生物在逆境环境中表现较好，如革兰氏阳性菌与真菌对复杂碳组分的分解能力较为突出。K 策略型具有比 r 策略型微生物更高效的细胞代谢能力，并能够利用顽固的底物，如生物质炭和土壤中难分解的有机质，导致真实激发效应（Luo et al., 2017c; Sokol et al., 2019）。

在植物土壤体系中，地上部输入碳源以根分泌物和落叶的形式进入土壤中，30%~40%的土壤有机质来自根系分泌物和死亡的根（Sokol et al., 2019）。植物分泌由

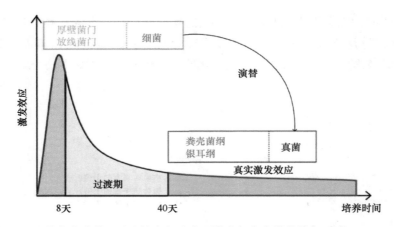

图 11-4　细菌真菌演替驱动土壤有机碳表观激发与真实激发效应（Yu et al., 2018）

大量的光合作用产生的碳（11%~40%），包括糖、氨基酸、有机酸、脂肪酸和次生代谢产物等，这些物质不仅为根际微生物提供了大量的碳氮源，而且影响根际微生物的多样性。根系分泌物中的碳将植物根系、土壤和微生物紧密相连，是根际微生态系统运转的基本动力。根系分泌物的组成不是均匀的或静态的，而是随着植物生长动态变化，并创造了根际动态的化学环境，对微生物群落种群数量和演替过程起着重要作用（Badri and Vivanco, 2010）。例如，植物种类与发育阶段，其根系性状与根际分泌物差异能够影响根际微生物群落的组装。同时，优势微生物也会影响根系分泌物的周转，如根际细菌优先消耗植物渗出的芳香族有机酸（烟碱、莽草酸、水杨酸、肉桂酸和吲哚-3-乙酸）（Zhalnina et al., 2018）。

除根系分泌物外，参与植物残体分解的微生物在不同阶段也存在演替特征。植物残体向土壤输入后，其易分解组分首先降解，难分解组分在土壤中相对积累，微生物群落因残体在不同阶段的组分不同而发生动态变化（Wickings et al., 2012）。本研究发现，在施加了有机肥的处理中（NPKM 和 M），第 7 天的 cbhI 基因（纤维素降解基因）丰度显著高于第 28 天。其中 NPKM 处理在第 7 天 cbhI 基因拷贝数是第 28 天的 11.8 倍，M 处理中第 7 天 cbhI 基因拷贝数是第 28 天的 10.1 倍（图 11-5a）。有机肥添加处理除显著增

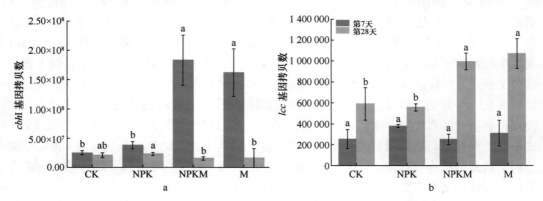

图 11-5　cbhI 基因（a）和 lcc 基因（b）拷贝数随培养时间的演替（第 7 天、第 28 天）
不同小写字母表示处理间差异显著（$P<0.05$），本章下同

加了前期的 *cbh*I 基因丰度外，还观察到后期 *lcc* 基因丰度（木质素降解基因）的数量显著高于前期（图11-5b）。以上结果表明真菌功能基因丰度的演替（纤维素到木质素降解基因）受到秸秆成分变化（纤维素先于木质素部分降解）的驱动。

在对水稻腐解过程中的细菌群落结构的动态变化研究表明，快速生长细菌（如 *Clostridium*）是前期腐解的主要微生物群落，而随后进入的缓慢腐解期则由真菌起主导作用，主要分解如木质素、单宁等复杂的有机物（Wardle et al., 2002）。也有人发现丛枝菌根真菌抑制土壤中其他微生物活性，导致植物残体的分解速率降低（Leifheit et al., 2015）。微生物对不同碳源的利用程度取决于微生物的种类，微生物对底物分解的差异是微生物功能多样性的具体体现，监测微生物碳源利用程度可用于反映微生物的功能多样性。考虑到微生物种群在土壤碳循环及碳库积累中起到关键作用，探究和了解与碳转化相关的微生物特性，如利用根际沉积碳的微生物群落结构及其动态变化，对于系统地揭示生态系统碳循环过程有深远意义。

养分与底物碳源输入的差异会改变微生物生物量、土壤酶活性、土壤微生物群落结构和功能。例如，有机肥的施用使得微生物群落从贫营养型向富营养型转变。在贫营养条件下，K策略型菌群（贫营养型）能够抵抗营养不足的影响，在整个贫营养体系中维持数量的基本稳定并处于群落的优势地位。这些菌群在养分碳源充足时不是优势菌种，但是在养分碳源逐渐消耗导致的贫营养条件下，逐步表现出比较强的竞争优势而成为优势菌种。与此对应的是，r策略型菌群（富营养型）则表现出对贫营养条件的不适应，在争夺碳源时很难处于优势地位而最终被淘汰。本研究发现，26年有机肥和无机肥处理改变了土壤微生物群落结构，有机肥处理土壤中主要是r策略型菌群，而在不使用肥料的对照土壤中则以K策略型菌群为主。

后期开展短期室内培养实验，将 ^{13}C 标记的葡萄糖分别加入长期不同施肥处理下的红壤中，在第1、第3、第7、第14、第28天取气测定 CO_2 和 $\delta^{13}C$ 值，DNA-SIP和高通量测序研究土壤细菌对外加葡萄糖的利用情况。结果发现短期培养添加葡萄糖后，微生物群落从贫营养（酸杆菌门）向富营养微生物转变，NPKM中富营养微生物（如芽孢杆菌）利用葡萄糖并增加自身微生物生物量，远远高于对照土壤中贫营养微生物生物量的增长（未发表）。生长缓慢的寡营养型微生物，如一些α-变形杆菌和酸杆菌，随着底物（葡萄糖、蔗糖等易分解底物）的添加而下降。也有研究认为尽管β-变形菌门（伯克氏菌目和红环菌目）、γ-变形菌（肠杆菌目和假单胞菌目）和放线菌是主要利用不稳定基质的微生物类型，但并不表明其他微生物不能利用不稳定的底物，只是表明其他微生物在富营养条件下对不稳定碳缺乏竞争力。有研究也发现大量快速生长的富营养型微生物对不稳定易分解化合物反应迅速（Ho et al., 2017）。在底物充分供给的条件下，利用葡萄糖的富营养型微生物类型长期受到肥料类型的调控，这可能是不同肥料施用形成了不同微生物类型适宜的生态位。而这种生态位选择的微生物群落差异在贫营养条件下并不明显，大多微生物处在休眠状态，易利用碳源与能量添加后激活了部分休眠微生物并扩大了具有不同生态位及生活史的细菌群落差异，也进一步导致葡萄糖在土壤中的矿化与土壤有机质激发在各肥料处理间的差异，这对理解不同肥料处理如何通过微生物群落影响土壤地力具有重要意义。

11.2.2 微生物残体对土壤有机碳积累的贡献

有机质的来源主要包括非微生物来源和微生物来源两部分。非微生物来源是进入土壤的动植物残体中未经过微生物利用的部分（植物残体为主），土壤腐殖质中含有大量与植物源木质素酚结构相似的芳香环；而微生物来源是土壤中被微生物利用和转化后的部分。植物不断以凋落物、根茬、分泌物等形式进入土壤，在腐殖化过程作用及矿物胶体吸附团聚体保护下形成土壤有机质。土壤微生物生物量仅占有机质总量的 1%～5%，所有以往较多的研究将动植物残体看成土壤有机质的主要贡献者，早期理论认为微生物源有机质并不是主要组分（Kononova，1967）。不过也有研究通过 ^{1}H NMR 分析了黑钙土及相应植被的化学结构，发现土壤有机质中微生物来源的化学基团（protein/peptide）的贡献达到了 50%以上（Simpson et al.，2007）。

近期越来越多的研究发现，微生物死亡残体在土壤中具有更长的周转时间，对土壤有机质长期的固持和积累意义重大（Liang et al.，2017）。若仅以活体微生物生物量来评估显然低估了微生物对有机质的贡献，无法全面地反映有机质固持过程中微生物的作用。因此，土壤有机质中微生物活体和死亡残体对土壤固碳的贡献需要重新评估。有研究利用吸收马尔可夫链（absorbing Markov Chain）模拟了理想状态下，有机碳在三相碳库（微生物活体碳库、微生物死亡残体碳库及脱离微生物的碳库）之间的动态变化，通过模型推算出随机状态下三相碳库中有机碳量的相对变化趋势（Liang et al.，2010）。结果表明，当模型达到稳定状态之后，微生物死亡残体有机碳量是活体有机碳量的 40 倍。如果微生物活体生物量对土壤有机碳贡献量的平均值为 2%，那么微生物死亡残体的贡献量可以达到 80%，即总体微生物来源有机碳的贡献量为 82%。这是首次估算出来的微生物来源贡献的相对比例，明确了微生物周转对有机质形成的重要性，暗示了植物来源碳很大程度上都被微生物转化了。近期其他研究也表明，长期微生物同化过程导致微生物残留物的迭代持续积累，促进了一系列微生物残留物在内的有机物质的形成，最终导致此类化合物稳定于土壤中（续埋效应）。因此，了解并掌握生态系统中，尤其是土壤植物体系中直接来源于根系分泌物或间接通过微生物周转的碳（代谢产物、残体等）的动态过程，有助于加深微生物在土壤有机质形成过程中作用的理解。

11.3 土壤有机碳的固持机制

当前研究强调底物化学结构本身作用及微生物活性群落等因素可能不是决定土壤固碳的最重要因子，而限制或降低土壤有机碳被微生物分解利用才是碳分解的主要控制机制，土壤中矿物类型与物理结构才是固碳的最重要因子。发表在《自然》上的综述文章也表明具有不同抗分解能力的底物对土壤有机质的形成都有着相似的贡献（Schmidt et al.，2011），由底物分子连续体与矿物团粒组合的有机质形成观点，挑战了传统的土壤腐殖质学说。

可以说，空间错位以降低微生物及酶与土壤有机碳的接触（也称为空间不可接近性）

是减少有机碳矿化的主要原因。土壤有机碳库的保护与稳定的物理化学机制主要包括：①团聚体闭蓄作用、层状硅酸盐嵌入、疏水性、有机大分子结构包裹、粉砂及黏粒颗粒结合的物理化学复合保护；②与铁锰等金属结合（形成惰性有机质）的化学保护机制。可以说，土壤固碳的本质是植物碳源经微生物过程的代谢产物和残体在团聚体内与矿物结合作用的结果。团聚体作为土壤结构的最基本单位，也是土壤有机碳保护的物理基础。不同粒级团聚体保护有机碳的机制效果不同，土壤碳固定含量与土壤大团聚体（250~2000 μm）通常呈显著线性相关。研究者普遍认为新输入有机质促进大团聚体形成；与此同时，腐殖化程度更高的"老"有机质（碳）则封存于大团聚体中的黏粉粒中，土壤中有机碳含量随粉粒和黏粒（<53μm）含量的增加而增加，主要是由于粉粒及黏粒对土壤有机碳的闭蓄作用（形成有机-无机复合体）。黏粉粒结合有机碳往往伴随微生物、植物碎屑共同形成微团聚体的核，其结构不易遭到破坏且周转周期更长（Six et al., 2002; Tisdall and Oades, 1982）。值得注意的是，团聚体对颗粒有机碳的包被作用及有机-无机复合有时同时存在且相辅相成。例如，新固定的外来碳源会以微团聚体间/内的颗粒态碳的形式（intra-agggregate particular organic matter, iPOM），固存吸附在大团聚体内（Six et al., 2002）。金属氧化物和黏土矿物是与有机碳结合的主要载体，有机质可以与铁、铝、锰氧化物及层状硅酸盐等金属氧化物以络合、静电吸附及范德瓦耳斯力等多种形式直接相互作用，从而减少有机碳的微生物接触，导致其矿化减少。以铁氧化物为例，利用 ^{13}C 同位素标记玉米研究根系分泌物在含铁氧化物处理中的固碳效应（图 11-6），结果发现：①相比于其他处理，针铁矿促进了根际沉积碳（^{13}C）在各个粒级团聚体中的固碳量，根际沉积碳（^{13}C）在土壤大团聚体（>2 mm）中的固定量最高；②针铁矿对根际沉积碳的固持机制主要以铁有机复合（Fe-OM）的形式存在，其次是短程有序（short-ranged ordered，SRO）化合物（Jeewani et al., 2020）。近年也有研究发现，短程有序矿

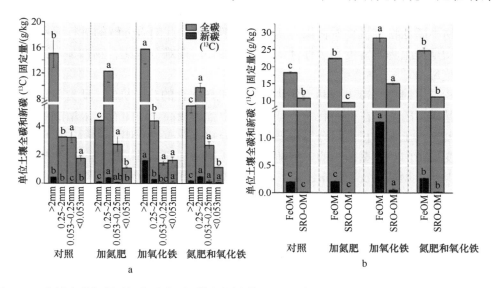

图 11-6 土壤全碳与根际沉积碳在不同粒级团聚体（a）及含铁氧化物和短程有序有机物（b）中的分配含量（Peduruhewa et al., 2020）

物晶体（SRO）可以通过晶体表面的羟基（–OH）与有机质的某些特定官能团反应而实现对有机碳的化学保护（Kramer et al., 2012）。本研究结果表明新添加的水合氧化铁通过化学络合形成铁有机物复合物保护了新碳，并进一步促进了团聚体的形成从而在更长的时间尺度上提高了土壤固碳潜力（图 11-6）。

11.4　土壤有机碳与微生物交互作用

土壤中的有机质是微生物重要的物质能量基础，决定着土壤微生物的群落与功能。同时，微生物是土壤有机碳循环的重要驱动力，微生物的生长代谢对有机碳的矿化积累起到了关键的作用。有机碳与微生物在土壤中相互依存，其相互作用决定了两者在时空尺度上的含量组成。微生物类群受有机碳数量与质量（化学组成）差异的驱动，可分为两类：富营养（有机质丰富土壤的特征）和寡营养（有机质匮乏土壤的特征）（Fierer et al., 2007）。研究表明，不同有机碳组分底物的抗性变化会影响细菌类群的丰度，进一步加强了有机质属性与微生物分类单元的功能分类之间的联系。Shao 等（2019）的研究证明了不同演替阶段的森林土壤的资源异质性（归因于有机质数量和质量的差异）驱动了土壤微生物群落组装。

利用光谱技术（紫外-可见光光谱、荧光光谱、傅里叶变换红外光谱）、固态 ^{13}C-核磁共振波谱（NMR）和傅里叶变换离子回旋共振质谱（FT-ICR MS）测定土壤有机质化学结构，结合同位素标记与高通量技术，既可以明确微生物在碳转化循环中的功能，也可在分子层面阐述微生物群落结构与有机碳（尤其是游离有机碳）赋存形态的相互作用关系。凋落物分解过程的分子特征与细菌及真菌群落的演替之间存在关系（Roller and Schmidt, 2015）。有机碳分解过程主要由真菌和细菌驱动，其化学组成不断变化，随着不稳定的有机化合物的快速消耗，导致更顽固难分解的化合物如木质素含量的相对增加。微生物不断地将有机物质转化为新的难降解物质，并随着分解的进行而不断累积下来。分解初期微生物丰富度和多样性均逐渐增加，后期难分解化合物增加，微生物多样性和丰富度减少。

本节探究了时空尺度上森林火灾中土壤有机碳固存的分子机制。研究发现，难分解碳（如芳基碳、酚基）在火灾后 3 个月的土壤中含量较高，而随着年限增加与森林生态系统的恢复，其土壤有机质组分发生变化，难分解碳在有机碳组分中所占比例降低。与此同时，变形菌门和厚壁菌门的丰度随火灾后年限增加而增加，放线菌门和酸杆菌门减少。通过共现性网络（co-occurrence）分析发现土壤有机质化学结构组成与微生物群落结构组成相关（图 11-7）。相比于 3 个月火烧历史的土壤，15 年火烧历史土壤的网络复杂性（聚类系数、节点、边数），以及有机碳化学成分与细菌群落组成之间正相关性均较高。放线菌门、厚壁菌门、变形菌门和酸杆菌门微生物与可溶性有机碳（DOC）、微生物量碳（MBC）、甲氧基碳和酚基碳密切相关，其中，芳基碳对放线菌的影响最大，烷基碳对变形杆菌的影响最大。

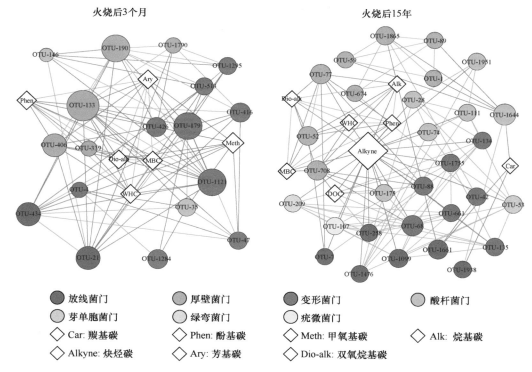

图 11-7　土壤有机质分子与微生物群落结构间共现性网络关系（Ling et al., 2021）

通过结构方程模型，笔者也观察到火烧后 3 个月的土壤中：变形菌门、厚壁菌门与芳基碳，放线菌门与酚基碳呈负相关，与土壤有机碳来源 CO_2 呈显著正相关（图 11-8）。火灾后恢复期间（15 年），绿弯菌门与芳基碳、厚壁菌门与双氧烷基碳呈负相关，与激发 CO_2 的相关性较小（图 11-8）。通过土壤有机质化学组成的变化影响微生物群落组成，并导致了蔗糖矿化的增加及土壤激发效应的减少。例如，与底物矿化呈正相关的阿菲波菌属（变形菌门）和 *Actinoallomurus*（放线菌门），以及与激发效应呈负相关的假诺卡氏菌属、*Gaiella*、*Hamadaea*、*Oryzihumus*（放线菌门）和酸杆菌目（酸杆菌门），在火灾后期都显著增加。以上研究表明土壤有机碳化学成分与微生物群落组成的时空耦合变化及两者的相互作用关系，初步揭示了其对调节土壤有机碳矿化动态过程的分子机制，为理解森林火灾中长期尺度土壤碳固存与生态恢复提供了理论依据。

傅里叶变换离子回旋共振质谱（FT-ICR MS）是一种具有超高质量分辨能力的新型质谱仪，在 DOM 分子组分相对质量范围内（200～1000 Da）分辨率高达几十万甚至上百万，可精确 C、H、O、N、S 及其主要同位素所组成的各种元素组合，使得从分子水平上研究 DOM 成为可能。FT-ICR MS 因其超高分辨能力和质量精确度，在海洋、地下水、湖泊及其流域、冰川水、生活污水中均有应用，而土壤领域的研究则处于起步阶段。

通过 FT-ICR MS 确定质谱峰的独特元素组成，然后利用 van Kreven 图来绘制 H/C 和 O/C，可以对具有共同结构特征的分子进行分类。有研究表明，在真菌降解木质素过程中生成了大量富含氧元素结构的分子（Khatami et al., 2019）。这些分子是木质素在土

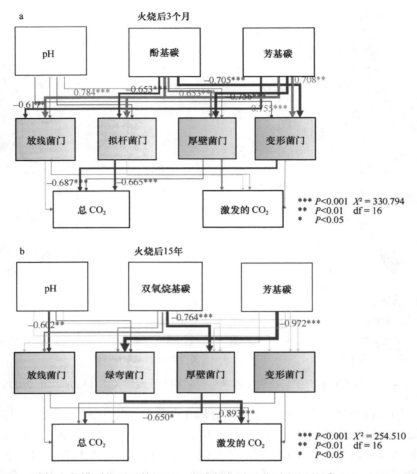

图 11-8　结构方程模型指示环境因子、微生物与碳矿化过程间关系（Ling et al., 2021）

壤中经过微生物转化为脂肪族和凝聚芳香结构的中间体。该反应在通过碱性氧化铜氧化法检测木质素时不易被发现，但 ESI-FT ICR-MS 分析提供了强有力分辨率，可检测到木质素降解过程中细微的分子变化。本部分研究也表明，不同土壤类型及土层上其化学组成分子差异显著。例如，土壤化合物含量及多样性均随着土壤深度的增加而减少。相比于红壤，黑土 DOM 中化学分子多样性较高，高度芳香族化合物和多环芳烃类化合物分子较多，而不饱和脂肪族化合物和不饱和含氮脂肪族化合物含量较少，难分解化合物较多且不易被富营养型微生物分解利用（图 11-9）。

一直以来，关于 DOM 和微生物群落组成之间联系的研究只集中在土壤碳含量的影响上，且由于两者组成的复杂性，对它们之间关系的认识在广泛的分子水平上受到极大的限制。随着技术的发展，DOM 分子水平上的分析研究耦合微生物群落结果具有重要意义，它们以前所未有的细节揭示了 DOM 化学多样性与微生物多样性之间的关系。Li 等（2018）利用 FT ICR-MS 技术对土壤 DOM 的化学多样性进行了表征，并分析了其与土壤细菌群落的关系，研究了长期施肥条件下农田 DOM 分子组成与细菌群落组成之间的相关关系。其研究也发现，变形杆菌与脂肪族化合物之间的相关性较强，而酸杆

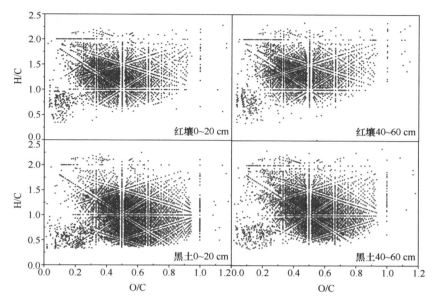

图 11-9　傅里叶回旋离子共振质谱指示 DOM 分子结构

菌与硝化螺旋菌属几乎只与高度不饱和的碳氢化合物、酚类化合物和木质素相关。此外，硝化螺旋菌属和硫还原菌科与低碳化合物呈较强的负相关关系，而硫还原菌科与 CHOS 类化合物呈较强的负相关关系（特别是 $C_9H_{18}O_6S_1$）。这可能是由于硫还原菌科是污泥中常见的硫酸盐还原菌，能够消耗 CHOS 类化合物，而其他类群对其利用不普遍（Li et al., 2018）。

11.5　参与碳周转过程的关键微生物

如何将某种特定微生物和它们的功能相联系，是鉴定碳转化相关微生物特性的核心问题。以前科学家们解决上述问题都是在确定特定微生物的生化、生理和遗传水平之后，在实验室内进行单独培养。培养所得出的微生物代谢特性和细胞间的互相作用可用于推断微生物和与其相关的微生物在自然环境中的潜在功能。然而，这些微生物只占广泛分布于环境中的微生物数量的一小部分，因此，传统的室内培养方法失去了大量有关微生物功能的信息。随着分子生物学及生物信息学技术的发展，第三代高通量测序技术、稳定性同位素探针技术（stable isotope probing, SIP）及微生物新型培养等方法的结合为研究土壤微生物群落组成及功能耦合提供了有力的方法途径。

21 世纪以来，宏基因组测序技术的产生促使微生物组学相关研究暴发性地涌现。该技术仅通过较为单一的测序程序就能鉴定出多种微生物群落。不久之后，宏转录组学、宏蛋白质组学、宏代谢组学等其他组学研究陆续产生，多种组学结合的方法使得高通量分析技术成为研究环境中复杂微生物群落的强有力工具。宏基因组学通过获取环境群落微生物的基因组序列从而实现对微生物遗传多样性和生物技术潜力的探索。微生物的功能性状通常能从特定基因在基因组中的分布预测得到。例如，采用宏基因组学和代谢组学结合的方法可以探究燕麦生长过程中根系分泌物的化学演替与从微生物基因组序列预测到的代谢底物偏好性的相互作用（Zhalnina et al., 2018）。尽管通过整合多组学数据能够得到非常完整的结果，但是科学家们往往只能对表达基因及代谢产物等进行分析，不可避免地会忽略相关的生态结论。例如，多组学技术不能了解相关微生物间的相互作用，在自然环境下微生物群落是一个相互作用的整体，并且群落结构直接与微生物过程相关。因此，采用多组学结合稳定性同位素探针技术或微生物纯培养技术，才能更好地推动对土壤微生物群落的了解。

近期发展起来的稳定性同位素探针技术（SIP）是耦合特定微生物和它们功能的一种新颖方法（Radajewski et al., 2000），将 SIP 技术与分子生物学手段及高通量测序手段结合起来，能够在非室内环境下进行微生物原位研究，突破了原来技术上很多土壤微生物不可培养的瓶颈。其基本原理是利用放射性同位素（^{13}C 等）标记的底物对微生物进行培养，当有足够的标记物通过微生物自身的生长代谢过程进入微生物自身的核酸（DNA 或 RNA）中，用氯化铯（CsCl）或三氟乙酸铯（CsTFA）为介质对核酸进行超高速密度梯度离心将 ^{13}C 标记与未被 ^{13}C 标记的核酸区分开，重层核酸分子即为参与利用标记 ^{13}C 底物的微生物类群（Radajewski et al., 2000）。目前大量研究将同位素标记技术用于追踪碳在植物-土壤-微生物体系中的分配周转，揭示了与碳循环相关的关键微生物群及其在碳周转过程中的功能。用 DNA-SIP 技术研究了葡萄糖和秸秆在不同施肥土壤中的矿化及微生物对其的同化，发现细菌科 Bacillaceae、Burkholderiaceae、Micrococcaceae 和 Streptomycetaceae 是 4 种土壤中同化葡萄糖的核心细菌群体；在加入秸秆培养第 7 天和第 28 天后，所有处理中的 ^{13}C-DNA 中 Saccharomycete 这类真菌占了很大一部分，揭示其与秸秆的矿化密切相关。同时有大量研究使用 DNA-SIP 研究了土壤中纤维素和植物来源的糖是如何周转的（Verastegui et al., 2014）。Actinomycetales 和 Caulobacterales 细菌都与纤维素代谢有关，Alphaproteobacteria 细菌与阿拉伯糖的代谢有关；根瘤菌的成员与木糖的代谢密切相关。Lu 和 Conrad（2005）研究证明 RNA-SIP 可以适用于识别植物-土壤体系中利用根际碳的活跃微生物，并发现在水稻根际环境中 α-和 β-变形菌门的细菌能吸收利用光合碳。此外，将 SIP 与宏基因组学相结合，可以得到数量较少的微生物组的基因组信息，从而深入了解复杂的环境生物过程。基于 DNA-SIP 的功能性宏基因组学已经分析鉴定出属于细胞弧菌和芽孢杆菌的糖苷水解酶，进一步表明这些生物在土壤纤维素分解中发挥了作用（Verastegui et al., 2014）。

考虑到微生物培养在现代生物学中至关重要，微生物分离培养仍然是科学家们的一个优先选择。1665 年科学家罗伯特·胡克第一次观察到微生物细胞，2 个世纪过去后科学家们已经可以分离菌株并且实现菌株在人工培养基中进行培养。通过纯培养可以获取微生物的生理特征及其表型，从而对微生物物种进行鉴定和更为深入的研究。分离微生物或者微生物群体不仅需要了解微生物的生理生化特征，而且还需要分析其基因组，这样才能作为新的参考数据使我们更好地理解微生物组织和群体。培养分析方法和非培养分析方法是相辅相成、互补互需的关系。基因组分析和实验室实验表明，Verrucomicrobia 内的各种分离株具有重氮化、甲烷化和纤维素降解能力（Wertz et al., 2011）。然而，传统的分离培养方法仍存在不少缺点：分离效率低、设备昂贵、操作复杂或忽视群体交互作用等，因此难以分离特定功能微生物（群）。目前未培养微生物分离培养技术发展迅速，共培养、原位培养、高通量分离培养等新方法充分推进了人们对分离未培养微生物和研究其生态学功能的认知（邢磊等，2017）。

近年来，从单细胞水平上分析微生物的生理代谢活性的单细胞技术迅速发展，单细胞捕获分离、荧光激活细胞分离技术及微液滴培养法等新型细胞培养方法纷纷涌现。Jiang 等（2016）从多环芳烃富集的土壤微生物群落中分离培养单细胞，借助微液滴平板划线技术得到 1 种之前未知的降解荧蒽的芽球菌属。不仅如此，单细胞成像技术可以将监测结果可视化，能够更好地反映环境微生物的类群、丰度及其功能活性。纳米二次离子质谱技术（NanoSIMS）将超高分辨率显微镜成像技术与同位素示踪技术相结合，通过分析同位素或者放射性同位素在微生物群落中的分布和转化，能够区分环境样品中具有生态功能的微生物类群是否活跃。该方法成功地将不可培养微生物类群和生态功能联系在了一起。Kaiser 等（2014）利用纳米二次离子质谱技术和 ^{13}C-PLFA 跟踪了 $^{13}CO_2$ 小麦光合碳通过丛枝菌根进入根和菌丝相关土壤微生物群落的原位流动，发现 AM 真菌可能是将植物分泌的碳转移到土壤微生物碳库的快速枢纽。

优化关键微生物群落将是有效管理农业生态系统的关键（Toju et al., 2018）。在此，笔者提出了与土壤碳周转过程相关的已鉴定微生物作为相关碳过程的"关键微生物群落"，可以通过微生物调控土壤有机碳来最大化微生物在提高土壤肥力方面的功能。基于 16S rRNA / DNA 分析，对微生物群落进行了 LefSe、网络分析及相关性分析（O2PLS），从而识别利用植物根系分泌物的关键物种，如 *Cupriavidus* 与土壤中 ^{13}C 分配呈负相关，表明其与根际分泌物矿化的潜在联系（图 11-10）。

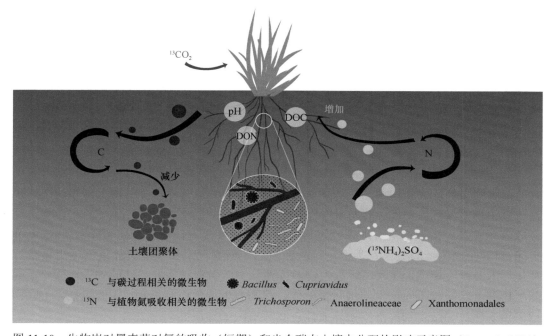

图 11-10　生物炭对黑麦草对氮的吸收（短期）和光合碳在土壤中分配的影响示意图（Fu et al., 2021）

但要确定这些关键微生物群及其功能还需要更复杂的技术和方法。例如，采用 DNA-SIP 揭示主要利用根系分泌物（root exudates）或植物凋落物（straw）的微生物，并通过高通量测序将不同处理下丰度显著差异的微生物作为利用不同碳源的微生物群落关键物种，即分别对根系分泌物和凋落物具有潜在利用和降解功能的微生物。此外，通过耦合 DNA-SIP 和基因组分箱（binning）可获得与碳降解相关的功能微生物的全基因组序列，从而了解关键微生物群的功能和预测未知物种的培养方法。总而言之，多种技术的整合将会成为在未来农业生态系统中管理与土壤-植物相关的功能性关键微生物组的新途径。

11.6 研究展望

土壤有机碳是地球表层系统中最大且最具有活动性的生态系统碳库之一，其对陆地生态系统和大气 CO_2 的源汇效应越来越受到重视。土壤中的有机碳包括腐殖质、微生物及其各级代谢产物的总和，其含量是矿化分解和合成的平衡结果，是有机物质（植物和动植物残体）在土壤微生物（包括部分动物）参与下分解转化形成的碳循环过程，而微生物则受到环境因素人为条件改变而改变。因此，土壤有机碳的矿化与形成是土壤固碳容量的实质，微生物代谢过程（分解代谢及合成代谢）则是土壤固碳的主要机制（刘满强，2007；窦森，2008；Liang et al., 2017）。植物-土壤-微生物连续体中研究有机碳矿化积累的微生物过程与非生物控制机制，是认识土壤碳库在陆地生态系统中作用的核心问题，也是相互依存与对立的矛盾体，主要包括以下几个方面。

1）土壤有机碳的矿化与积累：自然条件下存在多种碳源，由二元体系下研究单一碳源对土壤有机质作用，向多元体系下各碳源间相互作用及对土壤有机质分解形成的交互影响转变，是当前土壤固碳领域的热点和趋势，存在的难点主要包括：①区分复杂体系下多碳源对土壤呼吸贡献比例（微生物分解代谢），利用双同位素（^{14}C、^{13}C）耦合及超高丰度平行实验，区分土壤-植物体系下梯度活性底物（根系分泌物、植物残体、火烧炭）各自对土壤呼吸的贡献，以及底物与土壤有机碳相互作用情况；②梯度碳源底物对有机质形成贡献差异（微生物分解及合成代谢），了解并掌握土壤生态系统中来源于底物与微生物的碳的动态过程，以及微生物来源碳在不同土壤黏粒中的分配过程，有助于加深对土壤有机质形成过程的理解。

2）微生物过程与非生物控制机制：针对非生物可利用有机碳的转化和生物可利用碳的微生物直接矿化作用两个过程的研究仍然十分缺乏。首先，非生物过程如何决定底物与微生物的接触性？底物自身分子结构特性如何影响微生物过程？其次，在技术上是否应该发展多元模型以更好地拟合过程？能否结合可视化技术更好地解释微生物-土壤空间结构-底物三者的关系？基于此，应在新的土壤物理生物学框架体系下运用显微可视化技术及概念模型，深入理解微生物多样性与土壤微观结构异质性的关系，探究不同微生物群落结构对不同化学结构底物矿化过程的非生物学控制机制，主要包括：①底物结构异质性；②微生物群落结构异质性；③环境因子异质性。

综上，针对土壤-植物体系中不同化学结构的底物（根系分泌物-植物残体-生物质炭）

矿化过程及对土壤有机碳矿化积累及微生物驱动-非生物控制机制（底物分子结构梯度性、微生物群落结构多样性、土壤空间结构异质性）开展研究，可拓展对土壤固碳过程机制的理解。

参 考 文 献

窦森. 2008. 土壤腐殖质形成转化及其微生物学机理研究发展. 吉林农业大学学报, (4): 538-547.

刘满强, 陈小云, 郭菊花, 等. 2007. 土壤生物对土壤有机碳稳定性的影响. 地球科学进展, (2): 152-158.

邢磊, 赵圣国, 郑楠, 等. 2017. 未培养微生物分离培养技术研究进展. 微生物学通报, 44: 3053-3066.

Badri D V, Vivanco J M. 2010. Regulation and function of root exudates. Plant Cell & Environment, 32: 666-681.

Fierer N, Bradford M A, Jackson R B. 2007. Toward an ecological classification of soil bacteria. Ecology, 88: 1354-1364.

Fontaine S, Mariotti A, Abbadie L. 2003. The priming effect of organic matter: a question of microbial competition? Soil Biology and Biochemistry, 35: 837-843.

Fu Y, Kumar A, Chen L, et al. 2021. Rhizosphere microbiome modulated effects of biochar on ryegrass ^{15}N uptake and rhizodeposited ^{13}C allocation in soil. Plant and Soil, 463(1-2): 359-377.

Ho A, Di Lonardo P, Bodelier P. 2017. Revisiting life strategy concepts in environmental microbial ecology. FEMS Microbiology Ecology, 93(3): 1-14.

Jeewani P H, Gunina A, Tao L, et al. 2020. Rusty sink of rhizodeposits and associated keystone microbiomes. Soil Biology and Biochemistry, 147: 107840.

Jiang C Y, Dong L, Zhao J K, et al. 2016. High-throughput single-cell cultivation on microfluidic streak plates. Applied and Environmental Microbiology, 82: 2210-2218.

Kaiser C, Kilburn M, Clode P, et al. 2014. Exploring the transfer of recent plant photosynthates to soil microbes: Mycorrhizal pathway vs direct root exudation. New Phytologist, 205: 1537-1551.

Keith A, Singh B, Dijkstra F A. 2015. Biochar reduces the rhizosphere priming effect on soil organic carbon. Soil Biology and Biochemistry, 88: 372-379.

Khatami S, Deng Y, Tien M, et al. 2019. Formation of water-soluble organic matter through fungal degradation of lignin. Organic Geochemistry, 135: 64-70.

Kononova M A. 1967. Soil organic matter, its nature, its role in soil formation and in soil fertility. Annales Agronomiques, 18: 92.

Kramer M G, Sanderman J, Chadwick O A, et al. 2012. Long-term carbon storage through retention of dissolved aromatic acids by reactive particles in soil. Global Change Biology, 18: 2594-2605.

Kuzyakov Y. 2010. Priming effects: Interactions between living and dead organic matter. Soil Biology and Biochemistry, 42: 1363-1371.

Leifheit E, Verbruggen E, Rillig M. 2015. Arbuscular mycorrhizal fungi reduce decomposition of woody plant litter while increasing soil aggregation. Soil Biology and Biochemistry, 81: 323-328.

Li X, Chen Q, He C, et al. 2018. Organic carbon amendments affect the chemodiversity of soil dissolved organic matter and its associations with soil microbial communities. Environmental Science Technology, 53: 50-59.

Liang C, Cheng G, Wixon D L, et al. 2010. An absorbing Markov chain approach to understanding the microbial role in soil carbon stabilization. Biogeochemistry, 106: 303-309.

Liang C, Schimel J P, Jastrow J D. 2017. The importance of anabolism in microbial control over soil carbon storage. Nature Microbiol, 2: 17105.

Ling L, Fu Y, Jeewani P H, et al. 2021. Organic matter chemistry and bacterial community structure regulate decomposition processes in post-fire forest soils. Soil Biology and Biochemistry, 160: 108311.

Lu Y, Conrad R. 2005. *In situ* stable isotope probing of methanogenic archaea in the rice rhizosphere. Science (New York, NY), 309: 1088-1090.

Luo Y, Dungait J, Zhao X, et al. 2017c. Pyrolysis temperature during biochar production alters its subsequent utilization by microorganisms in an acid arable soil. Land Degradation & Development, 29: 2183–2188.

Luo Y, Lin Q, Durenkamp M, et al. 2017a. Soil priming effects following substrates addition to biochar-treated soils after 431 days of pre-incubation. Biology and Fertility of Soils, 53: 315-326.

Luo Y, Zang H, Yu Z, et al. 2017b. Priming effects in biochar enriched soils using a three-source-partitioning approach: ^{14}C labelling and ^{13}C natural abundance. Soil Biology and Biochemistry, 106: 28-35.

Moore J W, Semmens B X. 2008. Incorporating uncertainty and prior information into stable isotope mixing models. Ecology Letters, 11: 470-480.

Peduruhewa H J, Gunina A, Tao L, et al. 2020. Rusty sink of rhizodeposits and associated keystone microbiomes. Soil Biology and Biochemistry, 147: 107840.

Radajewski S, Ineson P, Parekh N R, et al. 2000. Stable-isotope probing as a tool in microbial ecology. Nature, 403: 646-649.

Roller B R, Schmidt T M. 2015. The physiology and ecological implications of efficient growth. The ISME Journal, 9: 1481-1487.

Schmidt M W, Torn M S, Abiven S, et al. 2011. Persistence of soil organic matter as an ecosystem property. Nature, 478: 49-56.

Shao P, Liang C, Rubert-Nason K, et al. 2019. Secondary successional forests undergo tightly-coupled changes in soil microbial community structure and soil organic matter. Soil Biology and Biochemistry, 128: 56-65.

Simpson A J, Simpson M J, Smith E, et al. 2007. Microbially derived inputs to soil organic matter: are current estimates too low? Environmental Science Technology, 41: 8070-8076.

Six J, Callewaert P, Lenders S, et al. 2002. Measuring and understanding carbon storage in afforested soils by physical fractionation. Soil Science Society of America Journal, 66: 1981-1987.

Sokol N W, Kuebbing S E, Karlsen-Ayala E, et al. 2019. Evidence for the primacy of living root inputs, not root or shoot litter, in forming soil organic carbon. New Phytologist, 221: 233-246.

Tisdall J M, Oades J M. 1982. Organic matter and water-stable aggregates in soils. Journal of Soil Science, 33: 141-163.

Toju H, Peay K, Yamamichi M, et al. 2018. Core microbiomes for sustainable agroecosystems. Nature Plants, 4: 247-257.

Verastegui Y, Cheng J, Engel K, et al. 2014. Multisubstrate isotope labeling and metagenomic analysis of active soil bacterial communities. mBio, 5(4): e01157-14.

Wardle D, Bonner K, Barker G. 2002. Linkages between plant litter decomposition, litter quality, and vegetation responses to herbivores. Functional Ecology, 16: 585-595.

Wardle D A, Nilsson M H, Zackrisson O. 2008. Fire-derived charcoal causes loss of forest humus. Science, 320: 629.

Wertz J, Kim E, Breznak J, et al. 2011. Genomic and physiological characterization of the Verrucomicrobia isolate *Diplosphaera colitermitum* gen. nov., sp. nov., reveals microaerophily and nitrogen fixation genes. Applied and Environmental Microbiology, 78: 1544-1555.

Whitman T, Lehmann J. 2015. A dual-isotope approach to allow conclusive partitioning between three sources. Nature Communication, 6: 8708.

Wickings K, Grandy S, Reed S, et al. 2012. The origin of litter chemical complexity during decomposition. Ecology Letters, 15: 1180-1188.

Yu Z, Chen L, Pan S, et al. 2018. Feedstock determines biochar-induced soil priming effects by stimulating the activity of specific microorganisms. European Journal of Soil Science, 69(3): 521-534.

Zhalnina K, Louie K B, Hao Z, et al. 2018. Dynamic root exudate chemistry and microbial substrate preferences drive patterns in rhizosphere microbial community assembly. Nature Microbiology, 3: 470-480.

第 12 章

农业土壤氧化亚氮排放与气候变暖的相互作用

李 勇 潘 红 刘亥扬 徐小亚 张 倩 邱洪杰 徐建明

浙江大学环境与资源学院,浙江杭州 310058

李勇简历:2012 年获日本名古屋大学农学博士学位,现为浙江大学环境与资源学院副教授。主要从土壤氧化亚氮(N_2O)排放的微生物调控机理与氮循环微生物对气候变暖的适应性和反馈作用两方面研究农业土壤 N_2O 排放与气候变暖的相互作用。主持国家自然科学基金 3 项,省部级项目 2 项。以第一/通讯作者在 *Soil Biology and Biochemistry*(7 篇)、*Biology and Fertility of Soils*(3 篇)、*Plant and Soil*(3 篇)、*Science of the Total Environment*(4 篇)等土壤学重要期刊发表 SCI 论文 27 篇,申请发明专利 2 项。担任 *Frontiers in Microbiology* 编委;担任 *Soil Biology and Biochemistry*、*Global Change Biology*、*Environmental Microbiology* 和《土壤学报》等国内外期刊审稿专家。浙江大学 "求是青年学者" 和优秀德育导师,指导的研究生获国家奖学金/浙江省优秀毕业生 3 人次。

摘 要:本章总结了李勇博士自 2013 年 1 月加入浙江大学以来在农业土壤氧化亚氮(N_2O)排放与气候变暖相互作用方面的主要研究工作。研究进展主要包括农业土壤 N_2O 排放的微生物调控机理和土壤微生物对气候变暖的适应性两方面的工作:① 量化了稻田土壤硝化和反硝化路径对 N_2O 排放的贡献,研究发现易矿化有机碳源显著促进了反硝化过程对 N_2O 排放的贡献,而水溶性有机碳则更能促进 *nos Z* 的活性从而减少 N_2O 的排放;反硝化过程对施用有机肥的酸性和中性稻田土壤 N_2O 排放的贡献达 80%以上。② 探明了施肥对土壤活性硝化微生物及其功能的影响规律,发现了氨氧化细菌主导酸性稻田土壤硝化活性,量化了功能冗余的氨氧化细菌和氨氧化古菌在不同管理方式、施用有机肥和尿素处理下对土壤硝化的贡献,同时鉴定了在硝化过程中真正起作用的活性微生物群落,证明了氨氧化细菌主导酸性稻田土壤硝化活性,说明其具有比我们以前所认知更广的生态位。③ 证明了病毒对土壤碳流的促进作用及对土壤细菌群落的调控功能:通过基于 ^{13}C 的稳定性核酸探针技术证明了 T4 型噬菌体对稻田根际土壤碳流的病毒分流

(viral shunt)作用，然后进一步验证了噬菌体也是土壤细菌群落构建的一个重要影响因子。④ 揭示了气候变暖对农业土壤氮循环微生物群落及其功能的影响规律，发现了氮循环微生物群落及功能对气候变暖的适应规律，同时证明在高温情况下氨氧化细菌主导酸性稻田土壤的硝化作用，而施用有机肥则促进了真菌驱动的 N_2O 排放。未来研究应综合考虑 N_2O 排放各个路径的贡献，建立每一个路径的贡献与活性微生物群落之间的联系并考虑病毒侵染和原生生物捕食等下行作用（top-down control）的影响。

关键词：活性微生物；氧化亚氮；气候变暖；农业土壤；病毒

12.1 引　　言

工业革命以来，工农业活动、化石燃料的燃烧及毁林开荒等人类活动造成二氧化碳（CO_2）、甲烷（CH_4）和氧化亚氮（N_2O）等温室气体的大量排放，由此引发的全球气候变化已经成为当今全人类面临的重要环境问题。随着全球变暖影响的不断加深和《巴黎协定》的正式生效，共同控制和减缓全球变暖的危害已经成为全人类的共识。虽然大气中 N_2O 浓度远低于 CO_2，但由于其滞留时间非常长（达 114 年），全球增温潜势（GWP，基于 100 年尺度）是参照气体 CO_2 的 265～298 倍，是对臭氧层破坏最严重的温室气体，对温室效应的贡献率达 6%。农业来源的温室气体在全球温室气体排放量中占 13%～33%，尤其是持续增长的氮肥施用量，使得 N_2O 的排放明显增加（Hu et al., 2015）。大气中 N_2O 有 90%来源于土壤和肥料中微生物的硝化和反硝化作用。为准确预测全球变暖对地球生态系统的影响，采取有效减排措施控制和减缓全球变暖的进程，一方面需要了解温室气体产生、排放或吸收的微生物机理及其影响因素，另一方面需要理解土壤微生物群落和功能对气候变暖的适应规律。

本章总结了李勇博士在农业土壤 N_2O 排放的微生物调控机理和土壤微生物对气候变暖的适应性两方面的研究工作。

12.2 农业土壤 N_2O 排放的微生物调控机理

12.2.1 农业土壤 N_2O 排放的微生物路径

氧化亚氮（N_2O）会导致全球变暖，破坏平流层，是对臭氧层破坏最严重的温室气体（Ravishankara et al., 2009）。在过去的 30 多年中，N_2O 浓度正以（0.73 ± 0.03）ppb[①]/a 的速率持续增加（IPCC, 2014）。农业生产过程被认为是大气中 N_2O 的最大来源。从全球大背景看，1990～2005 年的 15 年内，大气中农业生产导致的 N_2O 释放量增加了将近 17%（IPCC, 2014）。由于氮肥的使用及牲畜粪便排泄增加，到 2030 年这一增长量预计会达到 35%～60%（FAO, 2003）。

从全球角度来讲，土壤生态系统是 N_2O 的最大释放来源，每年大约释放 6.8 Tg N_2O-N，占排放到大气中 N_2O 总量的 65%。其中，4.2 Tg N_2O-N 来自于氮肥和间接释放，

---

① 1 ppb=10^{-9}。

2.1 Tg N_2O-N 来自于有机肥,还有 0.5 Tg N_2O-N 源于生物体燃烧(IPCC,2014)。由于人口增长对食物的需求增加,氮肥过度使用,导致大气中 N_2O 浓度急剧增加,从工业化以前 270 ppbv 的浓度增加到目前大约 324 ppbv 的水平(Galloway et al., 2008)。一般来讲,每施用 1000 kg 氮肥,其中 10~50 kg 的 N 以 N_2O 的形式释放出来。相对于施入氮量的增加,释放的 N_2O 以指数形式增加(Shcherbak et al., 2014)。鉴于 2030 年以前农田及肥料施用会增加 35%~60%(IPCC, 2014),全球 N_2O 浓度在未来几十年内会持续增加,预计到 2030 年,农业土壤会贡献 59%的 N_2O 释放(Hu et al., 2015)。

深入理解 N_2O 的生物产生途径对于寻找控制 N_2O 释放持续增加的措施具有重要意义。目前研究者通过抑制法、双标记法及模型法等方法及其相结合的方法探索出 N_2O 的生物产生途径主要有自养/异养硝化作用、异养反硝化作用、硝化细菌的反硝化作用、硝化反硝化耦合、完全硝化作用、硝酸盐异化还原为铵等过程(图 12-1)(Hu et al., 2015; Zhu et al., 2013)。相关学者系统研究了自养/异养硝化、异养反硝化和硝化微生物的反硝化路径对农业土壤排放的贡献(Pan et al., 2018a; Liu et al., 2018a, 2018b; Dai et al., 2019)。

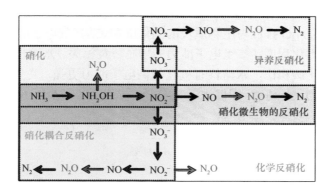

图 12-1 土壤生态系统中主要的氮循环及 N_2O 生物产生途径

1. 易矿化碳对 N_2O 排放路径的影响

生物质炭是一种由生物质在氧气限制环境中的高温热解而获得的富含碳的固体物质(Lehmann et al., 2008)。作为新型多功能材料,生物质炭以其特殊的物理结构、丰富的表面性能和优良的生态环境效应等特点被广泛用于农业领域,且日益成为众多学科研究的前沿热点。之前的研究表明,N_2O 排放对猪粪生物质炭的响应与大麦秸秆生物质炭的响应不同,基于粪肥的生物质炭在厌氧条件下显著增加了 N_2O 排放(Yoo and Kang, 2012),而 Harter 等(2014)的研究发现生物质炭的添加通过促进 N_2O 的还原从而减少了葡萄园土壤的 N_2O 排放。由于生物质炭异质性,在不同条件(如热解温度)下生产的生物质炭中的物理化学性质(如挥发性有机碳、芳香性、可利用态氮和 pH)将介导不同的 N_2O 排放模式。裂解温度的不同会显著影响生物质炭的分子结构及功能,高热解温度导致芳香结构和电子接受能力增加(Klüpfel et al., 2014),而在低温下热解的生物质炭具有较高的不稳定碳含量(Dai et al., 2017)。通常,反硝化菌需要易于矿化的碳来完成反硝化过程。由于原料的不完全热解,生物质炭中存在的少量生物可利用物质可以支持反硝化菌的生长。矿物质氮，即 NH_4^+ 和 NO_3^-，分别是用于硝化和反硝化的底物。生物质炭也具有电化学性质，并且可以在氧化还原反应中充当电子穿梭体（Heymann et al., 2011），在低温下生成的生物质炭中可以充当电子供体，而高温下生成的生物质炭扮演电子受体的角色（Klüpfel et al., 2014）。因而推测低温制备的生物质炭的易矿化碳能够给反硝化微生物提供电子从而促进反硝化作用，于是制作了两种基于粪便的原始生物质炭（在 300℃和 700℃下热解的生物质炭，即 B300 和 B700），同时制作生产了两种改性的生物质炭（B700 与从 B300 中提取的水溶性有机碳混合的生物质炭 B700+DOC300、B700 与从 B300 中提取的丙酮可提取碳混合的生物质炭 B700+AeC300），通过室内培养实验研究易矿化碳（包括水溶性有机碳 DOC300 和丙酮溶性有机碳 AeC300）对土壤氮循环微生物群落及功能的影响。

结果发现除了烷基之外，在低温（如 300℃）下热解的生物质炭可能提供酚类物质作为反硝化微生物的碳源。生物质炭易矿化碳促进土壤反硝化菌生长并促进 N_2O 排放主要表现在以下三个方面：①具有易矿化碳的生物质炭（B300、B700+DOC300、B700+AeC300）导致 N_2O 排放和反硝化功能基因（*nirK*、*nirS* 和 *nosZ*）丰度的增加；②土壤易矿化碳的变化规律与 N_2O 排放和反硝化功能基因（*nirK*、*nirS* 和 *nosZ*）的丰度显著相关；③N_2O 排放与生物质炭的酯化度和烷基（供电子能力）呈显著正相关，而与生物质炭的芳香化程度（接受电子能力）呈显著负相关。水溶性有机碳和丙酮可提取有机碳两种易矿化碳相比，水溶性有机碳的供电子能力更强，更能促进 *nosZ* 的活性从而促使反硝化更彻底地进行，即促进了 N_2O 还原成为 N_2，减少了 N_2O 的排放（图 12-2）（Dai et al., 2019）。

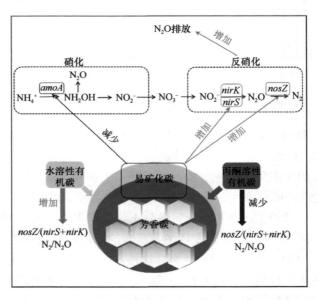

图 12-2　易矿化碳对土壤 N_2O 的排放路径及硝化反硝化微生物的影响（Dai et al., 2019）

2. 牲畜排泄物来源 N_2O 排放的路径研究

作为世界上最大的陆地生态系统，草原生态系统占世界陆地总面积的 40.5%，占我国国土面积的 41.7%。作为草原最常见的利用方式，放牧本身带来的影响因子除了踩踏导致土壤板结、增大土壤容重、降低土壤通气性之外，第二个主要影响因子是啃食，带走地表植被，造成地表植被覆盖率降低，枯枝落叶量减少，导致土壤蓄水能力降低，牲畜的选择性啃食还会导致土壤碳储量降低。第三个主要影响因子是牲畜同化吸收的氮绝大部分以尿素的形式排出，直接参与土壤氮循环，影响温室气体 N_2O 的释放。为了满足日益增长的人口对食物的需要，草原载畜率持续性显著增加。日益增长的载畜率一方面会导致草原退化，另一方面草原放牧导致大量的氮素返回到土壤中，使得草原土壤成为氮循环的热点区域，也成为温室气体 N_2O 的重要来源（Bol et al., 2004；Saggar et al., 2004；Cardenas et al., 2007）。

很多研究关注放牧或者羊排泄物对 N_2O 排放的影响及其与硝化细菌、反硝化细菌之间的联系。比如，草原土壤中施用尿液会显著增加 AOB *amoA*、*nirK* 和 *nosZ* 基因的丰度，刺激 N_2O 的释放，但是会降低 AOA *amoA* 基因的丰度（Di et al., 2010, 2014）。尿液和新鲜粪便会显著促进 N_2O 释放（Ma et al., 2006；Lin et al., 2009）。AOA 主导轻度放牧土壤中的硝化作用，AOB 主导过度放牧土壤中的硝化作用（Pan et al., 2018b）。大量研究证明羊排泄物显著刺激 N_2O 释放（Dai et al., 2013；Selbie et al., 2014）。Wrage 等（2004）发现人工配制羊尿液的施用改变了 N_2O 的生物释放途径，显著促进硝化细菌的反硝化过程，从而产生 N_2O。另外，在牲畜容易聚集成群的地方（如水槽边、栅栏的 4 个围角处），羊尿液或者粪便会覆叠在一起，形成重复累加的粪便或者尿液斑块。而目前这些尿液或者粪便斑块对 N_2O 的生物释放途径的影响还鲜有报道。

2014 年笔者在内蒙古锡林郭勒盟朝克乌拉苏木草原设置了一个田间实验，设置对照（CK）、添加羊尿液（U1、U2 和 U3）、粪便（D1、D2 和 D3）和水（W1、W2 和 W3）的处理（Pan et al., 2018a）。W 处理是添加 U 处理中等量的水用以排除尿液中水的影响。尿液和粪便的施用量分别相当于 218 kg N/hm^2、436 kg N/hm^2、654 kg N/hm^2、233 kg N/hm^2、465 kg N/hm^2、698 kg N/hm^2 的施入量。U2、U3、D2 和 D3 是用来模拟羊排泄物斑块重叠 2~3 次的情况。在 91 天的田间实验过程中，气体样品和土壤样品的采集共进行了 12 次，然后测定 N_2O 排放和相关微生物的功能基因丰度，再结合过程模型量化自养硝化、硝化微生物反硝化和异养反硝化三个路径对 N_2O 排放的贡献。

本实验结果发现在水和粪便处理下，N_2O 释放量非常低，范围在 0.005~0.02 kg/hm^2，并且不同粪便梯度或者不同水梯度处理对 N_2O 释放没有显著影响。尿液处理中的总 N_2O 释放显著高于水处理或者粪便处理，在 0.12~0.78 kg/hm^2，而且随尿液添加量的增加而增加。在 U1、U2 和 U3 处理中，以 N_2O 形式排放的氮占施入氮的比例分别是 0.05%、0.07% 和 0.1%，而在粪便或者水处理土壤中，这一比例在 0.0002%~0.001%。

在 U1 土壤中，以 N_2O 形式排出的氮占总施入氮含量的比例是 0.05%，实验结束时 N_2O 的释放水平基本达到背景值，因此，本实验得到的这个 0.05% 基本就是 U1 处理下的 N_2O 排放系数（EF），远低于国际默认值 2%（IPCC，2014），也远低于其他草原土壤（Saggar et al., 2007；Barneze et al., 2015；Oenema et al., 1997；de Klein et al., 2003）。此外，羊粪便处理下这一比例在 0.0013%~0.002% 也是远低于之前的研究报道（Oenema et al., 1997；Cardenas et al., 2016）。本实验中，尿液和粪便处理下极低的 N_2O 释放可能是干燥的土壤环境导致的（Clayton et al., 1997; Dobbie and Smith, 2003）。在实验进行的绝大部分时间段内，土壤孔隙含水量（WFPS）都是在 10%~30%，极少超过 50%。这种土壤水分条件不利于反硝化过程而产生 N_2O。模型分析结果（图 12-3）和反硝化功能基因丰度增长不显著也可以证明以上推断。

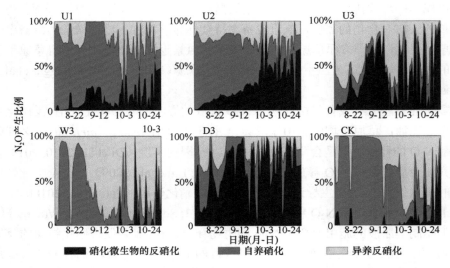

图 12-3　不同处理下三种 N_2O 生物产生途径对 N_2O 释放的贡献分析（Pan et al., 2018a）

尽管粪便和尿液处理下的 N_2O 释放量很低，但是基于物理化学过程的模型分析表明不同生物反应过程对 N_2O 释放的贡献量在不同处理不同时间段内是不一样的（图 12-3）。在 U1 和 U2 处理的第一阶段，自养硝化是 N_2O 释放的主要生物途径。这个结果和本阶段该处理下硝化微生物 AOB *amoA* 基因的丰度显著增加是一致的。自养硝化在尿液处理下对 N_2O 释放的显著贡献是由于尿液处理对硝化微生物的刺激作用（Lu et al., 2012; Lu and Jia, 2013）。与 U1、U2 处理不同的是，在 U3 处理的第一阶段，异养反硝化是 N_2O 释放的主导者（图 12-3）。这可能是由于大量尿液的施入，异养微生物大量繁殖，导致氧气消耗造成厌氧环境，尽管 WFPS 此时只有大约 30%。U3 处理下本阶段的反硝化功能基因 *nirK* 丰度显著增长进一步证明了以上论点。尽管在 W3 和 CK 处理中硝化细菌的反硝化过程可以忽略，但是在尿液和粪便处理的样品中，硝化细菌的反硝化过程逐步增强，尤其在 U3 和 D3 处理中占据主导地位，该过程在 U1 和 U2 处理的第二个阶段也占很大比重（图 12-3）。这些结果表明不同类型的羊排泄物中 N_2O 生物释放途径不同。低尿液量添加土壤中自养硝化主导 N_2O 释放，高尿液量处理的土壤中异养反硝化和硝化细菌反硝化主导 N_2O 产生，在粪便处理的土壤中，N_2O 释放的主要生物途径是硝化细菌的反硝化。

在荷兰的乳牛场进行的一项研究发现人工尿液施入土壤后，硝化细菌反硝化产生的 N_2O 占总 N_2O 释放的比重非常大（Wrage et al., 2004）。本实验模型分析结果表明硝化细菌反硝化主导了放牧土壤 N_2O 的生物释放路径（图 12-3）。一方面，是由于尿液添加造成 NO_2^- 积累，而 NO_2^- 积累促进硝化细菌反硝化（Wrage et al., 2004; Koops et al.,

1997）。另一方面，Wrage 等（2001）认为硝化细菌反硝化过程倾向于在低氧低有机质、土壤 pH 也相对低的环境中发生。而在本实验后半阶段，土壤 WFPS 在 40%～60%，属于微氧环境，有利于硝化细菌反硝化的发生（Kool et al., 2011; Zhu et al., 2013）。同时，AOB *amoA* 和 *nirK* 的丰度均与 N_2O 释放呈显著相关（$r=0.373, P<0.001$; $r=0.614, P<0.001$）进一步证明了硝化细菌反硝化对 N_2O 释放的重要贡献。

有研究指出在氮水平较高的尿液斑块中，氨氧化作用是由 AOB 主导，AOA 的丰度反而会受到较高的氮素含量的抑制（Di et al., 2009, 2010, 2014）。此外，AOA 在酸性土壤中主导硝化作用而 AOB 倾向于主导碱性土壤中的硝化作用（Gubry-Rangin et al., 2010; Hu et al., 2014）。然而，本实验的结果发现 AOA 和 AOB 的丰度均与 NO_3^--N 含量显著正相关，说明 AOA 和 AOB 在本实验研究的低肥偏碱性的草原土壤中均会参与硝化作用。这些结果表明 AOA 可能具有比我们普遍认为的更广的生态位。

本实验表明，羊尿液斑块中 N_2O 释放量远高于粪便斑块中。N_2O 释放量与 AOB *amoA* 基因丰度（$r=0.373, P<0.001$）和 *nirK* 基因丰度（$r=0.614, P<0.001$）均具有显著相关性。自养硝化主导低水平尿液处理中 N_2O 的排放，而高水平尿液处理中 N_2O 的排放主要由反硝化作用（包括硝化细菌的反硝化和异养反硝化）主导；在粪便斑块中，N_2O 的排放以硝化细菌的反硝化为主（图 12-4）（Pan et al., 2018a）。

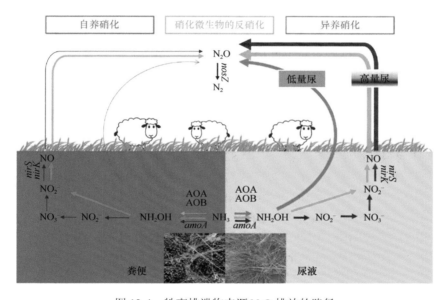

图 12-4 牲畜排泄物来源 N_2O 排放的路径

3. 硝化和反硝化作用对稻田土壤 N_2O 排放的贡献

农田生态系统是 N_2O 产生的主要来源之一，占总 N_2O 释放量的 65%。微生物的硝化过程和异养反硝化过程被认为是陆地生态系统 N_2O 释放的主要途径（Philippot et al., 2007; Wei et al., 2017）。经典的硝化过程包括氨氧化和亚硝酸盐氧化这两个过程，其中氨氧化过程是硝化作用的限速步骤，因此在硝化过程产生 N_2O 中起重要作用（Hu et al., 2015）。反硝化过程是由一些含有硝酸还原酶、亚硝酸还原酶、NO 还原酶和 N_2O 还原酶的异养反硝化菌将 NO_3^- 逐步还原为 N_2O 或 N_2 的过程。其中 NO_2^- 还原酶由 *nirS* 和 *nirK* 基因编码，*nosZ* 是编码 N_2O 还原酶的基因（Xu et al., 2017a）。此外，异养硝化也是 N_2O 产生的重要途径，该过程是由一些系统发育比较广泛的细菌和真菌催化完成（Hayatsu et al., 2008; Zhang et al., 2015a）。低 pH 和高 C/N 的土壤环境有利于异养硝化过程的发生（Huygens et al., 2007; Zhang et al., 2018）。Shoun 等（1992）发现真菌在还原 NO_3^- 和 NO_2^- 的过程中也会产生 N_2O，并且在草地、农田土壤和酸性土壤中发现真菌通过真菌反硝化过程对 N_2O 产生有较高贡献（Laughlin and Stevens, 2002; Wei et al., 2014; Xu et al., 2017a）。

pH 主要通过影响硝化和反硝化过程的功能微生物从而影响 N_2O 的排放，低 pH 会抑制反硝化菌的 *nosZ* 基因，因此反硝化对 N_2O 的贡献与土壤 pH 呈负相关关系，同时来自氨氧化过程的 N_2O 可能会随着 pH 的增加而降低（Hu et al., 2015）。研究发现土壤 N_2O 与（N_2O+N_2）的比值随着 pH 的增加线性降低（Russenes et al., 2016; Wang et al., 2018）。此外由于低 pH 抑制大多数 AOB 的活性，异养硝化过程可能是酸性土壤 N_2O 的主要来源（Zhang et al., 2015a）。因此，土壤 pH 是影响不同生物途径对 N_2O 产生相对贡献的主要因素。

葡萄糖作为根系分泌物的重要组成成分，在土壤的降解过程中为微生物提供碳源。之前研究表明葡萄糖会增加 N_2O 释放及反硝化速率（Azam et al., 2002; Henderson et al., 2010），但是关于易分解有机物质如葡萄糖是如何影响不同 N_2O 产生途径目前还不清楚。有学者依据 ^{15}N 或者 ^{18}O 的自然丰度（Wu et al., 2017）或者同位素富集技术（Wrage et al., 2005）区分 N_2O 释放途径。但是单独使用某种方法并不能覆盖所有 N_2O 产生过程，如上述方法不能将异养硝化过程区分开来。因此，通过结合 ^{15}N 同位素标记、C_2H_2 抑制和分子生物学手段来评估酸性和中性水稻土在有无葡萄糖添加的条件下不同生物学途径（自养硝化、异养硝化、反硝化）对 N_2O 的贡献。

选取 pH 为强酸性的潴育水稻土（FASA）和 pH 为中性的脱潜水稻土（HSA）作为研究对象，每种土壤包含以下 6 个处理：（T1）$NH_4Cl + K^{15}NO_3$（10 atom% ^{15}N），（T2）$^{15}NH_4Cl$（10 atom% ^{15}N）+ $K^{15}NO_3$，（T3）$^{15}NH_4Cl + K^{15}NO_3 + C_2H_2$（100 Pa），（T4）Glucose + $NH_4Cl + K^{15}NO_3$，（T5）Glucose + $^{15}NH_4Cl + K^{15}NO_3$ 和（T6）Glucose + $^{15}NH_4Cl + K^{15}NO_3 + C_2H_2$。其中，T1 和 T4 释放的 $^{15}N_2O$ 来自于反硝化过程，T2 和 T5 产生的 $^{15}N_2O$ 来自于硝化和反硝化过程，T3 和 T6 释放的 $^{15}N_2O$ 来自于反硝化过程和异养硝化过程（Bateman and Baggs, 2005）。每个处理 NH_4^+-N 和 NO_3^--N 加入量均为 50 mg/kg，葡萄糖加入量为 0.5 mg C/g 干土。N 素和葡萄糖均配成溶液与土壤混匀并调节土壤含水量至 70%WFPS。100 Pa 乙炔通过注射器加入血清瓶抑制自养硝化过程。N_2O 的浓度用气象色谱测定（GC-2010 Plus SHIMADZU, Japan）。7 天和 14 天的样品额外用同位素质谱仪（Finnigan-MAT253, Thermo, USA）测定 N_2O 中 ^{15}N 的丰度，N_2O 中 ^{15}N 的原子百分比（atom %）用来计算自养硝化（ANF）、异养硝化（HNF）和反硝化（DNF）对 N_2O 的贡献（Li et al., 2017），同时运用 qPCR 测定氮循环相关微生物功能基因的丰度。

Meta 分析及野外试验发现低 pH 的土壤会释放更多的 N_2O（Wang et al., 2018; Zhang et al., 2014b），但是本研究发现 pH 偏中性的脱潜水稻土中 N_2O 释放量比 pH 为强酸性的潴育水稻土高。当葡萄糖作为碳源时，酸性水稻土 N_2O 的产生量则显著高于 pH 为中性的水稻土，这就与上述结论一致。Weslien 等（2009）发现 N_2O 释放与土壤 C/N 和碳含量呈正相关关系。在本研究中，pH 为中性水稻土的 C/N 比 pH 为酸性水稻土的高。因此推测碳源是酸性水稻土 N_2O 释放的限制因子。

葡萄糖显著促进两种水稻土 N_2O 的释放（图 12-5）并且对 N_2O 有直接的正效应。这与之前研究发现在 40%WFPS（Sánchez-Martín et al., 2008）和 20%含水量（Azam et al., 2002）的条件下葡萄糖和氮素添加促进 N_2O 释放的结果是一致的。另一研究也发现 70%WFPS 条件下，单独添加葡萄糖也会促进 N_2O 释放（Henderson et al., 2010）。但是也有研究发现在 90%WFPS 和 70%WFPS 条件下，葡萄糖降解过程中造成的微域厌氧环境会降低 N_2O 的排放（Miller et al., 2008; Sánchez-Martín et al., 2008）。虽然葡萄糖矿化会消耗一定 O_2，但是在该研究中土壤含水量为 70%WFPS，并且每周会更换血清瓶中的气体，因此并不是厌氧培养。葡萄糖对 nirS、nirK 和真菌 nirK 基因丰度有直接影响，并且增加了潴育水稻土 nirS 和真菌 nirK 基因的丰度及脱潜水稻土 nirK 基因的丰度，但是对 nosZ 基因丰度无显著影响，因此葡萄糖通过刺激反硝化 nirS 和 nirK 基因的表达来促进 N_2O 的释放。

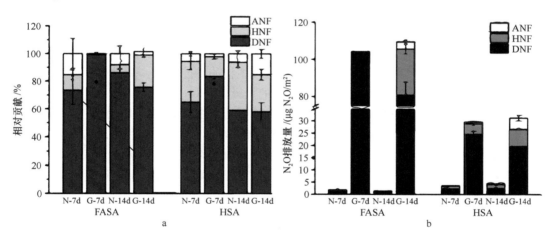

图 12-5 培养 7 天和 14 天后两种土壤 ANF、HNF 和 DNF 对 $^{15}N\text{-}N_2O$ 产生的相对贡献（a）及绝对贡献（b）（Liu et al., 2019a）

N-xd 是指没有添加葡萄糖处理 x 天的样品；G-xd 是指添加葡萄糖处理 x 天的样品

HNF 和 DNF 是两种土壤 N_2O 的主要来源，其中有 58%~99%的 N_2O 来自于反硝化过程（图 12-5）。之前也有研究在淹水稻田（Aulakh et al., 2001; Nie et al., 2015）和不淹水稻田（Xiong et al., 2009）中发现反硝化是氮素损失的主要途径。在 70%WFPS 条件下硝化和反硝化过程可以同时发生说明土壤并不是厌氧环境。研究发现反硝化也可能是好氧环境中 N_2O 的主要贡献者（Bateman and Baggs, 2005; Zhu et al., 2011）。两种土壤 nirS 基因和脱潜水稻土 nirK 基因丰度的显著增加说明 nirS 和 nirK 基因的活性不受 O_2 条件的限制（Chapuis-Lardy et al., 2007）。因此，微厌氧环境可能是反硝化过程产生 N_2O 的热区。先前研究发现酸性的森林土和草地土壤常发生异养硝化作用，在农田土壤中该过程可以被忽略（Müller et al., 2014; Nelissen et al., 2012）。然而，本研究发现两种水稻土中异养硝化过程对 N_2O 的贡献达到 0.6%~35%。近几年来也在耕地的黑土和农田土壤中发现异养硝化过程是 N_2O 产生的一个重要途径（Cai et al., 2010; Chen et al., 2015; Liu et al., 2015a）。异养硝化微生物可以利用无机和有机氮源（Zhang et al., 2015a）并且氧化 NH_4^+ 不需要储存能量（Hayatsu et al., 2008）。此外，也有研究发现在好氧条件下，相对于自养硝化微生物异养硝化菌可以产生更多 N_2O（Anderson et al., 1993）。因此之前对农田土壤尤其是水稻土中异养硝化对 N_2O 的贡献可能被低估了。潴育水稻土中自养硝化（AOB）对 N_2O 的贡献比脱潜水稻土自养硝化（AOA）对 N_2O 的贡献高可能是由于 AOA 和 AOB 产生 N_2O 的途径不同。AOB 可以通过 NH_2OH 在 HAO 作用下生成 NO 进而产生 N_2O，AOB 也可以通过硝化细菌反硝化过程产生 N_2O（Kozlowski et al., 2014），但是目前认为 AOA 产生 N_2O 是非生物反应（Stieglmeier et al., 2014）。

在培养前 7 天，葡萄糖显著增加了两种土壤尤其是酸性土壤中反硝化对 N_2O 的相对贡献，暗示了葡萄糖在培养前 7 天的迅速矿化，这与之前研究发现葡萄糖在培养前 6 天迅速降解之后变化缓慢相一致（Mason-Jones and Kuzyakov, 2017）。葡萄糖的迅速降解可能会造成土壤微域的厌氧环境（Sánchez-Martín et al., 2008），但是研究发现相对于 O_2，有机碳源对刺激反硝化菌的活性而言更重要（Tiedje et al., 1983）。葡萄糖处理中大量来自反硝化过程的 N_2O 与酸性土壤 *nirS* 和真菌 *nirK* 及中性土壤中细菌 *nirK* 基因丰度的显著增加是相一致的。葡萄糖显著增加异养硝化过程产生的 N_2O 的量，尤其是培养 14 天后（图 12-5）。但是目前还没有发现异养硝化微生物的功能基因，并且也不能完全排除尤其是在酸性土壤中化学反硝化过程对 N_2O 的贡献。

本研究表明在 70%WFPS 条件下，反硝化过程是产生 N_2O 的主要途径。葡萄糖主要是通过影响反硝化过程对 N_2O 释放有直接的正效应，并且葡萄糖显著增加前 7 天反硝化过程对 N_2O 的相对贡献；低 pH 和外源添加有机碳都会降低土壤总硝化速率；本研究量化了水稻土不同 N_2O 产生的生物学过程并对水稻土壤 N_2O 减排有直接意义（图 12-6）（Liu et al., 2019a）。

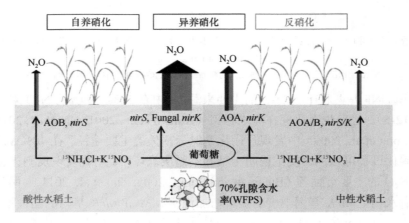

图 12-6　硝化和反硝化作用对稻田土壤 N_2O 排放的贡献

12.2.2 农业土壤硝化过程中真正起作用的活性硝化微生物

硝化过程是 NH_3 或者 NH_4^+ 等还原态的无机氮首先氧化为亚硝酸盐然后氧化为硝酸盐的过程。有机态氮先通过氨化作用将有机氮转变为 NH_3/NH_4^+ 然后氧化为 NO_3^--N。其中氨氧化过程（$NH_3 \rightarrow NO_2^-$）是硝化过程的第一步也是限速步骤（Kowalchuk and Stephen, 2001），因此也是平衡土壤中铵盐与硝酸盐的主要贡献者。硝化作用是连接固氮作用与反硝化作用的中间环节，不仅决定着植物对氮素的有效利用程度，并与过量氮肥投入导致的土壤酸化、硝酸盐淋失及其引起的水体污染和 N_2O 排放等一系列生态环境问题直接相关，构成氮循环的中心环节。自从俄国科学家 Sergei Winogradsky 在 19 世纪后期发现并分离出第一株氨氧化细菌（AOB），上百年来，一直认为变形菌纲的氨氧化细菌（AOB）是驱动土壤氨氧化过程的主要微生物（Kowalchuk and Stephen, 2001）。但是随着第一株自养氨氧化古菌（AOA）的分离与发现（Könneke et al., 2005），人们逐渐发现 AOA 也广泛存在于稻田土壤、旱地、草原等各种生态环境，而且在绝大多数有氧环境中 AOA 的丰度远高于 AOB，越来越多的证据表明 AOA 在全球氮循环中发挥着重要的作用。由于 AOA 和 AOB 都以氨氧化为唯一的能源获得途径，进行化能无机好氧生长。因此，二者具有完全一致的生理表型，生态位几乎完全重叠。从系统发育的角度而言，AOA 和 AOB 属于完全不同的物种。所以两者之间极有可能存在种间生态位分异和种内生态位分异过程，因而关于 AOA 和 AOB 的生态位分异成为过去十多年里环境和农业领域关于氮循环研究的热点。2015 年，奥地利和荷兰的科学家同时发现一种完全氨氧化菌"comammox"，即"complete ammonia oxidizer"的缩写，具有编码氨氧化的 AMO 和 HAO 及亚硝酸盐氧化的亚硝酸盐氧化还原酶（NXR）的一整套基因，因而能独立完成从 NH_3 到最终氧化为 NO_3^- 的整个过程（Daims et al., 2015; van Kessel et al., 2015）。之后的研究也发现 comammox 广泛分布于稻田和其他农业土壤、森林土壤、稻田水域及淡水环境如湿地、河床、含水层和湖泊沉积物中，虽然目前的研究暂未发现 comammox 对农业土壤硝化的主导作用，但是由于其与 AOA、AOB 一样都是利用氨作为唯一氮源、利用 CO_2 为唯一碳源，所以它们之间很可能存在着对底物和能源的竞争，使得土壤环境氨氧化微生物对硝化的贡献分析更加复杂。

土壤中存在着巨大的微生物数量，但是并不是所有的微生物都具有活性。例如，功能冗余的 AOA 和 AOB 同时存在于土壤中，在大多数有氧环境中 AOA 的丰度都远高于 AOB，这并不表明有氧环境中 AOA 对硝化的贡献大于 AOB。2000 年，Radajewski 等首次运用稳定性同位素核酸探针技术（DNA-SIP）利用 ^{13}C-甲醇作为底物培养森林土壤，发现了土壤中利用甲醇的微生物，并发表在 *Nature* 上（Radajewski et al., 2000）。2009 年，DNA-SIP 技术被写入全美微生物经典教科书中。随后，利用 SIP 技术研究发现氨氧化细菌主要在中性高氮环境，而氨氧化古菌主要在酸性低氮环境驱动硝化作用（Jia and Conrad, 2009; Zhang et al., 2010）。目前，稳定性同位素核酸探针技术是耦合微生物遗传多样性与代谢多样性最有力的工具之一，也是微生物学、生态学和环境科学等交叉学科的最前沿技术之一。虽然陆地生态系统的硝化微生物研究较多，但是对硝化过程中真正起作用的活性硝化微生物群落的理解仍旧有限。相关学者系统研究了放牧、施用有机肥及尿素等不同管理措施对土壤硝化活性和活性硝化微生物的影响（Liu et al., 2018a; Pan et al.,2018b, 2018c; Liu et al., 2019b; Zhang et al., 2019a）。

1. 放牧对草原土壤硝化活性和活性硝化微生物的影响

在草原生态系统中，大量研究集中于放牧对硝化作用相关功能微生物的影响。有研究表明放牧显著影响 AOA 和 AOB 的群落结构（Patra et al., 2006; Le Roux et al., 2008），增加 AOA 和 AOB 的丰度（Le Roux et al., 2008; Xie et al., 2014）。之前有研究证明属于 *Nitrosospira* 3a 的 AOB 和属于 1.1b 的 AOA 是草原生态系统中硝化作用的主要执行者(Le Roux et al., 2008; Pan et al., 2016)。虽然草原生态系统中古菌 *amoA* 基因的丰度远高于细菌 *amoA* 基因的丰度，但是 AOA 和 AOB 对草原土壤的硝化作用的贡献还有待确定（Zhong et al., 2014; Xie et al., 2014; Pan et al., 2016）。此外，将亚硝酸盐氧化成为硝酸盐的亚硝酸盐氧化细菌（NOB）在硝化过程中起着至关重要的作用，由于一直没有普适性的引物，因此研究相对较少。探索不同放牧梯度处理的草原土壤中硝化活性和活性硝化微生物群落的响应机制对于草原土壤的可持续发展尤为重要（Vitousek and Howarth, 1991）。

因此，本实验旨在通过室内培养实验研究不同放牧梯度下的硝化活性和活性 AOA、AOB 和 NOB 群落分布变化情况。结合 DNA-SIP 和 16S rRNA 高通量测序以确定草原土壤的活性硝化微生物。本实验的目的是：① 探索长期梯度放牧对硝化活性和活性硝化群落的影响；② 确定长期梯度放牧样地中的硝化活性和真正起作用的活性硝化微生物；③ 评估影响活性硝化微生物群落的主要非生物因子。本实验的结果对于理解和进一步控制草原生态系统中氮循环具有重要意义。

采集 4 个不同放牧梯度的土壤，分别是每公顷 0 只、3 只、6 只和 9 只羊对应的放牧强度分别为不放牧（SR0）、轻度放牧（SR3）、中度放牧（SR6）和重度放牧（SR9）。4 个不同的放牧梯度都有 3 个重复。培养实验设置 $^{12}CO_2$、$^{13}CO_2$、$^{13}CO_2 + C_2H_2$ 3 个处理，之后分别在 7 天、14 天、28 天和 56 天进行破坏性取样。取大约 2 g 的土样立即转移到–80℃冰箱保存，以备后续分子生物学实验分析，剩余的土样用以测定土壤理化性质。

Di 和 Cameron（2002）的研究发现，牲畜同化吸收的 N 70%～90%会以排泄物的形式返还到土壤中，尤其是以尿液的形式。尿液中绝大多数的 N 是以氨的形式进入土壤，参与硝化作用。此外，不同的载畜率会影响土壤物理性质（如容重和通气性）和化学性质（如 pH 和有机质含量）（Li et al., 2008; Steffens et al., 2008）。本实验中不同载畜率明显改变了土壤理化性质：如相比于 SR0 和 SR3 的处理，SR6 和 SR9 土壤的容重显著增加，这是牲畜踩踏造成的。然而，之前的研究发现总氮随放牧梯度的增加而降低，在本实验中，长达 10 年的梯度放牧对总氮并没有产生显著影响。SR9 土壤中的 NH_4^+-N 和 NO_3^--N 显著低于不放牧土壤。经过 56 天的培养之后，SR9 土壤中的 NO_3^--N 含量依然显著低于其他样品。这就表明外源添加 100 μg 尿素 N/g 干土并不会影响土壤本身的硝化作用。此外，SR9 中的 NH_4^+-N 含量显著高于其他处理也表明 SR9 显著降低土壤硝化活性。SR3 土壤中的总碳和土壤有机质（SOM）显著高于不放牧土壤（SR0）和较高放牧梯度土壤（SR6 和 SR9）。这是因为轻到中度的放牧水平会增加植被种类多样性，从而生成浓密的须根系，有利于土壤有机质的形成和土壤碳的固定（Reeder et al., 2001）。与此相反，过度放牧减少植被种类多样性（Reeder and Schuman, 2002），并且由于牲畜踩踏降低土壤有机质含量，加速土壤风蚀（Soane, 1990）。此外，轻度放牧土壤中的速效磷含量也显著高于重度放牧和不放牧土壤，这可能是由于轻度放牧土壤中的高有机质有利于不稳定磷的固持（Frizano et al., 2002）。

对超高速离心分层后 DNA 的 qPCR 发现，AOB 在 4 个放牧梯度处理的土壤中都被标记上，而 AOA 只在 SR3 土壤中被标记（图 12-7）。重层 16S rRNA 测序结果表明在 SR0、SR3、SR6 和 SR9 4 种土壤中，AOA 分别占全部微生物总量的 50.5%、25.9%、27.1% 和 37.1%。这说明 AOA 在 4 个放牧梯度的土壤中均进行了自养生长。qPCR 结果和重层 16S rRNA 测序结果不一致的原因是在 SR0、SR6 和 SR9 重层序列出现一个属于 fosmid 29i4 种的 OTU。可能是由于传统 AOA 的 amoA 基因引物存在的偏差（Alves et al., 2013）导致这一支的 AOA 没有被定量出来。事实上，AOA 和 AOB 均被标记表明二者均在该放牧土壤中的硝化作用过程中起作用。同时，被标记的 AOA 和 AOB 的细胞数之比也是一个表征 AOA 和 AOB 在硝化作用中相对贡献的重要指标（Hai et al., 2009; Trias et al., 2012; Wang et al., 2015a）。在本实验中，被标记的 AOA 和 AOB 的细胞数之比在 4 种土壤中分别是 0.12、1.15、0.21 和 0.24。以上结果表明 AOA 在轻度放牧土壤中的硝化作用过程中起重要作用，而 AOB 主导重度放牧土壤中的硝化作用。

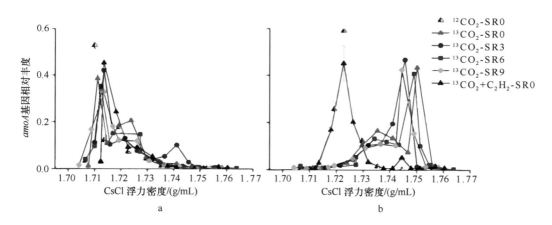

图 12-7　AOA（a）和 AOB（b）amoA 基因在全部浮力密度梯度范围内的定量分布（Pan et al., 2018b）

针对隶属于 AOA 的 16S rRNA 进行系统发育分析，结果表明在 SR0、SR6 和 SR9 土壤中，活性 AOA 主要属于 fosmid 29i4，而在 SR3 土壤中，52.7% 的活性 AOA 属于 *Nitrosophaera viennensis*。*N. viennensis* 已被证明适合较低温（Alves et al., 2013）、微量需氧（Wang et al., 2015a）的环境中。本实验结果表明 AOA 在轻度放牧的偏碱性土壤中也主导硝化作用。Tourna 等（2011）发现 *N. viennensis* 作为一种土壤中的氨氧化古菌，利用氨或者尿素作为能量来源，可能还可以进行混合营养生长。SR3 土壤中的 SOM 在 4 种土壤中最高，达 30.42 g/kg，这可能就是 *N. viennensis* 在 SR3 中比例显著高于其他土壤的原因。至于 AOB，系统发育分析结果显示 80% 以上的活性 AOB 属于 *Nitrosospira* cluster 3。*Nitrosospira* cluster 3 在活性 AOB 中的绝对性主导地位不仅在本实验中存在，在之前研究过的农业土壤（Xia et al., 2011）、草原土壤（Di et al., 2009; Pan et al., 2016）和酸性山地土壤（Wang et al., 2015a）中均有类似发现。有研究提到 *Nitrosospira* cluster 3 喜好高氨土壤环境（Kowalchuk et al., 2000），还有一些研究认为该属既会在高氨环境中又会在低氨环境中占据主导地位（Webster et al., 2002; Avrahami et al., 2003; Chu et al., 2007）。本实验结果证明 *Nitrosospira* cluster 3 属的 AOB 不会受到不同放牧梯度的影响。另外值得一提的是，轻度放牧显著增加土壤硝化活性，而重度放牧显著降低土壤硝化活性。轻度放牧对于硝化作用的增强效果在许多其他草原系统中均有发现（Frank et al., 2000; Le Roux et al., 2003; Patra et al., 2005）。Patra 等（2005）认为轻度放牧能够促进驱动氮循环的微生物的生长从而增强硝化作用。SR9 土壤中的硝化作用和 AOB 的丰度及相对丰度均表现出显著相关性（$r = 0.877$, $P < 0.05$；$r = 0.943$, $P < 0.05$），但是与 AOA 没有相关性。这一结果表明重度放牧是通过降低 AOB 丰度从而降低硝化活性，也表明在重度放牧土壤中氮循环速率较低。

Nitrospira 和 *Nitrobacter* 一直以来被认为是陆地生态系统中最为常见的两种 NOB。本实验中的系统发育分析发现 4 种土壤中主要的 NOB 是 *Nitrospira*，而不是 *Nitrobacter*。其他的研究也报道过相类似的结果，如在农业土壤（Xia et al., 2011）和水稻土（Zhao et al., 2015; Wang et al., 2015a）中。研究发现 *Nitrospira* 可以生存在营养元素相对较低的胁迫环境，而 *Nitrobacter* 则喜好高氮和高氧环境（Schramm et al., 1999）。因此，在本实验这个放牧密集、肥力匮乏的草原土壤中，活性 NOB 主要属于 *Nitrospira*。

本实验表明载畜率通过改变土壤 SOM、容重、pH、NH_4^+-N 和 NO_3^--N，从而显著改变草原生态系统中活性硝化微生物群落分布。轻度放牧土壤中主导氨氧化的活性微生物是属于 *N. viennensis* 的 AOA，而重度放牧土壤中主导氨氧化的活性微生物是属于 *Nitrosospira* cluster 3 的 AOB。放牧梯度显著影响土壤硝化活性，SR3 显著富集了属于 *N. viennensis* 的 AOA 和 *Nitrosomonas* 的 AOB，从而增加了硝化活性。SR9 显著降低了 AOB 丰度，从而减弱了硝化活性。*Nitrospira defluvii* 是该草原生态系统中最主要的活性亚硝酸盐氧化细菌（图 12-8）（Pan et al., 2018b）。

2. 有机物料对稻田土壤硝化活性和活性硝化微生物的影响

（1）长期施用有机肥对土壤硝化活性和活性硝化微生物的影响

在种植时期，水稻田周期性的干湿交替过程（Kimura, 2000）为微生物提供独特的生存环境。相对于 NO_3^- 水稻更喜好 NH_4^+，因此铵态氮肥经常被用来提高水稻产量（Kiuchi, 1980）。此外，有机肥或者秸秆还田不仅可以提高作物产量还可以提升土壤肥力减少养分流失（Burger and Jackson, 2003），也是目前常见的管理措施。

目前由于人口的急剧增长，大大增加了化肥的投入量，导致越来越多的农田土壤趋于酸化。为了减缓土壤酸化程度，有机肥经常被用来提高土壤 pH（Alam et al., 2013; Zhong et al., 2010）。化肥和有机肥施用会影响土壤硝化过程和氨氧化微生物的丰度及群落结构（Chu et al., 2008; Wang et al., 2015b; Zhou et al., 2015）。一些研究发现长期施肥会改变酸性土壤 AOA 的丰度和群落结构（Chen et al., 2011; He et al., 2007）。但是也有一

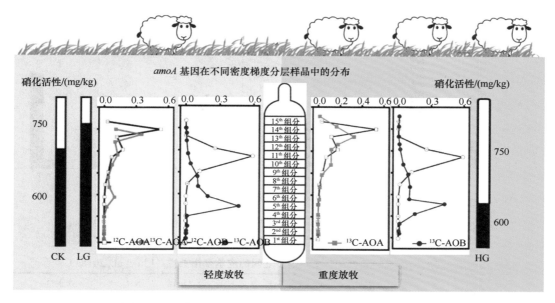

图 12-8 放牧对草原土壤硝化活性和活性硝化微生物的影响

些研究认为在长期施肥后的中性或者碱性土壤中是 AOB 而不是 AOA 主导硝化过程（Chu et al., 2007; Shen et al., 2008; Wang et al., 2014; Wu et al., 2011）。此外，在酸性土壤中利用 DNA-SIP 研究发现 AOA 主导未施肥和化肥处理的土壤中的硝化作用，而 AOB 主要参与施加有机肥土壤的硝化过程（Wang et al., 2015b）。相反地，在长期施肥的草地土壤中研究发现 AOA 影响有机肥处理的硝化过程，而 AOB 在化肥处理中更重要（Zhou et al., 2015）。因此，土壤 pH 和肥料类型如何影响氨氧化微生物目前还备受争议，并且目前关于硝化微生物对长期施肥的研究集中于在不同化肥或者有机肥水平下的某一种土壤类型。但是长期施用有机肥是如何影响不同 pH 水稻土的硝化微生物群落结构目前很少被研究。

因此在中国南方不同地区选取 4 处（嘉兴 JX、长沙 CS、南昌 NC 和鹰潭 YT）经过长期施用有机肥的水稻土壤作为研究对象，假设长期施用有机肥会影响土壤中硝化微生物的丰度和群落结构并且这种影响可能来自于长期施肥对土壤理化性质的改变。

4 个样地中硝化微生物对长期施用有机肥的响应不同。长期施用有机肥促进了 CS 和 NC 两地 AOA 的增长，JX 和 YT 两地 AOB 的增长（图 12-9）。主要原因可能是有机肥种类、施肥数量及施肥年限的差异造成土壤理化性质之间存在较大差异。例如，土壤 pH 与 AOA 的丰度呈显著负相关关系（表 12-1），说明 pH 是影响 AOA 分布的重要因素（Gubry-Rangin et al., 2011; Hu et al., 2013）。之前的研究表明，AOA 是有机物添加的酸性土壤中的硝化过程的主要贡献者（Levičnikhöfferle et al., 2012; Wu and Conrad, 2014）。这可能与 AOA 有同化有机物质进行异养生长的潜力有关（Liu et al., 2018c; Walker et al., 2010）。在 CS 样地，施肥处理 AOA 的丰度是对照处理的 2 倍，这可能与土壤较高的含水量有关。这与先前研究表明 AOA 可以较好适应低氧环境相一致（Bannert et al., 2011; Erguder et al., 2009）。在 pH 中性的 JX 样地，施肥显著增加 AOB 的丰度，这与之前在

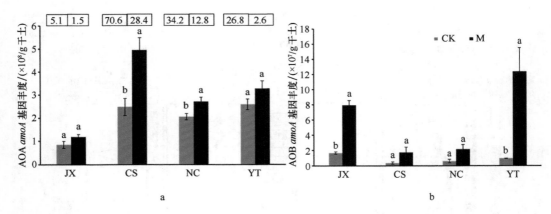

图 12-9 不同样地古菌（a）和细菌（b）*amoA* 基因拷贝数的变化（Liu et al., 2018a）

柱子上的不同字母表示在 $P<0.05$ 水平下有显著差异，图中方框内的数字代表 AOA/AOB 的值

表 12-1 氨氧化微生物丰度和非生物因子之间的皮尔森相关性（Liu et al., 2018a）

		pH	TC	TN	AP	AK	NH_4	NO_3	NH_3	含水量
AOA	p^a	**<0.001**	0.078	NS	**0.013**	NS	NS	0.054	**0.022**	NS
	r^b	**−0.638**	0.366	0.252	**0.499**	0.288	0.07	0.398	**−0.466**	0.325
AOB	p	NS	**0.085**	**0.068**	NS	NS	**<0.001**	NS	NS	NS
	r	0.205	−0.367	−0.387	−0.136	−0.081	0.621	−0.267	0.336	−0.277

注：a. 显著性水平 P 值；b. 相关系数 r 值。粗体表示具有显著性（$P<0.05$），NS 代表未检测出

中性水稻土 22 年长期施肥的研究结果相似（Wu et al., 2011）。有趣的是，在酸性 YT 样地，长期施肥之后 AOB *amoA* 基因拷贝数增加了 12.8 倍（图 12-9）并且基于 16S rRNA 测序结果的氨氧化微生物的相对丰度也显著增加。有研究发现在寒冷气候区的酸性土壤中施用马粪显著促进了 AOB 的增长（Fan et al., 2011）并且在酸性土壤中分离出了耐酸性的 AOB（Hayatsu et al., 2017）。这些研究扩展了我们之前对 AOB 的认识，即 AOB 驱动中性及碱性土壤的硝化过程。这些研究也表明在某些土壤中 pH 不是决定 AOA 和 AOB 生态位差异的唯一因素。土壤中 NH_3 的浓度被认为是决定酸性、中性或者碱性土壤中 AOA 和 AOB 明显的生态位差异的重要因素（Verhamme et al., 2011; Zhang et al., 2012）。在该研究中，有机肥增加了 JX 和 YT 两地 NH_3 的浓度，降低了 CS 和 NC 两地 NH_3 的浓度。研究发现 AOA 适宜生长在较低 NH_3 浓度（4.37~1220 nmol/L）环境（He et al., 2012），AOB 在高 NH_3 浓度下主导硝化过程（Jia and Conrad, 2009; Xia et al., 2011）。因此长期施用有机肥导致 JX 和 YT 两地 NH_3 浓度的增加从而促进了 AOB 的增长，AOA 则在 NH_3 浓度较低的 CS 和 NC 两地富集。

目前 AOA 主要包括以下 4 个分支：Group 1.1a（*Nitrosopumilus*），Group 1.1a-associated（*Nitrosotalea*），Group 1.1b（*Nitrososphaera*）和 ThAOA（*Nitrosocaldus*）（Pester et al., 2012）。研究表明 *Nitrosotalea devanaterra* 在 pH 范围为 4~5.5 可以生长，无法在 pH 大于 6 的环境中生存（Lehtovirta-Morley et al., 2011）。但是在中性的 JX 土壤中也检测到该种 AOA 的存在，这与之前在中性和弱碱性土壤中发现 *N. devanaterra* 是主要的氨氧化古

菌的结果相一致（Hu et al., 2012）。因此这类 AOA 也可能在非酸性环境下氧化 NH_3，但是其活性还需通过其他技术手段检测。除了 YT 之外，长期施用有机肥增加了其他三个样地 group 1.1b 的丰度，这与之前的研究发现有机物质可以促进该类 AOA 的增长相一致（Wu and Conrad, 2014; Xu et al., 2012），说明这类 AOA 对有机物质比较敏感。

系统发育分析结果说明 Nitrosospira 是土壤样品中的主要氨氧化细菌，这与之前的研究结果一致（Avrahami et al., 2003; Xia et al., 2011）。虽然在 JX 和 YT 两地长期施肥促进了 AOB 丰度的增加，但是 AOB 的群落结构并没有呈现清晰的变化趋势，说明有机肥对 AOB 群落结构的影响不大。之前也有一些研究发现某些长期施肥的土壤对 AOB 群落结构无影响（Alam et al. 2013; He et al., 2007）。有机肥增加了四地土壤属于 Nitrospira moscoviensis 的 NOB 的相对丰度，这可能与 N. moscoviensis 可以利用有机物质进行兼性营养生长有关，虽然这种 NOB 最初分离的时候是化能自养型细菌（Ehrich et al., 1995），但是一些其他硝化螺菌属的 NOB 可以异养生长（Daims et al., 2011），研究发现 N. moscoviensis 含有编码脲酶和甲酸脱氢酶的基因，说明该种 NOB 代谢具有多样性（Koch et al., 2015）。

本研究表明 4 个长期定位试验点的硝化微生物对有机肥的响应不同。长期施肥增加了 CS 和 NC 两地 AOA 的丰度，在 JX 和 YT 两地则是刺激了 AOB 的增长。施肥改变了硝化微生物的群落结构尤其是在 NC 和 YT 两地。相对于 AOB 而言，AOA 和 NOB 对有机肥比较敏感并且属于 Nitrosotalea devanaterra 的 AOA 和属于 N. moscoviensis 的 NOB 是主导的硝化微生物。土壤理化因子包括 pH、含水量是影响硝化微生物分布的主要因素，4 个长期施肥的样地的硝化微生物群落分布是土壤理化性质和采样点综合影响的结果（Liu et al., 2018a）。

（2）有机物对土壤硝化活性和活性硝化微生物的影响

通过上文的研究发现，有机肥这种复杂的有机物质确实会影响硝化作用和硝化微生物。相关研究也表明有机物料添加会影响土壤硝化过程及相关微生物（Wessén et al., 2010）。一些研究发现添加有机物质显著增加 AOA 的丰度（Wang et al., 2015c; Wessén et al., 2010），但是有研究发现也会促进 AOB 的生长（Kelly et al., 2011; Schauss et al., 2009）。近期的研究发现氨基酸和玉米秸秆等有机物质促进异养硝化的活性并且主导酸性森林土的硝化过程（Zhang et al., 2015b）。虽然有很多关于农田土壤硝化微生物对有机物料添加的响应研究，但是关于水稻土壤中有机物料添加对自养和异养硝化的相对贡献及活性微生物的影响却仍有待于研究。因此首先针对易分解有机物，通过 ^{15}N 同位素标记和 DNA-SIP 深入探讨有机物质对硝化微生物的影响机制。

C_2H_2 抑制土壤中 $^{15}NO_3^-$ 的产生从而造成 $^{15}NH_4^+$ 的积累（图 12-10），说明在愈伤组织降解过程中自养硝化过程起主要作用，同时也说明了愈伤组织中的有机氮矿化出的 NH_3 是硝化过程的底物。有研究指出，外源添加有机物质或者土壤有机质的矿化释放出的 NH_3 显著促进土壤硝化作用（Levičnikhöfferle et al., 2012; Zhang et al., 2010）。有机氮的迅速矿化可能与高含量的半纤维素和水溶性有机物质有关，如谷氨酸和甘氨酸等水溶性物质可以显著刺激硝化作用（Levičnikhöfferle et al., 2012; Zhang et al., 2015b）。相反地，

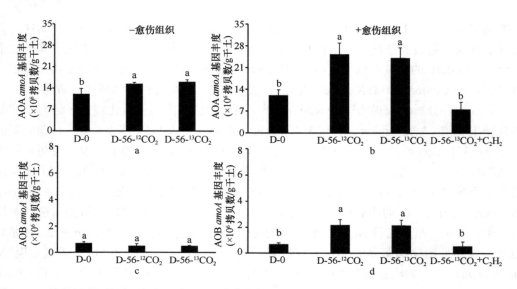

图 12-10　培养过程无添加对照（a 和 c）及愈伤组织处理（b 和 d）的 AOA（a 和 b）和 AOB（c 和 d）amoA 基因丰度的变化（Liu et al., 2019b）

含有较高木质素的落叶的净矿化速率较低，会抑制土壤硝化活性（Joshi et al., 2006）。这些研究结果表明愈伤组织极易被矿化与其本身高含量的水溶性有机物质（34.6%）和半纤维素（32.8%）及较低含量的木质素（3.8%）有关。同时愈伤组织被认为是根冠细胞的一个合适模型（Li et al., 2011），为研究根际根系分泌物养分的生物化学循环提供了一个新思路。

^{15}N 示踪实验表明愈伤组织降解过程中自养硝化是主要的硝化过程。因此利用 $^{13}CO_2$ 标记愈伤组织和无愈伤组织的微宇宙体系来探究在此过程中的活性硝化菌。C_2H_2 显著抑制 AOA 和 AOB 的生长进一步证明了在愈伤组织降解过程中硝化微生物的自养生长（图 12-10）。此外，培养 56 天后土壤 ^{13}C 的丰度显著增加也说明了微生物利用 CO_2 进行自养生长。这些结果与 AOA 和 AOB amoA 基因在不同浮力密度层级中的分布一致，进一步证明了氨氧化菌在该体系中依赖愈伤组织矿化的 NH_3 自养生长。但是本研究结果与 Zhang 等（2014a）的研究结果相悖，Zhang 等（2014a）报道在添加玉米秸秆的酸性森林土壤中异养硝化过程占 93%。尽管两者研究有许多不同之处（如土壤类型、管理方式等），最显著的差异可能是土壤 pH 和 NH_3 的来源。在本研究中，水稻土 pH 为中性并且硝化作用的底物是愈伤组织矿化出的 NH_3，而 Zhang 等（2014a）的供试土壤为酸性森林土。研究发现相比酸性土壤较低的 NH_3 的有效性，中性土壤矿化速率相对较高，NH_3 的有效性比酸性土壤高，进而使自养硝化菌的活性高于异养硝化菌（Curtin et al., 1998; Huygens et al., 2008; Kemmitt et al., 2006）。另外，低 C/N 值的有机物质（愈伤组织 C/N 为 5.9）会降低碳的可利用性，抑制异养硝化菌的生长，提高自养硝化菌的活性（Shi and Norton, 2000）。

分层后 DNA 的 amoA 基因定量 PCR 发现在愈伤组织降解过程中 AOA 和 AOB 均同化 $^{13}CO_2$（图 12-11），但是 AOA $^{12}CO_2$ 与 $^{13}CO_2$ 处理相对丰度最大值对应浮力密度之差大于 AOB，同时重层中 AOA amoA 基因拷贝数占所有层的比例是 AOB 的 4.5 倍（表 12-2），说明在愈伤组织添加的水稻土中 AOA 起主要硝化作用。假设土壤中的 NO_3^--N 仅来自于细菌氨氧化，那么 ^{13}C 标记 DNA 中的 AOB 特定细胞氨氧化速率为 32.1 fmol NH_3/(cell·h)，远高于目前农田土壤所报道的数据（Jia and Conrad, 2009; Xia et al., 2011）。这些结果表明 AOA 主导愈伤组织矿化产生 NH_3 的自养硝化。造成该结果的原因可能与 AOA 较高的底物亲和力有关，在培养 56 天后 NH_3 的浓度只有 1.6 μmol/L，但是已经满足属于 1.1b group 的 AOA 对底物的需求。

表 12-2　AOA 和 AOB 硝化活性的相对贡献（Liu et al., 2019b）

处理	微生物	基因拷贝数/(/g 干土)[†]	重层 DNA 基因拷贝数占总拷贝数的相对比例[‡]	重层 DNA 基因拷贝数/(/g 干土)	标记细胞数/(/g 干土)[§]	重层 DNA AOA：AOB 值	硝化速率/[μg NO_3^--N/(g 干土·d)]	fmol NH_3/(cell·h)[‖]
$^{13}CO_2$	AOA (amoA gene)	$1.61×10^7$	57%	$9.15×10^6$	$9.15×10^6$	—	0.33	0.11
$^{13}CO_2$	AOB (amoA gene)	$5.05×10^5$	—	—	—			—
Callus+$^{13}CO_2$	AOA (amoA gene)	$2.40×10^7$	66%	$1.58×10^7$	$1.58×10^7$	123.87	1.38	0.26
Callus+$^{13}CO_2$	AOB (amoA gene)	$2.16×10^6$	14.8%	$3.20×10^5$	$1.28×10^5$			32.1

注：†. 总 DNA 中 AOA 和 AOB amoA 基因拷贝数；‡. 重层 DNA 中 AOA 或者 AOB 占所有层 amoA 基因拷贝数的比例；§. 标记的 AOA 和 AOB 的细胞数；‖. 单位细胞氧化氨速率

AOA 基因组含有编码还原三羧酸循环（TCA）和 3-羟基丙酸/4-羟基丁酸循环途径的基因来同化无机碳（Berg et al., 2010; Walker et al., 2010）。但是基因组分析发现 AOA 可以通过 TCA 途径兼性营养生长并且含潜在有机底物转运体，暗示有机物是一个可供选择的碳源（Spang et al., 2012; Walker et al., 2010）。在本研究中，$^{13}CO_2$ 标记的 DNA-SIP 结果表明，AOA 更倾向于利用外源有机物质（愈伤组织）矿化的 NH_3 进行自养生长。其他 DNA-SIP 研究也报道了 AOA 利用土壤有机质矿化的 NH_3 主导硝化过程的例子（Zhang et al., 2012, 2010）。相反地，添加高浓度的无机氮并不能刺激 AOA 的生长（Jia and Conrad, 2009; Levičnikhöfferle et al., 2012），这可能与土壤持续不断矿化出低浓度的 NH_3 有关（He et al., 2012），防止高浓度 NH_3 的聚集（Levičnikhöfferle et al., 2012）对 AOA 的抑制作用。此外，相对于 AOB，AOA 可以适应低氧环境（Bannert et al., 2011）。在愈伤组织降解过程中会消耗一定 O_2 同时刺激周围微生物的呼吸造成的低氧甚至是厌氧微区也会优先促进 AOA 的生长。

本研究表明愈伤组织中的有机氮矿化的 NH_3 促进了水稻土自养硝化过程。愈伤组织显著增加土壤的硝化活性并且改变了 AOA 的丰度和群落结构。DNA-SIP 微宇宙培养结果同时证明了愈伤组织处理中活性 AOA 的数量高于 AOB，AOA 主导愈伤组织降解过程中的氨氧化作用。系统发育分析发现隶属于 group1.1b 的 *fosmid 29i4* 这种 AOA 在活性硝化过程中起主要作用。上述结果表明外源添加易分解有机物质并不能促进异养硝化反而促进以 *fosmid 29i4* 为主导的 AOA 的自养硝化过程（图 12-11）（Liu et al., 2019b）。

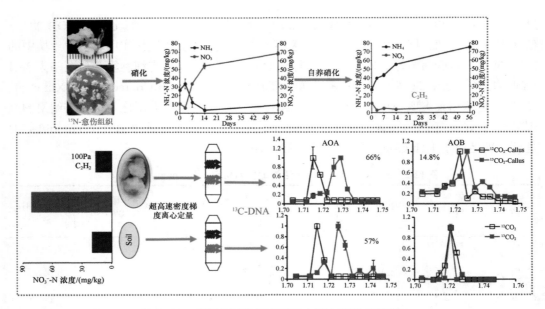

图 12-11　有机物显著促进稻田土壤古菌的自养硝化

3. 酸性梯田土壤硝化活性和活性硝化微生物研究

自从 AOA 被发现以来,对于 AOA 和 AOB 在氨氧化过程中的相对贡献已经开展了很多研究,但未有一致的结论。2006 年 Leininger 等对跨越 3 个气候带的 12 个原始土壤和农业土壤中的 AOB 和 AOA 进行研究,发现泉古菌 *amoA* 基因的拷贝数是 AOB 的 3000 倍。AOA 通常被认为在底物氨浓度较低、酸性环境或者缺氧的条件下较为活跃,而 AOB 则在氨浓度较高的环境中较为活跃(Di et al., 2009; Pratscher et al., 2011; Verhamme et al., 2011)。Jia 和 Conrad(2009)研究发现德国中性土壤中 AOB 能够同化 CO_2,但 AOA 不具有此功能。Martens-Habbena 等(2009)发现酸性土壤中 AOA 能够同化 CO_2,并推测这可能是由于酸性土壤中自养硝化作用底物氨分子浓度较低,有利于对氨分子有较高亲和力的 AOA 的存在。但随着分子生物学技术的发展,人们发现 AOB 在酸性土壤中也能够生长,甚至有可能主导氨氧化过程(Petersen et al., 2012; Xu et al., 2017a)。有学者从酸性农业土壤中分离出一株 AOB,其能在 pH 5~7.5 生长,并且在强酸性环境(pH=2)中仍能存活(Hayatsu et al., 2017)。另一个实验也证明在酸性森林土中,氨氧化是由 *Nitrosospira* cluster 3a.2 AOB 主导的(Huang et al., 2018),说明 AOB 在酸性土壤氨氧化中的作用有可能一直被低估。本实验采用 DNA-SIP 和 16S rRNA 高通量测序技术相结合的方法,通过对酸性梯田土壤的室内培养实验研究不同海拔土壤硝化作用的差异及活性硝化微生物,以期验证是否 AOB 也能主导酸性土壤中的硝化活性。

如图 12-12 所示,在不添加硝化抑制剂乙炔的条件下,硝态氮大量积累,表明硝化作用非常强烈。而在加入了乙炔硝化抑制剂的处理中,硝化过程几乎完全被抑制。在培养过程中,所有处理中加入的尿素均快速转化成铵态氮,而加入硝化抑制剂的处理,铵态氮浓度始终高于未添加抑制剂的处理,进一步说明硝化作用被抑制。未添加硝化抑制剂的处理土壤 pH 前两周有所上升,但随后下降至低于初始值,而在添加抑制剂的处理中，pH 随着培养时间的增长而不断增加。

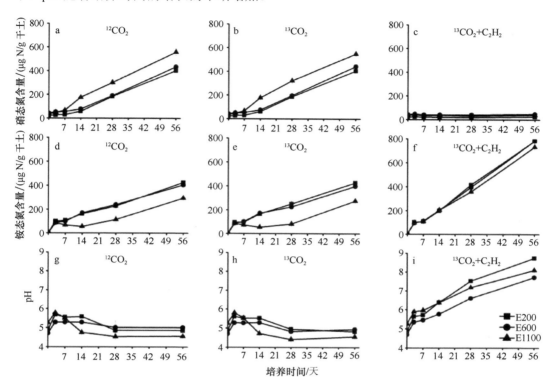

图 12-12　土壤硝态氮（a、b、c）、铵态氮（d、e、f）浓度及 pH 随培养时间变化的变化
（Zhang et al., 2019a）
E 代表海拔高度（m）

样品浸提液中未能检测到亚硝酸盐，说明土壤中氮素以亚硝酸盐形式存在的时间很短，亚硝酸盐氧化过程与氨氧化过程衔接迅速。此外，好氧条件下，反硝化细菌几乎不会消耗硝酸根进行反硝化作用，因此硝酸根的产生速率很大程度上可以代表土壤硝化活性。每种土的 $^{12}CO_2$ 和 $^{13}CO_2$ 处理中，硝酸根的累积无显著差异，故每种土的硝化速率用 $^{13}CO_2$ 处理中硝酸根的平均产生速率来计算。土壤硝化速率随海拔升高而升高，E200、E600 和 E1100 分别为 6.84 μg NO_3^--N/（g 土·d）、7.14 μg NO_3^--N/（g 土·d）和 9.15 μg NO_3^--N/（g 土·d）。

土壤 AOA *amoA* 基因丰度随海拔升高而升高，培养结束后，三种土壤 AOA *amoA* 基因丰度均有显著下降，E200、E600、E1100 分别从 $2.49×10^7$/g 干土降低到 $1.15×10^6$/g 干土、$3.45×10^7$/g 干土降低到 $4.93×10^6$/g 干土、$9.39×10^7$/g 干土降低到 $1.57×10^7$/g 干土。而 AOB 丰度均显著增加，E200、E600、E1100 分别从 $6.60×10^5$/g 干土增加到 $2.41×10^7$/g 干土，$4.90×10^5$/g 干土增加到 $1.04×10^8$/g 干土、$3.64×10^6$/g 干土增加到 $3.64×10^8$/g 干土，分别增加了 35.5 倍、211 倍、99 倍。乙炔抑制剂完全抑制了 AOB 的增长。尿素添加促进了 AOB 的增长而非 AOA，前人研究同样发现添加氮肥后，只有 AOB 丰度增加（Di et al., 2009; Jia and Conrad 2009）。

超高速离心分层之后的定量分析发现（图 12-13），在对照处理（$^{12}CO_2$ 和 $^{13}CO_2+C_2H_2$）中，AOA *amoA* 基因拷贝数的"峰值"出现在浮力密度为 1.710 g/mL 的轻层中。然而 $^{13}CO_2$ 标记的处理中，AOA *amoA* 基因拷贝数的峰值出现在浮力密度为 1.732～1.739 g/mL 的重层中，同时在 E600 和 E1100 中，浮力密度为 1.720 g/mL 处有一个小峰，说明有些 AOA 被部分标记（图 12-13）。AOA *amoA* 基因在重层中的拷贝数占全部浮力密度梯度范围内拷贝数的百分比表现为 E1100>E600>E200，分别为 86.1%、63.3%、54.7%（表 12-3），说明 AOA 的标记程度随海拔上升而增加。

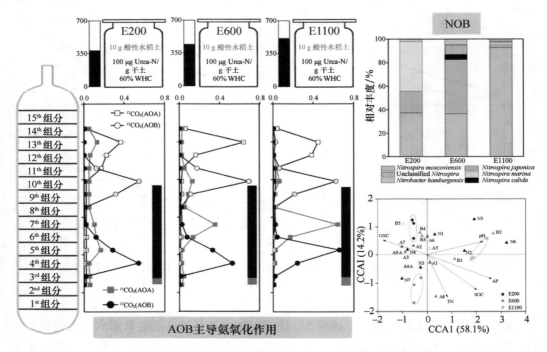

图 12-13　酸性梯田土壤硝化活性和活性硝化微生物

表 12-3　三种土壤中 AOA 和 AOB 对硝化作用的相对贡献（Zhang et al., 2019a）

土样	微生物 (*amoA*)	处理	基因拷贝数 /(/g 干土)†	重层 DNA 基因拷贝数占总拷贝数的相对比例‡	重层 DNA 基因拷贝数/ (/g 干土)§	标记细胞数 /(/g 干土)§	重层 DNA AOA: AOB 值	硝化速率 /[μg NO_3^--N / (g 干土·d)]	fmol NH_3/ (cell·h)∥
E200	AOA	$^{13}CO_2$*	$1.15×10^6$	54.7%	$6.28×10^5$	$6.28×10^5$	15.1	6.84	32.4（0.59）
	AOB	$^{13}CO_2$	$2.41×10^7$	98.2%	$2.37×10^7$	$9.47×10^6$			2.15（0.9~83）
E600	AOA	$^{13}CO_2$	$4.93×10^6$	63.3%	$3.12×10^6$	$3.12×10^6$	13.2	7.14	6.81
	AOB	$^{13}CO_2$	$1.04×10^8$	98.9%	$1.03×10^8$	$4.12×10^7$			0.52
E1100	AOA	$^{13}CO_2$	$1.57×10^7$	86.1%	$1.35×10^7$	$1.35×10^7$	10.3	9.15	2.01
	AOB	$^{13}CO_2$	$3.56×10^8$	97.9%	$3.49×10^8$	$1.40×10^8$			0.20

注：*. 未添加乙炔的 $^{13}CO_2$ 标记处理；†. 土壤总 DNA 中细菌和古菌 *amoA* 基因拷贝数；‡. 重层中（浮力密度≥1.732 g/mL）基因拷贝数占全部浮力密度梯度范围内拷贝数的比例；§. 被标记的 AOA 和 AOB 细胞数，假设每个 AOB 和 AOA 分别还有 2.5 个和 1.0 个基因拷贝数；∥. AOA 和 AOB 单细胞氨氧化率

重层中被标记的 AOB 数量远高于 AOA（表 12-3），并且已有的研究表明 AOB 的单细胞氨氧化率通常比 AOA 高（Jia and Conrad, 2009），表明在本实验的酸性土壤中，AOB 对氨氧化的贡献要大于 AOA。前人研究大多证明 AOA 在酸性土壤氨氧化过程中起主导作用（Zhang et al., 2012; Jiang et al., 2015），本实验中相反的结果说明土壤 pH 并非总是 AOA 和 AOB 生态位分异的决定性因素（Pan et al., 2016）。

前人研究发现了酸性土壤中细菌氨氧化的可能性（Petersen et al., 2012），而这种可能性近期在一种温带酸性森林土中也得到了证实（Huang et al., 2018）。本实验运用稳定同位素探针技术，第一次直接证明了 AOB 在酸性水稻土驱动硝化的重要作用。在 DNA-SIP 实验中，被标记的 AOA 和 AOB 细胞数之比在很大程度上可以代表 AOA 和 AOB 在活性硝化作用中的相对贡献（Wang et al., 2015a）。在本实验的三种土壤中，被标记的 AOB：AOA 分别为 15.1、13.2 和 10.3（表 12-3），说明三种酸性土壤中，AOB 主导氨氧化作用。此外，假设氨氧化完全由 AOA 完成，则其需要有 2.01~32.4 fmol N /(cell·h) 的单细胞氨氧化率才能实现其在本实验中的硝化速率，目前已知最高的 AOA 单细胞氨氧化率出现在 *Nitrosopumilus maritimus* SCM1（Könneke et al., 2005），为 0.59 fmol N /(cell·h)，说明本实验中三种酸性土壤中氨氧化不可能由 AOA 独自完成，间接证明细菌氨氧化在酸性土壤中的重要作用。

三种土壤中，超过 99.5%的活性 AOB 属于 *Nitrosospira* cluster 3（表 12-4），表明其主导细菌氨氧化。过去认为 *Nitrosospira* cluster 3 主导细菌氨氧化过程的情况多发生在底物氨浓度较高的土壤中（Kowalchuk et al., 2000; Di et al., 2009; Pan et al., 2016），而 Huang 等（2018）近期同样发现酸性森林土中自养氨氧化由 *Nitrosospira* cluster 3a.2 AOB 主导。有学者认为尿素水解能消耗质子，从而提高 AOB 附近微环境的 pH，但在本实验中，土

表 12-4　三种土壤 ^{13}C-DNA 中活跃硝化微生物的组分（Zhang et al., 2019a）

硝化微生物基因型		^{13}C-16S rRNA 基因		
		E200/%	E600/%	E1100/%
AOA	group 1.1a	12.0	0.6	0.3
	group 1.1a-associated	70.9	98.8	99.5
	group 1.1b-soil 29i4 fosmid	17.1	—	—
	group 1.1c	—	0.6	0.2
AOB	*Nitrosospira* cluster 3	99.9	99.8	99.9
	Nitrosomonas oligotropha	0.1	0.2	0.1
NOB	*Nitrospira moscoviensis*	37.5	36.8	92.9
	Nitrospira japonica	18.3	45.9	2.4
	Nitrospira marina	42.0	—	1.6
	Nitrospira calida	—	4.3	—
	unclassified *Nitrospira*	—	8.1	1.3
	Nitrobacter hamburgensis	2.2	4.8	1.8

注："—"表示没有序列属于该类别

壤 pH 在培养过程中并没有升高（图 12-12），说明某些 *Nitrosospira* cluster 3 物种可能是耐酸的。

所有微宇宙中，铵根离子均有明显累积，表明添加的尿素在土壤中立即发生水解变成铵态氮，并且累积速度在 0~7 天最快（图 12-12），说明胞外脲酶活性存在的可能。本实验各个处理中，铵根离子浓度都是充足的，因此含有脲酶的微生物在对底物的利用上并没有优势，说明 AOA 和 AOB 相对贡献的差异不是铵态氮供应不足造成的。通常认为底物氨的有效性是造成氨氧化微生物代谢差异的主要原因（Di et al., 2009; Verhamme et al., 2011; Prosser and Nicol, 2012），而在本实验中，充足的铵态氮浓度可能是 AOB 活性较高的主要原因。

Nitrospira 和 *Nitrobacter* 是陆地生态系统中最为常见的两种 NOB。系统发育分析表明本实验三种土壤中超过 95%的活性 NOB 都属于 *Nitrospira*，而不是 *Nitrobacter*（表 12-4），这与很多报道结果类似（Zhao et al., 2015; Wang et al., 2015a）。研究发现 *Nitrobacter* 偏好高氮和高氧环境，而 *Nitrospira* 可以生存在营养元素相对胁迫的环境中（Schramm et al., 1999）。本实验土壤中亚硝酸根低于检测限，属于底物胁迫环境，故 *Nitrospira* 主导活性 NOB。

本实验通过 DNA-SIP 和高通量测序技术，研究三种海拔土壤添加尿素后硝化速率及活性硝化微生物的差异，结果表明：①土壤硝化速率随海拔升高而增加，均伴随着 AOB 的显著增加，而 AOA 丰度在培养结束时显著下降；②活性 AOB 丰度和标记程度均远远高于 AOA 和 NOB，证明细菌氨氧化在酸性水稻土壤中的重要作用；③本实验揭示了土壤硝化活性差异主要是活性微生物相对丰度及群落组成差异导致的，AOB 主导了酸性梯田土壤的硝化活性，说明其具有比我们以前所认知更广的生态位（图 12-13）（Zhang et al., 2019a）。

12.2.3　土壤病毒对土壤微生物群落和功能的影响

病毒（virus）是目前所知的最简单的生命单元，通常是由外壳蛋白质和包被在外壳蛋白质内的核酸（DNA 或 RNA）两部分组成的非细胞形态。病毒本身缺乏完整的酶系统及能量转化系统，当游离于环境中时，它只是一个有机大分子，只有侵染宿主后才具有生命特征，能进行复制，目前是游离于 Woese 提出的生物界的三域学说（Three Domains Theory），即细菌域（bacteria）、古菌域（archaea）和真核生物域（eukarya）之外的（Woese and Fox, 1977; 韩丽丽和贺纪正，2016）。病毒可以感染几乎所有具有细胞结构的生命体。凡是有生物的地方都会存在病毒，病毒是无处不在的，是地球生物圈中数量最多的生物实体，保守估算全球病毒数量大于 10^{31}（Suttle, 2005）。病毒也是地球生态系统不可或缺的重要成员，目前已经证明至少病毒在海洋生态系统物质循环、能量流动，以及维持生物多样性和生物进化等方面起到重要的作用（Williamson et al., 2017）。

2013 年国际病毒分类委员会（International Committee on Taxonomy of Viruses, ICTV）公布的分类法中，将病毒分为 7 个目（Order）：有尾噬菌体目（Caudovirales）、疱疹病毒目（Herpesvirales）、线状病毒目（Ligamenvirales）、单股反链病毒目（Mononegavirales）、网巢病毒目（Nidovirales）、小核糖核酸病毒（Picornavirales）和芜

菁黄花叶病毒目（Tymovirales），其中有尾噬菌体目主要侵染细菌。侵染原核微生物的病毒被称为噬菌体（bacteriophage/phage）。目前基于海洋环境的研究表明病毒的数量往往相当于甚至高于细菌数量，而这些已经测定的病毒主要以噬菌体为主（Paez-Espino et al., 2016; Roux et al., 2016）。土壤中原核微生物（细菌和古菌）的数量远多于真核生物，因此噬菌体是土壤中主要的病毒类群。

目前关于环境病毒的生态功能大多是基于海洋生态系统的相关研究发现的，主要体现在三个方面：①直接或间接参与元素地球化学循环。病毒感染在引起寄主细胞死亡裂解的同时，也促发寄主细胞碳源和其他营养元素释放到环境中去，进而促进了元素的生物化学循环，这种由病毒介导的元素传递方式被称为 viral shunt（Wilhelm and Suttle, 1999; Kuzyakov and Mason-Jones, 2018）。有报道指出，在海洋中由病毒推动的碳循环量占该生态系统碳循环总量的 6%～26%（Weinbauer, 2004）。Fischer 和 Velimirov（2002）在淡水环境中也报道了类似的情况，他们估计由病毒裂解细菌细胞所释放的碳量占微生物二次生产总量的 29%～79%。Li 等（2013）运用稳定性同位素示踪技术跟踪 ^{13}C 标记的碳流，发现由 T4 型噬菌体介导的碳的分流，促进了碳的循环。②作为基因水平移动的媒介。病毒能侵染多个宿主，是物种间基因水平转移的重要媒介。噬菌体介导的基因水平移动（转导）为生物多样化和物种形成提供了关键机制。正是病毒与寄主的共进化推动了地球生物群落不断演替，形成了如此多样性的地球生态系统（Thingstad and Lignell, 1997）。③调控寄主群落结构。众所周知，自然生态系统中微生物群落结构主要由两种作用调控，即从下向上的上行作用（bottom-up control）和从上而下的下行作用（top-down control）（Chow et al.,2014; Lenoir et al., 2007）。病毒调控细菌群落结构是一种经典的 top-down 调控。病毒作为消除细菌的重要媒介，被认为是造成地表水中细菌总死亡率的 10%～50%的原因（Fuhrman, 1999; Suttle, 2007）。许多研究试图量化病毒裂解导致的 top-down 调控对水生生态系统中微生物群落结构影响的贡献（Fuhrman and Noble, 1995; Weinbauer et al., 2003, 2007）。Chow 等（2014）发现病毒与细菌的关系比原生动物与细菌的关系更具有交联性，关联网络分析表明微生物受 top-down 和 bottom-up 的共同调控。虽然学术界意识到病毒主导的 top-down 调控对微生物群落结构的重要影响，但对这一调控过程的研究还处于黑箱状态，目前已有的报道要么是主要针对水体（Cram et al., 2016; Weitz et al., 2015）、沉积物（Corinaldesi et al., 2010; Engelhardt et al., 2015），要么是针对特定噬菌体及其寄主的动态变化（Ashelford et al., 1999），缺乏陆地生态系统尤其是土壤环境中病毒对微生物群落的 top-down 调控的研究（Li et al., 2019）。Allen 等（2010）曾以茶提取物作为噬菌体抑制剂添加到阿拉斯加土壤中，发现添加茶提取物显著地降低了土壤中噬菌体的数量，但增加了微生物生物量和土壤呼吸速率，然而噬菌体是否对细菌群落结构产生影响并没有报道。事实上，土壤环境尤其是稻田土壤具有非常巨大的病毒数量和多样性。土壤中原核微生物（细菌和古菌）的数量远大于真核生物，可以达到 10^9 个/g 土，而土壤病毒的数量往往相当于甚至达到 10 倍于其宿主的数量（Rohwer and Edwards, 2002），可见土壤中巨大的病毒数量。Helsley 等（2014）发现美国东弗吉尼亚森林土中病毒的数量达到惊人的 $5.8×10^9$ 个/g 土。稻田环境中土壤病毒的量也达到 10 亿个/g 土，即便在严重低估的情况，土壤病毒的多样性也高于水生生态系统（Kimura et al., 2008）。继 Filée 等（2005）设计出编码 T4 型噬菌体主要衣壳蛋白的 $g23$ 基因的引物用于海洋噬菌体多样性的研究后，贾仲君研究员首先利用 PCR 扩增技术从日本的水稻田中扩增出 $g23$ 基因（Jia et al., 2007），之后经过 Fujii 和王光华研究员的补充，建立了 9 个新的稻田土壤 T4 型噬菌体类群（Paddy groups Ⅰ-Ⅸ）（Fujii et al., 2008；Wang et al., 2009），这也证明了稻田中 $g23$ 基因比海洋中分布更广，多样性也更丰富。之后王光华团队在环境病毒功能基因多样性（$g23$、$g20$、$psbA$、DNA pol 及 $phoH$ 等）方面做了大量的工作证明了土壤环境病毒巨大的多样性（Liu et al., 2011；Zheng et al., 2013；王光华，2017）。Emerson 等（2018）利用宏基因组技术对瑞典永久冻土中的病毒进行研究获取了 1907 个大于 10 kb 的病毒组基因。土壤病毒的巨大数量和多样性暗示其可能在土壤微生物群落、食物链相互作用和营养元素循环方面有重要作用。Li 等（2011, 2013, 2019）主要是在土壤病毒影响碳流和对土壤细菌群落的调控两方面做了一些工作。

1. T4 型噬菌体介导土壤环境病毒分流

作为地球上数量最多的生命体，病毒越来越被认为在调控寄主群落结构和生物进化中起到重要的作用，是全球生物地球化学营养循环的主要驱动力。已有的研究充分说明了海洋和淡水等水体环境中病毒对促进元素生物地球化学循环起重要作用，但是病毒对陆地生态系统中元素循环及微生物群落影响情况仍未了解。事实上，土壤中噬菌体的数量更是至少要高出其寄主（细菌和古菌）数量的 10 倍，其多样性也极其丰富。

Li 等（2011, 2013）采用 ^{13}C 标记水稻种子愈伤组织，追踪水稻根系分泌物碳流，解析降解利用根系分泌物的微生物群落，模拟研究水稻不同生长时期根际环境温室气体（CO_2、CH_4）产生的活性微生物。结果表明：在水稻移栽前期，根系分泌物的降解微生物以革兰氏阴性菌为主，占到 70% 以上（图 12-14）。被 ^{13}C 标记的活性细菌群落大部分（>50%）是具有难降解物如纤维素、几丁质等降解功能的细菌，如拟杆菌门的嗜几丁质菌属和放线菌门的链霉菌属。这些细菌群落明显不同于之前发现的水稻根表和利用凋落物的细菌群落，进一步扩大了水稻根际活性细菌群落的多样性（Li et al., 2011）。随后进一步追踪 ^{13}C 碳流发现，有部分碳并没有随着食物链从根系分泌物→细菌再到高一营养级的捕食者，而是经由 T4 型噬菌体介导的微生物环重新回到可溶性有机碳，再可以

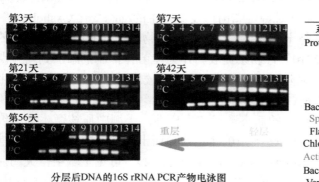

图 12-14　DNA-SIP 分层扩增与活性细菌系统发育属性（Li et al., 2013）

被其他异养型微生物利用而再次进入食物链或者微生物环从而形成病毒分流（viral shunt）（图 12-15）。与传统的食物链相比，微生物环具有相对独立、生态效率高和营养物质更新更快等特点，说明在土壤环境中噬菌体直接参与了物质循环。水稻根系环境噬菌体介导的微生物环的发现，说明噬菌体可能对陆地生态系统微生物群落、能量流动、物质循环等方面有重要作用（Li et al., 2013）。

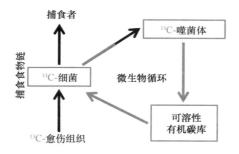

图 12-15　稻田土壤 T4 型噬菌体介导的微生物环

2. 稻田土壤病毒对细菌群落的调控作用

环境中巨大的微生物多样性资源维持机制引起了科学家的广泛兴趣，但是大多研究仅关注环境因子对微生物多样性的影响，对微生物间的相互作用，尤其是竞争、捕食等直接影响到微生物生物量、多样性及功能则较少关注。选取浙江慈溪长达 2000 年水稻种植历史的时间序列土壤，通过测序分别对编码 T4 型噬菌体的主要衣壳蛋白（g23）基因和细菌的 16S 核糖体 DNA 进行分析，以验证 T4 型噬菌体侵染介导的下行作用（top-down control）对土壤细菌群落的影响。结果发现在千年时间尺度的稻田土壤发育过程中，土壤细菌和噬菌体群落发生了显著变化。细菌群落不仅受到土壤理化因子的影响（上行作用，bottom-up control），同时也受到噬菌体侵染（下行作用，top-down control）的影响（图 12-16）。噬菌体和细菌分类群之间的网络分析进一步挖掘了 T4 型噬菌体与其潜在宿主的关系（图 12-17）。噬菌体裂解在塑造土壤环境细菌群落的重要作用是对当前研究仅重视环境因子影响而忽略了微生物相互作用的重要补充（Li et al., 2019）。

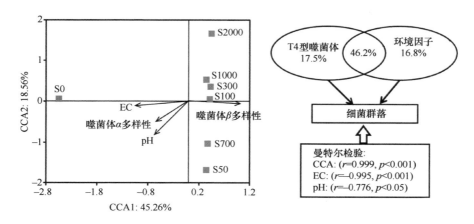

图 12-16　细菌群落影响因子的 CCA 和 VPA 分析（Li et al., 2019）

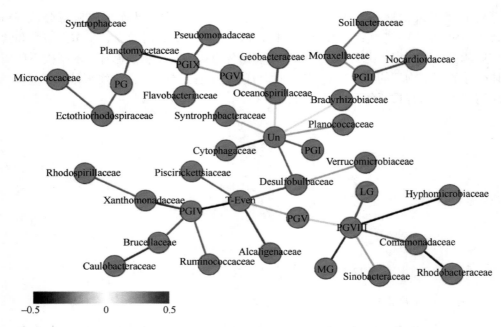

图 12-17 细菌和 T4 型噬菌体相互作用的网络图（Li et al., 2019）

12.3　土壤微生物对气候变暖的适应性

在全球气候逐渐变暖的同时，一些极端天气，如极端高温、干旱、暴雨等出现的频率也愈加频繁（IPCC, 2014）。由气候变化引发的一个重大问题是气候变暖及一些极端天气的出现将会对土壤这一人类赖以生存的基本生态系统，以及其中的营养元素的循环产生怎样的影响。这将直接关系到人类的农业生产、粮食供应等重大生产、生活问题。这对人口急剧增加的中国来讲尤为重要。

气候变暖作为全球变化的主要表现已是毋庸置疑的事实。由于温度和水分影响着几乎所有的陆地生态系统碳氮循环过程，因此气候变暖及其引起的降水格局变化将会对全球陆地生态系统碳氮循环过程产生巨大影响。当前，气候变暖对陆地生态系统碳循环过程如土壤呼吸、CO_2 排放等的影响研究较多。一般认为气候变暖短时间内会加快土壤有机碳分解，增加土壤呼吸速率，土壤碳库对气候变暖产生正反馈作用，即加速气候变暖的进程；而随时间的延长这种促进作用会慢慢地减弱，即会表现出一定的适应性。最近有一些研究表明气候变化的影响不仅表现在碳库上，还会表现在氮磷等植物生长的基本要素上。在全球变暖的大背景下，氮循环微生物的适应性及 N_2O 排放情况成为当前全球变化中亟须研究的热点和难点问题。

为此相关学者将野外大田试验与室内培养试验相结合，系统研究了温度和水分的单独、综合作用对土壤 N_2O 温室气体排放和相关功能微生物的影响（Xu et al., 2016, 2017a, 2017b; Ran et al., 2017; Zhang et al., 2019b, 2019c）。

12.3.1 气候变暖对土壤 N_2O 排放的影响

目前为止，已经有很多试验尝试去探究气候变化，如升高的 CO_2 浓度（eCO_2）、升温和干旱对 N_2O 排放的影响。一方面，这些试验都是在草原生态系统、荒野草地、放牧草地及高原草甸等生态系统中进行的（Hu et al., 2010, 2015, 2016; Cantarel et al., 2011, 2012; Carter et al., 2011; Larsen et al., 2011; Brown et al., 2012; Hartmann et al., 2013）。这些试验的结果表明升温可以通过刺激氮矿化增加底物的可利用性从而刺激 N_2O 的排放（Cantarel et al., 2011, 2012）。另一方面，气候变化驱动因子的交互作用要比单个驱动因子的作用复杂得多。有研究表明多个气候变化因子的综合作用对 N_2O 的影响要比单个气候变化因子的影响小，因为因子之间的作用可能会相互抵消（Larsen et al., 2011; Brown et al., 2012）。因此，关于针对单个气候变化影响因子的研究可能会高估气候变化对 N_2O 排放的影响。研究表明，气候变化所引起的温度和土壤水分条件的变化是影响 N_2O 排放最直接的环境影响因子，而升高 CO_2 浓度对 N_2O 的影响往往是通过影响土壤含水量或者氮素周转间接实现的（Billings et al., 2002; Cantarel et al., 2011, 2012; Larsen et al., 2011; Liu et al., 2015b）。

不同生态系统中，参与 N_2O 循环的微生物对升温和干旱的响应不同（Singh et al., 2010）。同时，微生物固有的生态习性导致其对变化的气候条件有不同的敏感特性。氨氧化古菌和细菌（AOA 和 AOB）是参与硝化过程关键步骤的微生物群落，该步骤直接影响了菜园土中氮的有效形态，并影响着氮的流失（如硝酸盐的淋失和 N_2O 的排放）。据报道，AOA 和 AOB 的群落丰度和结构均受温度和水分的影响，但是它们对温度和水分的响应会随土壤条件不同而改变（Avrahami and Bohannan, 2009; Gleeson et al., 2010; Chen et al., 2013）。反硝化过程是由多个不同微生物所主导的过程，该过程是重要的氮损失途径，如菜园土中 N_2O 的排放（Xiong et al., 2006; He et al., 2009）。有报道称反硝化基因的丰度可作为土壤中 N_2O 排放的指示因子（Morales et al., 2010），因而研究气候变化对反硝化微生物群落的影响可以帮助我们制订 N_2O 的减排措施。为此，笔者设计了大田菜园土的试验来研究增温和干旱的综合作用，以及施加氮肥对菜园土中硝化和反硝化微生物群落、N_2O 排放的影响。该试验的目标是研究模拟气候变化（增温和干旱）与施加氮肥对①氨氧化微生物和反硝化微生物的影响；② N_2O 排放的影响；③ N_2O 排放与微生物群落及土壤条件之间相互关系的影响。本节利用温室来模拟升温 3℃和土壤含水量减少 14.4%的气候变化条件。

在试验进行期间，温室内日平均气温高于温室外 3.3℃，土壤水分减少 14.4%（图 12-18）。在试验开始的最初 21 天内，水分差异在 6.25%～53.57%，平均 27.21%。在此之后水分差异保持在 10.21%的水平。

本研究结果发现模拟气候变化显著减少了施肥土壤中硝酸盐的淋失，表现为在施加尿素的条件下，有温室的处理中硝酸盐的浓度显著高于无温室的处理。然而，无温室的处理中 N_2O 的排放依然显著高于有温室的处理（图 12-19）。结果表明，相对较高的硝酸盐含量、升温及干旱的综合作用导致了菜园土中 N_2O 排放量的减少。硝酸盐含量、温度和土壤水分均是影响 N_2O 排放的重要因素。有研究表明，农田中 N_2O 的排放可随着

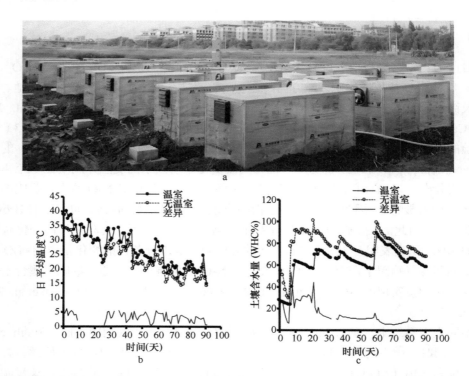

图 12-18　菜园土温室装置图（a）和温室内外日平均气温（b）和土壤含水量（c）情况（Xu et al., 2016）

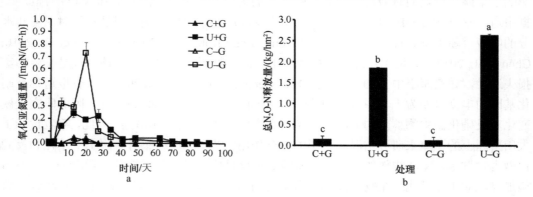

图 12-19　菜园土 N_2O 排放通量（a）和排放总量（b）受模拟气候变化和施肥的影响（Xu et al., 2016）
C、U 分别指不施肥和施加尿素处理；−G、+G 分别指无温室和有温室处理。b 图中柱上字母不同表示差异显著（$P<0.05$）

土壤温度和硝酸盐含量的增加而增加，而随着土壤含水量的减少而减少（Dobbie et al., 1999; Smith et al., 2003; Luo et al., 2013），而 N_2O 的最终排放量是受制性主导因素的影响（Dobbie and Smith, 2003; Di et al., 2014）。因此，三因素综合作用导致的 N_2O 排放量的减少说明土壤水分条件是施肥菜园土中影响 N_2O 排放的限制性主导因素。

对于氨氧化菌群来说，在施加尿素的土壤中，AOB 对模拟气候变化的响应比 AOA 更显著。在温室内高温干旱的条件下，尿素的施加使得温室内 AOB 的丰度相比于温室外的处理增加了一个数量级。虽然 AOB 对水分胁迫非常敏感（Avrahami and Bohannan, 2009; Chen et al., 2013），但 AOB 可以在底物充足的条件下通过改变微生物群落结构来保持群落的生长。NMDS 分析进一步表明 AOB 群落结构的改变与土壤水分条件和 NO_3^--N 浓度显著相关（$R^2=0.69$，$P=0.004$；$R^2=0.68$，$P=0.008$）。

在施肥土壤中，相比于无温室的对照，温室处理显著增加了 *nirK* 基因的丰度。这可能是因为升温和较高的硝酸盐浓度会刺激 *nirK* 类型反硝化菌的增长（Xie et al., 2014）。在以往的研究中发现，对于两种 *nir* 基因而言（*nirS* 和 *nirK*），*nirK* 相对于 *nirS* 基因对环境变化的响应更敏感，尤其是温度的变化（Jung et al., 2011; Wertz et al., 2013）。而 *nirS* 类型的反硝化菌则比 *nirK* 类型的反硝化菌对土壤水分条件的变化更敏感（Saleh-Lakha et al., 2009）。对于 *nosZ* 基因而言，施肥的处理显著降低了其群落丰度。这主要因为在硝态氮浓度较高的条件下，反硝化菌更喜欢选择硝态氮而不是 N_2O 作为电子受体，因而显著抑制了 *nosZ* 的生长（Wrage et al., 2001）。同时，施肥处理中 N_2O 的排放量显著高于不施肥处理，说明硝态氮浓度较高的环境更容易产生 N_2O 而非 N_2。在没有施肥的土壤中，模拟气候变化显著减少了 *nosZ* 的丰度，主要是因为 *nosZ* 基因对干旱条件尤为敏感（Keil et al., 2015）。

该试验结果表明气候变化对氨氧化菌和反硝化菌群落及施肥对 N_2O 排放的显著影响，并且施肥可增强气候变化对土壤 N_2O 排放和相关微生物的影响。增温和干旱及施肥的综合作用导致菜园土中 N_2O 的减少，并且干旱条件是其中的限制性主导因素。相对 AOA 而言，AOB 更容易在施肥的条件下适应气候的变化，并且占据数量优势。AOB 群落的变化主要取决于土壤水分和铵态氮的浓度。属于 *Nitrosomonas* 分支的 AOB 是气候变化条件下的优势氨氧化菌群。气候变化和施肥同样增加了 *nirK* 的丰度，但是减少了 *nosZ* 丰度。因此，AOB 群落、*nirK* 和 *nosZ* 类型的反硝化群落是菜园土中受气候变化影响较大的微生物菌群（Xu et al., 2016）。

12.3.2 温度对土壤 N_2O 排放及氮循环微生物的影响

在前一节的内容中，我们发现温度和施肥类型都对菜园土中 N_2O 的排放产生了影响，并且对氨氧化菌群落和反硝化细菌群落的影响不同。但除去氨氧化菌群落和反硝化细菌群落之外，越来越多的研究表明真菌可通过真菌反硝化过程在 N_2O 的排放中发挥重要的作用，尤其是在酸性土壤中（Long et al., 2015）。近些年来，针对真菌 *nirK* 的引物设计也帮助我们更好地研究真菌在 N_2O 排放中的作用（Long et al., 2015; Wei et al., 2015）。因此在本节森林土的温度试验中，研究了施用不同肥料的条件下，不同的温度条件（20℃、30℃和40℃）对土壤氨氧化和反硝化菌、硝化速率和 N_2O 的排放、DCD 的抑制效果。

该试验的研究结果发现，温度和肥料类型显著影响了 N_2O 的排放，并且在尿素处理中，N_2O 的排放随着温度的升高而升高，而在有机肥处理中随着温度的升高而降低（图12-20）。在尿素处理的土壤中，N_2O 在 40℃ 条件下的排放总量显著高于 20℃ 和 30℃ 条件下的排放量（图 12-20）。

但是在 40℃ 的条件下，氮循环相关的微生物，包括氨氧化菌、反硝化细菌及真菌群落的丰度均显著下降并在后期低于检测限。因而微生物的活动难以解释 40℃ 条件下 N_2O 排放量的显著升高。因此推测，40℃ 条件下，尿素处理中升高的 N_2O 排放量极有可能来自于非生物过程，如化学反硝化过程。之前的研究发现在 pH 小于 5 的土壤条件下，化

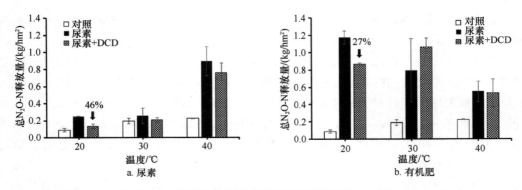

图 12-20　森林土 N_2O 的排放总量受温度和肥料类型的影响（Xu et al., 2017a）

学反硝化过程在 N_2O 的排放过程中起着重要的作用（Braker and Conrad, 2011）。该酸性土壤的 pH 为 4，并且在施加尿素后其 pH 可能会更低。

相比之下，有机肥处理中 N_2O 的排放则在 20℃的条件下最高，显著高于 30℃ 和 40℃下 N_2O 的排放。有机肥中 N_2O 的排放量与（$nirS + nirK$）/$nosZ$ 显著相关，意味着微生物主导的反硝化过程在有机肥处理的 N_2O 排放过程中起着相当重要的作用。另外值得关注的是，在 40℃有机肥的处理中，虽然 N_2O 排放总量相比较于 20℃ 和 30℃ 显著降低，但与对照相比，有机肥的添加依然显著增加了 N_2O 的排放总量（图 12-20）。与显著降低的氨氧化菌和反硝化细菌的群落丰度相比，真菌 $nirK$ 的基因丰度在 40℃的条件下显著升高（图 12-21），并与 N_2O 的排放量显著相关。这些结果说明在有机肥处理的酸性土壤中，真菌是高温环境下 N_2O 排放的重要参与者。

反硝化微生物仅在 20℃条件下，添加有机肥的处理中有显著增长（图 12-21）。相比之下，尿素的添加则在任何温度条件下都对反硝化菌群的生长无显著影响。这主要是因为有机肥中的有机碳能为异养的反硝化微生物提供碳源，同时显著增强土壤微生物的呼吸作用，从而导致厌氧微区的产生进而刺激反硝化微生物的生长。同时，与 $nirS$ 相比，$nirK$ 基因在 30℃有机肥处理中的显著增长说明 $nirK$ 基因能更好地适应高温环境。

不同于氨氧化菌和反硝化菌，在有机肥处理中，真菌群落的丰度随着温度的升高显著增加（图 12-21）。测序进一步发现这种耐高温的真菌 $nirK$ 菌群属于 *Aspergillus fumigatus*。近些年来，有研究发现真菌在土壤 N_2O 的排放中起着相当重要的作用。这就意味着在气候变暖的背景下，真菌可能是未来气候变化条件下，土壤 N_2O 排放的重要贡献者。

该试验结果表明温度和肥料类型显著影响了酸性森林土中 N_2O 的排放机制及细菌、古菌和真菌群落的丰度。总体而言，N_2O 排放量在尿素处理的土壤中随温度升高而升高，而在有机肥处理的土壤中随温度升高而降低。硝化抑制剂 DCD 仅在 20℃的条件下起作用。在 20℃条件下，尿素和有机肥的添加显著增加了 AOB 的群落丰度，而对 AOA 影响不显著。属于 *Nitrosocosmicus*（Group 1.1b）分支的 AOA 能够在短时间内迅速适应高温的条件。反硝化菌的群落丰度仅在有机肥处理的土壤中显著增加，而对尿素的添加无响应。氨氧化菌和反硝化菌的群落生长均在高温条件下（尤其是 40℃的高温条件下）显著被抑制。而真菌则能在有机肥处理的土壤中适应高温条件，意味着真菌在高温环境下 N_2O 的排放中起着非常重要的作用（Xu et al., 2017a）。

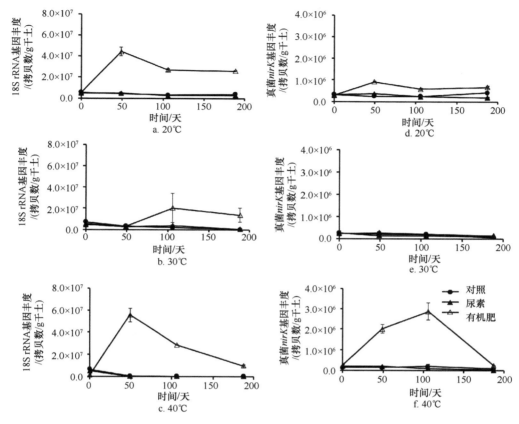

图 12-21 森林土 *nosZ*（左图）和 18S rRNA, fungal *nirK*（右图）基因丰度变化（Xu et al., 2017a）
a～c. 尿素处理；d～f: 有机肥处理

12.3.3 温度对土壤活性硝化微生物的影响

温度是决定微生物生长和功能活性的重要因子，全球地表平均温度在 1880～2012 年升高了 0.85℃，并有望在 21 世纪末上升超过 3.7 ℃（IPCC, 2014）。温度升高将通过促进酶活性直接影响硝化作用，同时通过改变硝化微生物丰度和群落组成或改变底物有效性对硝化作用产生间接影响（Schimel et al., 1994; Hu et al., 2016; Osborne et al., 2016）。温度变化对硝化活性及硝化微生物的影响随土壤不同而呈现不同的规律。有研究表明升温增加了硝化速率（Grundmann et al., 1995; Verburg et al., 1999; Larsen et al., 2011），而其他研究表明硝化活性与温度无关（Shaw and Harte, 2001; Niboyet et al., 2011; Baer et al., 2014; Osborne et al., 2016）。AOB 在大尺度范围内（横穿北美洲）的分布模式被证明由温度驱动（Fierer et al., 2009），同时全球尺度上的基于 AOA *amoA* 基因序列的研究也发现 AOA 的分布模式由温度决定（Cao et al., 2013）。

目前，关于温度升高对硝化作用的影响大多针对旱地土壤中氨氧化微生物群落丰度和多样性（Malchair et al., 2010; Osborne et al., 2016），而对活性硝化菌，尤其是水稻土中活性亚硝酸盐氧化菌的研究极少。然而，*amoA* 基因丰度的变化并不能完全代表氨氧化菌的活性，同时，硝化菌对温度的响应也受 pH 的影响（Gubry-Rangin et al., 2017）。

基于此，运用稳定性同位素探针技术和高通量测序技术来研究升温（温度升高 5℃和 10 ℃）对土壤硝酸根产生及硝化菌群落丰度和组成的影响。并提出以下假设：升温将通过刺激硝化菌的生长和活性来促进硝化速率；系统发育不同的硝化菌由于其底物亲和力、能源利用率及基因特性的差异将对高温产生不同的响应。

研究选择海拔 600m 土壤（年平均温度 15.1℃）分别在 15℃（T15）、20℃（T20）、25℃（T25）下进行基于 $^{13}CO_2$ 的微宇宙 DNA-SIP 培养实验。

由图 12-22 可以看出，土壤硝化速率随温度升高而增大，T15、T20 和 T25 分别为 3.79μg NO_3^--N /g 干土、4.66 μg NO_3^--N /g 干土和 7.14 μg NO_3^--N /g 干土。在所有环境因子和气候因子中，温度被认为是硝化作用最重要的驱动因子之一（Tourna et al., 2008）。硝化作用是由微生物介导的，主要由硝化菌和温度敏感的酶活性控制，酶活性可以通过热力学适应（基因变化）和驯化（生理学响应）对升温做出直接回应（Karhu et al., 2014）。高温可以通过直接提高细胞存活率同时降低细胞生长的滞后时间来提供有利环境（Avrahami and Bohannan, 2007）。

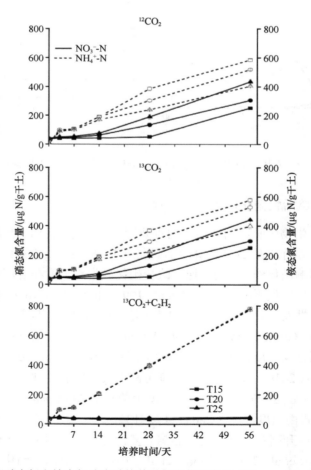

图 12-22　土壤硝态氮和铵态氮浓度随培养时间变化的变化（Zhang et al., 2019a, 2019b）

培养前土壤 AOA *amoA* 基因丰度无显著差异，培养结束后，三种土壤 AOA *amoA*

基因丰度均有不同程度下降，T15、T20、T25 分别从 $4.12×10^7$/g 干土降低到 $3.31×10^7$/g 干土、$5.40×10^7$/g 干土降低到 $1.99×10^7$/g 干土、$3.45×10^7$/g 干土降低到 $4.93×10^6$/g 干土。而 AOB 丰度均显著增加，T15、T20、T25 分别从 $1.89×10^5$/g 干土增加到 $3.34×10^7$/g 干土、$3.86×10^5$/g 干土增加到 $6.14×10^7$/g 干土、$4.89×10^6$/g 干土增加到 $1.04×10^8$ /g 干土，分别增加了 176 倍、158 倍、20 倍。乙炔抑制剂完全抑制了 AOB 的增长。

超高速离心分层之后的定量分析发现（图 12-23），在对照处理（$^{12}CO_2$ 和 $^{13}CO_2+C_2H_2$）中，AOA amoA 基因拷贝数的"峰值"出现在浮力密度为 1.710 g/mL 的轻层中。然而 $^{13}CO_2$ 标记的处理中，AOA amoA 基因拷贝数的峰值出现在浮力密度为 1.732~1.739 g/mL 的重层中，同时在浮力密度为 1.720 g/mL 处有一个小峰，说明有些 AOA 被部分标记。AOA amoA 基因在重层中的拷贝数占全部浮力密度梯度范围内拷贝数的比例表现为 T15>T20>T25，分别为 63.3%、54.9%、49.0%（表 12-5），说明 AOA 的标记程度随温度升高而增加。

表 12-5　不同温度土壤中 AOA 和 AOB 对硝化作用的相对贡献（Zhang et al., 2019a, 2019b）

温度	微生物（amoA gene）	处理	基因拷贝数/(/g 干土)†	重层 DNA 基因拷贝数占总拷贝数的相对比例‡	重层 DNA 基因拷贝数/(/g 干土)§	标记细胞数/(/g 干土)§	重层 DNA AOA：AOB 值	硝化速率/[μg NO_3^--N/(g 干土·d)]
T15	AOA	$^{13}CO_2$*	$3.31×10^7$	49.0%	$1.62×10^7$	$1.62×10^7$	1.31	3.79
	AOB	$^{13}CO_2$	$3.34×10^7$	92.8%	$3.10×10^7$	$1.24×10^7$		
T20	AOA	$^{13}CO_2$	$1.99×10^7$	54.9%	$1.09×10^7$	$1.09×10^7$	0.47	4.66
	AOB	$^{13}CO_2$	$6.14×10^7$	93.6%	$5.75×10^7$	$2.30×10^7$		
T25	AOA	$^{13}CO_2$	$4.93×10^6$	63.3%	$3.12×10^6$	$3.12×10^6$	0.08	7.14
	AOB	$^{13}CO_2$	$1.04×10^8$	98.9%	$1.03×10^8$	$4.12×10^7$		

注：*. 未添加乙炔的 $^{13}CO_2$ 标记处理；†. 土壤总 DNA 中细菌和古菌 amoA 基因拷贝数；‡. 重层中（浮力密度 ≥1.732 g/mL）基因拷贝数占全部浮力密度梯度范围内拷贝数的比例；§. 被标记的 AOA 和 AOB 细胞数，假设每个 AOB 和 AOA 分别还有 2.5 个和 1.0 个基因拷贝数

同样地，$^{13}CO_2$ 处理中 AOB 有更明显的标记，因为其 AOB amoA 基因拷贝数的"峰值"出现在浮力密度为 1.735~1.746 g/mL 的重层中（图 12-23）。乙炔抑制剂完全抑制 amoA 基因的标记，说明 AOA 和 AOB 对 $^{13}CO_2$ 的同化依靠氨氧化来完成。

重层中被标记的 AOA：AOB 在三种土壤中分别是 1.31、0.47 和 0.08（表 12-5），表明随着温度升高，主要氨氧化微生物从 AOA 变为 AOB。AOA 在低温环境下的明显竞争优势，可能与其细胞膜独特的甘油醚结构有关，这使得 AOA 对温度的耐受范围较广（刘帅，2015）。此外，底物氨向微生物细胞扩散的速率随温度升高而增大（Avrahami and Bohannan, 2007），并且氨浓度决定 AOA 和 AOB 不同生长速率（Verhamme et al., 2011）。由于低 pH 条件下氨分子离子化成铵，故氨浓度随 pH 减小呈指数降低（Allison and Prosser, 1993; Burton and Prosser, 2001; Jiang et al., 2015）。本实验所采用的酸性土壤（pH 5.29）中，氨浓度（<10 μmol/L）并不总是对所有氨氧化微生物都充足，此外，铵

变成氨气是吸热反应，高温有利于该反应的进行，促进氨的产生。AOA 的底物亲和力高于 AOB（Martens-Habbena et al., 2009），并且被证明喜欢氨匮乏和酸性环境（Zhang et al., 2012），而 AOB 则更倾向于在氨浓度相对较高的环境中发挥重要作用（Di et al., 2009, 2010; Xia et al., 2011; Hu et al., 2012）。因此，对于本研究的土壤来说，高温条件更适合 AOB，因为其可以提高底物氨的产生并加速其向细胞扩散的速率。

基于 amoA 基因的 454 测序分析表明：8 周施肥处理导致 AOA 和 AOB 群落组成均发生变化，表明底物氨浓度决定了氨氧化微生物对环境的响应（Szukics et al., 2010）。与前人研究一致的是，本研究中 AOA 群落结构随温度变化发生改变，而 AOB 更稳定，在不同温度条件下，其群落结构并没有显著差异，说明 AOA 比 AOB 对于高温更加敏感（Tourna et al., 2008）。

通过 DNA-SIP 和高通量测序技术，我们发现温度升高对土壤硝化作用及硝化微生物有直接或间接的影响：①土壤硝化速率随温度升高而增强；②AOA 和 AOB 的生长对温度的响应不同，随着温度升高，AOB 在氨氧化中的主导地位增强；③AOA 的群落组成随温度变化而变化，而 AOB 群落较稳定，不同温度处理中无显著差异；④高温导致了活性 NOB 群落结构的变化（图 12-23）（Zhang et al., 2019b）。

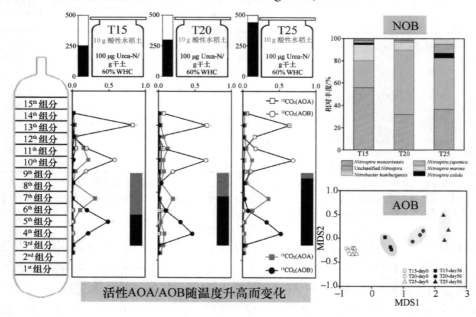

图 12-23　温度对土壤活性硝化微生物的影响

12.4　研究展望

20 世纪 80 年代，研究发现稻田生态系统是大气温室气体 N_2O 的重要来源，由此引发了世界范围内对稻田生态系统 N_2O 排放和微生物机理的研究（蔡祖聪等，2009；颜晓元和夏龙龙，2015）。从稻田生态系统 N_2O 排放的通量、土壤理化性质、施肥措施和农作措施等影响因素到功能微生物氨氧化微生物及反硝化微生物等开展了大量研究，取得了重要进展（刘若萱等，2014；邵美红等，2011；颜晓元和夏龙龙，2015；张玉铭等，2011）。近年来基于稳定性同位素的示踪技术和 SIP 技术的迅猛发展，加强了对 N_2O 排放路径和真正起作用的活性功能微生物的认识（贾仲君，2011）。例如，^{15}N 标记的 $^{15}NH_4^+$ 和 $^{15}NO_3^-$ 分别用来量化稻田土壤硝化作用和反硝化作用对 N_2O 排放的贡献（Liu et al., 2019a）；基于 $^{13}CO_2$ 的 DNA-SIP 用来研究农业土壤活性 AOA/AOB 对土壤硝化的贡献（Li et al., 2014; Wang et al., 2015a; Zhang et al., 2019a; Liu et al., 2019b）等。未来关于土壤 N_2O 排放的微生物调控机理研究有望从以下两方面进一步推进。

1）土壤 N_2O 排放的路径多种多样，如自养/异养硝化作用、异养反硝化作用、硝化细菌的反硝化作用、硝化反硝化耦合、完全硝化作用、硝酸盐异化还原为铵等都能产生 N_2O。同时在农作管理过程中，管理措施和环境条件一直处于动态变化中，尤其是稻田生态系统，水稻培育过程大部分时间处于淹水状态，淹水造成水稻田由有氧到无氧的转变，而水稻根部表面会通过通气组织分泌出氧，造成水稻根系周围的有氧区域和非根际区域的厌氧环境，使得稻田土壤 N_2O 的产生路径更加复杂多样。很多研究关注单一的环境条件下其中的 2~3 个过程对 N_2O 排放的贡献，或者更多关注 N_2O 排放总量的动态变化。未来需要系统考虑不同的路径对 N_2O 排放的贡献，尤其是在不同条件下硝化微生物的反硝化作用和完全硝化微生物对 N_2O 排放的贡献。同时需要了解每个路径产生 N_2O 过程中真正起作用的活性微生物，建立功能活性微生物和不同 N_2O 排放路径之间的联系。

2）土壤 N_2O 排放及功能微生物的影响因素更多的是从作物品种选择、施肥措施、农作管理及土壤的理化性质等非生物因素方面考虑。虽然 N_2O 产生和还原微生物对陆地生态系统氮循环起着重要作用，但是其在土壤微生物中仅占相对比较小的一部分，土壤还存在大量的具有其他功能的微生物。微生物之间存在许多相互作用，包括合作、竞争、信号分子的传递等。在食物链方面，氮循环微生物群落也与水生系统微生物一样是由上行作用（营养物质）和下行作用（病毒的侵染和原生动物的捕食）共同决定的，而非营养物质单独决定的（Chow et al., 2014）。微生物群落和功能的影响因素方面，不但需要考虑土壤理化等环境因子的影响（上行作用，bottom-up control），也需要将病毒侵染和原生生物捕食等下行作用（top-down control），以及与其他微生物的相互影响纳入微生物群落的影响因子研究中，以便更准确地认识环境微生物群落和功能。

在全球气候逐渐变暖的同时，一些极端天气，如极端高温、干旱、暴雨等出现的频率也愈加频繁，对土壤生态系统及其营养元素循环带来了深远的影响。由于温度和水分影响着几乎所有的陆地生态系统碳氮循环过程，因此气候变暖及其引起的降水格局变化将会对全球陆地生态系统氮循环过程产生巨大影响。未来需要更多考虑环境微生物群落和功能对气候变化的反馈作用，尤其是极端气候变化对 N_2O 排放的遗留效应及环境微生物群落和功能的恢复力和反弹情况，为准确模拟和预测全球气候变暖的影响、制订有效的温室气体减排措施控制和减缓全球变暖的进程提供科学依据。

参 考 文 献

蔡祖聪, 徐华, 马静. 2009. 稻田生态系统 CH_4 和 N_2O 排放. 北京: 中国科学技术大学出版社.

韩丽丽, 贺纪正. 2016. 病毒生态学研究进展. 生态学报, 36(16): 4988-4996.
贾仲君. 2011. 稳定性同位素核酸探针技术 DNA-SIP 原理与应用. 微生物学报, 51: 1585-1594.
刘若萱, 贺纪正, 张丽梅. 2014. 稻田土壤不同水分条件下硝化/反硝化作用及其功能微生物的变化特征. 环境科学, 35: 4275-4283
刘帅. 2015. 典型生境中氨氧化古菌（AOA）和氨氧化细菌（AOB）的微生物生态学研究. 浙江大学博士学位论文.
邵美红, 孙加焱, 阮关海. 2011. 稻田温室气体排放与减排研究综述. 浙江农业学报, 23: 181-187.
王光华. 2017. 掀开土壤生物"暗物质"——土壤病毒的神秘面纱. 中国科学院院刊, 32(6): 575-584.
颜晓元, 夏龙龙. 2015. 中国稻田温室气体的排放与减排. 中国科学院院刊, 30(Z1): 186-193.
张玉铭, 胡春胜, 张佳宝, 等. 2011. 农田土壤主要温室气体 (CO_2, CH_4, N_2O) 的源/汇强度及其温室效应研究进展. 中国生态农业学报, 19: 966-975.
Alam M S, Ren G, Lu L, et al. 2013. Ecosystem-specific selection of microbial ammonia oxidizers in an acid soil. Biogeosciences Discussions, 10(1): 1717-1746.
Allen B, Willner D, Oechel W C, et al. 2010. Top-down control of microbial activity and biomass in an Arctic soil ecosystem. Environmental Microbiology, 12: 642-648.
Allison S M, Prosser J I. 1993. Ammonia oxidation at low pH by attached populations of nitrifying bacteria. Soil Biology and Biochemistry, 25(7): 935-941.
Alves R J E, Wanek W, Zappe A, et al. 2013. Nitrification rates in arctic soils are associated with functionally distinct populations of ammonia-oxidizing archaea. The ISME Journal, 7: 1620-1631.
Anderson I C, Poth M, Homstead J, et al. 1993. A comparison of NO and N_2O production by the autotrophic nitrifier *Nitrosomonas europaea* and the heterotrophic nitrifier *Alcaligenes faecalis*. Applied and Environmental Microbiology, 59(11): 3525-3533.
Ashelford K E, Fry J C, Bailey M J, et al. 1999. Characterization of six bacteriophages of serratia liquefaciens CP6 isolated from the sugar beet phytosphere. Applied and Environmental Microbiology, 65(5): 1959-1965.
Aulakh M S, Khera T S, Doran J W, et al. 2001. Denitrification, N_2O and CO_2 fluxes in rice-wheat cropping system as affected by crop residues, fertilizer n and legume green manure. Biology and Fertility of Soils, 34(6): 375-389.
Avrahami S, Bohannan B J M. 2007. Response of *Nitrosospira* sp. strain AF-like ammonia oxidizers to changes in temperature, soil moisture content, and fertilizer concentration. Applied and Environmental Microbiology, 73(4): 1166-1173.
Avrahami S, Bohannan B J M. 2009. N_2O emission rates in a California meadow soil are influenced by fertilizer level, soil moisture and the community structure of ammonia-oxidizing bacteria. Global Change Biology, 15(3): 643-655.
Avrahami S, Liesack W, Conrad R. 2003. Effects of temperature and fertilizer on activity and community structure of soil ammonia oxidizers. Environmental Microbiololy, 5: 691-705.
Azam F, Müller C. Weiske A, et al. 2002. Nitrification and denitrification as sources of atmospheric nitrous oxide – role of oxidizable carbon and applied nitrogen. Biology and Fertility of Soils, 35(1): 54-61.
Baer S E, Connelly T L, Sipler R E, et al. 2014. Effect of temperature on rates of ammonium uptake and nitrification in the western coastal Arctic during winter, spring, and summer. Global Biogeochemical Cycles, 28(12): 1455-1466.
Bannert A, Mueller-Niggemann C, Kleineidam K, et al. 2011. Comparison of lipid biomarker and gene abundance characterizing the archaeal ammonia-oxidizing community in flooded soils. Biology and Fertility of Soils, 47(7): 839-843.
Barneze A S, Minet E P, Cerri C C, et al. 2015. The effect of nitrification inhibitors on nitrous oxide emissions from cattle urine depositions to grassland under summer conditions in the UK. Chemosphere, 119: 122-129.
Bateman E J, Baggs E M. 2005. Contributions of nitrification and denitrification to N_2O emissions from soils

at different water-filled pore space. Biology and Fertility of Soils, 41(6): 379-388.

Berg I A, Kockelkorn D, Ramos-Vera W H, et al. 2010. Autotrophic carbon fixation in archaea. Nature Reviews Microbiology, 8(6): 447-460.

Billings S A, Schaeffer S M, Zitzer S, et al. 2002. Alterations of nitrogen dynamics under elevated carbon dioxide in an intact Mojave Desert ecosystem: evidence from nitrogen-15 natural abundance. Oecologia, 131(3): 463-467.

Bol R, Petersen S O, Christofides C, et al. 2004. Short-term N_2O, CO_2, NH_3 fluxes, and N/C transfers in a danish grass-clover pasture after simulated urine deposition in autumn. Journal of Plant Nutrition and Soil Science, 167(5): 568-576.

Braker G, Conrad R. 2011. Diversity, structure, and size of N_2O-producing microbial communities in soils-what matters for their functioning? Advances in Applied Microbiology, 75: 33-70.

Brown J R, Blankinship J C, Niboyet A, et al. 2012. Effects of multiple global change treatments on soil N_2O fluxes. Biogeochemistry, 109(1-3): 85-100.

Burger M, Jackson L E. 2003. Microbial immobilization of ammonium and nitrate in relation to ammonification and nitrification rates in organic and conventional cropping systems. Soil Biology and Biochemistry, 35(1): 29-36.

Burton S A Q, Prosser J I. 2001. Autotrophic ammonia oxidation at low pH through urea hydrolysis. Applied and Environmental Microbiology, 67(7): 2952-2957.

Cai Y, Ding W, Zhang X, et al. 2010. Contribution of heterotrophic nitrification to nitrous oxide production in a long-term N-fertilized arable black soil. Communications in Soil Science and Plant Analysis, 41(19): 2264-2278.

Cantarel A A M, Bloor J M G, Deltroy N, et al. 2011. Effects of climate change drivers on nitrous oxide fluxes in an upland temperate grassland. Ecosystems, 14(2): 223-233.

Cantarel A A M, Bloor J M G, Pommier T, et al. 2012. Four years of experimental climate change modifies the microbial drivers of N_2O fluxes in an upland grassland ecosystem. Global Change Biology, 18(8): 2520-2531.

Cao H, Auguet J C, Gu J D. 2013. Global ecological pattern of ammonia-oxidizing archaea. PLoS One, 8(2): e52853.

Cardenas L M, Chadwick D, Scholefield D, et al. 2007. The effect of diet manipulation on nitrous oxide and methane emissions from manure application to incubated grassland soils. Atmospheric Environment, 41(33): 7096-7107.

Cardenas L M, Misselbrook T M, Hodgson C, et al. 2016. Effect of the application of cattle urine with or without the nitrification inhibitor DCD, and dung on greenhouse gas emissions from a UK grassland soil. Agriculture, Ecosystems and Environment, 235: 229-241.

Carter M S, Ambus P, Albert K R, et al. 2011. Effects of elevated atmospheric CO_2, prolonged summer drought and temperature increase on N_2O and CH_4 fluxes in a temperate heathland. Soil Biology and Biochemistry, 43(8): 1660-1670.

Chapuis-Lardy L, Wrage N, Metay A, et al. 2007. Soils, a sink for N_2O? a review. Global Change Biology, 13(1): 1-17.

Chen X, Zhang L M, Shen J P, et al. 2011. Abundance and community structure of ammonia-oxidizing archaea and bacteria in an acid paddy soil. Biology and Fertility of Soils, 47(3): 323-331.

Chen Y, Xu Z, Hu H, et al. 2013. Responses of ammonia-oxidizing bacteria and archaea to nitrogen fertilization and precipitation increment in a typical temperate steppe in Inner Mongolia. Applied Soil Ecology, 68: 36-45.

Chen Z, Ding W, Xu Y, et al. 2015. Importance of heterotrophic nitrification and dissimilatory nitrate reduction to ammonium in a cropland soil: evidences from a ^{15}N tracing study to literature synthesis. Soil Biology and Biochemistry, 91: 65-75.

Chow C E, Kim D Y, Sachdeva R, et al. 2014. Top-down controls on bacterial community structure: microbial network analysis of bacteria, T4-like viruses and protists. The ISME Journal, 8: 816-829.

Chu H, Fujii T, Morimoto S, et al. 2007. Community structure of ammonia-oxidizing bacteria under long-term application of mineral fertilizer and organic manure in a sandy loam soil. Applied and Environmental Microbiology, 73: 485-491

Chu H, Fujii T, Morimoto S, et al. 2008. Population size and specific nitrification potential of soil ammonia-oxidizing bacteria under long-term fertilizer management. Soil Biology and Biochemistry, 40(7): 1960-1963.

Clayton H, Mctaggart I P, Parker J, et al. 1997. Nitrous oxide emissions from fertilised grassland: a 2-year study of the effects of N fertiliser form and environmental conditions. Biology and Fertility of Soils, 25(3): 252-260.

Corinaldesi C, Dell'Anno A, Magagnini M, et al. 2010. Viral decay and viral production rates in continental-shelf and deep-sea sediments of the Mediterranean Sea. FEMS Microbiology Ecology, 72:208-218.

Cram J A, Parada A E, Fuhrman J A. 2016. Dilution reveals how viral lysis and grazing shape microbial communities. Limnology and Oceanography, 61: 889-905.

Curtin D, Campbell C A, Jalil A. 1998. Effects of acidity on mineralization: pH-dependence of organic matter mineralization in weakly acidic soils. Soil Biology and Biochemistry, 30(1): 57-64.

Dai Y, Di H J, Cameron K C, et al. 2013. Effects of nitrogen application rate and a nitrification inhibitor dicyandiamide on ammonia oxidizers and N_2O emissions in a grazed pasture soil. Science of the Total Environment, 465: 125-135.

Dai Z, Barberán A, Li Y, et al. 2017. Bacterial community composition associated with pyrogenic organic matter(biochar)varies with pyrolysis temperature and colonization environment. mSphere, 2(2): e00085-17.

Dai Z, Li Y, Zhang X, et al. 2019. Easily mineralizable carbon in manure-based biochar added to a soil influences N_2O emissions and microbial-N cycling genes. Land Degradation and Development, 30: 406-416.

Daims H, Lebedeva E V, Pjevac P, et al. 2015. Complete nitrification by Nitrospira bacteri. Nature, 528(7583): 504-509.

Daims H, Lücker S, Le Paslier D J, et al. 2011. Diversity, environmental genomics, and ecophysiology of nitrite-oxidizing bacteria. *In*: Ward B B, Arp D J, Klotz M G. Nitrification. Washington: ASM Press.

de Klein C A M D, Barton L, Sherlock R R, et al. 2003. Estimating a nitrous oxide emission factor for animal urine from some new zealand pastoral soils. Soil Research, 41(3): 381-399.

Di H J, Cameron K C. 2002. Nitrate leaching in temperate agroecosystems: sources, factors and mitigating strategies. Nutrient Cycling Agroecosys, 64: 237-256.

Di H J, Cameron K C, Podolyan A, et al. 2014. Effect of soil moisture status and a nitrification inhibitor, dicyandiamide, on ammonia oxidizer and denitrifier growth and nitrous oxide emissions in a grassland soil. Soil Biology and Biochemistry, 73: 59-68.

Di H J, Cameron K C, Shen J P, et al. 2009. Nitrification driven by bacteria and not archaea in nitrogen-rich grassland soils. Nature Geoscience, 2(9): 621-624.

Di H J, Cameron K C, Shen J P, et al. 2010. Ammonia-oxidizing bacteria and archaea grow under contrasting soil nitrogen conditions. FEMS Microbiology Ecology, 72(3): 386-394.

Dobbie K E, Smith K A. 2003. Nitrous oxide emission factors for agricultural soils in great britain: the impact of soil water - filled pore space and other controlling variables. Global Change Biology, 9(2): 204-218.

Dobbie K E, McTaggart I P, Smith K A. 1999. Nitrous oxide emissions from intensive agricultural systems: Variations between crops and seasons, key driving variables, and mean emission factors. Journal of Geophysical Research-Atmospheres, 104(D21): 26891-26899.

Dobbie K E, Smith K A. 2003. Nitrous oxide emission factors for agricultural soils in Great Britain: the impact of soil water-filled pore space and other controlling variables. Global Change Biology, 9(2): 204-218.

Ehrich S, Behrens D, Lebedeva E, et al. 1995. A new obligately chemolithoautotrophic, nitrite-oxidizing bacterium, *Nitrospira moscoviensis* sp. nov. and its phylogenetic relationship. Archives Microbiology, 164: 16-23.

Emerson J B, Roux S, Brum J R, et al. 2018. Host-linked soil viral ecology along a permafrost thaw gradient. Nature Microbiology, 3(8): 870.

Engelhardt T, Orsi W D, Jorgensen B B. 2015. Viral activities and life cycles in deep subseafloor sediments. Environmental Microbiology Reports, 7: 868-873.

Erguder T H, Boon N, Wittebolle L, et al. 2009. Environmental factors shaping the ecological niches of ammonia-oxidizing archaea. FEMS Microbiology Reviews, 33(5): 855-869.

Fan F, Yang Q, Li Z, et al. 2011. Impacts of organic and inorganic fertilizers on nitrification in a cold climate soil are linked to the bacterial ammonia oxidizer community. Microbial Ecology, 62(4): 982-990.

Fierer N, Carney K M, Horner-Devine M C, et al. 2009. The biogeography of ammonia-oxidizing bacterial communities in soil. Microbial Ecology, 58(2): 435-445.

Filée J, Tétart F, Suttle C A, et al. 2005. Marine T4-type bacteriophages, a ubiquitous component of the dark matter of the biosphere. Proceedings of the National Academy of Sciences of the United States of America, 102(35): 12471-12476.

Fischer U R, Velimirov B. 2002. High control of bacterial production by viruses in a eutrophic oxbow lake. Aquatic Microbial Ecology, 27(1): 1-12.

Frank D A, Groffman P M, Evans R D, et al. 2000. Ungulate stimulation of nitrogen cycling and retention in Yellowstone Park grasslands. Oecologia, 123: 116-121

Frizano J, Johnson A H, Vann D R, et al. 2002. Soil phosphorus fractionation during forest development on landslide scars in the Luquillo Mountains, Puerto Rico. Biotropica, 34: 17-26.

Food and Agricultural Organization(FAO). 2003. World Agricultural Towards 2015/2030. An FAO Perspective. FAO, Rome.

Fuhrman J A. 1999. Marine viruses and their biogeochemical and ecological effects. Nature, 399: 541-548.

Fuhrman J A, Noble R T. 1995. Viruses and protists cause similar bacterial mortality in coastal seawater. Limnology and Oceanography, 40: 1236-1242.

Fujii T, Nakayama N, Nishida M, et al. 2008. Novel capsid genes(*g23*)of T4-type bacteriophages in a Japanese paddy field. Soil Biology and Biochemistry, 40(5): 1049-1058.

Galloway J N, Townsend A R, Erisman J W, et al. 2008. Transformation of the nitrogen cycle: recent trends, questions, and potential solutions. Science, 320(5878): 889-892.

Gleeson D B, Mueller C, Banerjee S, et al. 2010. Response of ammonia oxidizing archaea and bacteria to changing water filled pore space. Soil Biology and Biochemistry, 42(10): 1888-1891.

Grundmann G L, Renault P, Rosso L, et al. 1995. Differential effects of soil water content and temperature on nitrification and aeration. Soil Science Society of America Journal, 59(5): 1342-1349.

Gubry-Rangin C, Novotnik B, Mandič-Mulec I, et al. 2017. Temperature responses of soil ammonia-oxidising archaea depend on pH. Soil Biology and Biochemistry, 106: 61-68.

Gubry-Rangin C, Hai B, Quince C, et al. 2011. Niche specialization of terrestrial archaeal ammonia oxidizers. Proceedings of the National Academy of Sciences of the United States of America, 108(52): 21206-21211.

Gubry-Rangin C, Nicol G W, Prosser J I. 2010. Archaea rather than bacteria control nitrification in two agricultural acidic soils. FEMS Microbial Ecology, 74(3): 566-74.

Hai B, Diallo N H, Sall S, et al. 2009. Quantification of key genes steering the microbial nitrogen cycle in the rhizosphere of sorghum cultivars in tropical agroecosystems. Applied and Environmental Microbiology, 75: 4993-5000.

Harter J, Krause H M, Schuettler S, et al. 2014. Linking N_2O emissions from biochar-amended soil to the structure and function of the N-cycling microbial community. The ISME Journal: Multidisciplinary Journal of Microbial Ecology, 8(3): 660-674.

Hartmann A A, Barnard R L, Marhan S, et al. 2013. Effects of drought and N-fertilization on N cycling in two grassland soils. Oecologia, 171(3): 705-717.

Hayatsu M, Tago K, Saito M. 2008. Various players in the nitrogen cycle: diversity and functions of the microorganisms involved in nitrification and denitrification. Soil Science and Plant Nutrition, 54(1): 33-45.

Hayatsu M, Tago K, Uchiyama I, et al. 2017. An acid-tolerant ammonia-oxidizing γ-proteobacterium from soil. The ISME Journal, 11(5): 1130-1141.

He F, Jiang R, Chen Q, et al. 2009. Nitrous oxide emissions from an intensively managed greenhouse vegetable cropping system in Northern China. Environmental Pollution, 157(5): 1666-1672.

He J Z, Hu H W, Zhang L M. 2012. Current insights into the autotrophic thaumarchaeal ammonia oxidation in acidic soils. Soil Biology and Biochemistry, 55: 146-154.

He J Z, Shen J P, Zhang L M, et al. 2007. Quantitative analyses of the abundance and composition of ammonia-oxidizing bacteria and ammonia-oxidizing archaea of a Chinese upland red soil under long-term fertilization practices. Environmental Microbiology, 9(9): 2364-2374.

Helsley K R, Brown T M, Furlong K, et al. 2014. Applications and limitations of tea extract as a virucidal agent to assess the role of phage predation in soils. Biology and Fertility of Soils, 50(2): 263-274.

Henderson S L, Dandie C E, Patten C L, et al. 2010. Changes in denitrifier abundance, denitrification gene mrna levels, nitrous oxide emissions, and denitrification in anoxic soil microcosms amended with glucose and plant residues. Applied and Environmental Microbiology, 76(7): 2155-2164.

Heymann K, Lehann J, Solomon D, et al. 2011. C 1s K-edge near edge X-ray absorption fine structure(nexafs)spectroscopy for characterizing functional group chemistry of black carbon. Organic Geochemistry, 42(9): 1055-1064.

Hu B, Liu S, Shen L, et al. 2012. Effect of different ammonia concentrations on community succession of ammonia-oxidizing microorganisms in a simulated paddy soil column. PLoS One, 7(8): e44122.

Hu H W, Chen D, He J Z. 2015. Microbial regulation of terrestrial nitrous oxide formation: understanding the biological pathways for prediction of emission rates. FEMS Microbiology Reviews, fuv021: 39: 729-749.

Hu H W, Zhang L M, Dai Y, et al. 2013. pH-dependent distribution of soil ammonia oxidizers across a large geographical scale as revealed by high-throughput pyrosequencing. Journal of Soils and Sediments, 13(8): 1439-1449.

Hu H, Macdonald C A, Trivedi P, et al. 2016. Effects of climate warming and elevated CO_2 on autotrophic nitrification and nitrifiers in dryland ecosystems. Soil Biology and Biochemistry, 92:1-15.

Hu H W, Xu Z H, He J Z. 2014. Ammonia-oxidizing archaea play a predominant role in acid soil nitrification. Advances in Agronomy, 125: 261-302.

Hu Y, Chang X, Lin X, et al. 2010. Effects of warming and grazing on N_2O fluxes in an alpine meadow ecosystem on the Tibetan plateau. Soil Biology and Biochemistry, 42(6): 944-952.

Huang X R, Zhao J, Su J, et al.2018. Neutrophilic bacteria are responsible for autotrophic ammonia oxidation in an acidic forest soil. Soil Biology and Biochemistry, 119: 83-89.

Huygens D, Boeckx P, Templer P, et al. 2008. Mechanisms for retention of bioavailable nitrogen in volcanic rainforest soils. Nature Geoscience, 1(8): 543-548.

Huygens D, Rütting T, Boeckx P, et al.2007. Soil nitrogen conservation mechanisms in a pristine south chilean nothofagus forest ecosystem. Soil Biology and Biochemistry, 39(10): 2448-2458.

IPCC. 2014. Climate change 2014-Mitigation of Climate Change Contribution of Working GroupIII to the Fifth Assessment Report of the Intergovernmental Panel on Climate Change.

Jia Z, Conrad R. 2009. Bacteria rather than archaea dominate microbial ammonia oxidation in an agricultural soil. Environmental Microbiology, 11(7): 1658-1671.

Jia Z, Ishihara R, Nakajima Y, et al. 2007. Molecular characterization of T4-type bacteriophages in a rice field. Environmental Microbiology, 9(4): 1091-1096.

Jiang X, Hou X, Zhou X, et al. 2015. pH regulates key players of nitrification in paddy soils. Soil Biology and Biochemistry, 81: 9-16.

Joshi A B, Vann D R, Johnson A H. 2006. Litter quality and climate decouple nitrogen mineralization and productivity in chilean temperate rainforests. Soil Science Society of America Journal, 70(1): 153-162.

Jung J, Yeom J, Kim J, et al. 2011. Change in gene abundance in the nitrogen biogeochemical cycle with temperature and nitrogen addition in Antarctic soils. Research in Microbiology, 162(10): 1018-1026.

Karhu K, Auffret M D, Dungait J A J, et al. 2014. Temperature sensitivity of soil respiration rates enhanced by microbial community response. Nature, 513(7516): 81-84.

Keil D, Niklaus P A, von Riedmatten L R, et al. 2015. Effects of warming and drought on potential N_2O emissions and denitrifying bacteria abundance in grasslands with different land-use. FEMS Microbiology Ecology, 91(7): fiv066.

Kelly J J, Policht K, Grancharova T, et al. 2011. Distinct responses in ammonia-oxidizing archaea and bacteria after addition of biosolids to an agricultural soil. Applied and Environmental Microbiology, 77(18): 6551-6558.

Kemmitt S J, Wright D, Goulding K W T, et al. 2006. pH regulation of carbon and nitrogen dynamics in two agricultural soils. Soil Biology and Biochemistry, 38(5): 898-911.

Kimura M. 2000. Anaerobic microbiology in waterlogged rice fields. Soil Biochemistry, 10: 35-138.

Kimura M, Jia Z J, Nakayama N, et al. 2008. Ecology of viruses in soils: Past, present and future perspectives. Soil Science and Plant Nutrition, 54: 1-32.

Kiuchi T. 1980. Research perspectives on the effect of ammonium and nitrate fertilizers on rice plants. *In*: Japanese Society of Soil Science and Plant Nutrition. Research on Soil Science and Plant Nutrition in Modern Agriculture. Tokyo: Yokendo: 95-100.

Klüpfel L, Keiluweit M, Kleber M, et al.2014. Redox properties of plant biomass-derived black carbon(biochar). Environmental Science and Technology, 48(10): 5601-5611.

Koch H, Lücker S, Albertsen M, et al. 2015. Expanded metabolic versatility of ubiquitous nitrite-oxidizing bacteria from the genus Nitrospira. Proceedings of the National Academy of Sciences of the United States of America, 112(36): 11371-11376.

Könneke M, Bernhard A E, Jr D L T, et al. 2005. Isolation of an autotrophic ammonia-oxidizing marine archaeon. Nature, 437(7058): 543-546.

Kool D M, Dolfing J, Wrage N, et al. 2011. Nitrifier denitrification as a distinct and significant source of nitrous oxide from soil. Soil Biology and Biochemistry, 43(1): 174-178.

Koops J G, Beusichem M L V, Oenema O. 1997. Nitrous oxide production, its source and distribution in urine patches on grassland on peat soil. Plant and Soil, 191(1): 57-65.

Kowalchuk G, Stephen J. 2001. Ammonia-oxidizing bacteria: a model for molecular microbial ecology. Annual Review of Microbiology, 55: 485-529.

Kowalchuk G A, Stienstra A W, Stephen J R, et al. 2000. Changes in the community structure of ammonia-oxidizing bacteria during secondary succession of calcareous grasslands. Environmental Microbiolenvironm, 2: 99-110.

Kozlowski J A, Price J, Stein L Y. 2014. Revision of N_2O-producing pathways in the ammonia-oxidizing bacterium *Nitrosomonas europaea* ATCC 19718. Applied and Environmental Microbiology, 80(16): 4930-4935.

Kuzyakov Y, Mason-Jones K. 2018. Nano-scale undead drivers of microbial life, biogeochemical turnover and ecosystem functions. Soil Biology and Biochemistry, 127: 305-317.

Larsen K S, Andresen L C, Beier C, et al. 2011. Reduced N cycling in response to elevated CO_2, warming, and drought in a Danish heathland: Synthesizing results of the climate project after two years of treatments. Global Change Biology, 17(5): 1884-1899.

Laughlin R J, Stevens R J. 2002. Evidence for fungal dominance of denitrification and codenitrification in a grassland soil. Soil Science Society of America Journal, 66(5): 1540-1548.

Le Roux X, Bardy M, Loiseau P, et al. 2003. Stimulation of soil nitrification and denitrification by grazing in grasslands: do changes in plant species composition matter? Oecologia, 137: 417-425.

Le Roux X, Poly F, Currey P, et al. 2008. Effects of aboveground grazing on coupling among nitrifier activity, abundance and community structure. The ISME Journal, 2(2): 221-232.

Lehmann J, Skjemstad J, Sohi S, et al. 2008. Australian climate–carbon cycle feedback reduced by soil black carbon. Nature Geoscience, 1(12): 832-835.

Lehtovirta-Morley L E, Stoecker K, Vilcinskas A, et al. 2011. Cultivation of an obligate acidophilic ammonia oxidizer from a nitrifying acid soil. Proceedings of the National Academy of Sciences of the United States of America, 108(38): 15892-15897.

Leininger S, Urich T, Schloter M, et al. 2006. Archaea predominate among ammonia-oxidizing prokaryotes in soils. Nature, 442(7104): 806-809.

Lenoir L, Persson T, Bengtsson J, et al. 2007. Bottom–up or top–down control in forest soil microcosms? Effects of soil fauna on fungal biomass and C/N mineralisation. Biology and Fertility of Soils, 43(3): 281-294.

Levičnikhöfferle S, Nicol G W, Ausec L, et al. 2012. Stimulation of thaumarchaeal ammonia oxidation by ammonia derived from organic nitrogen but not added inorganic nitrogen. FEMS Microbiology Ecology, 80(1): 114-123.

Li C, Hao X, Zhao M, et al. 2008. Influence of historic sheep grazing on vegetation and soil properties of a Desert Steppe in Inner Mongolia. Agriculture Ecosystems Environmental, 128: 109-116.

Li W, Sun Y, Li G, et al. 2017. Contributions of nitrification and denitrification to N_2O emissions from aged refuse bioreactor at different feeding loads of ammonia substrates. Waste Management, 68: 319-328.

Li Y, Lee C G, Watanabe T, et al. 2011. Identification of microbial communities that assimilate substrate from root cap cells in an aerobic soil using a DNA-SIP approach. Soil Biology and Biochemistry, 43: 1928-1935.

Li Y, Liu Y, Pan H, et al. 2019. T4-type viruses: Important impacts on shaping bacterial community along a chronosequence of 2000-year old paddy soils. Soil Biology and Biochemistry, 128: 89-99.

Li Y, Watanabe T, Murase J, et al. 2013. Identification of major capsid gene (g23) of T4-type bacteriophages that assimilate substrate from root cap cells in aerobic and anaerobic soil conditions using a DNA-SIP approach. Soil Biology and Biochemistry, 63: 97-105.

Li Y, Watanabe T, Murase J, et al. 2014. Abundance and composition of ammonia oxidizers in response to degradation of root cap cells of rice in soil microcosms. Journal of Soils and Sediments, 14(9): 1587-1598.

Lin X W, Wang S P, Ma X Z, et al. 2009. Fluxes of CO_2, CH_4, and N_2O in an alpine meadow affected by yak excreta during summer grazing periods on the Qinghai-Tibetan plateau. Soil Biology Biochemistry, 41(4): 718-725.

Liu H, Ding Y, Zhang Q, et al. 2019a. Heterotrophic nitrification and denitrification are the main sources of nitrous oxide in two paddy soils. Plant and Soil, 445: 39-53.

Liu H, Li J, Zhao Y, et al. 2018a. Ammonia oxidizers and nitrite-oxidizing bacteria respond differently to long-term manure application in four paddy soils of south of China. Science of the Total Environment, 633: 641-648.

Liu H, Pan H, Hu H, et al. 2019b. Archaeal nitrification is preferentially stimulated by rice callus mineralization in a paddy soil. Plant and Soil, 445: 55-69.

Liu J, Wang G, Zheng C, et al. 2011. Specific assemblages of major capsid genes(g23)of T4-type bacteriophages isolated from upland black soils in Northeast China. Soil Biology and Biochemistry, 43(9): 1980-1984.

Liu R, Suter H, He J, et al. 2015a. Influence of temperature and moisture on the relative contributions of heterotrophic and autotrophic nitrification to gross nitrification in an acid cropping soil. Journal of Soils & Sediments: Protection, Risk Assessment and Rem, 15(11): 1-6.

Liu X, Li J, Yu L, et al. 2018b. Simultaneous measurement of bacterial abundance and composition in response to biochar in soybean field soil via 16s rRNA gene sequencing. Land Degradation and Development, 29: 2172-2182.

Liu Y, Zhou H, Wang J, et al. 2015b. Short-term response of nitrifier communities and potential nitrification activity to elevated CO_2 and temperature interaction in a Chinese paddy field. Applied Soil Ecology, 96: 88-98.

Liu Y, Zhou Z, Pan J, et al. 2018c. Comparative genomic inference suggests mixotrophic lifestyle for Thorarchaeota. The ISME Journal, 12(4): 1021-1031.

Long A, Song B, Fridey K, et al. 2015. Detection and diversity of copper containing nitrite reductase genes(nirK)in prokaryotic and fungal communities of agricultural soils. FEMS Microbiology Ecology, 91(2): 1-9.

Lu L, Han W, Zhang J, et al. 2012. Nitrification of archaeal ammonia oxidizers in acid soils is supported by hydrolysis of urea. The ISME Journal, 6(10): 1978-1984.

Lu L, Jia Z. 2013. Urease gene-containing Archaea dominate autotrophic ammonia oxidation in two acid soils. Environmental Microbiology, 15(6): 1795-1809.

Luo G J, Kiese R, Wolf B, et al. 2013. Effects of soil temperature and moisture on methane uptake and nitrous oxide emissions across three different ecosystem types. Biogeosciences, 10(5): 3205-3219.

Ma X, Wang S, Wang Y, et al. 2006. Short‐term effects of sheep excrement on carbon dioxide, nitrous oxide and methane fluxes in typical grassland of inner mongolia. New Zealand Journal of Agricultural Research, 49(3): 285-297.

Malchair S, De Boeck H J, Lemmens C, et al. 2010. Diversity-function relationship of ammonia-oxidizing bacteria in soils among functional groups of grassland species under climate warming. Applied Soil Ecology, 44(1): 15-23.

Martens-Habbena W, Berube P M, Urakawa H, et al. 2009. Ammonia oxidation kinetics determine niche separation of nitrifying archaea and bacteria. Nature, 461(7266): 976-979.

Mason-Jones K, Kuzyakov Y. 2017. "Non-metabolizable" glucose analogue shines new light on priming mechanisms: Triggering of microbial metabolism. Soil Biology and Biochemistry, 107: 68-76.

Miller M N, Zebarth B J, Dandie C E, et al. 2008. Crop residue influence on denitrification, N_2O emissions and denitrifier community abundance in soil. Soil Biology and Biochemistry, 40(10): 2553-2562.

Morales S E, Cosart T, Holben W E. 2010. Bacterial gene abundances as indicators of greenhouse gas emission in soils. The ISME Journal, 4(6): 799.

Müller C, Laughlin R J, Spott O, et al. 2014. Quantification of N_2O emission pathways via a ^{15}N tracing model. Soil Biology and Biochemistry, 72: 44-54.

Nelissen V, Rütting T, Huygens D, et al. 2012. Maize biochars accelerate short-term soil nitrogen dynamics in a loamy sand soil. Soil Biology and Biochemistry, 55: 20-27.

Niboyet A, Le Roux X, Dijkstra P, et al. 2011. Testing interactive effects of global environmental changes on soil nitrogen cycling. Ecosphere, 2(5): 1-24.

Nie S, Li H, Yang X, et al. 2015. Nitrogen loss by anaerobic oxidation of ammonium in rice rhizosphere. The ISME Journal, 9: 2059-2067.

Oenema O, Velthof G L, Yamulki S, et al. 1997. Nitrous oxide emissions from grazed grassland. Soil Use and Management, 13(4): 288-295.

Osborne B B, Baron J S, Wallenstein M D. 2016. Moisture and temperature controls on nitrification differ among ammonia oxidizer communities from three alpine soil habitats. Frontiers of Earth Science, 10(1): 1-12.

Paez-Espino D, Eloe-Fadrosh E A, Pavlopoulos G A, et al. 2016. Uncovering Earth's virome. Nature, 536(7617): 425.

Pan H, Li Y, Guan X, et al. 2016. Management practices have a major impact on nitrifier and denitrifier communities in a semiarid grassland ecosystem. Journal of Soils and Sediments, 16(3): 896-908.

Pan H, Ying S, Li Y, et al. 2018a. Microbial pathways for nitrous oxide emissions from sheep urine and dung in a typical steppe grassland. Biology and Fertility of Soils, 54: 717-730.

Pan H, Xie K, Zhang Q, et al. 2018b. Archaea and bacteria respectively dominate nitrification in lightly and heavily grazed soil in a grassland system. Biology and Fertility of Soils, 54: 41-54.

Pan H, Liu H, Liu Y, et al. 2018c. Understanding the relationships between grazing intensity and the distribution of nitrifying communities in grassland soils. Science of the Total Environment, 634: 1157-1164.

Patra AK, Abbadie L, Clays-Josserand A, et al. 2006. Effects of management regime and plant species on the enzyme activity and genetic structure of N-fixing, denitrifying and nitrifying bacterial communities in grassland soils. Environmental Microbiology, 8: 1005-1016.

Patra AK, Abbadie L, Clays-Josserand A, et al. 2005. Effects of grazing on microbial functional groups involved in soil N dynamics. Ecological Monographs, 75: 65-80.

Pester M, Rattei T, Flechl S, et al. 2012. amoA-based consensus phylogeny of ammonia-oxidizing archaea and deep sequencing of *amoA* genes from soils of four different geographic regions. Environmental Microbiology, 14(2): 525-539.

Petersen D G, Blazewicz S J, Firestone M, et al. 2012. Abundance of microbial genes associated with nitrogen cycling as indices of biogeochemical process rates across a vegetation gradient in Alaska. Environmental Microbiology, 14(4): 993-1008.

Philippot L, Hallin S, Schloter M. 2007. Ecology of denitrifying prokaryotes in agricultural soil. Advances in Agronomy, 96: 249-305.

Pratscher J, Dumont M G, Conrad R. 2011. Ammonia oxidation coupled to CO_2 fixation by archaea and bacteria in an agricultural soil. Proceedings of the National Academy of Sciences of the United States of America, 108(10): 4170-4175.

Prosser J I, Nicol G W. 2012. Archaeal and bacterial ammonia-oxidisers in soil: the quest for niche specialisation and differentiation. Trends in Microbiology, 20(11): 523-531.

Radajewski S, Ineson P, Parekh N R, et al. 2000. Stable-isotope probing as a tool in microbial ecology. Nature, 403(6770): 646-649.

Ran Y, Xie J, Xu X, et al. 2017. Warmer and drier conditions and nitrogen fertilizer application altered methanotroph abundance and methane emissions in a vegetable soil. Environmental Science and Pollution Research, 24(3): 2770-2780.

Ravishankara A R, Daniel J S, Portmann R W. 2009. Nitrous oxide (N_2O): the dominant ozone-depleting substance emitted in the 21st century. Science, 326: 123-125.

Reeder J D, Franks C D, Milchunas D G. 2001. Root biomass and microbial processes. *In*: Follett R F, Kimble J M, Lal R. The Potential of US Grazing Lands to Sequester Carbon and Mitigate the Greenhouse Effect. Boca Raton FL: Lewis: 139-166.

Reeder J D, Schuman G E. 2002. Influence of livestock grazing on C sequestration in semi-arid mixed-grass and short-grass rangelands. Environmental Pollution, 116: 457-463.

Rohwer F, Edwards R. 2002. The phage proteomic tree: a genome-based taxonomy for phage. Journal of Bacteriology, 184(16): 4529-4535.

Roux S, Brum J R, Dutilh B E, et al. 2016. Ecogenomics and potential biogeochemical impacts of globally abundant ocean viruses. Nature, 537(7622): 689.

Russenes A L, Korsaeth A, Bakken L R, et al. 2016. Spatial variation in soil ph controls off-season N_2O emission in an agricultural soil. Soil Biology and Biochemistry, 99: 36-46.

Saggar S, Bolan N S, Bhandral R, et al. 2004. A review of emissions of methane, ammonia, and nitrous oxide from animal excreta deposition and farm effluent application in grazed pastures. New Zealand Journal of Agricultural Research, 47(4): 513-544.

Saggar S, Hedley C B, Giltrap D L, et al. 2007. Measured and modelled estimates of nitrous oxide emission and methane consumption from a sheep-grazed pasture. Agriculture Ecosystems and Environment, 122(3): 357-365.

Saleh-Lakha S, Shannon K E, Henderson S L, et al. 2009. Effect of nitrate and acetylene on nirS, cnorB, and nosZ expression and denitrification activity in pseudomonas mandelii. Applied and Environmental Microbiology, 75(15): 5082-5087.

Sánchez-Martín L, Vallejo A, Dick J, et al. 2008. The influence of soluble carbon and fertilizer nitrogen on nitric oxide and nitrous oxide emissions from two contrasting agricultural soils. Soil Biology and Biochemistry, 40(1): 142-151.

Schauss K, Focks A, Leininger S, et al. 2009. Dynamics and functional relevance of ammonia-oxidizing archaea in two agricultural soils. Environmental Microbiology, 11(2): 446-456.

Schimel D S, Braswell B H, Holland E A, et al. 1994. Climatic, edaphic, and biotic controls over storage and turnover of carbon in soils. Global Biogeochemical Cycles, 8(3): 279-293.

Schramm A, de Beer D, van den Heuvel J C, et al. 1999. Microscale distribution of populations and activities of *Nitrosospira* and *Nitrospira* spp. along a macroscale gradient in a nitrifying bioreactor: quantification by *in situ* hybridization and the use of microsensors. Applied and Environmental Microbiology, 65(8): 3690-3696.

Selbie D R, Cameron K C, Di H J, et al. 2014. The effect of urinary nitrogen loading rate and a nitrification inhibitor on nitrous oxide emissions from a temperate grassland soil. The Journal of Agricultural Science, 152(S1): 159-171.

Shaw M R, Harte J. 2001. Response of nitrogen cycling to simulated climate change: differential responses along a subalpine ecotone. Global Change Biology, 7(2): 193-210.

Shcherbak I, Millar N, Robertson G P. 2014. Global metaanalysis of the nonlinear response of soil nitrous oxide(N_2O)emissions to fertilizer nitrogen. Proceedings of the National Academy of Sciences, 111(25): 9199-9204.

Shen J, Zhang L, Zhu Y, et al. 2008. Abundance and composition of ammonia-oxidizing bacteria and ammonia-oxidizing archaea communities of an alkaline sandy loam. Environmental Microbiology, 10(6): 1601-1611.

Shi W, Norton J M. 2000. Microbial control of nitrate concentrations in an agricultural soil treated with dairy waste compost or ammonium fertilizer. Soil Biology and Biochemistry, 32(10): 1453-1457.

Shoun H, Kim D H, Uchiyama H, et al. 1992. Denitrification by fungi. FEMS Microbiology Letters, 94(3): 277-281.

Singh B K, Bardgett R D, Smith P, et al. 2010. Microorganisms and climate change: terrestrial feedbacks and mitigation options. Nature Reviews Microbiology, 8(11): 779-790.

Smith K A, Ball T, Conen F, et al. 2003. Exchange of greenhouse gases between soil and atmosphere: interactions of soil physical factors and biological processes. European Journal of Soil Science, 54(4): 779-791.

Soane B D. 1990. The role of organic matter in soil compactibility: a review of some practical aspects. Soil Tillage Research, 16: 179-201.

Spang A, Poehlein A, Offre P, et al. 2012. The genome of the ammonia-oxidizing *Candidatus* Nitrososphaera gargensis: insights into metabolic versatility and environmental adaptations. Environmental Microbiology, 14(12): 3122-3145.

Steffens M, Kölbl A, Totsche K U, et al. 2008. Grazing effects on soil chemical and physical properties in a semiarid steppe of Inner Mongolia(PR China). Geoderma, 143: 63-72.

Stieglmeier M, Klingl A, Alves R J E, et al. 2014. Nitrososphaera viennensis gen. nov. sp. nov. an aerobic and mesophilic, ammonia-oxidizing archaeon from soil and a member of the archaeal phylum *Thaumarchaeota*. International Journal of Systematic and Evolutionary Microbiology, 64(Pt 8): 2738-2752.

Suttle C A. 2005. Viruses in the sea. Nature, 437(7057): 356.

Suttle C A. 2007. Marine viruses–major players in the global ecosystem. Nature Reviews Microbiology, 5: 801-812.

Szukics U, Abell G C J, Hödl V, et al. 2010. Nitrifiers and denitrifiers respond rapidly to changed moisture and increasing temperature in a pristine forest soil. FEMS Microbiology Ecology, 72(3): 395-406.

Thingstad T F, Lignell R. 1997. Theoretical models for the control of bacterial growth rate, abundance, diversity and carbon demand. Aquatic Microbial Ecology, 13(1): 19-27.

Tiedje J M, Sexstone A J, Myrold D D, et al. 1983. Denitrification: ecological niches, competition and survival. Antonie van Leeuwenhoek, 48(6): 569-583.

Tourna M, Stieglmeier M, Spang A, et al. 2011. Nitrososphaera viennensis, an ammonia oxidizing archaeon from soil. Proceedings of the National Academy of Sciences, 108(20): 8420-8425.

Tourna M, Freitag T E, Nicol G W, et al. 2008. Growth, activity and temperature responses of ammonia-oxidizing archaea and bacteria in soil microcosms. Environmental Microbiology, 10(5): 1357-1364.

Trias R, García-Lledó A, Sánchez N, et al. 2012. Abundance and composition of epiphytic bacterial and archaeal ammonia oxidizers of marine red and brown macroalgae. Applied and Environmental Microbiology, 78: 318-325.

van Kessel M A H J, Speth D R, Albertsen M, et al. 2015. Complete nitrification by a single microorganism. Nature, 528(7583): 555-559.

Verburg P S J, Van Loon W K P, Lükewille A. 1999. The CLIMEX soil-heating experiment: soil response after 2 years of treatment. Biology and Fertility of Soils, 28(3): 271-276.

Verhamme D T, Prosser J I, Nicol G W. 2011. Ammonia concentration determines differential growth of ammonia-oxidising archaea and bacteria in soil microcosms. The ISME Journal, 5(6): 1067-1071.

Vitousek P M, Howarth R W. 1991. Nitrogen limitation on land and in the sea: how can it occur? Biogeochemistry, 13: 87-115.

Walker C B, De La Torre J R, Klotz M G, et al. 2010. Nitrosopumilus maritimus genome reveals unique mechanisms for nitrification and autotrophy in globally distributed marine crenarchaea. Proceedings of the National Academy of Sciences, 107(19): 8818-8823.

Wang B Z, Zhao J, Guo Z, et al. 2015a. Differential contributions of ammonia oxidizers and nitrite oxidizers to nitrification in four paddy soils. The ISME Journal, 9: 1062-1075.

Wang G, Hayashi M, Saito M, et al. 2009. Survey of major capsid genes(*g23*)of T4-type bacteriophages in Japanese paddy field soils. Soil Biology and Biochemistry, 41(1): 13-20.

Wang X, Han C, Zhang J, et al. 2015b. Long-term fertilization effects on active ammonia oxidizers in an acidic upland soil in China. Soil Biology and Biochemistry, 84: 28-37.

Wang X, Wang C, Bao L, et al. 2015c. Impact of carbon source amendment on ammonia-oxidizing microorganisms in reservoir riparian soil. Annals of Microbiology, 65(3): 1411-1418.

Wang Y, Guo J, Vogt R D, et al. 2018. Soil pH as the chief modifier for regional nitrous oxide emissions: New evidence and implications for global estimates and mitigation. Global Change Biology, 24(2): e617-e626.

Wang Y, Zhu G, Song L, et al. 2014.Manure fertilization alters the population of ammonia-oxidizing bacteria rather than ammonia-oxidizing archaea in a paddy soil. Journal of Basic Microbiology, 54(3): 190-197.

Webster G, Embley T M, Prosser J I. 2002. Grassland management regimens reduce small-scale heterogeneity and species diversity of beta-proteobacterial ammonia oxidizer populations. Applied and Environmental Microbiology, 68(1): 20-30.

Wei W, Isobe K, Shiratori Y, et al. 2014. N_2O emission from cropland field soil through fungal denitrification after surface applications of organic fertilizer. Soil Biology and Biochemistry, 69: 157-167.

Wei W, Isobe K, Shiratori Y, et al. 2015. Development of PCR primers targeting fungal nirK to study fungal denitrification in the environment. Soil Biology and Biochemistry, 81: 282-286.

Wei X, Hu Y, Peng P, et al. 2017. Effect of P stoichiometry on the abundance of nitrogen-cycle genes in phosphorus-limited paddy soil. Biology and Fertility of Soils, 53: 767-776.

Weinbauer M G, Hornak K, Jezbera J, et al. 2007. Synergistic and antagonistic effects of viral lysis and protistan grazing on bacterial biomass, production and diversity. Environmental Microbiology, 9: 777-788.

Weinbauer M G. 2004. Ecology of prokaryotic viruses. FEMS Microbiology Reviews, 28(2): 127-181.

Weinbauer M G, Christaki U, Nedoma J, et al. 2003. Comparing the effects of resource enrichment and grazing on viral production in a meso-eutrophic reservoir. Aquatic Microbial Ecology, 31(2): 137-144.

Weitz J S, Stock C A, Wilhelm S W, et al. 2015. A multitrophic model to quantify the effects of marine viruses on microbial food webs and ecosystem processes. The ISME Journal, 9: 1352-1364.

Wertz S, Goyer C, Zebarth B J, et al. 2013. Effects of temperatures near the freezing point on N_2O emissions, denitrification and on the abundance and structure of nitrifying and denitrifying soil communities. FEMS Microbiology Ecology, 83(1): 242-254.

Weslien P, Kasimir Klemedtsson Å, Börjesson G, et al. 2009. Strong ph influence on N_2O and CH_4 fluxes from forested organic soils. European Journal of Soil Science, 60(3): 311-320.

Wessén E, Nyberg K, Jansson J K, et al. 2010. Responses of bacterial and archaeal ammonia oxidizers to soil organic and fertilizer amendments under long-term management. Applied Soil Ecology, 45(3): 193-200.

Wilhelm S W, Suttle C A. 1999. Viruses and nutrient cycles in the sea. BioScience, 49: 781.

Williamson K E, Fuhrmann J J, Wommack K E, et al. 2017. Viruses in soil ecosystems: an unknown quantity within an unexplored territory. Annual Review of Virology, 4: 201-219.

Woese C R, Fox G E. 1977. Phylogenetic structure of the prokaryotic domain: the primary kingdoms. Proceedings of the National Academy of Sciences, 74(11): 5088-5090.

Wrage N, Velthof G L, Beusichem M L V, et al. 2001. Role of nitrifier denitrification in the production of nitrous oxide. Soil Biology and Biochemistry, 33(12-13): 1723-1732.

Wrage N, Velthof G L, Oenema O, et al. 2004. Acetylene and oxygen as inhibitors of nitrous oxide production in *Nitrosomonas europaea* and *Nitrosospira briensis*: a cautionary tale. FEMS Microbiology Ecology, 47(1): 13-18.

Wrage N, Groenigen J W, Oenema O, et al. 2005. A novel dual-isotope labelling method for distinguishing between soil sources of N_2O. Rapid Communications in Mass Spectrometry, 19(22): 3298-3306.

Wu D, Senbayram M, Well R, et al. 2017. Nitrification inhibitors mitigate N_2O emissions more effectively under straw-induced conditions favoring denitrification. Soil Biology and Biochemistry, 104: 197-207.

Wu Y, Conrad R. 2014. Ammonia oxidation-dependent growth of group 1.1b *Thaumarchaeota* in acidic red soil microcosms. FEMS Microbiology Ecology, 89(1): 127-134.

Wu Y, Lu L, Wang B, et al. 2011. Long-term field fertilization significantly alters community structure of ammonia-oxidizing bacteria rather than archaea in a paddy soil. Soil Science Society of America Journal, 75(4): 1431-1439.

Xia W, Zhang C, Zeng X, et al. 2011. Autotrophic growth of nitrifying community in an agricultural soil. The ISME Journal, 5: 1226-1236.

Xie Z, Le Roux X, Wang C, et al. 2014. Identifying response groups of soil nitrifiers and denitrifiers to grazing and associated soil environmental drivers in Tibetan alpine meadows. Soil Biology Biochemistry, 77: 89-99.

Xiong Z Q, Khalil M A K, Xing G, et al. 2009. Isotopic signatures and concentration profiles of nitrous oxide in a rice-based ecosystem during the drained crop-growing season. Journal of Geophysical Research, 114(G2): 2005-2012.

Xiong Z Q, Xie Y X, Xing G X, et al. 2006. Measurements of nitrous oxide emissions from vegetable production in China. Atmospheric Environment, 40(12): 2225-2234.

Xu M, Schnorr J, Keibler B, et al. 2012. Comparative analysis of 16S rRNA and amoA genes from archaea selected with organic and inorganic amendments in enrichment culture. Applied and Environmental Microbiology, 78: 2137-2146.

Xu X, Liu Y, Li Y, et al. 2016. Warmer and drier conditions alter the nitrifier and denitrifier communities and reduce N_2O emissions in fertilized vegetable soils. Agriculture, Ecosystems and Environment, 231: 133-142.

Xu X, Liu X, Li Y, et al. 2017a. High temperatures inhibited the growth of soil bacteria and archaea but not that of fungi and altered nitrous oxide production mechanisms from different nitrogen sources in an acidic soil. Soil Biology and Biochemistry, 107: 168-179.

Xu X, Liu X, Li Y, et al. 2017b. Legacy effects of simulated short-term climate change on ammonia oxidisers, denitrifiers, and nitrous oxide emissions in an acid soil. Environmental Science and Pollution Research, 24(12): 11639-11649.

Yoo G, Kang H. 2012. Effects of biochar addition on greenhouse gas emissions and microbial responses in a short-term laboratory experiment. Journal of Environment Quality, 41(4): 1193.

Zhang J, Sun W, Zhong W, et al. 2014a. The substrate is an important factor in controlling the significance of heterotrophic nitrification in acidic forest soils. Soil Biology and Biochemistry, 76: 143-148.

Zhang J, Li Y, Chang S X, et al. 2014b. Understory vegetation management affected greenhouse gas emissions and labile organic carbon pools in an intensively managed chinese chestnut plantation. Plant and Soil, 376(1-2): 363-375.

Zhang J, Müller, Christoph, et al. 2015a. Heterotrophic nitrification of organic n and its contribution to nitrous oxide emissions in soils. Soil Biology and Biochemistry, 84: 199-209.

Zhang J, Wang J, Zhong W, et al. 2015b. Organic nitrogen stimulates the heterotrophic nitrification rate in an acidic forest soil. Soil Biology and Biochemistry, 80: 293-295.

Zhang L M, Hu H W, Shen J P, et al. 2012. Ammonia-oxidizing archaea have more important role than ammonia-oxidizing bacteria in ammonia oxidation of strongly acidic soils. The ISME Journal, 6(5): 1032-1045.

Zhang L M, Offre P R, He J Z, et al. 2010. Autotrophic ammonia oxidation by soil thaumarchaea. Proceedings of the National Academy of Sciences, 107(40): 17240-17245.

Zhang Q, Li Y, He Y, et al. 2019a. *Nitrosospira* cluster 3-like ammonia oxidizers and *Nitrospira*-like nitrite oxidizers dominate nitrification activity in acidic terrace paddy soils. Soil Biology and Biochemistry, 131: 229-237.

Zhang Q, Li Y, He Y, et al. 2019b. Elevated temperature increased nitrification activity by stimulating AOB growth and activity in an acidic paddy soil. Plant and Soil, 445: 71-83.

Zhang Q, Li Y, Xing J J, et al. 2019c. Soil available phosphorus content drives the spatial distribution of archaeal communities along elevation in acidic terrace paddy soils. Science of the Total Environment, 658: 723-731.

Zhang Y, Zhao W, Cai Z, et al. 2018. Heterotrophic nitrification is responsible for large rates of N_2O emission from subtropical acid forest soil in China. European Journal of Soil Science, 69(4): 646-654.

Zhao J, Wang B, Jia Z. 2015. Phylogenetically distinct phylotypes modulate nitrification in a paddy soi. Applied and Environmental Microbiology, 81(9): 3218-3227.

Zheng C, Wang G, Liu J, et al. 2013. Characterization of the major capsid genes (*g23*) of T4-type bacteriophages in the wetlands of northeast China. Microbial Ecology, 65(3): 616-625.

Zhong L, Du R, Ding K, et al. 2014. Effects of grazing on N_2O production potential and abundance of nitrifying and denitrifying microbial communities in meadow-steppe grassland in northern China. Soil Biology Biochemistry, 69: 1-10.

Zhong W, Gu T, Wang W, et al. 2010. The effects of mineral fertilizer and organic manure on soil microbial community and diversity. Plant and Soil, 326(1-2): 511-522.

Zhou X, Fornara D, Wasson E A, et al. 2015. Effects of 44 years of chronic nitrogen fertilization on the soil nitrifying community of permanent grassland. Soil Biology and Biochemistry, 91: 76-83.

Zhu T, Zhang J, Cai Z. 2011. The contribution of nitrogen transformation processes to total N_2O emissions from soils used for intensive vegetable cultivation. Plant and Soil, 343(1-2): 313-327.

Zhu X, Burger M, Doane T A, et al. 2013. Ammonia oxidation pathways and nitrifier denitrification are significant sources of N_2O and no under low oxygen availability. Proceedings of the National Academy of Sciences of the United States of America, 110(16): 6328-6333.